Einführung in die technische Behandlung gasförmiger Stoffe

von

W. Bertelsmann und **F. Schuster**
Dipl.-Ing. Dr. phil. Dr.-Ing.

Mit 288 Abbildungen im Text

Berlin
Verlag von Julius Springer
1930

ISBN-13: 978-3-642-89449-7   e-ISBN-13: 978-3-642-91305-1
DOI: 10.1007/978-3-642-91305-1

Vorwort.

Auf dem Gebiet der chemischen Technologie besteht bereits eine recht umfangreiche Literatur, die nicht wenige ausgezeichnete Werke enthält. Ihnen allen ist es jedoch gemeinsam, daß sie den Gegenstand von der stofflichen Seite her behandeln und das Verfahren, die technische Behandlung, nur in der Eigenschaft als Hilfsmittel betrachten. Das geschieht auch durchaus zu Recht, denn wenn das Produkt im Vordergrund steht, können die Maßnahmen zu seiner Behandlung nur als Hilfsmittel gewertet werden.

Eine solche Betrachtungsweise bringt es jedoch mit sich, daß der eine Industriezweig vom anderen nichts weiß und nicht selten für seine Zwecke mühsam Verfahren und Apparaturen ausarbeitet, die in einem anderen Industriezweig für einen anderen Zweck längst vorliegen und oft ohne weiteres oder mit nur geringen Änderungen übernommen werden können. Dadurch werden Zeit und Arbeit in einer Weise vergeudet, die im Zeitalter der Rationalisierung nicht mehr zu vertreten ist. Ein klassisches Beispiel für das Gesagte bietet die Industrie des Leuchtgases. In ihr hat man sich von Anfang dieses Jahrhunderts an mit der Konstruktion von Großraumöfen zur Destillation der Kohle befaßt, um nach jahrzehntelanger Arbeit schließlich die Öfen zu übernehmen und weiter auszubilden, die bereits seit den neunziger Jahren des vorigen Jahrhunderts in der Destillationskokerei allgemein benutzt werden.

Beide Industrien verfolgen den gleichen Zweck, die Entgasung der Kohle, nur will die Kokerei als Hauptprodukt einen guten Koks erzeugen, während in der Leuchtgasindustrie das Gas am wichtigsten ist. Die Zusammenarbeit der Fachmänner aus beiden Lagern hat dann zu der Erkenntnis geführt, daß man den Belangen beider Industrien mit dem gleichen Verfahren und der gleichen Apparatur gerecht werden kann.

Der angeführte Fall, zu dem sich noch viele ähnliche gesellen lassen, zeigt die Notwendigkeit, an die Lösung technologischer Aufgaben nicht so sehr von der stofflichen, sondern mehr von der Seite der technischen Behandlung heranzugehen. Dafür ist aber der Zustand der Materie — fest, flüssig, gasförmig — das wichtigste. Dieser Gedanke hat uns bei dem Entwurf und der Niederschrift des vorliegenden Buches geleitet. Wir wollen dem in der Praxis stehenden Techniker zeigen, welche Mittel und Wege in den verschiedenen Industrien zur Behandlung der Materie je nach ihrem Zustand für die Erreichung gewisser Zwecke, beispielsweise der Gewinnung, der Erzeugung, der Reinigung und anderer mehr herausgebildet und erprobt worden sind. Der Leser soll dadurch in die Lage versetzt werden, das für seinen besonderen Zweck günstigste herauszugreifen. Das hat eine weitgehende Rationalisierung der Versuchs- und Betriebsmittel zur zwangläufigen Folge.

Des weiteren wollen wir den technischen Nachwuchs zu vergleichendem, technologischem Denken anregen, damit er trotz späterer Spezialisierung nicht einseitig werde und über seinem eigenen kleinen Gebiete nicht das große Ganze aus dem Auge verliere.

Wir hätten nun für die im vorstehenden Sinne geplante Betrachtung der technischen Behandlung jeden Zustand der Materie herausgreifen können, doch eignet sich fürs erste der gasförmige am besten dazu. Er weist die einfachsten Gesetzmäßigkeiten auf; demzufolge sind wir in seiner theoretischen Erkenntnis am weitesten. Im Zusammenhang mit dieser Tatsache läßt er auch praktisch am leichtesten ein System aufbauen. Der flüssige und der feste Zustand bieten unbedingt größere Schwierigkeiten, wenn man sie als Grundlage zu Büchern wie dem vorliegenden benutzen will, womit nicht gesagt sein soll, daß nicht ähnliche Werke auch über diese Zustände folgen werden, denn gerade die Schwierigkeiten locken durch ihren stärkeren Reiz zur Beschäftigung mit ihnen.

Dem Abschnitt über die Gewinnung von Gasen aus dem Erdinnern haben wir ein Manuskript zugrunde gelegt, das Herr Dr. K. GRAEFE-Dresden uns freundlicherweise zur Verfügung gestellt hat; wir danken ihm auch an dieser Stelle herzlichst dafür. Unser besonderer Dank gebührt ferner der Gattin des einen von uns, Frau GRETE SCHUSTER, die durch ihre rastlose Mithilfe bei der Anfertigung des Manuskriptes, beim Lesen der Korrekturen und beim Zusammenstellen der Register zur raschen Vollendung des Werkes wesentlich mitgeholfen hat. Schließlich sprechen wir auch der Verlagsbuchhandlung unseren Dank dafür aus, daß sie ihr Bestes getan hat, unser Buch in so kurzer Zeit und in so würdiger Gestalt herauszubringen.

Berlin, im Mai 1930.

Wilhelm Bertelsmann und Fritz Schuster.

Inhaltsverzeichnis.

IV. Die Reinigung von Gasen.

Inhaltsverzeichnis. IX

IX. Statistik.

Einleitung.

A. Physiko-chemische Grundlagen.

Gas und Dampf. Die Ausdrücke Dampf und Dunst hatten sich schon im Sprachgebrauch festgewurzelt, als die Bezeichnung Gas von J. B. van Helmont (1577—1644), einem Arzt und Philosophen, geprägt wurde[1]. Zuerst geriet das neue Wort wieder in Vergessenheit, bürgerte sich jedoch später allgemein ein, in Deutschland seit 1783[2]. Das Unterscheiden zwischen Gasen und Dämpfen entstammt, den damaligen Stand der Forschung berücksichtigend, keinem streng naturwissenschaftlichen Denken, sondern nach unserer heutigen Auffassung mehr der Laiensprache. Wie denn aber der unbefangene Mensch — und als solcher ist der Laie zu betrachten — aus naiven Vorstellungen heraus mit mehr gefühls- als verstandesmäßiger Sicherheit neue Wörter schafft, so trifft auch die Doppelbezeichnung Dampf-Gas etwas Wahres.

Mit dem Ausdruck Dampf verbindet man bewußt oder unbewußt die Vorstellung einer Flüssigkeit, aus der er sich entwickelt hat, oder zu welcher er sich niederschlagen ließe, derart, daß beide Zustände, der dampfförmige und der flüssige, nebeneinander bestehen können. Einem Gas geht diese Zugehörigkeit ab.

Der Laie bleibt mit seinen Urteilen zumeist im Rahmen der Alltagsverhältnisse; luftförmige Stoffe, die sich bei gebräuchlichen Temperaturen und Drücken verflüssigen lassen, heißen eben Dämpfe, zum Unterschied von den unter den gleichen Bedingungen nicht verflüssigbaren Gasen. Ja selbst in wissenschaftlichen Kreisen schied man bis vor nicht allzu langer Zeit die sogenannten „permanenten‟ Gase von den übrigen; man hielt sie für nicht-verflüssigbar — bis man jene tiefen Temperaturen zu erreichen verstand, wo auch sie sich verflüssigen lassen[3]. Heute wird die Bezeichnung permanent für die schwer, d. h. erst bei sehr tiefen Temperaturen verflüssigbaren Gase verwendet, während Dämpfe den luftförmigen Zustand in der Nähe des gewöhnlichen Siedepunktes kennzeichnen sollen. Der Umfang der früheren, auch heute noch gebräuchlichen, recht willkürlichen „Begriffsbestimmungen‟ wächst zwar mit der Erweiterung der menschlichen Kenntnisse, gleichwohl läßt sich keine einheitliche zielbewußte Abgrenzung beider Ausdrücke feststellen.

Tatsachen von allgemeiner Bedeutung, der Natur abgelauscht, müssen eine wissenschaftlich einwandfreie Abgrenzung der beiden Begriffe stützen. Dadurch entrinnen wir zwar nicht vollständig einer gewissen Unsicherheit, denn diese bleibt solange bestehen, wie es Menschen gibt und geben wird; aber wir stehen auf dem Boden der durch vieljähriges Forschen sichergestellten Erfahrungen und fassen alle Stoffe unter einheitlichen Gesichtspunkten zusammen.

Wie wir heute wissen, lassen sich alle Körper durch geeignetes Ändern von Druck und Temperatur in den festen, flüssigen und gasförmigen Zustand überführen. Für jeden Stoff gibt es eine ihm von der Natur als Festwert zugeeignete Temperatur, die kritische Temperatur, über der ein Verflüssigen selbst unter den höchsten Drücken unmöglich ist[4]. Erst unter diesem Punkt sind die beiden Zustände nebeneinander daseinsfähig. Richtig wendet man nur unterhalb der kritischen Temperatur den Ausdruck Dampf an und spricht über diesem Festpunkt von Gasen, wodurch die Unterscheidung aus einer allgemeinen Eigenschaft der Materie heraus begründet wird.

Um sich in jedem Fall sicher für die eine oder andere Bezeichnung entscheiden zu können, müßte man alle kritischen Temperaturen wissen — ein zu weit gehendes Verlangen. Streng befolgt könnte die Regel sogar Mißverständnisse verursachen, wie sich gleich zeigen wird. Man entschuldigt mithin einigermaßen den Sprachgebrauch, Wasser von mehr als 374° C (kritische Temperatur) nicht als „Wassergas" zu bezeichnen, oder umgekehrt Stoffe wie SO_2 ($t_k = 157°$ C) und NH_3 ($t_k = 132{,}4°$ C) bei gewöhnlicher Temperatur fast ausnahmslos als Gase anzusprechen, ohne diesen Zustand zu verteidigen.

Die Beziehungen, die den von einem luftförmig auftretenden Stoff eingenommenen Raum mit dem darauf lastenden Druck und der Temperatur verbinden, sind für Gase und Dämpfe grundsätzlich gleich, weshalb von dieser Seite der Unterschied ganz wegfällt.

Dampfdruck von Einzelstoffen. Dampf und Flüssigkeit eines einheitlichen Stoffes können in Abwesenheit fremder Stoffe bei einer vorgegebenen Temperatur nur unter einem einzigen, bestimmten Druck im Gleichgewicht nebeneinander bestehen. Dieser heißt Dampf- oder besser Sättigungsdruck. Die zugehörige Dichte des Dampfes hat dann ihren größtmöglichen Wert für die betreffende Temperatur, festes Gleichgewicht vorausgesetzt.

Verdampft eine Flüssigkeit ins Vakuum, d. h. enthält der Dampfraum nur den Dampf der einen vorgegebenen Flüssigkeit, so herrscht zwischen beiden Zuständen Gleichgewicht, wenn der Druck des Dampfes dem Sättigungsdruck gleich ist. Hält man den Außendruck dauernd kleiner als der Sättigungsdruck ist, dann wird die Flüssigkeit vollständig ver-

Die um 273 vermehrte Celsiustemperatur (t) heißt **absolute Temperatur** (T), ihr Nullpunkt der absolute Nullpunkt. Es ist dies jene Temperatur, wo alle Gase bei uneingeschränkter Gültigkeit des obigen Gesetzes keinen Raum einnähmen, falls sie sich nicht vorher verflüssigten.

Ein dem unter 2a ausgesprochenen Gesetz entsprechender Zusammenhang besteht für die Änderung des Druckes mit der Temperatur, wenn das Volumen gleich bleibt.

Eine beliebige Gasmenge, die bei $0°$ C unter dem Druck p_0 den Raum v_0 einnehmen würde, weist unter dem gleichen Druck bei $t°$ C den Raum v_t auf, der sich nach Gl. 2 bzw. Gl. 3 berechnet. Wird nun ohne Wechsel der Temperatur der Druck auf den Wert p_t erhöht — t sei positiv —, so daß der Raum auf den Wert v_0 zurückgeht, dann gilt nach Gl. 1:

$$v_t \cdot p_0 = v_0 \cdot p_t;$$

da aber zwischen v_t und v_0 die Beziehung

$$v_t = \frac{v_0}{273} \cdot T$$

besteht, wird

$$p_t = \frac{p_0}{273} \cdot T. \tag{4}$$

2b. Der Druck einer beliebigen Gasmenge wächst (nimmt ab) bei festgehaltenem Volumen je Grad Celsius Temperaturerhöhung (-erniedrigung) um den 273. Teil des bei $0°$ C auf das gleiche Volumen ausgeübten Druckes.

Während die Gasgesetze in der vorstehenden Fassung sich auf Fälle beziehen, für welche von den drei Zustandsveränderlichen — Volumen, Druck, Temperatur — jeweils eine unverändert bleibt, vereinigen wir nunmehr die Sonderfälle zu einem allgemeineren Gesetz, anwendbar, wenn sich alle drei Größen ändern. Ein Gas nähme bei $0°$ C unter dem Druck p_0 einen Raum v_0 ein; bei der absoluten Temperatur T sei das Volumen v unter dem geänderten Druck p. Um von dem durch p_0, v_0, $0°$ C gekennzeichneten Zustand zu dem durch p, v, T bestimmten zu gelangen, wollen wir vorerst jenes Volumen v' berechnen, das vom Gas unter dem Druck p_0 bei der Temperatur T eingenommen wird. Aus dem Gesetz 2a folgt

$$v' = \frac{v_0}{273} \cdot T.$$

Hierauf ändere sich der auf v' lastende Druck p_0 in p bei festgehaltener Temperatur T; dabei nimmt das Gas zwangsläufig den Raum v ein. Zwischen (v', p_0) einerseits und (v, p) andererseits gilt nach Gl. 1

$$p \cdot v = p_0 \cdot v',$$

oder mit Zuhilfenahme der früheren Beziehung für v':

$$p \cdot v = \frac{p_0 \cdot v_0}{273} \cdot T. \tag{5}$$

Die Größen p_0 und v_0 sind für die angenommene Gasmenge, deren absoluter Wert, als Masse betrachtet, beliebig, jedoch während des obigen Wandels von Druck, Volumen und Temperatur unveränderlich ist, feste Einheiten. Der Ausdruck $\frac{p_0 \cdot v_0}{273}$ hat somit einen konstanten Wert $(= R)$, gleichgültig, welche Zustandsveränderungen die vorgegebene Gasmenge durchmacht. p, v und T können, ohne p_0 und v_0 zu beeinflussen, jeden beliebigen Wert annehmen; dabei wirkt aber jede Änderung einer der drei Größen auf die beiden anderen oder eine von ihnen derart, daß die durch Gl. 5 dargestellte Beziehung erhalten bleibt.

Allgemein geschrieben lautet das vereinigte Gesetz

$$p \cdot v = R \cdot T. \tag{6}$$

Der Wert R wird bestimmt durch $\frac{p \cdot v}{T}$, hängt also ab von den Einheiten, die wir einem von uns gewählten Normalzustand zugrunde legen. Gewöhnlich bezieht man auf $0°$ C $(T = 273)$ und setzt Druck und Volumen bei dieser Temperatur gleich 1, so daß $R = \frac{1}{273}$ wird. Bei Zustandsänderungen erhalten wir Druck und Volumen stets in den Einheiten des Normalzustandes, z. B. in Atmosphären und Litern. Aus der allgemeinen Form der Gasgleichung lassen sich alle drei Sonderfälle ableiten. Es muß bloß je eine der drei Zustandsveränderlichen unveränderlich angenommen werden, um die Gl. 1, 3 oder 4 zu erhalten.

Ausdehnungskoeffizient. Der Faktor $\frac{1}{273}$, im vorigen Abschnitt mehrmals aufgetaucht, hat zwar als solcher, abgesehen von seinem absoluten Zahlenwert, große Bedeutung, weil er den Einfluß der Temperatur auf den von Gasen oder Dämpfen eingenommenen Raum oder auf den darauf lastenden Druck kennzeichnet, sein Zahlenwert entspringt jedoch einer gewissen Freiheit der Wahl, entspringt dem menschlichen Bedürfnis, die Dinge und Erscheinungen nicht nur ihrer Art nach, qualitativ, zu erfassen, sondern auch zahlenmäßig, quantitativ festzuhalten. Dabei schaffen wir uns den jeweiligen Vorgängen angepaßte Einheiten, Grundwerte, die als künstlich geschaffene Gebilde mehr oder minder unter der menschlichen Willkür leiden. Sie wurden als Vermittler zwischen der Natur und dem Menschengeist von diesem zur tieferen, gründlicheren Erkenntnis jener geschaffen, behaftet mit den Fehlern ihres Schöpfers. Der Wert $\frac{1}{273}$ ergibt sich aus den Annahmen: 1. den bei $0°$ eingenommenen Raum als Normalvolumen anzusprechen und 2. die Temperatur des

unter Atmosphärendruck schmelzenden Eises 0° und die des unter
dem gleichen Druck siedenden Wassers 100° zu setzen. Sowohl die
Wahl eines anderen Normal- oder Bezugszustandes als auch die einer
anderen Gradeinheit rücken davon ab; durch geeignetes Ändern beider
Grundannahmen kann man zu dem ursprünglichen Zahlenwert zurückkommen.

Um zu zeigen, daß das Volumen bei jeder beliebigen Temperatur als
Normalvolumen herangezogen werden kann, werde unter Beibehaltung
des Celsiusgrades als Einheit ein Gasvolumen von $t°$ C ($T°$ abs.) auf
$t + 1°$ C ($T + 1°$ abs.) erwärmt, ohne Änderung des Druckes. Es ist
nach Gl. 3

$$v_t = \frac{v_0}{273} \cdot T,$$

$$v_{t+1} = \frac{v_0}{273} \cdot (T + 1);$$

daher

$$\frac{v_t}{T} = \frac{v_{t+1}}{T+1};$$

$$v_{t+1} = \frac{v_t}{T} \cdot (T + 1) = v_t + \frac{1}{T} \cdot v_t.$$

Das Gas dehnt sich beim Erwärmen von T auf $T + 1°$ abs. um den
Tten Teil seines $T°$-Volumens aus; in entsprechender Weise zieht es
sich beim Abkühlen um den gleichen Betrag zusammen. Beträgt die
Erwärmung oder Abkühlung n, dann ist der Faktor $\frac{n}{T}$, bezogen auf v_T
als Normalvolumen:

$$v_{T \pm n} = v_T \pm \frac{n}{T} \cdot v_T. \tag{7}$$

Ebenso wie wir uns auf das Volumen jeder Temperatur, ausgenommen
die Temperatur des absoluten Nullpunktes, wo die Gase keinen Raum
einnehmen würden, beziehen können oder mit anderen Worten jede
Temperatur als „relativen" Nullpunkt wählen können, bleibt es uns frei,
die Einheitsgrade zu wechseln, ohne daß die Gasgesetze die geringste
Einbuße erleiden. Die Natur selbst gibt uns den absoluten Nullpunkt,
der sich unabhängig von jedem Thermometer, unabhängig von jeder
Temperaturskala festsetzen läßt.

Wählte man den Reaumurgrad als Einheit, ohne den Eisnullpunkt
zu ändern, dann wäre die „absolute" Reaumurtemperatur $218,4 + t_R$.
Infolgedessen würde sich ein Gas je Grad Reaumur Temperaturerhöhung
um den 218,4. Teil des bei 0° eingenommenen Raumes ausdehnen.

Nullpunkt und Gradeinheit sind in der Fahrenheittemperatur geändert; es entsprechen dem Eispunkt 32° F und dem gewöhnlichen
Siedepunkt des Wassers 212° F. Die „absolute" Fahrenheittemperatur

ist $459,4 + t_F$. Der Ausdehnungskoeffizient ist $\frac{1}{491,4}$, bezogen auf das Volumen bei $0°$ F und $\frac{1}{491,4}$, bezogen auf das Volumen beim Eispunkt und den Fahrenheitgrad als Einheit.

Schließlich kann jede andere beliebige Einteilung vorgenommen werden; der Ausdehnungskoeffizient ist stets 1 geteilt durch die „absolute" Temperatur des gewählten Bezugvolumens.

Gaskonstante. Die Gasgesetze vereinfachen und verallgemeinern sich in ihrer mathematischen Erfassung und Behandlung ganz bedeutungsvoll durch eine Naturtatsache von außerordentlicher Tragweite: Die unter gleichen Zustandsbedingungen einen bestimmten Raum einnehmenden Gasmengen verhalten sich wie ihre Molekulargewichte (A. AVOGADRO 1811). Drückt man umgekehrt das Molekulargewicht eines Gases in Masseneinheiten aus, so nimmt die dadurch bestimmte Menge, ein Mol genannt, einen von der Art des Stoffes unabhängigen, nur durch Druck und Temperatur festgelegten Raum ein. Dieser beträgt für das Gramm-Mol (g-Mol) bei $0°$ C und einem Druck von 760 mm QS (= 1 physikalische Atmosphäre = 1 Atm.) 22,4 l[9]. Legt man daher das Mol allen Berechnungen als Einheit zugrunde, so wird man von der Stoffart unabhängig. In der Gasgleichung 6 wird R zur „allgemeinen Gaskonstante", deren absoluter Wert $\frac{1}{273} = 0,003663$ wird, wenn man das Molvolumen und den zugehörigen Druck im „Normalzustand" gleich 1 setzt.

Wählt man als Einheiten den Druck von 1 phys. Atmosphäre und das entsprechende Volumen in Litern/g-Mol, so wird $R = \frac{22,4}{273} = 0,082$.

Bei technischen Rechnungen pflegt man den Druck in kg/m² (1 technische Atmosphäre = 1 at = 10000 kg/m²), kg als Masseneinheit und m³ als Volumeinheit zu zählen. 760 mm QS sind 10333 kg/m², ein kg-Mol nimmt unter diesem Druck bei $0°$ C einen Raum von 22,4 m³ ein, daher wird $R = \frac{10333 \cdot 22,4}{273} = 848$.

Als Beispiel berechnen wir das Volumen, das ein g-Mol eines Gases unter dem Druck von 2280 mm QS = 3 Atm. = 31000 kg/m² bei $100°$ C (= $373°$ abs.) einnimmt. Diese Werte sind in die Gasgleichung $p \cdot v = R \cdot T$ einzusetzen.

Zuerst wird für den Wert $R = 0,003663$
$$3 \cdot v = 0,003663 \cdot 373$$
$$v = 0,455.$$

D. h., der gesuchte Wert ist 0,455 mal dem Normal-Molvolumen (= 22,4 l).

Mit $R = 0,082$ wird
$$3 \cdot v = 0,082 \cdot 373$$
$$v = 10,2 \text{ l}.$$

Mit $R = 848$ ist der Druck 31000 kg/m² und das Volumen $1000\,v$ zu setzen, weil 1000 g-Mol $= 1$ kg-Mol; daher

$$31\,000 \cdot 1000 \cdot v = 848 \cdot 373$$
$$v = \underline{0{,}0102\ \text{m}^3.}$$

Die allgemeine Gaskonstante wird zu einer „individuellen", wenn man mit der Mengeneinheit statt dem Mol rechnet, wenn man also 1 g oder 1 kg eines Gases betrachtet. Die zugehörige Gaskonstante ergibt sich aus der allgemeinen, indem diese durch das Molekulargewicht geteilt wird.

Wie vorerwähnt, nimmt ein Mol eines Stoffes im Gaszustand bei 0° C unter dem Druck von 760 mm QS einen Raum von 22,4 l ein. Die praktische Erfüllung dieses Gesetzes ist an die Existenzmöglichkeit eines gasförmigen Stoffes unter den „Normalverhältnissen" gebunden. Gase (im Sinne der eingangs umrissenen Begriffsbestimmung) können in ihrem Temperaturbereich jedem beliebigen Druck ausgesetzt werden; liegt die kritische Temperatur eines Stoffes unter 0° C, so läßt sich ohne weiteres die obige Regel anwenden. Anders für Dämpfe. Der Existenzbereich eines unvermischten Dampfes ist hinsichtlich des Druckes bei einer bestimmten Temperatur durch den Sättigungsdruck p_s begrenzt. Liegt nun dieser bei 0° C unter 760 mm QS, dann ist es — Übersättigungserscheinungen ausgeschlossen — nicht möglich, den Dampf auf den „Normaldruck" zu bringen; dennoch gilt die Regel, wenngleich nur hypothetisch: Ein Mol des betrachteten Dampfes würde bei 0°C unter dem Druck von 760 mm QS 22,4 l einnehmen. Praktisch erfüllt wird das Gesetz erst für Drücke kleiner oder gleich p_s. Mit Hilfe der Gasgesetze (Gl. 1) errechnet sich das Molvolumen bei 0° C unter dem Sättigungsdruck zu $22{,}4 \cdot \dfrac{760}{p_s}$.

Erweiterte Gasgleichung. Die Abweichungen von den Gasgesetzen im praktischen Verhalten der Gase und Dämpfe veranlaßte eine Reihe von Forschern, die Gasgleichung zu erweitern. Die Moleküle der idealen Gase nehmen als solche keinen Raum ein und üben aufeinander keinerlei Anziehungskräfte aus[10]. Diese zwei Bedingungen haben nur hypothetischen Charakter und theoretische Bedeutung; doch macht man innerhalb gewisser Grenzen einen vernachlässigbaren Fehler, wenn man sie als gültig annimmt, was die Wichtigkeit der idealen Gasgesetze erhellt.

Den bekanntesten Versuch zur Erweiterung wagte erfolgreich J. D. van der Waals[11] mit der Gleichung

$$\left(p + \frac{a}{v^2}\right) \cdot (v - b) = R \cdot T, \tag{8}$$

worin a und b „Konstante" bedeuten. Weil man für technische Berechnungen fast ausschließlich mit der gewöhnlichen Gasgleichung auskommt, dem Vorschlag somit in erster Linie wissenschaftliche Bedeutung zukommt — was seinen Wert nicht schmälert —, sei auf die einschlägige Literatur verwiesen[12].

Die Gleichung erfaßt auch den flüssigen Zustand und gestattet die Ableitung des „kritischen" Punktes, wo der flüssige Zustand zu existieren aufhört. Mancherlei Anzeichen deuten auf einen zweiten kritischen Punkt oberhalb der gewöhnlichen kritischen Temperatur zwischen gasförmigem und festem Zustand[13].

Zahlreiche Versuche wurden unternommen, um die Abweichungen von der VAN DER WAALSschen Gleichung, die quantitativer Natur sind (a und b nicht nur von Stoff zu Stoff verschieden, sondern auch abhängig von Druck und Temperatur), mathematisch zu erfassen. Zum Teil halten sich diese Versuche an' mehr oder minder wohlbegründete Theorien, vielfach entbehren sie jedoch nicht eines gewissen spielerischen Charakters; wenn sie dennoch in gewissen Grenzen leidlich gute Ergebnisse liefern, so liegt dies an zweierlei: erstens sind alle „neuen" Formeln grundsätzlich Erweiterungen der gewöhnlichen Gasgleichung, die ja schon an und für sich recht brauchbare Ergebnisse zeitigt, und zweitens enthalten sie eine hinreichende Zahl von „Konstanten", was aus rein theoretisch-mathematischen, nicht naturwissenschaftlichen Gründen die Anpassungsfähigkeit einer Funktion steigert — wenn man nicht gerade eine verkehrte Funktion wählt. Nähere Aufschlüsse gibt die ziemlich reichliche Fachliteratur[12].

Gasreaktionen. Chemische Reaktionen verlaufen nach Molgewichten; die Mengen der an einer Reaktion beteiligten Stoffe verhalten sich wie ihre Molekulargewichte bzw. deren Vielfache. Betrachten wir beispielsweise die Verbrennung von Kohlenoxyd zu Kohlensäure:

$$2\,CO + O_2 \rightarrow 2\,CO_2.$$

Da das Molekulargewicht von Kohlenoxyd 28, von Sauerstoff 32 und von Kohlensäure 44 ist, so vereinigen sich $2 \cdot 28 = 56$ g CO mit 32 g O_2 zu $2 \cdot 44 = 88$ g CO_2, gleichzeitig ein Beispiel für das Gesetz von der Erhaltung der Materie. Wenn nicht 56 g ($= 2$ Mol) CO, sondern das n-fache davon in die Reaktion eintritt, dann betragen die Mengen der Reaktionspartner ebenfalls das n-fache, also $n \cdot 28$ g O_2 und $n \cdot 88$ g CO_2.

Früher wurde darauf hingewiesen, daß die in gleichen Räumen unter den gleichen Zustandsbedingungen enthaltenen Mengen verschiedener Gase sich wie ihre Molekulargewichte verhalten. Bei Gasreaktionen können wir daher statt nach Molgewichten nach Raumteilen rechnen und die Kohlenoxydverbrennung verläuft demnach auch so:

$$2 \text{ Raumteile } CO + 1 \text{ Raumteil } O_2 \rightarrow 2 \text{ Raumteile } CO_2;$$

als Raumteil kann jede beliebige Einheit, z. B. Liter (von 0° C und

760 mm QS) genommen werden, doch müssen alle in die Gleichung eintretenden Raumteile in gleichen Bezugseinheiten ausgedrückt sein.

Nachdem die chemischen Reaktionen zwischen allen einzelnen Molekülen der beteiligten Stoffe der Gleichung gemäß verlaufen müssen, und eine so einfache Beziehung Molekulargewicht und Volumen eines Gases verbindet, folgt, daß alle Gase und Dämpfe unter gleichen Zustandsbedingungen in gleichen Räumen die gleiche Anzahl Moleküle enthalten (A. Avogadro 1811)[14].

Die absolute Zahl der Moleküle in einer vorgegebenen Gasmenge bestimmte erstmalig J. Loschmidt (1865)[15], nach dem sie benannt wurde; sie beträgt nach neueren Untersuchungen[16] $60{,}62 \cdot 10^{22}$ Moleküle für ein Mol. Mit ihr läßt sich die Masse jedes beliebigen Einzelmoleküls ermitteln, wenn das in Gramm ausgedrückte Molekulargewicht durch die Loschmidtsche Zahl geteilt wird; so ist die Masse des leichtesten, des Wasserstoff-Moleküls $\dfrac{2{,}016}{60{,}62 \cdot 10^{22}} = 3{,}32 \cdot 10^{-24}$ g.

Gasgemische. Gasförmige Stoffe sind unter allen Umständen in jedem Mengenverhältnis miteinander vermischbar. Werden mehrere Gase von gleichem Druck und gleicher Temperatur, die aufeinander nicht chemisch einwirken, vermischt, dann ist der Gesamtraum gleich der Summe der von den einzelnen Gasen vor dem Vermischen eingenommenen Räume (J. Dalton 1803)[17]. Das Gemisch verhält sich gegen Druck und Temperaturänderungen wie ein Einzelgas, wenn die Verhältnisse in Grenzen bleiben, wo eine Verflüssigung eines oder mehrerer der Bestandteile nicht eintritt.

Die bei $0°$ C unter 760 mm QS Druck in 22,4 l enthaltene Menge des in jedem seiner Teile vollkommen gleichartigen („homogenen") Gemisches heißt auch ein Mol, die zugehörige Anzahl Gramm das scheinbare Molekulargewicht des Gasgemisches. Es berechnet sich wie folgt, Normalbedingungen vorausgesetzt: In v_1 l eines Gases 1 vom Molekulargewicht M_1 sind $\dfrac{M_1}{22{,}4} \cdot v_1$ g enthalten; mischen wir nun verschiedene Gase 1, 2 ... bis n, so enthält die Mischung insgesamt

$$\left(v_1 \cdot \frac{M_1}{22{,}4} + v_2 \cdot \frac{M_2}{22{,}4} + \cdots + v_n \cdot \frac{M_n}{22{,}4} \right) \text{g};$$

da aber das Mischungsvolumen

$$V = v_1 + v_2 + \cdots + v_n \tag{9}$$

ist, so enthält 1 l

$$\frac{v_1 \cdot \dfrac{M_1}{22{,}4} + v_2 \cdot \dfrac{M_2}{22{,}4} + \cdots + v_n \cdot \dfrac{M_n}{22{,}4}}{v_1 + v_2 + \cdots + v_n} \text{g}$$

und das scheinbare Molekulargewicht M des Gemisches ist

$$M = 22,4 \cdot \frac{v_1 \cdot \dfrac{M_1}{22,4} + v_2 \cdot \dfrac{M_2}{22,4} + \cdots + v_n \cdot \dfrac{M_n}{22,4}}{v_1 + v_2 + \cdots + v_n}$$

$$= \frac{v_1 M_1 + v_2 M_2 + \cdots + v_n M_n}{v_1 + v_2 + \cdots + v_n}. \tag{10}$$

Beträgt der Druck, unter dem das Gasgemisch steht P, so gilt nach Gl. 9

$$P \cdot V = P \cdot v_1 + P \cdot v_2 + \cdots + P \cdot v_n,$$

oder

$$P = \frac{P \cdot v_1}{V} + \frac{P \cdot v_2}{V} + \cdots + \frac{P \cdot v_n}{V}.$$

Das Gas 1, das unter dem Druck P für sich einen Raum v_1 einnimmt, müßte bei gleicher Temperatur auf den Raum V gebracht, nach Gl. 1

$$P \cdot v_1 = p_1 \cdot V$$

unter einem Druck $p_1 = \dfrac{P \cdot v_1}{V}$ stehen. In gleicher Weise für die anderen Gase schließend, wird

$$P = p_1 + p_2 + \cdots + p_n \tag{11}$$

$p_1,\ p_2 \ldots p_n$ heißen **Partial-** oder **Teildrücke** der Mischungskomponenten 1, 2 … n.

Aus $p_1 = \dfrac{P \cdot v_1}{V}$ und $p_2 = \dfrac{P \cdot v_2}{V}$ folgt

$$p_1 : p_2 = v_1 : v_2;$$

darnach verhalten sich die Teildrücke der einzelnen Komponenten wie die zur Vermischung gelangten Einzelvolumina. Deren Verhältnis entspricht aber — in gleichen Räumen verschiedener Gase unter gleichen Zustandsbedingungen gleiche Molekülzahl! — wieder dem der vorhandenen Mole, also

$$p_1 : p_2 : \ \cdot \cdot = v_1 : v_2 : \cdots = \mu_1 : \mu_2 : \cdots \tag{12}$$

wenn $\mu_1 = \dfrac{v_1}{\text{Volumen eines Mols}}$ usw. ist.

Konzentrationen in Gasgemischen. Die Menge eines in einem Gemisch enthaltenen Gases (oder Dampfes) wird meistens in Volumprozent angegeben. Diese **Volumkonzentration** $\left(= \dfrac{v_1}{V} \cdot 100\right)$ stimmt zahlenmäßig überein mit der **Druckkonzentration** $\left(= \dfrac{p_1}{P} \cdot 100\right)$ und der **Molkonzentration** $\left(= \dfrac{\mu_1}{\mu} \cdot 100\right)$.

1. Die Berechnung der Gewichtsprozente aus den Volumprozenten sei an einem Beispiel durchgeführt. Ein Gasgemisch ($V = 100$ l) ent-

halte $v_1 = 20$ l Kohlensäure ($M_1 = 44$), $v_2 = 30$ l Sauerstoff ($M_2 = 32$) und $v_3 = 50$ l Stickstoff ($M_3 = 28$). Es ist für diese Umrechnung ganz gleichgültig, unter welchem Druck und bei welcher Temperatur sich das Gemisch befindet, da auf jede Komponente davon und auch auf es selbst Zustandsänderungen gleich wirken, so daß sich das Prozentverhältnis nicht ändert. Wir nehmen der Einfachheit halber Normalbedingungen ($0°$ C, 760 mm QS) an. In v_1 l sind $\frac{M_1}{22,4} \cdot v_1$ g enthalten; die Gewichtsprozente berechnen sich daher nach

$$\frac{100 \cdot \frac{M_1}{22,4} \cdot v_1}{\frac{M_1}{22,4} \cdot v_1 + \frac{M_2}{22,4} \cdot v_2 + \frac{M_3}{22,4} \cdot v_3} = \frac{100\, M_1 v_1}{M_1 v_1 + M_2 v_2 + M_3 v_3} \qquad (13)$$

zu

$$\text{Gewichtsprozente Kohlensäure} = \frac{100 \cdot 880}{3240} = 27,2\%,$$

$$,, \qquad \text{Sauerstoff} \quad = \frac{100 \cdot 960}{3240} = 29,6\%,$$

$$,, \qquad \text{Stickstoff} \quad = \frac{100 \cdot 1400}{3240} = 43,2\%.$$

Gleichung 13 beweist die Unabhängigkeit der Berechnung von Druck und Temperatur, jedoch müssen alle Volumina unter gleichen Zustandsbedingungen ausgedrückt sein.

2. Ist umgekehrt ein Gasgemisch durch Gewichtsprozente gekennzeichnet, Kohlensäure: $g_1 = 20\%$, Sauerstoff: $g_2 = 30\%$ und Stickstoff: $g_3 = 50\%$, so errechnen wir — wieder unabhängig von Temperatur und Druck — die Volumanteile nach

$$\frac{100 \cdot \frac{g_1}{M_1}}{\frac{g_1}{M_1} + \frac{g_2}{M_2} + \frac{g_3}{M_3}} \qquad (14)$$

zu

$$\text{Volumprozente Kohlensäure} = \frac{100 \cdot 0,455}{3,178} = 14,3\%,$$

$$,, \qquad \text{Sauerstoff} \quad = \frac{100 \cdot 0,938}{3,178} = 29,5\%,$$

$$,, \qquad \text{Stickstoff} \quad = \frac{100 \cdot 1,785}{3,178} = 56,2\%.$$

Bei der Umrechnung von Volum- in Gewichtsprozente werden die Zahlenwerte jener Komponenten größer, deren Molekulargewicht über dem scheinbaren Molekulargewicht des Gemisches liegt, das für den unter 1. behandelten Fall nach Gleichung 10 zu 32,4 gefunden wird; daher steigt der Kohlensäureanteil von $v_1 = 20$ auf $g_1 = 27,2$. Für

Sauerstoff und Stickstoff mit einem Molekulargewicht kleiner als 32,4 gilt das Umgekehrte.

Rechnet man dagegen von Gewichts- auf Volumprozente, so kehren sich die Verhältnisse ins Gegenteil. Im zweiten Fall ist das scheinbare Molekulargewicht der Mischung nach

$$M = \frac{g_1 + g_2 + g_3}{\dfrac{g_1}{M_1} + \dfrac{g_2}{M_2} + \dfrac{g_3}{M_3}} \tag{15}$$

gleich 31,5; der Prozentwert der Kohlensäure ($44 > 31,5$) fällt von 20 auf 14,3, in gleicher Weise der Sauerstoffwert, während er für Stickstoff steigt.

3. Wird man vor die Aufgabe gestellt, die absolute Gewichtsmenge (Anzahl g) eines durch Volumprozente gekennzeichneten Mischungsanteils zu berechnen, so müssen Temperatur und Druck sehr wohl berücksichtigt werden. Wie viele Gramm Kohlensäure enthält 1 m³ eines Gasgemisches ($t = 20°$ C, $P = 780$ mm QS) mit 10 Volumprozent CO_2?

In der bekannten Gleichung

$$p \cdot v = R \cdot T$$

bedeute $p = \dfrac{780}{760}$; v ist das gesuchte Vielfache von 22,4 l, für $R = \dfrac{1}{273}$ und $T = 273 + 20 = 293$ (vgl. S. 6). Man findet $v = 1,045$, d. h.: 1 Mol Kohlensäure ($= 44$ g) ist bei einem Druck von 780 mm Hg und einer Temperatur von $20°$ C in $22,4 \cdot 1,045 = 23,4$ l enthalten. Da 10 Volumprozent eines m³ gleich 100 l sind, so stecken in 1 m³ unter den obigen Bedingungen $\dfrac{100}{23,4} \cdot 44 = 188$ g Kohlensäure. Der Partialdruck der Kohlensäure im Gemisch ist $\dfrac{780}{100} \cdot 10 = 78$ mm QS; er ändert sich mit P, dem Gesamtdruck, und wird z. B. 82 mm QS für $P = 820$ mm QS.

4. Häufig ergibt sich der Fall, daß eine Komponente des Gemisches ein gesättigter Dampf ist. Sein Sättigungsdruck ist aber für eine bestimmte Temperatur eine absolute Größe, so lange P nicht zu groß wird. Wenn also gesättigter Dampf dem Gemisch angehört, dann bleibt, unabhängig von P, sein Teildruck p_s mm QS. Die Druckkonzentration $\dfrac{p_s}{P} \cdot 100$ schwankt bei fester Temperatur mit P; nun ist sie aber gleich der Volumkonzentration $\dfrac{v}{V} \cdot 100$, daher muß auch diese Größe schwanken. Dagegen bleibt diesmal die in einem bestimmten Raum enthaltene Gewichtsmenge des gesättigten Dampfes vom Gesamtdruck unabhängig, sie wird nur durch Sättigungsdruck und Temperatur bestimmt.

Ein Mol nimmt bei $T°$ abs. $22,4 \cdot \dfrac{T}{273}$ l (Druck 760 mm QS) ein. Ist der Druck bei dieser Temperatur p_s, so ändert sich der Molraum in $22{,}4 \cdot \dfrac{T}{273} \cdot \dfrac{760}{p_s}$ l. Diesen Raum nehmen M g ein, so daß 1 m³ von $T°$ abs., gleichgültig welchen Druckes,

$$g = \frac{1000}{22{,}4 \cdot \dfrac{T}{273} \cdot \dfrac{760}{p_s}} \cdot M$$

$$= 16{,}0 \cdot \frac{M\, p_s}{T}\; \text{g/m}^3 \tag{16}$$

enthält, vorausgesetzt, daß $P \overline{\overline{>}} p_s$ bleibt.

Um umgekehrt aus den in 1 m³ eines Gemisches von $T°$ enthaltenen Gramm eines gesättigten Dampfes den Sättigungsdruck zu berechnen, benutzt man die Gleichung

$$p_s = \frac{1}{16{,}0} \cdot \frac{\text{g} \cdot T}{M}$$

$$= 0{,}0624 \cdot \frac{\text{g} \cdot T}{M}\; \text{mm QS.} \tag{17}$$

Reduktion von Gasvolumen. In der Technik ergibt es sich oft, daß Gasvolumen, bei verschiedenen Temperaturen und Drücken gemessen, verglichen werden sollen. Man rechnet sie zu diesem Zweck auf gleiche Bedingungen um. Zuerst werde ganz allgemein ein Volumen, das unter einem Druck P und bei $t°$ C feucht gemessen wurde, auf den Vergleichsdruck P' und die Temperatur $t'°$ C feucht umgerechnet. Bei den Temperaturen t und t' seien die Sättigungsdrücke des Wassers w_t und $w_{t'}$.

Das Volumen des trockenen Gasanteiles ist

$$v_{t,\,P,\,tr.} = v_{t,\,P,\,f.} \cdot \frac{P - w_t}{P},$$

in gleicher Weise für die geänderten Verhältnisse

$$v_{t',\,P',\,tr.} = v_{t',\,P',\,f.} \cdot \frac{P' - w_{t'}}{P'},$$

Die beiden trockenen Volumina müssen, auf 0° C und 760 mm QS zurückgeführt, gleich sein, denn es handelt sich stets um die gleiche Trockengasmenge. Es gilt

$$v_{t,\,P,\,tr.} = v_0 \cdot \frac{273 + t}{273} \cdot \frac{760}{P},$$

$$v_0 = v_{t,\,P,\,tr.} \cdot \frac{273}{273 + t} \cdot \frac{P}{760},$$

$$= v_{t,\,P,\,f.} \cdot \frac{P - w_t}{P} \cdot \frac{273}{273 + t} \cdot \frac{P}{760};$$

ebenso

$$v_0 = v_{t',\,P',\,f.} \cdot \frac{P' - w_{t'}}{P'} \cdot \frac{273}{273 + t'} \cdot \frac{P'}{760};$$

daraus ist

$$v_{t',\,P',\,f.} = v_{t,\,P,\,f.} \cdot \frac{P - w_{t'}}{P' - w_{t'}} \cdot \frac{273 + t'}{273 + t}. \tag{18}$$

Aus diesem allgemeinen Fall leiten sich alle übrigen durch Vernachlässigen der entsprechenden Glieder ab; in Frage kommen

t, P, feucht → t', P', feucht: (siehe oben).

t, P, feucht → t', P', trocken:

$$v_{t',\,P',\,tr.} = v_{t,\,P,\,f.} \cdot \frac{P - w_t}{P'} \cdot \frac{273 + t'}{273 + t}$$

t, P, trocken → t', P', feucht:

$$v_{t',\,P',\,f.} = v_{t,\,P,\,tr.} \cdot \frac{P}{P' - w_{t'}} \cdot \frac{273 + t'}{273 + t}$$

t, P, trocken → t', P', trocken:

$$v_{t',\,P',\,tr.} = v_{t,\,P,\,tr.} \cdot \frac{P}{P'} \cdot \frac{273 + t'}{273 + t}.$$

Am häufigsten pflegt man feucht gemessene Volumina auf 760 mm QS,
0° C, trocken oder 760 mm QS, 15° C, feucht umzurechnen; die dafür
geltenden Formeln sind:

$$v_{0,760,\,tr.} = v_{t,\,P,\,f.} \cdot \frac{P - w_t}{760} \cdot \frac{273}{273 + t}, \tag{19a}$$

$$v_{15,760,\,f.} = v_{t,\,P,\,f.} \cdot \frac{P - w_t}{747,2} \cdot \frac{288}{273 + t}. \tag{19b}$$

Es wurde auch vorgeschlagen, Gasmengen technisch auf 1 at
(= 736 mm QS), 15° C, trocken zu beziehen; da 1 m³ von 0° C, 760 mm
QS, trocken unter diesen neuen Bedingungen einen Raum von
$1 \cdot \frac{760}{736} \cdot \frac{288}{273} = 1,09$ m³ einnimmt, lassen sich Ausdrücke der einen Art
leicht in solche der anderen umrechnen. Die Beziehungen zwischen
den einzelnen „Normalzuständen" gibt die folgende Zusammenstellung:

1 m³ von	= m³ von			
	0° C, 760 mm QS trocken	15° C, 760 mm QS trocken	15° C, 760 mm QS feucht	15° C, 1 at trocken
0° C, 760 mm QS trocken	1	1,055	1,073	1,09
15° C, 760 mm QS trocken	0,948	1	1,017	1,032
15° C, 760 mm QS feucht	0,932	0,983	1	1,016
15° C, 1 at trocken	0,918	0,969	0,984	1

Zur Unterscheidung zwischen dem Kubikmeter als Raumeinheit und dem Kubikmeter als Gasmengeneinheit empfiehlt es sich, für die auf 0° C, 760 mm QS, trocken reduzierten Gasmengen den **Normalkubikmeter** (nm³) als Einheitsbezeichnung anzunehmen. Die Abkürzung cbm hat demgegenüber den Nachteil, daß der Unterschied zwischen der Raum- und Masseneinheit phonetisch nicht zum Ausdruck kommt.

Feuchtigkeitsgehalt. Mit der Reduktion von Gasvolumen auf einen Normalzustand ändern sich natürlich auch die absoluten Anteile der einzelnen Bestandteile, ausgedrückt in Masseneinheiten (g) je Raumeinheiten (m³). Das Verhältnis der einzelnen Bestandteile zueinander, gleichgültig ob in Volum- oder Gewichtsprozent angegeben, bleibt jedoch erhalten. In einem früheren Beispiel fragten wir nach der Anzahl g Kohlensäure, die 1 m³ von 20° C und 780 mm QS eines Gasgemisches mit 10 Volumprozent CO_2 enthält; es ergaben sich 188 g CO_2/m^3. Wird nun die bei 20° C und 780 mm QS gemessene Gasmenge zu Vergleichszwecken auf 0° C, 760 mm QS reduziert, dann sind in 1 m³ unter den Reduktionsbedingungen (= 1 Normal-m³) zwar wieder 10 Volumprozent $= 100\ l\ CO_2$; 44 g CO_2 nehmen diesmal 22,4 l ein, so daß diesmal 1 (Normal-) m³ $\frac{100}{22,4} \cdot 44 = 196$ g CO_2 enthält.

In ähnlicher Weise ändern sich die Gl. 16 und 17. Ist die Sättigungsspannung eines Dampfes bei irgendeiner beliebigen Temperatur gegeben $= p_s$ und soll der oft bloß hypothetischen bzw. rechnerischen Wert besitzende Gehalt in 1 Normal-m³ (0° C, 760 mm QS) ermittelt werden, so setzt man den Wert p_s in Gl. 16 ein; T ist jedoch nicht die zugehörige Sättigungstemperatur sondern 273, woraus sich ergibt

$$g_{nm^3} = 0,0587\,M \cdot p_s. \tag{16a}$$

Ist umgekehrt der Gehalt in 1 Normal-m³ angegeben, dann wird

$$p_s = 17,03 \cdot \frac{g_{nm^3}}{M}. \tag{17a}$$

Die Anwendung der Gleichungen sei an einem Beispiel näher erläutert. Der Sättigungsdruck des Wasserdampfes ist bei 20° C 17,54 mm QS. Dementsprechend enthält 1 m³ irgendeines Gases oder Gasgemisches, beispielsweise Luft, im Sättigungszustand bei der Temperatur von 20° C nach Gl. 16

$$16,0 \cdot \frac{18,0 \cdot 17,54}{293} = 17,2\ \text{g Wasserdampf.}$$

Es wurde nun früher festgestellt, daß die Sättigungsmenge vom Gesamtdruck unabhängig sei. In 1 m³ mit Wasserdampf gesättigter Luft von 20° C und einem Druck von 760 mm QS sind enthalten:

17,2 g = 2,31 Volumprozent = 23,1 l Wasserdampf und 97,69 Volumprozent = 976,9 l Luft. Ein Erhöhen des Druckes auf das Doppelte (ohne Temperaturänderung) bewirkt, daß der Raum auf die Hälfte sinkt; dabei scheidet sich vom Wasserdampf die Hälfte ab. Da das entstehende Luft-Wasserdampf-Gemisch nur $^1/_2$ m³ einnimmt, ist in m³ wieder die frühere Menge an Wasserdampf enthalten. Durch Druckerhöhung lassen sich somit gesättigte Dämpfe teilweise verflüssigen, und zwar um so mehr, je höher der Druck ansteigt. Durch das Abscheiden eines Teiles der früheren Gasbestandteile wird im verbleibenden gasförmigen Gemisch das Verhältnis der Mengen geändert. Wenn es also allgemein heißt: die Volumeneinheit eines gasförmigen Gemisches enthält von gesättigten Dämpfen eine nur durch die Temperatur bestimmte, vom Druck unabhängige Menge, so ist dadurch über diese etwas ausgesagt, nichts dagegen über die Menge der Begleitstoffe, die erst durch die Druckangabe festgelegt werden. Ein Volumen eines Gases, durch Druck und Temperatur näher bestimmt, ist jedoch ein Maß für die Masse eines gasförmigen Stoffes. Demgemäß sind auf Normalzustände reduzierte Volumen Massenangaben. Durch die Gl. 16a ist im Gegensatz zu Gl. 16 die Menge des Begleitstoffes mitbestimmt. Für 20° C und Wasserdampf ergibt sich danach g = 18,5 g. Diese Zahl bedeutet: Ließe sich ein bei 20° C und 760 mm QS mit Wasserdampf gesättigtes Gas auf 0°, 760 mm QS bringen, dann wären unter diesen Bedingungen in 1 m³ des feuchten Gases 18,5 g Wasserdampf. Tatsächlich kann ein feuchtes Gas bei 0°, 760 mm QS höchstens 5,2 g enthalten. Vielfach gibt man den Dampfgehalt in Gramm je Kubikmeter trockenes Gas von 0°, 760 mm QS an. Im obigen Beispiel kommen auf 18,5 g Wasserdampf 976,9 l trockenes Gas, demnach auf 1 m³ $\dfrac{18,5}{0,9769} = 18,9$ g. Aus diesem Beispiel zeigt sich die allgemeine Umrechnung des Gehaltes an gesättigtem Dampf in Gramm je Normalkubikmeter feucht auf Gramm je Normalkubikmeter trocken: der nach Gl. 16a gefundene Wert ist mit dem Faktor $\dfrac{760}{760 - p_s}$ zu multiplizieren.

Dampfdruck von Gemischen. Während der Dampfdruck eines einheitlichen Stoffes nur eine Temperaturfunktion ist — der Außendruck bleibe vernachlässigt —, tritt bei flüssigen Gemischen von zwei oder mehreren Komponenten die Zusammensetzung hinzu. Betrachten wir vorerst Flüssigkeitsgemische zweier Stoffe, sogenannte Zweistoff- oder „binäre" Gemische, denn auf die daselbst gültigen Verhältnisse stoßen wir bei höheren Gemischen wieder, soweit sie für unsere Ausführungen gelten. Wer ein binäres Gemisch zu behandeln versteht, dem bereitet ein sich aus noch mehr Teilen zusammensetzendes keine grundsätzlich neuen Schwierigkeiten.

Zur Temperatur gesellt sich die Zusammensetzung als den Dampfdruck bestimmendes Glied. Man könnte sie in Volumprozenten angeben, festgelegt durch die Anzahl Kubikzentimeter jedes Bestandteiles in 100 cm³ der Mischung; was aber bei gasförmigen Stoffen so gern getan wird, findet sich bei Flüssigkeiten sehr selten. Meistens dienen Gewichtsprozente zur Angabe der Zusammensetzung, manchmal eignen sich Molprozente noch besser.

Enthalten G g einer Mischung g_1 g des einen und g_2 g des zweiten Mischungsanteiles, dann ist $g_1 + g_2 = G$; $\frac{g_1}{G}$ und $\frac{g_2}{G}$ heißen Gewichtsbrüche, $\frac{g_1}{G} \cdot 100$ und $\frac{g_2}{G} \cdot 100$ Gewichtsprozente. m_1 Mole eines Stoffes mit m_2 Molen eines anderen vereinigt, liefern $m_1 + m_2 = M$ Mole; $\frac{m_1}{M}$ und $\frac{m_2}{M}$ sind die Molbrüche, $\frac{m_1}{M} \cdot 100$ und $\frac{m_2}{M} \cdot 100$ die Molprozente. Die Gewichts- und Molbrüche geben an, wieviel Gramm bzw. Mole von jeder Komponente 1 g bzw. 1 Mol der Mischung enthält.

Die Eigenschaften eines Gemisches in Abhängigkeit von der Zusammensetzung lassen sich besser übersehen in graphischer Wiedergabe als Diagramm. Bei Zweistoffgemischen wird die Zusammensetzung auf der doppelt abgegrenzten Abszisse (Abb. 1) derart aufgetragen, daß die beiden Endpunkte der abgegrenzten Strecke die reinen Komponenten darstellen, jene Punkte, die 100% des einen und gleichzeitig 0% des anderen Stoffes angeben. Von rechts nach links zählt man die Konzentration des Stoffes A und umgekehrt die von B; als Ordinaten werden die Eigenschaftswerte eingezeichnet.

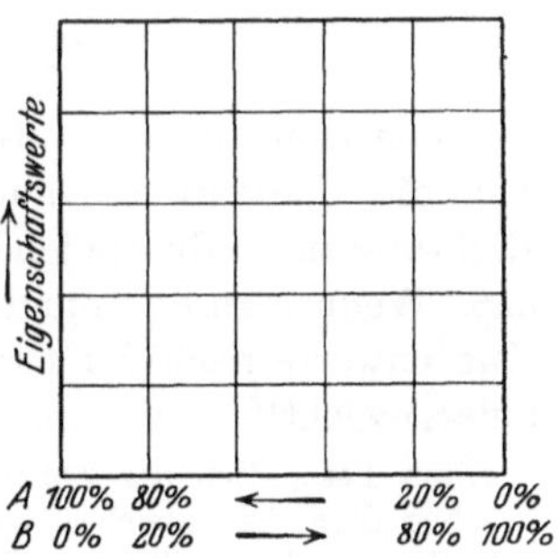

Abb. 1. Graphische Darstellung von Zweistoffgemischen.

Die Zusammensetzung eines und desselben Gemisches, einmal in Gewichtsprozenten und ein andermal in Molprozenten angegeben, zeigt bei verschiedenem Molekulargewicht der Komponenten verschiedene Werte. Dies hat zur Folge, daß der Kurvenverlauf sich ändert, wenn die Zusammensetzungsangabe von Gewichts- zu Molprozenten oder umgekehrt wechselt. Sämtliche absoluten Eigenschaftswerte, über alle möglichen Gemische festgelegt, müssen jedoch in beiden Kurvenarten vorkommen, nur erscheinen sie über verschiedenen Abszissenwerten; sie verschieben sich bei der Umrechnung nur in Geraden, die zur Abszissenachse parallel verlaufen. Charakteristische Punkte, Minima oder Maxima, bleiben in beiden Kurven erhalten; sie können auf keinen Fall durch die Umrechnung erst entstehen oder, einmal vorhanden gewesen, dadurch verschwinden.

Die Formeln zum Umrechnen der Konzentrationsangabe-Arten leiten sich leicht ab. Die Zusammensetzung eines Gemisches in Gewichtsprozenten sei g_1 und g_2, in Molprozenten m_1 und m_2, die Molekulargewichte der beiden Komponenten seien M_1 und M_2.

Es ist

$$g_1 + g_2 = 100,$$
$$m_1 + m_2 = 100.$$

Gewichtsprozente → Molprozente:

Das Gemisch enthält $\dfrac{g_1}{M_1} + \dfrac{g_2}{M_2}$ Mole; es ist

$$m_1 = 100 \cdot \frac{\dfrac{g_1}{M_1}}{\dfrac{g_1}{M_1} + \dfrac{g_2}{M_2}}. \tag{20}$$

Molprozente → Gewichtsprozente:

Die Massenmengen des Gemisches sind $m_1 \cdot M_1 + m_2 \cdot M_2$ g.

$$g_1 = 100 \cdot \frac{m_1 \cdot M_1}{m_1 \cdot M_1 + m_2 \cdot M_2}. \tag{21}$$

Beim Umrechnen von Gewichtsprozenten in Molprozente verschieben sich die Kurvenwerte auf den Parallelen zur Abszissenachse in der Richtung zur Ordinate jenes Stoffes, der das kleinere Molekulargewicht hat. Wenn man den umgekehrten Weg einschlägt, verschieben sich die Kurvenwerte nach der Ordinate des Stoffes mit dem größeren Molekulargewicht[18].

Zum Festhalten der Zusammensetzung eines Dreistoff- oder „ternären" Gemisches dient ein gleichseitiges Dreieck; jede Ecke gibt einen reinen Stoff an; jede Seite stellt ein Zweistoffgemisch dar, bestehend aus den die Seite abschließenden Eckstoffen; die Fläche gibt alle möglichen Gemische wieder, die sich aus allen drei Anteilen zusammensetzen[19].

Eigenschaften, wie die Dichte, geben für jede Temperatur eine einzige Linie, welche die Dichtewerte der reinen Stoffe, auf den Grenzordinaten liegend, auf irgendeinem hier nicht näher zu erörterndem Weg verbindet. Anders beim Dampfdruck! Der von einer Mischung aufsteigende Dampf wird im allgemeinen beide Komponenten enthalten; diese haben — jede für sich — eigene Partial- oder Teildrücke, die sich erst zum Total- oder Gesamtdruck, dem eigentlichen Dampfdruck des Gemisches, vereinigen. Der Gesamtdruck ist die Summe der Teildrücke. Im Diagramm erhalten wir dann im allgemeinen drei Linien: die Gesamtdruck- und zwei Teildruck-Kurven. Welchen Verlauf die Gesamtdruckkurve auch haben mag, ein wichtiges Grundgesetz muß für alle möglichen Mischungen erfüllt sein: Der Partialdruck jeder Komponente ist kleiner als ihr Sättigungsdruck im unvermischten Zustand bei der gleichen Temperatur.

Die Dampfspannungskurven zeigen übersichtliche Gesetzmäßigkeiten, wenn man sie von den Molprozenten abhängig betrachtet[20]. Eine Reihe von Gemischen zeigt lineares Verhalten, d. h. Teildrücke und Gesamtdruck werden durch eine gerade Linie dargestellt. Als Beispiel

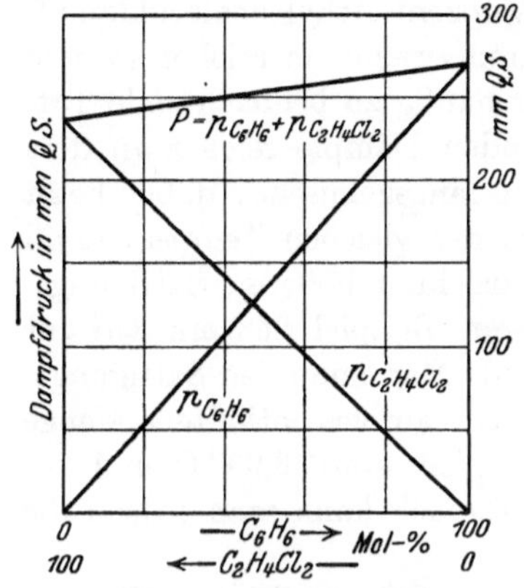

Abb. 2. Dampfdruck-Kurven des Gemisches Benzol + Äthylenchlorid.

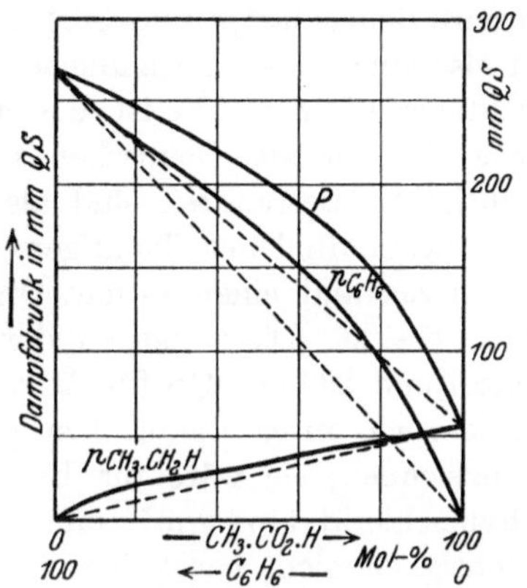

Abb. 3. Dampfdruck-Kurven des Gemisches Essigsäure + Benzol.

führe ich an das Gemisch Benzol + Äthylenchlorid, dessen Dampfdruckkurven nach den Messungen von J. v. ZAWIDZKI[21] für eine Temperatur von 49,99° C in Abb. 2 wiedergegeben sind. Abb. 3 zeigt nach den Messungen des gleichen Forschers die Kurven für das Gemisch Essigsäure + Benzol, die „positiv" verlaufen. Das in Abb. 4 gebrachte Beispiel Aceton + Chloroform nach Messungen von E. BECKMANN und O. FAUST[22] bei 28,15° bringt „negative" Kurven mit einem Minimum im Gesamtdruck.

Bei einheitlichen Stoffen berechnet sich die in einem Kubikmeter enthaltene Dampfmenge nach den Gl. 16 und 16a. Diese lassen sich unverändert auf die Komponenten einer Mischung anwenden. Ein Gemisch

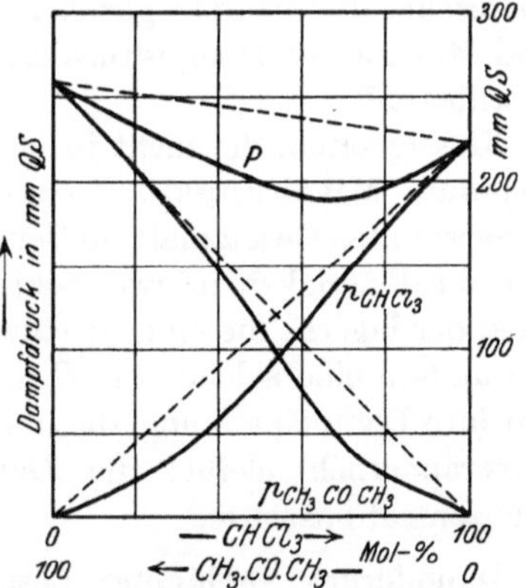

Abb. 4. Dampfdruck-Kurven des Gemisches Chloroform + Aceton.

von $m_1 = 70$ Molprozenten Benzol und $m_2 = 30$ Molprozenten Äthylenchlorid zeigt Teildrücke von $p_1 = 187,6$ mm QS und $p_2 = 70,86$ mm QS (49,99° C), die Molekulargewichte sind $M_1 = 78$ und $M_2 = 99$. Die Gewichtszusammensetzung der flüssigen Phase ergibt sich aus Gl. 21 zu $g_1 = 64,8\%$ und $g_2 = 35,2\%$. Aus Gl. 16 berechnen

sich die in 1 m³ enthaltenen Dampfmengen des gleichen Gemisches zu
$\frac{16 \cdot 78 \cdot 187,6}{323} = g_1' = 725$ g Benzol/m³ von 49,99° und $\frac{16 \cdot 99 \cdot 70,86}{323} = g_2' =$
347 g Äthylenchlorid/m³ von 49,99° C. Der mit dem flüssigen Gemisch
im Gleichgewicht befindliche Dampf enthält demnach 67,6 Gewichtsprozent Benzoldampf und 32,4 Gewichtsprozent Äthylenchloriddampf,
hat also eine andere Zusammensetzung, und zwar ist er reicher an dem
flüchtigeren Benzol. Es ist dies eine sehr häufig zu beobachtende Tatsache, daß die aus Gemischen aufsteigenden Dämpfe reicher an dem
flüchtigeren Bestandteil sind als die Ausgangsgemische; dabei heißt
jener Bestandteil der flüchtigere, der bei der gleichen Temperatur in
reinem Zustand einen in mm QS ausgedrückten höheren Sättigungsdruck besitzt. Dieser ist an dem früheren Beispiel 268 mm QS für
Benzol und 236 mm QS für Äthylenchlorid. Man kann den Sättigungsdruck auch durch die in 1 m³ gesättigten Dampfes enthaltene Menge
kennzeichnen; sie wäre für Benzol 1036 g/m³ von 49,99° C und für
Äthylenchlorid 1157 g/m³ von 49,99° C. Danach kann man jedoch die
Flüchtigkeit nicht beurteilen.

Auf der hier beschriebenen Erscheinung, daß nämlich ein flüssiges
Zweistoffgemisch mit einem Dampf im Gleichgewicht ist, der mehr von
der flüchtigeren Komponente enthält oder, was das gleiche ausdrückt:
einen an der flüchtigeren Komponente reicheren Dampf entsendet,
beruhen die fraktionierte Destillation und Kondensation. Es gibt auch
Gemische, die Dämpfe gleicher Zusammensetzung entsenden (Maxima
und Minima der Dampfdruckkurven); sie lassen sich nicht fraktioniert
destillieren[23].

Flüssigkeiten, die nicht in jedem Verhältnis mischbar sind, eine sogenannte Mischungslücke aufweisen, folgen außerhalb dieser den
vorerwähnten Gesetzmäßigkeiten; im Gebiet der Mischungslücke scheidet
sich die Flüssigkeit in zwei Schichten, die sich nach ihrer Dichte übereinander lagern: die eine ist eine gesättigte Lösung des Stoffes A in B,
die andere eine solche von B in A. Jede dieser gesättigten Lösungen
hat ihre Dampfspannung, die über das ganze Gebiet der Mischungslücke
unveränderlich bleibt; die Dampfdruckkurve verläuft parallel zur
Konzentrationsachse.

Dampfdruck verdünnter Lösungen. Der Zusammenhang zwischen
Konzentration und dem Teildrucke in der Dampfphase liegt besonders
einfach für die verdünnten Lösungen, wenn also der eine Stoff in großem
Überschuß vorhanden ist, und zwar für die Teildrücke beider Mischungs-
anteile, sowohl den über- als auch den unterschüssigen.

a) Durch den Zusatz erniedrigt sich der Sättigungsdruck des im
Überschuß befindlichen Stoffes proportional der Molkonzentration der
gelösten Substanz; der verbleibende Teildruck (p_A) ist gleich dem

Produkt aus dem Sättigungsdruck des unvermischten Stoffes (P_A) und dem Molbruch (m_A) des überschüssigen Stoffes:

$$p_A = P_A \cdot m_A. \tag{22}$$

Dieses von F. M. Raoult empirisch und J. H. van't Hoff (1885)[24] auf theoretischem Weg aufgestellte Gesetz gilt streng nur für stark verdünnte Lösungen. Für das in Abb. 2 dargestellte Gemisch gilt das Raoult-van't Hoffsche Gesetz über das ganze Konzentrationsgebiet — ein recht seltener Fall.

b) Teildruck und Konzentration des unterschüssigen Stoffes sind einander ebenfalls proportional. Dieser in allgemeinerer Fassung als Absorptionsgesetz von W. Henry (1803) aufgestellte Satz, wonach sich die Gase (und Dämpfe) in einem beliebigen Lösungsmittel ihrem Druck proportional lösen, bewährt sich vor allem an den schwer verflüssigbaren Gasen. Er gilt auch für Gasgemische (J. Dalton 1807)[25].

Verdampfungswärme. Geht ein Stoff aus dem festen oder flüssigen Zustand in gesättigten Dampf über, dann bedarf dieser Übergang einer gewissen Wärmezufuhr, ohne daß dabei eine Temperatursteigerung eintritt. Die hierzu nötige Wärmemenge heißt Verdampfungswärme ($= l$); man bezieht sie auf die Mengeneinheit, das Gramm, oder auf das Mol: molekulare Verdampfungswärme ($= L$). Die Verdampfungswärme hängt von der Temperatur ab, bei welcher der Übergang stattfindet und fällt im allgemeinen mit steigender Temperatur. Eine Beziehung dafür gibt die Gleichung von R. Clausius-E. Clapeyron:

$$l = T \cdot \frac{dp}{dT} \cdot (v - v'); \tag{23}$$

darin bedeutet $\frac{dp}{dT}$ den Temperaturkoeffizienten des Sättigungsdruckes bei der Verdampfungstemperatur T, v ist das spezifische Volumen des Dampfes, v' das der Flüssigkeit.

Die Gleichung läßt sich allgemein auf jeden Übergang von einem Zustand in einen höheren anwenden; als höherer Zustand gilt der durch Wärmezufuhr aus dem arderen entstehende. Die Reihenfolge vom niedrigsten zum höchsten Zustand ist danach:

fester Stoff → Flüssigkeit → Dampf (Gas).

In der Differenz $v - v'$ ist v das spezifische Volumen des Stoffes im höheren Zustand. Wir kennen folgende Übergänge, für die l in entsprechender Weise die Bezeichnung wechselt:

fest → flüssig: Schmelzwärme;
fest → gasförmig: Sublimationswärme;
flüssig → gasförmig: Verdampfungswärme.

Spricht man von Verdampfungswärme schlechthin, so ist die beim normalen Siedepunkt (unter 760 mm QS Druck) gemeint.

Die Verdampfungswärme setzt sich aus der sogenannten „inneren" oder latenten Verdampfungswärme ($= \varrho$), dem Wärmebetrag zum Überwinden der Flüssigkeitsanziehung und der „äußeren" Verdampfungswärme ($= \alpha$), der zur Leistung der äußeren Arbeit gegen den Sättigungsdruck entsprechenden Wärmemenge, zusammen:

$$l = \varrho + \alpha.$$

α ist gleich der im Wärmemaß ausgedrückten Arbeit:

$$p \cdot (v - v').$$

Häufig wird von $0°$ C an gezählt, von da an bis zur Verdampfungstemperatur $t°$ C erwärmt und dann erst in gesättigten Dampf übergeführt. Die zum Erwärmen von $0°$ C auf $t°$ C notwendige Wärmemenge heißt Flüssigkeitswärme ($= q$).

$q + l = \lambda$ pflegt man als Gesamtwärme des gesättigten Dampfes zu bezeichnen oder auch als totale Verdampfungswärme; $q + \varrho = u$ ist die sogenannte Dampfwärme.

Beim Abkühlen von Dämpfen zur Verflüssigung werden die entsprechenden Wärmemengen, die dem Betrag nach den obigen gleich sind, frei.

Die molekulare Verdampfungswärme L_s beim gewöhnlichen Siedepunkt einer Flüssigkeit gibt, geteilt durch die zugehörige Siedetemperatur in absoluter Zählung, einen für viele Stoffe konstanten Wert, der 20 bis 22 beträgt, wenn man L_s in cal/Mol ausdrückt. (Regel von F. TROUTON)[26]. Stoffe mit sehr niedrigen oder sehr hohen Siedepunkten, insbesondere die ersteren, zeigen Abweichungen von dieser Regel. Es zeigte sich, daß der Quotient mit steigender Siedetemperatur wächst, anfangs recht rasch, später langsamer, so daß der Wert 20 bis 22 mittleren Temperaturen entspricht. Sogenannte „assoziierte" Substanzen, bei denen man in flüssigen und gelegentlich auch im Gaszustand neben den gewöhnlichen Molekülen doppelte und höhere Moleküle anzunehmen neigt, gehorchen der Regel nicht; sie geben zu hohe Werte, wie z. B. Wasser, Alkohol usw.

Joule-Thomson-Effekt. Im Jahre 1807 zeigte L. J. GAY-LUSSAC[27], daß ein Gas beim Ausströmen in einen luftleeren Raum, also beim arbeitslosen Ausdehnen, seine Temperatur im ganzen nicht ändert. Dieser Satz gilt nur für ideale Gase, für die man keine wechselseitigen Anziehungskräfte der Moleküle untereinander, keine Kohäsion, annimmt. Bestünden solche Kohäsionskräfte, dann müßten sich die Gase beim Ausdehnen ins Vakuum abkühlen. J. P. JOULE und W. THOMSON[28] wiesen nun nach (1854), daß praktisch tatsächlich Temperaturänderung, und zwar im allgemeinen Abkühlung, eintritt; diese

Abkühlung ist insbesondere bei tiefen Temperaturen so groß, daß auf der Erscheinung, Joule-Thomson-Effekt genannt, C. LINDE (1895)[29] seine Methode der Luftverflüssigung aufbauen konnte (siehe S. 62).

Spezifische Wärme. Wenn von der spezifischen Wärme eines festen Stoffes oder einer Flüssigkeit gesprochen wird, dann kümmert man sich im allgemeinen wenig um Druck oder Volumen, weil deren Einfluß auf die spezifische Wärme von Körpern in diesen beiden Aggregatzuständen gering ist. Stillschweigend wird der Atmosphärendruck als konstant angenommen und die Wärmemenge, die nötig ist, um die Temperatur der Mengeneinheit um $1°$ C zu erhöhen, als die gesuchte, von Stoff zu Stoff verschiedene Größe, als spezifische Wärme bezeichnet. Da die spezifische Wärme selbst von der Temperatur abhängt, müssen innerhalb gewisser Temperaturgebiete Mittelwerte benutzt werden. Der Einfluß von Temperaturänderungen auf eine der beiden Größen Volumen oder Druck, wenn die andere unverändert bleibt, ist bei Gasen und Dämpfen groß, wie bereits ausgeführt wurde, während er sich stark verringert, sobald ein Körper in den flüssigen oder festen Zustand übergeht. Der vermehrte Einfluß im gasförmigen Zustand bewirkt eine verstärkte Abhängigkeit der spezifischen Wärme von der Art der Erwärmung; bleibt während der Wärmezufuhr das Volumen unverändert, so erhöht man mit der Temperatursteigerung nur den Wärmeinhalt des Gases, wogegen sich bei gleichbleibendem Druck das Gas ausdehnt und dabei außer der Erhöhung des Wärmeinhaltes Ausdehnungsarbeit gegen den äußeren Druck geleistet wird. Neben diesen beiden praktisch wichtigsten Möglichkeiten gibt es noch eine Unzahl von Erwärmungswegen und dementsprechend viele spezifische Wärmen. Wegen der zu leistenden Ausdehnungsarbeit ist die spezifische Wärme bei gleichbleibendem Druck (c_p) größer als die bei unveränderlichem Volumen (c_v). Das Produkt aus spezifischer Wärme und Atomgewicht eines Stoffes heißt **Atomwärme**, während Multiplizieren mit dem Molekulargewicht die **Molekularwärmen** (C_p, C_v) ergibt. Der Unterschied zwischen C_p und C_v ist für ideale Gase 1,986 cal, welche Wärmemenge mit der im Wärmemaß ausgedrückten allgemeinen Gaskonstante R übereinstimmt. In $\frac{\text{mkg}}{°\text{C}}$ ausgedrückt hat R den Wert 848 (siehe S. 8); da nun 1 Calorie $= 427$ mkg ist, wird R im Wärmemaß $\frac{848}{427} = 1{,}986$ cal/$°$ C. Für Stoffe mit geringer Atomanzahl im Molekül nimmt ferner der Quotient $\frac{c_p}{c_v} = \varkappa$ einfache Werte an, in Übereinstimmung mit theoretischen Vorstellungen. Dieser Quotient, auf dessen Bedeutung wir noch ausführlicher zurückkommen, wird für einatomige Gase und Dämpfe (Edelgase und Metalldämpfe; wegen ihres einatomaren Baues decken sich Atom- und Molekularwärme) fast genau $\frac{5}{3}$; für jedes weitere ins Molekül eintretende Atom steigen Zähler und Nenner von $\varkappa$ um 2, es ergibt sich also für zweiatomige Gase $\varkappa = \frac{7}{5}$, für dreiatomige $\varkappa = \frac{9}{7}$; hier aber sind die Abweichungen schon recht bedeutend und $\varkappa = \frac{4}{3}$ gilt — auch in Übereinstimmung mit der Theorie — oft besser; bei höheren Molekülen nehmen die Werte weiter zu, immerhin gibt die Regel Anhaltspunkte. Als oberen Grenzwert hat $\varkappa$ die Zahl 1,667 und nähert sich mit steigender Molekularwärme der Eins, ohne sie je zu erreichen. C_p und C_v sind durch Beziehungen verbunden, die sich in zwei Gleichungen ausdrücken lassen, wobei die Zahlenwerte der Gleichungen in einem Fall von der Natur der Stoffe vollständig unabhängig sind, im andern Fall nur von der Zahl der im Molekül vorhandenen Atome abhängen. Durch zwei Gleichungen vollkommen bestimmt, gelten die Molekularwärmen C_p und C_v für Gruppen gasförmiger Stoffe, von denen wir die Edelgase und Metalldämpfe bereits kennenlernten. Aus

$$C_p - C_v = 1,986$$

und

$$\frac{C_p}{C_v} = \varkappa$$

folgt

$$C_p = 1,986 \cdot \frac{\varkappa}{\varkappa - 1},$$

$$C_v = 1,986 \cdot \frac{1}{\varkappa - 1}.$$

Einatomige Gase liefern daraus (mit $\varkappa = \frac{5}{3}$) $C_p \sim 5$ und $C_v \sim 3$, zweiatomige, wie CO, N_2, O_2, H_2, $C_p \sim 7$ und $C_v \sim 5$ usw.

Bei den Gasen kann man statt der Molgewichte mit Volumen rechnen; ein Normalkubikmeter ($0°$, 760 mm QS) enthält 44,6 Mole, daraus berechnen sich die zu seinem Erwärmen um $1°$ C notwendigen Wärmemengen für CO usw. zu $7 \cdot 44,6 = 312$ cal ($\sim 0,3$ kcal) und $5 \cdot 44,6 = 208$ cal. Auch für Luft, ein Gemenge zweiatomiger Gase, gelten die gleichen Werte. Wegen der Temperaturabhängigkeit der spezifischen Wärmen gelten diese Zahlen nur angenähert. Näheres enthalten Anhang 6 und 7.

Isobare, Isotherme, Adiabate, Isochore. Alle Zustandsänderungen von Gasen und Dämpfen, die mit Volumenänderungen und Überwindung eines Gegendruckes verbunden sind, haben Arbeitsleistungen zur Folge. Diese Arbeit kann positiv oder negativ sein; jener Ausdruck zeigt gewinnbare Arbeit an, wenn sich z. B. ein Gas unter hohem Druck befindet und durch Entspannung Ausdehnungsarbeit leistet, während dieser zu leistende Arbeit bezeichnet, etwa die Kompressionsarbeit. Stets spielt dabei der gasförmige Körper den Vermittler oder Überträger und geht letzten Endes unverändert aus den Prozessen wieder hervor. Die Arbeit ergibt sich aus der Überwindung eines Druckes (Kraft) durch Änderung eines

Volumens (Weg). Zweckmäßigerweise hält man die Vorgänge diagrammatisch fest und trägt auf der Abszisse das jeweilige Volumen, auf der Ordinate den zugehörigen Druck auf, weil dann die Fläche, die zwischen dem Kurvenstück der Zustandsänderung, den Endordinaten und der Abszissenachse liegt, unmittelbar ein Maß für die Arbeit ist (vgl. Abb. 5).

a) Wir sprachen schon über den Einfluß von Temperaturänderungen auf das Volumen eines Gases bei festem Druck; die diesen Vorgang versinnlichende Kurve, meist Isobare, auch Isopieste genannt, verläuft (Abb. 5) parallel zur Volumenachse. Die Arbeit ist

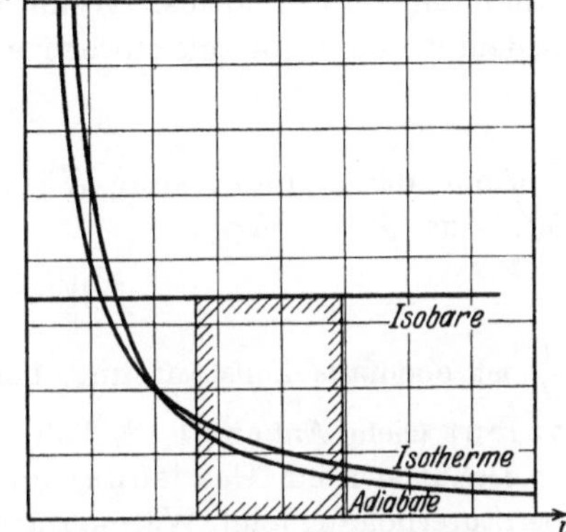

Abb. 5. Zustandskurven im p, v-Diagramm.

$$A = \int_{v_1}^{v_2} p \, dv,$$

$$= p \int_{v_1}^{v_2} dv,$$

$$= p \cdot v \Big|_{v_1}^{v_2},$$

$$= p \cdot (v_2 - v_1). \qquad (24)$$

Dehnt sich ein Gas durch Temperaturerhöhung um 1 Liter gegen einen Druck von 1 at aus, so leistet es eine Arbeit von 1 Literatmosphäre. Da 1 at $= 10\,000$ kg/m² und 1 Liter $= 0{,}001$ m³ ist, wird A in diesem Fall gleich 10 mkg.

b) Die Kurve der Gleichung $p \cdot v = $ konstant ist in der $p \cdot v$-Fläche eine gleichseitige Hyperbel, sie heißt Isotherme (Abb. 5). Die Arbeit ist wieder

$$A = \int_{v_1}^{v_2} p \, dv$$

und ergibt, wenn man die Gasgleichung zugrunde legt,

$$p = \frac{RT}{v},$$

$$A = \int_{v_1}^{v_2} RT \cdot \frac{dv}{v},$$

$$= RT \ln v \Big|_{v_1}^{v_2},$$

$$= RT \ln \frac{v_2}{v_1} ; \qquad (25)$$

da aber $\frac{v_2}{v_1} = \frac{p_1}{p_2}$ ist, kann man auch nach

$$A = RT \ln \frac{p_1}{p_2} \tag{26}$$

rechnen; die Arbeit ist positiv, also gewinnbar, für $v_2 > v_1$ oder, was dasselbe ist, $p_1 > p_2$, dem Fall der (isothermen) Expansion; der Quotient $\frac{v_2}{v_1} \left(= \frac{p_1}{p_2} \right)$ heißt **Expansionsverhältnis**.

Arbeit und Wärme, zwei Arten der Erscheinungsformen der Energie, stehen nach dem Gesetz von der Energieerhaltung (J. R. Mayer 1842, H. v. Helmholtz 1847, J. P. Joule 1850) zueinander in einem bestimmten Maßverhältnis. Wenn A gewonnene oder geleistete Arbeit bedeutet und W die gleichwertige Wärmemenge, dann gilt

$$A = J \cdot W, \tag{27}$$

worin J, das **mechanische Wärmeäquivalent**, eine konstante Zahl ist. Aus Gl. 27 folgt

$$W = \frac{1}{J} \cdot A; \tag{27a}$$

$\frac{1}{J}$ ist ebenfalls konstant und heißt das **calorische Arbeitsäquivalent** (siehe Anhang 1, S. 373).

Dehnt sich ein Gas isobar aus, so muß ihm, was aus seiner Temperaturerhöhung folgt, Wärme zugeführt werden; zieht es sich umgekehrt isobar zusammen, so gibt es Wärme ab, oder es muß ihm solche entzogen werden. Erhitzt man 1 Mol eines Gases unter dem Druck 1 at $=$ 10000 kg/m² von $0°$ C, wo es einen Raum von $22,4 \cdot \frac{10333}{10000} = 23,15$ l einnimmt, auf $273°$ C, so steigt das Volumen auf das Doppelte und die gegen den Atmosphärendruck geleistete Arbeit beträgt 23,15 Literatmosphären $= 231,5$ mkg $= 231,5 \cdot 2,34 = 542$ cal. Ist das Gas einatomig, dann beträgt die Molekularwärme C_p rund 5 cal, es wurden dem Gas insgesamt $5 \cdot 273 = 1365$ cal zugeführt; somit bleibt ein Restbetrag an Wärme im Gas, der die sogenannte **innere Energie**, ein nach Vorstehendem verständlicher Ausdruck, erhöht. Während der gewinnbare Arbeitsbetrag vom Molekülaufbau des ihn liefernden Gases unabhängig ist und stets den obigen Wert 542 cal besitzt, wenn die beschriebene Zustandsänderung durchgemacht wird, stellt der Wärmewert 1365 cal einen unteren Grenzwert dar, denn Gase mit mehreren Atomen im Molekül haben größere Molekularwärmen, was den zuzuführenden Wärmebetrag steigert. Trotz gesteigerter Wärmezufuhr gewinnen wir aber den gleichen Arbeitsbetrag, es bleibt also ein größerer Energiebetrag im Gase zurück.

Die innere Energie idealer Gase ist nur von der Temperatur abhängig; wenn daher die Arbeitsleistung isotherm ausgeführt wird, die Temperatur sich also nicht ändert, dann müssen Arbeit und Wärme gleich werden. Dehnt sich ein komprimiertes Gas aus, so leistet es Arbeit; soll die Temperatur gleich bleiben, so muß die entsprechende Wärmemenge (Expansionswärme) zugeführt werden, andernfalls kühlt sich das Gas bei der Ausdehnung ab. Wird ein Gas komprimiert, dann muß die Kompressionswärme abgeführt werden, wenn eine Temperaturerhöhung vermieden werden soll.

c) Leiten wir aber nun einen solchen Vorgang der Zustandsänderung derart — etwa durch schnellen Ablauf oder durch gute Wärmeisolierung —, daß weder von außen Wärme aufgenommen, noch solche nach außen abgegeben werden kann, dann dient bei der Kompression die ganze Kompressionswärme zur Erwärmung des komprimierten Gases, bei der Expansion entzieht das Gas sich selbst die der Expansionsarbeit entsprechende Wärmemenge und kühlt sich ab. Man nennt dies adiabatische Zustandsänderungen und die Kurve eine Adiabate. Die Arbeitsgleichung lautet

$$p \cdot v^{\varkappa} = \text{konstant}, \tag{28}$$

worin $\varkappa$ den Quotient $\dfrac{c_p}{c_v}$ bedeutet, der zwischen 1,667 und 1 liegt (S. D. Poissonsches Gesetz).

Der Unterschied der Adiabate gegen die Isotherme ergibt sich wie folgt: Die Isothermen-Gleichung

$$p = \frac{k}{v}$$

ergibt differenziert

$$\frac{dp}{dv} = -\frac{k}{v^2} = -\frac{1}{v} \cdot \frac{k}{v} = -\frac{p}{v},$$

während aus der Adiabaten-Gleichung

$$p = \frac{k}{v^{\varkappa}}$$

$$\frac{dp}{dv} = -\varkappa \cdot \frac{k}{v^{\varkappa+1}} = -\varkappa \, \frac{1}{v} \cdot \frac{k}{v^{\varkappa}} = -\varkappa \cdot \frac{p}{v}$$

folgt. Die Differenzialquotienten bestimmen die Neigung der Kurve gegen die Abszissenachse; die Adiabate fällt steiler gegen diese ab als die Isotherme (Abb. 5).

Aus Gl. 28 können wir die Beziehung v, T und p, T für die Adiabate ausrechnen, wenn wir aus der Gasgleichung für $p = \dfrac{RT}{v}$ oder für $v = \dfrac{RT}{p}$ einsetzen; im ersten Fall wird

$$T \cdot v^{\varkappa-1} = \text{konstant}, \tag{28a}$$

im zweiten

$$T \cdot p^{\frac{1-\varkappa}{\varkappa}} = \text{konstant}. \tag{28b}$$

$\varkappa$ ist für Luft 1,41. Luft von $0°$ C werde vom Druck $p_1 = 1$ at auf $p_2 = 3$ at adiabatisch komprimiert. Wie groß ist die Temperatursteigerung und welches Volumen nimmt die Luft nach dem Vorgang ein?

Aus Gl. 28b finden wir

$$273 \cdot 1 = T_2 \cdot 3^{-\frac{0,41}{1,41}},$$

$$= T_2 \cdot \frac{1}{\sqrt[30]{0,291}},$$

$$= T_2 \cdot \frac{1}{1,377},$$

$$T_2 = 376°;$$

daher beträgt die Temperatursteigerung $103°$.

Das gesuchte Volumen errechnet sich nach Gl. 28:

$$1 \cdot v_1^{1,41} = 3 \cdot v_2^{1,41},$$

$$\left(\frac{v_1}{v_2}\right)^{1,41} = 3,$$

$$\frac{v_1}{v_2} = \sqrt[1,41]{3},$$

$$\frac{v_1}{v_2} = 2,18.$$

Das Volumen beträgt nach der adiabatischen Kompression den 2,18. Teil, während es nach isothermer $^1/_3$ des Anfangsvolumens wäre. Der Unterschied liegt an der Temperatursteigerung auf $103°$ C, berücksichtigt man diese nach Gl. 3, so ergibt sich der obige Wert 2,18.

Die Werte für $\varkappa$ wechseln aus theoretischen Gründen, noch mehr aber praktisch, weil selbst Gase mit gleicher Atomzahl im Molekül Abweichungen aufweisen. G. ZEUNER verallgemeinerte die Adiabatengleichungen, indem er den Quotienten der spezifischen Wärmen durch eine ganz beliebige, positive oder negative Zahl n ersetzte und für diese Kurvenart den Namen „Polytrope" einführte, wobei n ihre „Ordnung" angibt. Diese Kurven haben praktische Bedeutung, weil in der Natur viele Zustandsänderungen zwischen isotherm und adiabatisch verlaufen, der Wert $\varkappa$ zu groß und die (isotherme) Eins zu klein ist.

Bisher wurden nur sogenannte „offene" Arbeitsprozesse besprochen, das Gas geht während der betrachteten Zustandsänderung nicht in den Ausgangszustand zurück. Wenn dies eintritt, dann spricht man von Kreisprozessen, deren bekanntester, der CARNOTsche, darin besteht, daß sich ein Gas zuerst isotherm, dann adiabatisch ausdehnt, worauf es durch erst isotherme, dann adiabatische Kompression in den Ausgangszustand zurückgebracht wird. Die von den Kurven umschriebene Fläche ist ein Maß für die bei dem Vorgang gewinnbare Arbeit.

d) Der Vollständigkeit halber seien noch die Namen für Zustands-folgen nach Gl. 4 genannt, bei denen das Volumen konstant bleibt und sich nur der Druck mit der Temperatur verändert: Isochore oder auch Isopykne. Da das Volumen nicht wechselt, ist dabei auch keine Arbeit zu gewinnen oder aufzuwenden.

Reaktionsgeschwindigkeit. Jede chemische Reaktion braucht zu ihrem Ablauf eine gewisse Zeit. Diese Zeit kann sehr kurz sein — man denke an Verbrennungen, Explosionen usw. —, sie kann sich aber auch stark ausdehnen: vermischt man beispielsweise zwei Raumteile Wasser-stoff mit einem Raumteil Sauerstoff (Knallgas), so läßt sich dieses Gemisch bei Zimmertemperatur praktisch unverändert monatelang aufbewahren, während bei $585°$ C[30] Entzündung eintritt. Ein und die-selbe Reaktion, im obigen Fall die Bildung von Wasser aus den gas-förmigen Elementen, verläuft je nach der Versuchstemperatur schneller oder langsamer; als Reaktionsgeschwindigkeit bezeichnet man die je Zeiteinheit sich umsetzenden Mengen, ausgedrückt in Bruchteilen der vorhandenen Gesamtmenge.

Die praktisch angegebene Reaktionsgeschwindigkeit ist stets eine Differenz zweier Geschwindigkeiten. Die Vereinigung von Wasserstoff mit Sauerstoff nach

$$2\,H_2 + O_2 \rightarrow 2\,H_2O$$
$$2\,\text{Vol.} + 1\,\text{Vol.} \rightarrow 2\,\text{Vol.}$$

erfolge unter bestimmten Zustandsbedingungen mit einer charak-teristischen Reaktionsgeschwindigkeit v; anderseits zerfallen gleich-zeitig die Wassermoleküle in die Elemente nach $2\,H_2O \rightarrow 2\,H_2 + O_2$ mit einer im allgemeinen anderen Reaktionsgeschwindigkeit v'. Der praktische Wert ist

$$V = v - v'.$$

Wenn $v > v'$, dann messen wir die „Bildungsgeschwindigkeit" von Wasser, für $v < v'$ die „Zerfallsgeschwindigkeit". Ist die Reaktion „zur Ruhe gekommen", dann ist $v = v'$, d. h. es bildet sich vom Reaktions-produkt je Zeiteinheit ebensoviel wie zerfällt.

Eine Reaktion erfolge ganz allgemein nach der Gleichung

$$n_1 \cdot A_1 + n_2 \cdot A_2 \rightarrow n_1' \cdot A_1' + n_2' \cdot A_2';$$

dann ist die Geschwindigkeit von links nach rechts

$$v = k \cdot c_1^{n_1} \cdot c_2^{n_2} \tag{29a}$$

wenn c_1 und c_2 die Konzentrationen der Stoffe A_1 und A_2 bezeichnen. k ist der Geschwindigkeitskoeffizient. Die Reaktion verlaufe von rechts nach links mit einer Geschwindigkeit

$$v' = k' \cdot c_1'^{n_1'} \cdot c_2'^{n_2'}. \tag{29b}$$

Aus Gl. 29a und 29b finden wir

$$V = v - v' = k \cdot c_1^{n_1} \cdot c_2^{n_2} - k' \cdot c_1'^{n_1'} \cdot c_2'^{n_2'}. \tag{30}$$

Die Anfangsgeschwindigkeit einer Reaktion, solange nur die Produkte einer Gleichungseite vorhanden sind, wird wesentlich bestimmt durch den Geschwindigkeits-Koeffizienten, der während des ganzen Ablaufs konstant bleibt, wenn sich die Zustandsbedingungen nicht verändern. Sobald die Reaktion einsetzt, wirken die Konzentrationen ihrerseits ein: je mehr die Reaktion fortschreitet, um so mehr nehmen die Konzentrationen der neu gebildeten Stoffe zu, wirken dadurch ihrer Bildung entgegen, hemmen sie; die Gesamtgeschwindigkeit verringert sich, weil die Konzentrationen der sich bildenden Produkte mehr und mehr steigen und dadurch die Gegengeschwindigkeit erhöhen. Schließlich wird $v = v'$ oder $V = 0$, die Reaktion ist „abgelaufen“. Ist nun k sehr groß gegen k', dann wird der Endpunkt erst erreicht sein, wenn die Ausgangsstoffe praktisch vollständig verschwunden sind: vollständige Reaktionen. Zu diesen gehören beispielsweise die bekannten Fällungsreaktionen der quantitativen Analyse, etwa die Bildung von Bariumsulfat aus Schwefelsäure und Bariumchlorid. Ist dagegen das Verhältnis von k zu k' derart, daß $v = v'$ wird, solange Ausgangsprodukte und gebildete Stoffe in merklichen Mengen vorhanden sind, dann heißt eine solche Reaktion unvollständig oder Gleichgewichtsreaktion.

Die Reaktionsgeschwindigkeit hängt ab vom Druck, der Temperatur und sogenannten Katalysatoren.

1. Druck: Steigerung des Druckes erhöht die Geschwindigkeit nach jener Reaktionsrichtung, die zu einer Verkleinerung des Volumens führt; im früher erwähnten Fall die Bildung des Wassers. Deutlicher erscheint der Druckeinfluß bei der Kondensation von Dämpfen:

$$A_{\text{Dampf}} \longrightarrow A_{\text{Flüssigkeit}},$$

die durch Druckerhöhung beschleunigt wird.

2. Temperatur: Bei Erhöhung der Temperatur um $10°$ C verdoppelt bis verdreifacht sich die Geschwindigkeit. Ist sie v_1 bei $t_1°$C und v_2 bei der höheren Temperatur $t_2°$C, dann ist

$$v_2 = v_1 \cdot 2^{\frac{t_2 - t_1}{10}} \text{ bis ungefähr } v_2 = v_1 \cdot 3^{\frac{t_2 - t_1}{10}}.$$

3. Katalysatoren: Darunter versteht man gewöhnlich Stoffe, die an der Reaktion keinen unmittelbaren Anteil nehmen, sondern nach ihrem Ablauf unverändert zurückbleiben. Ihre anwesende Menge ist deshalb im allgemeinen belanglos für den Reaktionsumsatz. Sie können keine Reaktion hervorrufen, sondern nur die Geschwindigkeit einer bereits ohne Anwesenheit des Katalysators ablaufenden Reaktion

beeinflussen (siehe hierzu auch S. 93). Positiv wirkende Katalysatoren erhöhen die Geschwindigkeit, beschleunigen die Reaktion, negativ wirkende erniedrigen sie, verzögern den Vorgang. Weil aber die sogenannte Reaktionsgeschwindigkeit den Unterschied zwischen den Mengenumsätzen nach beiden Richtungen darstellt, wirkt jeder Katalysator gleichzeitig positiv und negativ; die Beschleunigung nach der einen Richtung wirkt sich als Verzögerung nach der anderen aus. Dies bezieht sich selbstverständlich nur auf die den praktisch zu beobachtenden Unterschied bildenden Geschwindigkeiten; dieser Unterschied selbst wird vom Katalysator bei Gleichgewichtsreaktionen von beiden Seiten des Gleichgewichts in gleicher Weise beeinflußt.

Reaktionsordnung. a) Reaktionen, bei denen sich bloß von einer Molekülart die Konzentration wesentlich ändert, heißen unimolekular.

Ein Beispiel dafür ist die Bildung von Schwefelwasserstoff aus Wasserstoff und Schwefeldampf in Gegenwart flüssigen Schwefels. Der flüssige Schwefel sorgt dafür, daß sich die Konzentration des Schwefeldampfes praktisch nicht ändert.

Bezeichnen wir mit x die zur Zeit t bereits umgesetzte Menge und mit a die Anfangskonzentration des Ausgangsstoffes zur Zeit $t = 0$, wo auch $x = 0$ ist, dann ist

$$\frac{dx}{dt} = k\,(a - x). \tag{31}$$

Den Geschwindigkeitskoeffizienten findet man durch Integrieren der Gl. 31:

$$k = \frac{1}{t} \cdot \ln \frac{a}{a - x}. \tag{31a}$$

b) Für bimolekulare Reaktionen, bei denen zwei Stoffarten ihre Konzentrationen erheblich ändern, folgt in ähnlicher Weise wie oben und mit den gleichen Grundannahmen

$$\frac{dx}{dt} = k\,(a - x)\,(b - x),$$

welche Gleichung für gleiche Anfangskonzentrationen beider Stoffe (äquivalente Mengen), also für $a = b$, in

$$\frac{dx}{dt} = k\,(a - x)^2 \tag{33}$$

übergeht. Durch Integrieren ergibt sich

$$k = \frac{1}{(a - b)\,t} \cdot \ln \frac{(a - x)\,b}{(b - x)\,a} \tag{32a}$$

oder

$$k = \frac{1}{t} \cdot \frac{x}{(a - x)\,a}. \tag{33a}$$

c) **Trimolekulare Reaktionen** ergeben für gleiche Anfangskonzentrationen

$$\frac{dx}{dt} = k\,(a - x)^3 \tag{34}$$

und

$$k = \frac{1}{t} \cdot \frac{x\,(2\,a - x)}{2\,a^2\,(a - x)^2}\,. \tag{34a}$$

Höhere Reaktionen sind selten. Die Prüfung, welche der Gleichungen für k erfüllt wird, gibt oft Einblick in die Art einer Reaktion.

Gleichgewicht. Sobald eine Reaktion ihr Ende erreicht hat, $v = v'$ geworden ist, befindet sich das gesamte Reaktionsgemisch im **chemischen Gleichgewicht**. Die Kenntnis des Gleichgewichtszustandes ist insbesondere für unvollständig verlaufende (umkehrbare) Reaktionen (siehe S. 32) sehr wichtig. Wir kennen eine Reihe technisch bedeutsamer Vorgänge dieser Art, an denen Gase (Dämpfe) ausschließlich oder neben Flüssigkeiten bzw. festen Stoffen teilnehmen, zum Beispiel

$$CO_2 + C \rightleftarrows 2\,CO,$$

$$CO + H_2O \rightleftarrows CO_2 + H_2 \text{ usw.}$$

Nach Erreichen des Gleichgewichtszustandes sind, wie im Abschnitt über Reaktionsgeschwindigkeit auseinander gesetzt wurde, die Reaktionsgeschwindigkeiten nach beiden Richtungen gleich geworden: $v = v'$. Durch Einsetzen der in Gl. 29a und 29b gegebenen Beziehungen erhält man ganz allgemein

$$k \cdot c_1^{n_1} \cdot c_2^{n_2} = k' \cdot c_1'^{n_1'} \cdot c_2'^{n_2'}$$

und daraus

$$\frac{c_1'^{n_1'} \cdot c_2'^{n_2'}}{c_1^{n_1} \cdot c_2^{n_2}} = \frac{k}{k'} = K. \tag{35}$$

Das Verhältnis der Produkte aus den Konzentrationspotenzen gibt die **Reaktions-** oder **Gleichgewichtskonstante** K, die nur von der Temperatur abhängt. Die durch Gl. 35 ausgedrückte Regel enthält das C. M. Guldberg-P. Waagesche **Massenwirkungsgesetz**[31].

Bei Gasen (Dämpfen) können wir die Konzentrationen, als Molkonzentrationen je Liter ausgedrückt, durch die **Partialdrucke** ersetzen. Soweit die Gase und Dämpfe dem Avogadroschen Gesetz gehorchen, wird das Massenwirkungsgesetz auch in dieser Ausdrucksweise streng erfüllt; wenn aber das Avogadrosche Gesetz nicht erfüllt wird, treten Abweichungen auf, die aber meist in so geringen Grenzen bleiben, daß man sie praktisch vernachlässigen kann.

Eine Reaktion zwischen Gasen sei durch die allgemeine Gleichung

$$n_1 A_1 + n_2 A_2 \rightleftharpoons n_1' A_1' + n_2' A_2'$$

dargestellt; das Massenwirkungsgesetz ergibt

$$\frac{[A_1']^{n_1'} \cdot [A_2']^{n_2'}}{[A_1]^{n_1} \cdot [A_2]^{n_2}} = K;$$

dabei deuten die Zeichen in eckigen Klammern, wie allgemein üblich, die Konzentrationen an. Sind die Partialdrücke der einzelnen Anteile p_1, p_2, p_1' und p_2', dann gilt auch

$$\frac{p_1'^{n_1'} \cdot p_2'^{n_2'}}{p_1^{n_1} \cdot p_2^{n_2}} = K.$$

Der Totaldruck $P = p_1 + p_2 + p_1' + p_2'$ werde nun auf den n-fachen Betrag erhöht (n > 1). Es steigen die Werte der einzelnen Partialdrücke ebenfalls auf das n-fache, und die Gleichung für die Konstante K wird

$$n^{(n_1' + n_2') - (n_1 + n_2)} \cdot \frac{p_1'^{n_1'} \cdot p_2'^{n_2'}}{p_1^{n_1} \cdot p_2^{n_2}} = K.$$

Wenn $n_1' + n_2' = n_1 + n_2$, d. h. wenn sich die Molekülzahl und damit das Volumen im Verlauf der Reaktion nicht ändern, bleibt der Druck ohne Einfluß; sowohl Druckerhöhung als auch -erniedrigung stören das Gleichgewicht nicht.

Für

$$n_1' + n_2' > n_1 + n_2,$$

entsprechend einer Volumvergrößerung, wird die Potenz von n größer als 1; um den ursprünglichen Wert von K zu erhalten, muß der Quotient $\frac{p_1'^{n_1'} \cdot p_2'^{n_2'}}{p_1^{n_1} \cdot p_2^{n_2}}$ kleiner werden, was durch Verkleinerung des Zählers oder Vergrößerung des Nenners oder beider Vorgänge gleichzeitig geschieht. Die Druckerhöhung verschiebt das Gleichgewicht zugunsten der den kleineren Raum einnehmenden Reaktionsstoffe, Druckerniedrigung bewirkt das Gegenteil.

Diese Erscheinungen sind besondere Fälle des Prinzips von H. Le Chatelier, wonach Änderungen der äußeren Bedingungen einen Vorgang immer in dem Sinn beeinflussen, daß dadurch der äußeren Einwirkung entgegengearbeitet wird.

Wird den reagierenden Gasen ein an der Reaktion sich nicht beteiligendes Fremdgas oder Fremdgasgemisch zugesetzt, dann ist dies unter vielen Fällen möglich, von denen sich zwei besonders auszeichnen. Die Beimengung kann derart erfolgen, daß 1. der von den Reaktionsgasen in der Mischung eingenommene Raum für die Summe der vermischten Anteile ungeändert bleibt; dabei muß der Gesamtdruck steigen. Während hier das Volumen fest bleibt und der Gesamtdruck den Gasgesetzen gemäß ansteigt, zeichnet sich der 2. Fall durch die Unveränderlichkeit des Druckes aus, verbunden mit entsprechender Volumvergrößerung.

Zu 1. Das Gleichgewicht ändert sich nicht. Der Druck der reagierenden Gase sei vor dem Beimischen p, das Volumen v. Werden nun $n \cdot v$ Raumteile der indifferenten Stoffe, gemessen unter dem Druck p, zugegeben, ohne v, das Gesamtvolumen zu ändern, dann steigt der Gesamtdruck auf $(n + 1) \cdot p$. Hingegen bleibt der Teildruck der an der Gleichgewichtsreaktion beteiligten Gase p. Aus dieser Tatsache — keine Änderung des Druckes der reagierenden Gase — folgt, wenn man die Ausführungen über die Wirkung des Druckes auf Gasgleichgewichte berücksichtigt (siehe S. 35), daß sich das Gleichgewicht nicht verschiebt. Auch dann nicht, wenn die Reaktion mit einer Änderung der Molekülzahl verbunden ist.

Zu 2. Hier wirkt das zugesetzte Gas als Verdünnungsmittel, die Konzentrationen der einzelnen Bestandteile, auf die Volumeneinheit bezogen, sinken, in gleichem Maße fallen die Partialdrücke. Wieder können die Beziehungen über die Wirkung des Druckes auf Gasgleichgewichte herangezogen werden. Das Gleichgewicht wird sich nicht verschieben, wenn die Reaktion ohne Änderung der Molekülzahl verläuft, weil das Verhältnis der Partialdrücke nicht beeinflußt wird, trotz deren niedrigerem Absolutwert. In allen Fällen, wo die Molekülzahl auf beiden Seiten verschieden ist, verschiebt sich das Gleichgewicht zugunsten jener Gleichungsseite, auf der die Molekülzahl größer ist, wo die Reaktionsstoffe also den größeren Raum einnehmen.

Nach den gleichen Gesichtspunkten werden jene Fälle behandelt, bei denen man zu untereinander reagierenden Gasen, die sich im Gleichgewicht befinden, einen der Gleichgewichtsanteile zusetzt.

Reaktionen, die bei gewöhnlicher Temperatur mit praktisch unmerklicher Geschwindigkeit verlaufen, bei hohen Temperaturen jedoch zu einem stark ausgeprägten Gleichgewicht führen, finden vielfach technische Anwendung. Um einerseits den Gleichgewichtszustand für die hohen Temperaturen studieren zu können und um anderseits die in der Hitze entstehenden, in der Kälte beständigen Produkte zu erhalten, macht man von der Erfahrungstatsache Gebrauch, daß sich das Gleichgewicht nicht mehr ändert, wenn es hinreichend rasch abgekühlt wird: die Reaktion „friert" fest.

Wärmetönung. Chemische Reaktionen sind mit Wärmetönungen verbunden, die positiv (Wärmeentwicklung, Erwärmung, Leistung äußerer Arbeit), negativ (Wärmeaufnahme, Abkühlung) oder null sein können. Die bekanntesten Reaktionen, deren Wärmetönung praktisch weitgehend ausgenutzt wird, sind die Verbrennungsvorgänge.

Die Wärmetönung einer Reaktion pflegt man in Kilocalorien auszudrücken und auf Gramm-Mole der reagierenden Stoffe zu beziehen; sie setzt sich zusammen aus den entwickelten oder aufgenommenen Wärmemengen und den dabei auftretenden Arbeiten, ebenfalls im Wärmemaß ausgedrückt. Wird ein zu chemischen Reaktionen befähigtes Gemisch verschiedener Stoffe aus seinem (Anfangs-) Zustand auf mehreren sich unterscheidenden Wegen in den gleichen Endzustand gebracht, dann ist die Summe der Wärmetönungen vom Weg unabhängig und wird nur bestimmt durch die Art der Ausgangs- und Endprodukte: Gesetz der konstanten Wärmesummen (G. H. Hess 1840)[32]. Dieses Gesetz ermöglicht die Berechnung von Wärmetönungen, die der unmittelbaren Messung nicht zugänglich sind, sich hingegen aus bekannten Wärmetönungen ermitteln lassen.

Beispielsweise erfolgt .die Verbrennung von amorphen Kohlenstoff zu Kohlensäure nach:

$$C + O_{2\,Gas} = CO_{2\,Gas} + 94{,}73 \text{ kcal,}$$

die des Kohlenoxyds nach

$$CO_{Gas} + \tfrac{1}{2} O_{2\,Gas} = CO_{2\,Gas} + 68{,}01 \text{ kcal.}$$

Durch Abziehen der zweiten Gleichung von der ersten ergibt sich die Wärmetönung der Verbrennung von amorphem Kohlenstoff zu Kohlenoxyd, die sich experimentell nicht messend ausführen läßt:

$$C + \tfrac{1}{2} O_{2\,Gas} = CO_{Gas} + 26{,}72 \text{ kcal.}$$

Die Wärmetönung einer beliebigen Reaktion läßt sich aus zwei wichtigen thermochemischen Daten der reagierenden Substanzen berechnen. Sie ist nämlich 1. gleich der Summe der Bildungswärmen der entstehenden Stoffe vermindert um die Summe der Bildungswärmen der verschwundenen Stoffe und 2. gleich der Summe der Verbrennungswärmen der verschwundenen Stoffe vermindert um die Summe der Verbrennungswärmen der gebildeten Stoffe.

Bildungswärme einer chemischen Verbindung ist die Wärmetönung der (meist hypothetischen) Reaktion, die zur Bildung der Verbindung aus den sie zusammensetzenden Elementen führt.

Verbrennungswärme einer (organischen) Verbindung ist die Wärmetönung bei der vollständigen Vereinigung mit Sauerstoff, bezogen auf gleiche Temperatur der Ausgangs- und Endprodukte.

Für technische Zwecke ist es praktischer, die Verbrennungswärme der Gase nicht auf das Mol, sondern den Normalkubikmeter ($0°$ C, 760 mm QS, trocken) zu beziehen (Heizwert). Wird das beim Verbrennen entstehende Wasser in Dampfform angenommen, so erhält man den unteren Heizwert; wird dagegen das entstehende Wasser flüssig niedergeschlagen, dann ergibt sich der um die Kondensationswärme des Niederschlagswassers größere obere Heizwert. Die Kondensationswärme ist zahlenmäßig gleich der Verdampfungswärme, die für Wasser rund 600 kcal je kg beträgt.

Bildungs- und Verbrennungswärmen der an der Reaktion

$$CO + 3\,H_2 = CH_4 + H_2O$$

beteiligten Stoffe sind

	Bildungswärme kcal/g-Mol	Verbrennungswärme kcal/g-Mol
CO	$+\,29,0$	$68,01$
H_2	—	$68,45$
CH_4	$+\,21,75$	$212,26$
H_2O flüssig	$+\,68,38$	—

Aus den Bildungswärmen ergibt sich als Wärmetönung der obigen Reaktion:

$$21,75 + 68,38 - 29,0 = +\,\mathbf{61,13}\ \text{kcal,}$$

aus den Verbrennungswärmen:

$$68,01 + 3 \cdot 68,45 - 212,26 = +\,\mathbf{61,10}\ \text{kcal.}$$

Die Bildungswärme einer chemischen Verbindung findet man durch Vermindern ihrer Verbrennungswärme um die Bildungswärmen ihrer Verbrennungsprodukte. Da diese sich vorzugsweise aus CO_2, H_2O, gegebenenfalls SO_2 und Stickoxyden zusammensetzen, decken sich deren Bildungswärmen mit den Verbrennungswärmen von C, H_2, S, N_2.

Literatur:

EUCKEN, A.: Physikalische Chemie, 2. Aufl. Leipzig 1924.
KUENEN, J. P.: Die Eigenschaften der Gase. Leipzig 1919.
MACHE, H.: Theorie der Wärme. Berlin und Leipzig 1921.
NERNST, W.: Theoretische Chemie, 11. bis 15. Aufl. Stuttgart 1926.

Hinweise im Text:

1. STRUNZ, F.: Chem. Ztg 33, 1181, 1195, 1209 (1909). — LIPPMANN, E. O. v.: Chem. Ztg 34, 1 (1910).
2. SPETER, M.: Chem. Ztg 34, 193 (1910).
3. Siehe BECKER, A.: Naturwiss. Rdsch. 24, 41, 53 (1909).
4. ANDREWS, TH.: Phil. Trans. 159, 575 (1869). Ann. Physik, Erg.-Bd V, 64 (1871). Phil. Trans. 166, 421 (1876). Philosophic. Mag. [5] 1, 57 (1876). Siehe auch CAGNIARD DE LA TOUR, C.: Ann. Chim. Phys. [2] 21, 127, 178 (1822); 22, 411 (1823). WI. OSTWALDS Klassiker Nr 132. Leipzig 1902.
5. SCHUSTER, F.: Wien. Sitzgsber. 135, 315 (1926). Mh. Chem. 47, 341 (1926).
6. LE CHATELIER, H.: Z. physik. Chem. 9, 335 (1892). — MICHAUD, F.: C. r. 152, 849 (1911). — Siehe auch POLLITZER, F., u. E. STREBEL: Z. physik. Chem. 110, 768 (1924).
7. NATTERER, J.: Ann. Physik 62, 132 (1844). — AMAGAT, E. H.: Ann. Chim. Phys. [6] 29, 68 (1893). — KAMERLINGH ONNES, H. (u. Mitarbeiter): Comm. Leiden Nr 78 (1902), Nr 100b (1907), Nr 102a (1907), Nr 118b (1910), Nr 146a, c (1914), Nr 147 (1915), Nr 154a (1921), Nr 164 (1923), Nr 165a, b, c (1923), Nr 169a (1924),

Nr 170a (1924). — HOLBORN, L. (u. Mitarbeiter): Ann. Physik 47, 1089 (1915); 63, 674 (1920). Z. Physik 10, 367 (1922); 23, 77 (1924); 30, 320 (1924); 33, 1 (1925); 38, 359 (1926). — Siehe auch JÜPTNER, H. v.: Gas, Dampf und Flüssigkeit. Leipzig 1925.

8. GAY-LUSSAC, L. J.: Ann. Chim. 43, 137 (1802). Ann. Physik 12, 257 (1803). — REGNAULT, H. V.: Ann. Physik 55, 391, 557 (1842); 57, 199 (1842). — WI. OSTWALDS Klassiker Nr 44. Leipzig 1894.

9. BERTHELOT, D.: Z. Elektrochem. 10, 621 (1904). C. r. 144, 76 (1907). — GUYE, PH. A.: C. r. 144, 976 (1907).

10. Siehe BUCKINGHAM, E.: Ion 2, 317 (1910).

11. WAALS, J. D. VAN DER: Kontinuität des gasförmigen und flüssigen Zustandes. Deutsch von F. ROTH, 2. Aufl. Leipzig 1899.

12. KAMERLINGH ONNES, H., u. W. H. KEESOM: Die Zustandsgleichung. Enz. d. Math. Wiss. 5, H. 5. Leipzig 1912. — KEINDORFF, A.: Die Zustandsgleichung. Leipzig 1906. — KUENEN, J. P.: Die Zustandsgleichung. Braunschweig 1907. — Die Eigenschaften der Gase. Leipzig 1919. — LAAR, J. J. VAN: Die Zustandsgleichung. Leipzig 1924. — BERTHELOT, D.: Sur les Thermomètres à Gaz. Paris 1903. — CLAUSIUS, R.: Ann. Physik 9, 337 (1880); 14, 279, 692 (1881). — DIETERICI, C.: Ann. Physik 5, 51 (1901). — REINGANUM, M.: Physik. Z. 11, 735 (1910). — WOHL, A.: Z. physik. Chem. 87, 1 (1914); 99, 207 (1922). — Siehe WEGSCHEIDER, R.: Z. physik. Chem. 99, 361 (1922).

13. Siehe z. B. MAC CREA, R. H.: Chem. News 95, 101 (1907).

14. WI. OSTWALDS Klassiker Nr 8. Leipzig 1889.

15. LOSCHMIDT, J.: Wien. Sitzgsber. 52, 395 (1866). — Siehe auch THOMSON, W.: Nature 1, 551 (1870).

16. MILLIKAN, R. A.: Philosophic. Mag. [6] 34, 1 (1917). — Ferner WESTGREN, A.: Z. anorg. u. allg. Chem. 95, 231 (1915). — FOWLER, A.: J. Wash. Acad. 4, 529 (1914). — GERLACH, W.: Z. Physik 2, 76 (1920). — WARBURG, E.: Ann. Physik 48, 410 (1915).

17. DALTON, J.: Ann. Physik 12, 310 (1803). — WI. OSTWALDS Klassiker Nr 44. Leipzig 1894.

18. KREMANN, R.: Die Eigenschaft. binärer Flüssigkeitsgemische. Stuttgart 1920.

19. LODOČNIKOW, W. N.: Z. anorg. u. allg. Chem. 151, 185 (1926); 169, 177 (1928).

20. DOLEZALEK, F.: Z. physik. Chem. 64, 727 (1908); 71, 191 (1910). — LAAR, J. J. VAN: Z. physik. Chem. 72, 723 (1910). — Siehe auch SCHUSTER, F.: Z. anorg. u. allg. Chem. 159, 307 (1927).

21. ZAWIDZKI, J. v.: Z. physik. Chem. 35, 129 (1900).

22. BECKMANN, E., u. O. FAUST: Z. physik. Chem. 89, 235 (1914).

23. HAUSBRAND, E.: Verdampfen, Kondensieren und Kühlen. Berlin 1924. — THORMANN, K.: Destillieren und Rektifizieren. Leipzig 1928. — Siehe auch KONOWALOW, D.: Ann. Physik 14, 34, 219 (1881).

24. RAOULT, F. M.: Ann. Chim. Phys. 20, 297 (1890). — 'T HOFF, J. H. VAN: Rec. Trav. chim. Pays-Bas et Belg. (Amsterd.) 4, 424 (1886). Z. physik. Chem. 1, 481 (1887). — PLANCK, M.: Z. physik. Chem. 1, 577 (1887); 2, 405 (1888). — Siehe auch HOENEN, P. H. J.: Rec. Trav. chim. Pays-Bas et Belg. (Amsterd.) 42, 652 (1923).

25. DALTON, J.: Ann. Physik 28, 397 (1808). — WI. OSTWALDS Klassiker Nr 3. Leipzig 1889.

26. TROUTON, F.: Philosophic. Mag. [5] 18, 54 (1884). — PERSON, C. C.: C. r. 17, 498 (1843); 23, 524 (1846). — PICTET, R.: Ann. Chim. Phys. [5] 9, 180 (1876).

27. GAY-LUSSAC, L. J.: Mém. d'Arcueil I, 180 (1807).

28. JOULE, J. P.: Philosophic. Mag. [3] 26, 369 (1845). — JOULE, J. P., u. W. THOMSON: Phil. Trans. 143, 357 (1853); 144, 321 (1854); 152, 579 (1862).

29. LINDE, C.: Ann. Physik 57, 328 (1896).

30. DIXON, H. B., u. H. F. COWARD: J. Chem. Soc. Lond. 95, 514 (1909).

31. GULDBERG, C. M., u. P. WAAGE: Études sur les affinités chimiques. Christiania 1867. J. prakt. Chem. [2] 19, 69 (1879). — WI. OSTWALDS Klassiker Nr 104. Leipzig 1899.

32. HESS, G. H.: Ann. Physik 50, 385 (1840). — WI. OSTWALDS Klassiker Nr 9. Leipzig 1890.

B. Die technischen Gase.

Bei der Ausarbeitung dieses Buches wurden die Gase nicht als chemische Stoffe der Reihe nach behandelt, wie dies sonst in Technologien üblich ist; es wurde auch nicht irgendeine, den Verwendungszweck bestimmende Eigenschaft oder gar jener selbst in den Vordergrund gerückt, wie es berechtigt in manchen Werken geschieht, die sich mit Sondergebieten beschäftigen. Der Leitgedanke, der uns beim Aufbau dieses Buches führte, war, die Gase auf Grund einer sie alle gleichmäßig umfassenden Eigenschaft in bezug auf ihre technische Behandlung zu betrachten. Diese Kardinaleigenschaft ist der gasförmige Zustand.

Jede Einteilung fußt auf Unterschieden zwischen Dingen, die anderseits durch ein Gemeinsames verbunden sind, vereint werden. Wo dieses Gemeinsame, die Dinge Verbindende, eindeutig ist und gleichzeitig alle zergliedernden Unterscheidungsmerkmale fehlen, schließt sich die Möglichkeit der Unterteilung aus. Blieben wir bei der Kennzeichnung durch den gasförmigen Zustand stehen, dann wäre eine Einteilung unmöglich.

Der besseren Übersicht und des leichteren Verständnisses wegen, aus didaktischen Gründen, müssen wir für die Anordnung des ganzen Stoffes gewisse Unterteilungsgrundlagen benutzen, die wir eigentlich schon weiter oben angedeutet haben: wir wollen ja die Gase in bezug auf ihre technische Behandlung betrachten.

Genau so wie aber das die Einzelheiten Vereinende eine rein physikalische Eigenschaft, der gasförmige Zustand war, vermeidet auch der die systematische Auflösung des Ganzen ermöglichende Faktor die sonst so häufige, rein chemische Behandlung. Der gesamten neuzeitlichen Entwicklung der Technik folgend, wurde eine physikalisch-technische Richtung eingeschlagen, indem die Arbeitsvorgänge bei der Erzeugung der Gase — unabhängig vom chemisch definierten Individuum — die Grundlagen lieferten. Danach kommen wir zu folgenden Gruppen:

Erzeugung von Gasen aus

   I. Gasen (Beispiel: Ammoniak aus Wasserstoff und Stickstoff);
  II. Flüssigkeiten (Beispiel: Ölgas);
 III. festen Stoffen (Beispiel: Kohlendioxyd aus Calciumcarbonat);
 IV. Gasen und Flüssigkeiten (Beispiel: Luftgas);
  V. Gasen und festen Stoffen (Beispiel: Schwefeldioxyd aus Schwefel und Luftsauerstoff);
 VI. Flüssigkeiten und festen Stoffen (Beispiel: Acetylen aus Calciumcarbid und Wasser).

Schließlich könnte man als weitere Gruppe die natürlich auftretenden Gase anschließen; ihre Entstehung in der Natur wird sich aber auf den einen oder anderen der angeführten Fälle zurückführen lassen.

Jede Einteilung eines Gebietes erfüllt ihren Zweck nur im Rahmen der ihr zugrunde gelegten Forderungen. Darüber hinaus wird sie zweckwidrig und unbrauchbar. Infolgedessen gilt auch die obige Anordnung nur für das vorliegende Werk.

Wir wollen noch auf Einteilungsvorschläge, die von anderer Seite stammen, eingehen. Das durch sie jeweils unterteilte Gebiet ist mit Ausnahme des ersten Vorschlages enger begrenzt und umfaßt allein die technischen Brenngase; da sich aber dabei Anklänge an unsere Syste-

Übersicht 1. Einteilung der technischen Brenngase.
(Nach H. R. TRENKLER)

Gruppe	Art	Abart	Bemerkungen
A. Reichgase			aus festen Brennstoffen durch Entgasung:
	a) Schwelgase	—	a) bei niedriger Temperatur (unter 500°), vorwiegend aus Kohlenwasserstoffen bestehend.
	b) Kokereigase	Koksofengas, Leuchtgas	b) bei hoher Temperatur, reich an Wasserstoff.
B. Arm- oder Schwachgase			aus festen Brennstoffen durch Vergasung ohne Wärmezufuhr: (N_2-reich, wechselnde Mengen CO_2, CO, H_2).
	a) Luftgase	Siemensgas, Hochofengas	a) mit Luft.
	b) Halbgase	Sauggas	b) mit Luft und wenig Wasserdampf (bis 600 g/m³).
	c) Dampfgase	Mondgas	c) mit Luft und viel Wasserdampf (über 600 g/m³).
	d) Regenerationsgase	reg. Essengas, reg. Hochofengas, reg. Kalkofengas	d) mit Luft und Kohlendioxyd.
C. Vollgase			aus festen Brennstoffen durch Vergasung mit Wasserdampf, Wärmezufuhr:
	a) Wassergase	—	a) Ausgangsstoff: Koks.
	b) Doppelgase	Doppelgas nach H. STRACHE, Trigas, Leuwasgas	b) Ausgangsstoff: natürliche Brennstoffe.
	c) Oxydgase	—	c) Wasserdampf und Sauerstoff.
D. Ölgase	a) Sattgase	Pentairgas, Benoidgas, Aerogengas, Blaugas	aus flüssigen Brennstoffen: a) durch Vergasung bzw. Verdampfung in Luft.
	b) Karbogase	karb. Wassergas, Ölteergas	b) durch Vergasung bzw. Verdampfung in anderen Gasen.
E. Edelgase	—	Methan, Acetylen	durch Sonderprozesse: Methan aus Kohlenoxyd nach P. SABATIER, Acetylen aus Calciumcarbid usw.

Übersicht 2. Brennbare technische Gase (Din., Entwurf 1, E 1356).

Gruppe	Gewinnung	Art	Unterarten	Verbrennungswärme (früher ob. Heizw.) kcal/m³ bei 0° und 760 mm QS	Bemerkungen
	Durch Entgasung	Destillationsgase	Steinkohlengas, (Kokereigas), Braunkohlengas, Torfgas, Holzgas,	4000—6000	Destillationsgase entstehen bei Temperaturen oberhalb Rotglut
		Schwelgase	Steinkohlen-, Braunkohlen-, Torf-, Holz- Schwelgase	3000—8000 und höher	Schwelgase, früher auch Urgase genannt, entstehen bei Temperaturen unterhalb Rotglut
Gase aus festen Brennstoffen	Durch Vergasung	Schwachgase	Gichtgas	700—900	Gichtgas entweicht der Gicht des Hochofens und enthält außer Stickstoff vornehmlich Kohlenoxyd und Kohlensäure
			Generatorgas	800—1800	Generatorgas entsteht bei der Vergasung eines Brennstoffes durch Zufuhr von Luft oder Luft und Dampf. Frühere Sonderbezeichnungen: Luftgas, Siemensgas, Mischgas, Dowsongas, Halbwassergas
			Mondgas	1200—1800	Mondgas entsteht bei reichlicher Zufuhr von überhitztem Wasserdampf zwecks erhöhter Ammoniakgewinnung
					Wassergas, zuweilen auch Koksgas oder blaues Wassergas genannt, entsteht durch Einblasen von Dampf in eine hocher-

		Wassergase	Wassergas	2500—2900	hitzte Brennstoffschicht (Koks oder gasarme Brennstoffe). Sonderart: mit Ölgas oder Benzoldämpfen angereichertes Wassergas: Karburiertes Wassergas
			Kohlen-Wassergas	3200—3500	Kohlenwassergas entsteht im Wassergasbetrieb als Gemisch von Wassergas mit Schwelgas. Sonderbezeichnung: Doppelgas
Gase aus flüssigen Brennstoffen	Durch Verdampfung	Kaltluftgase	Benzin-Luftgas Benzol-Luftgas	2000—3000	Kaltluftgase entstehen durch Beladen von Luft mit Dämpfen flüssiger Brennstoffe bei mäßigen Temperaturen. Sonderbezeichnungen: Aerogengas, Benoidgas, Pentairgas
	Durch Zersetzung bei hohen Temperaturen	Spaltgase	Ölgas, Fettgas, Blasengas	8000—12000	Spaltgase entstehen durch Überhitzung von Öldämpfen unter Luftabschluß. Sonderbezeichnungen: Pintschgas, Blaugas (durch Entspannung verflüssigter Anteile von Spaltgasen)
Naturgase	Entströmen der Erde	Methangase	Erdgas, Sumpfgas, Schlammgas	8000—9000	Diese Gase bestehen in der Hauptsache aus Methan
Gase aus Nichtbrennstoffen		Carbidgase	Acetylen	12000—13000	Carbidgase werden aus Carbiden und Wasser erzeugt
		Wasserstoff	Wasserstoff	3090	Wasserstoff entsteht durch Elektrolyse oder durch Zersetzung des Wassers durch Metalle. Wasserstoff wird technisch meist aus Wassergas oder anderen gasförmigen Brennstoffen gewonnen

matik finden — Erzeugung von Brenngasen 1. durch **Entgasung**, also bloß aus festen Stoffen (unser verallgemeinerter Punkt III), 2. durch **Vergasung**, somit aus Gasen und festen Stoffen (unser Punkt V) — wollen wir sie einigermaßen ausführlich bringen.

Der zuerst erwähnenswerte Versuch einer Einteilung **aller** technischen Gase stammt von F. MUHLERT und K. DREWS[1]. Diese beiden Forscher unterscheiden zwischen I. **Einzelgasen** und II. **technischen Brenngasen**. Wenngleich dies der Anordnung des von ihnen verfaßten bekannten Werkes, das mehr zur **chemisch-technischen** Seite neigt, genügt, kann die Unterscheidung nicht vollkommen befriedigen, weil es einerseits Einzelgase gibt, die zweifellos zu den technischen Brenngasen gehören, und weil es anderseits noch technisch sehr wichtige Gase gibt (z. B. Luft, Verbrennungsgase), die weder Einzel- noch Brenngase sind. Ein solcher Mangel an eindeutiger Zugehörigkeit verwischt stets mehr oder minder die Klarheit.

Hingegen entsprechen die nunmehr folgenden Vorschläge zur Einteilung der Brenngase tatsächlich ihrem Zwecke. Übersicht 1 zeigt die Angaben von H. R. TRENKLER[2].

Der zweite Entwurf stammt vom **Normenausschuß der deutschen Industrie** in Verbindung mit anderen maßgebenden Stellen[3].

Literatur:

Hinweise im Text:

1. MUHLERT, F., u. K. DREWS: Technische Gase. Leipzig 1928.
2. TRENKLER, H. R.: Gaserzeuger. Berlin 1923.
3. Z. angew. Chem. **39**, 537 (1926).

I. Erwärmen, Kühlen, Verdichten und Verflüssigen von Gasen.

Die in diesem Abschnitt zu besprechenden Methoden der Gasbehandlung ergeben sich teils als betriebliche Notwendigkeit, teils ist ihre Wirkung Selbstzweck. Im ersten Fall sind sie eine Stufe in einem höheren Verband, ein Hilfsmittel zur Erreichung eines weiter gesteckten Zieles. Im zweiten Fall dienen sie dazu, Gase in einen gewünschten Endzustand zu bringen. Beide Male handelt es sich um die völlig gleichen Vorgänge, da es ja für den Prozeß gleichgültig ist, was man nachher mit dem anfallenden Erzeugnis vornimmt.

Wir wollen hier das Erwärmen, Kühlen, Verdichten und Verflüssigen nur als physiko-technische Vorgänge behandeln, die wir auf Einzelgase oder Gasgemische anwenden, mit dem einzigen Streben, die gasförmigen Stoffe auf eine bestimmte hohe (Erwärmen) oder niedrige Temperatur (Kühlen) oder auf einen hohen Druck (Verdichten) zu bringen oder sie in den flüssigen Zustand überzuführen. Es soll mit der jeweiligen Behandlung unmittelbar keinerlei chemische Umsetzung verbunden sein, auch soll dadurch keine Änderung der Zusammensetzung (von Gasgemischen) angestrebt werden. Letzteres tritt zwar gelegentlich ein (z. B. bei der Verflüssigung der Luft), doch ist es zunächst eine unbeabsichtigte Begleiterscheinung. Sofern solche Veränderungen der Hauptzweck der Behandlung — z. B. zur Gewinnung gewisser Gasbestandteile oder zur Reinigung — sind, wird man zwar auf die hier zu beschreibenden Methoden zurückgreifen, entsprechend den neuen Gesichtspunkten müssen wir aber diese Art von Verfahren an anderer Stelle unter Hinweis auf die Grundmethoden dieses Abschnittes besprechen (siehe z. B. S. 77).

A. Erwärmen und Kühlen.

Erwärmen und Kühlen sind dem Grunde nach gleiche Vorgänge, jedoch mit entgegengesetztem Richtungssinn. Sowohl beim Erwärmen als auch beim Kühlen müssen wir (von der Erwärmung durch Kompression und der entsprechenden Abkühlung durch Entspannung abgesehen) zwei Systeme verschiedener Temperatur zusammenbringen, sei es durch Vermischen oder durch Berührung; dabei tritt ein Wärmeübergang vom wärmeren zum kälteren Körper ein. Dieser innige Zusammenhang zwischen beiden Vorgängen äußert sich auch in einer weitgehenden Übereinstimmung der grundlegenden Methoden und in gewisser Hinsicht auch der Vorrichtungen.

Das Kühlen von Gasen spielt im Rahmen dieses Buches die größere Rolle, weshalb wir ihm breiteren Raum gönnen; jedoch gilt alles Gesagte auch für das Erwärmen — selbstredend in sinngemäßer Umkehrung.

Erwärmen. Das Erwärmen von Gasen kann direkt oder indirekt oder durch Kompression, eine Art direkter Erwärmung, erfolgen. Während bei den gewöhnlichen Methoden die Erwärmung durch Übertragung von Wärme geschieht, wozu man einen stofflichen Wärmeträger benötigt, wird bei der Kompression die Wärme durch Leistung mechanischer Arbeit erzeugt. Bei der direkten Behandlung mischt man das zu erwärmende Gas mit einem heißen Körper, gewöhnlich wieder einem Gas. Der indirekte Weg, wie man ihn gewöhnlich zur Raumheizung einschlägt, besteht darin, daß der eigentliche Heizstoff (Verbrennungsgase) von dem zu erwärmenden Gas durch feste Heizflächen vollkommen getrennt ist. Die Heizflächen übertragen mittelbar die Wärme an das sie berührende Gas. Die mit der Kompression von Gasen verbundene Erwärmung nutzt man gewöhnlich dann aus, wenn man heiße Gase unter hohem Druck braucht.

In der Gastechnik — im weitesten Sinne des Wortes — erwärmt man Gase oft, weil man sie zur Ausführung verschiedener Reaktionen auf bestimmten Temperaturen benötigt. Nach Ablauf der Reaktionen muß man die ins Gas gesteckte Wärme wieder vernichten, weil die Endprodukte gewöhnliche Temperatur haben sollen. In diesem Falle verwendet man Wärmeaustauscher (siehe weiter unten), in denen man die heißen Reaktionsprodukte zum Vorwärmen der Gase vor der Reaktion benutzt; diese erwärmen sich, während sich die Reaktionsprodukte gleichzeitig abkühlen.

Kühlen. Die Kühlung von Gasen wird in vielen Zweigen der Gastechnik ausgeführt. Manche technischen Gase entstehen bei hohen Temperaturen (siehe z. B. Die trockene Destillation, S. 110) und müssen vor ihrer Verwendung gekühlt werden. Um Räume, die eine bestimmte niedrige Temperatur haben müssen (z. B. Vorratsräume für Lebensmittel usw.), auf dieser zu halten, kühlt man zweckmäßigerweise die in ihnen befindliche Luft auf die gewünschten Temperaturen ab.

Es gibt, wie beim Erwärmen, drei Arten der Kühlung, die direkte, die indirekte und die Selbstkühlung.

Bei der direkten Kühlung bringt man das zu kühlende Gas mit dem Kühlmittel unmittelbar in innige Berührung; man läßt z. B. das Gas über oder durch kaltes Wasser streichen oder versprüht das Wasser im

Gasstrom. Ist das Gas vor der Kühlung nicht mit Wasserdampf gesättigt, dann wird Kühlwasser in das Gas verdampfen, die hierzu nötige (Verdampfungs- oder Verdunstungs-) Wärme wird dem System entzogen, wodurch eine Steigerung der Kühlwirkung eintritt. Zur Erzielung einer raschen und dementsprechend guten Kühlung ist eine weitgehende Oberflächenberührung zwischen Gas und Kühlmittel erforderlich; man erreicht sie teils durch Auflösung der Kühlflüssigkeit oder des Gases in möglichst kleine Teilchen, teils durch Benutzung von sogenannten Füllkörpern, über die die Kühlflüssigkeit rieselt und die den Gasstrom vielfach und regellos verzweigen. Bei direkter Kühlung nimmt die Kühlflüssigkeit unter Umständen Gasbestandteile auf, sie löst oder wäscht sie aus dem Gas heraus, in dem Maße, wie die betreffenden Gasbestandteile in der Kühlflüssigkeit löslich sind. Diese Entfernung von Gasbestandteilen ist manchmal erwünscht, weil man mit der Kühlung eine zumindest teilweise Reinigung des Gases verbindet (siehe S. 212).

Die Berührung zwischen Gas und Kühlmittel kann im Gleich-, Gegen- oder Querstrom erfolgen.

Bei Gleichstromberührung bewegen sich (Abb. 6a) Gas und Kühlmittel in der gleichen Richtung durch die Kühlvorrichtung. Das heiße Gas kommt mit der kältesten Flüssigkeit in Berührung. Der Wärmeübergang, der dem Temperaturunterschied proportional ist, geht anfangs rasch vor sich; das Gas wird zwar die hohe Temperatur verhältnismäßig schnell verlieren, dann erfolgt aber die weitere Abkühlung nur langsam.

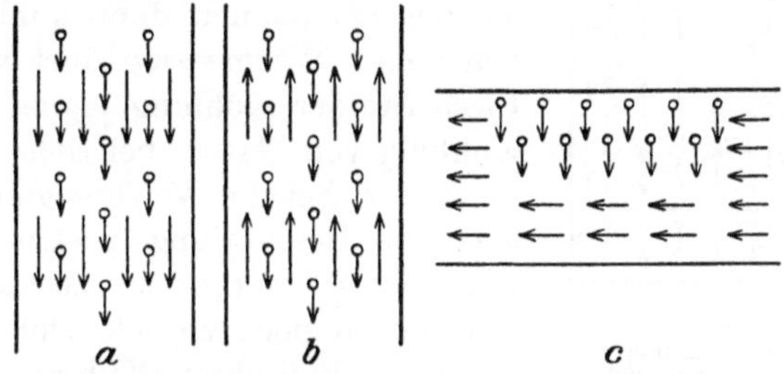

Abb. 6. Gleich-, Gegen- und Querstromberührung.

Auf dem gemeinsamen Weg kühlt sich das Gas ab, während sich das Kühlmittel erwärmt. Im Idealfall müßten Gas und Flüssigkeit den Kühler mit gleicher Temperatur verlassen; praktisch bleibt auch am Kühlerausgang ein Temperaturunterschied bestehen, weil man den Berührungsweg nicht unendlich lang machen kann. Mit Gleichstromberührung erzielt man ein rasches Herabdrücken hoher Anfangstemperaturen, das Kühlmittel wird aber recht wenig ausgenutzt.

Die Gegenstromberührung wird am meisten angewendet. Die Flüssigkeitsteilchen bewegen sich unter Ausnutzung der Schwerkraft von oben nach unten, während das Gas ihnen von unten nach oben entgegenzieht (Abb. 6b). Die Abkühlung erfolgt zwar anfangs nicht so rasch wie im Gleichstrom, dafür gleichmäßiger und gründlicher, außerdem nutzt man das Kühlmittel gut aus. Das heißeste Gas kommt mit der wärmsten Kühlflüssigkeit in Berührung, das kälteste mit der kühlsten. Es bleibt über den ganzen Weg ein ziemlich gleichmäßiger Temperaturunterschied bestehen. Der Unterschied zwischen beiden Arten geht aus den Diagrammen der Abb. 7a und 7b deutlich hervor.

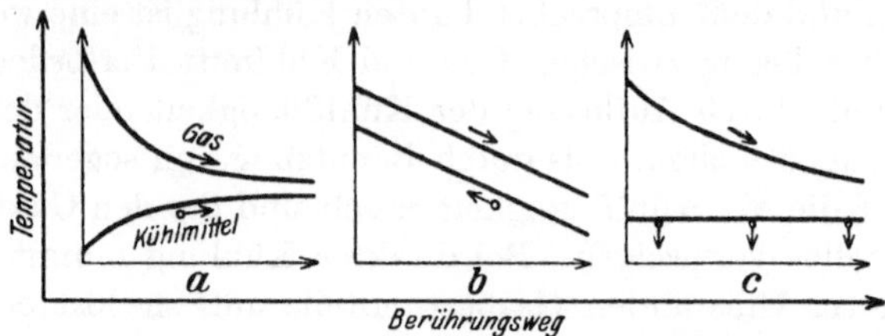

Abb. 7. Temperaturverlauf in Gas und Kühlmittel bei Gleich-, Gegen- und Querstromberührung.

Bei Querstromberührung (Abb. 6c) braucht man wegen der geringen Kühlmittelausnutzung große Flüssigkeitsmengen, weshalb man diese Art der Berührung gewöhnlich nur als unterstützendes Hilfsmittel anwendet. Den Temperaturverlauf zeigt Abb. 7c. In Abb. 8 zeigen wir eine beliebte Kombination von Gegen- mit Querstrom.

In gewissem Sinn eine Abart der direkten Kühlung ist die sogenannte Selbstkühlung. Sie bedarf keines Kühlmittels. Läßt man ein Gas von höherem Druck auf niedrigeren unter Arbeitsleistung entspannen, dann kühlt es sich ab, wenn nicht von außen Wärme zugeführt wird (siehe auch S. 63). Diese Art der Kühlung eignet sich vor allem für die Kühlung von Gasen bei tiefen Temperaturen — insbesondere bei der Verflüssigung von Gasen —, weil dort die Beschaffung geeigneter Kühlmittel im allgemeinen schwierig oder zu kostspielig ist. Wir kommen darauf noch zurück (siehe weiter unten).

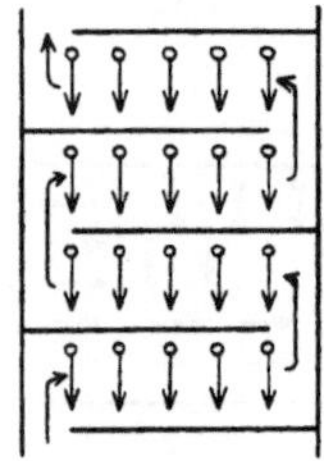

Abb. 8.
Kombination von
Gegen- und
Querstrom.

Bei der indirekten Kühlung wird die Wärme durch eine Trennungswand, die Kühlfläche, die das Gas vom Kühlmittel vollkommen scheidet, übertragen. Die indirekte Kühlung hat den Vorteil, daß sie jede Art von Beeinflussung zwischen dem zu kühlenden Stoff und dem Kühlmittel ausschließt. Als Material für die Kühlflächen nimmt man meist gute Wärmeleiter, Metalle wie Eisen, Kupfer, Blei usw.; wenn diese von den zu behandelnden Stoffen (saure Gase usw.) leicht angegriffen werden, wählt man Kühlgefäße aus Steinzeug, Schamotte, ja sogar aus Glas[1].

Der Wärmeübergang an einer beliebigen Stelle der Kühlfläche, für welche Stelle wir während des ganzen Vorganges gleichbleibende Temperaturen zu beiden Seiten der Trennungswand annehmen können, ist gegeben durch die Formel

$$Q = \frac{F \cdot Z}{K} \cdot (t_1 - t_2).$$

Darin bedeuten:

Q . . . . . übergehende Wärmemenge in kcal;
F . . . . . von Q durchflossene Kühlfläche in m²;
Z . . . . . Zeit in h;
t_1 . . . . . Temperatur des Gases in ° C;
t_2 . . . . . Temperatur des Kühlmittels in ° C;
K . . . . . Wärmedurchgangswiderstand des ganzen Systems (Gas/Kühlfläche/
Kühlmittel).

Der Wert K setzt sich zusammen aus dem Wärmeübergangswiderstand vom Gas zur Kühlfläche, aus dem Wärmeleitungswiderstand der Kühlfläche und aus dem Wärmeübergangswiderstand von der Kühlfläche zum Kühlmittel. Die Wärmeübergangswiderstände hängen von der Art (Gas, Flüssigkeit) und dem Bewegungszustand der die Kühlfläche bestreichenden Stoffe ab und sind in Anhang 16 S. 389 zusammengestellt. Der Wärmeleitungswiderstand wird bestimmt durch das Material, aus dem die Kühlflächen bestehen (siehe Anhang 17, S. 389) und durch die Dicke der Kühlfläche; er ist der Wanddicke proportional.

Aus der obigen Formel und diesen Betrachtungen geht hervor, daß der Wärmeübergang und damit die Kühlwirkung um so besser werden, je größer unter sonst gleichen Bedingungen die Kühlfläche und der Temperaturunterschied zu beiden Seiten der Kühlfläche sind. Zur Vergrößerung der Kühlfläche benutzt man gelegentlich Rippenrohre; einen starken Temperaturunterschied schafft man durch möglichst kalte Kühlmittel. Ferner sollen die Kühlflächen so dünn wie möglich sein. Die Kühlwirkung wird noch durch zwei weitere Umstände begünstigt: dadurch, daß man Gas und Kühlmittel in dünnen Schichten aneinander vorbei streichen läßt, und daß man die Strömungsgeschwindigkeit erhöht. Die Anwendung dünner Schichten begünstigt die Kühlung deshalb, weil der Wärmeaustausch zuerst nur an den Berührungsflächen erfolgt; erst allmählich dringt die Wärme von der Kühlfläche tiefer in das Kühlmittel ein. Je dünner dessen Schicht ist, um so rascher wird der Wärmeausgleich mit der ganzen Schicht geschehen. Das gleiche gilt auch für das Nachströmen der Wärme aus dem Gas zur Kühlfläche. — Sobald die Wärmeübertragung an einer Stelle beginnt, wird dort das Gas kälter und gleichzeitig das Kühlmittel wärmer; dementsprechend verkleinert sich der Temperaturunterschied, wodurch sich der Wärmeübergang vermindert. Es ist daher nötig, bald wieder neues Gas und frisches Kühlmittel an die betrachtete Stelle zu bringen, was man durch rasches Vorbeiströmen beider Stoffe erreicht.

Auch bei indirekter Kühlung kann man mit Gleich-, Gegen- und Querstrom arbeiten; es gilt dafür das weiter oben schon Ausgeführte. Als Kühlmittel sind in der Technik Luft, Wasser und Salzlösungen gebräuchlich, doch zieht man auch bereits gekühlte Gase zum Vorkühlen der wärmeren heran. Ein derartiger Wärmeaustausch ist bei Tiefkühlungen sehr beliebt.

Kaltluft für Kühlräume. Die Methode, wie man Luft für Kühlräume
auf entsprechend niedrige Temperaturen bringt, richtet sich nach der
Größe der Räume. Sind diese klein, so genügt es, die Luft über Eis
streichen zu lassen (für Temperaturen von etwa 0 bis $+4°$ C) oder sie
mit kaltem Salzwasser (für Temperatur unter $0°$ C) in Berührung zu
bringen. Bei größeren Räumen bzw. größeren Luftmengen wird mit
Maschinenkühlung gearbeitet. Je nachdem, ob die Vorrichtung innerhalb oder außerhalb des Kühlraumes liegt, unterscheidet man Innen-
oder Außenkühlung; beide Arten lassen sich auch zur gemischten
Kühlung vereinigen. Man kühlt entweder durch Verdampfung oder
mittels kalter Solen. Bezüglich der Apparate zur Kälteerzeugung verweisen wir auf die Literatur[2].

Die von Gasen beim Kühlen abgegebene Wärme muß mit dem ablaufenden Kühlwasser nicht verlorengehen; man kann sie zur Dampferzeugung benutzen oder das warme Wasser in anderer Weise praktisch
verwerten[3].

Luftkühler. Der Wärmeübergang von Gasen durch Kühlflächen zu
Gasen ist verhältnismäßig gering, so daß mit Luftkühlern keine großen

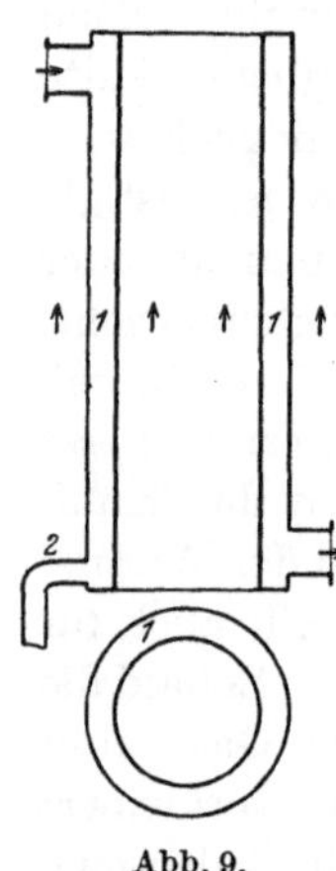
Abb. 9.
Ringluftkühler.

Kühlleistungen zu erzielen sind. Die Luftkühler brauchen wegen der geringen spezifischen Leistung viel
Raum, sind aber einfach im Bau, daher billig und
einfach in der Wartung. Das Kühlmittel, die Luft,
steht kostenlos und unbeschränkt zur Verfügung. Man
verwendet Luftkühler hauptsächlich bei der trockenen
Destillation fester Brennstoffe (siehe S. 150) als Vorkühler, und zwar in der Ausführung nach Abb. 9 (Ringluftkühler). Der Kühler besteht aus zwei konzentrischen
Zylindern; durch den möglichst schmal gehaltenen
Mantelraum *1* strömt das Gas von oben nach unten.
Innen und außen umspült die Luft den Kühler; sie
steigt infolge der Wärmeaufnahme aufwärts und zieht
so selbsttätig neue Kühlmengen nach. Aus dem Gas sich
etwa abscheidende Kondensate fließen durch das Rohr *2*
ab. Die Abhängigkeit von der Lufttemperatur ist groß.

Die sogenannten Raumkühler[4] sind einfache Zylinder von solcher
Größe, daß das Gas nur ganz langsam hindurchstreicht. Durch Einbauten wird es über den ganzen Querschnitt gleichmäßig verteilt.
Es zieht von unten nach oben; dabei scheidet sich Wasserdampf entsprechend der Sättigungstemperatur flüssig in Form feiner Nebeltröpfchen
ab, diese sinken nieder und wirken dabei auf das hochströmende Gas

waschend. In gleicher Weise findet eine Abscheidung von Teer statt, der ebenfalls manche Gasbestandteile (Naphthalin in Kohlengas) löst. Gewöhnlich unterstützt man diese sinnreiche Vereinigung von Kühlung und Waschung durch direktes Einspritzen von Wasser.

Schlangenkühler. Sie sind das erste Beispiel für indirekt wirkende Wasserkühler. Die einfachste Ausführung zeigt Abb. 10. Eine Metallschlange _1_ liegt in einem oben offenen Gefäß _2_. Das Gas streicht von oben nach unten durch die Schlange _1_, während das Kühlwasser im Gegenstrom nach oben zieht. Etwaige flüssige Kondensate können beim Gasausgang abgezogen werden.

Da derartige einfache Schlangen im Wassergefäß viel schädlichen, d. h. für die Kühlung unausgenutzten Raum frei lassen, legt man gewöhnlich zwei oder drei

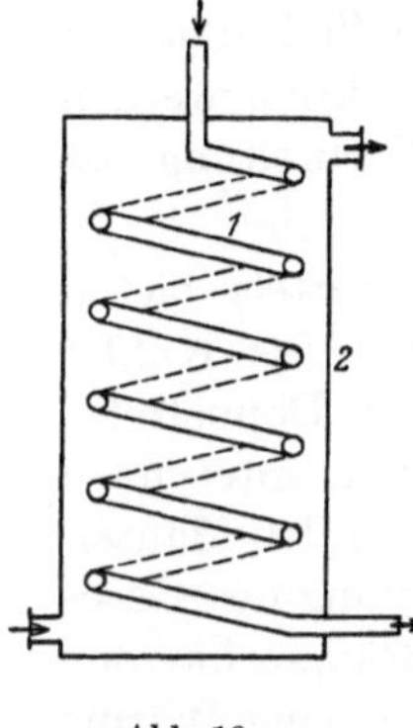

Abb. 10.
Schlangenkühler.

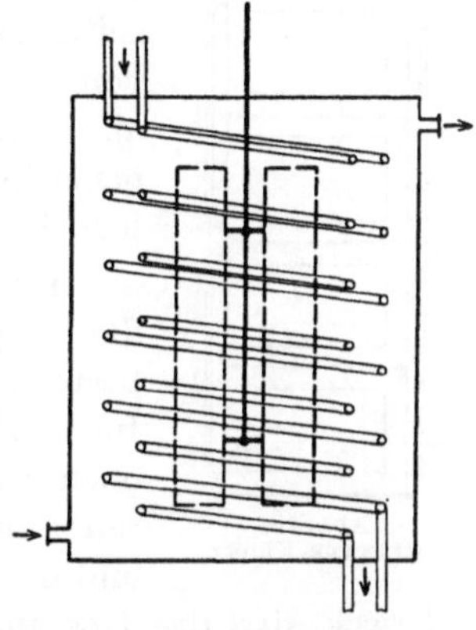

Abb. 11. Doppelschlangen-
kühler mit Rührwerk.

Schlangen ineinander. So sehen wir in Abb. 11 einen Schlangenkühler mit zwei Schlangen; zur Erhöhung der Kühlwirkung wird das Wasser noch durch einen Rührer bewegt.

Die Kühlschlangen tauchen in das Kühlgefäß; deswegen nennt man diese Art von Kühlern auch **Tauchkühler**.

Röhrenkühler. Bei den Röhrenkühlern streicht das Kühlwasser durch ein System von senkrechten oder waagrechten Rohren, die vom Gas umspült werden.

In Abb. 12 ist ein Wasserröhrenkühler oder Bündelkühler dargestellt. Das Gas tritt bei _1_ ein, wird durch eingebaute Platten _2_ im Zickzack abwärts geleitet, wobei es die vom Kühlwasser in der Richtung von unten nach oben durchflossenen Wasserröhren umspült und verläßt den Kühler bei _3_. Ausscheidungen flüssiger Natur werden durch das Rohr _4_ abgeleitet. — Derartige Kühler werden in verschiedenen Ausführungen hergestellt, ohne Änderung des Grundgedankens ihrer Arbeitsweise[5].

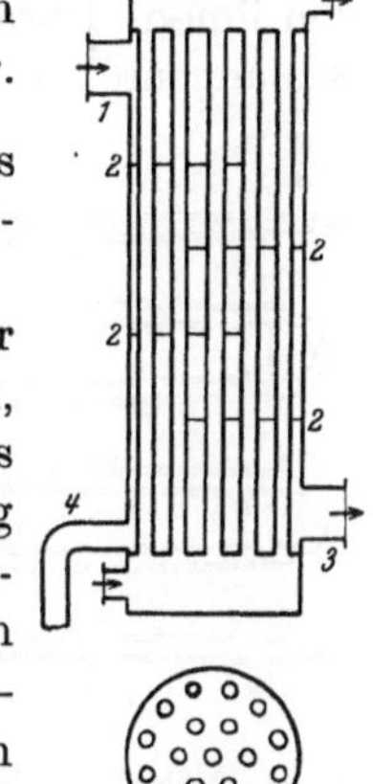

Abb. 12. Wasser-
röhrenkühler.

Eine in der Leuchtgasindustrie beliebte Form der Röhrenkühler ist der Intensiv-(REUTTER-)Kühler[6] der Abb. 13 mit Wasserführung im „Pilgerschritt". In ihm streicht das Gas von unten nach oben durch mehrere Kammern, in denen Wasserröhren waagrecht angeordnet sind. Das Wasser fließt oben ein und durchströmt die Röhren nacheinander, derart, daß es in jeder Kammer von unten nach oben und von da zum Unterteil der nächsten Kammer ab-

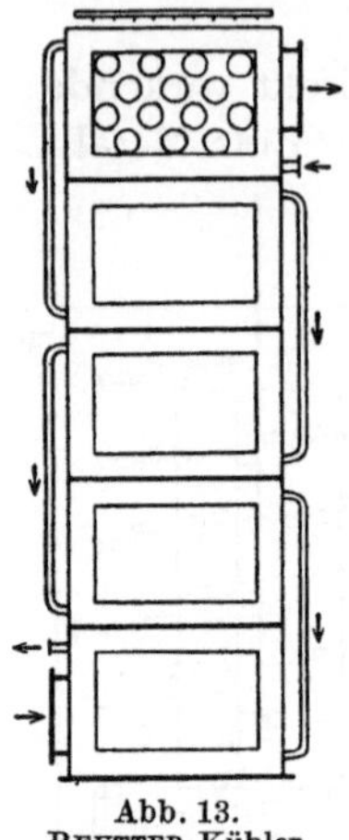

Abb. 13.
REUTTER-Kühler.

fließt. Oben besitzt der Kühler ein Verteilungsrohr zum direkten Berieseln des Gases mit Wasser. Dieses direkte Berieseln hat den Zweck, das Gas zu kühlen und gleichzeitig zu reinigen, außerdem entfernt es Ansätze (Teer) von den Kühlrohren. Die Kondensate fließen unten ab. — Intensivkühler geänderter Konstruktion werden neuerdings beschrieben[7], über ihre Verbreitung ist jedoch nichts bekannt geworden.

Eine günstige Ausnutzung des Kühlmittels bieten die Doppelröhrenkühler der Abb. 14. Der Kühler besteht aus einem mehrfach gewundenen Doppelrohr. Im inneren Rohr fließt das Kühlmittel von unten nach oben, während das zu kühlende Gas durch den Mantelraum im Gegenstrom zieht. Diese Verteilung des Gases und der Kühlflüssigkeit auf die beiden Räume hat den Zweck, daß das Gas auch noch nach außen an die Umgebung Wärme abgeben kann, was nicht möglich wäre, wenn sich das Gas im inneren Rohr bewegen würde.

Berieselungskühler. Sie ähneln äußerlich den Doppelröhrenkühlern der Abb. 14, unterscheiden sich aber in der Wirkungsweise wesentlich von ihnen. Durch das freiliegende Schlangenrohrsystem *1* der Abb. 15

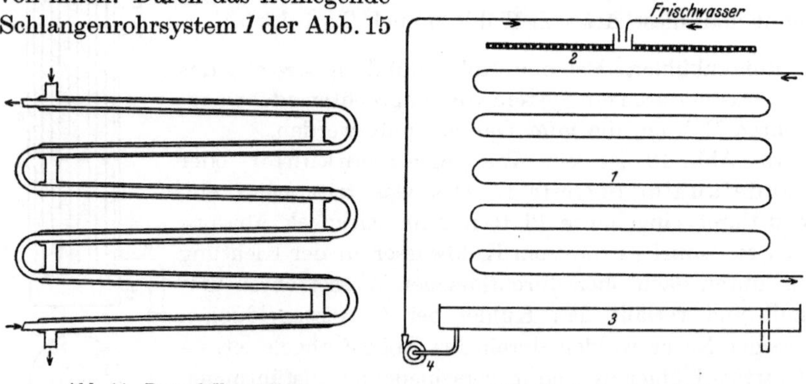

Abb. 14. Doppelröhrenkühler.   Abb. 15. Berieselungskühler.

bewegt sich das Gas von oben nach unten. Über der obersten Rohrschlange befindet sich ein Verteilungsrohr *2* für das Kühlwasser. Dieses rieselt über das ganze Rohrsystem und entzieht dem Gas die Wärme einerseits durch seine niedrigere Temperatur, anderseits dadurch, daß ein Teil des Kühlwassers verdunstet (Verdunstungskühler). Da die durch Verdampfung entziehbare Wärmemenge sehr groß ist, brauchen die Berieselungskühler wenig Kühlwasser. Das in eine flache Tasse *3* ablaufende Kühlwasser wird mit Hilfe der Zirkulationspumpe *4* hochgepumpt und nach Ergänzung mit Frischwasser wieder benutzt.

Rückkühlung des Kühlwassers. Bei dem zuletzt beschriebenen Berieselungskühler wird das Kühlwasser durch die Verdampfung eines Teiles davon selbst gekühlt und kann dauernd wieder verwendet werden. Bei den anderen Arten von Wasserkühlern erwärmt sich das Wasser zu stark, um ohne Rückkühlung wieder benutzt werden zu können. Wenn aber die Beschaffung von Frischwasser schwierig oder zu kostspielig ist, dann trachtet man, mit dem Gebrauchswasser im Kreislauf wiederholt zu kühlen und bedient sich hierzu der Selbstkühlung durch Verdampfung, wie bei den Berieselungskühlern. Die Vorrichtungen, mit denen man Gebrauchswasser rückkühlt, heißen Kühltürme oder Kaminkühler[8]. Durch diese Rückkühlung wird die Frischwassergewinnung stark entlastet.

Wärmeaustauscher. Man wendet sie stets an, wenn ein ständiger Strom eines kalten, aber zu erwärmenden und ein solcher eines heißen, jedoch abzukühlenden Gases (bzw. einer Flüssigkeit und eines Gases oder zweier Flüssigkeiten usw.) vorliegt. Die Wärmeaustauscher sind grundsätzlich nichts anderes als Kühler. Dementsprechend bilden sie in sich geschlossene Vorrichtungen mit den Zu- und Abläufen für die beiden Stoffe und besitzen ausgedehnte Scheidewände, welche zwei getrennte Wege für den zu erwärmenden und den abzukühlenden Stoff bilden. Die Apparate arbeiten im Gegenstrom. Bei gewöhnlichen Kühlern nimmt man einen Überschuß an Kühlmittel; bei den Wärmeaustauschern ist das Verhältnis der Mengen beider Stoffe oft nahe 1:1, z. B. wenn bei katalytischen Reaktionen die Wärme der katalysierten Gase auf die unkatalysierten übertragen werden soll. Auch für die Wärmeaustauscher gelten die allgemeinen Ausführungen über die Erwärmung und Kühlung (siehe S. 45).

Literatur:

Drews, K.: Verdichtete und verflüssigte Gase. Leipzig 1929.
Hausbrand, E.: Verdampfen, Kondensieren u. Kühlen. 6. Aufl. Berlin 1920.
Hoefer, K.: Arch. f. Wärmewirtsch. **6**, 217 (1925).
Peters, F.: Chem. Technologie der Neuzeit. 2. Aufl., I. Bd. Stuttgart 1925.
Strache, H., u. H. Ulmann: Chem. Technologie d. Brennstoffe. Leipzig u. Wien 1927.

Hinweise im Text:

1. Cellarius, R.: D. R. P. 106023. Z. angew. Chem. **21**, 104 (1908). — Meyer, Th.: Z. angew. Chem. **26**, 97 (1913).

2. Schall, M.: Kälte. In Peters, F.: Chem. Technologie d. Neuzeit. 2. Aufl., I. Bd. Stuttgart 1925.

3. Fabian, J.: Z. angew. Chem. **38**, 485 (1925).
4. Klönne, A.: Gas- u. Wasserfach **48**, 1138 (1905). — Viehoff, H.: Gas u. Wasserfach **50**, 388 (1907). — Siehe auch: Hermanns, H.: Z. V. d. I. **57**, 1726 (1913).
5. Bergs, W.: Chem. App. **4**, 139 (1917).
6. Bamag: D. R. P. 104369.
7. Parade, W.: Gas- u. Wasserfach **68**, 137 (1925).
8. Lichte, H. F.: Gas- u. Wasserfach **69**, 698 (1926). — Siehe auch Chem. App. **2**, 105 (1915). Génie Civil **87**, 471 (1925).

B. Verdichten und Verflüssigen.

Als verdichtete Gase wollen wir ganz allgemein solche bezeichnen, deren Druck den der Atmosphäre übersteigt. Man pflegt zwar in der Technik den Ausdruck „Verdichtung" nur bei höheren Überdrücken anzuwenden; diese Abgrenzung entbehrt jedoch einer hinreichenden inneren Begründung, was schon daraus hervorgeht, daß man keinen bestimmten Druck angeben kann, über dem das Gebiet der Verdichtung liegen soll. Der Unterschied zwischen höherem und geringerem Überdruck besteht nur in quantitativer, aber nie in qualitativer Hinsicht, weshalb wir für die Begriffsbestimmung der Bezeichnung Verdichtung davon überhaupt absehen.

Gase werden aus mancherlei Gründen verdichtet oder komprimiert (Verdichtung = Kompression). Um Gase über gewisse Entfernungen — von der Erzeugungs- zur Verbrauchsstelle — fortleiten zu können, schickt man sie mit einem gewissen Überdruck in die Leitung (siehe S. 287). Das Gas kann dann an der Verbrauchsstelle durch einfaches Öffnen der Leitung entnommen werden, weil es dank seines höheren Druckes frei in die Atmosphäre strömt. Man verdichtet Gase, weil sie unter höherem Druck einen kleineren Raum einnehmen; man kann daher in einem vorgegebenen Raum eine um so größere Gasmenge unterbringen, je höher der Druck ist, was große praktische Bedeutung für die Aufbewahrung und den Versand von Gasen hat (siehe S. 280). Ferner müssen Gase zum Zweck der Verflüssigung oder zur Ausführung gewisser chemischer Reaktionen — beispielsweise zur katalytischen Darstellung von Ammoniak aus den Elementen Stickstoff und Wasserstoff (siehe S. 96) — auf höhere Drücke gebracht werden. Verdichtete Luft dient als Preßluft zum Antrieb von Maschinen aller Art. Auch zur Erzielung hoher Verbrennungstemperaturen arbeitet man gelegentlich mit verdichteten Brenngasen (Preßgas) und Preßluft. Die Verdichtungsdrücke schwanken je nach dem Zweck von wenigen Millimetern Wassersäule bis zu 1000 Atmosphären und darüber.

Die Verdichtung ist häufig mit einer teilweisen oder vollständigen Verflüssigung des Gases oder Gasgemisches verbunden. Die Verflüssigung von Einzelgasen wird angewandt, um für den Versand das Gas auf möglichst kleinen Raum zusammenzudrängen, genau so wie dies oft der Zweck der Verdichtung ist; manchmal wird aber das „verflüssigte Gas" (eigentlich eine sich widersprechende Bezeichnung, die leider allgemein verwendet wird) als solches weiter benutzt, z. B. flüssiges Ammoniak oder Schwefeldioxyd in der Kältetechnik. — Die teilweise Verflüssigung von Gasgemischen wird zur Gewinnung von Gasbestandteilen (Wasserstoff aus Wassergas — siehe S. 80; Benzol aus Leuchtgas — siehe S. 150; u. a. m.) oder zur Reinigung unter gleichzeitiger Gewinnung der Verunreinigung ausgeführt; wir kommen darauf an entsprechender Stelle zurück (siehe S. 212).

Die Verflüssigung eines Gases ist erst unterhalb seiner kritischen Temperatur (siehe Anhang 5, S. 378) möglich, vorausgesetzt, daß der auf dem Gas lastende Druck mindestens den Wert des Sättigungsdruckes hat (siehe S. 2). Da nun die kritischen Temperaturen mancher Gase (Wasserstoff, Stickstoff, Sauerstoff, Methan, Kohlenoxyd usw.) sehr tief liegen, ist eine weitgehende Abkühlung erforderlich, und da ferner die Sättigungsdrücke im praktisch leicht erreichbaren Verflüssigungsgebiet noch beträchtlich sind, muß das Gas auch ziemlich stark verdichtet werden. Die Verdichtung bildet somit vielfach die Vorstufe der Verflüssigung. Selbstverständlich ist die Verflüssigung auch unter Atmosphärendruck möglich, wenn man nämlich so tief kühlt, daß der gewöhnliche Siedepunkt (siehe Anhang 8, S. 382) unterschritten wird. Bei der Verflüssigung von Gasbestandteilen aus Gemischen muß der Partialdruck des zu verflüssigenden Bestandteiles durch Abkühlung, Verdichtung oder beides auf den Wert des Sättigungsdruckes gebracht werden (siehe S. 2 u. 14).

Verdichtung. Jede Verdichtungsvorrichtung ist gekennzeichnet durch einen Druckunterschied zwischen Gaseingang und -ausgang. Entsprechend diesem Druckunterschied wirken alle Gasverdichtungsapparate am Gaseingang saugend, am Gasausgang drückend bzw. verdichtend. Je nach dem Zweck eines Gasverdichters dient die erwähnte Saugwirkung lediglich zum Heranschaffen des zu verdichtenden Gases, gelegentlich nutzt man sie aber auch dazu aus, um in der Gaserzeugungsapparatur zu deren Schonung jeglichen Überdruck zu vermeiden, und um das aus der Erzeugungsapparatur tretende Gas noch durch etwaige Kühler und Reiniger zu fördern, ehe es zum Verdichten gelangt. Diesem Zweck dienen beispielsweise die in den Industrien der trockenen Destillation fester Brennstoffe gebräuchlichen Gassauger (siehe S. 150).

Das Verhältnis $\left(\dfrac{p_2}{p_1}\right)$ des bei der Verdichtung erreichten Enddruckes (p_2) zum Anfangsdruck (p_1) heißt Verdichtungsverhältnis oder Verdichtungsgrad. Er bestimmt die Verdichtungsarbeit bzw. die mit der Verdichtung verbundene Wärmeentwicklung.

Erfolgt die Verdichtung derart, daß während des Vorganges Wärme weder zu- noch abgeführt wird, dann spricht man von adiabatischer Verdichtung (siehe S. 29); der Arbeitsaufwand ist

$$A = \frac{p_1 \cdot V_1}{\varkappa - 1} \cdot \varkappa \left[\left(\frac{p_2}{p_1}\right)^{\left(\frac{\varkappa - 1}{\varkappa}\right)} - 1\right].$$

In dieser Gleichung bedeutet V_1 das Gasvolumen unter dem Anfangsdruck p_1, $\varkappa$ ist das Verhältnis der spezifischen Wärme unter konstantem Druck zu der bei konstantem Volumen, also $\varkappa = \frac{c_p}{c_v}$ (siehe Anhang 7, S. 381).

Die adiabatische Verdichtung ist mit einer Temperaturerhöhung verbunden, die um so größer wird, je stärker man verdichtet.

Kühlt man jedoch während der Verdichtung derart, daß die Temperatur stets gleich bleibt, dann ist der Vorgang isotherm (siehe S. 27); die Verdichtungsarbeit ist:

$$A = RT \ln \frac{p_2}{p_1}.$$

Praktisch erreicht man keinen dieser theoretischen Grenzfälle; die wirkliche Verdichtungskurve verläuft zwischen den beiden idealen Kurven und heißt Polytrope (siehe S. 30). Die Arbeit ist durch die Adiabatenformel gegeben, jedoch mit dem Unterschied, daß $\varkappa$ zu einer Zahl wird, die zwischen 1 und dem Wert des Quotienten $\frac{c_p}{c_v}$ liegt.

Die Verdichtungswärme muß, wenn man das Gas nicht heiß braucht, durch Kühlung abgeleitet werden. Liegt jedoch der Verdichtungsgrad nur wenig über 1 (Gassauger), dann hat die Verdichtungswärme keine praktische Bedeutung.

Da die Verdichtungsarbeit dem Verhältnis $\left(\frac{p_2}{p_1}\right)$ proportional ist, braucht man für gleiche Verdichtungsgrade den gleichen Aufwand an Arbeit, unabhängig davon, welche absolute Höhe der Druck hat. Beispielsweise kostet es dieselbe Arbeit, um ein Gas von 1 at auf 10 at $\left(\frac{10}{1}\right)$ zu verdichten, oder von 10 at auf 100 at $\left(\frac{100}{10} = \frac{10}{1}\right)$, oder von 100 at auf 1000 at $\left(\frac{1000}{100} = \frac{100}{10} = \frac{10}{1}\right)$. Dies hat auch praktische Bedeutung. Bei starker Verdichtung pflegt man in mehreren Stufen zu arbeiten und zwischen den einzelnen Stufen zu kühlen. Um einen möglichst gleichmäßigen Betrieb zu haben, hält man für jede Stufe den gleichen Verdichtungsgrad ein. Soll ein Gas z. B. auf 25 at verdichtet werden, dann komprimiert man es in der ersten Stufe von 1 at auf 5 at $\left(\frac{5}{1}\right)$ und in der zweiten von 5 at auf 25 at $\left(\frac{25}{5} = \frac{5}{1}\right)$. Selbstverständlich sinkt dabei das Volumen in der ersten Stufe auf ein Fünftel des Anfangsvolumens, in der zweiten gar auf ein Fünfundzwanzigstel, was in den Abmessungen aller zur betreffenden Stufe gehörenden Apparaturteile schon äußerlich zum Ausdruck kommt.

Zur Erzielung gleichmäßiger Leistungen stattet man die Verdichtungsapparate meistens mit Umgangsreglern aus[1].

Außer den Methoden der Verdichtung durch ,,maschinelles Zusammendrücken'' sei auf eine Art Selbstverdichtung hingewiesen. Führt man die Elektrolyse von Wasser (siehe S. 190) derart aus, daß die frei werdenden Gase in einen entsprechend abgeschlossenen Raum entweichen müssen, dann steigert sich dort der Gasdruck in dem Maße, wie mit fortschreitender Elektrolyse die Gasmengen zunehmen; hat er eine gewünschte Höhe erreicht, dann zieht man das Gas einfach unter diesem Druck ab.

Ventile. Beim Verdichten der Gase müssen diese zuerst mit Hilfe eines gewissen Unterdruckes in den Raum gesaugt werden, wo die Verdichtung stattfindet, um nach erfolgtem Zusammenpressen wieder auszutreten und neuen Gasmengen Platz zu machen. Eine Reihe von Verdichtungsmaschinen arbeitet stetig; es wird auf der einen Seite ununterbrochen Gas angesaugt und auf der anderen Seite weggedrückt, derart, daß der als eigentlicher Verdichter wirkende Teil der Apparatur die Abgrenzung zwischen dem Saugraum und dem Druckraum bildet. Eine Gruppe von Verdichtungsmaschinen arbeitet jedoch periodisch. Während des Ansaugens muß die Gasausgangsöffnung geschlossen sein; umgekehrt muß während des Verdichtens die Ansaugöffnung geschlossen sein, und die Gasaustrittsöffnung darf sich erst öffnen, wenn der Verdichtungsdruck einen bestimmten Wert erreicht hat. Das geregelte Öffnen und Schließen kann man wie bei der Dampfmaschine durch gesteuerte Schieber erreichen; meist werden hierzu jedoch selbsttätige Ventile verwendet. Das sind in die Gaswege eingebaute Vorrichtungen, die das Gas nur nach einer Richtung und nur unter ganz bestimmten Druckverhältnissen hindurchtreten lassen.

Nach der Form und Wirkungsweise des Abschlußorganes unterscheidet man Kugel-, Kegel-, Teller-, Klappen-, Pilzventile usw. In Abb. 16 zeigen wir einige kennzeichnende Formen. Das Kugelventil (Abb. 16a) wirkt nur durch das Gewicht der Kugel; sobald ein Druckunterschied zwischen den Räumen *1* und *2* besteht, der mindestens dem Gewicht der Kugel gleich ist oder es überschreitet, wird das Ventil den Gasweg freigeben, wenn also der Druck in *1* größer ist als der in *2*. Das Ventil kann mithin — wie alle derartigen Vorrichtungen — sowohl für Unter- als auch Überdruck benutzt werden, da nur die Druckunterschiede und nicht die absoluten Drücke für seine Bewegung maßgebend sind. Die Kugel bewegt sich zweckmäßigerweise in einer geeigneten Führung. Das Kegelventil (Abb. 16b) wird von außen belastet, je nach dem gewünschten Druckunterschied. — Eine andere Aus-

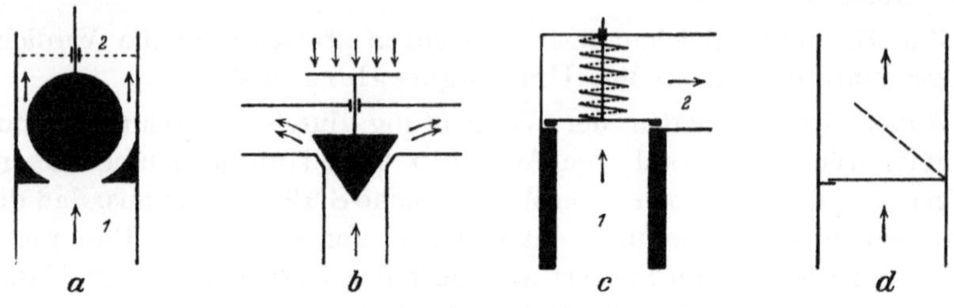

Abb. 16. Ventile.

führung bringt Abb. 16c (Tellerventil); der Teller wird durch eine Feder gegen das abzudichtende Rohr gepreßt. Der Gasweg wird erst freigegeben, wenn der Druck in *1* um so viel größer ist als der in *2*, wie der Kraft der Feder entspricht. Schließlich sehen wir in Abb. 16d ein Klappenventil, dessen Wirkungsweise wohl keiner näheren Erklärung bedarf.

Strahlverdichter[2]. Ein Gas-, Dampf- oder Flüssigkeitsstrahl tritt durch das Düsenrohr *1* (Abb. 17) mit großer Geschwindigkeit in den Gasweg, saugt das Gas durch das Rohr *2* an und drückt es durch *3* weg. Die Druckleistung der Strahlverdichter ist gering. Außerdem haben sie bei Anwendung von Dampf oder von Flüssigkeiten den Nachteil, daß man nachher das Gas von den flüssigen Anteilen wieder trennen muß. Die praktische Verbreitung der Strahlverdichter in der Gastechnik ist dementsprechend gering.

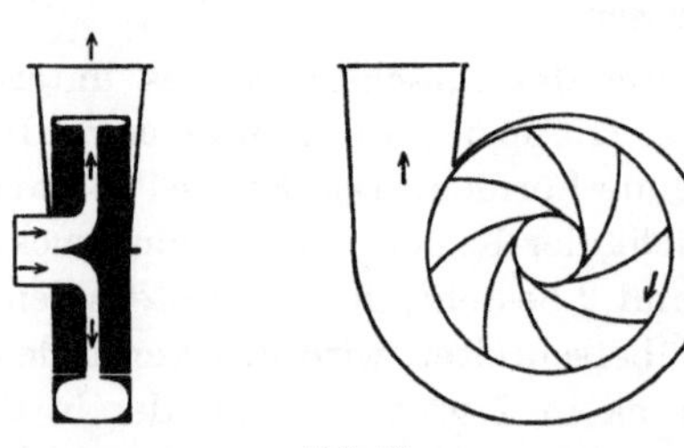

Abb. 17. Strahlverdichter.

Schleuder-, Kreisel- oder Zentrifugalverdichter[3]. Der Grundzug ihrer Arbeitsweise (siehe Abb. 18) besteht darin, daß in einem geschlossenen Gehäuse ein Flügel- oder Schaufelrad umläuft, das den zwischen den einzelnen Schaufeln befindlichen Gasmengen eine große Drehgeschwindigkeit erteilt. Dieser Drehgeschwindigkeit entspricht eine Zentrifugalkraft, die das Gas nach außen schleudert. Meist läßt man das Gehäuse sich spiralförmig gegen die Austrittsöffnung erweitern. Das nach außen geschleuderte Gas bewegt sich in

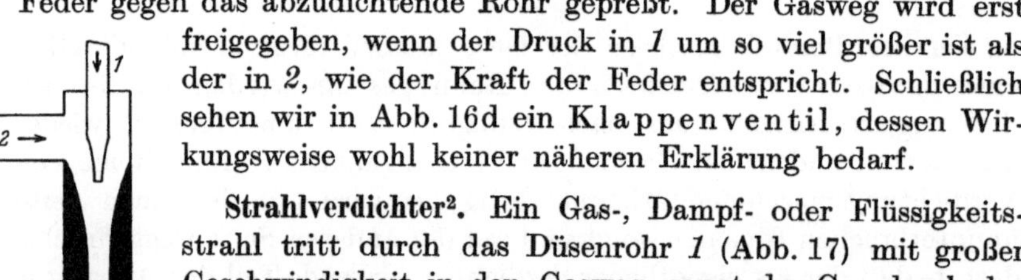

Abb. 18.
Schleuder-, Kreisel- oder Zentrifugalverdichter.

diesem Spiralraum, dem Aufnehmer oder Diffusor, unter erhöhtem Druck zum Gasausgang. Durch axiale Öffnungen saugt der Apparat fortwährend neue Gasmengen an. Die Radflügel bzw. -schaufeln sind gerade oder gekrümmt. Schleuderverdichter sind in der Technik weit verbreitet, auch unter der Bezeichnung Ventilatoren oder Exhaustoren. Wenngleich ihre Druckleistung bei den einfachen Ausführungen nur bis zu einigen hundert mm WS geht, lassen sie sich doch in Sonderausführungen bis zu Drücken von mehr als 10 at ausführen, insbesondere durch hohe Umlaufzahlen und mehrstufige Anordnung; man stellt zu diesem Zweck mehrere Kreiselverdichter hintereinander oder bringt die verschiedenen Stufen in einem einzigen Gehäuse unter. Man nennt die für höhere Drücke bestimmten Kreiselverdichter auch Turboverdichter[4].

Schraubenverdichter. Die Schraubenverdichter sind eine für sehr geringe Druckleistungen bestimmte Abart der Kreiselverdichter. Die Flügel sind schraubenförmig an der im Gasweg zentrisch befindliche Drehachse angeordnet. Die angesaugten und weggedrückten Gasmassen bewegen sich in nahezu parallelen Strahlen durch den Ver-

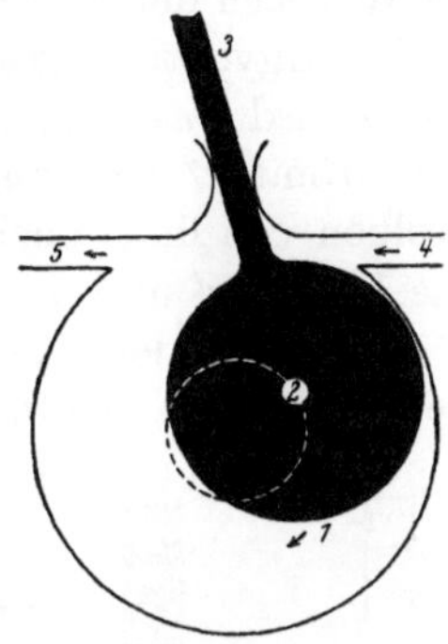

Abb. 19.
Kapselverdichter mit
einem rotierenden Kolben.

dichter, während bei den Schleuderverdichtern eine starke Ablenkung der Bewegung von der Achse radial zu dieser stattfindet.

Kapselverdichter[5]. In einem geschlossenen, mit einer Eintritts- und einer Austrittsöffnung versehenen, zylindrischen Gehäuse, Kapsel genannt, befinden sich ein, zwei oder mehrere rotierende Kolben, die Verdränger. Sie bewegen sich zwecks Vermeidung von schädlichen Räumen möglichst enge längs der inneren Kapselwand. Die freibleibenden Gasräume vergrößern und verkleinern sich abwechselnd, wodurch auf der einen Seite ständig Gas angesaugt und auf der anderen wieder fortgedrückt wird. Kapselverdichter zeigen Druckleistungen bis zu mehreren 1000 mm WS.

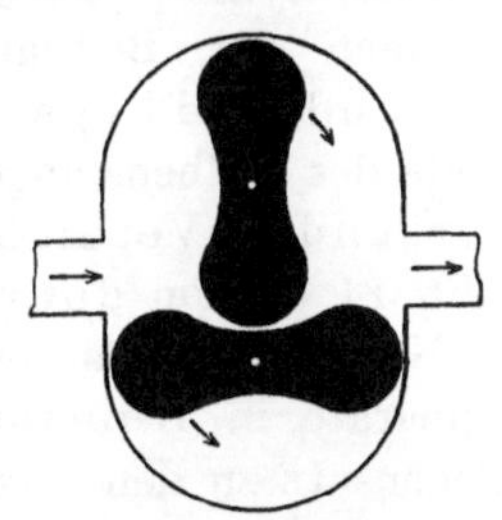

Abb. 20. Zweikolbiger
Kapselverdichter.

Abb. 19 zeigt einen Kapselverdichter mit einem rotierenden Kolben. Der Kolben *1* ist bei *2* exzentrisch gelagert. Die Stange *3* ermöglicht die Führung und schließt den Saug- und den Druckraum voneinander ab. Das Gas wird durch das Rohr *4* angesaugt und verläßt den Verdichter durch die Druckleitung *5*. Einen zweikolbigen Kapselverdichter sehen wir in Abb. 20.

Kolbenverdichter[6]. Sie werden für kleine, etliche mm WS betragende bis für die höchsten, in der Technik benutzten Drücke gebaut und verwendet. Obgleich die Ausführungsformen der Kolbenverdichter sehr zahlreich sind, haben sie eine gemeinsame, grundlegende Arbeitsweise, die wir an Hand der Abb. 21 erläutern wollen. Der Verdichter besteht aus einem zylindrischen Gehäuse *1*, in dem sich ein Kolben *2* hin und her bewegt, angetrieben von irgendeiner Kraftmaschine (Dampf-, Großgasmaschine, Elektromotor usw.). In den Zylinderdeckeln befinden sich je ein oder mehrere selbsttätige Saug- und Druckventile. Bewegt sich der Kolben von rechts nach links, dann sind Druckventil *3* und Saugventil *6* geschlossen, Druckventil *4* und Saugventil *5* offen. Bei *5* wird Gas angesaugt, während durch *4* das bereits verdichtete Gas wegströmt; *7* ist Saugraum, *8* Druckraum. Bewegt sich hingegen der Kolben von links nach rechts, dann ist *8* Saugraum und *7* Druckraum; die Ventile *4* und *5* sind geschlossen, *3* und *6* offen.

Die unter dem Namen Kompressoren zur „Hochdruckverdichtung" gebräuchlichen Kolbenverdichter unterteilen sich je nach der gewünschten Höhe des Verdichtungsdruckes in einstufige und mehrstufige Verdichter, letztere auch Verbundkompressoren genannt. Bei diesen, die aus mehreren Zylindern bestehen, befindet sich zwischen je zwei Stufen ein Kühler, der dem Gas die Verdichtungswärme entzieht, ehe es der nächsten Verdichtungsstufe unterworfen wird. — Die Verdichter können auch selbst gekühlt werden, sei es durch äußere Kühlung; sei es, daß man Wasser in die Zylinder spritzt; oder daß die Zylinder selbst mit Wasser gefüllt sind.

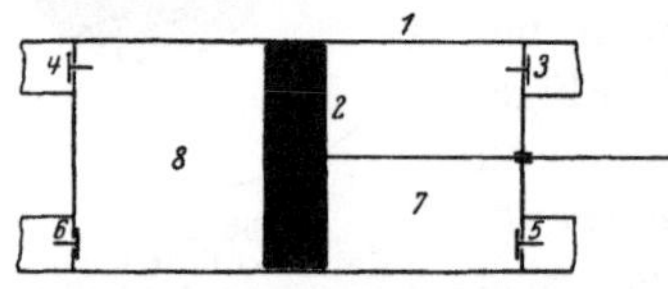

Abb. 21. Schema eines doppeltwirkenden Kolbenverdichters.

Nach der Bewegungsrichtung der Zylinder unterscheidet man stehende und liegende Kompressoren. — Wird das Gas nur auf einer Seite des Kolbens angesaugt und gepreßt, so spricht man von einfach wirkenden Verdichtern, andernfalls — wie in dem Beispiel der Abb. 21 — von doppelt wirkenden.

Kommt das Gas nur mit den festen, metallischen Wandungen der Apparate in Berührung, so arbeitet der Kompressor trocken, im Gegensatz zu den nassen Kompressoren, bei denen eine Flüssigkeitssäule den Druckkolben bildet, weil das Gas die Metalle zu leicht angreift; beispielsweise benutzt man zum Verdichten des Chlors nasse Kompressoren.

Die in Frage kommenden Baustoffe richten sich nach der Art des zu verdichtenden Gases. Für neutrale Gase können alle Metalle angewendet werden, die genügende Festigkeit besitzen; die mechanischen Beanspruchungen geben allein den Ausschlag. Chemisch wirksame Gase benötigen Sonderstoffe: Ammoniak, das z. B. Kupfer und seine Legierungen angreift, bedingt die Verwendung von Stahl und Eisen; für Schwefeldioxyd und Kohlendioxyd nimmt man gewöhnlich Bronze.

Als Schmiermittel dienen für Ammoniak und Wasserstoff Mineralöle, für Kohlendioxyd Glycerin, für Sauerstoff (Gefahr der Entzündung) gewöhnlich Wasser. Schwefeldioxyd ist selbst Schmiermittel für seine Kompressoren.

Verflüssigung. Gase, die bei gewöhnlicher Temperatur unter entsprechend hohem Druck flüssig sind, werden in diesen Zustand durch einfache Verdichtung und gewöhnliche Wasserkühlung übergeführt (Schwefeldioxyd, Chlor, Kohlendioxyd, Ammoniak). Um Stoffe, deren kritische Temperatur unter der gewöhnlichen Temperatur der Atmosphäre liegt, zu verflüssigen, ist eine entsprechende Tiefkühlung notwendig (siehe S. 55). Die Verflüssigung wird um so schwieriger, je tiefer die kritische Temperatur liegt; in Übereinstimmung mit dieser Tatsache gelang die Verflüssigung des Heliums, das von allen Stoffen die niedrigste kritische Temperatur besitzt, erst vor etwa zwei Jahrzehnten[7]. Wir kennen mehrere Wege zur Verflüssigung sogenannter „permanenter" Gase (siehe S. 1), von denen jedoch nur zwei heutzutage technisch ausgeführt werden: 1. durch Abkühlung mittels des JOULE-THOMSON-Effektes (siehe S. 24), also Entspannung unter Leistung innerer Arbeit; und 2. durch Entspannung unter Leistung äußerer Arbeit.

Kaskadenverflüssigung[8]. Diese in früheren Jahren, vorwiegend zu wissenschaftlichen Zwecken benutzte Methode bestand darin, daß mit Hilfe der Verdampfungsabkühlung Stoffe der Reihe nach verflüssigt wurden, deren Siedepunkte allmählich abnahmen. Beispielsweise verflüssigt man mit Hilfe von Wasser Schwefeldioxyd (Siedepunkt: —10° C); durch Verdampfung des flüssigen Schwefeldioxyds läßt sich Ammoniak (Siedepunkt: —33,4° C) verflüssigen; mit dessen Hilfe Kohlendioxyd (Siedepunkt: —78° C); dann Äthylen (Siedepunkt: —105° C) usf. Diese Arbeitsweise läßt sich durch Verdichtung unterstützen.

Verflüssigung unter Leistung innerer Arbeit. Wir wollen diese Methode an der flüssigen Luft, zu deren Herstellung sie weitgehende technische Anwendung findet, näher kennenlernen.

Während ideale Gase beim Ausströmen aus einem Raum höheren Druckes in einen solchen niedrigeren Druckes nach dem Erreichen des Ruhezustandes die Temperatur zeigen müßten, die sie vor dem Ausströmen hatten (siehe S. 24), tritt bei wirklichen Gasen eine Temperaturveränderung, und zwar meist eine Erniedrigung, ein. Für Luft ist diese Abkühlung in Celsiusgraden:

$$\varDelta = 0{,}276\,(p_2 - p_1) \cdot \left(\frac{273}{T}\right)^2,$$

wenn p_2 den Anfangs-, p_1 den Enddruck und T die absolute Temperatur bedeutet. Diese Abkühlung würde für eine technische Verflüssigung noch nicht ausreichen. Nehmen wir z. B. an, Luft von $0°$ C $(T = 273°)$ werde auf 101 at $(= p_2)$ verdichtet und dann auf 1 at $(= p_1)$ adiabatisch entspannt, dann ergäbe dies nach obiger Formel eine Abkühlung auf $-27,6°$ C. Die Verflüssigung gelang C. LINDE[9] in technisch brauchbarer Weise erst, als er die verdichtete Luft nach dem Gegenstromprinzip mit entspannter Luft vorkühlte.

Die Kälteleistung ist, wie obige Formel zeigt, der Druckdifferenz proportional, die dabei aufzuwendende Verdichtungsarbeit (siehe S. 56) aber dem Druckquotienten $\frac{p_2}{p_1}$. Um möglichst hohe Kälteleistungen mit einem möglichst geringem Aufwand an Arbeit zu erzielen, muß demnach $(p_2 - p_1)$ groß, $\frac{p_2}{p_1}$ aber klein sein, was praktisch erreicht werden kann, wenn der Hauptvorgang bei möglichst hohen Drücken erfolgt.

Nehmen wir z. B. an: $p_2 = 100$ at, $p_1 = 10$ at, dann ist der Quotient $\frac{p_2}{p_1} = 10$ und der Druckunterschied $p_2 - p_1 = 90$; steigen nun beide Drücke auf den n-fachen Wert — $n \cdot p_2$ und $n \cdot p_1$ —, dann bleibt der Quotient unverändert, während der Druckunterschied n-mal so groß wird.

Abb. 22 zeigt den ersten Luftverflüssigungsapparat von C. LINDE. In dem dreistufigen Kompressor *1* wird die Luft auf etwa 200 at verdichtet, im Tauchkondensator *2* (siehe S. 51) gekühlt, worauf sie in den Gegenstromapparat *3* tritt. Sie strömt durch das innerste Rohr der Schlange *4* und wird mittelst eines Ventils *5* auf etwa 50 at entspannt. Die so entspannte und demgemäß gekühlte Luft strömt im mittleren Rohr hoch und wirkt dabei auf die vom Kondensator *2* kommende und im innersten Rohr

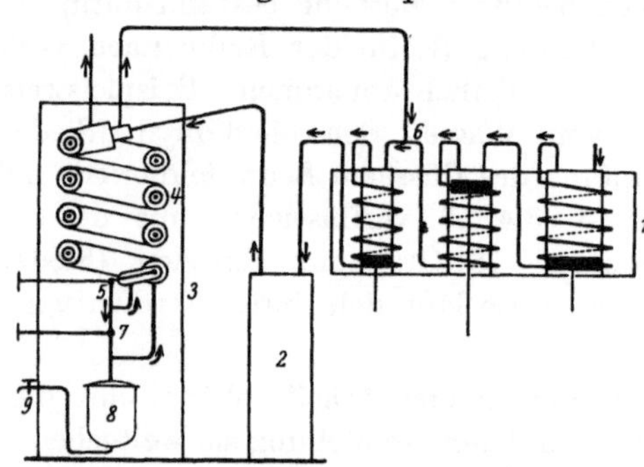

Abb. 22.
Erster Luftverflüssigungsapparat von C. LINDE.

fließende Luft kühlend. Die Luft von 50 at tritt bei *6* wieder in den Kompressor und wird neuerdings auf 200 at verdichtet. Sobald durch diesen Kreislauf die Luft flüssig wird, geht sie durch das Ventil *7* in den Behälter *8*, aus dem sie bei *9* abgezogen wird. Da der Siedepunkt des Stickstoffes tiefer als der des Sauerstoffes liegt, teilt sich die Luft nach dem Ventil *7* in zwei Ströme, den flüssigen, sauerstoffreicheren, der in den Behälter *8* fließt, und einen gasförmigen, stickstoffreicheren, der durch das weiteste Rohr der Schlange *4* frei in die Atmosphäre austritt. Der Kompressor selbst saugt aus der Atmosphäre nur so viel

Luft an, wie einerseits auf dem beschriebenen Weg wieder dorthin zurückgelangt und wie anderseits bei *9* flüssig abgezogen wird.

Verflüssigung unter Leistung äußerer Arbeit. Die Wirkungsweise dieser von G. CLAUDE[10] angewandten Methode ist aus Abb. 23 ersichtlich. Die auf 40 bis 50 at verdichtete und gekühlte Luft tritt bei *1* in den Apparat und teilt sich bei *2*. Der eine Teil strömt nach dem Entspannungszylinder *3*, wo er unter Leistung äußerer Arbeit (die etwa zum Verdichten der Ansaugeluft dient) sich auf ungefähr 4 bis 5 at ausdehnt und stark abkühlt. Diese kalte, unter verhältnismäßig niedrigem Druck befindliche Luft gelangt in den Gegenstromapparat *4*, wo sie den zweiten Teil der von *2* kommenden Luft, die unter 40 bis 50 at steht, bis zur Verflüssigung kühlt. Die entspannte Luft

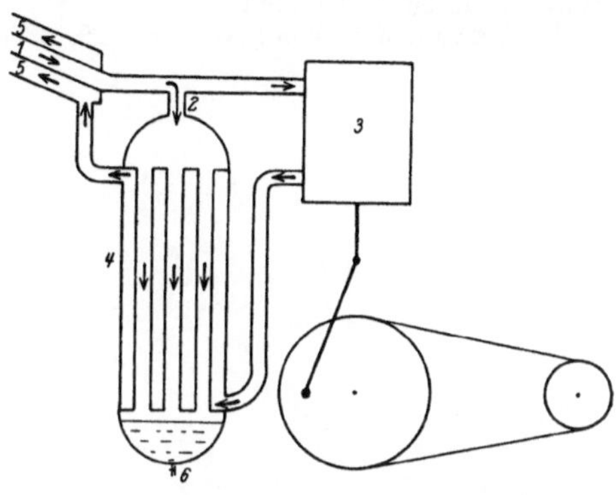

Abb. 23. Luftverflüssigungsapparat nach G. CLAUDE.

verläßt den Apparat bei *5*, nachdem sie noch die gesamte Hochdruckluft vorgekühlt hat. Die flüssige Luft wird durch das Drosselventil *6* abgezogen.

Man fängt die flüssige Luft bei ihrer Entspannung auf den Atmosphärendruck meist in Gefäßen mit Vakuummantel nach A. WEINHOLD[11] oder J. DEWAR[12] auf, welche Gefäße die Verdampfungsgeschwindigkeit stark herabsetzen.

Literatur:

DREWS, K.: Verdichtete und verflüssigte Gase. Halle (Saale) 1929.

IHERING, A. v.: Die Gebläse, 3. Aufl. Berlin 1913. — Maschinenkunde für Chemiker, 3. Aufl. Berlin 1925.

KOLBE, L.: Flüssige Luft. Leipzig 1920.

SCHALL, M., u. O. DAMMER: Verdichtung und Verflüssigung der Gase und der Luft. In PETERS, F.: Chemische Technologie der Neuzeit, 2. Aufl., I. Bd. Stuttgart 1925.

THAU, A.: Die Schwelung von Braun- und Steinkohle. Halle (Saale) 1927.

Hinweise im Text:

1. Siehe Gas- u. Wasserfach **51**, 752 (1908). — RAUSER: Gas- u. Wasserfach **45**, 89 (1902).

2. RABE, H.: Exhaustoren. In ULLMANN, F.: Enzyklopädie der technischen Chemie, V. Bd, S. 32. Berlin u. Wien 1917.

3. BLAU, E.: Chem. Ztg **46**, 761 (1922); **51**, 409 (1927). — KARG, H. R.: Schleudergebläse. München u. Berlin 1926.

4. Siehe z. B. PFUDEL: Gas- u. Wasserfach **52**, 673 (1909).

5. PLANK, R.: Z. ges. Kälteind. **29**, H. 10/11 (1922). — PLANK, R., M. KRAUSE u. W. TAMM: Z. V. d. I. **69**, 393 (1925).

6. Siehe Gas- u. Wasserfach **47**, 96 (1904).

7. KAMERLINGH ONNES, H.: Chem. Ztg **32**, 901 (1908); **34**, 1373 (1910).

8. PICTET, R.: C. r. **85**, 1214 (1877).

9. LINDE, C.: Ann. Physik **57**, 328 (1896).

10. CLAUDE, G.: C. r. **131**, 500 (1900); **134**, 1568 (1902); **141**, 762 (1905); **142**, 1333 (1906); **143**, 583 (1906).

11. WEINHOLD, A.: Physikalische Demonstrationen, S. 479. Leipzig 1881. — Ann. Physik **66**, 544 (1898).

12. DEWAR, J.: Chem. News **69**, 29, 39 (1894); **73**, 40 (1896).

II. Gewinnung von Gasen.

Das am meisten verbreitete, natürlich auftretende Gas oder vielmehr Gasgemisch ist die atmosphärische Luft. Ihre Hauptbestandteile sind Stickstoff und Sauerstoff, daneben enthält sie in geringen Mengen stets die Edelgase: Helium, Neon, Argon, Krypton und Xenon; außerdem Wasserdampf und Kohlendioxyd. Den örtlichen Umständen entsprechend finden wir noch mehr oder weniger Verunreinigungen, wie Ammoniak, dem Erdboden, Vulkanen, Fumarolen entströmende Gase, Fäulnisgase, Staub, Salze, Mikroorganismen und industrielle Abfallstoffe gasförmiger und auch fester Natur (Ruß). — Der Wasserdampfgehalt schwankt durchschnittlich zwischen 1 und 1,5 Volumprozent. Der Gehalt an Kohlendioxyd liegt bei 0,03 Volumprozent. Die Edelgase — mit Ausnahme des Argons — machen zusammen 0,0016 Volumprozent aus. Abgesehen von diesen Bestandteilen setzt sich die Luft im Mittel aus 78,06 Volumprozent Stickstoff, 21,0 Volumprozent Sauerstoff und 0,94 Volumprozent Argon (Edelgasen) zusammen.

Ein weiteres, technisch wichtiges Vorkommen von natürlichen Gasen betrifft das Erdgas, dessen Hauptbestandteil Methan ist, das aber auch höhere Paraffinkohlenwasserstoffe in wechselnden Mengen enthält. Von sonstigen Bestandteilen des Erdgases nennen wir: ungesättigte Kohlenwasserstoffe, Kohlendioxyd, Kohlenoxyd, Wasserstoff, Sauerstoff, Stickstoff und Helium.

Schließlich wären noch die Vulkangase, Quellgase usw. zu nennen. Letztere dienen gegebenenfalls zur Gewinnung von Kohlendioxyd. Sie enthalten an manchen Stellen auch größere Mengen von Edelgasen.

Eine Reihe von Gasen entsteht bei verschiedenen industriellen Vorgängen, die nicht um dieser Gase willen vorgenommen werden. Die Gase sind dann teils lästige Begleiter des Prozesses, deren Vernichtung oder Entfernung oft technische Schwierigkeiten und wirtschaftliche Unkosten bereitet; oder sie sind wertvolle Nebenerzeugnisse des Betriebes. — Von Gasen der ersten Art, die also nicht verwertbar sind oder meist nicht verwertet werden, nennen wir die in fast allen Verbrennungsgasen enthaltene Kohlensäure und das Schwefeldioxyd in Rauchgasen aus schwefelhaltigen Brennstoffen. Von den Gasen, die als industrielle Nebenerzeugnisse verwertet werden, erwähnen wir beispielsweise die

Verunreinigungen in den Rohgasen der trockenen Destillation: Ammoniak, Cyanwasserstoff und Schwefelwasserstoff; ferner den beider Alkalichloridelektrolyse auftretenden Wasserstoff usw.

Als industriell vorkommende Gase sind aber auch alle jene zu rechnen, deren Erzeugung Selbstzweck ist. Die verschiedenen Erzeugungsmethoden sind einem besonderen Abschnitt vorbehalten (siehe S. 92). Sofern die Gase bei der Erzeugung unvermischt anfallen oder nur geringe Mengen von Verunreinigungen enthalten, wird die weitere Behandlung gegebenenfalls in der Reinigung (siehe Abschnitt IV, S. 194) bestehen und etwa noch in einer Verdichtung (siehe S. 55) oder Verflüssigung (siehe S. 61) zum Zweck des Speicherns und des Versandes. Wenn aber das betreffende Gas nur einen Bestandteil eines Gemisches ausmacht, dann folgt der eigentlichen Erzeugung noch eine Abscheidung, also Gewinnung aus dem Gasgemisch. Als Beispiele erwähnen wir folgende Fälle: Stellt man Kohlendioxyd durch Verbrennen von Koks mit Luft her (siehe S. 156), dann enthalten die (trockenen) Verbrennungsgase höchstens 21 Volumprozent Kohlendioxyd; um dieses in reiner Form abzuscheiden, muß es aus den durch Verbrennung erzeugten Gasen nach irgendeinem von der Erzeugungsmethode unabhängigen Verfahren erst gewonnen werden. Das gleiche gilt für die Gewinnung von im Wassergas enthaltenem, durch Vergasen von Koks mit Wasserdampf (siehe S. 162) erzeugtem Wasserstoff. — Die Grundverfahren zur Gewinnung eines Bestandteiles aus einem Gasgemisch sind unabhängig davon, ob dieses in der Natur fertig vorkommt, oder ob es erst künstlich (industriell) erzeugt werden muß.

Der vorliegende Abschnitt wird die Methoden zur Gewinnung von Gasen ohne Trennung behandeln, so weit sie nicht wie beispielsweise die Verflüssigung der Luft (siehe S. 61) bereits an anderer Stelle besprochen wurden, und wird sich dann den grundlegenden Verfahren zur Gewinnung von Gasen durch Trennung von Gemischen — sei es zum Zweck der Abscheidung eines einzigen, jedoch wichtigen Bestandteiles, sei es zur völligen Auflösung von Gemischen in alle ihre Bestandteile — zuwenden.

A. Gewinnung ohne Trennung.

1. Gase aus der Atmosphäre.

Nachdem sich Gase in allen Verhältnissen miteinander mischen, liegt in der Atmosphäre — von gewissen örtlichen und zeitlichen, meist vorübergehenden Schwankungen abgesehen — nur ein einziger, völlig homogener Stoff vor: die Luft. Ihre „Gewinnung" ohne (oder ohne beabsichtigte) Trennung besteht daher lediglich in einer Verdichtung (siehe S. 55) oder Verflüssigung (siehe S. 61), wobei bei dieser schon eine gewisse, in der Methode begründete, jedoch vorerst ungewollte Trennung durch Anreicherung von Sauerstoff eintritt (siehe S. 62).

2. Gase aus dem Erdinnern (Erdgas).

Die Gewinnung von Gasen aus dem Erdinnern erstreckt sich auf das natürliche Kohlendioxyd und das Erdgas. Während jenes nur geringere technische Bedeutung hat, da man Kohlendioxyd meist auf künstlichem Weg erzeugt (siehe S. 156), zählt dieses zu den wichtigsten Naturschätzen. Die Gewinnungsmethoden sind für beide Naturgasarten grundsätzlich gleich; entsprechend der geringeren Bedeutung des natürlichen Kohlendioxyds begnügt man sich jedoch bei ihm mit den einfachsten Ausführungen der technischen Mittel. Wir behandeln deshalb im folgenden nur das Erdgas.

Vorkommen und Eigenschaften. Das Erdgas kommt an zahlreichen Stellen der Erde vor und soll schon vor 2500 Jahren in China und Japan bekannt gewesen sein; meist ist das Erdöl sein Begleiter, doch liegt darin keine unbedingte Notwendigkeit. Wenngleich eine gewisse räumliche Gebundenheit im Vorkommen beider Stoffe besteht, so tritt doch das Erdgas stellenweise ohne den flüssigen Verwandten auf.

Beide Körper sind organischen Ursprungs und aus pflanzlichen und tierischen Stoffen: Fetten, Wachsen, Harzen und ähnlichen Gebilden sowie Eiweißkörpern entstanden.

Die Zusammensetzung des Erdgases schwankt, sowohl von Fundort zu Fundort als auch an einer Gewinnungsstelle im Laufe der Zeit. In Tabelle 1 bringen wir die Grenzen für die einzelnen Bestandteile.

Tabelle 1. Erdgasbestandteile in Volumprozenten.

	CH_4	C_nH_{2n+2}	C_nH_{2n}	CO_2	O_2	CO	H_2	N_2
Deutschland.	36—97	0—16	0—5	0—14	0—3	0—28	0(—2)	2—34
Österreich ...	80—99	0	0—7	0— 1	0—3	0— 6	0—4	1—17
Ungarn	98—99	0— 1	0—2	0— 2	0—1	0	0(—0,4)	0— 1
Nordamerika	15—98	0—29	0—3	0—10	0—6	0— 3	0—12	1—83

Die wesentlichen Bestandteile sind Methan und die höheren Paraffinkohlenwasserstoffe, ferner in geringeren Mengen das Kohlendioxyd, Kohlenoxyd und der Stickstoff. Ofefine (C_nH_{2n}) konnten nur an manchen Fundstellen einwandfrei nachgewiesen werden. Sauerstoff (aus Luft stammend) und Wasserstoff sind keine kennzeichnenden Glieder. Als Verunreinigung findet sich auch manchmal Schwefelwasserstoff. Stellenweise enthalten die Erdgase Helium, das aus radioaktiven Gesteinen stammt, in Nordamerika an einer Quelle fast 2 Volumprozent. Die mit Erdöl in Berührung befindlichen Gase nehmen auch Kohlenwasserstoffdämpfe, also bei gewöhnlicher Temperatur flüssig abscheidbare Substanzen, auf; diese sogenannten nassen Erdgase, die Pentan, Hexan usw. enthalten, bilden die Ausgangsstoffe zur „Gasolin"-Gewinnung. Man versteht unter Gasolin die leichten flüssigen Erdgaskohlenwasserstoffe. Erdgase ohne solche Bestandteile heißen trocken.

Die gashaltigen Schichten liegen vorwiegend in porösen Gesteinen — Sand, zerklüftetem Schiefer, Kalk. Die Gase entströmen den Bohrlöchern unter hohem Druck, der bis über 100 at betragen kann, meist aber rasch abfällt. Die Gasmengen sind ebenfalls verschieden; es sind Vorkommen mit etwa 100000 m³ je Stunde bekannt, doch liegen die Durchschnittswerte weit unter dieser Zahl. Die Ergiebigkeit einer Quelle unterliegt großen Schwankungen. Man kennt Quellen, die anfangs große Gasmengen entwickelten, bald aber völlig versiegten; anderseits gibt es solche, die mehrere Jahrzehnte lang gleichmäßig Gas liefern.

In Amerika fand das Erdgas schon Anfang des 19. Jahrhunderts praktische Verwendung; gleichwohl betrachtete man es noch gegen 1860, als dort die systematischen Erdölbohrungen einsetzten, als unerwünschtes, lästiges Nebenprodukt. Heute schätzt man seinen Wert, so daß die ursprüngliche Verschwendung einer wohlbedachten Sparsamkeit Platz gemacht hat.

Gewinnungsmethoden. Zwischen der Gewinnung des Erdgases und der des Erdöls besteht ein derart inniger Zusammenhang, daß sich die grundlegenden Arbeiten überhaupt nicht unterscheiden, und daß sich gewisse Verschiedenheiten in der Behandlung erst ergeben, wenn die beiden Stoffe das Erdinnere verlassen.

Erdgas und Erdöl werden „erbohrt". Zu diesem Zweck treibt man mit geeigneten Vorrichtungen runde Kanäle (Bohrlöcher) in das Gestein. Die Tiefe der Bohrlöcher hängt von den geologischen Verhältnissen ab und schwankt etwa zwischen 100 und 1000 m. Die Bohrlöcher werden mit zunehmender Tiefe teleskopartig enger; die Anfangsbreite richtet sich nach der Tiefe. Seichte Bohrlöcher sind etwa 5—15 cm breit, tiefe beginnen mit mindestens 25 cm und verjüngen sich auf 12—16 cm.

Das Prinzip jeder Bohrmethode besteht darin, daß ein Werkzeug gegen die Sohle des Bohrloches bewegt wird, wo es kleine Gesteinsstücke, den Bohrschmant, loslöst; dieser muß zutage gefördert werden. — Die Unterschiede zwischen den einzelnen Bohrmethoden folgen aus der Wirkungsweise des Werkzeuges, seiner Bewegung und aus der Art, wie der Bohrschmant zutage gebracht wird.

Die üblichen Bohrmethoden lassen sich folgendermaßen einteilen:

A. Trockenbohren.
1. Bohren am festen Gestänge (stoßend oder drehend);
2. Bohren mit Freifall;
3. Bohren mit Rutschschere;
4. Bohren mit Seil.

B. Wasserspülbohren.
1. Bohren mit Stoßbewegung;
2. Bohren mit drehender Bewegung;
3. Bohren mit hydraulischem Bohrwidder.

Der Nachteil der älteren Trockenbohrmethoden liegt darin, daß der Bohrschmant nicht ständig entfernt wird. Er bleibt auf der Sohle des Bohrloches solange liegen, bis er eine bestimmte Menge erreicht hat. Inzwischen beeinträchtigt er bereits die Wirkung des Bohrwerkzeuges, da dieses nicht unmittelbar das Gestein trifft, sondern gegen den Bohrschmant schlägt. Von Zeit zu Zeit muß die Bohrarbeit unterbrochen werden, um den angesammelten Bohrschmant entfernen zu können.

Bei den Wasserspül-Bohrmethoden wird mittels einer Pumpe ständig Wasser durch das diesmal hohle Gestänge bis zur Sohle gepreßt, worauf das Wasser im Verkleidungsrohr des Bohrloches hochsteigt und dabei den Bohrschmant mitnimmt. Der Wasserstrom kann auch den umgekehrten Weg einschlagen (verkehrte Spülung). Man setzt dem Spülwasser zur Erhöhung des spezifischen Gewichtes auch 20 bis 60 Volumprozent Lehm oder Ton zu. Der Vorteil der Wasserspülbohrungen liegt vor allem in der reinen Sohle, die eine volle Ausnutzung des Bohrwerkzeuges gewährleistet.

Die Wucht, mit der das Bohrwerkzeug gegen die Sohle stößt, wird durch seine lebendige Energie E bestimmt; diese ist:

$$E = \frac{m\,v^2}{2}.$$

m ..... Masse des Werkzeuges,
v ..... Auffallgeschwindigkeit.

Die Auffallgeschwindigkeit hängt von der Fallhöhe ab:

$$v = \sqrt{2\,g\,h},$$

worin g (Erdbeschleunigung) rund 10 gesetzt werden kann. Für $h_1 = 0{,}05$ m finden wir $v_1 = 1$; für $h_2 = 1$ m, $v_2 = 4{,}5$. Wenn wir also h auf den zwanzigfachen Wert steigern, wächst die Auffallgeschwindigkeit nur auf den 4,5fachen Betrag. Es ist mithin zweckmäßiger, mit geringen Fallhöhen und raschen Schlägen zu arbeiten. Eine Verringerung der Fallhöhe und damit der Wucht läßt sich aber nur bei reiner Sohle (Wasserspülbohren) durchführen.

Trockenbohren am festen Gestänge. Bei dieser (englischen) Methode ist das eigentliche Triebzeug, der Bohrmeißel, unmittelbar an einem steifen Gestänge befestigt, was leicht zu Gestängebrüchen führt, weshalb man im Tiefbohrbetrieb davon abgekommen ist.

Trockenbohren mit Freifall. Um die Erschütterungen, die mit dem Aufprall des Meißels entstehen, unwirksam zu machen, hat man Vorrichtungen ersonnen, die den Meißel beim Fallen vom Gestänge zu dessen Schonung trennen.

Der Grundgedanke der Freifallvorrichtung (Freifallschere, Löffelschieber, Löffelschere) liegt in folgendem (Abb. 24): Der auf der Sohle ruhende Meißel wird vom Bohrgestänge mit Hilfe einer Fangvorrichtung hochgehoben. Sobald das Gestänge beim Hub den Höchststand erreicht hat, löst sich die Fangvorrichtung selbsttätig und läßt den Meißel frei gegen die Bohrlochsohle fallen. Das Gestänge folgt dem Bohrmeißel nach, ergreift ihn und das Spiel wiederholt sich in rascher Folge. Zur Vermehrung der Bewegungsenergie des Meißels verbindet man ihn mit einer Schwerstange, die sein Gewicht erhöht. Das Fangen und Abwerfen des Meißels geschieht durch eine kurze Drehung des Gestänges. Die Hubhöhe beträgt durchschnittlich 1 m, die Schlagzahl 30 je Minute. Die monatliche Bohrleistung liegt bei 60—80 m.

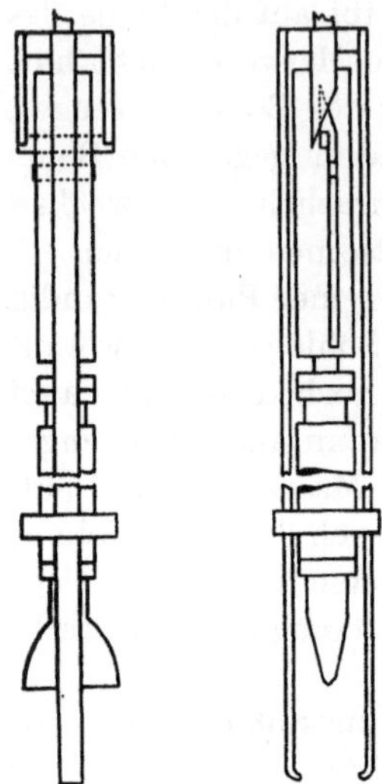

Abb. 24.
Freifallschere nach A. FAUCK.

Zur Entfernung des Bohrschmants wird das Gestänge aus dem Bohrloch entfernt und der Schlamm an einem besonderen „Löffelseil“ durch ein Rohr (Schmantlöffel), das am Boden mit einem Ventil versehen ist, herausgeholt (Abb. 25). Der Löffel dringt durch sein Gewicht in den Bohrschmant ein, dabei hebt sich das Bodenventil und der Sand kann in das Rohrinnere eindringen. Beim Hochziehen des Löffels drückt der im Rohr befindliche Sand das Ventil wieder zu. Man holt den Apparat zutage und entleert ihn. Das Löffeln wird bis zur hinreichenden Säuberung der Bohrlochsohle fortgesetzt. Die Länge des Schmantlöffels beträgt bis zu 10 m.

Trockenbohren mit der Rutschschere. Bei dieser aus Kanada stammenden Methode ist die Freifallschere durch die „Rutschschere“ ersetzt. Der Meißel ist mit einer Schwerstange verschraubt, worauf die Rutschschere (Abb. 26) die Verbindung mit dem Gestänge herstellt. Sie besteht aus zwei ineinander greifenden Gabeln, deren verriegelte Enden den Auf- und Niedergang in bestimmten Grenzen halten.

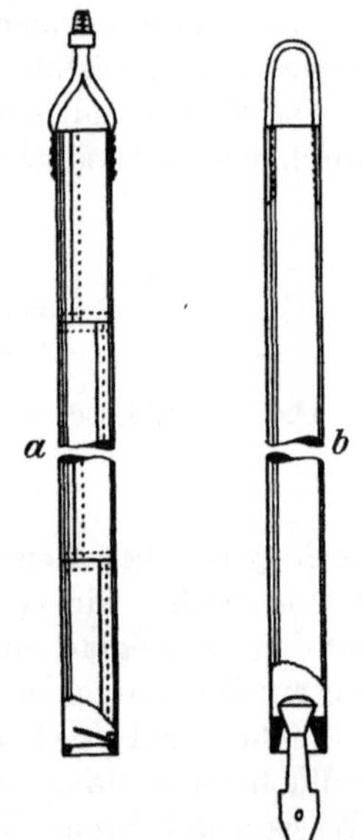

Abb. 25. Bohrlöffel.
a) mit Klappenventil,
b) mit Kegelventil.

Trockenbohren mit Seil. Das Seilbohrsystem ist von allen Bohrmethoden die weitaus älteste. Das Bohrgerät besteht aus dem Bohrmeißel, einer unteren und einer oberen Schwerstange und der Rutschschere (siehe Abb. 26), die zwischen die beiden Schwerstangen eingeschaltet ist. Das Seil, das als Ersatz für das feste Gestänge dient, wird durch die Seilhülse mit dem eigentlichen Bohrgerät verbunden; der untere Teil der Seilhülse besteht in der Regel aus einem konischen Schraubenschloß, in dessen Muffe der Kopf der oberen Schwerstange sitzt. Die Seile stellt man aus Manilahanf her, sie sind den weniger elastischen Drahtseilen vorzuziehen. Die Seilstärke liegt zwischen 40 und 56 mm.

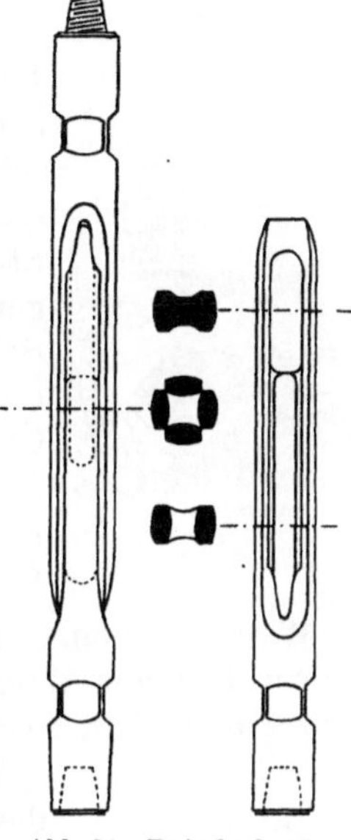

Abb. 26. Rutschschere.

Wasserspülbohren mit stoßender Bewegung. Um die Einschaltung von Zwischenstücken nach Art der Rutschschere zu vermeiden, und um anderseits die Stöße des steifen Gestänges abzufangen, wird der über Tage liegende Bohrschwengel, der die Auf- und Niederbewegung auf das Gestänge überträgt, elastisch federnd gelagert. Infolge der Reinhaltung der Bohrlochsohle kann die Zahl der Bohrschläge auf 80—120 in der Minute erhöht werden; die Fallhöhe erniedrigt man auf 5—10 cm. Die raschen Bewegungen des Meißels haben zwar eine beträchtliche Beanspruchung des Bohrgestänges zur Folge, doch wird sowohl durch den elastischen Bohrschwengel als auch durch die hohlen Gestängerohre hohe Betriebssicherheit gewährleistet. Hohlrohre sind gegen Zug, Druck und Drehung widerstandsfähiger als gleich weite Vollrohre.

Wasserspülbohren mit drehender Bewegung. Man unterscheidet die Kernbohrmethoden und das „Rotary"-System.

Die ersteren trifft man in Gasfeldern selten. Die Bewegung des Gestänges ist rotierend; das Werkzeug besteht aus einer Stahlkrone, deren Ränder entweder aus gehärteten Stahlzähnen bestehen oder mit schwarzen Diamanten (Carbonaden) besetzt sind. Unmittelbar an das Stahlrohr schließt sich das Kernrohr (15—16 m lang) an, das den erbohrten Kern aufnimmt. Auf das Kernrohr folgt das Hohlgestänge.

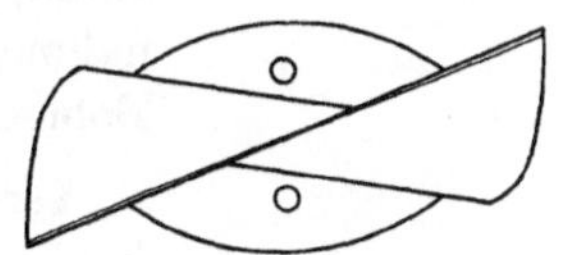

Abb. 27. Fischschwanz-Meißel (von unten gesehen).

Das Rotary-System verwendet Bohrmeißel von der Form eines Fischschwanzes nach Abb. 27, während bei den anderen Methoden geradkantige Meißel gebräuchlich sind. Die beiden äußeren Spitzen des Fischschwanzmeißels sind schraubenartig verdreht und mit scharfen Schneiden versehen.

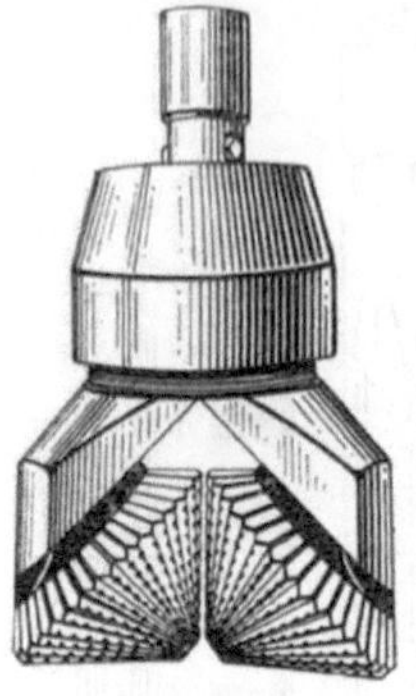

Abb. 28.
Konusrad-Meißel.

Bei harten Gesteinsschichten ersetzt man den Fischschwanz zweckmäßigerweise durch den sogenannten Konusrad-Meißel der Abb. 28. Zwei schwalbenschwanzartig angeordnete Schenkel tragen auf ihrer Innenseite zwei auf Bronzelagern laufende Stahlkonusse, die zwecks Nachschärfung leicht ausgewechselt werden können. Die Anordnung der Schneiden (60—70) entspricht der eines Kegelzahnrades. Durch eine im Gestängerohr mitgeführte Ölleitung wird während der Bohrarbeit für ständige Schmierung der Lager gesorgt. Der Meißel wirkt mahlend und zermalmend, wodurch das härteste Gestein zu Pulver zerrieben wird.

Wasserspülbohren mit hydraulischem Bohrwidder. Abb. 29 zeigt den Bohrwidder von WOLSKI. Das Druckwasser strömt durch das Schlagrohr *1* und fließt zuerst durch das Ventil *2*, das von einer Feder offen gehalten wird, ab. Steigt nun die Geschwindigkeit des Wassers an, so wird auch sein Druck größer. Sobald dessen Wert die Kraft der Feder des Ventils *2* erreicht, schließt sich das Ventil *2*. Es erfolgt ein Wasserschlag, der einerseits auf die Pufferfeder *3* wirkt, anderseits den an der Feder *4* befestigten Kolben *5* gegen die Bohrlochsohle stößt. Dabei erfüllt der Meißel *6* seine Bohraufgabe. Sobald die Wasserenergie durch den Schlag erschöpft ist, öffnet sich das Ventil *2* wieder, und das Spiel kann von neuem beginnen.

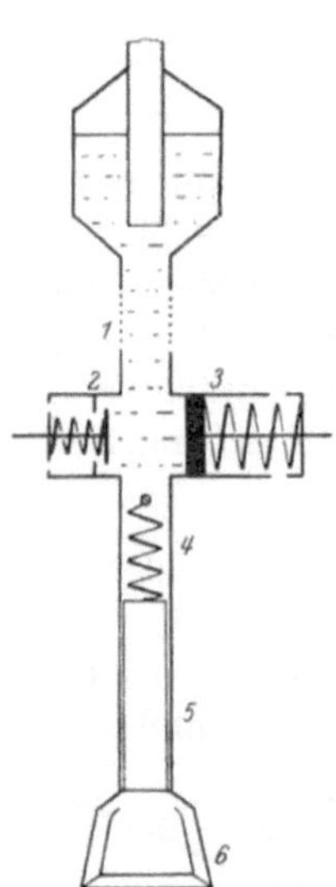

Abb. 29.
Bohrwidder von WOLSKI.

Bohrtürme. Alle Bohrgebiete sind durch die bis 30 m hohen Bohrtürme gekennzeichnet, die sich über dem Bohrloch erheben. Sie bestehen aus Holz oder Eisen, tragen oben die „Laterne“ und dienen zur Aufnahme der über Tage befindlichen Bohrhilfsgeräte: Bohrschwengel, Winden zur Aufnahme der Seile usw.

Verrohrung, Sicherung und Abdichtung. Die Verkleidung der Bohrlochwände durch Rohre erfolgt aus verschiedenen Gründen. Sie erübrigt sich nur beim Bohren durch gleichmäßiges, festes Gestein. Sie soll das Bohrloch vor dem Einsturz schützen, den Nachfall von bröckligem Gestein und Sand verhindern, das Eindringen von Wasser in das Bohrloch verhüten und das Übersteigen von Gas in höher liegende Schichten unmöglich machen.

Zur Verwendung kommen genietete Blechrohre, geschweißte Schmiedeeisenrohre oder Mannesmannrohre. Die Rohre sind gewöhnlich 5—6 m lang und werden noch in der Fabrik auf mindestens 25 at, in Amerika sogar bis zu 100 at geprüft.

Die Blechrohre (Keil- oder Muffenrohre) werden an den aufeinander stoßenden Enden vernietet. Die häufiger verwendeten Schmiede- eisen- und Mannesmannrohre, auch „herme- tische" Rohre genannt, werden untereinander verschraubt. Die Art der Verschraubung kann mannigfaltig sein (Abb. 30). Als oberste Ver- kleidung benutzt man in Amerika auch acht- eckige Holzrohre. Die zur „Rohrtour" ver- einigten Einzelrohre erhalten am unteren Ende als Schutz einen kräftigen, aus gutem Stahl verfertigten „Rohrschuh". Je tiefer ein Bohr- loch niedergebracht wird, um so öfter verjüngt sich das Profil der Futterrohre.

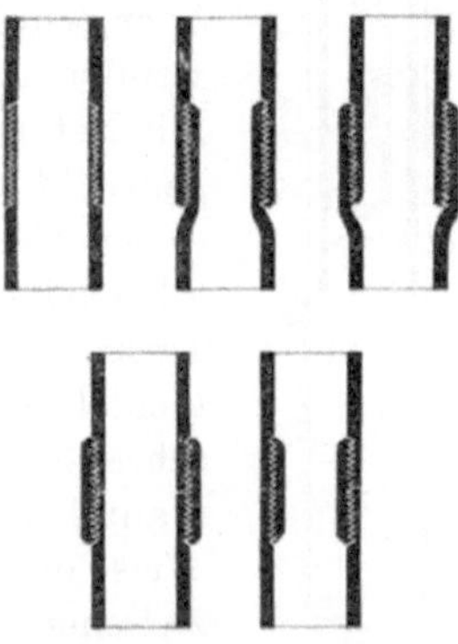

Abb. 30. Rohr-Verschraubungen.

Zur Sicherung der niedergelassenen Rohrtour vor Korrosion und als Schutz vor Verlusten durch falsche Abzugsgase füllt man den nach

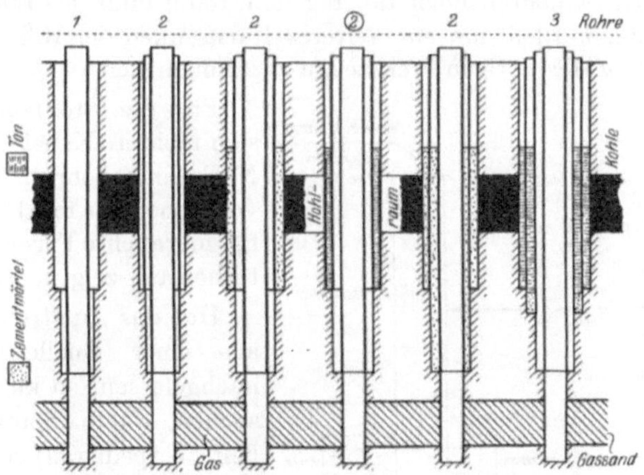

Abb. 31. Methoden zur Sicherung von Bohrlöchern.

der Verrohrung verbleibenden Raum zwischen der Bohrlochwand und dem Futterrohr in geeigneter Weise aus. Entweder benutzt man mehrere, konzentrisch übereinander gesteckte Rohrtouren verschiedener Weite oder füllt den Zwischenraum mit Zementmörtel oder Lehm aus (Abb. 31).

Die Sicherung ist nicht nur während der Bohrarbeit und Gasentnahme notwendig, sondern erstreckt sich auch auf verlassene Quellen. Im allgemeinen werden alte Bohrlöcher verstopft, wozu Holzklötze, Kautschukrohre, Geröll, Lehm und Zement für sich oder miteinander geeignet kombiniert dienen.

Eine der wichtigsten und mühsamsten Arbeiten der Gasbohrtechnik ist das **Abdichten** der Rohre. Stellenweise wendet man bloßes Betonieren an; die Bohrlochsohle wird mit Betonmörtel angefüllt, die Rohrtour in diesen Brei eingedrückt und die Bohrarbeit dann fortgesetzt. Besser ist es jedoch, sogenannte **Packer** anzuwenden. Dies sind im allgemeinen eiserne Zylinder, die mit einem geeigneten Dichtungsmaterial (Blei, Gummi, Baumwolle, Jute) umkleidet sind. Durch teleskopartige Verschiebung oder Verschraubungen mit Hilfe der Rohrtouren wird der Dichtungsmantel zu einem Wulst zusammengestaucht, der auf diese Weise die Abdichtung zwischen Gebirgswand und Rohr oder zwischen Rohren untereinander herbeiführt. Schließlich kann man das Bohrloch auch durch Verschlemmen abdichten.

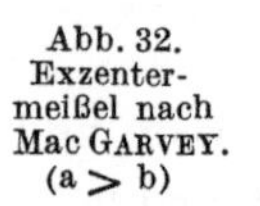

Abb. 32. Exzentermeißel nach Mac GARVEY. (a > b)

Erweiterung des Bohrloches. Hat man ein Bohrloch so tief getrieben, daß Meißel wie Futterröhren schon ein sehr schmales Profil haben, und muß man zum Treffen der gasführenden Schichten noch tiefer gehen, dann muß das Bohrloch nachgenommen werden, um ein weiteres Nachsenken der Röhren sowie die Einführung der nötigen Werkzeuge zu ermöglichen.

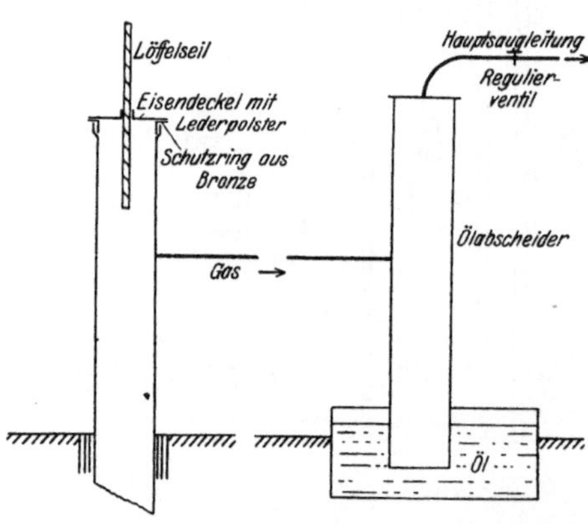

Abb. 33. Gasfang mit Ölscheidung (Löffelbetrieb).

Für die Stoßbohrung haben sich mehrere Konstruktionen von Nachnahmebohrern eingeführt, von denen wir in Abb. 32 die häufig gebrauchte Form eines Exzenterbohrers zeigen.

Hat das Ausströmen von Gas aus einer Quelle beträchtlich nachgelassen, so kann man versuchen, durch Sprengen (Schießen, Torpedieren) mit Nitroglycerin oder Sprenggelatine die Gasausbeute zu erhöhen. Der Erfolg des Versuches ist jedoch vorher kaum zu berechnen und in den meisten Fällen zweifelhaft.

Verschlüsse und Gasfänge. Bei Gasquellen mit sehr hoher Ergiebigkeit (etwa von 800 000 m³ täglicher Leistung an) kann man die Röhrentour gleichzeitig als Gasentbindungsrohr benutzen; sonst führt man eine zweite, engere Rohrkolonne in das Bohrloch ein. Am Austrittsende des Rohres bringt man Gasfänge an, deren Wirkung aus den Beispielen der Abb. 33 und 34 hervorgeht. Wird das Gas gleichzeitig mit Öl erbohrt, dann muß der Gasfang (siehe Abb. 33) so gebaut sein, daß neben Erdöl ein möglichst luftfreies, von flüssigen Bestandteilen reines Gas gewonnen wird. Die Trennung von Öl und Gas erfolgt im Ölabscheider.

Störungen und Brände. Der Bohrbetrieb ist allerlei Gefahren ausgesetzt, denen man durch Sicherungen weitgehend vorbeugt. Trotzdem treten Fälle ein, wo auch die Sicherungen versagen oder nicht ausreichen.

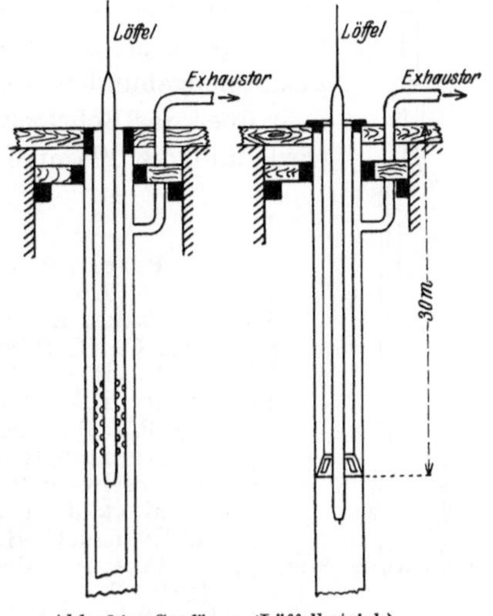

Abb. 34. Gasfänge (Löffelbetrieb).

Das eigentliche Bohren wird gelegentlich gestört durch Verklemmungen und Beschädigungen der Rohrtouren, Gestängebrüche, Reißen der Seile, Nachfall von Gestein usw. Solche Vorkommnisse lassen sich mit Hilfe des Rettungsgestänges in den meisten Fällen beseitigen; die üblichen Vorrichtungen sind in den Abb. 35 bis 40 dargestellt.

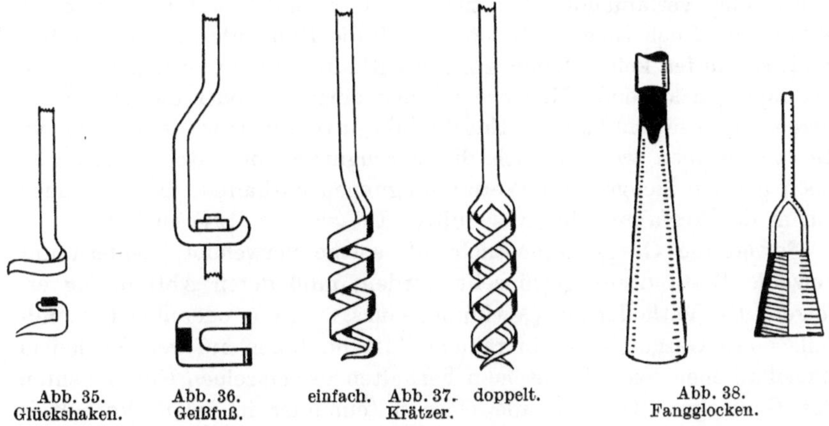

Abb. 35. Glückshaken. Abb. 36. Geißfuß. einfach. Abb. 37. doppelt. Krätzer. Abb. 38. Fangglocken.

Eine große Gefahr der Erdgasgebiete bilden die Brände, die meist durch Funkenschlag verursacht werden, weshalb man alle gefährlichen Reibungsmöglichkeiten zu umgehen versucht. Zum Löschen von Brän-

den kann man die Flammen mit Dampf ersticken, oder man versucht
die Bohrlochöffnung mit Hauben oder dgl. abzudecken. Schließlich
kann man Eisenschienen, Eisenröhren und ähnliches langes
Gestänge zu großen Bündeln schichten, die mit Ketten fest
zusammengebunden werden; dieses ganze Paket schleift
man über das Bohrloch, wodurch das Gas stark abgekühlt
wird, und die Flamme erlischt.

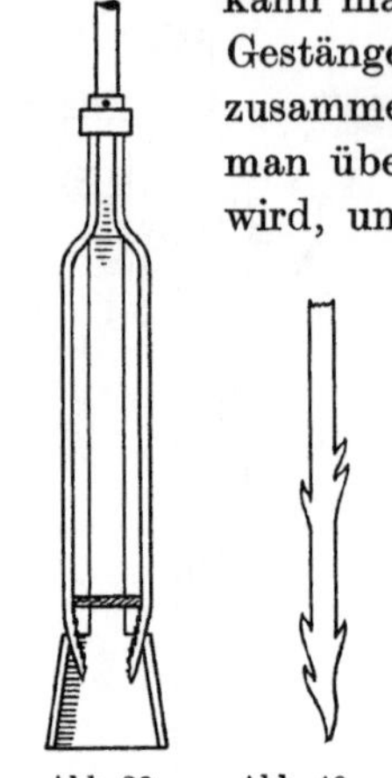

Abb. 39.   Abb. 40.
Fallfangschere. Seilfänger.

Literatur:

BENOIT, R. L.: Cyclopedia of oil and gas forms. St.
Louis 1926.
CZAKO, E.: Die Verwendung des Erdgases. In ENG-
LER, C., H. HÖFER: Das Erdöl, IV. Bd. Leipzig 1916.
DAMM, P.: Z. angew. Chem. **35**, 121, 292 (1922).
HVIID, N.: Das Erdgas. In ENGLER, C., H. HÖFER: Das
Erdöl, I. Bd. Leipzig 1913.
KISSLING, R.: Chemische Technologie des Erdöls, 2. Aufl.
Braunschweig 1924.
MUCK, J., u. J. HOLOBEK: Die Gewinnung des Erdöls.
In ENGLER, C., H. HÖFER: Das Erdöl, II. Bd. Leipzig 1909.
POIS, A.: Petroleum **11**, 1045ff. (1915/16); **12**, 9ff.
(1916/17).
WESTCOTT, H. P.: Handbook of Natural Gas. Erie, Pennsylvanien 1913.

B. Gewinnung durch Trennung.

Die natürlich auftretenden und häufig auch die technisch hergestellten Gase sind Gemische von Einzelgasen oder Dämpfen. Reine oder
fast reine Gase fallen nur unmittelbar an, wenn sie durch eindeutig und
vollständig verlaufende Reaktionen aus wohldefinierten Rohstoffen
entstehen. Doch ist es nicht nötig, daß die Rohstoffe ganz einheitlich
sind; sie dürfen keine Beimengungen enthalten, die unter den Betriebs-
bedingungen störende Nebenreaktionen eingehen, oder die von vornherein gasförmig sind und im Endprodukt unverändert wieder erscheinen.
Im allgemeinen werden auch die Erzeugnisse von „Rein"-Verfahren
noch geringe Mengen von Verunreinigungen enthalten, die man nach
einem der Verfahren des Abschnittes IV (siehe S. 194) entfernt.

Soweit die Gasgemische nicht als solche verwendet, sondern nur
einzelne Bestandteile gewünscht werden, muß deren Abtrennung erfolgen. Die Methoden zur Gewinnung eines, mehrerer oder aller Bestandteile eines Gasgemisches in reinem Zustand fußen auf verschiedenem
physikalischen oder chemischem Verhalten der einzelnen Komponenten
des Gemenges. Da sich alle Gase miteinander in jedem Verhältnis
mischen lassen — etwaige chemische Reaktionen zwischen einzelnen
Gasen mögen ausgeschlossen bleiben, denn sie beeinflussen die physikalische Bedeutung dieses Satzes nicht —, fallen alle aus gegenseitiger
Unlöslichkeit möglichen Trennungsverfahren weg. Die technischen

Gastrennungsmethoden ergeben sich aus den verschiedenen Siedepunkten (Dampfdrücken) und den damit zusammenhängenden, verschiedenen Molekulargewichten der einzelnen Bestandteile sowie aus deren verschiedener physikalischer oder chemischer Löslichkeit. — Die Trennung gelingt um so leichter, je mehr die erwähnten Eigenschaften ihrem absoluten Wert nach voneinander abweichen.

Bei der Reinigung von Gasen handelt es sich vielfach auch um die Trennung eines Gasgemisches, derart jedoch, daß irgendein in verhältnismäßig geringer Menge vorhandener Bestandteil entfernt werden soll, wobei es gleichgültig ist, ob der abzuscheidende Körper durch das Reinigungsverfahren chemisch umgewandelt wird oder als solcher erhalten bleibt. Bei der Gewinnung eines Gases aus einem Gasgemisch legt man Wert darauf, daß der abzuscheidende Stoff in möglichst hoher Konzentration im Rohgemenge vorhanden sei, wenngleich man sich manchmal mit recht bescheidenen Konzentrationen begnügt, vielmehr begnügen muß; ferner darf das zu gewinnende Gas durch den Trennungsvorgang keine chemische Veränderung erleiden, sondern muß am Ende unverändert anfallen. Wenn dies auch bei der Reinigung erfüllt wird, dann haben die Reinigungs- und Trennungsmethoden (diese mit der Absicht der Gewinnung von Gasen) keinerlei grundsätzliche Unterschiede, handelt es sich doch in beiden Fällen um die Abtrennung gewisser Bestandteile aus gasförmigen Gemischen mehrerer Stoffe.

1. Durch Verflüssigen und Fraktionieren.

Grundlagen. In einem Gasgemisch bleibt jeder Bestandteil solange gasförmig, das heißt: es tritt solange keine Kondensation ein, wie der Partialdruck jeder Komponente kleiner oder höchstens gleich dem Sättigungsdruck unter den bestehenden Zustandsbedingungen (Temperatur, Gesamtdruck) ist. Da der Sättigungsdruck praktisch fast nur durch die Temperatur bestimmt wird (wenn der Gesamtdruck sich nicht zu stark ändert), kann die Abscheidung eines Gasbestandteiles nur dadurch bewirkt werden, daß man bei unverändertem Gesamtdruck die Temperatur des Gases solange erniedrigt (Kühlung), bis Partial- und Sättigungsdruck gleich werden, worauf die Kondensation beginnt, oder daß man — ohne die Temperatur zu ändern — den Gesamtdruck solange erhöht (Verdichtung oder Kompression), bis wieder Gleichheit von Partial- und Sättigungsdruck erreicht ist; schließlich kann man gleichzeitig die Temperatur erniedrigen und den Gesamtdruck erhöhen (siehe auch S. 55).

Soll ein Gasbestandteil abgeschieden werden, dessen Siedepunkt hoch über dem des übrigen Gasrestes liegt, oder liegt die Abscheidungstemperatur über dem kritischen Punkt des Gasrestes, dann ist der abgeschiedene Stoff sehr rein und enthält nur geringe Menge der anderen

Gase gelöst. Wenn jedoch die Siedepunkte mehrerer Gaskomponenten nahe beieinander liegen, dann scheiden sich durch Kühlung oder Verdichtung oder beides flüssige Gemische ab, die durch Fraktionierung getrennt werden müssen. Die Fraktionierung gelingt, wenn die Komponenten des Kondensats kein „azeotropisches" Gemisch bilden. Im allgemeinen ist die prozentische Zusammensetzung eines mit einem Flüssigkeitsgemisch im Gleichgewicht befindlichen Dampfgemisches anders als die des Flüssigkeitsgemisches, und zwar ist der Dampf gewöhnlich reicher an der leichter flüchtigen Flüssigkeit (siehe S. 22). Es gibt jedoch Flüssigkeitsgemische, die mit Dampf der gleichen prozentischen Zusammensetzung im Gleichgewicht sind; in diesem Fall ist die Fraktionierung unmöglich.

Erwärmt man ein durch Fraktionierung trennbares Gemisch von zwei Komponenten zum Sieden, so wird die Flüssigkeit reicher an der Substanz mit dem höheren Siedepunkt, während es beim Dampf umgekehrt ist. Durch Abkühlen dieses Dampfes entsteht ein Kondensat, das mehr vom leichter flüchtigen Anteil enthält als das ursprüngliche Flüssigkeitsgemisch, dementsprechend bei etwas niedrigerer Temperatur siedet und ein Dampfgemisch entsendet, dessen Anteil an dem leichter flüchtigen Stoff noch höher liegt als früher. Durch oftmaliges Wiederholen dieses Vorganges erzielt man die Trennung in die beiden reinen Bestandteile. In den hierzu benutzten Vorrichtungen findet ein allmählicher Temperaturabfall vom Siedepunkt des schwerer flüchtigen bis zum Siedepunkt des leichter flüchtigen Stoffes statt. Selbstverständlich kann man auch statt durch fraktioniertes Verdampfen durch fraktioniertes Kühlen trennen, wobei sich der ganze beschriebene Vorgang umgekehrt abspielt.

Anwendung. Die Trennung von Gasgemischen durch Kühlung, Verdichtung und Fraktionierung wird nach obigem angewandt werden, wenn die Siedepunkte der Gasgemisch-Komponenten verhältnismäßig tief und nahe beieinander liegen, und wenn die Löslichkeit aller Bestandteile in fremden Stoffen und untereinander ziemlich gleich, nämlich gering ist.

In der Praxis zerlegt man die Luft auf diese Weise in ihre Bestandteile, sei es zur Gewinnung von Sauerstoff, Stickstoff[1] oder von Argon und den anderen Edelgasen[2]. Ferner zerlegt man Koksofen-[3] und Wassergas[4] durch fraktionierte Tiefkühlung unter Druck zu dem Zweck, Stickstoff-Wasserstoffgemische bzw. reinen Wasserstoff — hauptsächlich für die Ammoniaksynthese — zu gewinnen.

Die Methoden zum Kühlen und Verdichten wurden bereits in Abschnitt I (siehe S. 45) behandelt. Es bleiben demnach die Vorrichtungen zum Fraktionieren zu besprechen.

Trennungsvorrichtungen. Die Vorrichtungen zum Trennen zweier verflüssigter Stoffe durch fraktionierte Destillation, auch Rektifizierkolonnen oder -säulen genannt, dienen nicht nur zum Trennen verflüssigter Gasgemische, sondern ganz allgemein zum Auflösen eines flüssigen Gemisches. Nach dem „Normalzustand" der Komponenten — ob unter gewöhnlichen Verhältnissen gasförmig, flüssig oder fest — wird sich die absolute Lage des Rektifizier-Temperaturabfalles richten: bei Gasen wird er mehr oder weniger unter 0° C liegen, bei anderen Stoffen entsprechend höher. Für die Rektifikation selbst — dies sei schon hier betont — ist es gleichgültig, ob das flüssige Gemisch durch Kühlen oder Verdichten oder durch das im folgenden Abschnitt (siehe S. 82) zu behandelnde Auflösen in Flüssigkeiten gewonnen wurde.

Wenn sich zwei verflüssigte Stoffe sehr leicht trennen lassen (großer Unterschied der Siedepunkte), dann genügt zur Trennung ein leeres zylindrisches Gefäß (Abb. 41). Das verflüssigte Gemisch tritt durch die Zylinderwand in geeigneter Höhe, beispielsweise bei *1* ein und trennt sich in den gasförmigen Anteil, der bei *2* entweicht, während der Stoff mit dem höheren Siedepunkt bei *3* flüssig abgezogen werden kann. — In dem Maße wie die Trennung schwieriger erfolgt, muß man für ein oftmaliges Wiederholen des Vorganges sorgen. In den meisten Fällen

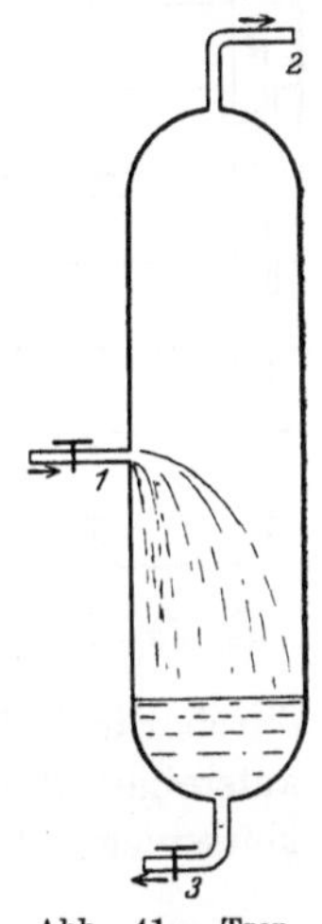

Abb. 41. Trennungsvorrichtung bei großen Siedepunktsunterschieden.

würde bei dem in Abb. 41 dargestellten Zylinder oben nicht der reine Stoff mit dem niedrigeren Siedepunkt abziehen, sondern ein Gemisch beider Körper, das aber reicher an der leichter flüchtigen Komponente wäre als das unten anfallende Gemisch. Man kann den Vorgang nun so wiederholen, daß man jedes Gemisch nochmals in einen solchen Trennungszylinder leitet, und durch eine solche Vereinigung mehrerer Trennungseinheiten zu einem einzigen Apparat sind alle Rektifiziersäulen entstanden. Manchmal wird es genügen, den Zylinder mit Füllkörpern (Koksstücke, Raschig-Ringe usw.) zu beschicken, um die Trennungswirkung befriedigend zu steigern.

Abb. 42 zeigt eine Kolonne mit Überlauftassen, deren Wirkungsweise wohl kaum einer Erläuterung bedarf.

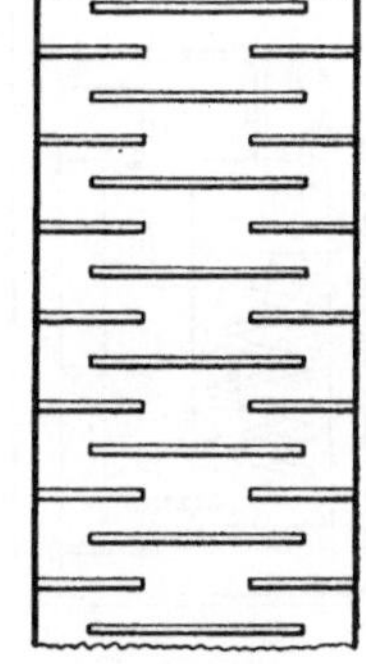

Abb. 42. Trennungssäule mit Überlauftassen.

In der Kolonne mit Siebböden nach Abb. 43 steigen die Dämpfe durch die Siebe *1* aufwärts und perlen durch die flüssigen Niederschläge unter gegenseitigem Austausch der Komponenten. Die aufsteigenden Dämpfe sind immer etwas wärmer als die Flüssigkeit auf dem nächsten Boden, was die Trennung erleichtert. Die überschüssigen Kondensatmengen fließen durch die Überlaufrohre *2* zum nächst tiefer gelegenen Boden und der früher beschriebene Trennungsvorgang spielt sich von Boden zu Boden aufs neue ab.

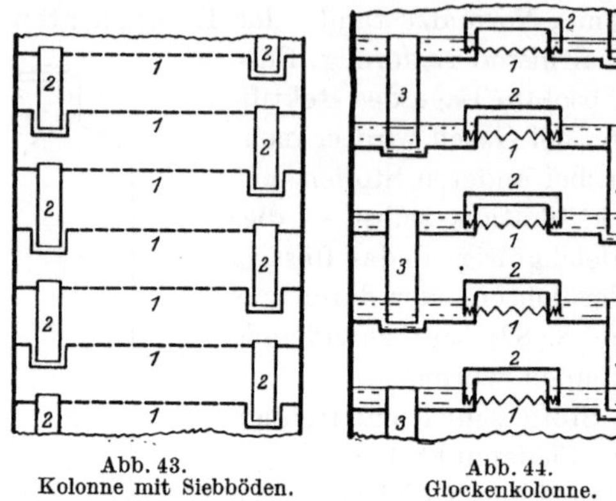

Abb. 43.
Kolonne mit Siebböden.

Abb. 44.
Glockenkolonne.

In Abb. 44 ist eine Glockenkolonne wiedergegeben. Die Dämpfe ziehen durch die Öffnungen *1* hoch und werden durch die Zackenglocken *2* mit der Flüssigkeit innig in Berührung gebracht. Die überschüssigen Kondensate fließen durch die Rohre *3* nach unten. Damit die Dämpfe nicht ungehindert aufsteigen können, muß der obere Rand der Rohre *3*, der den Flüssigkeitsspiegel bestimmt, über dem Zackenrand der Glocken *2* liegen, während der untere Rand von *3* in die Flüssigkeit der nächsten Tasse taucht.

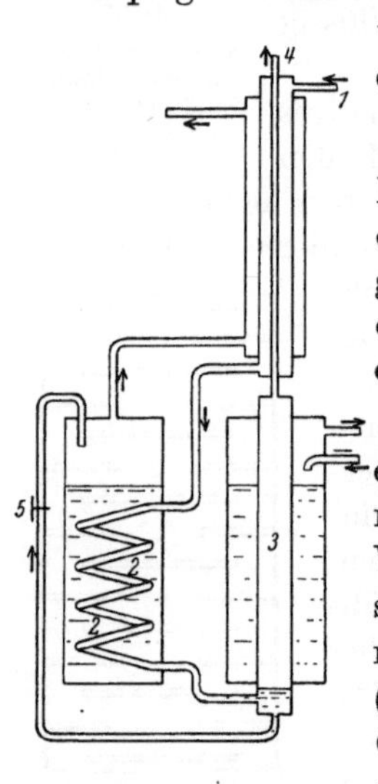

Abb. 45. Vorrichtung zur Abtrennung von Wasserstoff aus Wassergas.

Abtrennung von Wasserstoff aus Wassergas. Die Abtrennung des Wasserstoffes aus Wassergas durch Tiefkühlung, Verdichtung und Rektifikation gelingt verhältnismäßig einfach, da der Siedepunkt des Wasserstoffes ziemlich tief unter dem der anderen Bestandteile liegt.

Um ein Einfrieren der Apparatur zu verhindern, entfernt man zuerst aus dem Wassergas die Hauptmenge des Kohlendioxyds durch Waschen mit Wasser unter Druck, die letzten Reste durch Waschen mit Natronlauge. Hierauf tritt das komprimierte Wassergas bei *1* in die Zerlegungsapparatur (Abb. 45) und gelangt — durch die abziehenden Gase im Gegenstrom vorgekühlt — in die Kühlspirale *2*, wo es durch verdampfendes Kohlenoxyd teilweise verflüssigt wird. Im Zylinder *3*, der durch siedenden Stickstoff gekühlt wird, bleibt das flüssige, hauptsächlich durch Stickstoff verunreinigte Kohlenoxyd zurück, während der reine Wasserstoff durch das Rohr *4* entweicht. Das verflüssigte Kohlenoxyd wird durch das Regelventil *5* entspannt. Soll aus dem etwa 75- bis 90%igen Kohlenoxyd das reine Gas gewonnen werden, dann ist eine Rektifikation in einer besonderen Kolonne nötig.

Zerlegung der Luft. Die Zerlegung der Luft wird hauptsächlich ausgeführt, um reinen Sauerstoff herzustellen. In den einfacheren Zerlegungsapparaten fällt der Sauerstoff praktisch rein an, während der Stickstoff (einschließlich der Edelgase) noch durch einige Prozente der anderen Komponente verunreinigt ist. Um auch diese letzten Anteile von Sauerstoff aus dem Stickstoff zu entfernen, ist es notwendig, mit zwei Fraktionierkolonnen zu arbeiten.

Abb. 46 zeigt einen einfachen Trennungsapparat für Luft nach C. LINDE. Die auf 50—100 at verdichtete und vorgekühlte Luft strömt durch das innerste Rohr *1* des Gegenstromapparates *2* in die Verflüssigungsspirale *3*, wird durch das Regel-Ventil *4* entspannt und gelangt so oben auf die Rektifizier-

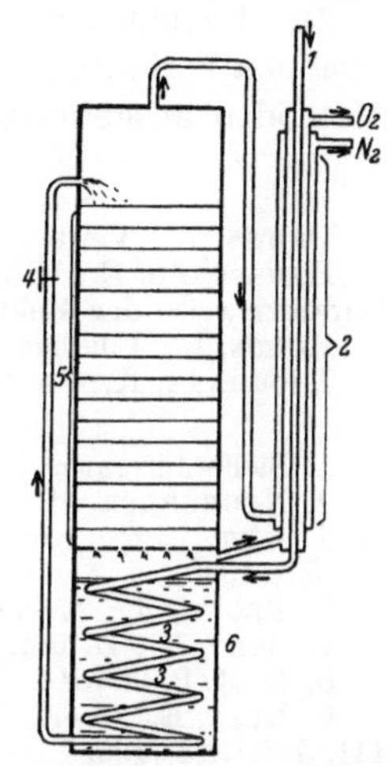

Abb. 46. Luftzerlegungsapparat nach C. LINDE.

säule *5*, in der die Trennung in den mit Sauerstoff (7%) verunreinigten Stickstoff und den Sauerstoff erfolgt. Der Stickstoff zieht oben ab und verläßt nach dem Durchgang durch den Gegenstromapparat *2* die Apparatur. Der verflüssigte Sauerstoff gelangt vom Boden der Säule *5* in das Verdampfungsgefäß *6*, wo er die Spirale *3* kühlend umspült, und strömt dann durch den Gegenstromapparat *2* ab. In der Praxis legt man den Gegenstromapparat als mehrfach gewundene Spirale um die Rektifiziersäule.

In Abb. 47 bringen wir einen Zweisäulenapparat nach C. LINDE[5]. Die untere Säule arbeitet unter höherem Druck als die obere. Die flüssige Luft tritt bei *1* in die untere Säule und trennt sich in einen sauerstoffreicheren Teil, der unten durch das Rohr *2* abfließt und nach Entspannung durch das Regelventil *3* in den als Kühler dienenden Verdampfer *4* tritt, von wo er zur Niederdrucksäule (bei *5*) geführt wird; der stickstoffreiche Teil trennt sich am oberen Ende der Hochdrucksäule: ein Zweig führt durch die Spirale *6* und fließt zur unteren

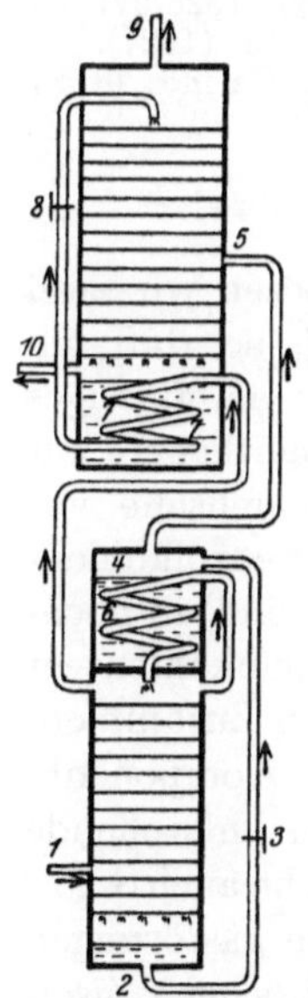

Abb. 47.
Zweisäulenapparat
zur Zerlegung der
Luft nach C. LINDE.

Rektifizierkolonne zurück, während der andere nach der Kühlung in der Spirale *7* durch das Regelventil *8* entspannt wird und zum Berieseln der oberen Kolonne dient, aus der reiner Stickstoff bei *9* abströmt.

Der in der Niederdruckkolonne abgeschiedene reine Sauerstoff wird bei *10* abgezogen.

Die Trennung der Luft wird außer nach den beschriebenen, grundlegenden Verfahren noch nach verschiedenen mehr oder minder ähnlichen Methoden ausgeführt[6].

Literatur:

DREWS, K.: Verdichtete und verflüssigte Gase. Halle (Saale) 1929.
HAUSBRAND, E.: Verdampfen, Kondensieren und Kühlen, 6. Aufl. Berlin 1920. Wirkungsweise der Rektifizier- und Destillierapparate, 4. Aufl. Berlin 1921.
KOLBE, L.: Flüssige Luft. Leipzig 1920.
THORMANN, K.: Destillation und Rektifizieren. Leipzig 1928.

Hinweise im Text:

1. Siehe Literatur.
2. NEUBURGER, M.: Neueste Erf. u. Erfahr. 47, 1 (1920). — RAMSAY, W., u. M. TRAVERS: Proc. roy. Soc. Lond. 67, 329 (1900). — SCHRÖTER, F.: Gasind. 12, 42, 52 (1920).
3. BRONN, J.: Z. kompr. flüss. Gase 25, 53, 78, 93 (1926).
4. CARO, N.: Z. kompr. flüss. Gase 22, 77 (1922).
5. D. R. P. 203814. — Siehe auch Gasind. 18, 52 (1926).
6. BLAU, E.: Chem. Ztg 46, 85 (1922). — CLAUDE, G.: C. r. 136, 1659 (1903); 141, 762, 823 (1905). — HEYLANDT, C. W. P.: Gasind. 16, 41 (1924). — HOUSEMAN, C. R.: Chem. Age 14, 414 (1926). — Acetylene-J. 28, 169 (1926/27). — ILLERT, G.: Chem. Ztg 50, 377 (1926). — Apparatebau 39, 313 (1927). — LASCHIN, M.: Zbl. Hütten- u. Walzw. 30, 1 (1926). — MEWES, R.: Gasind. 18, 81 (1926). — Siehe auch Gasind. 14, 41 (1922); 18, 25, 41, 49 (1926).

2. Durch Lösen in Flüssigkeiten.

Zweistoffgemische als Grundlage der Gaswaschung. Lösen wir zwei einheitliche und wohldefinierte Körper ineinander auf, so daß ein flüssiges Gemisch entsteht, dann bezeichnen wir dieses als flüssiges Zweistoff- oder binäres Gemisch. Liegen statt einheitlicher, zur Vermischung kommender Einzelstoffe von vornherein Gemische vor — beispielsweise bei der Auflösung von leichtflüchtigen Benzolkohlenwasserstoffen (wie sie im Kohlendestillationsgas enthalten sind) in hochsiedenden aromatischen Kohlenwasserstoffen (wie sie Steinkohlenteer enthält) —, so können wir durch Annahme einer mittleren Zusammensetzung bzw. eines mittleren Molekulargewichtes für jede Komponente das höchst verwickelte, durch die gegenseitige Auflösung entstehende Gemenge wieder auf ein Zweistoffgemisch zurückführen (siehe auch S. 18).

In diesem Abschnitt behandeln wir die Absorption von gasförmigen Stoffen in flüssigen, das heißt: die Herstellung eines (flüssigen) Zweistoffgemisches aus einer gasförmigen und einer flüssigen Komponente. Diese Absorption stellt lediglich eine Zwischenstufe oder ein Hilfsmittel zur Reindarstellung der gasförmigen Komponente dar. — Die aus dem Gasraum zu absorbierende Komponente weist in der Gasphase einen von ihrer Konzentration (und dem Gesamtdruck) abhängigen Teil- oder Partialdruck auf. Die durch die Absorption aus dem Gasraum

verflüssigte Komponente zeigt aber auch im „Zweistoffgemisch" einen
Teildampfdruck. Je nach dem Verhältnis der beiden Teildrucke zueinander tritt Absorption oder umgekehrt Verdampfung ein.

Haben wir beispielsweise ein ammoniakhaltiges Gasgemenge, in dem
das Ammoniakgas einen Teildruck von A mm QS ausübt und bringen
es mit ammoniakhaltigem Wasser, dessen Ammoniakdampfdruck
B mm QS beträgt, in Berührung, dann nimmt das Wasser noch Ammoniak aus dem Gasgemisch auf, wenn $A > B$ ist, gibt jedoch welches an
das Gasgemisch ab, wenn $B > A$ ist. Gleichgewicht herrscht für $A = B$.

Stoffe, die bei einer Temperatur absorbiert werden, die über ihrer
kritischen liegt, lösen sich — wenn keine chemischen Reaktionen stattfinden — im allgemeinen nur wenig in solchen, die bei der gleichen
Temperatur flüssig sind. Die Löslichkeit ist um so geringer, je tiefer die
kritische Temperatur des zu lösenden Stoffes liegt.

Zwei Stoffe lösen sich um so leichter ineinander, je mehr sie sich im
chemischen Sinn ähnlich sind. Kohlenwasserstoffe lösen sich am leichtesten wieder in Kohlenwasserstoffen usw. Die Löslichkeit geht aber
zurück, in dem Maße wie sich die Glieder einer Reihe voneinander entfernen. Man benutzt deshalb — wenn man die Absorption durch chemische Vorgänge nicht unterstützen kann — zur Absorption von Gasen
oder Dämpfen einerseits Flüssigkeiten, die den zu absorbierenden Stoffen
chemisch ähnlich sind. Damit aber anderseits von der Absorptionsflüssigkeit bei der Berührung mit dem Gasgemisch nicht ein großer Teil
in dieses verdampft, nimmt man Flüssigkeiten mit niedrigem Dampfdruck, das heißt: hohem Siedepunkt, der aber nicht so hoch liegen darf,
daß die gegenseitige Löslichkeit zu stark beeinträchtigt wird. Die Abtrennung des absorbierten Stoffes aus dem flüssigen Gemisch erfolgt
durch Erwärmen (Destillieren), und zwar fast ausschließlich durch
fraktionierte Destillation, wie wir sie schon bei der Trennung von verflüssigten Gasgemischen kennenlernten (siehe S. 77).

Absorptionsarten. Die Absorption wird um so günstiger verlaufen,
je geringer der Teildampfdruck des absorbierten Stoffes im (flüssigen)
„Zweistoffgemisch" ist. Es treten praktisch folgende Fälle ein: Lösen
wir chemisch verwandte Stoffe ineinander, dann zeigt der leichter
flüchtige (der absorbierte) Teil-Dampfdruckkurven, wie sie in Abb. 48
durch die drei Linien *1, 2* oder *3* wiedergegeben sind. Welche von den
drei, verhältnismäßig wenig voneinander abweichenden Kurven auftritt,
läßt sich theoretisch bestimmen. Wir nennen „Zweistoffgemische"
dieses Verhaltens **physikalische** Lösungen. Ein Beispiel dafür ist die
Lösung von Benzol in Tetrahydronaphthalin (Tetralin)[1].

Es gibt aber ferner eine Reihe von „Zweistoffgemischen", deren
flüchtige Komponente eine Dampfdruckkurve nach Linie *4* (Abb. 48)
aufweist. Wenngleich noch keine allgemeine Gesetzmäßigkeit festgestellt

werden konnte, so sind doch einzelne Teilgebiete geklärt; so liefern alle
Zweistoffgemische, bestehend aus Phenolen einerseits und sauerstoff-
haltigen, aliphatischen, flüchtigen Stoffen anderseits, Kurven dieser
Art. Als Beispiele nennen wir die Ge-
mische aus Kresolen und Alkoholen,
Äther oder Aceton[2]. Wir bezeichnen
solche Gemische als physikochemische Lösungen. Man ist wohl berechtigt, in diesen Lösungen lockere
Verbindungen (Molekülverbindungen)
zwischen den beiden Komponenten
anzunehmen, die sich beim Erwärmen
leicht wieder in die Ausgangsstoffe
spalten. Die Annahme wird dadurch
erhärtet, daß es gelingt, durch Abkühlen der Gemische solche Verbindungen im festen Zustand abzuscheiden. Die Abtrennung des absorbierten Körpers erfolgt wieder durch Erwärmen.

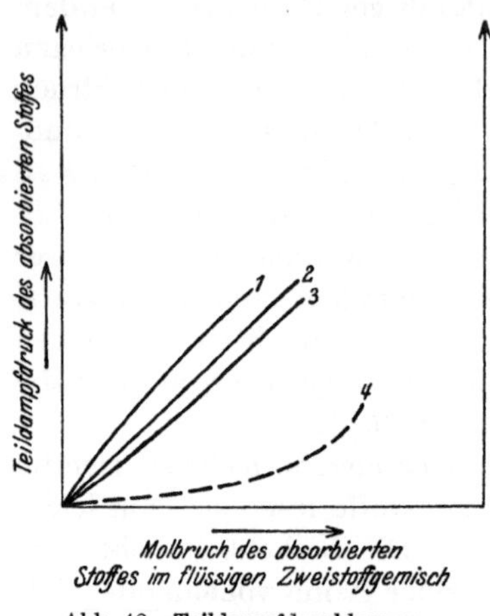

Abb. 48. Teildampfdruckkurven
gelöster flüchtiger Stoffe.

Wir kommen nun zur dritten Art der Absorption, die durch chemische Reaktionen gekennzeichnet ist. Wir wollen hier jedoch nur
jene chemischen Absorptionsreaktionen betrachten, aus deren Produkten
sich der absorbierte Bestandteil unverändert zurückgewinnen läßt.
Reaktionen, bei denen dies nicht möglich ist, werden zur Gasreinigung
gelegentlich benutzt und kommen im Abschnitt IV (siehe S. 194) zur
Besprechung. — Den Übergang von der physiko-chemischen zur chemischen Absorption bilden die Reaktionen, bei denen alkalische oder
saure Gase in Wasser gelöst werden. Teilweise entstehen im Absorp-
tionswasser die elektrolytisch gespaltenen Basen oder Säuren; zu erwähnen wäre:

$$NH_3 + H_2O \rightleftarrows NH_4OH \rightleftarrows NH_4{}^{\cdot} + OH',$$
$$SO_2 + H_2O \rightleftarrows H_2SO_3 \rightleftarrows H^{\cdot} + HSO_3' \rightleftarrows 2\,H^{\cdot} + SO_3'',$$
$$CO_2 + H_2O \rightleftarrows H_2CO_3 \rightleftarrows H^{\cdot} + HCO_3' \rightleftarrows 2\,H^{\cdot} + CO_3''.$$

Die Rückgewinnung des gelösten Stoffes gelingt auch hier einfach
durch Erwärmen. — Jede Absorption läßt sich durch Druckerhöhung
begünstigen. In der Praxis macht man manchmal davon Gebrauch,
wenn Kohlendioxyd mit Wasser ausgewaschen wird[3]. Durch Druck-
entlastung entweicht das absorbierte Gas wieder.

Eine praktisch viel benutzte Reaktion zur Gewinnung von Kohlendioxyd aus Verbrennungsgasen aller Art ist die folgende:

$$CO_2 + K_2CO_3 + H_2O \rightleftarrows 2\,KHCO_3.$$

Durch Auskochen der Bicarbonatlösung wird Kohlendioxyd wieder frei und das zurückgebildete Kaliumcarbonat kann neuerdings zur Waschung benutzt werden[4].

Die Gewinnung von Schwefelwasserstoff aus Gasgemischen kann über folgende Reaktionen gehen:

1. $H_2S + Na_2CO_3 \rightleftharpoons NaSH + NaHCO_3$;

2. Absorption: $H_2S + Fe(OH)_2 \rightarrow FeS + 2 H_2O$,

   Regeneration: $FeS + H_2SO_4 \rightarrow H_2S + FeSO_4$.

Die 1. Reaktion verläuft schon in der Kälte nicht quantitativ von links nach rechts; die Wiedergewinnung des Schwefelwasserstoffes erfolgt durch Einblasen von Luft in die ausgebrauchte Waschlauge[5]. — Bei der 2. Reaktion muß der absorbierte Schwefelwasserstoff durch eine neue chemische Reaktion wieder frei gemacht werden. — Als weitere, technisch wichtige Reaktion der letzten Art erwähnen wir die Gewinnung von Ammoniak in Gegenwart von Säuren durch Aufkochen der ausgebrauchten Waschlauge mit Ätzkalk[6]:

Absorption: $2 NH_3 + H_2(Anion'') \rightarrow (NH_4)_2(Anion'')$,

Regeneration: $(NH_4)_2(Anion'') + CaO \rightarrow 2 NH_3 + Ca(Anion'')$
$$+ H_2O.$$

Man sieht, daß bei chemischen Absorptionen die Möglichkeiten der Wiedergewinnung des absorbierten Bestandteiles sehr zahlreich sind und von Fall zu Fall der günstigste Weg ausgewählt werden muß.

Absorptionsvorrichtungen. Die Vorrichtungen zum Waschen von Gasen, wie man die Behandlung von Gasgemischen mit Flüssigkeiten zum Zweck der Abscheidung eines oder mehrerer Gasbestandteile nennt, enthalten Räume, in denen Gas und Flüssigkeit innig miteinander in Berührung gebracht werden. Die Absorption erfolgt an der Berührungsgrenzfläche zwischen Gas und Flüssigkeit; es entsteht daher an der Flüssigkeitsoberfläche ein „Zweistoffgemisch", dessen Konzentrationsausgleich mit dem Flüssigkeitsinnern eine gewisse Zeit erfordert. Um diese Zeit möglichst abzukürzen, wendet man die Flüssigkeit entweder in ganz dünnen Schichten an oder sorgt für ständiges Durchmischen der Flüssigkeitsmassen.

Während der Absorption gehen Gasbestandteile in die Flüssigkeit über. Dieser Austausch zwischen Gas- und Flüssigkeitsphase hat Ähnlichkeit mit dem Austausch von Wärme, wie er beim Kühlen und Erwärmen (siehe S. 45) stattfindet. Dementsprechend kann auch die Waschung im Gleich-, Gegen- oder Querstrom erfolgen. Da man möglichst quantitativ auswaschen will, scheidet der Gleichstrom aus

und man arbeitet beim Absorbieren stets im Gegenstrom, gegebenenfalls unterstützt durch Querstrom.

Weil die Absorption eine Umkehrung der Trennung zweier Stoffe
ist, läßt sie sich grundsätzlich in den an anderer Stelle bereits beschriebenen Trennungssäulen (siehe S. 79) ausführen, wenn
man die Strömungsverhältnisse umkehrt.

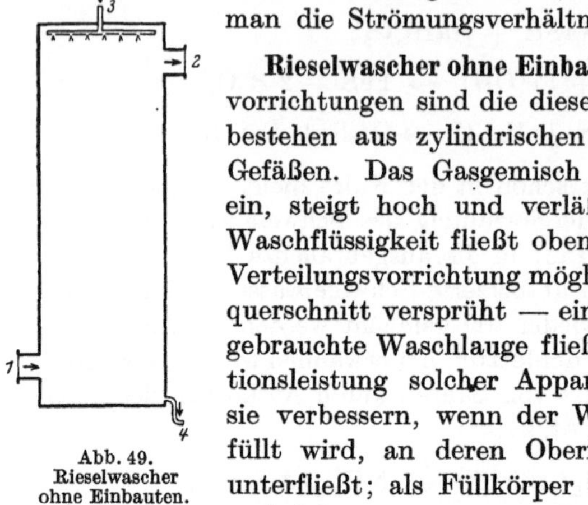

Abb. 49.
Rieselwascher
ohne Einbauten.

Rieselwascher ohne Einbauten. Die einfachsten Wasch-
vorrichtungen sind die dieser Gruppe angehörenden. Sie
bestehen aus zylindrischen oder eckigen, turmartigen
Gefäßen. Das Gasgemisch (Abb. 49) tritt unten bei *1*
ein, steigt hoch und verläßt den Apparat bei *2*. Die
Waschflüssigkeit fließt oben (*3*) zu und wird durch eine
Verteilungsvorrichtung möglichst über den ganzen Turm-
querschnitt versprüht — einem Regen gleich. Die ausgebrauchte Waschlauge fließt unten (*4*) ab. Die Absorp-
tionsleistung solcher Apparate ist gering. Man kann
sie verbessern, wenn der Waschraum mit Körpern gefüllt wird, an deren Oberfläche die Waschlauge her-
unterfließt; als Füllkörper dienen Koks, Raschig-Ringe
und dgl.

Eine besondere Ausführung von Wäschern dieser Gruppe sind die
vor allem in der Salzsäureindustrie gebräuchlichen Tourills[7]; man
schaltet eine große Zahl von Einheiten, wo-
von jede für sich einen Wascher darstellt,
hintereinander und läßt Gas und Absorp-
tionswasser im Gegenstrom durch die Anlage
ziehen. Auch hat man die Möglichkeit, die
mit der Absorption verbundene Wärmeentwicklung durch Kühlung auszugleichen.

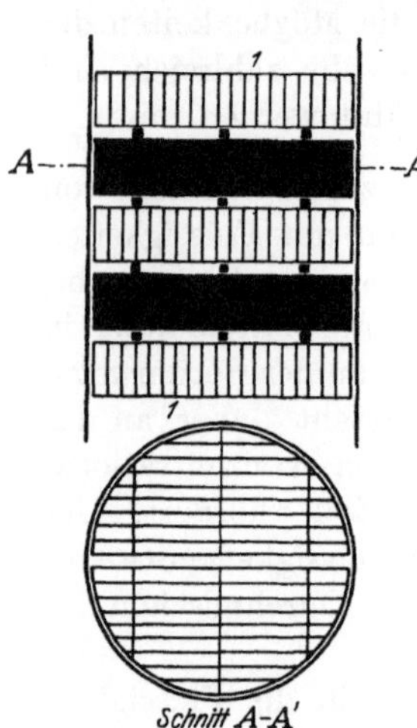

Schnitt *A-A'*

Abb. 50. Hordenwascher.

Rieselwascher mit festen Einbauten. Abb. 50
zeigt als Beispiel einen Hordenwascher. In
dem stehenden Zylinder (Turm) sind Holzhorden *1*
übereinandergelegt; die Richtung der Horden-
stäbe ist von Schicht zu Schicht jeweils um
90° versetzt. Während die Stäbe der im
Schnitt *A A'* gezeichneten Horde parallel zur
Zeichenfläche verlaufen, liegen die der nächsten
Hordenpackung senkrecht dazu. Das Gas steigt
von unten nach oben, die Waschflüssigkeit fließt

in entgegengesetzter Richtung. Die Horden bewirken eine gute Zerteilung des Gas- und Flüssigkeitsstromes und erhöhen dadurch die
Waschleistung.

Rieselwascher mit bewegten Einbauten. Wascher dieser Art werden als sogenannte Standardwascher liegend ausgeführt. Die Waschvorrichtung (Abb. 51) ist in mehrere Kammern *1* unterteilt. In jeder Kammer *1* drehen sich um eine waagerechte Welle zwei Blechscheiben, die zwischen sich Holzpakete *2* tragen. Durch die mittleren Öffnungen *3* tritt das Gas von Kammer zu Kammer und bewegt sich in dieser durch die Holzpakete nach außen. Die Waschflüssigkeit wird aus dem unteren Halbraum *5* in Tropfen, die im oberen Halbraum *4* das Gas berieseln, hoch-

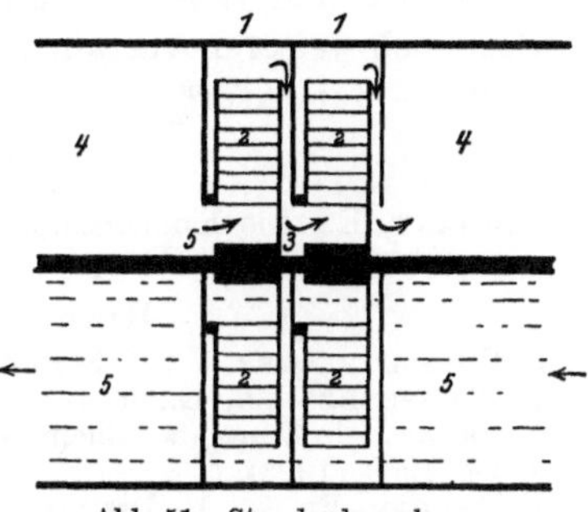

Abb. 51. Standardwascher.

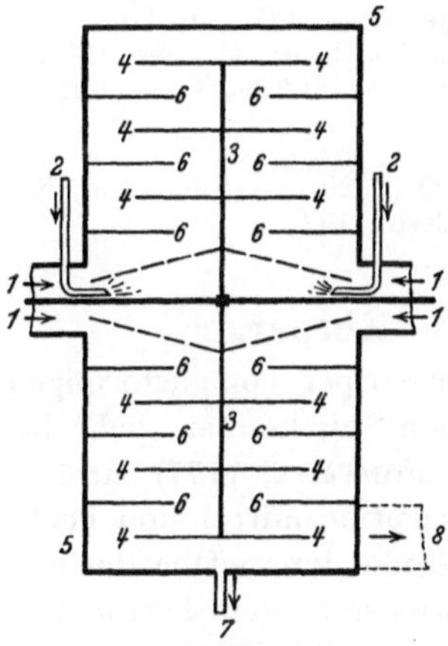

gezogen. Die Waschflüssigkeit bewegt sich entweder stetig durch Überläufe von Kammer zu Kammer oder sie wird in gewissen Zeitabständen umgepumpt.

Wascher mit mechanischer Flüssigkeitszerstäubung. Bei Waschern dieser Art wird die Flüssigkeit hauptsächlich durch die Fliehkraft fein zerstäubt und in diesem Zustand mit dem Gasstrom innig gemischt. In Abb. 52 ist ein Gleichstrom-Desintegratorwascher (nach E. THEISEN) dargestellt. Das Gas tritt durch Rohr *1*, die Flüssigkeit durch *2* in der Mitte des Waschers ein; beide werden von dem rotierenden Einbau *3* nach außen geschleudert und prallen abwech-

Abb. 52.
Gleichstrom-Desintegratorwascher.

selnd an dessen sich mitdrehende Querflügel *4* und dann wieder an die mit dem Gehäuse *5* starr verbundenen Einbauten *6*. Die ausgebrauchte Waschflüssigkeit fließt bei *7* ab, das Restgas strömt bei *8* weg.

Wascher dieser Art werden auch für Gegenstromwaschung und mit mehreren gegeneinander rotierenden Einbauten konstruiert.

Ein anderes Beispiel bringt Abb. 53, den

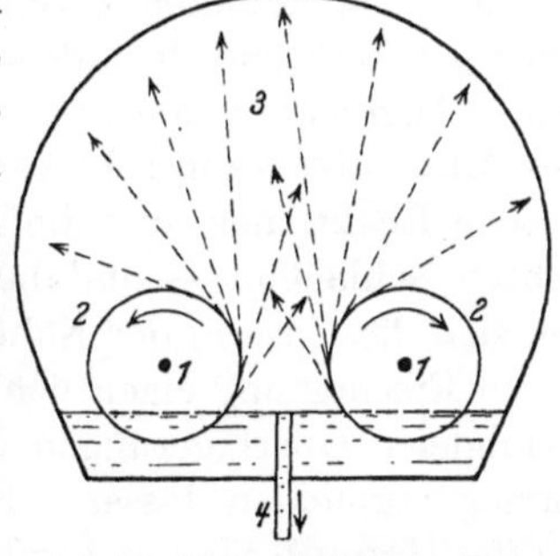

Abb. 53. Kreuz-Schleierwascher.

sogenannten Schleierwascher nach E. STRÖDER[8]. In die Waschflüssigkeit tauchen mehrere auf zwei parallelen Achsen *1* in entgegengesetztem Sinne laufende Scheiben *2* und schleudern dabei die Flüssigkeit in feinster Verteilung durch den Gasraum *3*. Das Gas zieht quer zur Bewegungsrichtung der Flüssigkeitsteilchen. Die ausgebrauchte Waschlauge verläßt den Wascher durch den Überlauf *4*.

Bezüglich weiterer Ausführungen von Waschern dieser Art verweisen wir auf die Literatur[9].

Literatur:

LUHMANN, E.: Die Kohlensäure, 2. Aufl. Wien 1906.
ROBINSON, C. S.: La Récupération des solvants volatils. Paris 1928.

Hinweise im Text:

1. WEISSENBERGER, G., F. SCHUSTER u. N. MAYER: Mh. Chem. **45**, 449 (1925).
2. WEISSENBERGER, G., u. L. PIATTI: Mh. Chem. **45**, 187 (1925).
3. BRONN, J.: Z. angew. Chem. **42**, 760 (1929). — NITZSCHMANN, R.: Metallbörse **18**, 1909 (1928).
4. FISCHER, FR., u. P. DILTHEY: Brennstoff-Chemie **9**, 138 (1928).
5. KLAIBER, W. J.: Oil Gas J. **25**, Nr 28, 186 (1926). — SPERR jr., F. W.: Ind. Chem. **16**, 1237 (1924). — ZOLLIKOFER, H.: Mon.-Bull. **7**, 78 (1927).
6. Siehe z. B.: BERTELSMANN, W., u. F. SCHUSTER: Ammoniak. In ULLMANN, F.: Enzyklopädie der techn. Chemie, 2. Aufl., I. Bd, S. 353ff. Berlin u. Wien 1928.
7. CELLARIUS, R.: Z. angew. Chem. **21**, 104 (1908). — MEYER, T.: Z. angew. Chem. **26**, I, 97 (1913).
8. D. R. P. 409844, 412027.
9. BÄRENFÄNGER, C.: Gas- u. Wasserfach **63**, 693 (1920). — BERGFELD, K.: Gasreinigung. In Chemie-Hütte, 2. Aufl., S. 220. Berlin 1927.

3. Durch Adsorption an feste Körper.

Die Kenntnis der Eigenschaft gewisser fester Körper, von gasförmigen Stoffen verhältnismäßig große Mengen „binden" zu können, geht bis ins 18. Jahrhundert (K. W. SCHEELE und F. FONTANA, 1777) zurück.

Die in der Gastechnik gebräuchlichen Adsorptionsmittel sind hochporöse feste Stoffe, besitzen infolgedessen eine große „innere Oberfläche", die man mit Recht als Ursache der Adsorptionsfähigkeit betrachtet. Die feste, adsorbierende Substanz pflegt man als Adsorbens zu bezeichnen, während der adsorbierte Körper — unabhängig von der Art seines Aggregatzustandes — Adsorptiv genannt wird. Die „Bindung" des Adsorptivs kann sehr verschieden erfolgen: gelegentlich treten chemische Reaktionen auf; die Bildung „fester" Lösungen läßt sich beobachten; schließlich — und dies ist der für uns wichtigste Fall — verdichten sich die Gase in der Nähe der Oberfläche des festen Körpers, welch letzte Erscheinung eigentlich allein den Namen Adsorption verdient, wenngleich Überlagerungen aller drei Arten der „Bindung" sich nicht immer vermeiden lassen. Führt die Verdichtung eines gasförmigen Stoffes (Dampf) bis zur Verflüssigung durch Capillarkräfte in den Poren des Adsorbens, dann spricht man von Capillarkondensation[1]. Wie stark die Wirkung der Porosität sein kann, geht daraus hervor, daß das Verhältnis der „inneren Oberfläche" zur äußerlich sichtbaren Oberfläche eines Adsorbens die Größenordnung von rund 10^6 hat. Die

Adsorptionsfähigkeit nimmt mit der Temperatur ab, worauf die Wiedergewinnung adsorbierter Gase und Dämpfe beruht: man adsorbiert bei gewöhnlicher Temperatur und trennt das Adsorptiv vom Adsorbens durch Erhitzen. Die Adsorption ist in Übereinstimmung mit der Theorie mit Wärmeentwicklung verbunden, was bei höheren Konzentrationen des Adsorptivs in der Gasphase berücksichtigt werden muß (Kühlung erforderlich!).

Adsorptionsisotherme. Die Beziehungen, die zwischen der adsorbierten Menge und der Konzentration des Adsorptivs in der Gasphase bei konstanter Temperatur bestehen, lassen sich angenähert durch die Adsorptionsisotherme nach H. FREUNDLICH[2] darstellen:

$$a = b \cdot c^{\alpha} ; \tag{36}$$

in dieser Gleichung bedeutet:

a . . . . . von 1 g Adsorbens aufgenommene Menge des Adsorptivs;
c . . . . . Konzentration des Adsorptivs (Moldichte in Molen je cm^3);
b, α . . . . . Konstante.

Wird Gl. 36 logarithmiert, so erhalten wir die Form:

$$\log a = \log b \ + \alpha \cdot \log c, \tag{37}$$

was der Gleichung einer Geraden ($y = a + b \cdot x$) entspricht.

Adsorptionsmittel. Die in der Gastechnik gebräuchlichen Adsorptionsmittel sind die aktive Kohle[3] und die kolloidale Kieselsäure[4] (Silikagel). Während die A-Kohle eine besonders günstige Aufnahmefähigkeit für organische Dämpfe, aber nicht für Wasserdampf, zeigt[5], nimmt das Kieselsäuregel zwar auch organische Dämpfe gut auf, besonders kräftig jedoch Wasserdampf[6], ferner Stickstofftetroxyd[7] und Schwefeldioxyd[8]. Das Kieselsäuregel übertrifft jedoch die A-Kohle an Widerstandskraft gegen zerstörende Einflüsse, hohe Temperaturen usw. Außer der erwähnten auswählenden (selektiven) Adsorption muß man bei Gas- und Dampfgemischen beachten, daß Stoffe mit höherem Molekulargewicht leichter adsorbiert werden als solche mit niedrigerem und infolgedessen diese aus dem Adsorbens verdrängen können. Wollen wir beispielsweise aus Luft ein Gemisch von Methyl- und Äthylalkoholdampf adsorbieren, dann finden wir bei Übersättigung des Adsorbens in diesem mehr Äthylalkohol als den ursprünglichen Konzentrationen in der Gasphase entspricht.

Für die Herstellung der aktiven Kohle dienen hauptsächlich[9] zwei Verfahren: nach dem ersten erhitzt man kohlenstoffhaltige Materialien (Holz) mit anorganischen Salzen (wasserentziehenden Mitteln wie $ZnCl_2$) unter Luftabschluß und wäscht nach dem Erkalten die Salze wieder heraus; das zweite Verfahren aktiviert die Kohle im Wasserdampfstrom.

Das Kieselsäuregel[10] wird gewonnen durch Ansäuern von Wasserglas, Stehenlassen und Auswaschen. Manche Verfahren fällen mit starkem Säureüberschuß, andere in der Nähe des Neutralpunktes. Um das Gel zu aktivieren, muß es durch Erwärmen von der Feuchtigkeit so weit wie möglich befreit werden.

Adsorptionsvorrichtungen. Die Vorrichtungen zur Adsorption von Gasen oder Dämpfen aus gasförmigen Gemischen arbeiten nach zwei verschiedenen Methoden. Nach der ersten[11] wird das Adsorbens vom Gasstrom aufgewirbelt und mitgerissen, dadurch mit dem Gas in innige Berührung gebracht, was die Adsorptionsgeschwindigkeit erhöht; Restgas und gesättigtes Adsorbens trennt man durch Ausschleudern (siehe S. 198). Das Adsorptiv wird abdestilliert und das regenerierte Adsorbens wieder benutzt. Diese Methode hat zwei Nachteile: das Adsorbens verschleißt stark, und das Restgas ist staubhaltig. Deshalb arbeitet man meistens nach der zweiten Methode, nämlich mit ruhendem Adsorbens[12]. Da die Adsorption und die Wiederbelebung in ein und demselben Apparat abwechselnd ausgeführt werden, besteht eine Adsorptionsanlage dieser Art mindestens aus zwei gleichen Einheiten. Abb. 54

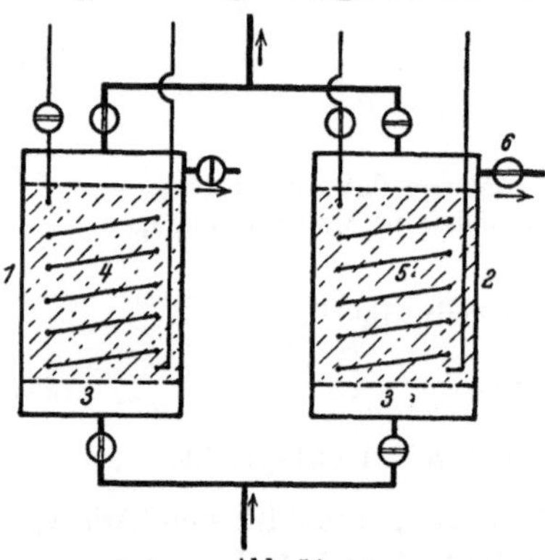

Abb. 54.
Adsorptionsanlage für periodischen Betrieb.

zeigt ein Beispiel. In den beiden Adsorbern *1, 2* ruht das Adsorbens auf einer siebartigen Unterlage *3*. Heizschlangen *4, 5* dienen zum Anwärmen beim Abdestillieren des angelagerten Adsorptivs. In der vorliegenden Zeichnung geht das Gas bei abgestellter Heizung *4* durch den Adsorber *1*, während *2* gleichzeitig abgetrieben wird. Das abdestillierende Adsorptiv verläßt den Apparat bei *6*. Aus den Ventilstellungen sind die Vorgänge deutlich erkennbar. Nach Sättigung des Adsorbens *1* wird umgestellt.

Das Wesentliche an der Adsorption ist die Behandlung eines Gases mit einem festen Körper; dafür ist es zunächst gleichgültig, ob das Adsorptiv unverändert gewonnen werden soll, oder ob man darauf keinen Wert legt, wie es bei der Gasreinigung der Fall ist (siehe S. 214). Deshalb können grundsätzlich auch die Apparate zur Reinigung von Gasen mit festen Stoffen hier Anwendung finden (siehe S. 225, insbesondere Abb. 162).

Literatur:

Aubry, A.: Bull. Soc. ind. Mulhouse **93**, 284 (1927). — Moniteur Prod. chim. **10**, Nr 103, 1 (1927).
Freundlich, H.: Capillarchemie, 3. Aufl. Leipzig 1923.

HÜCKEL, E.: Adsorption und Capillarkondensation. Leipzig 1928.
ROBINSON, C. S.: La Récupération des solvants volatils. Paris 1928.

Hinweise im Text:

1. ZSIGMONDY, R.: Kolloidchemie, 5. Aufl. Leipzig 1925/27.
2. FREUNDLICH, H.: Z. physik. Chem. **57**, 385 (1906).
3. KAUSCH, O.: Die aktive Kohle, ihre Herstellung und Verwendung. Halle (Saale) 1928.
4. KAUSCH, O.: Das Kieselsäuregel und die Bleicherden. Berlin 1927. — OKATOW, A.: Kolloide Kieselsäure und ihre Adsorptionsfähigkeit. Leningrad 1928. — RUFF, O., u. P. MAUTNER: Z. angew. Chem. **40**, 428 (1927). — WAAL, A. J. C. de: Chem. Weekbl. **24**, 274 (1927).
5. BERL, E., u. K. ANDRESS: Z. angew. Chem. **34**, I, 369, 377 (1921).
6. WILLIAMS, E. C.: Chem. and Ind. **43**, I, 97 (1924). — Siehe auch KRULL, F.: Z. V. d. I. **70**, 907 (1926). — LEWIS, E. H.: Chem. Trade-J. **81**, 315 (1927).
7. ALMQUIST, J. A., V. L. GADDY u. J. M. BRAHAM: Ind. Chem. **17**, 599 (1925).
8. GRUHL, M.: Metall u. Erz **23**, 383 (1926). — HORST, F. W.: Chem. App. **12**, 159 (1925).
9. BRÄUER, A., u. J. REITSTÖTTER: Z. angew. Chem. **41**, 536 (1928).
10. WOLFF, K.: Metallbörse **18**, 453, 789 (1928). — WOLFF, K., u. M. PRAETORIUS: Metallbörse **18**, 1293 (1928).
11. HORST, F. W.: Chem. App. **12**, 159 (1925). — KRULL, F.: Z. V. d. I. **70**, 907, (1926).
12. ANTENAY, CH.: Ind. chim. **15**, 282 (1928). — ENGELHARDT, A.: Gas- u. Wasserfach **71**, 290 (1928). — HOFFERT, W. H.: Chem. Trade-J. **77**, 184 (1925). — MÜLLER, G.: Z. V. d. I. **71**, 457 (1927).

III. Die Erzeugung von Gasen.

A. Aus Gasen.

1. Ohne Kontaktsubstanz.

Wenn wir mit H. E. Armstrong[1] annehmen, daß chemisch reine Substanzen miteinander nicht reagieren, dann kommen wir zu dem Schluß: Die Erzeugung von Gasen ohne Kontaktsubstanz ist nicht möglich.

Immerhin fassen wir einige technische Gasreaktionen als Beispiele für diesen Abschnitt auf — so die Herstellung von Verbrennungsgasen aus Brenngasen und Luft oder Sauerstoff; ferner vielleicht die Bildung von Chlorwasserstoff aus den Elementen —, doch sei darauf hingewiesen, daß z. B. die Verbrennung an die Gegenwart von Wasserdampf gebunden ist, der hier zweifellos als Kontaktsubstanz wirkt. Dem Wesen nach hätten wir also keine Berechtigung, die erwähnten Beispiele hier abzuhandeln (für Chlorwasserstoff soll es auch nicht geschehen; siehe S. 97), jedoch besteht hinsichtlich der technischen Durchführung insofern ein Unterschied, als man den Kontaktstoff nicht bewußt oder absichtlich zusetzt — der Wasserdampf ist als Feuchtigkeit in den Rohstoffen, wenn wir uns so ausdrücken dürfen, schon in genügender Menge vorhanden.

Die Verbrennung von Gasen wird gelegentlich mit der Gewinnung der Verbrennungskohlensäure verbunden. Die Verbrennung selbst kann auch in Explosionsmotoren ausgeführt werden, man gewinnt das Kohlendioxyd dann aus den Auspuffgasen[2].

Schließlich wäre noch die Gewinnung von Wasserstoff aus Kohlenwasserstoffen durch thermische Spaltung[3] in Gegenwart von Eisen oder Koks als Wärmeüberträger zu erwähnen; doch besteht auch hier die Möglichkeit eines katalytischen Einflusses dieser Stoffe.

Literatur:

Hinweise im Text:

1. Armstrong, H. E.: J. chem. Soc. Lond. **83**, 1088 (1903). — Chem. News **99**, 28, 371 (1909).

2. Luhmann, E.: Die Kohlensäure, 2. Aufl. Wien 1906. — Siehe auch E. A. u. J. Behrens: D. R. P. 162655.

3. Bunte, H.: Gas- u. Wasserfach **37**, 84 (1894). — Simmersbach, O.: Glückauf **49**, 209 (1913).

2. Mit Kontaktsubstanz.

Die Kontaktreaktionen oder katalytischen Gasreaktionen haben schon heute neben den Verfahren zur Erzeugung technischer Brenngase die größte Bedeutung in der Gastechnik (diese im allgemeinsten Sinne des Wortes aufgefaßt). Es ist anzunehmen, daß ihre Wichtigkeit in den nächsten Jahrzehnten noch steigen wird, wenn sich die bisherige Entwicklung in ungeänderter Weise fortsetzt. Man hat auch bereits versucht, worauf wir noch zurückkommen, katalytische Reaktionen in das Sondergebiet der Brenngastechnik einzuführen, so daß wir für diesen Zweig eine wertvolle Bereicherung durch die Katalyse erwarten können. Die Katalyse, deren universelle Bedeutung hier nicht erörtert werden kann, erfährt für den hier zu behandelnden Gegenstand die Einschränkung auf die Verfahren zur Erzeugung von Gasen, doch hat sie die Brenngastechnik auch durch die katalytische Ölsynthese erweitert, worauf wir trotz der Wichtigkeit des Gegenstandes hier nur kurz hinweisen können.

Begriffsbestimmung. Schon in der Einleitung (siehe S. 32) gaben wir eine — ziemlich häufig gebrauchte — Begriffsbestimmung der Katalyse. (Der Name Katalyse wurde von J. BERZELIUS[1] eingeführt.) Wir wollen hier jedoch versuchen, die frühere Definition zu erweitern, indem wir von der bereits zitierten H. E. ARMSTRONGschen These[2] ausgehen, wonach chemisch reine Substanzen nicht miteinander reagieren.

Wenn wir also ganz allgemein den Verlauf einer Reaktion durch die Gleichung

$$A + B \rightleftarrows C + D$$

darstellen, dann wird nach obigem Satz diese Reaktion weder von links nach rechts verlaufen, wenn A und B in reinstem Zustand gemischt werden, noch von rechts nach links, wenn dies mit C und D geschieht.

Die Endzustände der Reaktion, einmal die Mischung von A und B, das andere Mal die von C und D, sind durch die praktischen Reaktionsgeschwindigkeiten null bzw. unendlich gekennzeichnet. Die praktische Reaktionsgeschwindigkeit ergibt sich als Unterschied der Reaktionsgeschwindigkeiten nach den beiden möglichen Richtungen. Diese beiden Richtungen sind für die früher aufgestellte Gleichung:

$$1. \quad A + B \longrightarrow C + D, \tag{1}$$

$$2. \quad C + D \longrightarrow A + B. \tag{2}$$

Die beiden Stoffe A und B werden unverändert nebeneinander bestehen, wenn sich in der Zeiteinheit gerade so viele Moleküle von ihnen in C und D umwandeln, wie von diesen A und B zurückbilden. Die praktische Reaktionsgeschwindigkeit ist dann für das C- und D-freie Gemisch von A und B null, bezogen auf Gl. 1 oder, was auf das gleiche hinauskommt — unendlich, bezogen auf Gl. 2. Für C und D liegen die Verhältnisse umgekehrt, jedoch analog.

Bringen wir durch irgendeinen äußeren Umstand (Verunreinigungen usw.) den Vorgang zum Ablauf, dann werden wir im Fall einer Gleichgewichtsreaktion — die sich im übrigen von einer vollständigen Reaktion nicht qualitativ, sondern lediglich quantitativ unterscheidet —, ein Gemisch der vier Stoffe A, B, C und D mit endlichen Konzentrationen aller vier Körper erhalten.

Eine Reihe von Forschern nimmt — wie bereits erwähnt — an, daß durch die Katalyse lediglich die Geschwindigkeit eines an sich verlaufenden Vorganges geändert werde[3], während andere behaupten, daß durch die Katalyse auch Reaktionen hervorgerufen werden können[4], was eigentlich auch in der These von H. E. ARMSTRONG zum Ausdruck kommt. Diese beiden, scheinbar gegensätzlichen Anschauungen lassen sich aber vereinen, denn sie entspringen keinem qualitativen Unterschied — wie es ihre Verfechter wohl annehmen —, sondern nur einem quantitativen. — Ein Beweis von der einen oder anderen Seite ist kaum zu führen, da der Einfluß des Gefäßmateriales, in dem sich der Vorgang abspielt, nicht ausgeschaltet werden kann.

Mit Rücksicht auf die bisherigen Ausführungen wollen wir als Katalyse die Veränderung der praktischen Geschwindigkeit eines Vorganges auf endliche positive Werte unter dem Einfluß äußerer Umstände (Fremdstoffe, Produkte der Reaktion selbst, Licht usw.) bezeichnen.

In diese Begriffsbestimmung lassen sich die Erscheinungen der Autokatalyse[6] und der negativen Katalyse[7] (Verzögerung eines Vorganges, wahrscheinlich eine Art „Giftwirkung") einreihen.

Gesetzmäßigkeiten. S. K. TWEEDY[5] stellt die bekannten Tatsachen der grundlegenden katalytischen Gesetzmäßigkeiten folgendermaßen zusammen:

1. Der Katalysator wird durch die Reaktion als solche chemisch nicht verändert (Nebenreaktionen können jedoch den Katalysator beeinflussen).

2. Geringe Mengen des Katalysators wandeln große Mengen der reagierenden Stoffe um (folgt in gewissem Sinne aus 1).

3. Gleichgewichte werden nicht beeinflußt.

4. Der Katalysator beeinflußt die Reaktionsgeschwindigkeiten von beiden Seiten eines Gleichgewichts in gleicher Weise.

5. Der Katalysator kann keine Reaktion bewirken (vgl. unsere bisherigen Ausführungen).

Arten der Katalyse. Man unterscheidet homogene[8] und heterogene[9] Katalyse. Die erste Art tritt auf, wenn die reagierenden Bestandteile und der Katalysator in einer Phase aufeinander wirken (Beispiel: Verbrennung von Gasen mit Sauerstoff in Gegenwart von Wasserdampf). Die zweite, technisch weitaus wichtigere Art spielt sich an Grenzflächen verschiedener Phasen ab (Kontaktkatalyse).

Theorien. Abgesehen von einigen Sonderanschauungen[10] unterscheidet man zwei Gruppen von Theorien: Die Zwischenverbindungs- und die Adsorptionstheorien[11], von welchen erstere die homogene Katalyse wohl ausschließlich beherrschen.

Nach der Zwischenverbindungstheorie nimmt man an, daß sich zwischen den reagierenden Stoffen und dem Katalysator chemische Verbindungen bilden, die ihrerseits erst das gewünschte Endprodukt liefern; dabei muß aber die Summe der Geschwindigkeiten aller Teilreaktionen größer sein als die ursprüngliche „Hauptreaktion", weil sonst keine Beschleunigung des Vorganges zu erwarten ist. — E. ABEL[8] geht so weit, daß er (homogene Katalyse) nicht die Zwischenverbindungen als Ursache der Katalyse betrachtet, sondern jene Reaktionen, die zu den Zwischenverbindungen führen; dann katalysieren nicht Stoffe, sondern Reaktionen.

Für die heterogene Katalyse liegen die Verhältnisse verwickelter. Es hat sich gezeigt, daß die Katalysatoren in poröser Form besonders günstig wirken. Poröse Körper zeigen ihrerseits ein starkes Adsorptionsvermögen für Substanzen aller Art (siehe auch S. 88). Es lag daher nahe, die Adsorption — die (vorübergehende) Anlagerung der Moleküle an der Katalysatoroberfläche — für die Katalyse verantwortlich zu machen.

Nach A. MITTASCH[1] lassen sich beide Theorien vereinigen, wenn man darauf verzichtet, die Zwischenverbindungen als stöchiometrische Gebilde aufzufassen. Faßt man den Begriff Verbindung so weit, daß man alle Komplexe, die durch intramolekulare Kräfte gebildet werden, darunter versteht, dann ist die Adsorptionstheorie nichts anderes als eine „physikalische" Zwischenverbindungstheorie.

Katalysatoren. Während man früher das von H. DAVY (1817) in seinen katalytischen Wirkungen erstmalig untersuchte Platin als Universalkatalysator betrachtete, wurde später erkannt, daß jede Reaktion ihren eigenen besten Katalysator besitzt. Bestimmte Katalysatoren besitzen eine auslesende (selektive) Wirkung; von mehreren möglichen Reaktionen lenken sie die Vorgänge in eine ganz bestimmte Richtung.

Wird beispielsweise ein Gemisch von Kohlenoxyd und Wasserstoff bei 300° C über einen Nickelkatalysator geleitet, dann läuft die Reaktion

$$CO + 3\,H_2 = CH_4 + H_2O$$

ab, während an gewissen Eisenkatalysatoren die beiden Stoffe nach

$$2\,CO + 2\,H_2 = CH_4 + CO_2$$

reagieren. — Auch die Art des Gefäßmateriales kann katalytischen Einfluß nehmen[12].

Durch gewisse Zusätze (Mischkatalysatoren) erreicht man gelegentlich eine Wirkung, die über das additive Verhalten der Komponenten wesentlich hinausgeht. Die katalytische Wirksamkeit eines Stoffes läßt sich sogar durch manche an sich unwirksamen Stoffe steigern. Von dieser Aktivierung[13] der Katalysatoren wird jetzt vielfach Gebrauch gemacht.

Gewisse Stoffe, die man als Kontaktgifte[14] bezeichnet, rufen einen Rückgang (gegebenenfalls bis zum Verschwinden) der Wirksamkeit von Katalysatoren hervor. Diese Beeinträchtigung kann vorübergehend (temporär) sein, gebunden an die Anwesenheit des Kontaktgiftes, mit dessen Verschwinden die ursprüngliche Wirksamkeit wiederkehrt; oder sie kann dauernd (permanent) sein, in welchem Fall die Kontaktsubstanz erneuert oder durch mehr oder minder verwickelte Vorgänge regeneriert werden muß. Zu den bekanntesten permanenten Kontaktgiften gehören für Eisen- und Nickelkatalysatoren Schwefelverbindungen aller Art, während z. B. Platin im Kontaktschwefelsäureprozeß gegen Arsen, Antimon und Blei bzw. deren Verbindungen empfindlich ist. Aus diesem Grund müssen nicht nur die Katalysatoren schon bei ihrer Herstellung möglichst rein gehalten werden, auch die Reaktionsgase sind von den Kontaktgiften in weitgehendem Maße zu befreien.

Technische Gaskatalysen. Im folgenden seien die wichtigsten technischen Gaskatalysen aufgezählt:

1. Synthese von Ammoniak aus den Elementen [15]:

$$\underset{(22,4\ nm^3)}{N_2} + 3\,H_2 \underset{\longleftarrow}{\overset{\longrightarrow}{}} 2\,NH_3 + 24\,000\ kcal. \tag{1}$$

Die Synthese erfolgt bei Temperaturen von 500° C aufwärts. Als Katalysatoren dienen gewöhnlich aktivierte Eisenkontakte. Da die Reaktion mit einer Verminderung der Molekülzahl verbunden ist, werden die Ausbeuten durch Druck begünstigt. Während das ursprüngliche, von F. HABER und C. BOSCH ausgearbeitete Verfahren mit Drücken um 200 at betrieben wird, geht z. B. G. CLAUDE[16] bei seiner „Hyperdrucksynthese" auf 1000 at und darüber.

2. Oxydation vom Ammoniak mit Luft zu Stickoxyden[17]:

$$\underset{(89,6\ nm^3)}{4\,NH_3} + 5\,O_2 \rightarrow 4\,NO + 6\,H_2O + 215\,600\ kcal, \tag{2}$$

$$+ 6\,O_2 \rightarrow 2\,N_2O_3 + 6\,H_2O + 258\,400\ kcal, \tag{2a}$$

$$+ 7\,O_2 \rightarrow 4\,NO_2 + 6\,H_2O + 269\,500\ kcal, \tag{2b}$$

$$+ 3\,O_2 \;\rightarrow\; 2\,N_2 \;\; + 6\,H_2O + 302\,000 \text{ kcal,} \tag{2c}$$

$$+ 6\,NO_2 \rightarrow 5\,N_2 \;\; + 6\,H_2O + 431\,600 \text{ kcal.} \tag{2d}$$

Während früher Platin in Form von Blech oder Netz als Katalysator diente, benutzt man in letzter Zeit Eisenoxyd mit etwa 4% Wismutoxyd[18]. Für Platin liegt die günstigste Reaktionstemperatur bei 500° C (Ausbeute: 96%), für Eisen-Wismut-Oxyd bei 600° C (Ausbeute: 95%). Die Ammoniakkonzentration im Luft-Ammoniak-Gemisch soll 7—9% betragen. Im Gegensatz zu den sonst angewandten Katalysen muß die Berührungszeit sehr kurz sein $\left(\frac{1}{100} \text{ bis } \frac{1}{1000} \text{ sec}\right)$, weil die Reaktion sonst bis zum elementaren Stickstoff geht.

3. **Oxydation von Cyan und Cyanwasserstoff mit Luft zu Stickoxyden**[19]:

$$2\,C_2N_2 + 4\,O_2 \rightarrow 4\,NO + 4\,CO, \tag{3}$$

$$\underset{\text{(44,8 nm}^3\text{)}}{2\,HCN} + 5\,O \;\rightarrow\; 2\,NO + 2\,CO + H_2O + 138\,100 \text{ kcal.} \tag{3a}$$

Bedingungen wie 2.

4. **Wasserstoff aus Wassergas und Wasserdampf**[20]:

$$\underset{\text{(22,4 nm}^3\text{)}}{CO + H_2O_D} \rightleftharpoons CO_2 + H_2 + 10\,400 \text{ kcal.} \tag{4}$$

Der reagierende Bestandteil des Wassergases ist das Kohlenoxyd. Reaktionstemperatur: 500° C. Katalysator: chromiertes Eisenoxyd. Das Kohlendioxyd muß aus den Reaktionsgasen entfernt werden (Waschen mit Wasser unter Druck, siehe S. 84).

5. **Chlor aus Chlorwasserstoff und Luft**[21]:

$$2\,HCl + O \rightleftharpoons Cl_2 + H_2O. \tag{5}$$

Reaktionstemperatur: 400° C. Katalysator: Kupferchlorid auf Ton (Kugeln).

6. **Chlorwasserstoff aus den Elementen**[22]:

$$\underset{\text{(22,4 nm}^3\text{)}}{H_2 + Cl_2} \rightleftharpoons 2\,HCl + 44\,000 \text{ kcal.} \tag{6}$$

Reaktionstemperatur: 300 bis 500° C. Katalysator: Calcium-, Magnesium-, Aluminiumchlorid; Magnesia, Ton, Quarz.

7. **Phosgen aus Kohlenoxyd und Chlor**[23]:

$$\underset{\text{(22,4 nm}^3\text{)}}{CO + Cl_2} \rightleftharpoons COCl_2 + 26\,140 \text{ kcal.} \tag{7}$$

Reaktionstemperatur: 125—150° C. Katalysator: aktive Kohle.

8. **Methan aus Kohlenoxyd und Wasserstoff**[24]:

$$\underset{\text{(22,4 nm}^3\text{)}}{CO + 3\,H_2} \rightarrow CH_4 + H_2O_D + 48\,900 \text{ kcal.} \tag{8}$$

Reaktionstemperatur: 300° C, Katalysator: Nickel.

9. Herstellung von Cyanwasserstoff aus Kohlenoxyd und Ammoniak[25]:

$$CO + NH_3 \rightleftarrows HCN + H_2O. \qquad (9)$$

Katalysator: glasige Tonerde.

10. Schwefeltrioxyd aus Schwefeldioxyd und Luft[26]:

$$SO_2 + O \rightleftarrows SO_{3\,gasförmig} + 22\,600 \text{ kcal.} \qquad (10)$$

Reaktionstemperatur: über 430° C, Kontakt: Platin. — Der Prozeß gehört eigentlich nicht hierher, hat aber wegen seiner großen praktischen Bedeutung und des inneren Zusammenhanges mit den anderen Gaskatalysen Erwähnung gefunden.

Vorrichtungen. Die Apparaturen zur Ausführung technischer Gaskatalysen haben eine gewisse Ähnlichkeit mit den später zu behandelnden Vorrichtungen zur Erzeugung von Gasen aus solchen und festen Körpern (siehe S. 155) und zum Reinigen von Gasen mit festen Körpern (siehe S. 225). Hier wie dort findet eine innige Berührung zwischen dem festen Stoff und den Gasen statt. Der Betrieb ist hier im allgemeinen einfacher, weil der feste Kontaktkörper in Ruhe bleibt und auch keine Veränderungen erleidet, wenn wir von der Vergiftung absehen.

Abb. 55 zeigt ein Beispiel einer Vorrichtung zur Ausführung einer Kontaktreaktion unter gewöhnlichem Druck; es handelt sich um die Darstellung von Chlor nach H. DEACON, ohne daß die Anwendungsmöglichkeiten des Apparates auf diesen Vorgang beschränkt sind. Eine Besonderheit liegt darin, daß der Katalysator bei der Reaktionstemperatur merklich flüchtig ist (Kupferchlorid), was in der Konstruktion berücksichtigt wird. Die vorgewärmten Reaktionsgase (Chlorwasserstoff und Luft) treten durch das Rohr *1* unter die auf dem Siebrost *2* befindliche Masse *3* und verlassen den Apparat bei *4*. Durch die

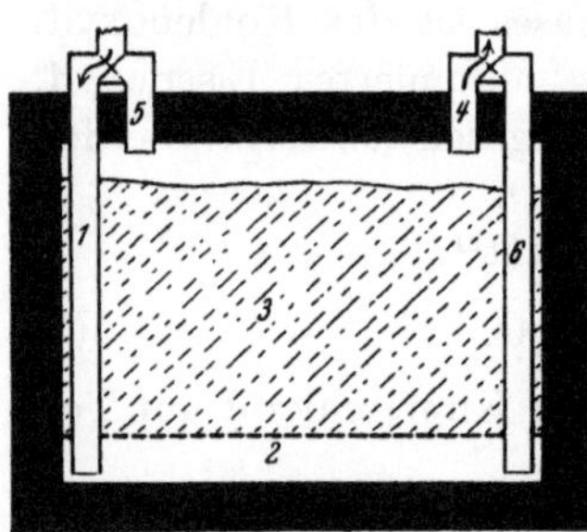

Abb. 55. Kontaktofen für Chlordarstellung nach H. DEACON.

Flüchtigkeit des Katalysators bewegt sich dieser mit dem Gasstrom, weshalb man nach Ablauf einer gewissen Zeit das Gas durch Rohr *5* eintreten, die Masse von oben nach unten durchstreichen und durch Rohr *6* abziehen läßt. Eine besondere Erwärmung ist nicht notwendig. Die Abschlußwände gegen die Atmosphäre müssen nur derart beschaffen sein, daß die Abstrahlungs- und Leitungsverluste der Reaktionswärme entsprechen, wodurch die Reaktionstemperatur von selbst erhalten bleibt. — Wenn eine Umschaltung des Gasstromes überflüssig ist, kann man die ganze Vorrichtung durch einfache Kontaktröhren oder Türme ersetzen.

In Abb. 56 ist ein Apparat dargestellt, der angewendet wird, wenn
— im Gegensatz zu dem Apparat der vorhergehenden Abbildung — die
Berührung zwischen Gas und Kontakt möglichst kurz sein soll. Er dient
zur katalytischen Oxydation von Ammoniak[27]. Die
Luft, deren Menge durch die Kaliberscheibe *1* und
das Ventil *2* genau geregelt wird, und das Ammoniakgas (Kaliberscheibe *3* und Ventil *4*) werden durch
den Aluminiumventilator *5* und die Eisensiebe *6* gut
gemischt; sie streichen durch das Platinsieb *7* und
verlassen den Apparat durch die Aluminiumhaube *8*.
Das Platinnetz *7* wird elektrisch beheizt. Um durch
die abstrahlende Reaktionswärme das zum Platinnetz *7* ziehende Gasgemisch nicht zu stark vorzu-
wärmen, ist ein von Kühlwasser durchflossener Mantel *9* vorgesehen. Ein Schaufenster *10* ermöglicht die
Beobachtung des Vorganges.

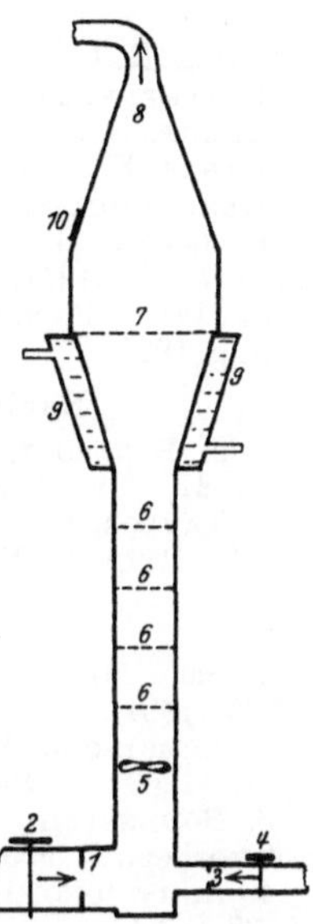

Abb. 56. Vorrichtung
zur katalytischen Oxy-
dation von Ammoniak.

Schließlich bringen wir in Abb. 57 einen Apparat,
wie er zu Hochdruckkatalysen[28] benutzt wird. Die
frischen Gase treten bei *1* ein, wärmen sich im
Wärmeaustauscher *2* an den abziehenden Reaktionsgasen vor, streichen längs einer elektrischen Heizvorrichtung *3*, die im allgemeinen nur zum Anheizen
benutzt wird, da im Betrieb die Reaktionswärme
zur Deckung der Verluste völlig ausreicht, nehmen
dabei noch Reaktionswärme auf und gelangen schließlich in den Kontakt-
raum *4*; über den Wärmeaustauscher *2* verlassen die Gase nach erfolgter
Umsetzung den Apparat bei *5*. — Heiße, einseitig unter hohem Druck
stehende Wände bieten stets große Schwierigkeiten. Im vorliegenden
Fall sind die Wände des
Kontaktraumes, die die
höchsten Temperaturen aufweisen, von beiden Seiten
gleichmäßig belastet; der
Temperaturabfall ist durch
die gezeichnete Art der Gasführung sehr günstig, denn
die einseitig unter hohem

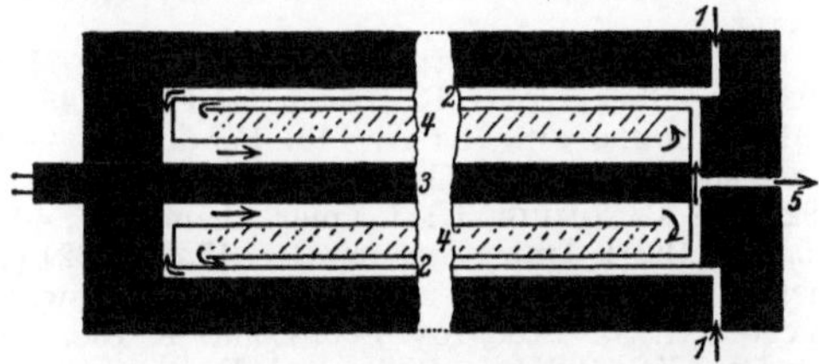

Abb. 57. Kontaktapparat für Hochdruckkatalysen
(L. CASALE).

Druck stehenden Wände, die gegen die Atmosphäre abschließen,
bleiben verhältnismäßig kalt. — Die Wärmeentwicklung ist beim Arbeiten unter hohem Druck größer als unter gewöhnlichem Druck —
einerseits, weil aus Gleichgewichtsgründen mehr vom Reaktionsprodukt
entsteht, anderseits weil der Reaktionsablauf auf einen kleineren Raum
zusammengedrängt wird. Durch Zusatz einer gewissen Menge von dem

zu erwartenden Produkt zu den Gasen vor der Katalyse kann man die Reaktionswärme herabsetzen.

Literatur:

FALK, K. G.: Catalic Action. New York 1922.

FRANKENBURGER, W.: Z. angew. Chem. **41**, 523, 561 (1928).

GREEN, S. J.: Industrial Catalysis. London 1928.

HABER, F.: Thermodynamische Gasreaktionen. München 1909.

HENDERSON, G. G.: Catalysis in Industrial Chemistry. New York 1919.

KREMANN, R.: Anwendung phys.-chem. Theorien auf technische Prozesse. Halle (Saale) 1911.

SABATIER, P., u. H. HÄUBER: Die Katalyse in der organischen Chemie, 2. Aufl. Leipzig 1927.

Berichte des Komitees für Kontaktkatalyse:

1./2. BANCROFT, W. D.: Ind. Chem. **14**, 326, 444, 545, 642 (1922). J. physic. Chem. **27**, 801 (1923).

3. TAYLOR, H. S.: J. physic. Chem. **28**, 897 (1924).

4./5. REID, E. E.: J. physic. Chem. **30**, 145 (1926); **31**, 1121 (1927).

Hinweise im Text:

1. Siehe MITTASCH, A.: Ber. **59**, 13 (1926). — OSTWALD, WI.: Z. Elektrochem. **7**, 995 (1901).

2. ARMSTRONG, H. E.: J. chem. Soc. Lond. **83**, 1808 (1903). Chem. News **99**, 28, 37 (1909). — Siehe auch FIRTH, J. B.: Chem. Age **14**, 324 (1926).

3. BODENSTEIN, M.: Chem. Ztg **26**, 1075 (1902). — OSTWALD, WI.: Z. Elektrochem. **7**, 995 (1901).

4. ARMSTRONG, H. E.: J. chem. Soc. Lond. **83**, 1088 (1903). Chem. News **99**, 28, 37 (1909).

5. TWEEDY, S. K.: Chem. and Ind. **45**, 157, 177 (1926).

6. Siehe MITTASCH, A.: Ber. **59**, 13 (1926). — OKAYAMA, J.: J. Soc. chem. Ind. Japan (Suppl.) **31**, 93, 95 (1928). — OSTWALD, WI.: Ber. sächs. Akad. **1890**, 189.

7. CHRISTIANSEN, J. A.: J. physic. Chem. **28**, 145 (1924). — TAYLOR, H. S.: J. physic. Chem. **27**, 322 (1923).

8. ABEL, E.: Z. Elektrochem. **19**, 933 (1913).

9. Deutsche Bunsengesellschaft: Die heterogene Katalyse. Berlin 1929. — KISTIAKOWSKY, G. B.: Met.-Wirtsch. **7**, 676 (1928). — RIDEAL, E. K.: Chem. Rev. **5**, 67 (1928). — Berichte des Komitees für Kontaktkatalyse: Siehe Literatur.

10. FRANKENBURGER: W.: Literatur. — MATIGNON, C.: Chim. et Ind. **6**, 7 (1921). — TWEEDY, S. K.: Chem. and Ind. **45**, 157, 177 (1926).

11. BODENSTEIN, M.: A. **440**, 177 (1924). — BODENSTEIN, M., u. C. G. FINK: Z. physik. Chem. **60**, 1 (1907). — DHAR, N. R.: Z. anorg. u. allg. Chem. **139**, 194 (1924). — LANGMUIR, I.: J. amer. chem. Soc. **40**, 1361 (1918). Chem. News **123**, 225, 237 (1921). Trans. Faraday Soc. **17**, 607, 621 (1922). — NERNST, W.: Z. physik. Chem. **47**, 52 (1904). — F. RASCHIG, Z. angew. Chem. **19**, 1748, 2083 (1906). — TAYLOR, H. S.: Proc. roy. Soc. Lond. A **108**, 105 (1925). — ZELINSKY, N. D.: Ber. **58**, 2755 (1925). — Siehe auch FRANKENBURGER, W.: Literatur.

12. HINSHELWOOD, C. N., u. R. E. BURK: J. chem. Soc. Lond. **127**, 1105 (1925). — Siehe auch BODENSTEIN, M.: Z. physik. Chem. **22**, 1 (1897).

13. BREDIG, G., u. R. MÜLLER VON BERNECK: Z. physik. Chem. **31**, 301 (1899). — BRODE, J.: Z. physik. Chem. **37**, 257 (1901). — MEDSFORTH, S.: J. chem. Soc. Lond. **123**, 1452 (1923). — MITTASCH, A.: Ber. **59**, 13 (1926). — REMY, H., u. B. SCHAEFER: Z. anorg. u. allg. Chem. **136**, 149 (1924). — REMY, H., u. G. GÖNNINGEN: Z. anorg. u. allg. Chem. **148**, 279 (1925); **149**, 283 (1925). — RUSSEL, W. W., u. H. S. TAYLOR: J. physic. Chem. **29**, 1325 (1925). — PEASE, R. N., u. H. S. TAYLOR: J. physic. Chem. **24**, 241 (1920).

14. KNIETSCH, R.: Ber. **34**, 4069 (1901).

15. Haber, F.: Z. angew. Chem. **27**, I, 473 (1914). Z. Elektrochem. **20**, 597 (1914); **21**, 89ff. (1915). Naturwiss. **10**, 1041 (1922). — Müller, C.: Synthetisches Ammoniak. In F. Ullmann: Enzyklopädie der techn. Chemie, 2. Aufl., I. Bd, S. 363. Berlin u. Wien 1928.

16. Claude, G.: C. r. **169**, 649, 1039 (1919); **170**, 174 (1920); **172**, 442 (1921); **174**, 157, 680 (1921). Chim. et Ind. **3**, 5 (1921); **11**, 1055 (1924). — Siehe auch Killeffer, D. H.: Ind. Chem. **17**, 789 (1925).

17. Ostwald, Wi.: Berg- u. Hüttenm. Rdsch. **3**, 71 (1906). — Siehe auch Kuhlmann, F.: A. **29**, 280 (1839). — Maliarewski W. J., u. N. A. Maliarewskaja: Z. angew. Chem. **38**, 1113 (1925). — Taylor, G. B.: Ind. Chem. **19**, 1250 (1927).

18. Neumann, B., u. H. Rose: Z. angew. Chem. **33**, I, 41 45, 51 (1920).

19. Abe, S., u. R. Hara: Technol. Rep. Tôhoku Imp. Univ. Sendai, Japan 7, 1 (1927). — Hara, R., u. H. Sinozaki: Technol. Rep. Tôhoku Imp. Univ. Sendai, Japan **5**, 71 (1925); **6**, 95 (1926).

20. Stavenhagen, A.: Wasserstoff. Braunschweig 1925.

21. Deacon, H.: A. **162**, 343 (1872). J. chem. Soc. Lond. **25**, 725 (1872). — Kolb, W.: Metallbörse **16**, 2525ff. (1926). — Lunge, G.: Handb. d. Sodaindustrie **3**, 371. Braunschweig 1909.

22. Neumann, B.: Z. angew. Chem. **34**, I, 613 (1921).

23. Metallbörse **18**, 455 (1928).

24. Erdmann, E.: Gas- u. Wasserfach **54**, 737 (1911). — Jochum, P.: Gas- u. Wasserfach **57**, 73, 103, 124, 149 (1914).

25. Bertelsmann, W., u. F. Schuster: Cyanverbindungen. In F. Ullmann: Enzyklopädie der techn. Chemie, 2. Aufl., III. Bd, S. 502. Berlin u. Wien 1929.

26. Knietsch, R.: Ber. **34**, 4069 (1901). — Winkler, Cl.: Dingler **218**, 128 (1875).

27. Schüphaus, G.: Metall u. Erz **13**, 21 (1916).

28. Miolati, A.: Giorn. Chim. ind. appl. **5**, 439 (1923).

B. Aus Flüssigkeiten.

1. Bei hoher Temperatur.

Die Überführung von Flüssigkeiten in gasförmige Stoffe unter dem Einfluß hoher Temperaturen unterteilt sich in zwei grundsätzlich verschiedene Gruppen.

Der eine Fall ist die einfache Verdampfung, die Überführung in den Gaszustand ohne chemische Veränderung des Ausgangsstoffes. Diese Art findet weitgehende technische Anwendung, insbesondere zur Erzeugung des Wasserdampfes; der Dampf von hoher Temperatur besitzt gegenüber dem flüssigen Wasser einen hohen Wärmeinhalt. Dieser Energieüberschuß wird an den Verbrauchsstellen in Arbeit oder Wärme umgewandelt; dabei geht der Energieträger wieder in den Ausgangszustand zurück. Das Gas bzw. der Dampf sind nicht der Zweck der Umwandlung, sie dienen eben nur als Energieträger, zur Förderung der Energie von der zentralen Erzeugungsstätte zu den einzelnen Verbrauchsstellen. Diese Art von technischen Verfahren fällt aus dem Rahmen unseres Buches, weshalb wir auf die Literatur verweisen[1]. Das gleiche gilt für die Destillation zum Zweck der Reinigung oder Trennung von Flüssigkeiten[2]; soweit sie zur Trennung von Gasgemischen benutzt wird, haben wir sie bereits behandelt (siehe S. 77).

Bei der zweiten Gruppe, mit der wir uns hier eingehender beschäftigen
werden, erleiden die Ausgangsstoffe eine chemische Umwandlung; es
entstehen unter anderem neue Stoffe, die auch bei gewöhnlicher Temperatur gasförmig bleiben.

Man führt die thermische Zersetzung flüssiger Stoffe auch mit der
Absicht aus, hochsiedende Kohlenwasserstoffe und deren Abkömmlinge
in niedrig siedende, leichte überzuführen. Bei den hierher gehörenden.
ziemlich verbreiteten, sogenannten „Crack"-Verfahren, die bei tieferen
Temperaturen als die Ölgaserzeugungsanlagen arbeiten, entstehen zum
Teil auch gasförmige Produkte. Nachdem es sich aber dabei um unerwünschte Nebenreaktionen von geringfügiger praktischer Bedeutung
handelt, müssen wir zur genaueren Unterrichtung auf die engere Fachliteratur verweisen[3].

Die Darstellung von Gasen durch pyrogene oder thermische Zersetzung
einer Flüssigkeit hat große Ähnlichkeit mit der trockenen Destillation fester
Stoffe (siehe S. 110). Der Unterschied liegt vorzugsweise im Aggregatzustand der Ausgangsstoffe, woraus sich dann die Unterschiede in der technischen Ausführung ergeben. Was das Wesen der Gasbildung betrifft, so
handelt es sich hier wie dort um eine tiefgreifende Zersetzung der Ursubstanz durch Glühhitze. Die Ursubstanz selbst ist organischer Natur und
ihrer Zusammensetzung nach meist nur unvollkommen bekannt. Sie zerfällt bei der Zersetzung in einen gasförmigen, einen flüssigen und
einen festen Anteil; von diesen ist bei den hier zu behandelten Verfahren
der gasförmige jener, um dessentwillen man die Zersetzung vornimmt.

Ausgangsstoffe und Erzeugnisse. Als Ausgangsstoffe dienen hauptsächlich Flüssigkeiten von Kohlenwasserstoffcharakter: die als Gasöl
bezeichnete Erdölfraktion mit den Siedegrenzen 250—360° C; Teeröle
aus Braunkohlen-Schieferteeren; Ölrückstände aller Art[4]. Die entstehenden Gase werden unter den Namen Ölgas verwendet. — Ein weiterer
Rohstoff zur Gasdarstellung ist Melasseschlempe, die man zerlegt,
um ihren Stickstoff teils als Ammoniak, teils als Cyanwasserstoff zu
gewinnen. Die außer diesen beiden Stoffen entstehenden, brennbaren
Gase dienen zum Beheizen der Zersetzungsvorrichtungen.

Die Zusammensetzung verschiedener Ölgase gibt E. Graefe[5] an;
sie bewegt sich danach in folgenden Grenzen:

Dampfförmige Kohlenwasserstoffe	0,2 — 1,0%
Olefine, C_mH_n	12,5 — 36,2%
Aethan, C_2H_6	2,3 — 12,6%
Methan, CH_4	27,4 — 45,9%
Wasserstoff, H_2	8,9 — 33,7%
Kohlenoxyd, CO	1,7 — 3,7%
Kohlendioxyd, CO_2	0,4 — 0,9%
Sauerstoff, O_2	0,3 — 0,7%
Stickstoff, N_2	2,3 — 6,8%

Die Zusammensetzung ist in qualitativer Hinsicht stets gleich; in quantitativer Beziehung wird sie von der Zersetzungstemperatur und der Art des Rohstoffes bestimmt. Je höher die Temperatur liegt, um so größer ist der Gehalt an Methan und Wasserstoff; bei niedrigen Zersetzungstemperaturen überwiegen die Olefine, das Äthan und die dampfförmigen Kohlenwasserstoffe. Diese Temperaturabhängigkeit entspricht völlig den Ergebnissen bei der trockenen Destillation fester Brennstoffe (siehe S. 112). Die Art des Öles ist ebenfalls von großem Einfluß; die besten Ergebnisse liefern paraffinreiche Öle[6]. Im Zusammenhang damit steht die Beobachtung, daß großer Wasserstoffgehalt des Öles günstig ist[7]. Kresole, die in Schwelteerölen vorkommen, verringern die Olefinausbeute ungewöhnlich stark[8]. Die Vergasung der Öle wird günstig beeinflußt, wenn man sie in einem Strom von Wasserstoff oder wasserstoffreichen Gasen vornimmt[9].

Für die Zusammensetzung überhitzter Schlempegase fand H. Ost[10]:

Cyanwasserstoff, HCN ..	7%
Ammoniak, NH_3	7%
Kohlenwasserstoffe	8%
Wasserstoff, H_2	12%
Kohlenoxyd, CO	18%
Kohlendioxyd, CO_2 ...	24%
Stickstoff, N_2	24%.

Der bei der thermischen Zersetzung entstehende flüssige Anteil trägt Teercharakter und enthält stets Wasser, bei schlecht geführtem Zerfall auch wohl unzersetzten Rohstoff, sofern dieser destillierbar ist. Die Verwendung des Gases bedingt in den meisten Fällen die Abscheidung des teerigen Anteiles, die nicht immer leicht ist, da der Teer gern Nebelform annimmt und dann mangels besonderer Vorkehrungen vom Gase durch die ganze Apparatur geschleppt wird. Der Vorteil der Teerabscheidung besteht lediglich in der Reinigung des Gases, denn der Teer selbst ist meist nur ein lästiges Nebenerzeugnis von geringem Wert. Daher strebt man auch nicht selten an, seine Bildung überhaupt zu vermeiden bzw. ihn in den Arbeitsgang zurückzuführen. — Die wässerige Flüssigkeit hat im allgemeinen nur dann wirtschaftliche Bedeutung, wenn der Rohstoff reich an Stickstoffverbindungen ist. In diesem Fall kann man erwarten, daß sie Ammoniak und Cyanwasserstoff enthält und muß sie dementsprechend behandeln.

Der feste Anteil ist koksartig. Bestand der Rohstoff aus aschefreier, organischer Substanz, z. B. Mineralöl, so erhält man als Rückstand aschefreien Koks, der entweder als Brennstoff oder besser zur Herstellung von Bogenlampenkohlen, Elementkohlen oder dgl. verwendet wird. Der mit der Koksgewinnung verbundene wirtschaftliche Vorteil ist jedoch gering, so daß man den Koks häufig zum Aufheizen des Zersetzungsgefäßes mitbenutzt; dies ist allerdings nur dann möglich, wenn das Aufheizen von innen her geschieht, was einen unterbrochenen Betrieb bedingt, bestehend aus abwechselndem Aufheizen und Zersetzen. Aschereicher Rohstoff liefert selbstredend einen aschereichen Koks, der als Brennstoff geringe oder keine Bedeutung hat. Sein Wert kann gegebenenfalls durch die anorganischen Bestandteile bestimmt werden (Kalisalze in der Schlempekohle).

Erzeugungsvorrichtungen. Der Arbeitsvorgang zur Erzeugung von Gasen aus Flüssigkeiten bei hoher Temperatur muß, um ihn erfolgreich durchzuführen, in zwei Stufen zerlegt werden, deren erste die Verdampfung, deren zweite die Überhitzung — oft auch „Fixieren" genannt — ist. Dieser Zweiteilung entsprechend sind die Zersetzungsöfen eingerichtet, die im übrigen den für die trockene Destillation fester Brennstoffe benutzten sehr ähneln. Man unterscheidet zwei Arten: Retortenöfen und Generatoröfen.

Die Erzeugung des Ölgases läßt sich mit der Herstellung von Wassergas[11] oder damit und gleichzeitigem „Cracken" kuppeln[12].

Retortenöfen. In Abb. 58 sehen wir einen Ofen mit liegenden Eisendoppelretorten, zur Herstellung von Ölgas dienend. Man läßt das Öl in dünnem Strahl ununterbrochen vorn in die obere Retorte *1* fließen, wo es verdampft. Die Dämpfe ziehen durch das Verbindungsstück *2* in die untere, höher erhitzte Retorte *3*, in der die Zersetzung eintritt. Man beheizt die Retorten

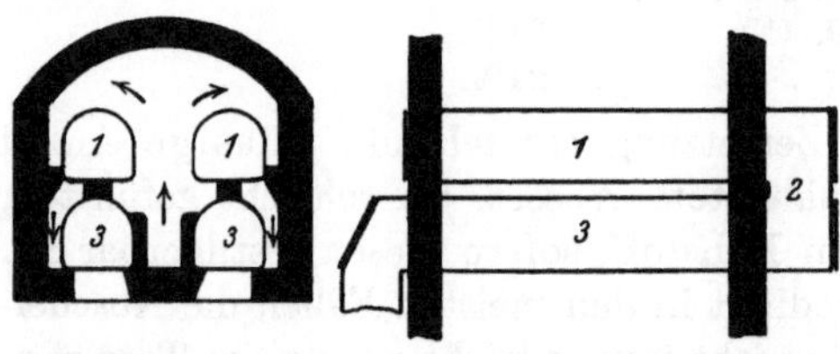

Abb. 58. Retortenofen zur Herstellung von Ölgas.

mit Planrost- oder Gasfeuerung. Die Heizgase steigen zwischen den Retorten hoch und fallen zu beiden Seiten zum Kamin ab.

Eine ähnliche Bauart weisen die Öfen zur Cyanisierung von Schlempegasen auf. Die Schlempe wird aus den liegenden Retorten *1* der Abb. 59a verdampft; die Gase sammeln sich zuerst in einer Vorlage zur Abgabe des Teers und treten dann gereinigt in das Überhitzersystem *2*, das in Abb. 59b im Schnitt für sich dargestellt ist. — Man baut

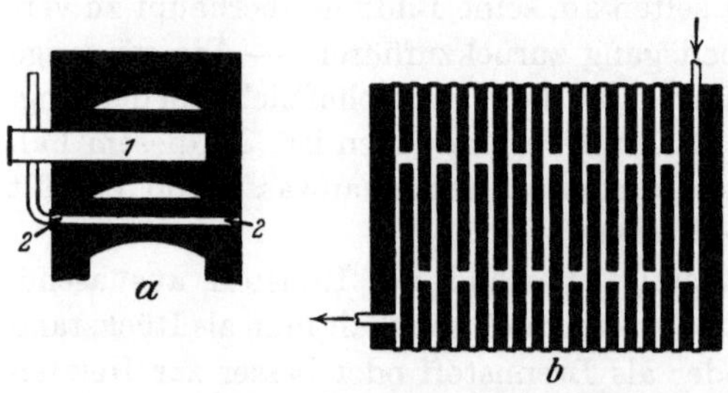

Abb. 59. Retortenofen zur Vergasung von Schlempe und Cyanisierung der Schlempegase.

auch den Überhitzer nicht in den Ofen ein, sondern stellt ihn selbständig als Gitterschachtofen auf, der mit Generatorgas beheizt wird.

Diese Bauart leitet zu den im folgenden beschriebenen Generatoröfen über.

Generatoröfen. Sie eignen sich nur für aschefreie Rohstoffe. Ölgas generatoranlagen[13] mit unterbrochenem Betrieb bestehen meist (Abb. 60) aus einem Ölvorwärmer *1*, in dem das Öl auf etwa 50—60° C gebracht wird, aus einem Verdampfer *2* und einem Überhitzer *3*, aus einer Tauchvorlage *4* und dem Wascher *5*. Verdampfer und Überhitzer sind mit einem Gitterwerk aus Schamottesteinen ausgefüllt und gut isoliert. Das Gitterwerk wird zuerst durch Verbrennen von Teer, gewöhnlich Abfallteer, aufgeheizt. Zu diesem Zweck spritzt man den Teer ein und bläst gleichzeitig die erforderliche Verbrennungsluft zu (Warmblasen). Die Verbrennungsgase ziehen zum Schornstein. Sobald die notwendige Zersetzungstemperatur (um 700° C) erreicht ist, wird umgestellt und das Öl zur Gasbildung in feiner Verteilung eingeleitet

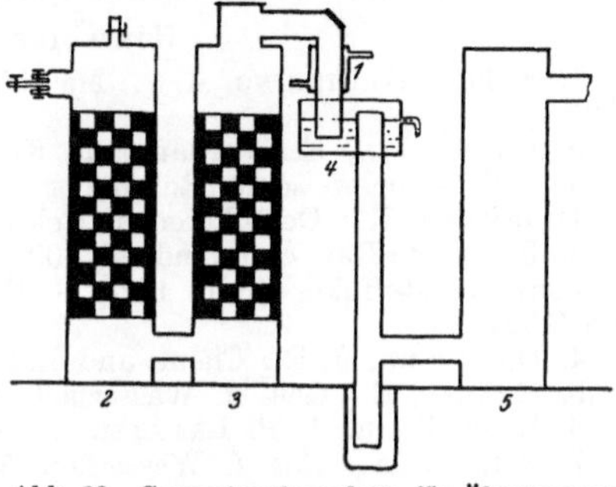

Abb. 60. Generatorofenanlage für Ölvergasung.

(Gasen). Die Heiz- und die Gasperiode wechseln ständig ab, genau wie bei der Herstellung von Wassergas (siehe S. 162). Dieser periodische Doppelbetrieb ist stets notwendig, wenn der Wärmebedarf stark endothermer Vorgänge nicht von außen ständig gedeckt wird. Der auf den Gittersteinen der Generatoröfen abgesetzte Kohlenstoff muß von Zeit zu Zeit ausgebrannt werden, was zur Ofenheizung ausgenutzt wird.

Das Verfahren läßt sich auch zu ununterbrochenem Betrieb umgestalten, wenn man das Öl zusammen mit Luft in den Vergasungsraum einbläst. Es tritt dann eine teilweise Verbrennung des Öls ein, die die erforderliche Zersetzungswärme liefert, welcher Vorgang der Erzeugung von sogenanntem Halbwassergas entspricht (siehe S. 162).

Weitere Behandlung der Zersetzungsgase. Die Zersetzungsgase geben in einer Vorlage ihren Teer zum größten Teil ab und werden dann je nach ihrer Art weiter behandelt. Das Ölgas wird durch Wasserwaschung gereinigt und muß von Schwefelwasserstoff befreit werden (siehe S. 226). Es wird den Verbrauchsstellen in Stahlkesseln unter 10 at Druck zugeführt. Hauptverwendungszweck ist die Beleuchtung von Eisenbahnwagen. Es kann auch durch Kompression und Kühlung verflüssigt werden (siehe S. 54) und kommt dann als Blaugas in den Handel[14]. Das beim Waschen des Ölgases anfallende Abwasser enthält Ruß (etwa 1%), der durch Filtrieren gewonnen werden kann[15].

Die cyanisierten Schlempegase befreit man mit 20%iger Schwefelsäure von Ammoniak, mit konzentrierter Natronlauge von Cyanwasserstoff und benutzt sie dann zum Heizen.

Literatur:

BERTELSMANN, W.: Ölgas. In F. ULLMANN: Enzyklopädie der techn. Chemie, VIII. Bd. Berlin u. Wien 1920.

BERTELSMANN, W.: Technologie der Cyanverbindungen. München 1906.

BERTELSMANN, W., u. F. SCHUSTER: Cyanverbindungen. In F. ULLMANN: Enzyklopädie der techn. Chemie, 2. Aufl., III. Bd. Berlin u. Wien 1929.

KÖHLER, H.: Industrie der Cyanverbindungen. Braunschweig 1914.

SCHEITHAUER, W.: Braunkohlenteerprodukte u. Ölgas. Hannover 1907.

Hinweise im Text:

1. Siehe z. B. IHERING, A. v.: Maschinenkunde für Chemiker, 3. Aufl. Leipzig 1925.

2. HAUSBRAND, E.: Verdampfen, Kondensieren und Kühlen, 6. Aufl. Berlin 1920. — Wirkungsweise der Rektifizier- u. Destillierapparate, 4. Aufl. Berlin 1921. — THORMANN, K.: Destillieren u. Rektifizieren. Leipzig 1928.

3. BRUN, P.: Rev. chim. ind. **35**, 302, 339, 366 (1926). — NAPHTALI, M.: Leichte Kohlenwasserstofföle. Berlin 1928. — PITKETHLY, R.: J. Inst. Petr. Techn. **13**, 568 (1927).

4. HACKFORD, J. E.: Chem. and Ind. **44**, I, 299 T (1925).

5. GRAEFE, E.: Gas- u. Wasserfach **46**, 524 (1903).

6. ROSS, R., u. J. P. LEATHER: Chem. and Ind. **21**, 676 (1902).

7. SPIEGEL, A.: Gas- u. Wasserfach **50**, 45 (1907).

8. MÜLLER, E.: Gas- u. Wasserfach **41**, 221 ff. (1898).

9. HEMPEL, H.: Gas- u. Wasserfach **53**, 53 ff. (1910). — LEWES, V. B.: Gas- u. Wasserfach **36**, 479 (1893). — SPIEGEL, A.: Gas- u. Wasserfach **50**, 45 (1907). — WHITACKER, M. C., u. E. H. LESLIE: Ind. Chem. **8**, 593, 684 (1916).

10. OST, H.: Z. angew. Chem. **19**, 609 (1906).

11. RUYS, J. D.: Chem. Weekbl. **16**, 749 (1919). — Siehe auch Gas- u. Wasserfach **63**, 42 (1920).

12. PORGES, PH., u. H. STRACHE: D. R. P. 301801. — Siehe auch Gas- u. Wasserfach **62**, 474 (1919).

13. LANDSBERG, F.: Z. V. d. I. **53**, 1485 (1809). — LEYBOLD, W.: Gas- u. Wasserfach **69**, 891 (1926).

14. BLAU, H.: D. R. P. 158198, 175846, 217842, 244688, 253985, 258610.

15. CAVELL, R. C.: Gas J. **158**, 92 (1922).

2. Durch Gärung.

Jede Gärung ist mit einem Zerfall größerer Moleküle in kleinere verbunden, bis zu solchen gasförmigen Charakters herab. Deren Darstellung ist bei technischen Gärungsreaktionen nie Hauptzweck; die Gase treten als Nebenerzeugnisse auf und gehen meist verloren, weil man ihren Wert für zu geringfügig hält. Zum Teil bleiben sie auch im Haupterzeugnis gelöst und bilden in dieser Form einen wichtigen Bestandteil des hergestellten Produktes. Der technisch bedeutsamste Fall eines derartigen Prozesses, bei dem die gasförmigen Nebenerzeugnisse eine — wenn auch bisher leider recht bescheidene — Rolle spielen, ist die alkoholische Gärung von Zuckerarten. Der Vorgang verläuft theoretisch nach der Gleichung

$$C_6H_{12}O_6 = 2\,C_2H_5OH + 2\,CO_2.$$

In Brauereien und Brennereien hat man früher die aus den Gärbottichen entweichende Kohlensäure gewonnen und schenkt dem Verfahren neuerdings wieder mehr Beachtung. Zum Zwecke der Gewinnung von Gärungskohlensäure läßt man entweder auf die Bottiche Gasfanghauben herab oder schließt sie mit Deckeln dicht ab. Das Kohlendioxyd entweicht in verunreinigtem Zustand; es enthält übelriechende Stoffe und gegebenenfalls Luft. Jene lassen sich durch Behandeln mit oxydierenden Stoffen oder Schwefelsäure zerstören. Aus den lufthaltigen Gasen gewinnt man das reine Kohlendioxyd durch Auswaschen mit Pottaschelaugen (siehe S. 84).

Ein weiteres wichtiges, gasförmiges Gärungserzeugnis ist das bei der Ausfaulung organischer Stoffe, die in Abwässern enthalten sind, entstehende Methan. Die Gaserzeugung durch Schlammfaulung ist nie Selbstzweck, sondern geschieht bei den Fäulnisvorgängen, die lediglich aus klärtechnischen Gründen eingeleitet werden, stets zwangsläufig; das entstandene Gas wird nur an einzelnen Orten gewonnen, weil es sich nicht überall wirtschaftlich verwerten läßt.

Die Zusammensetzung des Faulgases[2] schwankt zwischen folgenden Grenzen:

Methan . . . . 65—90%,
Kohlendioxyd . . . . 5—35%,
Wasserstoff . . . . 0—10%,
Stickstoff . . . . 0— 8%.

Ferner sind als Verunreinigungen Schwefelwasserstoff und Ammoniak vorhanden.

Da der Wasserstoff nur aus frischen Kotstoffen entsteht, läßt sich auch wasserstofffreies Gas gewinnen von folgender durchschnittlichen Zusammensetzung:

Methan 80%,
Kohlendioxyd 20%,
Stickstoff . . . . 0— 8%.

Entfernt man schließlich noch die Hauptmenge der Kohlensäure durch Auswaschen mit Wasser (siehe S. 84), so bleibt ein Gas, bestehend aus:

Methan . . . . 92—98%,
Stickstoff . . . . 0— 8%,
Kohlendioxyd . . . . Spuren.

In Abb. 61 ist ein Gasfang dargestellt[1], wie er zur Gewinnung des Faulgases über die Schlammräume gebaut wird. Das Gas sammelt sich in der Glocke *1* und wird durch das Rohr *2* abgeleitet. Um zu verhindern, daß schwimmende Schlammteile in die Glocke *1* gelangen, wird der Schlammraum vom Gasraum durch die poröse, gasdurchlässige

Betonplatte *3* abgeschlossen. Statt der Betonplatte benutzt man auch Holzdeckel mit schmalen Leisten[3].

Das Gas kann im Abwasser-Reinigungsbetrieb zum Heizen und zur Krafterzeugung dienen, stellenweise leitet man es in das städtische Gasnetz, wobei jedoch zu bedenken ist, daß es in seinen sämtlichen Eigenschaften vom städtischem Versorgungsgas abweicht. Schließlich kann es bei günstiger Lage von Fabriken an diese als Industriegas abgegeben werden. Auf keinen Fall verträgt es wegen seiner verhältnismäßig geringen Mengen einen weiten Transport. Rechnet man mit einem täglichen Gasanfall[2] von 8 l je Kopf der Bevölkerung, so ergäbe dies bei Faulgasgewinnung aus dem gesamten Abwasseranfall für Groß-Berlin eine jährliche Menge von etwa 12 Millionen Kubikmeter, also kaum 2% des gesamten Groß-Berliner Gasverbrauches, bezogen auf das Volumen, bzw. etwa 4%, bezogen auf den Energiewert.

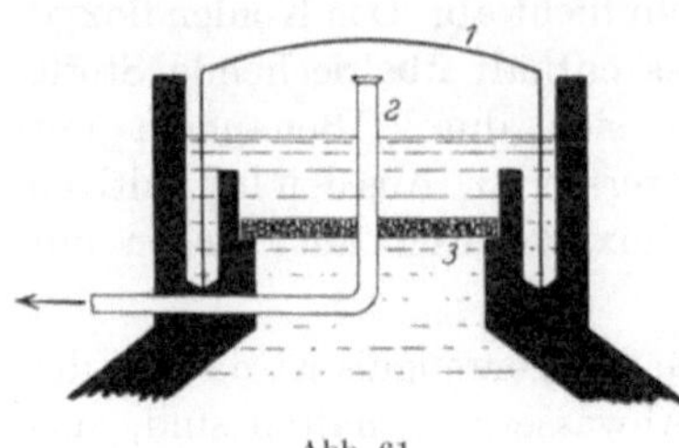

Abb. 61.
Gasfang für Faulgase aus Abwässern.

Literatur:

BACH, H.: Die Abwasserreinigung. München u. Berlin 1927.
IMHOFF, K.: Fortschritte der Abwasserreinigung. 2. Aufl. Berlin 1926.
RAUSCH, E.: Z. Min.-Kohlenind. **34**, 307 (1928).
STOCKHAUSEN, F., u. F. WINDISCH: Wschr. Brauerei **45**, 336 (1928).
WINDISCH, F.: Z. Min.-Kohlenind. **34**, 287 (1928).

Hinweise im Text:
1. LANGBEIN, F.: Gas- u. Wasserfach **70**, 1109 (1927).
2. IMHOFF, K.: Gas- u. Wasserfach **66**, 705 (1923).
3. IMHOFF, K.: Gas- u. Wasserfach **67**, 601 (1924).

C. Aus festen Körpern.

1. Aus wohldefinierten Verbindungen.

Die Darstellung von Gasen aus festen Körpern, und zwar wohldefinierten Verbindungen, bedingt im Gegensatz zur sogenannten „trockenen Destillation" den Ablauf eindeutiger chemischer Reaktionen. Technisch schließt sie sich der sogenannten Entgasung (siehe S. 111) an, da sämtliche hier zu besprechenden Vorgänge zu ihrer Auslösung und zu ihrem Ablauf hoher Temperaturen und einer entsprechenden Wärmezufuhr bedürfen. Nur in den seltensten Fällen werden diese Vorgänge jedoch um der entstehenden Gase willen ausgeführt, meist sind es feste Reaktionsprodukte, die wir als Hauptprodukte ansprechen.

Reaktionen. Als wichtigste Vorgänge, die diesem Abschnitt zuzuzählen sind, nennen wir:

$$1. \quad NH_4NO_3 = N_2O + 2\,H_2O; \tag{1}$$

$$2. \quad MgCO_3 \;\; = CO_2 + MgO; \tag{2}$$

$$CaCO_3 \;\; = CO_2 + CaO; \tag{3}$$

$$3. \quad CaO + 3\,C = CO + CaC_2; \tag{4}$$

4. Zersetzung von Salzen schwacher Säuren durch saure Salze stärkerer Säuren; Beispiel:

$$Na_2CO_3 + 2\,NaHSO_4 = CO_2 + H_2O + 2\,Na_2SO_4. \tag{5}$$

Die zuletzt erwähnten Umsetzungen haben bisher nur geringe praktische Bedeutung erlangt.

Stickoxydul. Zur Herstellung des Stickoxyduls oder Lachgases bringt man[1] reines Ammonnitrat in Mengen von 16—18 kg (größere Mengen Explosionsgefahr!) in gußeiserne Retorten (30 l Inhalt), die einen langen, schmalen Hals besitzen, und erwärmt langsam auf 170—260° C.

Man kann auch Natrium- oder Kaliumnitrat mit Ammonsulfat auf 300° C erhitzen[2]. Die Stickoxydulbildung verläuft dann nach:

$$2\,NaNO_3 + (NH_4)_2SO_4 = 2\,N_2O + 4\,H_2O + Na_2SO_4; \tag{6}$$

17 Teile   13/14 Teile

$$2\,KNO_3 + (NH_4)_2SO_4 = 2\,N_2O + 4\,H_2O + K_2SO_4. \tag{6a}$$

20 Teile   13/14 Teile

Kohlendioxyd. Die Herstellung von Kohlendioxyd durch Erhitzen (Brennen) von Carbonaten (Mg, Ca usw.) wird fast ausschließlich mit der Gewinnung des zurückbleibenden Metalloxyds verbunden. Die Spaltung der Carbonate verläuft nach einer temperaturabhängigen Gleichgewichtsreaktion[3]. Da man Wert darauf legt, ein möglichst reines Oxyd zu erhalten, müssen die Temperaturen sehr hoch liegen; beim Kalk rechnet man beispielsweise mit Ofentemperaturen von 1200 bis 1300° C. Ähnlich dem Dampfdruck einer Flüssigkeit (siehe S. 2) zeigt sich ein gewisser Zersetzungsdruck, bedingt durch das Kohlendioxyd der Gasatmosphäre. Für die Praxis ist es von Interesse, jene Temperatur zu kennen, bei der der Zersetzungsdruck 1 at beträgt, da dann das Kohlendioxyd gewissermaßen „abdestilliert". Die einem Druck von 1 at entsprechende Zersetzungstemperatur liegt für Magnesiumcarbonat bei etwa 550° C, für Calciumcarbonat bei 920° C[4].

Die Beheizung der Vorrichtungen zum Brennen der Carbonate geschieht indirekt oder direkt. Die indirekte Beheizung wird nur ausgeführt, wenn man reines Kohlendioxyd gewinnen will; man benutzt Retortenöfen[5], ähnlich denen, wie sie zur trockenen Destillation (siehe S. 130) verwendet werden. Wir verweisen deshalb auf die dortigen Ausführungen.

Schadet es der Verwendung der Kohlensäure nichts, wenn sie mit anderen Gasen vermischt ist, dann greift man zur wirtschaftlicheren, direkten Beheizung. Zu dem Zweck wird das Carbonat mit Koks gemischt und bei entsprechend hoher Temperatur Luft eingeblasen. Der verbrennende Koks liefert die zur Zersetzung notwendige Wärme. Das aus dem Carbonat entweichende Kohlendioxyd ist jedoch durch die Verbrennungsgase, die ihrerseits selbst kohlensäurehaltig sind, verdünnt. Man erzielt Abgase mit 35% CO_2 und mehr[6]. Eigentlich gehören die Verfahren der direkten Beheizung nicht in diesen Abschnitt, sind jedoch des Zusammenhanges wegen hier genannt worden. Wir finden auch die Zersetzungsvorrichtungen (Schachtöfen usw.) im Abschnitt: „Erzeugung von Gasen aus solchen und festen Körpern" beschrieben (siehe S. 165).

Carbid. Das bei der Carbidherstellung[7] entstehende Kohlenoxyd ist ein Nebenprodukt, das man meist nicht einmal verwertet. Die Ofengase sind zwar nicht reines Kohlenoxyd[8], besitzen jedoch einen oberen Heizwert bis etwa 2800 kcal/m³ und sollten aus energiewirtschaftlichen Gründen stets als Brenngas ausgenutzt werden. Ihre Menge beträgt theoretisch 0,35 m³ (0° C, 760 mm QS, trocken) je Kilogramm gewonnenes Carbid.

Literatur:

BLOCK, B.: Brennen des Kalks, 2. Aufl. Leipzig 1924.
LUHMANN, E.: Die Kohlensäure, 2. Aufl. Wien 1906.

Hinweise im Text:

1. THILO, J.: Chem. Ztg **18**, 532 (1894). — Siehe auch LIDOFF, A.: J. russ. phys.-chem. Ges. **35**, 59 (1903).
2. SMITH, W.: Chem. and Ind. **12**, 10 (1893). — SMITH, W., u. W. ELMORE: Chem. Ztg **16**, 1695 (1892).
3. KEPPELER, G.: Z. angew. Chem. **38**, 397 (1925). — Siehe auch JOHNSTON, J.: J. amer. chem. Soc. **32**, 938 (1910). — ZAVRIEFF, D.: J. Chim. physique **7**, 37 (1909).
4. HEDVALL, J. A.: Z. anorg. u. allg. Chem. **98**, 47 (1916).
5. SCHMATOLLA, E.: Z. angew. Chem. **13**, 1288 (1900).
6. SCHMID, A.: Tonind.-Ztg **49**, 994 (1925).
7. BECKER, J.: Chem. App. **11**, 164 (1924). — CONRAD, W.: Stahl u. Eisen **28**, 793, 836 (1908). — KUSNEZOW, L.: J. chem. Ind. (russ.) **5**, 279 (1928). — ROTHMUND, V.: Z. anorg. u. allg. Chem. **31**, 136 (1902).
8. SCHLÄPFER, P.: Z. Elektrochem. **25**, 409 (1919).

2. Durch trockene Destillation.

Unter trockener Destillation im engeren Sinne des Wortes versteht man die Zersetzung von Stoffen pflanzlichen, seltener tierischen Ursprungs durch Erhitzen unter Luftabschluß. Im Gegensatz zu den Verfahren des vorangehenden Abschnittes, wo nur Stoffe von genau bestimmter Zusammensetzung behandelt wurden, haben wir es nunmehr mit solchen Materialien zu tun, deren Zusammensetzung wechselt und uns im übrigen — so weit es den chemischen Aufbau betrifft — wenig oder gar nicht bekannt ist.

Die für die trockene Destillation in Frage kommenden Stoffe sind in erster Linie unsere festen Brennstoffe: Holz, Torf, Braunkohle, Steinkohle; ferner Pflanzenabfälle, z. B. Ölpreßlinge und endlich einige Stoffe tierischen Ursprungs: bituminöse Schiefer, Hufe, Klauen, Hornabfälle und Knochen. Diese Rohstoffe bestehen zum größten Teil aus organischer Substanz, zum geringeren, manchmal nur zu wenigen Hundertteilen aus anorganischen Beimengungen. Bei den Pflanzen- und Tierabfällen, den Hölzern, Torfen und jüngsten Braunkohlen wird die organische Substanz von Zellgeweben, Eiweißkörpern, Harzen und Fetten gebildet, als anorganische Stoffe treten vornehmlich Wasser, daneben Kalium-, Natrium- und Kalksalze (organischer Säuren) auf. Die älteren Braunkohlen, die Steinkohlen und die bituminösen Schiefer enthalten als organischen Anteil nur noch Zersetzungsprodukte des ursprünglichen Zellgewebes, nämlich wachs- und pechartige Körper; die anorganischen Stoffe entstammen nicht der Ursubstanz, sondern sind wahre Beimengungen, sogenannte Bergmittel, und bestehen vorwiegend aus Tonerdegesteinen (Tonschiefer). Die aus Kohlenstoff, Wasserstoff und Sauerstoff zusammengesetzte, in kleinen Mengen auch Stickstoff und Schwefel enthaltende organische Substanz liefert bei der trockenen Destillation vier scharf voneinander geschiedene Anteile, von denen jeder sämtliche Elemente der Ursubstanz in organischer, anorganischer und teils auch elementarer Form enthält. Diese vier Anteile sind ein fester Rückstand, Kohle oder Koks genannt, eine ölige Flüssigkeit, Teer, eine wässerige Flüssigkeit und ein brennbares Gas.

Mit Rücksicht auf das letzterwähnte Erzeugnis gebraucht man für die trockene Destillation den Namen Entgasung; da das Gas jedoch nicht als solches bereits in den festen Ausgangsstoffen fertig vorliegt (beispielsweise physikalisch gelöst), sondern erst durch die zersetzende Wirkung der Wärme entsteht, hat man geglaubt, die Bezeichnung Zergasung[1] vorschlagen zu müssen. Zum Unterschied gegen die unmittelbare Abspaltung der Gase durch die alleinige Wirkung der Wärme nennt man Vergasung, die unter Mithilfe von Luft, Wasserdampf oder dgl. in der Wärme erfolgende Umwandlung fester Brennstoffe in brennbare Gase.

Das durch trockene Destillation gewonnene brennbare Gas ist keineswegs stets das Haupterzeugnis, um dessentwillen der ganze Vorgang unternommen wird; häufig strebt man vor allem nach der Gewinnung des festen Rückstandes (Holzkohle, Koks, Tierkohle) oder der mit dem

Gas überdestillierenden flüssigen Anteile, Öle (Benzin, Benzol) und Teer (Braunkohlenteer, Schieferteer). Nur bei der Leuchtgaserzeugung ist das Gas das Hauptprodukt; sonst geht das Gas meist in den eigenen Betrieb, zum Beheizen der Entgasungsvorrichtungen, zur Krafterzeugung usw. Erst in der letzten Zeit treten zwei Industriezweige, deren Haupterzeugnisse nicht im Gas bestehen, für die Gasversorgung stärker hervor; es sind dies die Kokereien, die bereits praktische Erfolge erzielen konnten, da ihre technischen Einrichtungen zur Gewinnung des Kokses denen der Gaswerke sehr nahe stehen, und dann die Schwelereien, die hinsichtlich der Gasversorgung bis jetzt jedoch kaum erfolgreich aufgetreten sind.

Es gibt eine Reihe von Umständen, die den Entgasungsvorgang wesentlich beeinflussen, derart, daß sich die Menge und die Eigenschaften aller vier Arten von Destillationserzeugnissen ändern. Wir wollen im folgenden die Wirkungen dieser beeinflussenden Umstände nur insofern betrachten, als sie sich auf das Gas beziehen, entsprechend dem Wesen des vorliegenden Buches.

Entgasungstemperatur. Es ist für die Ausbeute an Gas und für dessen Zusammensetzung keineswegs gleichgültig, bei welcher Temperatur die Zersetzung stattfindet; vielmehr gilt allgemein der Satz, daß die Spaltung um so weiter geht, je höher die Temperatur steigt. Schließlich endet sie bei den Elementen und einigen wenigen, sehr widerstandsfähigen, einfachen Verbindungen. Beim Studium aller übrigen Einflüsse erkennt man immer wieder die Abhängigkeit der Ergebnisse von der Entgasungstemperatur.

E. Börnstein[2] untersuchte die Entgasung von Holz, Torf, Braun- und Steinkohlen unter gewöhnlichem Druck bei Temperaturen bis 450° C. Seine Ergebnisse für Holz sind in Tabelle 2 wiedergegeben.

Tabelle 2. Gasausbeute und -Zusammensetzung aus Holz nach E. Börnstein[2].

Temperatur-bereich	Gasmenge aus 1000 g	Gaszusammensetzung				
		CO_2%	C_mH_n%	CO%	H_2%	CH_4%
0 bis 250° C	6,1 l	—	—	—	—	—
250 ,, 300	11,1	—	—	—	—	—
300 ,, 350	41,0	53,5	0,2	27,7	3,7	14,9
350 ,, 400	29,2	55,0	1,5	32,6	3,0	7,9
400 ,, 450	29,2	28,0	5,0	29,0	17,3	20,6
0 bis 450° C	116,6 l	—	—	—	—	—

Für höhere Temperaturen wurden die in Tabelle 3 enthaltenen Werte gefunden.

Tabelle 3. Gasausbeute und -Zusammensetzung aus Holz nach E. Börnstein[3].

Temperatur-bereich	Gasmenge	Gaszusammensetzung			
		CO_2 %	CO %	H_2 %	Kohlenwasser-stoffe %
150 bis 200 ° C	\} sehr wenig	68,0	30,5	0,0	2,0
200 „ 280	J Gas	66,5	30,0	0,2	3,3
280 „ 380	\} sehr viel	35,5	20,5	5,5	36,5
380 „ 500	J Gas	31,5	12,3	7,5	48,7
500 „ 700	wenig Gas	12,2	24,5	42,7	20,4
700 „ 900	sehr wenig Gas	0,4	9,6	80,7	8,7

Die Werte für Torf bringt Tabelle 4.

Tabelle 4. Gasausbeute und -Zusammensetzung aus Torf nach E. Börnstein[2].

Temperatur-bereich	Gasmenge aus 1000 g	Gaszusammensetzung				
		CO_2 %	C_mH_n %	CO %	H_2 %	CH_4 %
0 bis 250° C	3,0 l	—	—	—	—	—
250 „ 300	4,6	—	—	—	—	—
300 „ 350	11,4	89,2	0,3	10,1	0,3	0,0
350 „ 400	33,2	63,8	0,4	7,2	3,1	25,5
400 „ 450	42,0	55,4	3,7	12,3	3,1	25,4
0 bis 450° C	94,2 l	—	—	—	—	—

Diese Werte wurden durch neuere Arbeiten im wesentlichen bestätigt[4].

Die Tabellen 5 und 6 zeigen die in gleicher Weise ermittelten Werte für zwei Braunkohlensorten, eine jüngere und eine ältere; erstere steht dem Torf näher, letztere den Steinkohlen.

Tabelle 5. Gasausbeute und -Zusammensetzung aus märkischer Braunkohle nach E. Börnstein[2].

Temperatur-bereich	Gasmenge aus 1000 g	Gaszusammensetzung					
		CO_2 %	C_mH_n %	CO %	H_2 %	CH_4 %	C_2H_6 %
0 bis 250 ° C	1,0 l	—	—	—	—	—	—
250 „ 300	2,1	—	—	—	—	—	—
300 „ 350	5,1	—	—	—	—	—	—
350 „ 400	19,4	56,7	1,6	10,9	11,9	18,9	0,0
400 „ 450	21,2	52,1	1,5	20,0	7,4	18,1	0,9
0 bis 450 ° C	48,8 l	—	—	—	—	—	—

Tabelle 6. Gasausbeute und -Zusammensetzung aus böhmischer
Braunkohle nach E. Börnstein[2].

Temperatur-bereich	Gasmenge aus 1000 g	Gaszusammensetzung				
		CO_2 %	C_mH_n %	CO %	H_2 %	CH_4 %
0 bis 250 ° C	1,9 l	} 91,4	0,7	6,4	0,3	1,1
250 „ 300	3,3					
300 „ 350	8,1	90,9	1,0	7,6	0,5	0,0
350 „ 400	16,7	696,	2,5	15,8	8,8	3,2
400 „ 450	29,5	47,8	3,9	15,1	11,9	21,2
0 bis 450 ° C	59,5 l	63,6	2,8	13,5	8,5	11,5

Im Anschluß an diese Ergebnisse bringen wir in Tabelle 7 die Gasausbeuten aus Braunkohle für höhere Entgasungstemperaturen.

Tabelle 7. Gasausbeuten aus Braunkohle
nach W. Weber[5].

Temperaturbereich	Gasmenge aus 1000 g
0 bis 450° C	37,7 l
450 „ 600	54,1
600 „ 750	68,1
750 „ 960	114,1
960 „ 1100	68,9
0 bis 1100° C	243,2 l

Für Steinkohlen, dem letzten Glied in dieser Reihe, haben wir für
niedrige Entgasungstemperaturen beispielsweise die Untersuchungs-
ergebnisse von W. Fritsche[6], die in Tabelle 8 enthalten sind, und für
höhere Temperaturen u. a. die Ergebnisse von L. Vignon[7], von denen
wir in Tabelle 9 eine Untersuchungsreihe wiedergeben.

Tabelle 8. Gasausbeute und -Zusammensetzung aus Steinkohlen nach
W. Fritsche[6].

Temperatur-bereich	Gasmenge aus 1000 g	Gaszusammensetzung						
		H_2S %	CO_2 %	C_mH_n %	CO %	H_2 %	CH_4+Hom. %	N_2 %
0 bis 425° C	10,5 l	8,6	16,4	8,9	7,1	4,0	40,7	11,3
425 „ 450	9,0	5,7	5,5	10,6	8,3	6,8	66,5	2,3
450 „ 475	9,5	5,2	3,7	4,5	3,8	11,4	75,5	2,1
475 „ 500	11,75	4,2	3,0	3,9	3,2	16,6	71,6	1,7
500 „ 525	12,25	2,4	3,0	3,3	4,7	23,4	63,4	1,2
525 „ 550	14,0	1,8	8,5	2,2	10,2	30,7	48,9	1,1
550 „ 575	5,0	1,5	11,2	0,8	16,1	38,2	32,6	1,1
0 bis 575° C	72,0 l	4,2	7,3	4,0	6,9	18,2	55,5	3,0

Tabelle 9. Gasausbeute und -Zusammensetzung aus Steinkohlen nach L. VIGNON[7].

Temperatur-bereich	Gasmenge aus 1000 g	Gaszusammensetzung						
		CO_2 (saure Gase) %	C_mH_n %	CO %	H_2 %	CH_4 %	O_2 %	N_2 %
0 bis 400 °C	50 l	6,0	3,4	2,6	0,0	84,3	2,4	1,0
400 „ 600	100	5,0	0,4	7,7	22,8	59,8	1,0	3,1
600 „ 850	55	4,6	0,2	11,4	69,0	7,2	1,3	6,0
850 „ 1000	71	0,8	0,7	9,5	78,5	5,7	0,2	4,6
1000 „ 1150	50	1,8	0,0	19,4	74,1	0,0	1,0	3,0

Die Werte dieser Tabelle 8, die sich auf Entgasungsstufen beziehen, wurden nun auf das Gesamtgas bis zu den einzelnen Endtemperaturen umgerechnet und in Tabelle 10 zusammengestellt. Eine solche Umrechnung ist erlaubt, denn die „Entgasung in Stufen" liefert die gleichen Ergebnisse wie die ununterbrochen bis zu Ende geführte Entgasung, was R. C. PALMER[8] beispielsweise für Holz nachgewiesen hat.

Tabelle 10. Gasausbeute und -Zusammensetzung aus Steinkohle nach L. VIGNON[7].

Temperatur-bereich	Gasmenge aus 1000 g	Gaszusammensetzung						
		CO_2 (saure Gase) %	C_mH_n %	CO %	H_2 %	CH_4 %	O_2 %	N_2 %
0 bis 400 °C	50 l	6,0	3,4	2,6	0,0	84,3	2,4	1,0
0 „ 600	150	5,3	1,4	6,0	15,3	68,0	1,5	2,4
0 „ 850	205	5,1	1,1	7,4	29,6	51,6	1,4	3,2
0 „ 1000	276	4,0	1,0	8,0	42,2	39,8	1,1	3,5
0 „ 1150	326	3,7	0,8	9,7	47,1	33,7	1,1	3,4

Die Verhältnisse sind besser zu übersehen, wenn man sie graphisch veranschaulicht. Abb. 62 wurde nach Tabelle 9 gezeichnet, Abb. 63 nach Tabelle 10. In der ersten Abbildung geben die übereinander gelegten Ordinaten die Zusammensetzung des Gases an, wie es in den einzelnen Stufen der Entgasung entwickelt wird; es handelt sich also angenähert um Augenblicksanalysen bei ständig steigender Temperatur. Hingegen gibt Abb. 63 die Zusammensetzung des bis zu einer bestimmten Entgasungstemperatur entstehenden Gesamtgases an. Wenngleich wir aus Abb. 62 erkennen, daß das bei Temperaturen um 1000° C frei werdende Gas in der Hauptsache aus Wasserstoff besteht, ersieht man aus Abb. 63 wieder für 1000° C die Wirkung des bei niedrigen Temperaturen frei gewordenen Methans, wodurch erst die Zusammensetzung des Gesamtgases bestimmt wird. Ähnlich liegen auch die Verhältnisse für die anderen Gasbestandteile.

Wir ersehen aus den hier angeführten Aufstellungen, daß bei ein und demselben Ausgangsstoff je nach der Höhe der Temperatur, bis zu der

die Entgasung getrieben wird, sowohl der Menge als auch der Art nach
verschiedene Gase zu erzielen sind.

Die Gesamtgasausbeute steigt unverkennbar mit der Temperatur,
doch verteilt sich die Gasentwicklung nicht gleichmäßig auf alle Temperaturbereiche, sondern es sind deutlich Temperaturen der stärksten
Gasentwicklung zu erkennen, worauf wir später noch zurückkommen.

Was die Zusammensetzung des Gases betrifft, so enthalten die Gase
aus niedrigen Temperaturbereichen viel Kohlendioxyd, der Kohlensäureanteil fällt zuerst mit steigender Temperatur und erhöht sich später

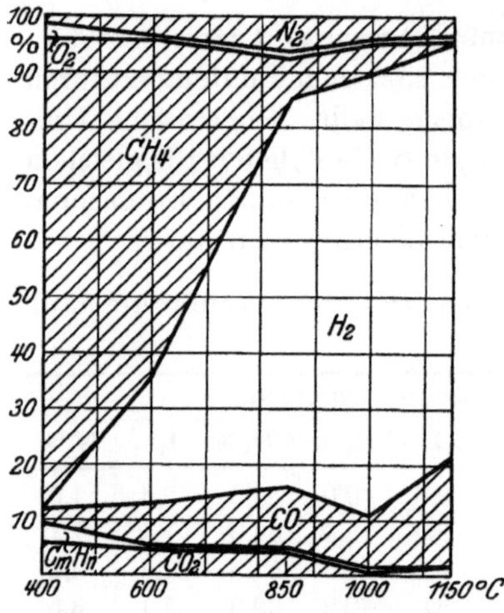

Abb. 62. Zusammensetzung von Steinkohlengas
aus verschiedenen Entgasungsstufen.

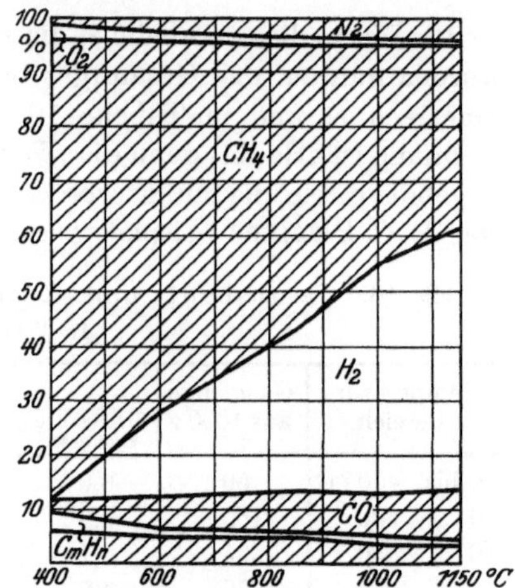

Abb. 63. Zusammensetzung von Steinkohlengas
für verschiedene Endtemperaturen.

wieder ein wenig. Die günstigste Ausbeute an „schweren Kohlenwasserstoffen" liefern verhältnismäßig niedrige Temperaturen, etwa 450 bis
500° C; doch sei hier betont, daß dank der Mannigfaltigkeit des inneren
Aufbaues der festen Brennstoffe von Sorte zu Sorte Schwankungen auftreten. Die Temperaturangaben gelten deshalb nur als ungefähr gültige
Anhaltspunkte. Bei höheren Temperaturen wird das Kohlendioxyd
unbeständig, was den Anstieg des Kohlenoxydgehaltes begünstigt. Mit
steigender Temperatur bilden sich ferner zunächst auf Kosten höherer
aliphatischer Verbindungen mehr und mehr aromatische und niedere
fette Kohlenwasserstoffe, schließlich tritt Spaltung in Kohlenstoff und
Wasserstoff ein, was den starken Anstieg an diesem in den Gasen hoher
Temperaturbereiche erklärt.

Ähnliche Einflüsse der Temperatur — mit günstigsten Ausbeute-
bereichen — zeigen sich selbstverständlich auch für die als Verunreinigungen angesprochenen Gasbestandteile der technischen Brenngase.

Wir erwähnen die Untersuchungen von M. Mayer und V. Altmayer[9] und V. B. Lewes[10], die übereinstimmend als günstigste Temperatur für die Ammoniakausbeute etwa 850° C fanden.

Die Bildung des Schwefelwasserstoffes ergibt sich auf Grund der Angaben von A. R. Powell[11] aus Tabelle 11.

Tabelle 11. Schwefelwasserstoff im Gas in % des Kohlenschwefels nach A. R. Powel[11].

Schwefel in der Kohle	davon als H_2S bei Entgasung bis					
	0 °C	300 °C	400 °C	500 °C	600 °C	1000 °C
4,25 %	0,0	4,5	9,2	28,2	32,7	33,9
0,56	0,0	0,0	1,8	10,7	23,2	30,4
1,72	0,0	—	—	22,1	—	30,8
0,82	0,0	—	—	19,5	—	30,5
1,38	0,0	—	—	29,7	—	39,1
1,18	0,0	—	—	30,5	—	39,0
1,21	0,0	—	—	14,1	—	39,1

Die günstigste Temperatur der Schwefelwasserstoffentwicklung scheint durchschnittlich bei etwa 450° C zu liegen, in Übereinstimmung mit den Beobachtungen von F. Foerster und W. Geisler[12].

Entgasungszeit. Der Einfluß der Entgasungszeit auf die Gasausbeute und -zusammensetzung ist von großer Wichtigkeit für den praktischen Betrieb. Die dabei auftretenden Erscheinungen fußen ganz auf den im vorangehenden Abschnitt behandelten Temperatureinflüssen. Wird die Entgasungsvorrichtung frisch gefüllt, dann ist die verhältnismäßig große Masse des festen Brennstoffes kalt und wärmt sich erst allmählich von außen nach innen an. In Abb. 64* sind die in einem Koksofen herrschenden Temperaturverhältnisse bei Beginn, Mitte und Ende der Entgasung wiedergegeben[13]. Mit fortschreitender Durchwärmung wird demnach ein Gas entweichen, das den jeweiligen Temperaturverhältnissen entspricht; da aber ein beträchtlicher Temperaturabfall fast während der ganzen Entgasungszeit, die bis zu 24 Stunden und länger dauert, bestehen bleibt, ist das aus der Vorrichtung entweichende Gas ein Gemisch von Anteilen verschiedener Entgasungstemperaturen. Dabei wird stets eine „mittlere" Temperatur die Zusammensetzung ausschlaggebend bestimmen. — Der Zusammenhang zwischen Entgasungszeit und Entgasungstemperatur läßt sich sehr gut an Tabelle 12 nach

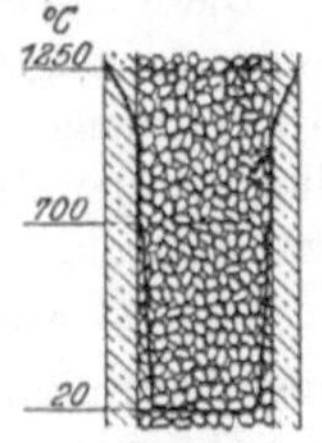
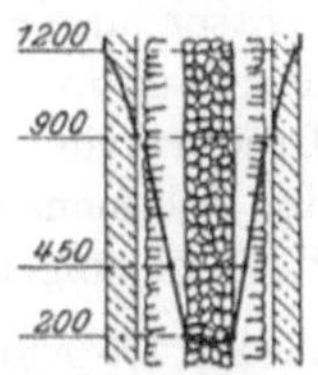
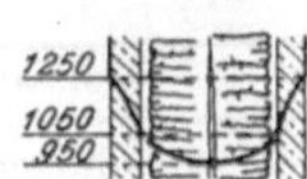

Abb. 64. Temperaturen in einem Koksofen bei Beginn, Mitte u. Ende der Entgasung.

---

* Thau, A.: Schwelung von Braun- u. Steinkohle. S. 15, Abb. 3. Halle a. S. 1927.

G. KEPPELER[4] beobachten; damit erhalten wir eine schöne Ergänzung zu den Ausführungen des früheren Abschnittes über den Einfluß der Entgasungstemperatur.

Tabelle 12. Zusammensetzung von Torfschwelgas bei allmählichem Anheizen auf 500° C nach G. KEPPELER[4].

nach halben Stunden	In der Retorte erreichte Temperatur	Gasmenge je halbe Stunde	Gaszusammensetzung					
			CO_2 %	C_mH_n %	O_2 %	CO %	H_2 %	CH_4 %
1	100 ° C	32 cm³	88,8	0,3	0,2	9,4	1,4	
2	160	24	87,1	0,3	0,1	10,5	1,5	
3	205	76	82,1	0,1	0,1	14,8	2,5	
4	275	240	62,6	3,4	—	19,9	0,3	12,7
5	360	295	52,0	2,9	—	22,4	2,0	19,4
6	400	223	39,8	1,9	—	22,2	7,5	27,7
7	425	162	30,2	2,0	—	21,4	10,0	34,7
8	460	121	26,6	1,6	—	18,8	13,1	39,1
9	465	89	25,1	1,3	—	16,9	15,9	40,8
10	480	81	22,9	1,3	—	15,4	16,8	42,7
11	520	98	22,4	1,2	—	14,6	16,9	43,8

Diese Abhängigkeit von der Entgasungszeit gilt für alle Gasbestandteile; so zeigte z. B. R. WITZECK[14], daß bei der Leuchtgaserzeugung die Hauptmenge des Schwefelwasserstoffes, dessen günstigste Entwicklungstemperatur weiter oben zu etwa 450° C (also niedrig) angegeben wurde, bald nach der Beschickung der Entgasungsöfen frei wird.

Druck. Auf Grund seiner Untersuchungen über die Holzverkohlung unter vermindertem Druck gelangte O. ASCHAN[15] zu dem Schluß, daß die thermische Zersetzung im Vakuum einem Zerfall bei höherer Temperatur unter gewöhnlichem Druck entspräche. Diese Angabe steht durchaus im Einklang mit der Theorie, wonach eine Reaktion durch Druckverringerung begünstigt wird, wenn sie mit einer Vergrößerung des Volumens verläuft. Im Widerspruch hierzu befinden sich jedoch die Beobachtungen von R. C. PALMER[16] sowie J. H. CAPPS u. G. A. HULETT[17],

Tabelle 13. Abhängigkeit der Gasausbeute vom Druck für Holz nach R. C. PALMER[16].

Holzart	Druck	Gasausbeute
Ahornsägemehl	0 at 4,2 10,5	25,2 % 30,3 29,36
Birkensägemehl	0 at 4,2 8,4	19,70 % 25,10 25,55
Birkenspäne	0 at 4,2 8,4	16,03 % 20,13 21,21

die eine Erhöhung der Gasausbeute mit steigendem Druck anzeigen. Des ersteren Ergebnisse zeigt Tabelle 13.

Die Zusammensetzung des Gases muß sich mit steigendem Druck nach jener Richtung ändern, daß der Zerfall zurückgeht, wie aus Tabelle 14 hervorgeht.

Tabelle 14. Zusammensetzung von Steinkohlengas bei verschiedenen Drucken nach J. H. CAPPS und G. A. HULETT[17].

Druck	Gaszusammensetzung							
	CO_2 %	C_mH_n %	O_2 %	CO %	CH_4 %	C_2H_6 %	H_2 %	N_2 %
1 at	2,7	2,7	0,3	5,2	39,2	19,1	29,8	0,1
5	4,2	2,5	0,0	4,8	59,2	10,7	18,2	0,1
20	4,7	2,0	0,2	4,0	65,8	10,7	11,3	1,3

Die trockene Destillation unter sehr geringen Drücken hat vorzugsweise wissenschaftliche Bedeutung. Da man bei niedrigen Drücken niedrige Temperaturen anwenden kann, wodurch die abdestillierenden Stoffe sehr geschont werden, ist es möglich, aus deren Zusammensetzung Rückschlüsse auf den Bau der festen Ausgangsstoffe zu ziehen; es sei hier auf die einschlägige Literatur verwiesen[18].

Zusammensetzung der Ausgangsstoffe. Die Zusammensetzung der festen Brennstoffe, die der trockenen Destillation unterworfen werden, läßt sich nach verschiedenen Gesichtspunkten angeben und beurteilen. Wenngleich innerhalb der einzelnen Arten noch große Unterschiede auftreten, die sich aber mehr auf die mengenmäßige Verteilung der einzelnen Baustoffe beschränken, so wird doch der grundlegende Aufbau durch das Alter des Brennstoffs bestimmt. Dementsprechend können wir dieses als Maß der Zusammensetzung ansehen und danach die Entgasungsvorgänge behandeln.

Wie wir aus den Tabellen 2—10 über den Einfluß der Destillationstemperatur auf die Gasentwicklung ersehen, vollzieht sich die Entgasung in einem um so niedrigeren Temperaturgebiet, je jünger der Brennstoff ist. Um die obwaltenden Verhältnisse deutlicher zum Ausdruck zu bringen, haben wir sie graphisch festgehalten. In Abb. 65 sind die Werte für Holz nach Tabelle 2 wiedergegeben; als Abszissen wurden die Temperaturen auf-

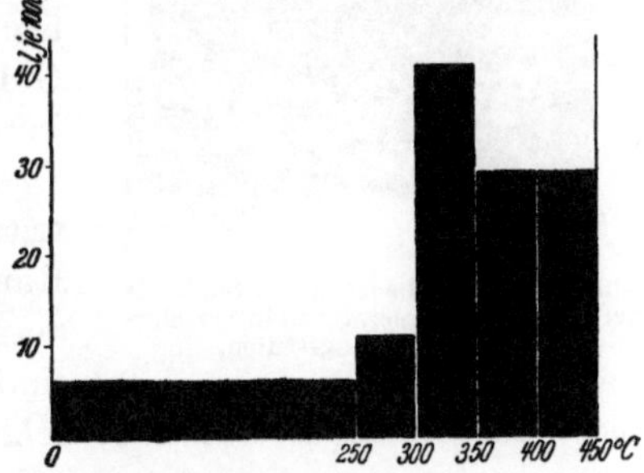

Abb. 65. Gasausbeuten aus Holz in verschiedenen Entgasungsstufen.

getragen, als Ordinaten die in den einzelnen Temperaturgebieten frei werdenden Gasmengen. Die Grundlinie jedes einzelnen schwarzen Rechteckes gibt den Temperaturbereich und die Höhe die Gasmenge an.

Wenngleich die Temperaturbereiche nicht durchwegs gleich groß sind, erhält man doch übersichtliche Diagramme. In gleicher Weise zeigt Abb. 66 die Gasausbeuten aus Torf nach Tabelle 4, Abb. 67 aus Braunkohle nach Tabelle 7, Abb. 68 nach Tabelle 8 (Steinkohle bei niedrigen

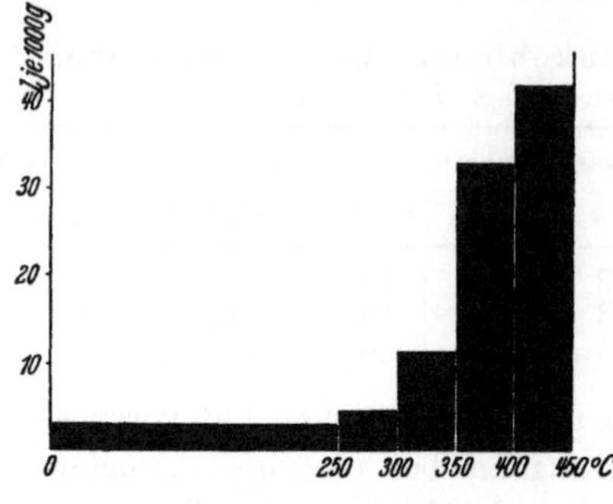

Abb. 66   Gasausbeuten aus Torf in verschiedenen Entgasungsstufen.

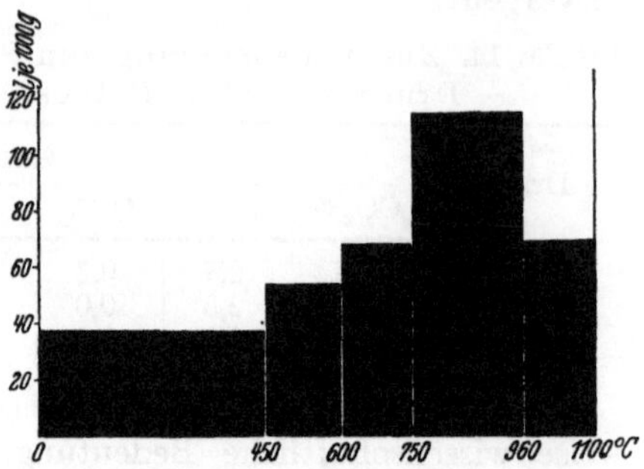

Abb. 67.   Gasausbeuten aus Braunkohlen in verschiedenen Entgasungsstufen.

Temperaturen) und Abb. 69 nach Tabelle 9 (Steinkohle bei hohen Temperaturen).

Man ersieht aus diesen Abbildungen, daß die stärkste Gasentwicklung bei Holz für Temperaturen von 300—350° C auftritt; das Maximum

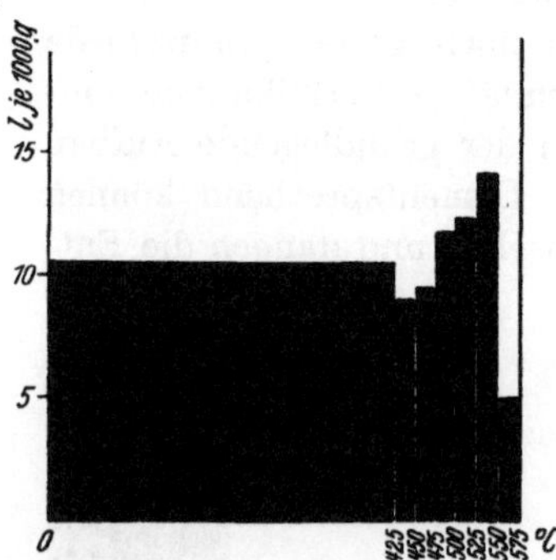

Abb. 68.   Gasausbeute aus Steinkohle bei niedrigen Temperaturen in verschiedenen Entgasungsstufen.

der Gasentwicklung liegt für Torf bereits bei höheren Temperaturen und beträgt für Braunkohle etwa 800—900° C. Die Steinkohle weist zwei Maxima der Gasentwicklung auf, eines bei etwa 500° C, sowohl in Abb. 68 als auch in Abb. 69 erkennbar, und ein zweites bei etwa 900 bis 1000° C. Bezüglich der „strengen" Gültigkeit dieser Zahlenangaben gilt das bereits weiter oben Gesagte (siehe S. 116). Das tiefere Maximum der Steinkohle tritt — bei Angabe der Gasmenge in Raumeinheiten — nicht immer auf, sondern nur bei jenen Kohlen, die gasreich sind. Das zweite Maximum, das im Gebiet stärkster Wasserstoffentwicklung liegt, bezieht sich nur auf das Gasvolumen, verschwindet jedoch, wenn wir die Gasmengen in Gewichtseinheiten angeben. Aus den Gasanalysen konnten die Gasgewichtsmengen angenähert errechnet werden und sind in Abb. 70 graphisch dargestellt; das Diagramm entspricht Abb. 69 und Tabelle 9.

Auch die Zusammensetzung der Gase hängt vom Alter des Brennstoffes ab; die Destillationsgase aus jüngeren Brennstoffen sind reicher an Kohlendioxyd, die der älteren enthalten mehr Wasserstoff. Im Verlauf der Entgasung erfahren die festen Brennstoffe eine künstliche Alterung. Daher entsprechen die Gase, die gegen Ende der Entgasungs-

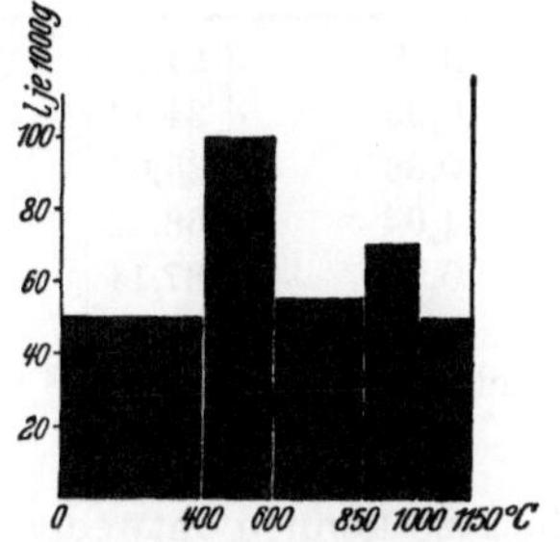

Abb. 69. Gasausbeuten aus Steinkohle bei hohen Temperaturen in verschied. Entgasungsstufen.

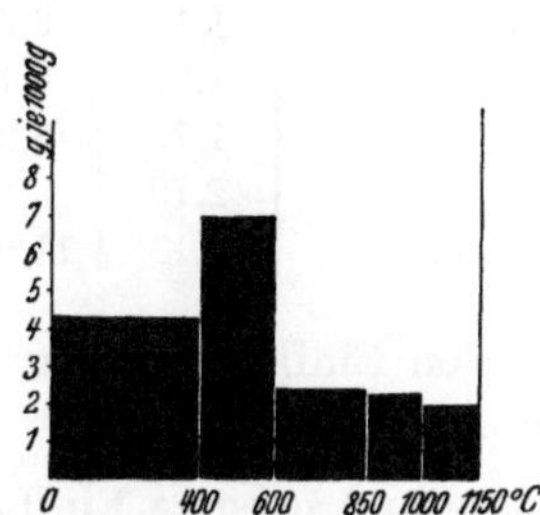

Abb. 70. Gasausbeute aus Steinkohle in verschiedenen Entgasungsstufen (Gewichtseinheiten).

zeit entweichen, in ihrer Zusammensetzung jenen, die ein natürlich gealterter Brennstoff an und für sich liefert[19].

Gehen wir nun über zur eigentlichen Zusammensetzung der Kohle; diese kann durch Sammelbegriffe (Bitumen usw.) gekennzeichnet sein oder durch die vorhandenen chemischen Elemente (Kohlenstoff, Wasserstoff usw.).

Die erste Art der Zusammensetzungsangabe legte E. GRAEFE[20] seinen Untersuchungen zugrunde, als er den Einfluß des Bitumens auf Gasausbeute und -Zusammensetzung prüfte; seine Ergebnisse sind in Tabelle 15 zusammengestellt.

Tabelle 15. Einfluß des Bitumens auf Gasausbeute und -Zusammensetzung nach E. GRAEFE[20].

Ausgangs-stoff	Gasmenge aus 1000 g	Gaszusammensetzung						
		CO_2 %	Dampfförm. KW-Stoffe	C_mH_n %	CO %	H_2 %	C_2H_4 %	C_2H_6 %
ursprüngliche (bitumen-reiche) Kohle	160	20,0	1,7	13,6	13,0	21,9	24,6	6,4
extrahierte (bitumen-freie) Kohle	186	20,3	0,9	7,8	13,6	28,8	23,4	5,5
Bitumen	135	7,5	—	13,9	26,6	4,6	24,8	19,7

Der Einfluß der einzelnen Elemente ist besonders für den Sauerstoff eingehend untersucht worden; aus Tabelle 16 geht die Änderung der Gaszusammensetzung mit wechselndem Sauerstoffgehalt der Ausgangskohle hervor.

Tabelle 16. Einfluß des Kohlensauerstoffes auf die
Gaszusammensetzung nach V. B. Lewes[21].

O_2-Gehalt der Kohle	Gaszusammensetzung					
	CO_2 %	CO %	H_2 %	C_6H_6-KW-Stoffe %	CH_4 %	C_2H_4 %
5 bis 6,5 %	1,47	6,68	54,21	0,79	34,27	2,48
6,5 „ 7,5	1,58	7,19	52,79	0,99	34,43	3,02
7,5 „ 9	1,72	8,21	50,10	0,66	35,03	3,98
9 „ 11	2,79	9,86	45,45	1,04	36,42	4,44
11 „ 12	3,13	11,93	42,26	0,88	37,14	4,76

Über den Einfluß der Feuchtigkeit berichtet Ch. Mariller[22] gemäß
Tabelle 17.

Zusätze und sonstige Einflüsse. Die Zusätze können entweder fester
Natur sein und werden dem festen Brennstoff vor der Entgasung beigemischt, oder sie sind gas-
förmig, die Destillation erfolgt in einem Fremdgas-
strom. Die festen Zusätze
wirken teils chemisch, teils
katalytisch; sie haben den
schweren Nachteil, daß sie
im festen Entgasungsrück-
stand verbleiben und dessen
Aschegehalt erhöhen; da
die Wirkung derartiger Bei-

Tabelle 17. Einfluß der Holzfeuchtigkeit
auf die Gasausbeute.

Wasser in %	Gasausbeute in % des trockenen Holzes
40,34 } 11,73 }	25,71 } 22,80 }
33,50 } 11,20 }	23,90 } 20,87 }
28,10 } 10,66 }	25,40 } 19,50 }

mengungen im allgemeinen nur gering ist, wollen wir auf Einzelheiten
nicht eingehen und verweisen auf die Literatur[23].

Praktische Bedeutung erlangte die Destillation im Gasstrom; sie
wirkt nämlich zerfallshindernd, am stärksten die im Wasserdampf[24].
Der Wasserdampf ist jedoch nicht ohne Einfluß auf den festen Ent-
gasungsrückstand, so daß neben der Entgasung eine Vergasung eintritt
(siehe S. 158). Der Wasserdampf schützt nicht nur die Kohlenwasserstoffe, sondern auch die Stickstoffverbindungen, die bei niederer Temperatur als Pyridinbasen, bei höherer als Ammoniak auftreten. Arbeitet
man bei hoher Temperatur ohne Wasserdampf, so wird stets viel Ammoniak in seine Elemente gespalten bzw. in Cyanwasserstoff verwandelt,
während es in Gegenwart von Dampf erhalten bleibt, wovon praktisch
Gebrauch gemacht wird[25].

Viel geringer als der Einfluß des Wasserdampfes ist der anderer Gase.
Deren Wirkung besteht offenbar lediglich in der Verdünnung der Destillationsgase und darin, daß sie diese schnell aus dem Erhitzungsraum
herausschaffen. Sind die Verdünnungsgase nicht brennbar, dann beein-
trächtigen sie die Beschaffenheit des Destillationsgases, so daß man

derartige Verfahren nur dann anwendet, wenn man auf das Gas wenig Wert legt und den Teer als Haupterzeugnis ansieht (Schwelerei).

Von weiteren Einflüssen nennen wir noch die Wärmeleitfähigkeit der festen Brennstoffe, die auf die Entgasungszeit zurückwirkt; die Überhitzung der Gase an den Ofenwänden, wodurch der Zerfall begünstigt wird; die Erhitzungsgeschwindigkeit usw. Langsames Erhitzen auf niedere Temperaturen entspricht raschem Erhitzen auf höhere Temperaturen.

Entgasungsvorrichtungen. Bei der Gaserzeugung durch trockene Destillation — einem in Art und Menge der Einzelerzeugnisse ziemlich dehnbaren Betrieb — verfolgt man den Zweck, möglichst große Mengen eines möglichst heizkräftigen Gases zu erhalten. Dies auch dann, wenn das Gas „nur“ Nebenerzeugnis ist; allerdings unter der Voraussetzung, daß dabei das Haupterzeugnis nicht leidet. Es ist heute bei uns üblich, als „Leuchtgas“ ein Gemisch von Kohlengas, d. h. reinem Entgasungsgas, und Wassergas (siehe S. 162) an die Verbraucher abzugeben; auch in einem solchen Fall, wo also das Endgas durch Streckung entsteht, wird man für das Kohlengas — und selbstverständlich in entsprechender Weise auch für das Wassergas — die eingangs aufgestellte Forderung zu erfüllen trachten. Das (mathematische) Produkt aus Gasausbeute (in Kubikmeter von 0° C, 760 mm QS, trocken je 100 kg Kohle) und dem oberen Heizwert (je Kubikmeter bezogen auf den gleichen Normalzustand; siehe S. 15) nennt man Heizwertzahl. Diese steigt und fällt mit der Größe der sie bildenden Faktoren; man wird daher im Betrieb nicht auf den einzelnen Faktor Gewicht legen, sondern letzten Endes eine möglichst hohe Heizwertzahl anstreben. Wenn jedoch ein bestimmter Heizwert vorgeschrieben ist, dann deckt sich das Streben nach hoher Heizwertzahl mit dem nach einer hohen Gasausbeute.

Eine der wichtigsten Bedingungen zur Erreichung dieses Zieles ist das Abschließen des Entgasungsraumes von der Außenluft und dem Feuerraum. Diese Betriebsforderung fällt natürlich weg, wenn auf die Gewinnung der brennbaren Gase ganz verzichtet wird, oder wenn man zugunsten der Wertsteigerung eines oder aller übrigen Erzeugnisse die Gase mit minderwertigen bis wertlosen Fremdgasen stark verdünnt; dann kann von Gasgewinnung eigentlich nicht mehr die Rede sein.

Zur Entgasung der festen Brennstoffe dienen mit Rücksicht auf die vorerwähnten Ziele abgeschlossene, meist von außen, doch auch von innen beheizte Räume, in kleinen Ausführungen Retorten, bei größeren Abmessungen Kammern genannt. Der Unterschied zwischen beiden Arten wird im allgemeinen auch durch die Form bestimmt; während die Retorten gewöhnlich abgerundeten Querschnitt aufweisen, wird der Kammerraum meist durch ebene Flächen begrenzt. Den Übergang von der einen zur anderen Bauweise bilden die Kleinkammern, die bei einem den Retorten entsprechenden Rauminhalt die Form der Kammern zeigen.

Die Gasentwicklung führt selbstredend zu einer Steigerung des Druckes im Entgasungsraum; das Gas kann erst abziehen, wenn es den Druck aller nachgeschalteten Vorrichtungen überwindet. Unter Umständen ist dieser Druck erwünscht[26]. Im allgemeinen vermeidet man ihn, da er einerseits stets zu Zersetzungen unter Kohlenstoffabscheidung führt und da anderseits Druckschwankungen, wie sie bei der verschieden starken Gasentwicklung unvermeidbar wären, die Ofenwände in schädlicher Weise beanspruchen würden. Schließlich darf auch nicht außer acht gelassen werden, daß durch etwaige Undichtigkeiten Gas in den Feuerraum treten könnte, während bei leichtem Unterdruck schlimmstenfalls Abgase in den Entgasungsraum gelangen. Man pflegt daher die Destillationserzeugnisse abzusaugen. Da der Unterdruck im Entgasungsraum das Einsaugen von Feuergasen (wie bereits erwähnt) oder Luft begünstigt, muß man dem Dichthalten der Räume besondere Beachtung schenken.

Mit dem Beschicken der Destillationsgefäße und dem Abziehen des heißen festen Rückstandes ist häufig ein Verlust an Entgasungserzeugnissen und eine Verunreinigung der Atmosphäre verbunden; man bemüht sich daher, die Beschickungsdauer möglichst kurz zu halten. Ein anderer Weg zur Vermeidung dieser Nachteile besteht in der ununterbrochenen Beschickung und Entleerung der Entgasungsräume, sowie im besonderen Absaugen der sogenannten Füllgase.

Das Heizgas wird in „Generatoren" (Gaserzeugern) hergestellt (siehe S. 165). Der Generator ist entweder mit dem Entgasungsofen starr verbunden — Einzelgenerator — oder vom Entgasungsofen vollständig getrennt — Zentralgenerator; letztere Art wird neuerdings in großen Betrieben bevorzugt. Man erzeugt das Heizgas für alle Öfen in einer besonderen Anlage und versorgt von dieser aus (zentral) die einzelnen Heizstellen. Bei den Einzelgeneratoren unterscheidet man Flachgeneratoren und Vollgeneratoren. Jene arbeiten mit dünner Brennstoffschicht und schlechter Vergasung, der Brennstoff verbrennt zum größten Teil: „Halbgasfeuerung". Diese haben Treppen- oder Steilrost und günstige Vergasung infolge hoher Brennstoffschicht und reichlicher Wasserdampfzufuhr.

Die Art des Baustoffes, aus dem man die Entgasungsräume herstellt, richtet sich nach den zu erwartenden Entgasungstemperaturen bzw. nach dem zu entgasenden Rohstoff, da von diesem die Temperatur abhängig ist. Es kommen folgende Baustoffe in Frage: Schmiedeeisen, Gußeisen, Schamotte und Silica. Eisen ist nur bis zu Temperaturen von etwa 500° C brauchbar, darüber hinaus läßt seine Festigkeit bedenklich nach; die beiden mineralischen, feuerfesten Baustoffe lassen sich bis zu den höchsten notwendigen Entgasungstemperaturen anwenden, doch erweicht Schamotte etwas früher als Silica. Schamotte ist ein basisches Material mit einem Tonerdegehalt bis höchstens 55%, der Rest besteht aus Kieselsäure und einigen (2—8) Hundertteilen Flußmittel (Eisenoxyd, Kalk, Magnesia, Alkalien). Silica ist sauer, enthält etwa 95% Kieselsäure (Siliciumdioxyd), 2—3% Tonerde, 2% Calciumoxyd als Bindemittel und Spuren Eisenoxyd. Während Schamotte beim Erhitzen schwindet, dehnt sich Silica aus. Silica hat höhere Festigkeit und besseres Wärmeleitvermögen[27]. Während die Retorten früher aus einem Stück bestanden, baut man sie jetzt auch aus Silica-Segmentsteinen auf — mit gutem Erfolg[28]. Gekohlte Tone[29], die ebenfalls sehr hohen Temperaturen standhalten, haben sich bis jetzt nicht eingebürgert.

Für leicht entgasbare Stoffe, wie Holz, Pflanzen- und Tierabfälle u. dgl., die eine Destillationstemperatur von höchstens 400° C benötigen, ferner in manchen Fällen für die Tieftemperaturentgasung von Braun- und Steinkohle, hat sich Schmiedeeisen, und zwar in Form von entsprechend starkem Kesselblech als das Beste erwiesen. Das Eisen gestattet infolge seiner guten Wärmeleitfähigkeit eine gleichmäßige Beheizung der ganzen Beschickung, wie sie das zu entgasende Material verlangt. Außerdem widersteht es den zum Teil starken mechanischen Einflüssen, wie sie etwa beim Einpacken von Scheitholz auftreten.

Fossile Überreste tierischen Ursprunges (bituminöse Schiefer) verlangen eine allmähliche Erhitzung auf ihre Endtemperatur, die gerade so hoch liegt, daß ihr Eisen auf die Dauer nicht widersteht. Man fertigt deshalb die Entgasungsgefäße aus Gußeisen und feuerfestem Material derart an, daß im gußeisernen Teil die Erhitzung nur bis etwa 400° C geht und im feuerfesten Teil dann bis 700° C durchgeführt wird. Das Destillationsgut muß also durch die Retorte hindurch bewegt werden.

Für die Entgasung jüngerer Kohlen (Braunkohlen) lassen sich feuerfeste Retorten mit Vorteil verwenden. Anfänglich benutzte man nur gußeiserne Retorten. Heutzutage überwiegen die feuerfesten Retorten. Auch auf eine Art Kombination von Schamotte und Gußeisen trifft man. Da die Kohle in dünner Schicht entgast werden muß, versieht man die Retorten bei manchen Ausführungen mit gußeisernen Einsätzen, die für die Kohle nur einen schmalen Ringraum frei lassen. Da die Asche der Braunkohle basisch ist und als Flugstaub aus der Feuerung in die Feuerzüge gelangt, muß basisches feuerfestes Material für die Retorten verwendet werden, weil sonst Schmelzungen durch Glasflußbildung eintreten können.

Ältere Kohlen (Steinkohlen), die einer Entgasungstemperatur von 1000° C und darüber ausgesetzt werden, entgast man in Schamotte- oder Silicaräumen ohne Einsatz. Kleine Retorten bestehen aus einem Stück, größere setzt man aus mehreren (2—3) Stücken zusammen, doch werden sie auch aus einzelnen Steinen aufgebaut, was bei Kammern immer geschieht. Da die Steinkohlenasche nicht so gefährlich ist wie die Braunkohlenasche, hat der saure Charakter der Silica- oder Dinassteine nichts zu sagen.

Die Gestalt der Entgasungsgefäße hängt von der Art des zu verarbeitenden Stoffes, von der Anordnung im Ofen und von der Betriebsart ab. Wieder ist es letzten Endes die Entgasungstemperatur, die die Form bestimmt. Stoffe, die bei niederer Temperatur destilliert werden und deren Zerfall unter starker Wärmeabgabe (exotherm) verläuft, also junge Brennstoffe, entgast man in Räumen, deren Breite und Länge nicht viel voneinander abweichen. Die Reaktion braucht ja gewissermaßen nur eingeleitet zu werden und schreitet dann auch bei geringerer Wärmezufuhr selbsttätig fort. Anders ist es bei den älteren Brennstoffen. Hier ist die Reaktionswärme entweder wenig exotherm oder sogar endotherm (wärmeverbrauchend), so daß fast der ganze Wärmeaufwand von außen zu decken ist. Da nun die Brennstoffe schlechte Wärmeleiter sind, darf die Schichtendicke nicht nach allen Richtungen groß sein. Deshalb wendet man entweder röhrenförmige Retorten oder lange und hohe, aber schmale Kammern an[30].

Die in einem Entgasungsofen aufzuwendende Wärme verteilt sich folgendermaßen:

1. Wärme im festen Rückstand;
2. Wärme in den dampf- und gasförmigen Erzeugnissen;
3. Verdampfungswärme für das Wasser des festen Ausgangsstoffes;
4. Wärme in abziehenden Heizgasen;
5. Wärmeverlust durch Leitung und Strahlung an die Umgebung.

Hierzu kommt bei endothermen Vorgängen die Wärmetönung als Summe aller eintretenden Zersetzungsreaktionen; bei exothermen Vorgängen ist von obigem Aufwand ein entsprechender Betrag abzuziehen[31].

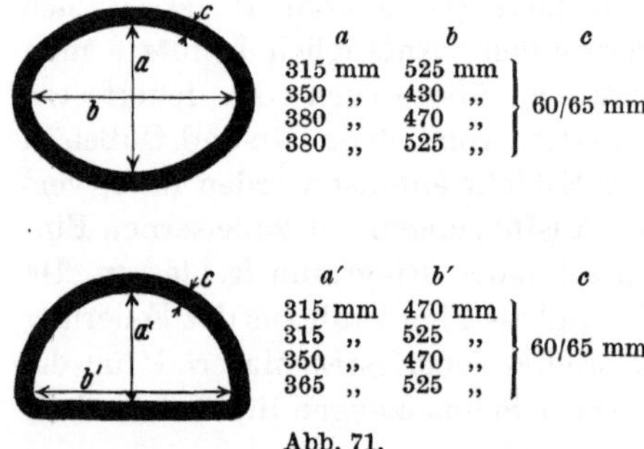

a	b	c
315 mm	525 mm	
350 ,,	430 ,,	60/65 mm
380 ,,	470 ,,	
380 ,,	525 ,,	

a′	b′	c
315 mm	470 mm	
315 ,,	525 ,,	60/65 mm
350 ,,	470 ,,	
365 ,,	525 ,,	

Abb. 71.
Querschnitte von waagerechten Steinkohlengasretorten.

Waagerechte Retorten. Sie werden heute fast nur noch für kleinere Steinkohlengasöfen und zur Holzverkohlung benutzt und zeigen bei ersteren Querschnitte nach Abb. 71. Meist aus einem Stück bestehend, werden sie bei Längen bis zu 3 m auf einer Seite mit einem festen Boden versehen. Die andere Seite verdickt man zu einem Kopf und schneidet Schraubenlöcher zur Anbringung des gußeisernen Verschlusses hinein. Längere Retorten bleiben beiderseits offen und haben dementsprechend zwei Köpfe (durchgehende Retorte nach Abb. 72). — In der Holzverkohlungsindustrie werden ebenfalls waagerechte Retorten verwandt, und zwar solche von zylindrischer Form und großem Durchmesser, aus Kesselblech angefertigt.

Schräge Retorten. Sie werden nur auf Steinkohlen-Gaswerken benutzt, heute aber auch dort sehr selten. Ihre Länge beträgt 3,5—6,1 m, die Neigung 32—34°. Sie verjüngen sich nach oben zu, damit der Koks leicht rutscht. Gebräuchliche Längs- und Querschnitte zeigt Abb. 73.

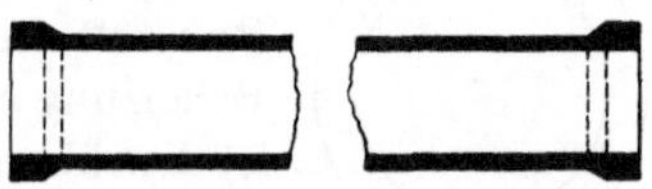

Abb. 72. Durchgehende waagerechte Retorte für Steinkohlenentgasung.

Senkrechte Retorten. Man [findet sie in allen Zweigen der trockenen Destillation, da sie sich am bequemsten beschicken und entleeren lassen und gegebenenfalls ununterbrochen betrieben werden können. Soweit diese Retorten aus feuerfestem Material bestehen, macht man sie selten aus einem Stück, sondern setzt sie gewöhnlich aus Formsteinen zusammen. Diese greifen mit Feder und Nut ineinander und sind häufig aufeinander geschliffen; man verbindet sie mit sehr wenig dünnem Schamottemörtel. Die senkrechten Retorten sind zylindrisch (Schwelöfen für Braunkohlen und bituminöse Schiefer) oder — wie die schrägen Retorten — nach oben konisch verjüngt (Steinkohlenentgasung).

Entgasungskammern. Es gibt wie bei den Retorten drei Arten: waagerechte, schräge und senkrechte Kammern. Sie werden aus Formsteinen, die ineinander gefalzt sind, mit dünnem Schamottemörtel aufgemauert. Man bedient sich ihrer hauptsächlich zur Entgasung von Holz und Steinkohle.

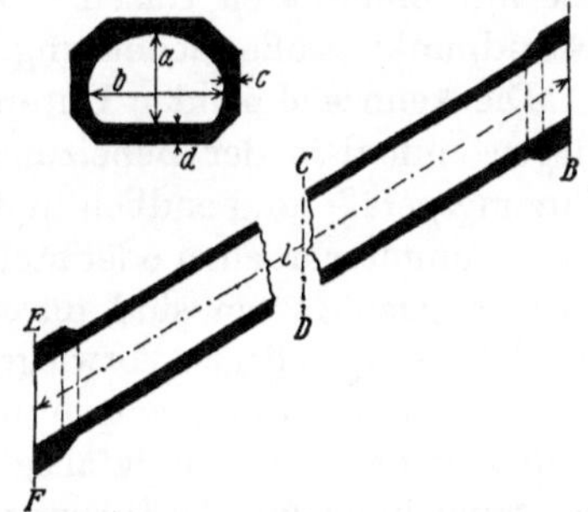

Abb. 73. Längs- und Querschnitt schräger Retorten für Steinkohlenentgasung.

	a	b	c	d
AB	477 mm	570 mm	105 mm	125 mm
CD`	477 „	600 „	75 „	75 „
EF	477 „	630 „	105 „	125 „

$l = 6100$ mm.

Entgasungsöfen. Zur Ausführung der Entgasung von festen Brennstoffen vereinigt man mit Rücksicht auf eine möglichst günstige Wärmeausnutzung meist mehrere Entgasungsgefäße in einem sogenannten **Entgasungs-** oder **Gaserzeugungsofen** (Schwel-, Koks-, Verkohlungsofen), doch gibt es auch Öfen, die nur einen Entgasungsraum enthalten.

Die Beheizung der Entgasungsgefäße in dem aus feuerfestem Material errichteten Ofen erfolgt entweder von außen (mittelbar), indem die Gefäße mit heißen Verbrennungsgasen in Berührung kommen, oder von innen (unmittelbar), indem heiße Gase (z. B. **Spülgasschwelung**) durch den Entgasungsraum treten und ihre Wärme dabei an das zu entgasende Gut abgeben. Die Außenbeheizung oder indirekte Beheizung zeigt zwei praktisch ausgeführte Formen: Meistens umgibt der Heizraum das Entgasungsgefäß, etwa wie in Abb. 74 gezeigt ist, wo sich der feste Rohstoff in *1* befinden möge, während sich im Ring *2* die Heizgase bewegen; man läßt aber auch umgekehrt die Heizgase durch *1* ziehen, dann befindet sich der Rohstoff in *2*. Die Innenheizung oder direkte Beheizung braucht ein wärmeübertragendes Gas; meist ist dies überhitzter Wasserdampf, ferner Verbrennungsgase und schließlich brennbare Gase, die sich mit den Gasen der trockenen Destillation vermischen. Bei der Verwendung von Wasserdampf treten bei genügend hohen Temperaturen Reaktionen zwischen dem festen Rohstoff und dem Wärmeträger auf, die in einem anderen Abschnitt (siehe S. 159) eingehend behandelt werden. Verbrennungsgase in großer Menge vermindern trotz teilweiser chemischer Umsetzung durch die Verdünnung der Destillationsgase deren Wert; auf derartige Verfahren soll deshalb hier nicht eingegangen werden (siehe S. 164). Hingegen haben die mit brennbaren Gasen arbeitenden Verfahren vom gastechnischen Standpunkt große Bedeutung.

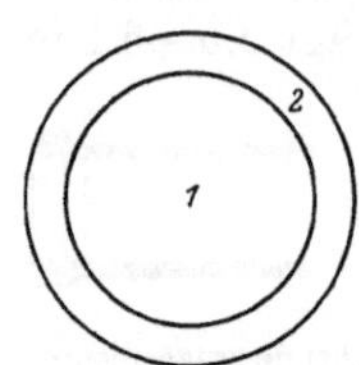

Abb. 74. Schema für Anordnung von Heiz- und Entgasungsraum.

Die kennzeichnenden Unterschiede der vielen bekannten Ofenarten liegen einmal in der Beheizungsart, ferner in der Anbringung der Erhitzungsgefäße und endlich in der Betriebsart (unterbrochen oder periodisch, ununterbrochen oder stetig bzw. kontinuierlich). Die Hochtemperaturentgasungsöfen sind durchwegs fest bzw. starr, die Fortschritte der letzten Zeit liegen vorwiegend in der Beheizung. Die Öfen für Tieftemperaturentgasung zeigen dank der tieferen Betriebstemperaturen eine weit größere Mannigfaltigkeit[32]; wir kennen starre und bewegliche Systeme in vielen Ausführungen.

Für die schnelle, regelrechte Durchführung der Entgasung und zur Schonung der Öfen ist es erforderlich, diese möglichst gleichmäßig auf Temperatur zu halten. Aus diesem Grunde pflegt man die Öfen erst außer Betrieb zu nehmen, wenn sie ausgebessert werden müssen; man beschickt und entleert also die Destillationsgefäße, ohne sie auskühlen zu lassen. Immerhin bedingt das Entfernen des heißen Kokses und das Nachfüllen mit der neuen, kalten Ladung einen gewissen Temperaturabfall der Wände, der sich bei der stetigen (oder kontinuierlichen) Entgasung vermeiden läßt.

Zum Beheizen der Gaserzeugungsöfen dient bei kleineren Anlagen — und da auch nur noch selten — die Rostfeuerung, meistens wendet man die Gasfeuerung an. Der Brennstoff entstammt im allgemeinen dem eigenen Betrieb und ist je nach Lage der Dinge das aus dem Destillationsrückstand (Koks) hergestellte Gas oder das Destillationsgas, sofern sich dieses nicht anderweitig besser verwenden läßt; stellenweise wird auch der Teer verfeuert. Hat man billigere Brennstoffe zur Hand, so gelangen diese zur Anwendung. Beispielsweise vergast man bei der Steinkohlengaserzeugung für die Unterfeuerung nicht selten billige Braunkohle, wenn man für den Koks guten Absatz hat; und in der Destillationskokerei beschickt man die Heizgaserzeuger manchmal mit Waschbergen. Die Verwendung von Destillationsgas oder Koksgeneratorgas oder von sonstigen Hilfsbrennstoffen wird somit lediglich durch wirtschaftliche Überlegungen bestimmt — vorausgesetzt, daß man über die technischen Einrichtungen verfügt; man sucht eben jedes anfallende Erzeugnis in der wertvollsten Form, d. h. an der günstigsten Verwendungsstelle zu verwerten. Elektrische Beheizung dürfte trotz mancher Vorschläge in absehbarer Zeit kaum praktische Bedeutung erlangen[33].

Je nach der Höhe der Entgasungstemperatur verlassen die Heizgase die Öfen mit höheren oder niedrigeren Temperaturen. Um im Schornstein genügend Auftrieb zur Ableitung zu haben, müssen sie dort mit 200—300° C eintreten. Der Wärmeinhalt der Heizgase, der dem Temperaturunterschied zwischen Ofenaustritt und Schornsteineintritt entspricht, läßt sich in verschiedener Weise ausnutzen. Man kann mit Hilfe dieser Wärme feuchte Brennstoffe vortrocknen, in Abhitzekesseln Dampf (Abhitzeöfen) erzeugen, sie zur Vorwärmung der Verbrennungsluft verwenden oder dergleichen.

Die Vorwärmung der Verbrennungsluft, die bei der Hochtemperaturentgasung in neuzeitlichen Anlagen ausnahmslos vorgenommen wird, erfolgt nach zwei Systemen: durch Rekuperatoren oder durch Regeneratoren[34].

Rekuperatoren sind zweiräumige Lufterhitzer. In dem einen Raum ziehen die heißen Rauchgase zum Kamin, im zweiten in entgegengesetzter Richtung die Frischluft zum Ofen. Die beiden Räume sind durch Schamottewände getrennt, die den Wärmeaustausch zwischen Abgas und Luft vermitteln (Abb. 75). Die Abgase einerseits und die Luft anderseits behalten dauernd ihre Bewegungsrichtung bei; man spricht

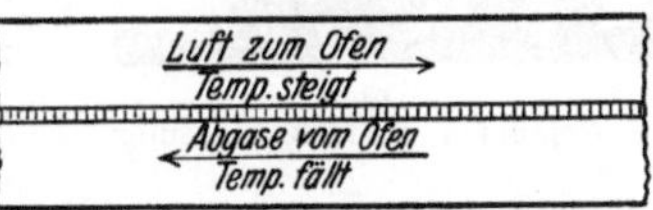

Abb. 75. Schema eines Rekuperators.

deshalb von Gleichzug- oder Gleichstromvorwärmung. Sie ist auf Leuchtgaswerken sehr beliebt, desgleichen auch bei der Entgasung jüngerer Brennstoffe.

Regeneratoren sind einräumige Lufterhitzer. Die heißen Abgase und die zu erwärmende Luft durchstreichen abwechselnd in entgegengesetzten Richtungen ein und denselben Raum, der mit Schamottesteinen gitterartig ausgesetzt ist. Da die Regeneration periodisch arbeitet, müssen stets zwei Kammern gleichzeitig vorhanden sein. In der einen ziehen die heißen Rauchgase und wärmen das Gitterwerk an, in der zweiten bewegt sich die Frischluft und entzieht die aufgespeicherte

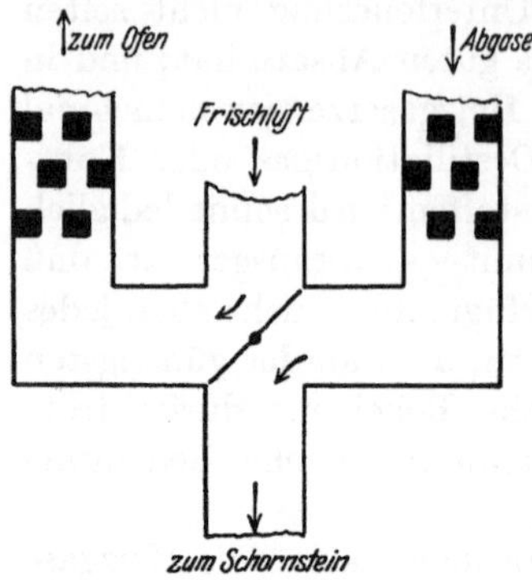

Abb. 76. Schema eines Regenerators.

Wärme. Sobald die Abkühlung des Gitterwerkes einen bestimmten Wert erreicht hat, muß umgestellt werden (Abb. 76). Wegen der periodischen Richtungsänderung der Gasströme nennt man diese Art der Erhitzung auch Wechselzug- oder Wechselstromvorwärmung. Koksöfen haben meistens Regenerativfeuerung.

Waagerechtretortenöfen für unterbrochenen Betrieb. Öfen mit waagerechten (horizontalen) Retorten beherrschten bis vor wenigen Jahrzehnten die ganze trokkene Destillation, sind jedoch im Laufe der Zeit mehr und mehr zurückgedrängt worden, da ihre Beschickung und Entleerung viel Arbeit macht und daher kostspielig ist. Heute kommen sie noch in der Holzdestillation und in der Leuchtgasindustrie (kleine Werke) vor.

Abb. 77 zeigt einen Gefäßofen für Holzdestillation. Die schmiedeeiserne Retorte *1* mit einem Inhalt bis zu 5 m³ wird nach Entfernen des

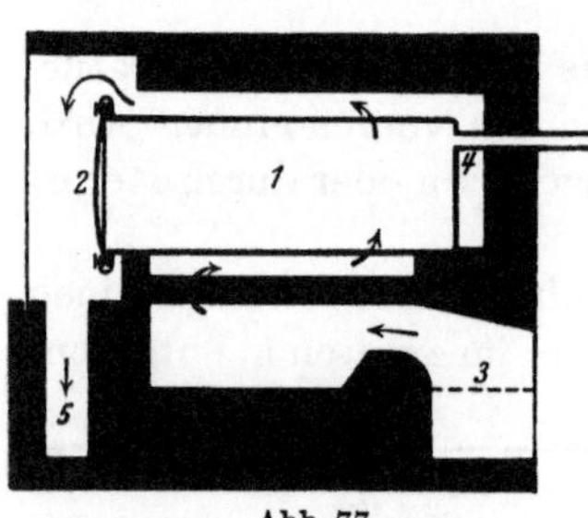

Abb. 77.
Gefäßofen für Holzentgasung.

Verschlußdeckels *2* von links mit Scheitholz gefüllt. Sie ruht in einem verhältnismäßig kleinen Feuerraum, der von dem Rost *3* aus geheizt wird. Die Flammen treffen zunächst das Gewölbe, auf dem die Retorte ruht, dann umspülen die Feuergase die Retorte selbst und ziehen über den Verschlußdeckel *2* und den Kanal *5* zum Kamin. Die Destillationsgase ziehen durch *4* ab. Sobald die Entgasung in Fluß ist, werden die Destillationsgase der Feuerung zugeführt. Die ziemlich primitive Wärmeausnutzung eines derartigen Ofens fällt bei der Holzverkohlung nicht schwer ins Gewicht, da die Hauptreaktion stark exotherm ist und den größten Teil der notwendigen Wärme selbst liefert; auch ist die Entgasungstemperatur niedrig, etwa 400° C. Nach Beendigung der Reaktion (15—24 h) läßt man die Retorte erkalten, entleert sie und feuert nach neuerlicher Beschickung wieder an. — Manchmal bringt man auch zwei derartige Retorten von kleineren Abmessungen (1,5 m³) nebeneinander an und läßt sie zwecks Entleerung nicht abkühlen, muß aber dann die heiße Holzkohle außerhalb der Retorte mit Wasser ablöschen.

Man hat Waagerechtretorten für die Verkohlung von Holz auch fahrbar eingerichtet[35].

Ein ganz anderes Bild bieten die mit 1000° C und darüber betriebenen Retortenöfen für die Erzeugung von Leuchtgas aus Steinkohle. Sie enthalten bis zu neun Retorten, die in einem gemeinsamen Feuerraum liegen. Als Heizung kommt für die kleinsten Einheiten die unwirtschaftliche Rostfeuerung in Anwendung; besser sind deren Abarten, die Flach- und die Halbgeneratorfeuerung. Größere Öfen werden nur mit Vollgeneratoren beheizt (siehe S. 124).

Bei der in Abb. 78 dargestellten Rostfeuerung liegt der brennende Koks auf dem Rost *1*. Zur Beschickung der Feuerung dient die Tür *2*, zum Entschlacken die Tür *3*; beide müssen gut schließen, damit keine Falschluft in den Ofen tritt. Die nicht vorgewärmte Verbrennungsluft (Erstluft) streicht über das Wasserschiff *4*, das durch herabfallende Schlacken und zum Teil durch Strahlung vom glühenden Koks erwärmt wird und an die Erstluft Wasserdampf abgibt, der sich mit einem Teil des Kokses zu Wassergas (siehe S. 162) umsetzt, während der Hauptteil desselben mit der Erstluft unmittelbar verbrennt. Die Verbrennung des Wassergases erfolgt je-

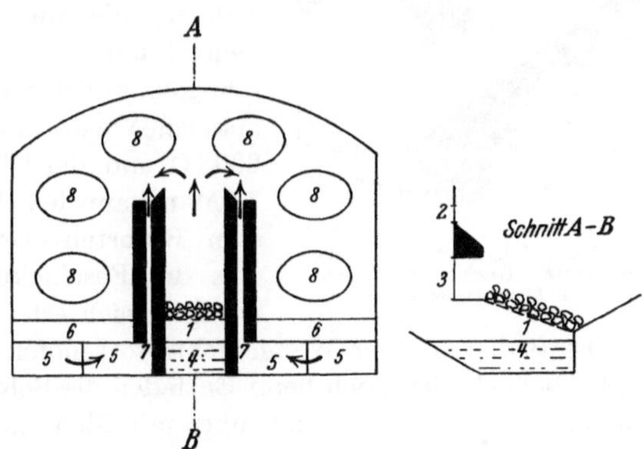

Abb. 78. Waagerechtretortenofen mit Rostfeuerung für Steinkohlenentgasung.

doch erst über der Koksschicht nach Zutritt von Zweitluft (Oberluft). Diese kommt durch die Kanäle *5* und wird dort von den Rauchgasen, die den Ofen durch die Kanäle *6* verlassen, vorgewärmt (Rekuperation), steigt durch die Pfeifen *7* hoch und vollendet bei ihrem Austritt aus letzteren die Verbrennung. Die heißen Verbrennungsgase umspülen nunmehr die Retorten *8* und ziehen durch *6* zum Kamin. Die Retorten sind an einem Ende geschlossen und am anderen, offenen Ende mit sogenannten MORTON-Verschlüssen versehen[36].

Die konstruktiv zunächst folgenden Flachgeneratoren haben tiefere Feuerung, höhere Koksbeschickung und dadurch stärkere Gasbildung. Außerdem sind die Rekuperatoren zum Vorwärmen der Oberluft mehrteilig ausgeführt, wodurch die Luft stärker erhitzt wird. Schließlich erwärmen die Rauchgase noch vor dem Abziehen zum Kamin das Wasserschiff. Diese Vorteile sind bei der Halbgeneratorfeuerung noch mehr herausgearbeitet.

Am günstigsten liegen die Verhältnisse für die **Vollgenerator-feuerung**. Der Vollgenerator wird entweder — wie schon bei der Rostfeuerung gezeigt wurde (Abb. 78) — in den Ofen eingebaut oder vorgebaut. Wir bringen in Abb. 79 das Schema eines Vollgeneratorofens mit vorgebautem Gaserzeuger. Dem auf dem Rost *1* liegenden Koks wird die in dem Kanalsystem *2* vorgewärmte Erstluft geregelt zugeführt. Gleichzeitig tritt Wasserdampf durch die Leitung *3* unter den Koks, der vergast wird. Das Wasserschiff *4* dient nur zum Ablöschen der Schlacken. Das Gas verbrennt im Feuerraum *5* mit der in einem viel-teiligen Rekuperatorsystem hoch vorge-wärmten Zweitluft, so daß die ganze Verbrennung in den eigentlichen Retortenraum verlegt ist. Der durch Leitung *3* zuströmende Dampf wird in eigenen Dampfentwicklern erzeugt, die mit den Verbrennungsgasen beheizt werden. Die Wärmeausnutzung ist sehr gut; außer der Dampferzeugung erzielt man eine Vorwärmung der Unterluft um etwa 200° C und der Oberluft um etwa 900° C.

Man kann bei derartigen Öfen die obersten Retorten etwas nach vorne neigen, was die Beschickung und Entleerung ein wenig erleichtert.

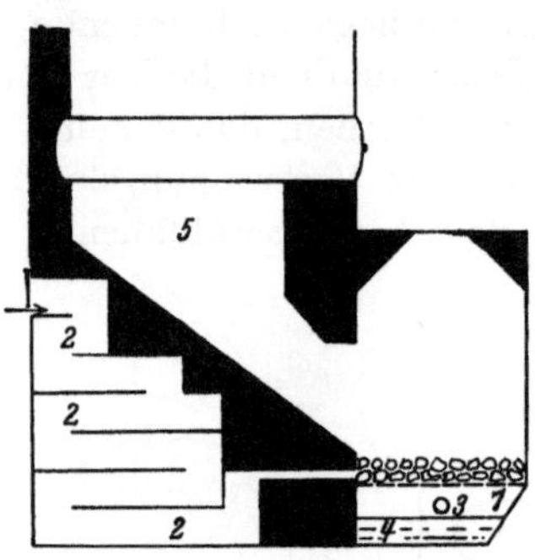

Abb. 79.   Vollgeneratorofen mit vorgebautem Gaserzeuger (Steinkohlenentgasung).

Die Bedienung der Waagerechtretortenöfen ist nicht leicht, da man weder beim Laden noch beim Entladen die Schwerkraft benutzen kann, sondern die ganze Beschickung mit Menschen- oder Maschinenkraft ein- bzw. ausbringen muß.

Die liegenden Gefäßöfen der Holzdestillation werden meist im kalten Zustand gefüllt und entleert, die Steinkohlen-Entgasungsretorten jedoch im Zustand der höchsten Glut. Die kleinsten, einseitig geschlossenen Retorten beschickt man von Hand aus mit Schaufeln oder Mulden und zieht den Koks mit langen, eisernen Haken aus. Die Beschickung und Entleerung kann aber auch ganz oder zumindest teilweise maschinell erfolgen, insbesondere bei den durchgehenden Retorten[37].

Schrägretortenöfen für unterbrochenen Betrieb. Sie entwickelten sich aus den Waagerechtretortenöfen in dem Bestreben, die Beschickung und Entleerung der Retorten zu erleichtern. Sie werden nur in der Leuchtgasindustrie — und auch dort recht selten — angewandt und sind von A. Coze[38] um 1885 eingeführt worden. Die Beheizung erfolgt stets mit Generatorgas und unter ausgiebiger Vorwärmung der Luft (Vollgenerator). Da man durch das Ansteigen der Retorten viel freien Raum unter dem Ofen gewinnt, kann man die Lufterhitzer recht groß gestalten. Die Bedienung der Öfen ist weit leichter als bei waage-

rechten Retorten, da man zum Entleeren und Beschicken die Schwerkraft zum Teil ausnutzen kann. Infolge der schrägen Lage ist die
gleichmäßige Beheizung nicht einfach. Wenn man die Feuergase nicht
durch Einlegen von Steinen zwangsläufig führt, treten leicht Überhitzungen ein.

Die Gründe für die geringe Verbreitung dieser Öfen sind in der
schwierigen Beheizung und der teuren Anlage zu suchen, umsomehr als
man in den letzten Jahrzehnten die senkrechten Retorten allgemein
ausgebildet hat, die eine Ausnutzung der Schwerkraft in weit höherem
Maße ermöglichen.

Senkrechtretortenöfen für unterbrochenen Betrieb. Diese Öfen waren
schon früh in allen Zweigen der trockenen Destillation mit Ausnahme
der Steinkohlenentgasung gebräuchlich. Im Laufe der Zeit hat man
sie in der Torf-, Braunkohle- und Schieferverarbeitung für stetigen
Betrieb eingerichtet und ihre ursprüngliche Betriebsart nur bei der
Holzverkohlung beibehalten. In diesem Jahrhundert kamen die senkrechten (vertikalen) Retorten zur Hoch- und Tieftemperaturentgasung
der Steinkohle hinzu.

Die senkrechten Retorten zeigen zwei sich grundsätzlich unter-
scheidende Arten: bewegliche und ortsfeste Ausführungen. Die
ersteren bestehen stets aus Schmiedeeisen und sind, da sie einen festen
Boden haben, mehr als Töpfe, denn als Retorten, anzusehen. Der Hauptvorteil senkrechter Retorten, das
Füllen und Entleeren unter Anwendung der Schwerkraft, kommt bei ihnen nicht zur Geltung. Man bedient sich ihrer nur zur Verkohlung des Holzes.

Als Beispiel für die bewegliche Topfretorte möge
der in Abb. 80 dargestellte Holzdestillationsofen dienen. Der Ofenraum ist ein zylindrischer, feuerfest
gefütterter, oben offener Schacht, den ein Gitter-
gewölbe *1* unten abschließt. Die Feuerung liegt unterhalb dieses Gewölbes. Durch dessen Schlitze treten
die Feuergase in den Ofenraum ein, umspülen die
schmiedeeiserne Retorte *2* und ziehen dicht unter
deren Oberkante durch Kanäle *3* zum Schornstein
ab. Selbstredend kann man auch die teilweise gereinigten Holzgase zur Beheizung heranziehen. —

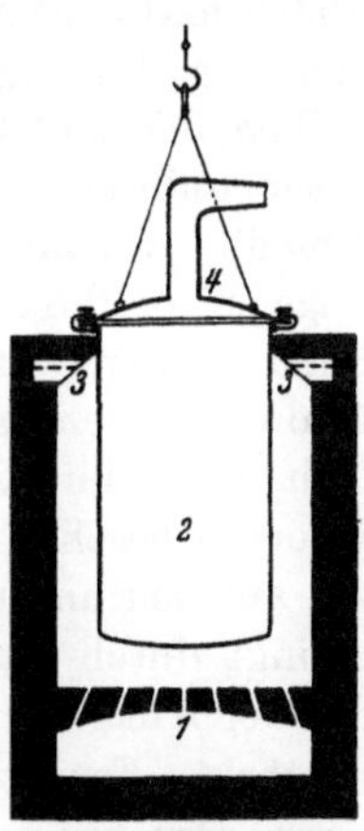

Abb. 80.
Holzentgasungsofen
mit Topfretorte.

Die Retorte *2* wird außerhalb des Ofens gefüllt,
mit dem Deckel *4* verschlossen und mittels eines Krans in den Ofen
eingesetzt. Nach Beendigung der Destillation wird die Retorte wieder
herausgehoben und sofort eine andere eingesetzt. Während diese in
Betrieb ist, läßt man die erste auskühlen, entleert sie und füllt sie von
neuem. — Die Wärmeausnutzung ist recht mangelhaft, was aber ge-

rade bei der Holzverkohlung — wie bereits erwähnt — nicht sehr ins
Gewicht fällt (siehe S. 130).

Die fest angebrachten Retorten zur Holzdestillation bestehen ebenfalls aus Schmiedeeisen und unterscheiden sich in der Gestalt von den
vorbeschriebenen nur dadurch, daß sie entweder senkrecht nach unten
durch den Ofen hindurchgeführt oder als sogenannte Schnabelretorten
(Abb. 81) unten gekrümmt[39] und seitlich aus
dem Ofen herausgeführt sind. In beiden Fällen
besitzen sie am unteren Ende einen Bügelverschluß. Die Beschickung wird entweder lose
oder in Form gebündelten Holzes vom Durchmesser der Retorte oben eingelassen und unten
in passende Behälter abgezogen. Ein Erkalten-
lassen der Holzkohle im Ofen findet nicht statt.

Nach einem Vorschlag von L. TISSIER[40] benutzt man zum Beheizen der stehenden Holz-
verkohlungsretorten die Auspuffgase von Explosionsmotoren.

Die Entgasung des Holzes geht unter Volum-
verminderung vor sich, die Struktur des ursprünglichen Materials bleibt trotz der Erhitzung im

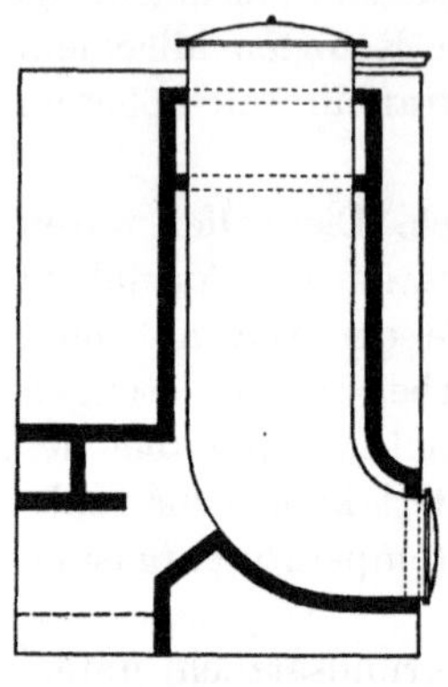

Abb. 81. Holzentgasungsofen
mit Schnabelretorte.

großen und ganzen erhalten. Es tritt während des Erhitzens keine Veränderung des Aggregatzustandes ein; daher braucht man ein Hängen-
bleiben der Holzkohle in der Retorte nicht zu befürchten und kann
dieser unbesorgt zylindrische Gestalt geben. Die mittelalten Steinkohlen — vor allem die Gas-, Gasflamm- und Backkohlen — erweichen
hingegen bei hoher Temperatur, sie werden plastisch, und manche von
ihnen quellen während der Entgasung. Daher ist es unbedingt nötig,
die durch freien Fall entleerbaren Retorten für die Steinkohlenentgasung
nach unten hin zu erweitern, so wie wir es bei den geneigt liegenden
Retorten gesehen haben (siehe S. 127). In senkrechten Retorten lastet
nun auf den unteren Schichten der Beschickung ein erheblicher Druck,
bedingt durch das Gewicht der hohen Kohlensäule; daher staut sich
hier der Koks weit stärker als bei schräger Lage, was eine entsprechend
verstärkte Erweiterung erforderlich macht. Den tatsächlichen Einfluß
dieses Druckes erkennt man an dem dichteren Gefüge der unteren
Koksschichten.

Eine zweite, durch die senkrechte Anordnung bedingte Eigentümlichkeit macht sich bei der Feuerführung geltend. Man beheizt die senkrechten Retorten ausschließlich mit Generatorgas. Da die Heizflamme
das untere Ende der Retorte unmittelbar trifft, wird dieses, falls man
nicht besondere Maßregeln ergreift, sehr heiß, während der obere Teil
verhältnismäßig kühl bleibt. Um dem entgegenzuwirken, macht man

die unteren Feuerzüge sehr eng, so daß die Heizgase sehr geschwind hindurchziehen und dank der geringen Berührungsdauer nicht zu viel Wärme abgeben können. Durch allmähliches Erweitern der Züge schafft man einen gewissen Temperaturausgleich.

Abb. 82 zeigt die Anordnung der senkrechten Retorten im Feuerraum[40]. Die sich nach unten erweiternden Retorten *1* werden von Heizgasen aus einem vorgebauten oder darunter liegenden Vollgenerator derart umspült, daß die Gase zuerst durch die schmalen und niedrigen Kanäle *2* ziehen, wo sie noch am heißesten sind und ihre Geschwindigkeit am größten ist; dann erweitern sich die Züge allmählich und werden gleichzeitig höher (*3 — 4 — 5 — 6*), so daß sich die Geschwindigkeit mit fallender Temperatur verringert. Schließlich gehen die Heizgase durch die Rekuperation und zum Kamin.

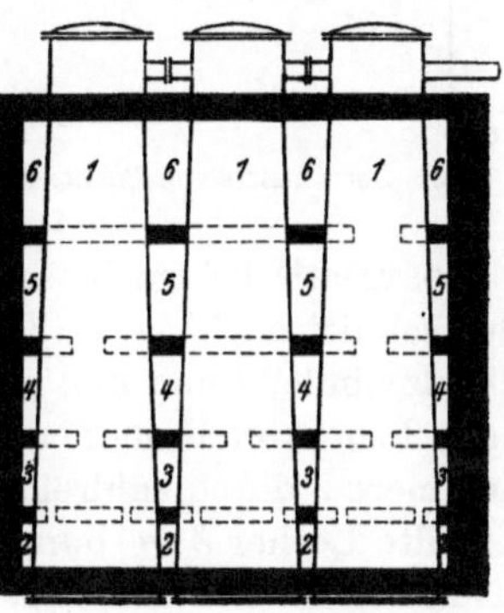

Abb. 82. Senkrechtretortenofen
für Steinkohlenentgasung.

Beim Beschicken und Entleeren der Retorten macht man ausgiebigen Gebrauch von der Schwerkraft. Die senkrechten Retorten haben vor allem den großen Vorzug, daß sie wenig Bodenfläche und wenig Menschenkraft beanspruchen. Da sie in ihrer ganzen Breite mit Kohle gefüllt sind, kommt das Gas mit den glühenden Wänden wenig in Berührung und erleidet nur geringe Zersetzung. Infolgedessen bildet sich weniger Dickteer, Naphthalin und Schwefelkohlenstoff, wodurch die Gasreinigungsanlagen entlastet werden.

Auch zur Tieftemperaturentgasung von Steinkohle werden senkrechte, sich nach unten erweiternde Retorten benutzt. Entsprechend den tieferen Betriebstemperaturen macht man sie aus Gußeisen, zum Teil sind sie gemauert. Die Wärmeleitung der Kohlen ist an und für sich gering. Bei der Schwelung vermeidet man ängstlich jegliche Überhitzung, um den Teer zu schonen; durch die damit verbundenen verhältnismäßig niedrigen Temperaturen ist die Wärmeübertragung noch viel ungünstiger als bei der Hochtemperaturentgasung. Man hat sich deshalb bemüht, durch entsprechende Konstruktion der Retorten diesem Übelstand zu begegnen.

Beim Coalite-Verfahren benutzt man teils sehr schmale Retorten (Abb. 83a), teils Rohrbündelretorten (Abb. 83b)[42]. C. W. Tozer (Abb. 84)* setzt seine Retorte aus zwei zentrisch in einem Mantel liegenden, konischen Rohren zusammen, die durch Kreuzverbände gehalten werden.

---

* Thau, A.: Schwelung von Braun- und Steinkohle. Abb. 182, S. 275. Halle a. S., 1927.

Die beiden schmalen Ringkammern *c* und *d* enthalten die Schwelkohle. Die Beheizung erfolgt von außen und durch die sich nach unten verengende

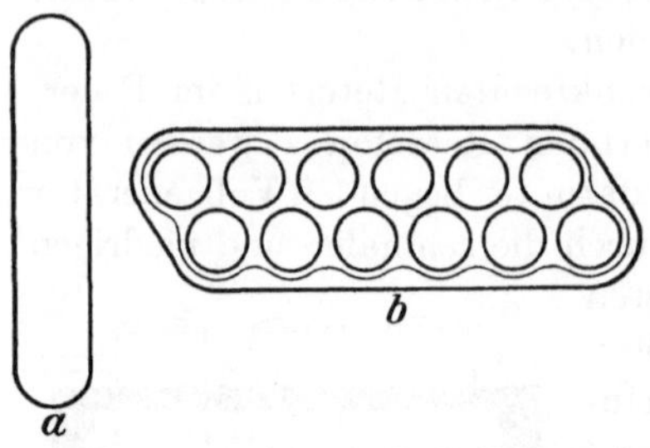

Abb. 83. Querschnitte von Coalite-Retorten.

Rohrkammer *e*. Die Destillationsgase werden nach oben und unten abgeführt. Der untere Gasstrom zieht zuerst durch die Mittelkammer *e* und vereinigt sich in dem Sammelraum *b* mit dem oberen Gasstrom. Während des Beschickens schließt ein Stopfen *f* den Mittelkanal ab. Die Destillation erfolgt unter einem Vakuum von 660 mm QS.

BOSTAPH[43] bringt in seine Retorte einen Einsatz vom Querschnitt nach Abb. 85. Der Einsatz besteht aus einem Mittelzylinder *1* und den strahlenförmig angereihten Kammern *2* zur Aufnahme der Kohle. Der Raum *1* ist mit den Kammern *2* durch zahlreiche über die ganze Retortenlänge verteilte Löcher *3* verbunden, durch die das Destillationsgas in den Mittelzylinder gelangt, darin hochsteigt und abgezogen werden kann.

Kammeröfen für unterbrochenen Betrieb. Neben den Retortenöfen sind schon frühzeitig Kammeröfen in Gebrauch gekommen, die sich von den ersteren vornehmlich durch die Abmessungen der Destillationsräume unterscheiden. Sie haben sich aus den alten Holzkohlemeilern und den Bienenkorböfen entwickelt und werden wie diese unter normalen Verhältnissen lediglich zur Destillation von Holz und Steinkohlen benutzt. Zur Verarbeitung des Holzes bedient man sich stehender oder liegender Kammern, die — soweit sie den unterbrochenen Betrieb betreffen — kaum mehr denn stark vergrößerte Retorten sind.

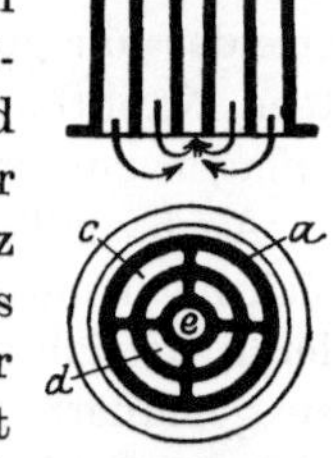

Abb. 84.
Schwelretorte
nach
C. W. TOZER.

In der Kokerei- und Leuchtgasindustrie sind Öfen mit waagerechten, schrägen und senkrechten Kammern gebräuchlich. Die Verkokung der Steinkohle, d. h. ihre Entgasung unter Gewinnung des festen Rückstandes als Hauptprodukt, wird, von einigen Versuchen abgesehen, ausschließlich in Waagerechtkammeröfen vorgenommen, während wir in der Leuchtgasindustrie alle drei Arten vertreten finden. Die Retorten gehen bis zu einem Ladegewicht von etwa 600 kg Kohle; hin-

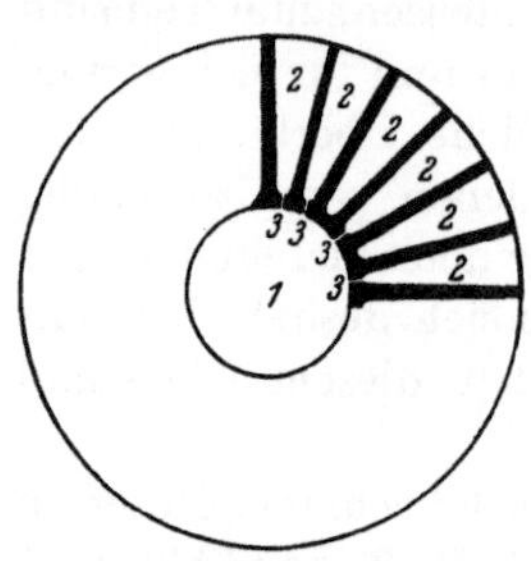

Abb. 85. Retorteneinsatz
nach BOSTAPH.

gegen fassen die Kammern bis zu 12 t Kohle, weswegen man für diese Art von Öfen die Bezeichnung Großraumöfen eingeführt hat[44]. Die Abmessungen der Kammern werden dadurch bestimmt, daß die Kohle wegen ihrer schlechten Wärmeleitfähigkeit und den kaum exothermen Reaktionen nur in verhältnismäßig dünner Schicht entgast werden darf, wobei man einen festen Koks zu gewinnen wünscht. Als Beispiel seien die Maße einer Waagerechtkammer angeführt: 11,38 m Länge, 3,50 m Höhe und 0,40 m Breite bei 10,5 t Fassung[45]. Den Übergang von den Großraume zu den Retortenöfen bilden die Kleinkammeröfen, aus der letzten Zeit stammend. Die Abmessungen waagerechter Kleinkammern sind beispielsweise[46]: 3,50 m Länge, 0,935 m Höhe und 0,240 m mittlere Breite; die Ladung beträgt 425 kg Kohle. — In der Zeit der Kohlenknappheit entgaste man in Kammern auch Ölschiefer mit Erfolg[47].

Die Öfen bestehen aus feuerfestem Material, und zwar baut man sie aus einzelnen Steinen auf, die mit Feder und Nut ineinander greifen. Ursprünglich bediente man sich der Kammeröfen ausschließlich in der Destillationskokerei. Durch den Gebrauch in der Leuchtgasindustrie sind diese beiden Arten der Entgasung von Steinkohle einander in technischer Beziehung näher gekommen. Die wichtigste Abweichung der beiden Ofenarten besteht im verwendeten Beheizungsstoff. Als solchen benutzt man bei den Koksöfen den größeren Teil des Destillationsgases; bei Öfen zur Leuchtgaserzeugung wird lediglich Generatorgasheizung angewandt. Der Unterschied in den Kohlensorten, die man in den beiden Industrien zu entgasen pflegt, hat im allgemeinen auf die Art des Destillationsgases geringen Einfluß. In Kokereien pflegt man jedoch die Öfen nicht so dicht zu halten wie in Gaswerken, wodurch bei ersteren die Gasqualität leidet. Jedenfalls ist man aber imstande, in Kokereien ein vollwertiges Leuchtgas herzustellen, was die Grundlage für die Versorgung von Städten mit Koksofengas bildet. Wird das Koksofengas der Versorgung zugeführt, dann beheizt man die Öfen ebenfalls mit Generatorgas oder wahlweise mit dem einen oder dem anderen Brennstoff (Verbundöfen). Da man im Generator minderwertige Brennstoffe vergasen kann, kommt der Verwendung des zweifellos wertvolleren Destillationsgases zur Versorgung auch eine erhebliche wirtschaftliche Bedeutung zu.

Bei älteren Koksofenbauarten werden die mit etwa 1000° C abziehenden Rauchgase im eigentlichen Ofenbetrieb nicht ausgenutzt, sondern dienen zum Beheizen von Dampfkesseln (Abhitzeöfen). Seit man jedoch auf den Zechen zum Betrieb von Großgasmaschinen und zur Gewinnung von Leuchtgas aus den Koksöfen übergegangen ist, dient die Abhitze allgemein zum Vorwärmen der Verbrennungsluft (Rekuperations- und Regenerationsöfen). Erstere trifft man, wie bereits erwähnt, häufiger auf Gaswerken, während die Kokereien im allgemeinen die Regenerativfeuerung bevorzugen. Wenn man mit Generatorgasen heizt, müssen auch diese vorgewärmt werden, da sonst die erforderlichen Ofentemperaturen nicht zu erreichen sind.

Bezüglich der Heizgaserzeuger sahen wir, daß jedem Retortenofen sein Generator beigegeben wird (Einzelgenerator). Bei den Kammeröfen hat man mit diesem Grundsatz gebrochen; man erzeugt das Heizgas in besonderen, von den Öfen räumlich entfernten Anlagen, den Zentralgeneratoren. Das aus diesen stammende Gas wird gereinigt und nach Vorwärmung in den Öfen zur Verbrennung gebracht. Dies hat, worauf bereits hingewiesen wurde, den Vorzug, daß man die Gaserzeuger nicht mit Koks zu beschicken braucht, sondern an dessen Stelle geringwertige Brennstoffe, wie Braunkohlen (als Briketts), gasarme Steinkohlen, Kohlenschlamm und Waschberge benutzen kann (siehe S. 129).

Die Kammern werden, nebeneinander liegend, in einem Ofen vereinigt und die Öfen selbst zu einem Ofenblock, einer Ofenbatterie, zusammengesetzt. Die einzelnen Entgasungskammern wechseln mit den Heizzügen ab, wie dies in Abb. 86 schematisch angedeutet ist. In den

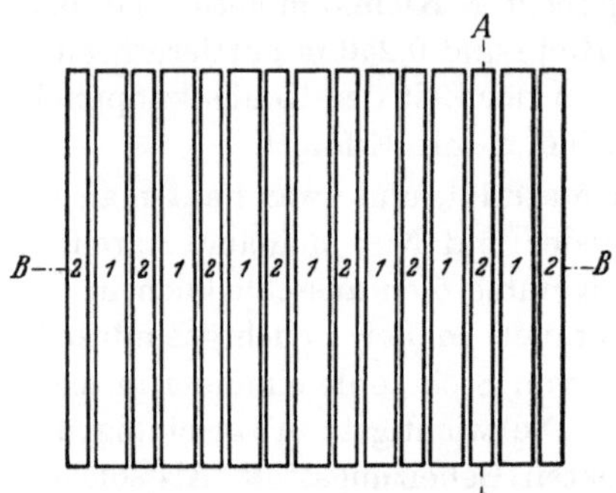

Abb. 86. Schema der Anordnung von Entgasungskammern und Heizungen eines Horizontalkammerofens (Steinkohle).

Kammern *1* befindet sich die Kohle, während die Heizgase durch die Züge *2* streichen.

Um einen möglichst gleichmäßigen Temperaturverlauf zu erzielen, werden die Heizgase in der verschiedensten Art und Weise geführt, wodurch sich die einzelnen Koksöfen im wesentlichen voneinander unterscheiden, wenn man von den früher genannten Ofenarten, wie Abhitze-, Regenerativ-, Verbundöfen usw. absieht. Dies ist durchaus berechtigt, da sich die verschiedenen Heizgasführungen in allen diesen Öfen anwenden lassen. Bei älteren Koksöfen liegen die Heizzüge waagerecht, bei den neueren senkrecht. Im folgenden besprechen wir einige kennzeichnende Bauarten als Beispiele.

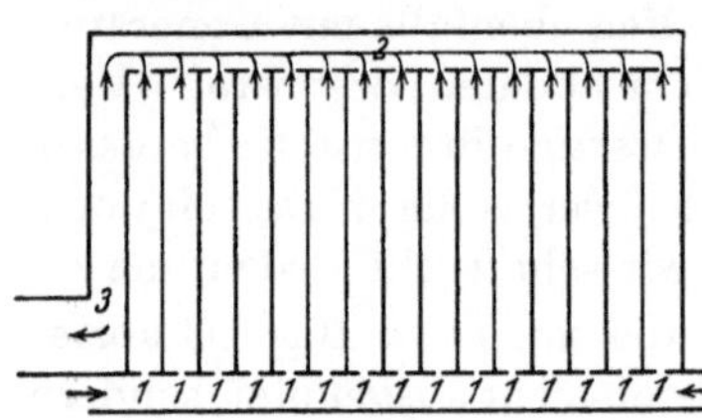

Abb. 87. Heizzug eines Abhitzeofens.

Abb. 87 zeigt einen Längsschnitt (Linie *AA* in Abb. 86) durch einen Heizzug für einen Abhitzeofen[48]. Die von den einzelnen Brennern *1* aufsteigenden Heizgase sammeln sich in dem gemeinsamen Kanal *2* und werden von dort durch *3* zum Abhitzekanal geleitet. Der Abhitzeofen wird in Betrieben mit großem Dampfverbrauch gewählt. Diese

Art der Gasführung läßt sich auch ohne weiteres bei Rekuperativfeuerung anwenden.

Die weitere Entwicklung dieser Anordnung, jedoch der Regenerativfeuerung angepaßt, bringen wir in Abb. 88,
die wieder einen Längsschnitt (nach Linie
AA in Abb. 86) darstellt. Das Heizgas
brennt in der einen Ofenhälfte aus den
Düsen *1*. Die Verbrennungsgase steigen in
den senkrechten Zügen *2* zuerst hoch, vereinigen sich im Sammelkanal *3* und ziehen
dann in der zweiten Ofenhälfte durch die
Züge *2a* und die Öffnungen *1a* zum Re-
generator. In bestimmten, verhältnismäßig kurzen Zeitabständen wird
der Gasstrom umgestellt, wodurch er und mit ihm der Temperaturabfall in umgekehrter Richtung verläuft.

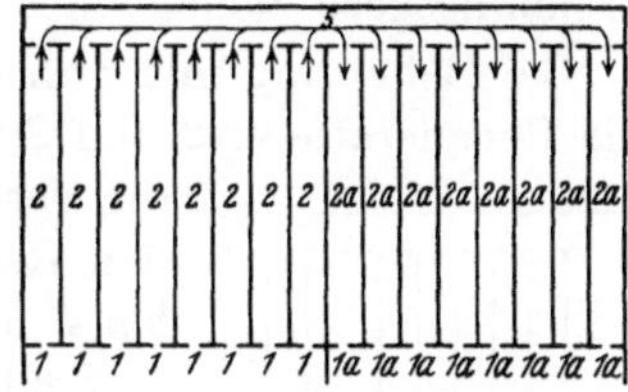

Abb. 88.
Heizzug einer Regenerativfeuerung.

Durch das ständig wiederkehrende Umstellen erreicht man einen Ausgleich der
Ofentemperaturen, entsprechend dem Ziel,
den Ofen möglichst gleichmäßig zu beheizen.

Man hat versucht, die Gleichmäßigkeit
der Ofentemperaturen dadurch zu erhöhen,
daß man die Heizzüge in der Längsrichtung der Kammern nicht bloß durch eine
Unterteilung in zwei Gruppen — wie in

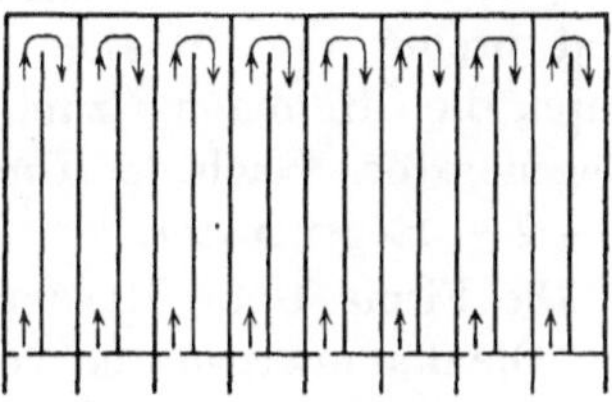

Abb. 89. Zwillingszugbeheizung.

Abb. 88 — schied, sondern
öfter unterteilte, bis sich als letzte Form dieser Art die sogenannte
Zwillingszugbeheizung
ergab, die in Abb. 89 zu
sehen ist. Diese Art wird jedoch nicht gern angewendet,
wenn man jedem Heizzug
einen Einzelregenerator in
der Längsrichtung der Kammern nach dem Vorschlag
von H. Koppers[49] zuordnet.
Er nimmt deshalb in seinem
Verbundofen (Doppelofen) —
Abb. 90 — auch nur eine Teilung in vier Gruppen vor[48].

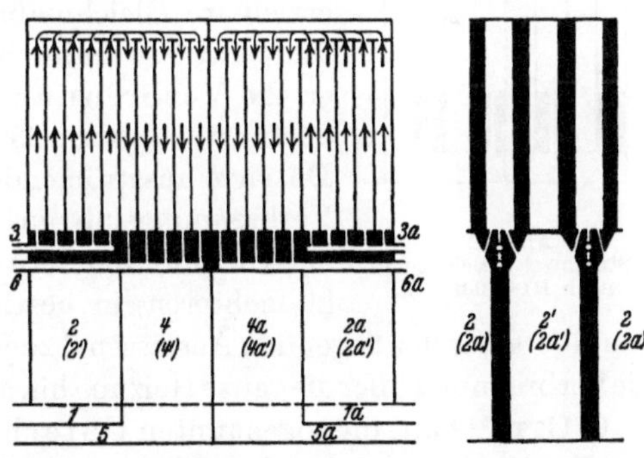

Abb. 90. Verbundofen (Doppelofen) nach H. Koppers.

Wird mit Starkgas (Destillationsgas) beheizt, dann strömt dieses
durch die Leitungen *3* und *3a* zu den äußeren Brennern jeder Kammer-
hälfte; die Verbrennungsluft kommt aus den Kanälen *1* und *1a* und
wärmt sich in den Regeneratoren *2* und *2a* (*2'*, *2a'*) vor. Die Verbrennungsgase steigen zuerst hoch, fallen dann in den inneren Kammer-

vierteln nieder, gehen durch die Regeneratoren *4* und *4a* (*4'*, *4a'*) und verlassen den Ofen durch die Kanäle *5* und *5a*. Nach dem Umstellen werden die inneren Kammerviertel unmittelbar beheizt, und die Verbrennungsgase ziehen nach außen hin fort.

Bei Beheizung mit Schwachgas (Generatorgas) geht dieses durch die Regeneratoren *2* und *2a* (nach dem Umstellen *4* und *4a*), während die Verbrennungsluft durch die dazwischen liegenden Regeneratoren *2'* und *2a'* (nach dem Umstellen *4'* und *4a'*) zugeführt wird.

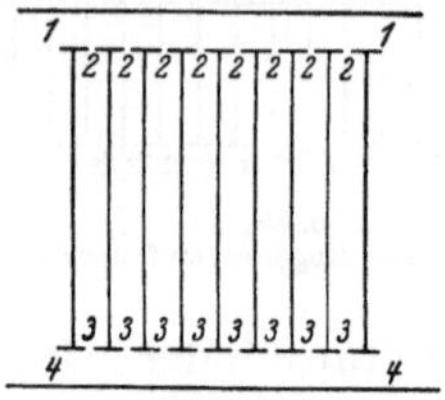

Schließlich kehrt man die Heizrichtung in der Dauerbeheizung von F. J. COLLIN[50] in jeder einzelnen Kammer für sich um, indem das Heizgas abwechselnd von oben nach unten und umgekehrt brennt — Abb. 91. Das Gas gelangt bei der einen Strömungsrichtung durch den oberen Sammelkanal *1*

Abb. 91. Dauerbeheizung nach F. J. COLLIN.

und brennt nun in allen Brennern *2*; die Verbrennungsgase ziehen durch die Öffnungen *3* zum unteren Sammelkanal *4* und von dort zum Regenerator. Nach der Umstellung ist der Weg umgekehrt: *4 — 3 — 2 — 1* — Regenerator.

Die Firma Gebr. HINSELMANN[51] erzielt die gleichmäßige Beheizung der Ofenkammern durch verschieden hoch angeordnete Brenner, eine sogenannte stufenweise Beheizung, wie sie in Abb. 92 wiedergegeben ist.

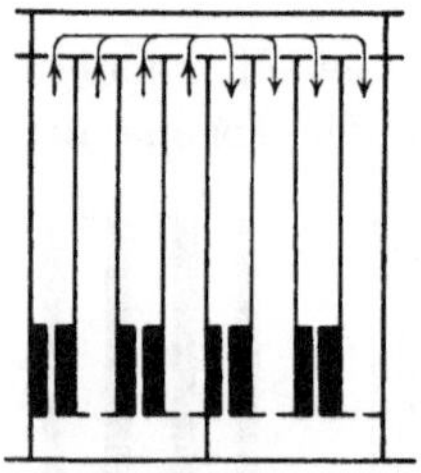

In sinnreicher Weise hat C. STILL[52] die durch stufenweise Beheizung erzielbare Gleichmäßigkeit der Ofentemperaturen dadurch verbessert, daß er die Verbrennung stufenweise ausführt — Abb. 93. Dem aus den Düsen *1* ausströmenden Gas wird die Verbrennungsluft aus Kanälen, die in den Heizwandbindern ausgespart sind, in mehreren, in bestimmten Abständen übereinander liegenden Auslässen *2* zugeführt, wodurch die Verbrennung über die ganze Heizung hin ausgedehnt wird.

Abb. 92.
Stufenweise Beheizung nach HINSELMANN.

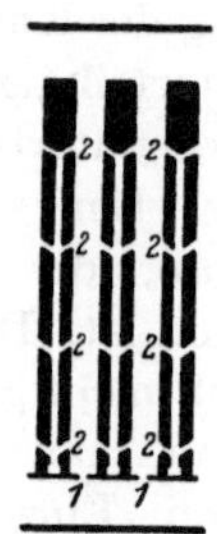

Abb. 93.
Beheizung durch stufenweise Verbrennung nach C. STILL.

C. OTTO[53] baut die sogenannten Unterbrennerkoksöfen, die durch die Beheizung von den begehbaren Fundamentgängen aus, die unter dem Ofen liegen, gekennzeichnet sind. Alle Regelorgane sind an kühlen Stellen angeordnet und werden von den Gewölben aus bedient. Abb. 94 gibt einen Querschnitt (Linie *BB* in Abb. 86) durch einen Verbundofen von C. OTTO wieder. Bei Beheizung mit Starkgas strömt dieses durch die Leitungen *1* bzw. *1a*, die im begehbaren Gang *2* liegen, zur Düse *3*. Die Leitungen *1* und *1a* werden, da der Ofen Zwillingszugbeheizung hat, abwechselnd betrieben. Die Verbrennungsluft kommt aus dem Regenerator *4*; die Heizgase verlassen den Ofen durch den Regenerator *4a*. Wird Schwachgas benutzt, dann dient zu seiner Vorwärmung der Regenerator *5* und zum Abströmen *5a*. Nach der Umstellung strömen Luft (Schwachgas) und die Verbrennungsgase in umgekehrter Richtung: *4a — 4* bzw. *5a — 5*.

Von sonstigen Vorschlägen zur Erzielung gleichmäßiger Temperaturen erwähnen wir wegen ihrer praktischen Bedeutung die nach oben zu gehende Verjüngung der Kammern, wie sie H. KOPPERS anwendet[54].

H. RIES[55] führte den Münchener Kammerofen in die Leuchtgasindustrie ein, der schräge Kammern besitzt. Der Ofen (Abb. 95) ist in seiner ursprünglichen Ausführung mit Rekuperativfeuerung und Einzelgenerator ausgestattet. Die Verbrennungsgase steigen an einer Seite *1* der Kammern *2* hoch, über die Kammerdecke weg und auf der anderen Seite *3* zum Rekuperator. Da die schräge Bauart viel Raum beansprucht und die Schwerkraft doch nicht voll zur Wirkung gelangt, dürften bei gleicher Leistung die Senkrechtkammeröfen vorzuziehen sein[56].

Öfen mit ununterbrochenem Betrieb. Öfen, deren Betriebszustand dauernd gleich bleibt, haben vor denen mit wechselndem Betriebszustand bedeutende Vorzüge. Da das Baumaterial um so besser hält, je seltener es einem Wechsel der Temperatur ausgesetzt ist, so steigt die Lebensdauer der stetig arbeitenden Öfen an. Das zu brennende und das gebrannte Gut müssen in kleinen Mengen unter Luftabschluß ein- bzw. ausgebracht werden; infolgedessen vermeidet man eine jähe Abkühlung der Erhitzungsgefäße, verliert kein Gas und kann die Eigenwärme des Gases im Ofen zum Vorwärmen des Brenngutes benutzen. Die Rauch- und Rußentwicklung beim Entleeren und Beschicken fällt weg, die Handarbeit geht stark zurück. Ferner erzielt man eine gleichmäßige Gasentwicklung und ein Gas, dessen Zusammensetzung zu allen Tageszeiten gleich bleibt. Diese Vorzüge fallen besonders dann ins Gewicht, wenn das Gas oder der mit diesem übergehende Teer das Haupterzeugnis sind. Ist hingegen der feste Rückstand, der Koks, das wichtigste Produkt des Betriebes, dann muß man unter Umständen auf die vorerwähnten Vorzüge verzichten, weil der Koks an Festigkeit stark einbüßen kann.

Abb. 94. Querschnitt durch einen Verbundofen (Unterbrennerkoksofen) nach C. OTTO.

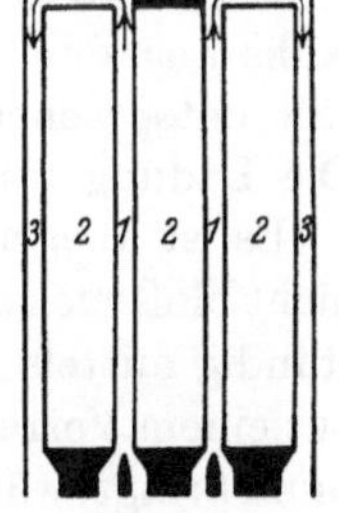

Abb. 95. Schnitt durch den Münchener Schrägkammerofen nach H. RIES.

Wir unterscheiden zwei große Gruppen von ununterbrochen arbeitenden Entgasungsverfahren: 1. solche mit bewegter Beschickung und 2. solche mit ruhender Beschickung. Die erste Art ist dadurch gekennzeichnet, daß die einzelnen Teile der Beschickung ihre Lage zueinander ständig verändern, weil gewissermaßen jedes Teilchen für sich seinen eigenen Weg durch den Ofen nimmt. Diese Art der Entgasung läßt sich bei jeder Temperatur ausführen, doch verliert der Koks — wie bereits erwähnt — an Festigkeit, weshalb sie sich in der Kokereiindustrie nicht einbürgern konnte, hingegen in der Leuchtgasindustrie. Bei der zweiten Art von stetigen Entgasungsverfahren befindet sich die Beschickung gruppenweise in Ruhe und wird von einem Transportmittel durch den Entgasungsraum getragen. Mit Rücksicht auf die Fördermittel kann man aber die Temperatur in den Öfen nicht zu hoch treiben, weshalb die Öfen dieser Gruppe ausschließlich — von Versuchen abgesehen — zur Holzverkohlung und zur Schwelung von Braun- und Steinkohlen, also für Verfahren mit tiefen Arbeitstemperaturen angewendet werden. Die Zahl der Ofenkonstruktionen für stetigen Betrieb ist sehr groß; wir bringen deshalb, entsprechend dem Rahmen dieses Werkes, nur einige kennzeichnende Beispiele. Die Öfen arbeiten am häufigsten mit senkrechten Entgasungsräumen, weil bei diesen die Schwerkraft zur Bewegung ausgenutzt werden kann, doch findet man auch Öfen mit schrägen und waagerechten Entgasungsräumen, bei denen die Bewegung durch geeignete Vorrichtungen künstlich erzielt wird.

Öfen mit Wanderung der Beschickung allein durch die Schwerkraft. Öfen, in denen die Ladung lediglich durch ihre eigene Schwere wandert, müssen senkrechte Entgasungsräume besitzen, weil nur in solchen alle Schichten gleichmäßig fortschreiten. Der stetige Betrieb wird dadurch erreicht, daß in verhältnismäßig kurzen Zeitspannen eine gewisse Menge Koks aus dem Entgasungsraum unten ausgetragen und gleichzeitig eine entsprechende Menge an Brenngut oben wieder nachgefüllt wird. Die Ladung wandert mithin ruckweise.

Es ist aber auch gut denkbar, daß die Beschickung und Entleerung nicht bloß ruckweise — also quasi ununterbrochen —, sondern tatsächlich ständig mittels zwei Förderschnecken oder dgl. erfolgen, von denen eine aus einem Vorratsbehälter das fein geteilte Brenngut in den Entgasungsraum bringt, während die andere den festen Rückstand ebenso austrägt[57].

Öfen mit ruckweisem Betrieb der vorbeschriebenen Art werden sowohl in der Leuchtgasindustrie als auch zur Schwelung von Braunkohle viel benutzt.

Zur Herstellung von Leuchtgas in stetig betriebenen Öfen dienen senkrechte Retorten und senkrechte Kammern. Bei letzteren ist infolge des größeren Querschnittes die Gefahr des „Klebens" der Beschickung, eine Folge der Backfähigkeit der Kohle, geringer.

Die kontinuierlich arbeitenden Öfen mit senkrechten Entgasungsräumen, wie sie zur Herstellung von „Leuchtgas" Verwendung finden,
werden in verschiedenen, voneinander verhältnismäßig wenig
abweichenden Ausführungen hergestellt[58]. Der Trichter *1*
(Abb. 96) wird aus einem Bunker durch Öffnen des gasdichten Abschlusses *2* von Zeit zu Zeit gefüllt. Die Kohle gleitet durch ihr eigenes Gewicht langsam durch den Entgasungsraum *3*. Der sich am unteren Ende sammelnde Koks
wird in der Retorte mit Dampf aus den Düsen *4* gelöscht.
Der Dampf bildet beim Aufsteigen im Entgasungsraum
Wassergas (siehe S. 162). Der kalte Koks wird von der mit
einem Schraubengang besetzten Welle *5* durch Drehen ausgetragen und fällt in den Sammelkasten *6*, aus dem er von
Zeit zu Zeit entfernt wird. Das Gas entweicht durch das
Steigrohr *7*. Man gewinnt bei dieser Arbeitsweise die fühlbare Wärme des Kokses, die sonst bei dem gewöhnlichen
Naßlöschen verlorengeht. Einen anderen Weg zur Gewinnung der Kokswärme hat man in der trockenen Löschung
eingeschlagen[59].

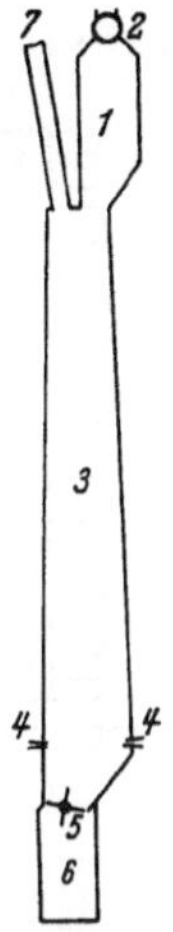

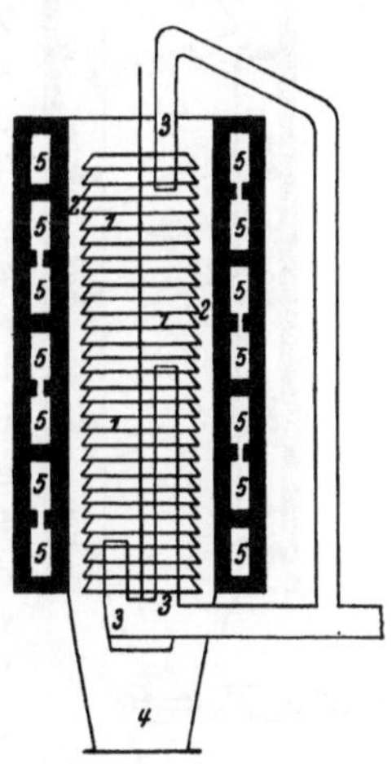
Abb. 96.
Senkrechtre-
torte für kon-
tinuierliche
Entgasung.

Der bekannteste Tieftemperaturentgasungsofen mit ähnlicher Betriebsweise, jedoch mit einer entsprechend den
niedrigeren Betriebstemperaturen geänderten Konstruktion
ist der von E. ROLLE eingeführte und nach ihm benannte Braunkohlen-Schwelofen. Da die Wärmeübertragung
bei den verhältnismäßig niedrigen Schweltempe-
raturen gering ist, kann die Kohle nur in ganz
dünner Schicht entgast werden. Dies erreicht
E. ROLLE dadurch, daß er seinem Ofen die in
Abb. 97 dargestellte Form gibt. Der senkrechte,
gemauerte Ofen enthält in seinem Innern einen
zylindrischen Einbau, der aus einzelnen gußeisernen Glocken *1* besteht. Zwischen dem Einbau
und der feuerfesten Wand bleibt ein Ringraum *2*
frei, der zur Aufnahme und zum Durchgang der
Kohle dient. Das entstehende Schwelgas steigt in
den Glockenraum und wird an drei Stellen durch
die Rohre *3* abgesaugt. Der Grudekoks gleitet in
den Sammelraum *4*, von wo er abgezogen werden
kann. Die Heizgase umspülen in den Kanälen *5*
den Entgasungsraum von unten nach oben. — Der

Abb. 97. Braunkohlen-
Schwelofen nach E. ROLLE.

ROLLE-Ofen hat verschiedene Abänderungen erfahren, ohne daß der
ihm eigene Grundgedanke wesentlich beeinflußt wurde[60].

Zur Vermeidung großer Strahlungsverluste kann man die Heizkanäle auch nach Abb. 98 in den Innenraum verlegen (E. RAFFLOER). Das Heizgas brennt in verschiedenen Höhen *1, 2, 3.* Die Verbrennungsgase steigen in den Kanälen *4* hoch. Die Kohle gleitet in den umgekehrten Schwelglocken *5* nieder. Das Gas wird aus dem Raum *6* durch die Leitungen *7* abgesaugt.

Die Destillation bituminöser Schiefer wird ebenfalls in senkrechten Retorten vorgenommen. Diese bestehen im Oberteil aus Gußeisen; dort erfolgt die Trocknung und Schwelung. Das Unterteil zur Verkokung wird aus Schamotte hergestellt; die Entgasungstemperaturen liegen dort wegen der Ammoniakgewinnung verhältnismäßig hoch, auch bläst man aus dem gleichen Grund Wasserdampf ein, so daß das Destillationsgas wassergashaltig ist. Vollständig aus Schamotte hergestellte Retorten haben sich nicht bewährt[61].

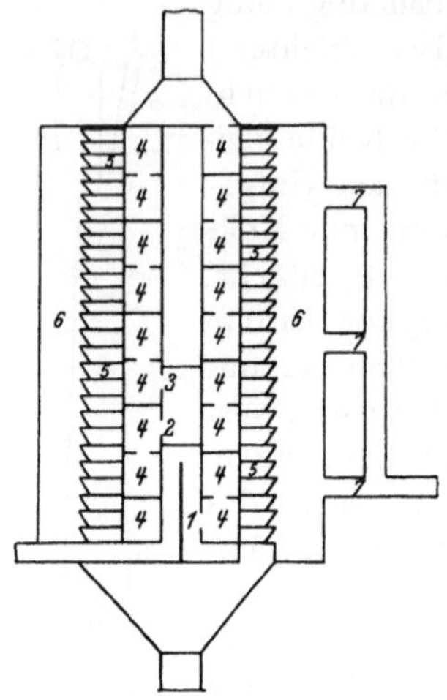

Abb. 98. Braunkohlen-Schwelofen nach E. RAFFLOER.

Die Gewerkschaft Messel[62] hat in ihren Retorten zur Destillation von Schiefer drei Abschnitte verschiedener Temperatur; der erste Abschnitt dient zur Trocknung, der zweite zur Schwelung und der dritte zur Verkokung und Vergasung mit Hilfe von Wasserdampf. Dieser wird jedoch nicht in einer besonderen Kesselanlage erzeugt, sondern ist der beim Trocknen anfallende Dampf.

Eine eigenartige Konstruktion hat R. H. CROZIER[63] seiner Schwelretorte gegeben (Abb. 99), die sich für die Destillation von Schiefern und nicht backenden Kohlen eignet. Das Schwelgut wird bei *1* in die Retorte gefüllt und bei *2* durch die Schnecke *3* entgast ausgetragen. Die Beheizung erfolgt durch Gasringbrenner *4* in jedem Zug. Außerdem treten die Verbrennungsgase durch die schrägen Rohrverbindungen *5* und wirken dabei auf die Beschickung in deren Querschnitt ein. Alle Verbindungen von Heizzug zu Heizzug können durch Schieber beliebig eingestellt werden, um die Temperaturen nach Wunsch zu regeln. Das Schwelgas saugt man

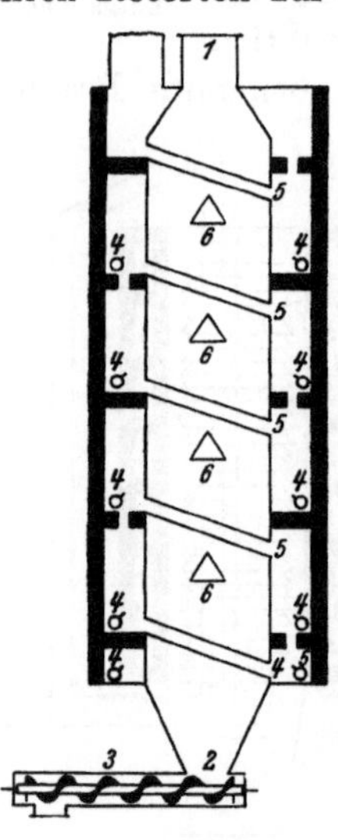

Abb. 99. Schwelretorte nach R. H. CROZIER.

an verschiedenen Stellen durch Einsatzstücke *6* getrennt ab.

Öfen mit bewegten Einsätzen. Während die im vorangehenden Abschnitt besprochenen Öfen sich dadurch auszeichnen, daß das Entgasungsgut einzig und allein dank der eigenen Schwere den Ofen durchwandert, wird die Wanderung bei den nunmehr zu behandelnden Arten durch sich bewegende Einbauten im Entgasungsraum erzielt. Da sich eine derartige Arbeitsweise für sehr hohe Temperaturen und für grobstückige Beschickung (Holzscheite) nicht eignet, wurden die Öfen nur in der Schwelindustrie vorgeschlagen, wo man sie auch teilweise benutzt. Im allgemeinen zieht man ihnen jedoch die Drehöfen vor.

E. ROLLE konstruierte schon im Jahre 1857 eine liegende Schwelretorte, durch die das Gut mittels einer Förderschnecke nach Abb. 100 bewegt wurde. Die Kohle gelangt aus dem Trichter *1* durch Öffnen des Schiebers *2* zuerst in den Raum *3*, worauf der Schieber *2* wieder geschlossen wird. Nun öffnet man den Schieber *4*; die Kohle fällt in die Retorte, wird von der

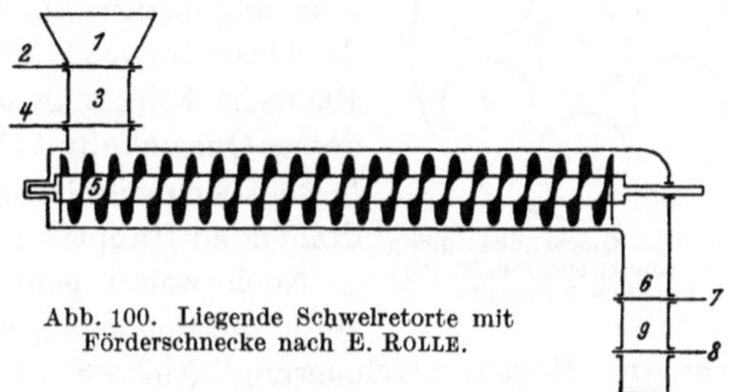

Abb. 100. Liegende Schwelretorte mit Förderschnecke nach E. ROLLE.

sich drehenden Förderschnecke *5* erfaßt und durch den Entgasungsraum geschoben. Der Grudekoks fällt zuerst in den Raum *6* und gelangt durch wechselweises Öffnen und Schließen der Schieber *7* und *8* über die Kammer *9* ins Freie. Mit Hilfe solcher Doppelschieber schließt man beim Füllen und Entleeren den Gasraum gegen die Atmosphäre gut ab. Man verwendet diese Anordnung — in baulicher Hinsicht mehr oder weniger abgeändert — häufig in der Gasindustrie (siehe auch S. 166).

Diese Art von Schwelöfen ist neuerdings wieder aufgegriffen worden[64] und hat in manchen Ausführungen auch Eingang in die Praxis gefunden. Besonders zu erwähnen wären das **Carbocoal**-Verfahren[65] und das Verfahren der **Thermal Industrial and Chemical (TIC.) Research Company Limited**, das mit mittelbarer Wärmeübertragung durch ein Bleibad (Vermeidung von Überhitzungen, Blei als Wärmepuffer) arbeitet[66].

Drehöfen. Die Drehöfen haben sich in vielen Industriezweigen bewährt, so daß der Gedanke nahelag, sie auch zur Entgasung fester Brennstoffe zu verwenden. Sie begünstigen durch ständiges Umwälzen der Beschickung die Wärmeübertragung und gleichmäßige Erhitzung, anderseits fördern sie die Bewegung der Beschickung durch den Entgasungsraum, zwei schätzenswerte Vorteile. Mit Rücksicht auf die bei Drehöfen günstigsten Arbeitstemperaturen und auf die zu verarbeitenden Teilchengröße bzw. Form des Ladungsgutes werden die Drehöfen in der Schwelerei angewendet und sind in zahlreichen Ausführungen bekannt. Man baut sie waagerecht, schwach geneigt und senkrecht, meist ohne bewegungsfördernde Einbauten, doch auch mit solchen.

Der von Fellner & Ziegler nach N. Young erbaute Drehschwel-
ofen besteht aus einer innen glatten, von außen beheizten, schwach
geneigten Trommel[67]. Die 20 m lange Trommel ist nur an ihren Enden
gestützt, da sich eine Lagerung im Heizraum nicht durchführen läßt;
sie wird also mechanisch stark beansprucht. Das gleiche gilt für den
Ofen von Thyssen nach E. Roser[68]; die Trommel liegt diesmal waagerecht und besitzt innen eine Schnecke zur Fort-
bewegung der Beschickung. Das Verhältnis von
beheizter Fläche zur Größe des Gasraumes liegt
sehr ungünstig; die beheizte Fläche ist klein,
der Gasraum groß. Diesen Übelstand vermeiden
Fellner & Ziegler in ihrem Bündelrohrofen[69],
dessen Querschnitt Abb. 101 zeigt. Das Schwelgut
bewegt sich durch die Rohre *1*, die mit der sich
drehenden Haupttrommel *2* fest verbunden sind.

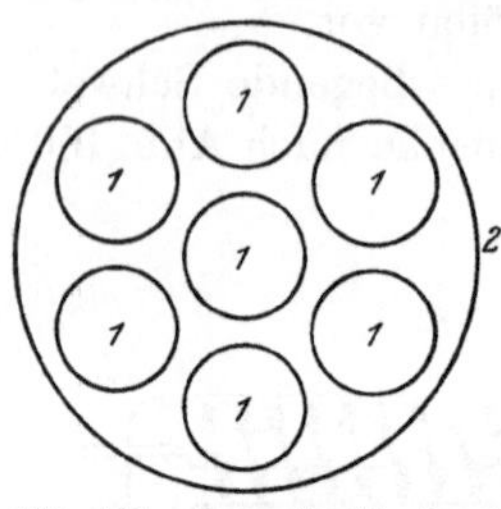

Abb. 101. Querschnitt durch
einen Bündelrohrdrehofen von
Fellner & Ziegler.

    Noch weiter geht O. Heller[70], der gleich-
zeitig die Beheizung von außen aufgibt und mit
einer Art „Regenerativfeuerung" (siehe S. 129) arbeitet. Sein Drehofen,
dessen Querschnitt in Abb. 102* ersichtlich ist, besteht aus zwei Dreh-
trommeln, die nebeneinander liegen. Während
die eine aufgeheizt wird, entschwelt man in
der anderen die Kohle. Nach einer bestimmten
Zeit wird umgestellt. Die zuerst zum Schwelen
dienende Trommel kommt zur Beheizung, die
beheizte Trommel zum Schwelen.

    Um die Bewegung der freitragend hindurch-
gesteckten Trommel im Heizraum zu vermeiden, schlägt Thomas[71], der mit einer einfachen
waagerechten Trommel arbeitet, folgenden Weg
ein. Er verlegt die Heizzüge in die Trommel-

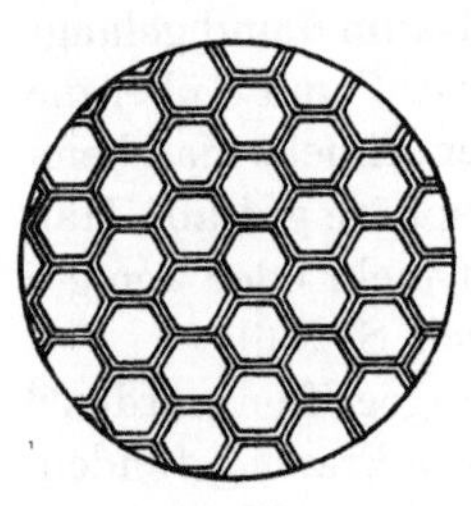

Abb. 102.
Querschnitt durch einen
Drehofen von O. Heller.

wand, so daß die Heizzüge sich mitbewegen. Die Trommel kann außen
beliebig oft gelagert werden, wodurch die Gefahr des Durchbiegens oder
gar Durchbrechens bei langen Trommeln nicht auftritt. — Ähnlich ist
auch der Drehofen von S. J. Vermaes[72] gebaut.

    Eine Verkürzung der Trommel, die bei völliger Außenbeheizung zur
Erhöhung der Festigkeit günstig wirkt, erreicht die Kohlenscheidungs-
gesellschaft[73] dadurch, daß sie zwei Trommeln konzentrisch inein-
anderlegt und die äußere Trommel von außen beheizt. Die Kohle
gelangt zuerst in die innere Trommel und wird, da schwachgeneigte Lage
gewählt ist, durch eine Schnecke aufwärts befördert, kommt vorgewärmt
in die äußere, glatte Trommel, in der sie in entgegengesetzter Richtung

---

    * Thau, A.: Schwelung von Braun- und Steinkohle. S. 385, Abb. 247 B.
Halle a. S., 1927.

abwärts gleitet und dabei geschwelt wird. — Ähnlich ist auch der Ofen von H. NIELSEN und B. LAING[74] gebaut, jedoch arbeitet das (L. und N.-) Verfahren dieser beiden Forscher mit Spülgasheizung.

Als eine eigenartige und sinnreiche Abart der Drehöfen kann man den Schwelofen der Maschinenfabrik SAUERBREY ansprechen. Seine Arbeitsweise erkennt man aus Abb. 103. Vier 6 m lange Walzen *1* von 2 m im Durchmesser sind mit Längsrippen *2* versehen und liegen im Zickzack übereinander. Die Kohle wird bei *3* eingefüllt und durch sehr lang-

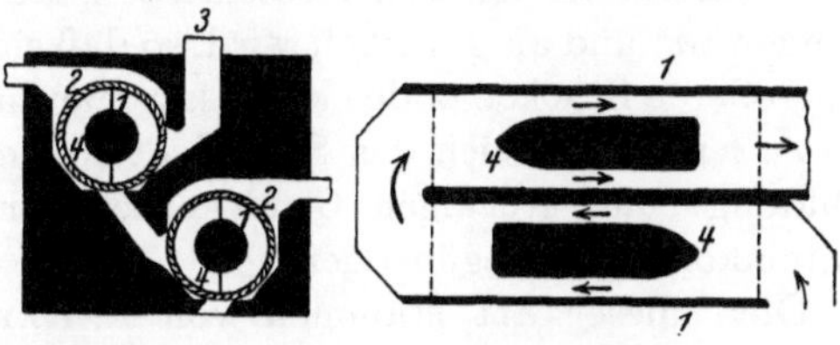

Abb. 103. Schwelofen der Maschinenfabrik SAUERBREY.

sames Drehen der Walzen allmählich durch den Ofen gefördert. Dabei bewegt sich die Kohle außerhalb der Walzen, während durch deren Inneres die Heizgase strömen, und zwar zuerst durch die tiefste Walze und weiter nach oben bis zur höchsten. Die Heizgase und die Kohle bewegen sich im Gegenstrom zueinander, ein Grundsatz der auch bei den übrigen Ofenbauarten fast immer eingehalten wird, um die aufeinanderfolgenden Vorgänge der Trocknung und der Schwelung entsprechend den hierzu notwendigen Temperaturen möglichst zu trennen.

Von senkrechten Drehöfen, bei denen wie beim ROLLE-Ofen das Schwelgut durch einen zylindrischen Mantel gleitet, erwähnen wir den Ofen der Kohlenveredlungs-Gesellschaft[75] nach C. GEISSEN, den Ofen der Bamag-Meguin-AG.[76] und den von F.C. GREEN und I.F. LAUCKS[77]. Den ersteren zeigt Abb. 104. Er besteht aus dem drehbaren, gewellten Zylinder *1* und dem ruhenden, durchbrochenen Zylinder *2*, deren kegelförmige Gleitflächen das Herabrieseln der Kohle begünstigen. Diese bewegt sich in dem schmalen Ringraum zwischen den beiden Zylindern abwärts. Die Schwelgase entweichen durch die Schlitze des Zylinders *2* und treten in den Mantelraum *3*, aus dem sie bei *4* und *5* ab-

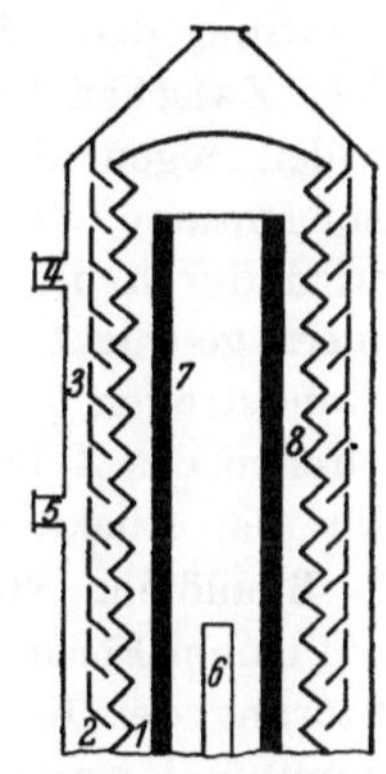

Abb. 104. Senkrechter Drehofen der Kohlenveredlungs-Gesellschaft.

gezogen werden. Beheizt wird mit Gas aus dem Brenner *6*. Die Verbrennungsgase steigen zuerst im Schamottezylinder *7* hoch, der strahlend wirkt. Die bereits etwas gekühlten Heizgase ziehen durch den Ringkanal *8* außerhalb des Schamottezylinders zum Kamin.

Der Ofen der Bamag-Meguin-AG. besitzt einen Innenzylinder, an dessen äußerem Umfang eine Förderschnecke liegt, die den Schwelraum ausfüllt und die Beschickung langsam nach unten bewegt, da sich der Innenzylinder langsamer dreht als der Außenzylinder. Die Beheizung erfolgt wie beim ROLLE-Ofen von außen.

Der Ofen von GREEN-LAUCKS verhält sich zu dem der Bamag-Meguin-AG. wie der RAFFLOER-Ofen (siehe S. 144) zum gewöhnlichen ROLLE-Ofen.

Während bei den bisher beschriebenen Öfen die Beschickung dauernd umgewälzt und aufgewirbelt wird, so daß sich ein fester Rückstand nicht in größeren Stücken bilden kann, hat man sich auch bemüht, die Drehung so zu leiten, daß sich das Schwelgut so weit in Ruhe befindet, um die Bildung eines stückigen Grudekokses (Braunkohle) bzw. Halbkokses (Steinkohle) zu begünstigen.

Öfen dieser Art stammen von E. RAFFLOER[78], O. DOBBELSTEIN[79] und der Chemisch-Technischen Gesellschaft (CTG.), deren Ofen[80] in Abb. 105 dargestellt ist. Er besteht aus mehreren übereinander liegenden Hohlzellen *1*, durch die die Heizgase streichen. Die Heizvorrichtung des Ofens ist fest. Zwischen den Hohlzellen liegen die Entgasungsräume. Die Kohle

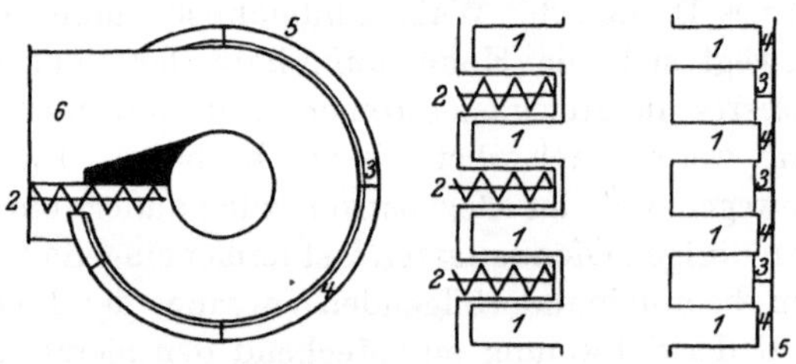

Abb. 105. CTG.-Schwelofen (Rundzellenofen).

wird durch die Förderschnecken *2* in die einzelnen Entgasungskammern gedrückt. Das Schwelgas entweicht zwischen den Kanten der Randstreifen *3*, wird im Mantel *4* gesammelt und abgezogen. Durch Drehen des Zylinders *5* wandert die Kohle bis zur Austrittsöffnung *6* für den stückigen Koks.

Bandöfen. Sie sind dadurch gekennzeichnet, daß die Beschickung auf einem Förderband durch den Ofen wandert, und infolgedessen keine Störung der Koksbildung eintritt. Darin ähneln sie dem zuletzt genannten Rundzellenofen (CTG.), als dessen Vorläufer sie zweifellos zu gelten haben. Ihre Einführung in die Gasindustrie — im weiteren Sinne dieses Wortes — wurde schon frühzeitig versucht, ohne jedoch größeren Umfang anzunehmen, weshalb wir auf die Literatur verweisen[81].

Zu den Bandöfen sind auch der Kratzbandschwelofen von E. CARTHAUS und F. SIEMENS[82] und der Schwelofen von V. Z. CARACRISTI[83] zu rechnen. Der zuerst genannte Ofen ist dadurch gekennzeichnet, daß die Kohle vom Kratzband über einen glatten Schwelherd geschoben wird. V. Z. CARACRISTI arbeitet mit einem Bleibad, auf dem das Förderband liegt. Wirtschaftliche Erfolge konnte keiner dieser Öfen erzielen.

Kanalöfen. Der Grundzug ihrer Arbeitsweise besteht darin, daß das Entgasungsgut in Förderwagen oder dgl. durch einen beheizten Kanal oder Tunnel (Tunnelöfen) entsprechender Länge bewegt wird. Derartige Öfen haben sich in verschiedenen Industrien bewährt und werden auch zur Entgasung fester Brennstoffe schon längere Zeit angewandt.

G. Gröndal[84] benutzt einen derartigen Ofen seit Jahren zur Destillation von Holz. Die Beschickung wird entweder in Wagen auf Schienen gefahren oder in Körben an einer Hängebahn durch den Ofen gebracht. Abb. 106 zeigt einen Querschnitt durch einen Gröndal-Ofen. Im Entgasungsraum *1* fahren die Wagen mit der Beschickung, während die Heizgase durch die seitlichen gußeisernen Rohre *2* im Gegenstrom ziehen. Die Gase entweichen durch *3* und werden, nachdem man sie gereinigt hat, meist zum Beheizen der Öfen benutzt. Der Ofen läßt sich beliebig oft unterteilen, um gesondert trocknen und schwelen zu können. Auch für stark exotherme Reaktionsbereiche wird

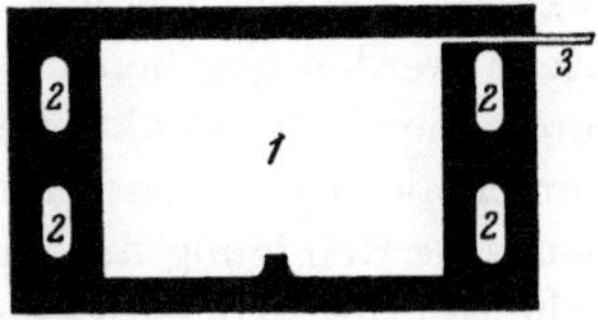

Abb. 106. Querschnitt durch einen Tunnelofen (G. Gröndal).

man zweckmäßig einen besonderen Ofenabschnitt einschalten. Bevor der Wagen in den eigentlichen Entgasungsraum gelangt, wird er durch eine Tür in eine Vorkammer geschoben, die ihrerseits durch einen Schieber von dem Schwelraum abgeschlossen ist; die Beschickung und Entleerung erfolgen also ähnlich, wie wir es beim waagerechten Rolle-Ofen mit Förderschnecken (Abb. 100, S. 145) beschrieben haben. Der ursprünglich für die Holzdestillation bestimmte Ofen wurde auch zur Schwelung von Braunkohlen, Schiefern und Steinkohle umgeändert. Diese Stoffe können mangels einer stark exothermen Zersetzung nur in dünner Schicht geschwelt werden.

Weitere Behandlung der Entgasungsprodukte. Die aus den verschiedenen Öfen austretenden Gase und Dämpfe gehen zuerst durch eine Vorlage, in der sich Teer und Gaswasser befinden. Man unterscheidet zwei Arten von Vorlagen: nasse und trockene. Bei den nassen Vorlagen (Abb. 107) kommt das Rohgas durch das Tauchrohr *1*, sprudelt durch die

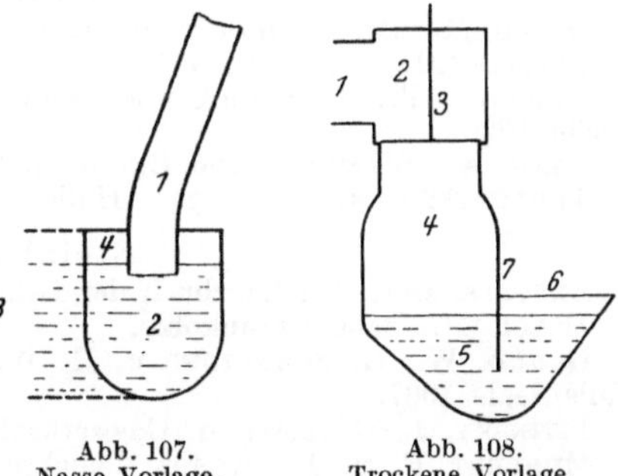

Abb. 107. Nasse Vorlage.

Abb. 108. Trockene Vorlage.

Flüssigkeit *2* und gibt dabei einen Teil seiner kondensierbaren Bestandteile ab. Dieser Überschuß wird bei *3* aus der Vorlage abgezogen. Die Vorlage bildet einen sicheren Abschluß des Entgasungsraumes gegen die folgenden Apparaturen, für den Fall von Betriebsstörungen. Das Gas wird aus dem Raum *4* abgesaugt. Abb. 108 zeigt eine trockene Vorlage im Querschnitt. Das von *1* aus dem Ofen kommende Gas gelangt in eine Kammer *2*, die ein Tellerventil *3* enthält, durch das der Entgasungsraum abgesperrt werden kann. Aus dem Raum *4* wird das Gas abgesaugt und gibt dort Teer usw. an die Flüssigkeit *5* ab. An der Seite *6* ist die Vorlage zwar offen, doch reicht die Wand *7* so tief in die Flüssigkeit *5*, daß ein sicherer Abschluß gegen die Atmosphäre gewährleistet ist.

Das Gas wird nach der Vorlage gekühlt (siehe S. 46) und geht dann durch die Sauger (siehe S. 59). Die noch nicht abgeschiedenen Teeranteile werden gegebenenfalls in Teerscheidern (siehe S. 200) entfernt. Durch chemische Reaktionen leicht zu bindende Stoffe wie Essigsäure, Ammoniak, Cyanwasserstoff und Schwefelwasserstoff können durch chemische Reinigung auf nassem oder trockenem Weg gebunden werden (siehe S. 218). Kohlenwasserstoffdämpfe oder dgl., die sich noch nicht durch die Kühlung abgeschieden haben, gewinnt man durch physikalische oder physikochemische Waschung (siehe S. 83), durch Adsorption an feste Stoffe (siehe S. 88) oder auch durch Verdichtung (siehe S. 54).

Literatur:

Holz:
Bugge, G.: Industrie der Holzdestillationsprodukte. Dresden u. Leipzig 1927.
Bunbury, H. W., u. W. Elsner: Die trockene Destillation des Holzes. Berlin 1925.
Hawley, L. F., u. A. A. Schreiber: Holzdestillation. Berlin 1926.
Klar, M.: Holzverkohlung, 2. Aufl. Berlin 1910 (1920/22).

Torf:
Puchner, H.: Der Torf. Stuttgart 1922.

Braunkohle:
Dolch, M.: Der Drehrohrofen. Halle/Saale 1926.
Erdmann, E., u. M. Dolch: Chemie der Braunkohle, 2. Aufl. Halle/Saale 1927.
Hilliger, B.: Trocknung und Schwelung der Braunkohle durch Spülgase. Berlin 1926.
Thau, A.: Schwelung von Braun- u. Steinkohle. Halle/Saale 1927.
Trutnovsky, H.: Schwelgas. Halle/Saale 1927.

Steinkohle:
Bertelsmann, W.: Lehrbuch der Leuchtgasindustrie, I. Bd. Stuttgart 1911.
Dolch, M.: siehe Braunkohle.
Gluud, W., G. Schneider u. H. Winter: Handbuch der Kokerei, I. Bd. Halle/Saale 1927.
Litinsky, L.: Kokerei- u. Gaswerksöfen. Halle/Saale 1928.
Muhlert, F., u. J. Gwosdz: Leuchtgas- u. Wassergasindustrie. Halle/Saale 1920.
Thau, A.: siehe Braunkohle.
Trutnovsky, H.: siehe Braunkohle.

Sonstiges:
Graefe, E.: Chemische Technologie der Brennstoffe. Dresden u. Leipzig 1927.
Litinsky, L.: Feuerfeste Baustoffe. Halle/Saale 1926.
Muhlert, F., u. K. Drews: Technische Gase. Leipzig 1928.
Strache, H., u. H. Ulmann: Technologie der Brennstoffe. Leipzig u. Wien 1927.
Entgasen und Vergasen. Z. V. d. I. **69**, Berlin 1925.

Hinweise im Text:

1. Muhlert, F., u. K. Drews: Technische Gase, S. 88. Leipzig 1928.
2. Börnstein, E.: Gas- u. Wasserfach **49**, 627, 648, 667 (1906).
3. Börnstein, E., in F. Peters: Chem. Techn. d. Neuzeit, 2. Aufl., I. Bd, S. 139. Stuttgart 1925. — Siehe auch Juon, E.: Stahl u. Eisen **27**, 733, 771 (1907).
4. Keppeler, G.: Stahl u. Eisen **46**, 742 (1926).
5. Hinrichsen, F. W., u. S. Taczak: Chemie d. Steinkohle, 3. Aufl., S. 436. Leipzig 1916. — Siehe auch Erdmann, E.: Braunkohle **23**, 685 (1924/25). — Ruhemann, S., u. O. Zeller: Z. angew. Chem. **35**, 725 (1922).
6. Fritsche, W.: Brennstoff-Chemie **3**, 23 (1922). — Siehe auch Arnold, H.: Z. angew. Chem. **37**, 85 (1924).
7. Vignon, L: C. r. **155**, 1514 (1912). — Siehe auch Burgess, M. J., u. R. V. Wheeler: J. chem. Soc. Lond. **97**, 1917 (1910). — Porter, H. C., u. F. K. Ovitz: J. Gaslight. **107**, 343 (1908).
8. Palmer, R. C.: Ind. Chem. **10**, 260 (1918).
9. Mayer, M., u. V. Altmayer: Gas- u. Wasserfach **50**, 25, 49 (1907).
10. Lewes, V. B.: Carbonisation of Coal. 2. Aufl., S. 194. London 1921.
11. Powell, A. R.: Ind. Chem. **12**, 1069 (1920).
12. Foerster, F., u. W. Geisler: Z. angew. Chem. **35**, 193 (1922).
13. Ludwig, B.: Z. V. d. I. **69**, 525 (1925).
14. Witzeck, R.: Gas- u. Wasserfach **46**, 21ff. (1903).
15. Aschan, O.: Brennstoff-Chemie **4**, 167 (1923).
16. Palmer, R. C.: Ind. Chem. **6**, 890 (1914).
17. Capps, J. H., u. G. A. Hulett: Ind. Chem. **9**, 927 (1917).
18. Burgess, M. J., u. R. V. Wheeler: J. chem. Soc. Lond. **99**, 649 (1911); **105**, 131 (1914). — Fischer, Fr., u. H. Tropsch: Ges. Abh. Kennt. Kohle 7, 181 (1922/23). — Gluud, W.: Glückauf **52**, 443 (1916). Ges. Abh. Kennt. Kohle 1, 78 (1915/16). — Jones, D. T., u. R. V. Wheeler: J. chem. Soc. Lond. **105**, 140, 2562 (1914). — Klason, P.: J. prakt. Chem. **198**, 413 (1914). — Lebeau, P.: C. r. **177**, 319, 456 (1923); **178**, 391 (1924). Bull. Soc. Chim. [4] **35**, 489 (1924). Chim. et Ind. **14**, 10 (1925). — Lebeau, P., u. P. Marmasse: C. r. **178**, 2101 (1924); **179**, 1407 (1924). — Pictet, A., u. L. Ramseyer: Ber. **44**, 2495 (1911). — Pictet, A., u. M. Bouvier: Ber. **46**, 3342 (1913).
19. Burgess, M. J., u. R. V. Wheeler: J. chem. Soc. Lond. **97**, 1917 (1910). — Dolch, M., u. G. Gerstendörfer: Z. angew. Chem. **35**, 181 (1922). Brennstoff-Chemie **3**, 225 (1922). — Lebeau, P.: C. r. **177**, 319, 456 (1923); **178**, 391 (1924). Bull. Soc. Chim. [4] **35**, 489 (1924). Chim. et Ind. **14**, 10 (1925). — Vignon, L.: Ann. Chim. [9] **13**, 288 (1920). — Siehe auch Erdmann, E.: Brennstoff-Chemie **5**, 177 (1924).
20. Graefe, E.: Gas- u. Wasserfach **49**, 215 (1906).
21. Lewes, V. B.: Liquid and Gaseous Fuels, S. 145. London 1907. — Siehe auch Strache, H., u. E. Frohn: Brennstoff-Chemie **3**, 340 (1922). — Thau, A., u. H. Trutnovsky: Glückauf **60**, 927 (1924).
22. Mariller, Ch.: Carbonisation des Bois, Lignites et Tourbes, S. 49. Paris 1924.
23. Siehe z. B. Fischer, Fr., u. H. Niggemann: Ges. Abh. Kennt. Kohle 1, 176 (1917). — Hawley, L. F.: Ind. Chem. **14**, 43 (1922). — Palmer, R. C.: Ind. Chem. **10**, 264 (1918).
24. Parr, S. W., u. H. S. Olin: J. Gaslight. **122**, 533 (1913).
25. Stahl u. Eisen **15**, 464 (1895). Z. angew. Chem. **2**, 513 (1889).
26. Juon, E.: Stahl u. Eisen **27**, 733, 771 (1907).
27. Siehe Czako, E.: Gas- u. Wasserfach **62**, 274 (1919). — Pretsch, J.: Gas- u. Wasserfach **67**, 358 (1924). — Steinhoff, E.: Gas- u. Wasserfach **70**, 989, 1019 (1927).
28. Gas- u. Wasserfach **67**, 735, 784 (1924).
29. Usine **24**, 23 (1925).
30. Siehe Berthelot, Ch.: Rev. de Métallurgie **24**, 557 (1927).
31. Klason, P., G. v. Heidenstam u. E. Norlin: Z. angew. Chem. **23**, 1252 (1910). — Koch, E.: Gas- u. Wasserfach **69**, 971 (1926). — Ruhemann, S., u.

O. Zeller: Z. angew. Chem. **35**, 725 (1922). — Terres, E., u. H. Wolter: Gas u. Wasserfach **70**, 1, 30, 53, 81 (1927). — Siehe auch: Strache, H. u. E. Frohn: Brennstoff-Chemie **3**, 339 (1922). — Strache, H., u. H. Grau, Brennstoff-Chemie **2**, 97 (1921).

32. Schmolke, A.: Gas- u. Wasserfach **67**, 231 (1924).

33. Siehe Fieldner, A. C.: U. S. Bur. Mines Tech. Paper Nr 396 (1926). — Einteilung der Schwelverfahren.

34. Friese, O.: Gas- u. Wasserfach **63**, 525 (1920).

35. Collins, S. H.: Chem. and Ind. **36**, 68 (1917).

36. Siehe Bertelsmann, W.: Lehrb. d. Leuchtgasindustrie, I. Bd, S. 63. Stuttgart 1911.

37. Becker, J.: Gas- u. Wasserfach **50**, 809 (1907). — Braun, F.: Gas- u. Wasserfach **35**, 245 (1892). — Eitle, C.: Gas- u. Wasserfach **41**, 368 (1898); **43**, 890 (1900); **46**, 232 (1913). — West, J.: Gas- u. Wasserfach **33**, 580 (1890).

38. Coze, A.: Gas- u. Wasserfach **33**, 119 (1890). — Siehe auch Bunte, K.: Gas- u. Wasserfach **67**, 133 (1824). — Leybold, W.: Gas- u. Wasserfach **67**, 379 (1924).

39. G. Barnick, Chem. App. **4**, 65 (1917).

40. Tissier, L.: Chim. et Ind. **5**, 136 (1921).

41. Bolz, Ch.: Gas- u. Wasserfach **52**, 591 (1909). — Bueb, J.: Gas- u. Wasserfach **48**, 833 (1905); **49**, 553, 721, 955 (1906); **52**, 685 (1909); **55**, 273 (1912). — Geipert, R.: Gas- u. Wasserfach **53**, 341 (1910).

42. Thau, A.: Glückauf **50**, 836 (1914); **61**, 335 (1925).

43. Thau, A.: Glückauf **55**, 554 (1919).

44. Siehe Glaubitz: Gas- u. Wasserfach **67**, 533 (1924).

45. Gas- u. Wasserfach **71**, 719 (1928).

46. Gas- u. Wasserfach **71**, 534, 887 (1928).

47. Söllner, M.: Gas- u. Wasserfach **65**, 514 (1922).

48. Koppers Mitteilungen **1927**, H. 1.

49. D. R. P. 174325.

50. Herbst, F.: Stahl u. Eisen **30**, 1488 (1910). — Simmersbach, O.: Stahl u. Eisen **35**, 745 (1915).

51. D. R. P. 268327.

52. Kuhn, H.: Gas- u. Wasserfach **69**, 5 (1926). — Peischer, O.: Stahl u. Eisen **45**, 224 (1925). — Still, C.: Glückauf **58**, 757 (1922). Siehe auch Gas- u. Wasserfach **70**, 252 (1927).

53. Ellingen, K.: Stahl u. Eisen **33**, 2066 (1913). — Herbst, F.: Stahl u. Eisen **30**, 1488 (1910).

54. D. R. P. 423421. — Peischer, O.: Stahl u. Eisen **45**, 224 (1925).

55. Ries, H.: Gas- u. Wasserfach **46**, 640 (1903); **47**, 1018 (1904); **50**, 717 (1907).

56. Siehe z. B. Herzberg, F.: Gas- u. Wasserfach **66**, 669 (1923). — Kleemann, F.: Gas- u. Wasserfach **68**, 747 (1925). Mon.-Bull. **4**, 101, 159 (1924).

57. Brooks, H. W.: Power **62**, 635 (1925). — Thau, A.: Glückauf **62**, 898 (1926).

58. Glaubitz: Gas- u. Wasserfach **67**, 533 (1924). — Glover, S., u. J. West: Het Gas **30**, 92 (1910). — Klapproth: Gas- u. Wasserfach **69**, 320 (1926). — Koppers Mitteilungen **1928**, H. 3. — Peischer, O.: Gas- u. Wasserfach **68**, 596 (1925). — Woodall, H. W.: Gas- u. Wasserfach **50**, 624 (1907); **51**, 1025 (1908).

59. Buijs, J.: Gas- u. Wasserfach **70**, 133 (1927). — Pichler: Gas- u. Wasserfach **70**, 213 (1927). — Wunderlich, H.: Gas- u. Wasserfach **67**, 149 (1924); **70**, 199 (1927).

60. Limberg, Th.: Praxis des wirtschaftlichen Verschwelens und Vergasens. Halle/Saale 1925. — Thau, A.: Braunkohle **23**, 17 (1924/25); **24**, 1 (1925/26).

61. Chem. and Ind. **16**, 983 (1897).

62. D. R. P. 200602.

63. Thau, A.: Glückauf **61**, 1507 (1925).

64. Glückauf **50**, 838 (1914).

65. Curtis, H. A., u. W. J. Champman: Chem. Met. Eng. **28**, 11 (1923). — Curtis, H. A., u. W. J. Geldard: Chem. Met. Eng. **28**, 60, 118, 171 (1923). — Thau, A.: Brennstoff-Chemie **2**, 246 (1921). Glückauf **59**, 490 (1923). — Siehe auch Brooks, H. W.: Power **62**, 638 (1925). J. Franklin Inst. **202**, 337 (1926).

66. Deutsche Pat.-Anm. T. 29711, VI/10a.
67. Thau, A.: Glückauf **59**, 29 (1923).
68. Roser, E.: Stahl u. Eisen **40**, 741 (1920). Brennstoff-Chemie **6**, 153 (1925).
69. Thau, A.: Schwelung von Braun- u. Steinkohle, S. 367. Halle/Saale 1927.
70. Stahl u. Eisen **46**, 1553 (1926).
71. Thau, A.: Glückauf **55**, 552 (1919).
72. Stahl u. Eisen **46**, 1552 (1926).
73. Cantieny, G.: Z. V. d. I. **69**, 547, 929 (1925).
74. Stahl u. Eisen **46**, 1549 (1926).
75. Loebinger, K.: Braunkohle **24**, 993, 1019 (1925/26). — Thau, A.: Glückauf **62**, 408 (1926).
76. Thau, A.: Braunkohle **24**, 13 (1925/26). — Stahl u. Eisen **44**, 1286 (1924).
77. Thau, A.: Glückauf **61**, 1162 (1925).
78. Thau, A.: Schwelung von Braun- und Steinkohle, S. 396. Halle/Saale 1927.
79. Entgasen und Vergasen, S. 86. Berlin 1925.
80. Thau, A.: Schwelung von Braun- und Steinkohle, S. 403ff. Halle/Saale 1927.
81. Thau, A.: Braunkohle **25**, 549 (1926/27). Glückauf **61**, 682 (1925). Stahl u. Eisen **46**, 1556 (1926).
82. Beyschlag, F.: Braunkohlen- u. Schieferschwelung, 2. Aufl. Berlin 1920.
83. Caracristi, V. Z.: Power **57**, 831 (1923). J. Franklin Inst. **202**, 321 (1926). — Piron, E.: Can. Min. J. **47**, 1148 (1926). — Thau, A.: Glückauf **61**, 825 (1925).
84. D. R. P. 112932.

D. Aus Gasen und Flüssigkeiten.

Gase werden durch gegenseitige Einwirkung von Gasen und Flüssigkeiten nur in beschränktem Maße erzeugt. Dies hat vorwiegend seinen Grund im Aggregatzustand der beiden Komponenten und des entstehenden Stoffes. Reaktionen zwischen Gasen allein sind leicht ausführbar, weil sich diese in jedem Verhältnis miteinander mischen (was die gegenseitige Einwirkung wesentlich begünstigt). Ferner können die Reaktionstemperaturen in weiten Grenzen verändert werden, ohne daß der Aggregatzustand der Ausgangsstoffe wechselt. Eine ähnliche Freiheit finden wir auch bei den technischen Reaktionen zwischen Gasen und festen Stoffen, wodurch sich der Bereich der Betriebsmöglichkeiten stark erweitert; dementsprechend kennt man eine große Zahl praktisch ausgeführter Prozesse zwischen festen Stoffen und Gasen (siehe S. 155) sowie letzteren allein (siehe S. 92).

Wenn eine Ausgangskomponente eine Flüssigkeit ist, liegen die Verhältnisse bedeutend ungünstiger. Die ziemlich früh einsetzende Verdampfung setzt recht enge Temperaturgrenzen. Da chemische Umsetzungen in der Gastechnik im allgemeinen bei hohen Temperaturen erfolgen, beschränkt man sich zur Darstellung von Gasen aus solchen und Flüssigkeiten auf die rein physikalische Verdampfung oder Verdunstung. Schon bei der Darstellung von Gasen aus Flüssigkeiten allein zeigte es sich, daß die chemische Umwandlung, die Zersetzung der Flüssigkeit in Gase, erst vor sich geht, wenn die Verdampfung, also der physikalische Übergang in den Gaszustand, bereits abgelaufen ist (siehe S. 104). Es darf auch nicht unbeachtet bleiben, daß der aus Gas und Flüssigkeit

entstehende Stoff selbst wieder ein Gas ist, was die gegenseitige Einwirkung der Ausgangssubstanzen abschwächt. Wäre der neue Stoff
flüssig oder fest, dann nähme die Reaktionsflüssigkeit das Gas durch
Absorption leicht auf, wodurch der ganze Vorgang erleichtert und beschleunigt werden würde.

Man erzeugt für den Kleingebrauch stellenweise ein brennbares Gas
dadurch, daß man Luft mit Benzindämpfen belädt. Ein solches gasförmiges Gemenge nennt man Luftgas, eine durchaus nicht eindeutige
Bezeichnung (siehe S. 162). Andere für dieses Gasgemisch gebräuchliche
Namen sind Aerogen, Benoidgas, Pentairgas usw.

Man stellt das Gas aus Benzinen vom spezifischen Gewicht 0,64—0,68
(Gasolin, Hydririn, Solin, Benoid-Hexan usw.) her, die hauptsächlich
Pentan und Hexan erhalten.

Abb. 109 zeigt ein Beispiel der verschiedenen Ausführungen, die alle
nach dem gleichen Grundgedanken arbeiten. Stets muß eine innige
Berührung zwischen Gas und Flüssig-
keit stattfinden, damit die Flüssigkeit rasch und vollständig verdampft. Zu diesem Zweck erzeugt
man mittels eines Gebläses einen
Luftstrom, der über Flächen geleitet
wird, die man mit dem Benzin berieselt. — Das Schöpfrad *1* fördert
abgemessene Mengen der Flüssigkeit
in das Trichterrohr *2*. Die Welle des
Schöpfrades *1* ist mit dem der Luft-
ansaugung dienenden Gebläse *3* gekuppelt, so daß auf eine gegebene
Luftmenge eine ganz bestimmte
Flüssigkeitsmenge trifft. Die Mengen
beider Stoffe sind derart bemessen,

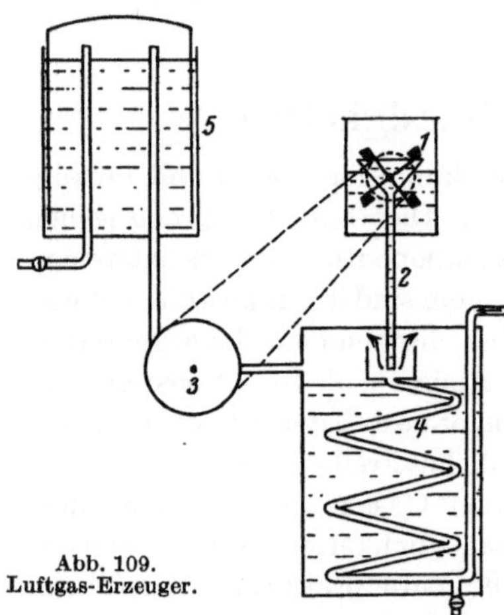

Abb. 109.
Luftgas-Erzeuger.

daß die Luft zur Aufnahme des gesamten Flüssigkeitsdampfes ausreicht.
Das Benzin fließt dem Luftstrom in der Schlange *4* entgegen. Das
fertige „Luftgas“ wird vom Gebläse *3* in den Entnahmebehälter *5* gedrückt. Gebläse *3* und Behälter *5* sind derart miteinander verbunden,
daß jenes nur arbeitet, wenn dieser Luftgas aufnehmen kann.

Das Luftgas enthält etwa 8,5 Volumprozent Benzindampf. Ein
solches Gasgemisch liegt außerhalb der Explosionsgrenzen, die für
Benzindampf 2,4 und 4,9 Volumprozent betragen (siehe Anhang 15,
S. 388).

Die Verdunstung brennbarer Flüssigkeiten wird auch beim Kalt-
Karburieren heizwertarmer Gase (Wassergas usw.) mit Benzoldämpfen zur Aufbesserung des Heizwertes angewandt.

Literatur:
BUSCH: Gas- u. Wasserfach **54**, 333 (1911).
PFEIFFER, O.: Luftgas. In MUSPRATT, J. S., u. B. NEUMANN: Enzyklopädie d. techn. Chemie, Erg.-Bd 1/2, S. 782. Braunschweig 1921.

E. Aus Gasen und festen Stoffen.

1. Vollständige Verbrennung.

Vollständige Verbrennung ist im Rahmen des hier zu behandelnden Stoffes die Bildung gasförmiger Oxyde durch Einwirkung von Gasen auf (feste) Körper bei hoher Temperatur, welche Oxyde unter den gewöhnlichen Oxydationsbedingungen keinen Sauerstoff mehr aufnehmen. Es handelt sich praktisch um das Kohlendioxyd (CO_2) und das Schwefeldioxyd (SO_2).

Die festen Ausgangsstoffe, die das Kohlenstoff- bzw. das Schwefelatom liefern, werden nur selten in reinem, elementarem Zustand verwendet, sondern gewöhnlich in Form physikalischer Gemenge oder als chemische Verbindungen aller Art. Es bleiben dann nach dem Herausoxydieren des jeweiligen Grundstoffes (C, S) die Restbestandteile zurück und müssen aus der Apparatur entfernt werden. — Den zur Oxydation notwendigen Sauerstoff benutzt man aus wirtschaftlichen Gründen gleichfalls nicht in reiner Form, sondern als Luft, obgleich es nicht an Gegenvorschlägen mangelt, insbesondere wenigstens sauerstoffangereicherte (Linde-) Luft anzuwenden. — Die Verwendung der Luft hat zur Folge, daß die beiden Oxydgase nicht unvermischt anfallen, sondern beträchtliche Stickstoffmengen enthalten. Die Reaktionsprodukte sind mithin Gasgemenge, aus denen die erzeugten Oxyde erst gewonnen werden müssen (siehe S. 66), falls man nicht das Rohgemisch als solches weiter verwendet.

Für reine Ausgangsstoffe ergeben sich bei vollständigem Verbrauch des Luftsauerstoffes aus der theoretisch notwendigen Luftmenge folgende Grundgleichungen:

$$C + \underbrace{O_2 + 3,76\,N_2}_{=\ \text{Luft}} \rightarrow CO_2 + 3,76\,N_2,$$

$$S + O_2 + 3,76\,N_2 \rightarrow SO_2 + 3,76\,N_2.$$

Neben Schwefeldioxyd entsteht bei der Verbrennung in geringen Mengen auch Schwefeltrioxyd, das Anhydrid der Schwefelsäure.

Die theoretisch günstigste Zusammensetzung der Verbrennungsgase, in denen die Oxyde enthalten sind, entspricht der Zusammensetzung der Luft, wobei einfach der Sauerstoff durch das Oxyd ersetzt ist: 21,0 Volumprozent CO_2 (SO_2) und 79,0 Volumprozent N_2. Von einem etwaigen Wasserdampfgehalt der Gase wird dabei abgesehen. Die vor-

erwähnten Konzentrationen werden praktisch nicht erreicht; einerseits
bleibt ein gewisser Teil des Sauerstoffes unverbraucht und tritt als solcher
in den Endgasen unverändert auf, anderseits wird manchmal ein Teil
des Sauerstoffes von den Beimengungen des festen Rohstoffes gebunden.
Stellt man beispielsweise das Schwefeldioxyd aus Pyrit dar, dann erhält
man ein Reaktionsgas, dessen Zusammensetzung durch folgende theoretische Grenzfälle bestimmt wird:

$$2\,FeS_2 + 5\,O_2 + 5 \cdot 3{,}76\,N_2 \rightarrow 2\,FeO + 4\,SO_2 + 5 \cdot 3{,}76\,N_2,$$

entsprechend einer Zusammensetzung: 17,5 Volumprozent SO_2;
82,5 Volumprozent N_2; und

$$2\,FeS_2 + 5{,}5\,O_2 + 5{,}5 \cdot 3{,}76\,N_2 \rightarrow Fe_2O_3 + 4\,SO_2 + 5{,}5 \cdot 3{,}76\,N_2,$$

entsprechend einer Zusammensetzung: 16,2 Volumprozent SO_2;
83,8 Volumprozent N_2.

Im Reaktionsraum muß stets eine Temperatur herrschen, die über
dem Entzündungspunkt des festen Rohstoffes liegt. Es kommt vor,
daß dann der feste Körper bereits geschmolzen ist (Schwefel), was bei
der Konstruktion der Apparatur berücksichtigt werden muß. Ähnlich
wie wir bei der Darstellung von Gasen aus Flüssigkeiten (siehe S. 104)
hörten, daß die Flüssigkeit vor der eigentlichen Umwandlung in den gasförmigen Zustand übergeht, so tritt auch hier gelegentlich ein Übergang
aus dem festen in den flüssigen und beim Schwefel, der sehr leicht
sublimiert, teilweise sogar in den gasförmigen Zustand ein. Im allgemeinen reicht die Reaktionswärme zur Erhaltung der Reaktionstemperatur aus; wenn nicht, muß von außen beheizt werden (Zinkblende).

Die Abscheidung, das heißt: Gewinnung der reinen Oxydgase aus
dem sie enthaltenden Verbrennungsgasgemisch läßt sich umso leichter
durchführen, je höher die Konzentration liegt.

Rohstoffe und Arbeitsweise. Als fester Rohstoff kommt für das
Kohlendioxyd hauptsächlich Koks in Betracht, der sich auf jeder beliebigen Feuerung verbrennen läßt. Da man das in Verbrennungsgasen
enthaltene Kohlendioxyd in den meisten Fällen verlorengehen läßt und
die Verbrennung nicht um dieses Produktes willen vorgenommen wird,
sehen wir von einer Beschreibung der Koksfeuerungen ab.

Zur Herstellung des Schwefeldioxyds verwendet man entweder elementaren Schwefel oder die — solchen enthaltende — ausgebrauchten
Gasreinigungsmassen der Kokereien und Gaswerke oder sulfidische Erze
aller Art, wie Pyrit, Kupferkies, Zinkblende usw. Schließlich kann man
auch aus Hochofenschlacke, die etwa 1—2,5% Schwefel als Calcium-
sulfid enthält, Schwefeldioxyd darstellen.

Die Arbeitsweise ist stets derart, daß man zu dem in Überschuß in der Apparatur befindlichen festen oder geschmolzenen Rohstoff die Verbrennungsluft kontinuierlich hinzutreten läßt. Während also in jedem Zeitpunkt das Verhältnis von Luft zu festem Rohstoff ganz zugunsten des letzteren liegt, wird von der Luft doch nur so viel herausoxydiert, daß die Endgase noch unverbrauchte Luft enthalten; bezogen auf den tatsächlich umgesetzten Kohlenstoff oder Schwefel arbeitet man also mit Luftüberschuß.

Der gasförmige Rohstoff ist — wie bereits erwähnt — Luft, trotz mancher Vorzüge, die die Verwendung von stickstoffärmerem oder gar -freiem Sauerstoff bringen würde[1].

Schwefelöfen. Sie müssen so konstruiert sein, daß die Luft gleichmäßig und gut zum Schwefel gelangt, daß dieser möglichst wenig sublimiert, und daß sich die Ofenwände nicht

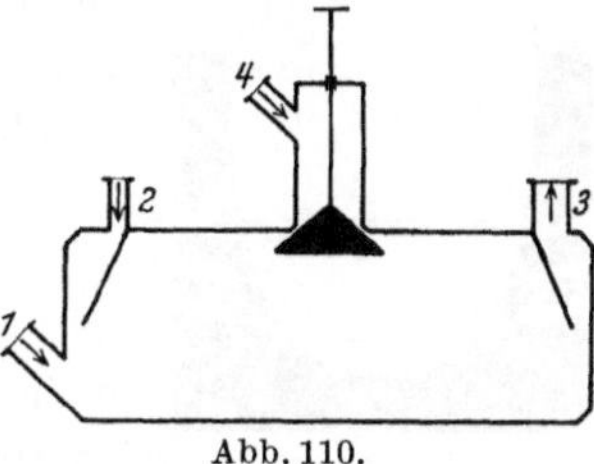

Abb. 110.
Schwefel-Verbrennungsofen.

überhitzen, also gleichmäßiger Reaktionsverlauf mit möglichst vollständiger Verbrennung sublimierenden Schwefels und Ableitung der überschüssigen Wärme.

Das Schema eines Schwefelofens zeigt Abb. 110. Um den Ofen in Betrieb nehmen zu können, wird Schwefel bei *1* eingebracht und entzündet. Durch das Rohr *2* preßt man die Verbrennungsluft in den Ofen, während die Verbrennungsprodukte am entgegengesetzten Ende bei *3* abziehen. Ist die Reaktion einmal eingeleitet, dann beschickt man den Ofen mit neuem Schwefel durch die an Generatorverschlüsse (siehe S. 166) erinnernde Beschickungsvorrichtung bzw. die Öffnung *4*.

Kies- und Masse-Röstöfen. Für Kiese und ausgebrauchte Gasreinigungsmassen verwendet man heutzutage mit Vorliebe mechanische Öfen (Abb. 111). Die rotierenden Arme *1* wälzen die brennenden Massen dauernd um. Während die Gase im Zickzack hochsteigen, wandert die Masse abwärts, bis sie am unteren Ende des Ofens ausgebrannt ausgetragen wird. Die hohle Welle *2* und auch die Arme *1*

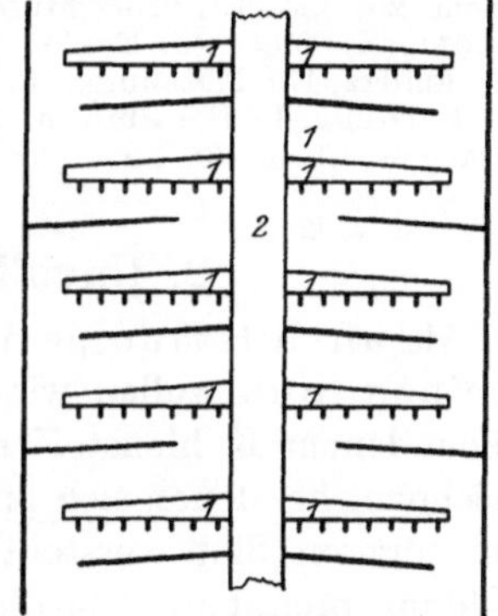

Abb. 111. Mechanischer Kies- und Masse-Röstofen.

können gekühlt werden, um das Material vor den Angriffen der Massen einigermaßen zu schützen.

Bezüglich der verschiedenen Ausführungen solcher Kiesröstöfen verweisen wir auf die Literatur[2].

Den Kiesöfen ähnlich sind die Zinkblende-Röstöfen. Die Unter-

schiede zwischen beiden Arten ergeben sich aus der Notwendigkeit einer
künstlichen Wärmezufuhr bei der Zersetzung der Blenden[3].

Hochofenschlackeöfen. Die Gewinnung des in Hochofenschlacken
enthaltenen Schwefels als Dioxyd führt man nach L. H. DIEHL[4] derart
aus, daß man (Abb. 112) durch die flüssige
Schlacke in gemauerten Schlackensümpfen durch
Düsen 1 Luft bläst. Die Konzentration des Schwefeldioxyds läßt sich durch Zusatz von Calcium-
sulfat (Gips) steigern, wobei sich die folgende
Reaktion abspielt:

$$CaS + 3\,CaSO_4 \rightarrow 4\,CaO + 4\,SO_2.$$

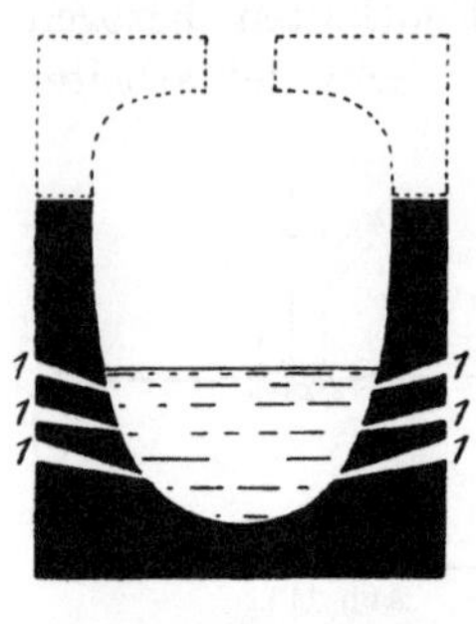

Abb. 112. Ofen zur Gewin-
nung von Schwefeldioxyd
aus Hochofenschlacken.

Literatur:

LIEBIG, R. G. M.: Zink u. Cadmium. Leipzig 1913.
LUNGE, G.: Schwefelsäurefabrikation. Braunschweig
1916.
WAESER, B.: Schwefelsäurefabrikation, in MUSPRATT,
J., u. B. NEUMANN: Enzyklopädie der techn. Chemie,
Erg.-Bd 2, S. 979. Braunschweig 1927.

Hinweise im Text:
1. Siehe z. B. BRANDT, P.: Metallurgie **2**, 311, 331, 345 (1905).
2. HARTMANN, E., u. F. BENKER: Z. angew. Chem. **19**, 1125, 1188 (1906). —
KELER, H. v.: Z. angew. Chem. **25**, 454 (1912). — KEPPELER, G.: Chem. Ztg **37**,
1220 (1913). — TRUCHOT, P.: Rev. chim. pure **10**, 54 (1907). — Siehe auch
SCHWARZ, R.: Chem. Ztg **43**, 585 (1919).
3. GOLDMANN, H.: Metall u. Erz **20**, 241 (1923). — KELER, H. v.: Z. angew.
Chem. **25**, 454 (1912). — MÜHLHÄUSER, O.: Z. angew. Chem. **23**, 347 (1910). —
NUGEL, K.: Metall u. Erz **11**, 227 (1913). — SCHEFCZIK: Chem. Ztg **43**, 661 (1919).
— SCHÜTZ, E.: Metallurgie **8**, 635 (1911).
4. DIEHL, L. H.: Stahl u. Eisen **41**, 845 (1921). — Siehe auch NEUMANN, B.:
Z. angew. Chem. **39**, 1537 (1926).

2. Unvollständige Verbrennung.

Als unvollständige Verbrennung oder Vergasung im allgemeinen Sinn wollen wir alle Oxydationsreaktionen von freiem oder
gebundenem Kohlenstoff mit freiem oder gebundenem Sauerstoff bezeichnen, bei denen sich brennbare, also noch oxydierbare Gase bilden.
Im engeren Sinn versteht man unter Vergasung nur die thermische
Bildung brennbarer Gase aus wesentlich freiem Kohlenstoff und Luft,
Wasserdampf oder Kohlendioxyd.

Brennbare Gase, von unvollständigen Verbrennungen herrührend,
entstehen bei manchen technischen Vorgängen als Nebenprodukte. So
bilden sich beträchtliche Mengen Kohlenoxyd bei der Herstellung des
Calciumcarbids im elektrischen Ofen; ein Verfahren, auf das wir bereits
an anderer Stelle zu sprechen kamen (siehe S. 110). Auch die trockene
Destillation fester Brennstoffe liefert Kohlenoxyd, das aus Kohlenstoff

und Sauerstoff der Rohstoffe entsteht und sich mit den anderen gasförmigen Produkten der „Entgasung" vermischt (siehe S. 116). Diese beiden Vorgänge zählen aber nicht zur Vergasung im engeren Sinne; die Ausgangsstoffe für das Kohlenoxyd sind in beiden Fällen lediglich feste Substanzen und ergeben feste, kohlenstoffhaltige Reaktionserzeugnisse, während wir in diesem Abschnitt die Wechselwirkung zwischen Gasen und festen Stoffen zu behandeln haben unter Auflösung des gesamten Kohlenstoffes.

Ein echter Vergasungsvorgang — von großer praktischer Bedeutung — ist die Bildung des Gichtgases bei der Herstellung des Eisens im Hochofen. Dieser diente auch den meisten modernen Gaserzeugern oder Generatoren, wie die Vorrichtungen zur Vergasung heißen, als Vorbild. In den Generatoren wird die unvollständige Verbrennung mit der Absicht ausgeführt, den festen Ausgangsbrennstoff möglichst vollständig in wertvollere Brenngase überzuführen, die man als industrielle Heizgase viel benutzt.

Ausgangsstoffe. Als feste Rohstoffe der Vergasung dienen teils die brennbaren, kohlenstoffreichen Rückstände der trockenen Destillation (Koks usw.), teils die festen Rohbrennstoffe als solche (Kohle usw.), in welchem Fall der Vergasung eine Entgasung vorangeht.

Die gasförmigen Rohstoffe der Vergasung sind Luft (Sauerstoff), Wasserdampf und auch Kohlendioxyd (Rauchgase); sie kommen einzeln oder untereinander gemischt zur Anwendung.

Die chemischen Vorgänge bei der Vergasung werden im wesentlichen durch den Kohlenstoff der festen Rohstoffe bedingt, so daß man für die grundlegenden theoretischen Betrachtungen ohne besonderen Fehler reinen Kohlenstoff als feste Komponente annehmen darf, was die Übersicht und damit das Verständnis erleichtert.

Grundlagen. Die Vergasungsvorgänge knüpfen an einige (temperaturabhängige) Gleichgewichtsreaktione an, die mit beträchtlichen Wärmetönungen verbunden sind:

1. $C + O_2 \rightleftarrows CO_2 + 97\,640$ kcal,
   (12 kg)

2. $CO_2 + C \rightleftarrows 2\,CO - 38\,760$ kcal,

(2a. $2\,C + O_2 \rightleftarrows 2\,CO + 58\,880$ kcal),

3. $C + H_2O_D \rightleftarrows CO + H_2 - 27\,920$ kcal,

3a. $C + 2\,H_2O_D \rightleftarrows CO_2 + 2\,H_2 - 17\,080$ kcal.

Neben diesen Reaktionen zwischen den festen und gasförmigen Ausgangsstoffen treten auch Umsetzungen zwischen den Gasen auf, die naturgemäß viel rascher ablaufen, weil die Berührung in homogenen

gasförmigen System günstiger ist als im heterogenen System (fester
Stoff + Gas):

$$4.\ CO_2 + H_2 \rightleftarrows CO + H_2O_D - 10\,840\ kcal\ \text{(Wassergasgleich-}$$
$$\text{gewicht).}$$

Die Gleichgewichtsreaktionen wurden von verschiedenen Forschern
untersucht; Reaktion 2 erstmalig von O. BOUDOUARD[1], nach dem dieses
Gleichgewicht auch häufig benannt wird. Tabelle 18 enthält seine Ergebnisse, die beim Überleiten von Kohlendioxyd über Holzkohle gewonnen

Tabelle 18. Zusammensetzung der durch Einwirkung von
Kohlendioxyd auf Holzkohle entstehenden Gase.
(Nach O. BOUDOUARD.)

Temperatur in °C	Kohlendioxyd in Volumprozent	Kohlenoxyd in Volumprozent
450	97,8	2,2
500	94,6	5,4
600	76,8	23,2
700	41,3	58,7
800	12,4	87,6
900	2,9	97,1
1000	0,9	99,1

wurden (siehe auch Abb. 113). Spätere Untersuchungen bestätigten
den Verlauf der BOUDOUARDschen Gleichgewichtskurve im wesentlichen[2].

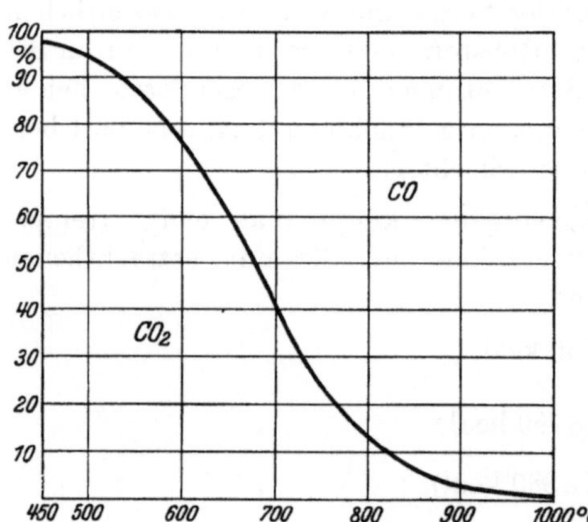

Abb. 113. Zusammensetzung der durch Einwirkung von
Kohlendioxyd auf Holzkohle entstehenden Gase
(O. BOUDOUARD).

Die Werte zeigen, daß
das Gleichgewicht bei etwa
450° C ganz zugunsten des
Kohlendioxyds liegt, wäh-
rend bei 1000° C fast reines
Kohlenoxyd entweicht.
Durch Verdünnen des Koh-
lendioxyds mit inerten Gasen — etwa Stickstoff, wie
dies beim Verbrennen mit
Luft geschieht — erhält
man in Übereinstimmung
mit der Theorie das reine
Kohlenoxyd schon bei tie-
feren Temperaturen (etwa
800° C), vorausgesetzt, daß
die Zeit der Einwirkung, die
von der Reaktionsgeschwindigkeit abhängt, hinreichend lang ist.

Die Einwirkung von Wasserdampf auf Holzkohle untersuchte
HARRIS[3] (Tabelle 19 und Abb. 114).

Tabelle 19. Zusammensetzung der durch Einwirkung von
Wasserdampf auf Holzkohle entstehenden Gase.
(Nach HARRIS[3].)

Temperatur in ° C	Wasserstoff in Volumprozent	Kohlenoxyd in Volumprozent	Kohlendioxyd in Volumprozent
700	65,2	5,6	29,2
800	64,5	10,4	25,1
900	57,1	26,6	16,9
1000	49,0	49,1	1,9
1100	51,0	48,2	0,8

Unter 700° C entspricht die Zusammensetzung des Gases etwa dem
Verlauf der Reaktion 3a, über 1000° C etwa dem von 3.

Aus den hier mitgeteilten Untersuchungsergebnissen ersehen wir,
daß die Vergasung — gleichgültig welcher Art die gasförmige Ausgangskomponente ist — bei ziemlich hohen
Temperaturen ausgeführt werden muß.
Die Art, wie diese hohen Temperaturen
praktisch erzielt werden, ist für alle technischen Vergasungsprozesse kennzeichnend, da man im Gegensatz zur „Entgasung" fast ausschließlich von einer
Außenbeheizung der Vergasungsvorrich-
tungen absieht. Eine Ausnahme bildet die
Herstellung von Wassergas in Kohlen-
entgasungsräumen durch sogenanntes
Dampfen (Naßbetrieb).

Betriebsweise. Meist läßt man den
festen, kohlenstoffhaltigen Rohstoff in
den Vorrichtungen unter dem Einfluß
der Schwere niedersinken, falls er nicht
bis zur völligen Vergasung im Apparat

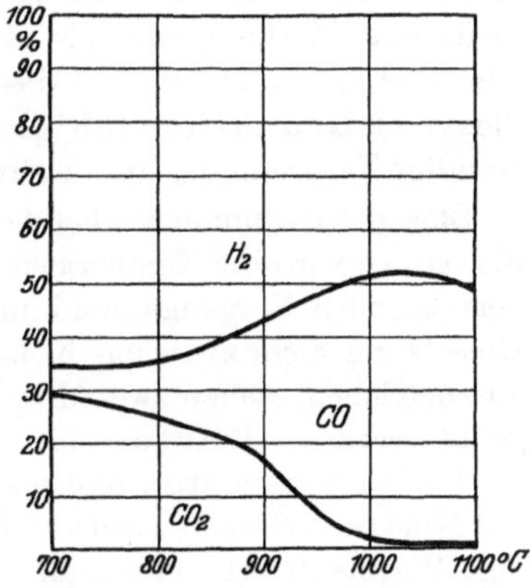

Abb. 114. Zusammensetzung der durch
Einwirkung von Wasserdampf auf
Holzkohle entstehenden Gase (HARRIS).

in Ruhe bleibt; die gasförmigen Komponenten dringen von unten (oder
in umgekehrter Richtung[4] von oben) ein, indem man sie entweder durch
die feste Beschickung preßt oder durch Absaugen des fertigen Brenngases mit Unterdruck hindurchbringt.

Die Betriebsweise wird durch die Art, wie man die Beheizungsfrage
löst, weitgehend bestimmt. Wie wir weiter oben bereits ausführten, sind
die Wärmetönungen teils positiv, teils negativ. Blasen wir beispielsweise Luft über heißen Koks, daß die Gleichung

$$2\,C + \underbrace{O_2 + 3{,}76\,N_2}_{=\ \text{Luft}} \rightarrow 2\,CO + 3{,}76\,N_2 + 58\,880\ \text{kcal}$$
(24 kg)

erfüllt wird, was bei etwa 800° erfolgt, so wird die beträchtliche Reaktionswärme mehr als ausreichen, um die Wärmeverluste durch Strah-

lung, Leitung und fühlbare Wärme in den heißen Reaktionsgasen zu decken. Ein derartiges Gas, das als Luftgas (siehe auch S. 154) bezeichnet wird, enthält theoretisch 34,7 Volumprozent Kohlenoxyd und 65,3 Volumprozent Stickstoff. Es läßt sich im kontinuierlichen Betrieb herstellen, da durch die stark positive Wärmetönung die notwendige Reaktionstemperatur erhalten bleibt. Voraussetzung ist nur, daß die Koksschicht genügend hoch ist, damit es zur vollständigen Bildung von Kohlenoxyd kommen kann. Diese Kohlenoxydbildung verläuft nämlich in zwei Abschnitten. Zuerst verbrennt der Kohlenstoff zu Kohlendioxyd, und dieses reduziert sich erst an weiteren Kohlenstoffmengen zu dem gewünschten Endgas: dem Kohlenoxyd[5]. Die notwendige Höhe oder Dicke der Koksschicht hängt von der Geschwindigkeit ab, mit der die einzelnen Vorgänge ablaufen. Diese Reaktionsgeschwindigkeit ist u. a. eine Funktion verschiedener Kokseigenschaften (Kohlenstoffmodifikation, Porosität, Stückgröße, Aschegehalt usw.), deren gemeinsame Wirkung wir als Reaktionsfähigkeit im allgemeinen[6] oder nur mit Rücksicht auf das reduzierende Verhalten gegen Kohlendioxyd als Reduktionsfähigkeit[7] und schließlich in bezug auf die vollständige Verbrennung als Verbrennlichkeit[8] des Kokses bezeichnen.

Blasen wir nunmehr über heißen Koks Wasserdampf oder Kohlendioxyd, so wird die Temperatur des Kokses infolge der diesmal wärmeverzehrenden Vorgänge bald und solange sinken, bis schließlich keine Umsetzung mehr zwischen Koks und Gas erfolgt. Um diesen Nachteil auszugleichen, stehen zwei Mittel zur Verfügung, die beide in der Praxis geübt werden. Entweder bringt man den erkalteten Koks dadurch wieder auf Temperatur, daß man Luft darüber bläst, wodurch ein Teil des Kokses verbrennt (vollständig oder unvollständig) und die notwendige Wärme liefert; oder man leitet gleichzeitig mit dem Wasserdampf (oder dem Kohlendioxyd) so viel Luft über den heißen Koks, daß die negative Wärmetönung der einen Reaktion durch die positive der anderen ausgeglichen wird. Im ersten Fall arbeitet man periodisch, indem abwechselnd heiß geblasen und gegast wird, wobei man die Gase der verschiedenen Arbeitsabschnitte für sich gewinnt (Wassergas); im anderen Fall ist der Betrieb kontinuierlich (Halbwassergas). Während bei der Vergasung mit Luft allein die Temperatur infolge der exothermen Reaktion über den Aschenschmelzpunkt steigt, erzielt man durch die Kühlung beim Dampf- oder Kohlendioxydzusatz feste Asche, die sich leichter entfernen läßt und auch die Generatorwand weniger angreift.

Es ergeben sich aus obigem folgende praktische Betriebsarten:

Wassergas. A. Gasen nach: $C + H_2O_D \rightarrow CO + H_2 - 27920$ kcal
$\qquad\qquad\qquad\quad$ (12 kg) $\qquad\quad$ (44,8 nm³)

Heißblasen nach: $C + O_2 + 3,76\,N_2 \rightleftarrows CO_2 + 3,76\,N_2 + 97640$ kcal.

Das Wassergas besteht theoretisch aus 50 Volumprozent Wasserstoff und 50 Volumprozent Kohlenoxyd; je nm³ eines solchen Wassergases sind 0,268 kg Kohlenstoff für den Gaseabschnitt aufzuwenden. Könnte die negative Wärmetönung theoretisch genau durch die entsprechende Verbrennungswärme gedeckt werden, dann wären $12 \cdot \frac{27\,920}{97\,640} : 44,8 =$ 0,0766 kg Kohlenstoff je nm³ Wassergas zum Heißblasen aufzuwenden.

B. Gasen nach: $C + H_2O_D \rightarrow CO + H_2 - 27\,920$ kcal

Heißblasen nach: $2\,C + O_2 + 3{,}76\,N_2 \rightleftarrows 2\,CO + 3{,}76\,N_2$
$$+ 58\,880 \text{ kcal.}$$

Diesmal wären unter den gleichen Voraussetzungen $24 \cdot \frac{27\,920}{58\,880} : 44,8 =$ 0,254 kg Kohlenstoff zum Heißblasen je nm³ Wassergas aufzuwenden; man gewinnt aber noch 1,37 nm³ Luftgas je nm³ Wassergas.

Der Vorteil des diskontinuierlichen (intermittierenden) Wassergasbetriebes liegt darin, daß man ein theoretisch stickstoffreies, praktisch stickstoffarmes Gas von ziemlich hohem Heizwert gewinnt.

Halbwassergas: A. Es verlaufen theoretisch gleichzeitig die Reaktionen:

$$C + H_2O_D \rightarrow CO + H_2 - 27\,920 \text{ kcal,}$$
$$2\,C + O_2 + 3{,}76\,N_2 \rightarrow 2\,CO + 3{,}76\,N_2 + 58\,880 \text{ kcal.}$$

Um die beiden Wärmetönungen auf die dem Vorzeichen nach zwar entgegengesetzten, absolut jedoch gleichen Werte zu bringen, müssen auf 12 kg Kohlenstoff (nach der 1. Reaktion) $24 \cdot \frac{27\,920}{58\,880} = 24 \cdot 0,474 =$ 11,38 kg Kohlenstoff nach der 2. Reaktion vergast werden. Insgesamt erhalten wir aus den 23,38 kg Kohlenstoff $44,8 + (2 + 3,76) \cdot 22,4 \cdot 0,474 = 106$ nm³ Gas der Zusammensetzung: 41,2 Volumprozent Kohlenoxyd, 21,1 Volumprozent Wasserstoff und 37,7 Volumprozent Stickstoff.

Praktisch regelt man das Verhältnis von Luft: Wasserdampf, indem man die Vergasungsluft bei einer bestimmten Temperatur mit Wasserdampf sättigt. Für den obigen Fall müßten wir mit 18 kg Wasserdampf $4,76 \cdot 22,4 \cdot 0,474 = 50,5$ nm³ Luft in den Generator blasen, oder je nm³ Luft 356 g Wasserdampf, was einer Sättigungstemperatur von 70° C entspricht (siehe Anhang 4, S. 376).

Die obige Zusammensetzung des Halbwassergases wird in der Praxis nicht erreicht, weil die exotherme Reaktion überwiegen muß, um die verschiedenen Wärmeverluste (durch Strahlung, Leitung, in Form fühlbarer Wärme der abziehenden, heißen Gase usw.) zu decken; ferner bilden sich stets einige Prozent Kohlendioxyd. Aus diesen Gründen hat das praktisch erzeugte Halbwassergas einen Stickstoffgehalt bis 50 und mehr Volumprozent (siehe auch Anhang 11, S. 386).

Die theoretische Wasserdampfmenge reicht im Betrieb ebenfalls nicht aus, weil der Dampf nicht quantitativ mit Kohlenstoff reagiert, sondern zum Teil den Generator unzersetzt wieder verläßt. Anderseits bedingt die Notwendigkeit des Überwiegens der Luftgasreaktion eine starke Erniedrigung der Wasserdampf-Sättigungstemperatur.

B. Die theoretischen Grundgleichungen seien:

$$C + 2\,H_2O_D \rightarrow CO_2 + 2\,H_2 - 17080\ \text{kcal},$$

$$2\,C + O_2 + 3{,}76\,N_2 \rightarrow 2\,CO + 3{,}76\,N_2 + 58880\ \text{kcal}.$$

Unter den gleichen Voraussetzungen wie früher entfallen auf 12 kg Kohlenstoff, die nach der 1. Reaktion vergasen, $24 \cdot \frac{17080}{58880} = 24 \cdot 0{,}290 = 6{,}96$ kg Kohlenstoff, die nach der 2. Reaktion zu vergasen sind. Die Summe von 18,96 kg Kohlenstoff liefert $67{,}2 + (2 + 3{,}76) \cdot 22{,}4 \cdot 0{,}290 = 104{,}6\ \text{nm}^3$ Gas der Zusammensetzung: 12,4 Volumprozent Kohlenoxyd, 42,9 Volumprozent Wasserstoff, 21,4 Volumprozent Kohlendioxyd und 23,3 Volumprozent Stickstoff. Praktisch treten aus den gleichen Gründen wie früher Verschiebungen in der Zusammensetzung ein.

Der Nachteil der an sich angenehmeren, kontinuierlichen Betriebsweise bei der Halbwassergaserzeugung liegt im hohen Stickstoffgehalt des Endgases.

Der doppelte Vorteil der ununterbrochenen Arbeitsweise (Halbwassergas, Mischgas, Dowsongas oder Generatorgas schlechthin) und eines stickstofffreien bzw. stickstoffarmen, hochwertigen Gases (Wassergas) ließe sich durch Vergasen mit Wasserdampf und Sauerstoff erzielen[9]; der technischen Durchführung eines derartigen Betriebes stehen kaum Schwierigkeiten entgegen, doch sind bisher alle Versuche in dieser Richtung am Preis des Sauerstoffes gescheitert.

Zur Erzielung einer hohen Ammoniakausbeute aus minderwertigen, stickstoffreichen Rohstoffen arbeitet L. MOND[10] mit großem Dampfüberschuß und bei verhältnismäßig niedrigen Temperaturen (etwa entsprechend dem Beispiel: Halbwassergas B).

Die Betriebsweise und vor allem der Bau der Generatoren werden schließlich noch durch die Art des festen Brennstoffes (Koks, Stein-, Braunkohle, grobstückig, fein, staubförmig) beeinflußt.

Mit Rauchgasen vergast man sehr selten, weil eine Wirtschaftlichkeit nur bei Verwendung heißer Rauchgase gegeben erscheint; im günstigsten Fall (bei Rauchgasen mit 21 Volumprozent Kohlendioxyd) kommt man auch nur zu einem Gas von der Zusammensetzung des theoretischen Luftgases, meist wird aber dessen Kohlenoxydgehalt nicht erreicht.

Immerhin verdient die Möglichkeit einer (chemischen) Regeneration von Verbrennungsgasen ein gewisses Interesse[11].

Generatoren. Die Generatoren sind entweder mit der industriellen Vorrichtung, die mit dem entstehenden Gas beheizt werden soll, starr verbunden (vorgebaute Generatoren), oder sie werden als selbständige Gaserzeuger errichtet. Im ersten Fall arbeiten sie nur und unmittelbar für die zu beheizende Vorrichtung, während das Gas der selbständigen Generatoren in beliebiger Weise gesammelt, gekühlt, gereinigt, gespeichert und dem zu beheizenden Ofen geregelt zugeführt werden kann.

Abb. 115 zeigt eine einfache Ausführung eines Generators der erstgenannten Art. Durch die verschließbare Beschickungsöffnung *1* wird der feste Brennstoff in gewissen Zeitabständen eingetragen. Er sammelt sich auf dem Rost *2*. Durch die Öffnung *3* wird die Erstluft, deren Menge nur zu unvollständiger Verbrennung ausreicht, durch den eigenen Zug der Anlage angesaugt. Die Luft nimmt aus dem Wasserschiff *4* Wasserdampf auf. Die Verdampfung des Wassers aus dem Schiff wird einerseits durch die strahlende Wärme der heißen Reaktionszone, anderseits durch die vom Rost *2* ins Schiff *4* fallenden Schlacken gefördert. Das entstehende Gas zieht durch den Kanal *5* zur Verbrennungs- bzw. Heizstelle, wo es mit Zweitluft vollständig verbrennt. Diese an sich wärmetechnisch recht ungünstige Ausführung, die noch den Nachteil hat, daß man die Mengen an Erstluft und Wasserdampf nicht regeln kann, wurde mehrfach verbessert. Wir haben diese Abänderungen bei den Einzelgeneratoren der Entgasungsöfen bereits besprochen und verweisen auf den betreffenden Abschnitt (siehe S. 131).

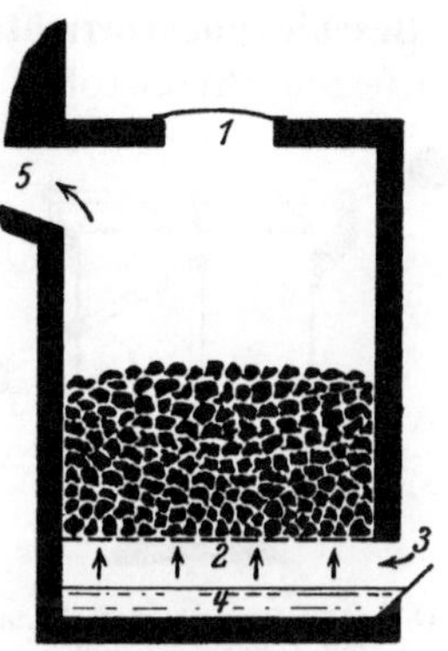
Abb. 115.
Vorgebauter Einzelgenerator.

Die selbständigen Gaserzeuger, deren Grundform Abb. 116 zeigt, weisen grundsätzlich die gleichen Einzelteile auf wie die bereits besprochene Generatorart. Sie bestehen aus einer Beschickungsvorrichtung *1*, dem Schacht *2*, dem Rost *3*, der Zuleitung *4* für die Vergasungsluft (Wind) und den Wasserdampf, einem unteren Abschluß oder einer Aschenaustragung *5* und dem Gasabzug *6*. Der feste Brennstoff kommt oben zuerst in eine Schwelzone, wo er durch die aufsteigenden heißen Gase getrocknet, vorgewärmt und gegebenenfalls entgast wird, gelangt dann in die Vergasungszone, die weiter unten in eine Ver-

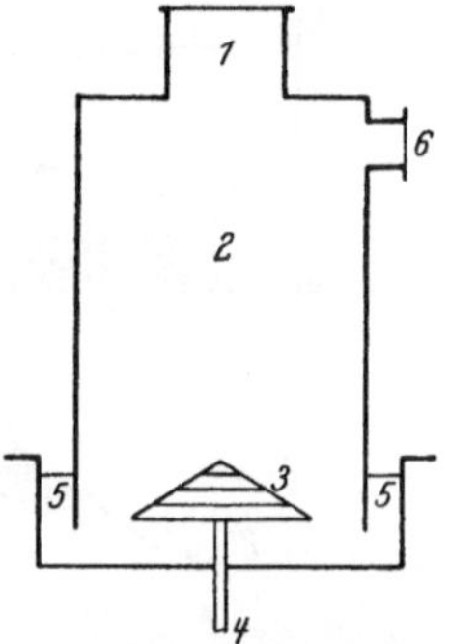
Abb. 116. Grundform eines selbständigen Gaserzeugers (Zentralgenerator).

brennungszone übergeht; die Zone der übrigbleibenden Aschen und Schlacken schließt die Reihe ab. Die Luft wird durch das Rohr *4* mit Hilfe eines Gebläses gedrückt.

Eine Zwischenstellung bilden die Sauggasgeneratoren. Das in ihnen erzeugte Gas dient zum Antrieb von Gasmotoren, die sich ihren Betriebsstoff ansaugen, wodurch das Windgebläse wegfällt[12].

Beschickungsvorrichtungen. Sie haben den Zweck, das Eintragen des festen Brennstoffes in den Generator bei geringer Handarbeit im stetigen Betrieb und unter gutem Gasabschluß zwecks Vermeidung von Gasverlusten zu ermöglichen. Aus dem zuletzt genannten Grund verwendet man meist Doppelverschlüsse.

Bei der in Abb. 117 dargestellten Ausführung wird der Fülltrichter *1* beschickt, indem man den Streu- und Verteilungskegel *2* durch Tiefstellen des Hebelarmes *3* dicht schließen läßt und hierauf den Deckel *4* nach erfolgtem Lösen des Riegelverschlusses *5* zurückschlägt. Nunmehr füllt man den Trichter *1* aus einem (fahrbaren) Bunker mit dem zu vergasenden Brennstoff, schließt den Deckel *4* und senkt den Kegel *2* durch Hochheben des Armes *3*, wodurch der Brennstoff in den Vergasungsschacht gleitet. — Als oberer Verschluß kann auch ein doppelter Schiebedeckel dienen (siehe Abb. 100, S. 145).

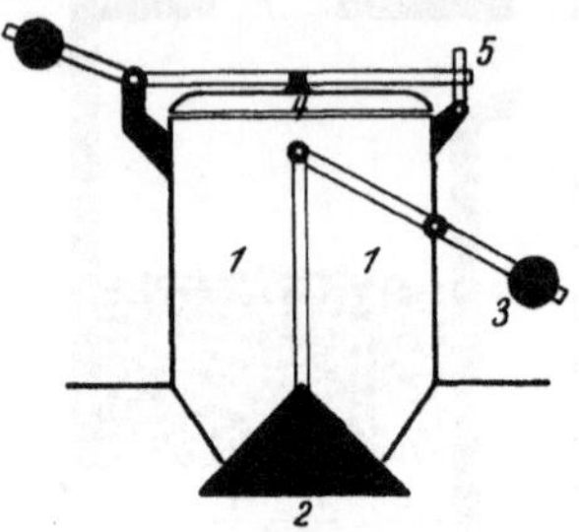

Abb. 117. Generatorbeschickung mit Doppelverschluß.

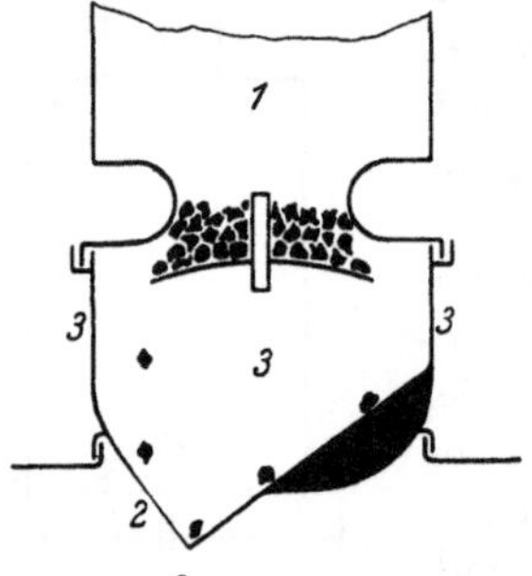

Abb. 118. Beschickungsvorrichtung des MORGAN-Generators.

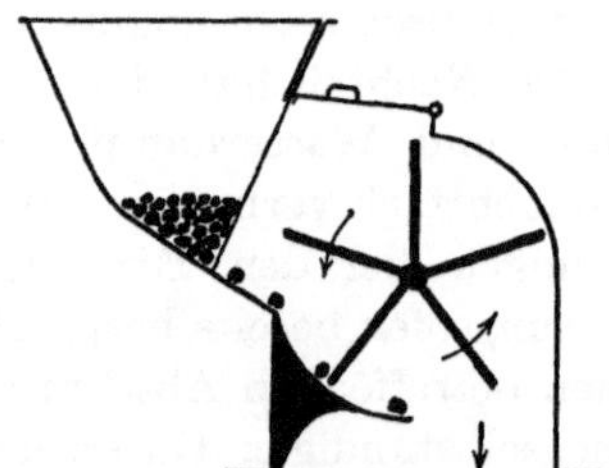

Abb. 119. Beschickungsvorrichtung des CAMDEN-Generators.

Zur gleichmäßigen Verteilung der Beschickung im Schacht besitzt der MORGAN-Generator[13] (Abb. 118) unterhalb des Fülltrichters *1* statt des Streukegels einen sich langsam drehenden, mit exzentrisch gelegener Einschüttöffnung *2* versehenen Verteiler *3*, der den Brennstoff über den ganzen Schachtquerschnitt gleichmäßig waagerecht schichtet.

Der CAMDEN-Generator[14] besitzt zur Eintragung des Brennstoffes eine in mehrere Kammern unterteilte, drehbare Trommel (Abb. 119).

Generatorschacht. Die Ausbildung des Generatorschachtes unterliegt einer gewissen Mannigfaltigkeit, die durch das Zusammentreffen oder die technische Möglichkeit verschiedener Erscheinungen bedingt wird; der Generatorschacht ist jener Teil der Apparatur, wo sich die eigentlichen Vergasungsvorgänge abspielen, und er verdient aus diesem Grunde das größte Interesse. Die Form des Schachtquerschnittes ist kreisförmig oder polygonal.

In manchen Generatoren — besonders solchen, die backende Kohlen verarbeiten — bringt man unterhalb des Beschickungstrichters im Schacht Bewegungsvorrichtungen[15] an, die den Zweck haben, die Kohle über den ganzen Querschnitt gleichmäßig zu verteilen, sie am Backen zu verhindern und durch Auflockerung für eine innige Berührung aller Kohleteilchen mit den aufsteigenden heißen Gasen zu sorgen. Durch diese Maßnahme erzielt man bei manchen Brennstoffen eine beträchtliche Steigerung

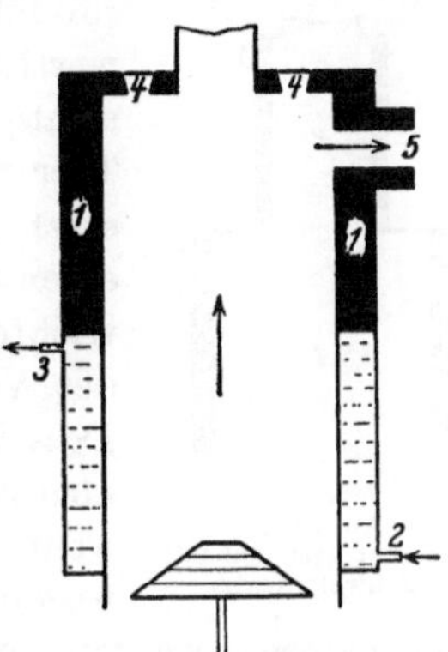

Abb. 120. Generator mit Wassermantel.

der Generatorleistung. Fehlen die mechanischen Stochvorrichtungen, dann müssen an der Schachtdecke Öffnungen vorhanden sein, um mit Stangen von Hand aus die Beschickung auflockern zu können.

Die Innenwände des Schachtteiles sind entweder mit feuerfesten Steinen ausgekleidet oder mit einem Wassermantel umgeben. Das Wasser im Mantel wirkt nicht nur kühlend auf die Wände, wodurch ein Angriff flüssiger Schlakken vermieden wird, sondern kann auch im Sinn einer rationellen Energiewirtschaft zur Erzeugung von Dampf verwendet werden.

Abb. 120 zeigt ein Beispiel dieser Art[16]. Der zylindrische Schacht ist im Oberteil mit feuerfesten Steinen ausgekleidet (*1*), durch das Unterteil fließt Wasser, bei *2* ein- und bei *3* austretend. Die Decke weist die bereits erwähnten Stochöffnungen *4* auf. Das Gas zieht bei *5* ab.

Der C. MARISCHKA-Generator[17] (Abb. 121)

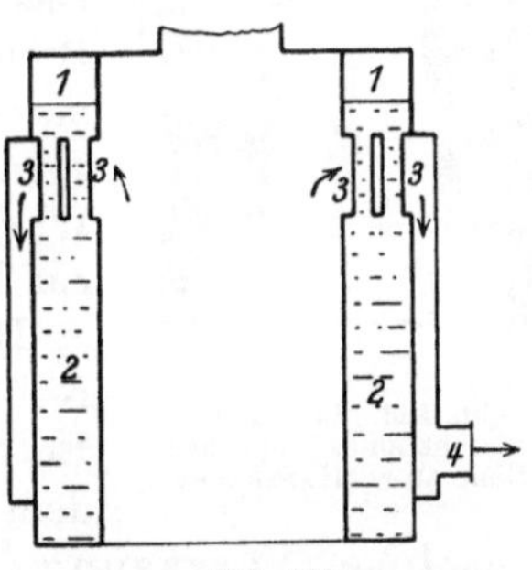

Abb. 121.
Generator mit Dampfkessel-Wassermantel (C. MARISCHKA).

besitzt einen als Dampfkessel ausgebildeten Wassermantel zur Erzeugung von sogenannten Hochdruckdampf von 20 at und darüber. Der Wassermantel besteht aus zwei Teilen (*1* und *2*), die durch Wasserröhren *3* miteinander verbunden sind. Durch diese Art der Konstruktion wird eine weitgehende Wärmeausnutzung erzielt, da die heißen

Gase die Wasserrohre *3* und außen den Mantelteil *2* umspülen, ehe sie den Generator bei *4* verlassen.

Verwendet man noch entgasbare feste Brennstoffe (Kohle, roh oder brikettiert), dann erhält man ein Mischgas aus Ent- und Vergasungs-

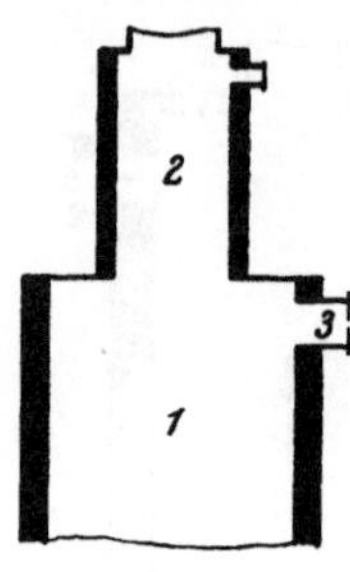

Abb. 122.
Generatorschacht mit
Schwelaufsatz.

produkten. Bituminöse Kohlen, deren Teer in hochwertiger Form gewonnen werden soll, muß man vorsichtig entgasen, ohne daß der einmal ausgetriebene Teer nachträglich überhitzt wird. Zu diesem Zweck setzt man (Abb. 122) auf den Vergasungsschacht *1* einen Schwelschacht *2*, in den die Kohle aus dem Fülltrichter gleitet und (für gewöhnlich) durch einen Teil des Vergasungsgases getrocknet und geschwelt wird. Dessen Hauptmenge wird aus dem Generator durch *3* abgesaugt und mit dem Schwelgas wieder gemischt, wenn man nicht dieses — seines höheren Heizwertes wegen — für sich verarbeitet und verwendet. Schwelgeneratoren werden von mehreren Firmen in verschiedenen Ausführungsarten hergestellt[18].

Statt die Beschickungskohle bloß zu schwelen, kann man sie einer richtigen Hochtemperaturentgasung unterziehen. H. STRACHE umgibt den Entgasungsschacht *1* seines Generators (Abb. 123) mit Heizzügen *2*,

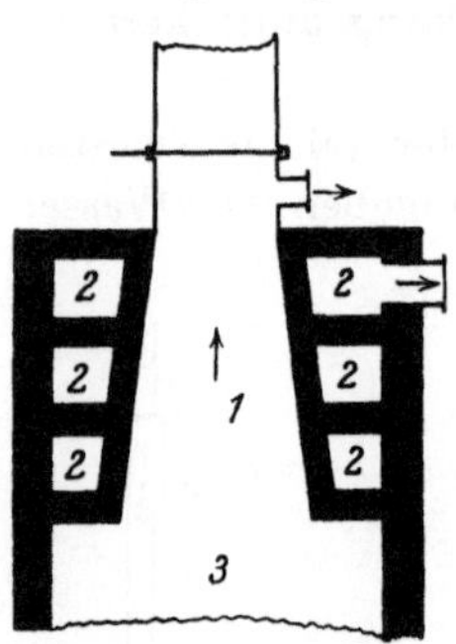

Abb. 123. Entgasungs-
schacht eines Doppelgas-
Generators (H. STRACHE).

in denen Wassergas-Heißblase-Gase verbrannt werden. Der im Entgasungsschacht *1* entstehende Koks gleitet in den anschließenden Vergasungsschacht *3* und wird dort auf Wassergas verblasen. Das Wassergas zieht durch die in *1* befindliche Brennstoffsäule auf, trägt zur Entgasung bei und mischt sich mit dem Entgasungsgas zu dem sogenannten Doppelgas[19]. Die Heißblasegase des Wassergasprozesses dienen, wie bereits erwähnt, zur Beheizung des Schachtes *1*.

Die nahezu vollständige Verwandlung der Kohle in brennbare Gase durch Verknüpfung der Ent- und Vergasung in einem einzigen Apparat, dem Generator, wird unter der Bezeichnung „restlose" Vergasung der Kohle noch nach verschiedenen Verfahren betrieben. Wir erwähnen als weitere Beispiele für Mischgase dieser Art das Trigas[20] und Omgas[21] der Dellwik-Fleischer-Wassergasgesellschaft und das Kohlenwassergas der BAMAG.

Generatorrost und Aschenentfernung. Die Entfernung der aus dem festen Brennstoff nach erfolgter Vergasung übrigbleibenden Aschen oder Schlacken hängt mit der Ausbildung des Generatorrostes derart innig zusammen, daß man die Besprechung beider nicht trennen kann.

Im einfachsten Fall ist der Generator rostlos; die niedersinkenden Aschenstücke werden durch einen trockenen oder nassen Abschluß von Hand aus oder mechanisch entfernt. — Stellt man Luftgas her — wie dies im Hochofen (Gichtgas) geschieht —, dann bildet man den rostlosen Generator dem Hochofen nach und läßt die infolge der hohen Reaktionstemperatur flüssigen Schlacken abfließen (Abstich - oder Schlackenschmelzgenerator). Ist die Asche des zu vergasenden Brennstoffes schwer schmelzbar, so setzt man schmelzpunkterniedrigende Stoffe (Kalk, Eisenschlacke usw.) zu und gewinnt unter Umständen sogar das Eisen[22].

Wird der Generator mit einem Rost als Brennstoffauflage ausgestattet, dann muß die Bildung der Schlackenschmelze durch Kühlung vermieden werden. Als Kühlmittel dient der Wasserdampf, da die Vergasung mit Wasserdampf wärmebindend und dementsprechend temperaturerniedrigend wirkt. Je nach der Form unterscheidet man Plan-, Schräg-, Treppen-, Sattel-, Korb- und nach der Bewegung Schub-, Schwenk- und Drehroste[23].

Der Drehrost hat bei selbständigen Generatoren weite Verbreitung gefunden. Dadurch daß er sich ruckartig bewegt, kommt die Beschickung nicht zur Ruhe. Sehr beliebt ist der in Abb. 124 dargestellte A. v. KERPELY-Drehrost[24]. Er (1) ist mit exzentrischer Spitze versehen und mit der Wasserschüssel 2 starr verbunden. Vergasungsluft und Wasserdampf werden unter dem Rost durch Rohr 3 eingeblasen. Der

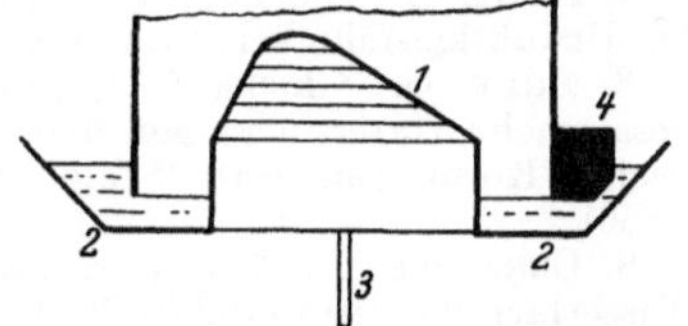

Abb. 124. Drehrost nach A. v. KERPELY.

durch Motorantrieb sich ruckweise, im sogenannten „Pilgerschritt" drehenden Wasserschüssel 2 ist eine schräge, ruhende Schaufel 4 entgegengestellt, die zum selbsttätigen Austragen der Asche dient. Die von der Wasserschüssel 2 gegen die Schaufel 4 geförderten Aschenstücke werden auf dieser durch die nachfolgenden Stücke hochgedrückt und fallen, am höchsten Punkt angelangt, zwangsläufig über den Rand der Wassertasse hernieder. Die Wassertasse muß bei hohen Winddrücken durch eine trockene Dichtung und infolgedessen trockene Aschenaustragung nach Art der Beschickungsvorrichtungen mit Doppelverschlüssen ersetzt werden. Dies ist hauptsächlich notwendig, wenn kleinstückige Brennstoffe, die den Gasen großen Durchgangswiderstand bieten, verarbeitet werden.

Man hat ebenfalls versucht, außer dem Rost auch den Schacht — und zwar in entgegengesetzter Richtung — zu drehen[25]; dabei bleibt die Brennstoffsäule in Ruhe. Rost und innere Schachtwand sind zwecks Zerkleinerung der Asche mit schraubenartig versetzten Schneiden versehen.

Literatur:

GRAHL, G. DE: Wirtschaftliche Verwertung der Brennstoffe. 3. Aufl. München 1923.

GRAEFE, E.: Chemische Technologie der Brennstoffe. Dresden u. Leipzig 1927.

MUHLERT, F., u. K. DREWS: Technische Gase. Leipzig 1928.

RAMBUSH, N. E.: Modern Gas Producers. London 1923.

SCHUSTER, F.: Gas- u. Wasserfach **72**, 553 (1929).

STRACHE, H., u. H. ULMANN: Technologie der Brennstoffe. Leipzig u. Wien 1927.

TRENKLER, H. R.: Die Gaserzeuger. Berlin 1923.

Hinweise im Text:

1. BOUDOUARD, O.: C. r. **128**, 824 (1899). Ann. Chim. Phys. [7] **24**, 1 (1901).

2. BODMER, G.: Mon.-Bull. **6**, 181, 198, 239 (1926). — MAYER, M., u. J. JAKOBY: Gas- u. Wasserfach **52**, 282 (1909). — Siehe auch: JELLINEK, K., u. A. DIETHELM: Z. anorg. u. allg. Chem. **124**, 203 (1922).

3. GWOSDZ, J.: Z. angew. Chem. **31**, I, 137 (1918). — BUNTE, H.: Gas- u. Wasserfach **37**, 82 (1894).

4. WHITWELL, G. E., u. D. J. YOUNG: Chem. Met. Eng. **29**, 664 (1923).

5. LANG, J.: Gas- u. Wasserfach **31**, 932 (1888). — WEYMAN, G.: Chem. and Ind. **44**, T 47, 81 (1925). — WIELANDT, W.: Gas- u. Wasserfach **46**, 201 (1903). — Siehe auch STRACHE, H.: Gas- u. Wasserfach **46**, 434 (1903).

6. AGDE, G.: Glückauf **63**, 1267 (1927). — BÄHR, H.: Stahl u. Eisen **44**, 1 (1924). — KOREVAAR, A.: Verbrennung im Gaserzeuger und im Hochofen. Halle/Saale 1927. — MEZGER, R., u. F. PISTOR: Reaktionsfähigkeit des Kokses. Halle/Saale 1927.

7. AGDE, G.: Glückauf **63**, 1267 (1927). — ADGE, G., u. H. SCHMITT: Theorie der Reduktionsfähigkeit von Steinkohlenkoks. Halle/Saale 1927.

8. AGDE, G.: Glückauf **63**, 1267 (1927). — HÄUSSER, F., u. R. BESTEHORN: Gesammelte Untersuchungen über die Verbrennlichkeit von Hüttenkoks in technischen Körnungen. Halle/Saale 1926. — THÖRNER, A. W.: Stahl u. Eisen **6**, 71 (1886).

9. CERASOLI, T.: Gas- u. Wasserfach **70**, 508 (1927). — DRAWE, R.: Gas- u. Wasserfach **69**, 1013 (1926); **70**, 904 (1927).

10. HEBER, F.: Gas- u. Wasserfach **53**, 421 (1910). — HUMPHREY, H. A.: Glückauf **50**, 174 (1914). — MOND, L.: Gas- u. Wasserfach **32**, 1049 (1889). — TRENKLER, H. R.: Siehe Literatur. — Siehe auch SCHULZ, R.: Stahl u. Eisen **33**, 1221 (1913).

11. GWOSDZ, J.: Glückauf **48**, 866 (1912). Gas- u. Wasserfach **56**, 167 (1913). — Siehe auch DOHERTY, H. L.: Gas- u. Wasserfach **53**, 1200 (1910). — JAHNS, F.: Glückauf **39**, 1180 (1903). Gas- u. Wasserfach **47**, 258 (1904).

12. GWOSDZ, J.: Braunkohle **20**, 681 (1021/22). Z. Dampfkessel u. Masch.-Betr. **44**, 361 (1921). — MEYER: Gas- u. Wasserfach **55**, 73 (1912). — SIMMERSBACH, O.: Stahl u. Eisen **32**, 1479 (1912). — Siehe auch Autotechnik **10**, Nr 24, 20 (1921). — GWOSDZ, J.: Gesdh.ing. **40**, 57 (1917).

13. CLEMENTS, F.: Rev. de Métallurgie **21**, 42 (1924). — GARAND, L.: Chal. et Ind. **3**, 1187 (1922).

14. RAMBUSH, N.: Siehe Literatur.

15. CHAPMAN, W. B.: Iron age **108**, 1671 (1921). — RUSS, E.: Metall u. Erz **24**, 205 (1927).

16. CLEMENTS, F.: Rev. de Métallurgie **21**, 42 (1924).

17. KAUDELA, E., u. J. PRETSCH, Gas- u. Wasserfach **64**, 601 (1921). — MARISCHKA, C.: Gas- u. Wasserfach **55**, 345 (1912). Österr. Gas- u. Wasserfach **67**, 116 (1927).

18. ARNEMANN, C., u. F. PLENZ: Gas- u. Wasserfach **69**, 205 (1926). — BECKER, H.: Braunkohle **24**, 633 (1925/26). — PLENZ, F.: Feuerungstechnik **15**, 232 (1927). — TERRES, E.: Gas- u. Wasserfach **64**, 683 (1921). — Siehe auch: Jb. d. Brennkrafttechn. Ges. **2**, 50 (1919).

19. BREISIG, A.: Gas- u. Wasserfach **65**, 509 (1922). — GWOSDZ, J.: Braunkohle

15, 428 (1916/17). — Körting, E.: Gas- u. Wasserfach 68, 273 (1925). — Vater, G.: Gas- u. Wasserfach 66, 646 (1923).

20. Gwosdz, J.: Wasser u. Gas 17, 66 (1926). — Siehe auch: Braunkohle 15, 436 (1916/17).

21. Muhlert, F., u. K. Drews: Technische Gase S. 254. Leipzig 1928.

22. Marconnet, G.: Chal. et Ind. 1, 132 (1920). — Müller, H.: Chem. Ztg 46, 828 (1922). — Wilhelmi, A.: Stahl u. Eisen 43, 1419 (1923).

23. Gwosdz, J.: Feuerungstechnik 10, 269 (1921/22); 13, 108, 157 (1924/25). — Hermanns, H.: Wärme 45, 389, 413 (1922). — Trenkler, H. R.: Gas- u. Wasserfach 69, 218 (1926).

24. Trenkler, H. R.: Gas- u. Wasserfach 69, 218 (1926).

25. Z. V. d. I. 54, 1796 (1910).

3. Sonstige Verfahren.

Gase werden durch einige Reaktionen zwischen festen Körpern und Gasen technisch hergestellt, die sich in chemischer Hinsicht zwar von den Methoden der vollständigen und unvollständigen Verbrennung unterscheiden, physiko-technisch und infolgedessen auch in der Apparatur sich den übrigen Verfahren, die auf der Einwirkung von Gasen auf feste Stoffe beruhen, anschließen.

Die wichtigsten Verfahren dieser Art sind: 1. Die Herstellung von Wasserstoff aus metallischem Eisen und Wasserdampf; 2. die Herstellung von Ammoniak aus Kalkstickstoff und Wasserdampf und 3. die Erzeugung von Chlorwasserstoff aus Kochsalz, Röstgasen, Wasserdampf und Luft.

Dem ersten Verfahren liegen die folgenden bei 700—800° C in technisch günstigem Sinne verlaufenden Gleichgewichtsreaktionen[1] zugrunde:

$$Fe + H_2O_D \rightleftarrows H_2 + FeO,$$

$$3\,Fe + 4\,H_2O_D \rightleftarrows 4\,H_2 + Fe_3O_4.$$

Die Eisenoxyde regeneriert man mit Wassergas:

$$2\,FeO + (CO + H_2) \rightleftarrows 2\,Fe + CO_2 + H_2O,$$

$$Fe_3O_4 + 2\,(CO + H_2) \rightleftarrows 3\,Fe + 2\,CO_2 + 2\,H_2O.$$

Das zweite Verfahren beruht auf der Reaktion:

$$CaCN_2 + 3\,H_2O_D \rightarrow 2\,NH_3 + CaCO_3;$$

sie wird infolge der Verminderung der Gasmolekülzahl durch Druck begünstigt (siehe S. 32).

Es bleibt der von J. Hargreaves und Th. Robinson in die Praxis eingeführte Prozeß:

$$2\,NaCl + SO_2 + O + H_2O_D \rightarrow Na_2SO_4 + 2\,HCl,$$

dessen günstigste Reaktionstemperatur bei 500° C liegt; die Reaktion ist exotherm. Das Verfahren wird in erster Linie zum Zweck der Sulfat-

gewinnung ausgeübt; der Chlorwasserstoff ist durch überschüssige Luft
bzw. Stickstoff stark verdünnt (etwa 10 Volumprozent HCl enthaltend).

Herstellung von Wasserstoff. Das Verfahren wird in der Ausführung von A. MESSERSCHMITT durch C. FRANCKE ausgeübt[2]. Man verwendet Ein- und Zweizylinderapparate, von denen die erste Art
in Abb. 125 wiedergegeben ist. Im Innern des
mit feuerfesten Steinen ausgemauerten Apparates befindet sich ein Schamottezylinder *1*,
der als Dampfüberhitzer und als Heizkörper
für die Kontaktmasse dient, die sich in dem
Ringraum zwischen dem Schamottezylinder *1*
und der feuerfesten Auskleidung befindet. Der
Betrieb ist periodisch (intermittierend) wie
beim Wassergasprozeß (siehe S. 162). Um Wasserstoff herzustellen, leitet man Wasserdampf
bei *2* in den Schamottezylinder *1*, wo er sich
überhitzt; hierauf zersetzt er sich am Eisen,
und der entstehende Wasserstoff verläßt bei *3*
den Apparat. Nach Beendigung dieser Periode
leitet man Wassergas bei *3* ein; den durch die
Kontaktmasse unzersetzten Wassergasanteilen
führt man durch die Leitung *4* Luft zu, wodurch sie verbrennen und beim Abziehen durch den Schamottezylinder *1*
diesen erwärmen; die Verbrennungsgase treten bei *5* aus dem Apparat.

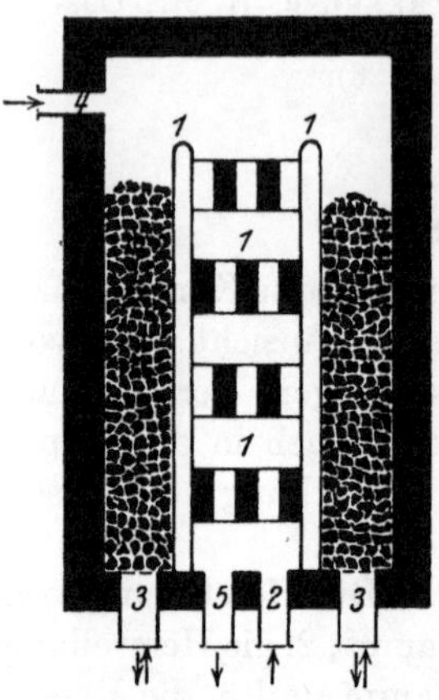

Abb. 125. Einzylinder-Apparat
zur Wasserstoff-Herstellung
(A. MESSERSCHMITT-C. FRANCKE).

Ähnlich arbeitet das Schachtverfahren der BAMAG, doch werden die Kontaktmassen direkt beheizt[3].

Darstellung von Ammoniak. Die Erzeugung von Ammoniak aus
Kalkstickstoff geht auf A. FRANK und N. CARO[4] zurück; sie benutzen
einen Ofen ähnlich dem zur Reinigung von Gasen dienenden Etagenapparat (siehe S. 226, Abb. 161). Der Kalkstickstoff liegt auf etagenförmig übereinander befindlichen, waagerechten Platten, über die der
Wasserdampf im Zickzack von unten nach oben streicht; das entstehende Ammoniak verläßt oben den Apparat. Nach der Umsetzung zu
Calciumcarbonat muß der Ofen mit Kalkstickstoff neu beschickt werden.

Statt mit Wasserdampf kann man die Zersetzung auch mit Wasser
in der Wärme und unter Druck ausführen[5]. Das Ammoniak läßt man
aus den Autoklaven, die zur Durchführung der Reaktion dienen, nach
erfolgter Umsetzung abblasen.

Verfahren von J. HARGREAVES[6]. Die Umsetzung des zwecks Erzielung
hoher Porosität besonders präparierten Kochsalzes erfolgt in mehreren
(10 St.), hintereinander geschalteten Eisenzylindern (5,5 m im Durchmesser, 3,75 m hoch). Das Salz lagert auf einem Rost, die Gase ziehen

von oben nach unten. Die Zylinder sind gut isoliert. Die mittleren Zylinder, in denen sich die Hauptreaktion abspielt, halten sich im allgemeinen selbst auf Temperatur, gegebenenfalls müssen sie sogar gekühlt werden. Die ersten und letzten Zylinder werden beheizt.

Literatur:
Hinweise im Text:

1. BAUR, E., u. A. GLÄSSNER: Z. physik. Chem. **43**, 354 (1903). — CHAUDRON, G.: C. r. **159**, 237 (1914). — PREUNER, G.: Z. physik. Chem. **47**, 385 (1904).

2. BARNITZ, H. L.: Chem. and Ind. **35**, 1137 (1916). — GALLO, G.: Giorn. Chim. ind. appl. **3**, 106 (1921). — MÜLLER, F.: Z. kompr. flüss. Gase **20**, 4 (1919). — RIDEAL, E. K.: Chem. and Ind. **40**, T 10 (1921). — Siehe auch Gasind. **17**, 57, 65, 84, 90 (1925); **18**, 3, 13 (1926).

3. SANDER, A.: Gas- u. Wasserfach **58**, 642 (1915). — STAVENHAGEN, A.: Wasserstoff. In MUSPRATT, J., u. B. NEUMANN: Enzyklopädie der techn. Chemie, Erg.-Bd II, S. 1390. Braunschweig 1927.

4. CARO, N.: Z. angew. Chem. **19**, 1576 (1906).

5. LANDIS, W. S.: Z. angew. Chem. **29**, III, 212 (1916). Ind. Chem. **8**, 156 (1916). — Siehe auch BAUMANN, J.: Chem. Ztg **44**, 275 (1920). — WAESER, B.: Die Luftstickstoff-Industrie. Leipzig 1922.

6. KEPPELER, G.: Chem. Ind. **28**, 173, 198, 226 (1905). — POLLITZ, G.: Chem. Ztg **43**, 517, 844 (1919); **44**, 4, 104, 413 (1920). — ZAHN, O.: Chem. Ztg **43**, 844 (1919); **44**, 4 (1920). — ZIEREN, V.: Chem. Ztg **44**, 104 (1920).

F. Aus Flüssigkeiten und festen Körpern.

Der Darstellung von Gasen aus flüssigen und festen Körpern liegen eindeutige chemische Reaktionen zugrunde, wie etwa bei den katalytischen Gasreaktionen (siehe S. 96), jedoch im Gegensatz zur Gaserzeugung durch trockene Destillation (siehe S. 110). Dementsprechend sind die Rohstoffe meist wohldefinierte Einzelkörper oder Gemische, in denen die reagierenden Anteile lediglich durch inerte Substanzen verunreinigt sind; die flüssigen Körper verwendet man des öfteren in wässeriger Lösung. Wird beispielsweise Chlor aus Mangansuperoxyd (MnO_2) und Chlorwasserstoff (HCl) hergestellt, dann darf der als fester Rohstoff dienende Braunstein nicht unter 57% MnO_2 enthalten, der Chlorwasserstoff kommt als wässerige Salzsäure zur Anwendung. Als Gegenbeispiel erwähnen wir die Herstellung des Chlorwasserstoffes aus Kochsalz und Schwefelsäure; beide Stoffe werden in nahezu reinem Zustand benutzt.

Arbeitsbedingungen. Für die Konstruktion von Apparaten zur Darstellung von Gasen aus Flüssigkeiten und festen Stoffen sind folgende Punkte zu beachten:

1. Höhe der Reaktionstemperatur.

Erfolgt die Einwirkung schon in der Kälte, dann dürfen die beiden Rohstoffe nur zusammengebracht werden, wenn Gas gebraucht wird. Sind etwas höhere Temperaturen nötig, so wird man zweckmäßigerweise den festen Körper in die angewärmte Flüssigkeit bringen. Bei hohen

Temperaturen kann man die beiden Stoffe in der Kälte gut mischen und erst die Mischung erhitzen.

2. Wärmetönung der Reaktion.

Ist der Vorgang mit starker Wärmeentwicklung verbunden, dann muß — insbesondere wenn explosible Gase entstehen — für geeignete Kühlung gesorgt werden.

3. Konzentration des Reaktionsgases.

Manche Gase müssen nahezu 100%ig anfallen; andere vertragen eine Verdünnung (z. B. mit Luft).

4. Nachreaktionen.

Es ist zu beachten, ob der feste Körper nur mit der Flüssigkeit reagiert, oder ob schon Flüssigkeitsdämpfe einwirken, was zu unliebsamen Nachreaktionen führen kann.

5. Etwaige feste und flüssige Reaktionsprodukte.

Die Reaktionen liefern teils wichtige „Nebenprodukte" (Natriumsulfat bei der Herstellung von Chlorwasserstoff aus Kochsalz und Schwefelsäure), teils mehr oder minder lästige Abfallstoffe, die im Gaserzeugungsapparat verbleiben und von Zeit zu Zeit daraus entfernt werden müssen. Sind sie in der Reaktionsflüssigkeit nur schwer löslich, so bilden sich Schlämme, die leicht zu Verstopfungen führen können.

6. Mengenverhältnisse.

Bei manchen Reaktionen darf ein Stoff im Überschuß vorhanden sein, bei anderen sind genaue Molverhältnisse einzuhalten. Calciumcarbid läßt man zweckmäßigerweise mit überschüssigem Wasser (Kühlung) reagieren. Kochsalz und Schwefelsäure mischt man im richtigen Molverhältnis, da das Natriumsulfat eigentlich das Hauptprodukt der Reaktion ist.

7. Material.

Das Material, aus dem die Apparate gebaut werden, muß — wie schließlich bei sämtlichen technischen Vorgängen — etwaigen Angriffen der reagierenden Massen standhalten.

Reaktionen. Die wichtigsten, technisch angewandten Reaktionen dieser Gruppe sind:

1. Die Darstellung von Chlorwasserstoff aus Kochsalz und Schwefelsäure[1]:

$$NaCl + H_2SO_4 = HCl + NaHSO_4, \tag{1}$$

$$NaCl + NaHSO_4 = HCl + Na_2SO_4. \tag{2}$$

Reaktion Gl. 1 beginnt bereits bei gewöhnlicher Temperatur und ist bis 300/350° C beendigt, Gl. 2 verläuft erst bei Rotglut. Man führt die beiden Reaktionsstufen in der Praxis getrennt durch.

2. Die Erzeugung von Acetylen aus Calciumcarbid und Wasser[2]:

$$\underset{\text{64 kg}}{CaC_2} + \underset{\text{36 kg}}{2\,H_2O} = C_2H_2 + Ca(OH)_2 + 26560 \text{ kcal};\qquad(3)$$

Nachreaktion:　$CaC_2 + Ca(OH)_2 = C_2H_2 + 2\,CaO.$

Calciumcarbid reagiert auch mit Wasserdampf. — Die Reaktionen verlaufen in der Kälte; man muß für Ableitung der Reaktionswärme sorgen.

3. Chlor aus Braunstein und Salzsäure[3]:

$$MnO_2 + 4\,HCl = Cl_2 + MnCl_2 + 2\,H_2O.\qquad(4)$$

Die Reaktion, die durch gelindes Erwärmen begünstigt wird, erlangte erst praktische Bedeutung, als es W. WELDON[4] gelang, den Braunstein in wirtschaftlicher Weise zu regenerieren (Einblasen von Luft nach Zusatz von überschüssigem Ätzkalk):

$$2\,MnCl_2 + 3\,CaO + O_2 = CaO,\ 2\,MnO_2 + 2\,CaCl_2;\qquad(5)$$

der Weldonschlamm ($CaO,\ 2\,MnO_2$) reagiert mit Salzsäure ebenfalls nach Gl. 4.

4. Wasserstoff aus Metallen und Säuren oder Alkalien[5]:

$$Zn + H_2SO_4 = H_2 + ZnSO_4,\qquad(6)$$

$$Al + 3\,NaOH = 3\,H + Al(ONa)_3,\qquad(7)$$

$$Si + 2\,NaOH + H_2O = 2\,H_2 + Na_2SiO_3.\qquad(8)$$

Während die Reaktion Gl. 6 in der Kälte erfolgt, muß für Gl. 7 und 8 angewärmt werden, worauf sich die Reaktionen selbst auf Temperatur erhalten.

5. Schwache Säuren aus deren Salzen und starken Mineralsäuren:

$$CaCO_3 + 2\,HCl = CO_2 + CaCl_2 + H_2O\,[6],\qquad(9)$$

$$CaF_2 + H_2SO_4 = 2\,HF + CaSO_4\,[7]\ (\text{Wärme}),\qquad(10)$$

$$2\,KCN + H_2SO_4\ (\text{verd.}) = 2\,HCN + K_2SO_4\,[8],\qquad(11)$$

$$FeS + H_2SO_4 = H_2S + FeSO_4.\qquad(12)$$

6. Ammoniak aus Aluminiumnitrid und Wasser[9]:

$$AlN + 3\,H_2O = NH_3 + Al(OH)_3\ (\text{Wärme}).\qquad(13)$$

Die nunmehr zu beschreibenden Arten von Vorrichtungen zur Ausführung der verschiedenen Reaktionen sind am besten ausgebildet für die Acetylendarstellung nach Reaktion Gl. 3. Die übrigen Verfahren werden meist nur nach dem sogenannten **Einwurf**- oder dem **Zufluß**-system ausgeübt.

Einwurfsystem. Es besteht darin, daß man den festen Rohstoff in die überschüssige Flüssigkeit fallen läßt; es wird dann so viel Gas entwickelt, bis die Menge des festen Körpers verbraucht ist. Zur Erzeugung weiterer Gasmengen muß der Vorgang wiederholt werden.

Abb. 126 zeigt die Grundform des **Einwurf**- oder **Einfallsystems**. Der mit einem gut schließenden Deckel versehene Vorratsbehälter *1*

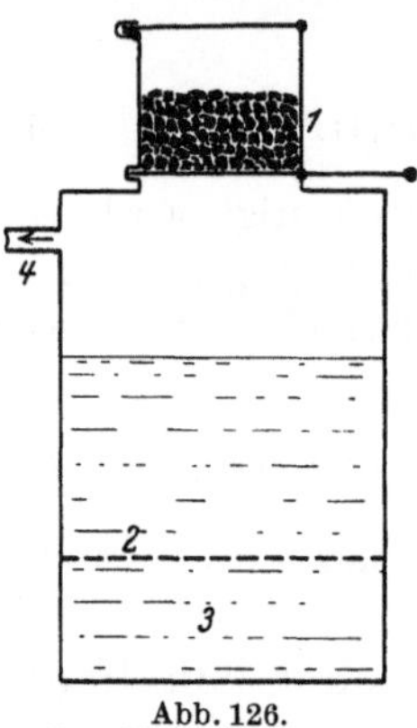

Abb. 126.
Grundform des Einwurf-
oder Einfallsystems.

enthält den festen Rohstoff. Durch Wegziehen des Schiebers fällt ein Teil der festen Substanz in den Reaktionsraum, der die Flüssigkeit enthält. Soweit die Reaktion nicht beim Niedersinken vollständig verläuft, wird die Umsetzung auf dem Sieb *2* beendigt; die nicht gasförmigen Produkte sinken in den Schlammraum *3*, aus dem sie entfernt werden können. Das Gas entweicht durch das Rohr *4*. Der Schieber kann durch einen Hahn, eine Schnecke oder dgl. ersetzt werden und läßt sich, wenn nötig, mit einem etwa vorhandenen Gasbehälter kuppeln; entnimmt man dem Behälter Gas, so wird die Einwurfvorrichtung betätigt, neues Gas entwickelt sich in dem Maße, wie der Behälter beansprucht wird.

Eine Abart ist das **Senksystem**, bei dem ganz bestimmte Substanzmengen in die Flüssigkeit eingesenkt werden, bis die Umsetzung vollendet ist.

Zuflußsystem. Im Gegensatz zum Einwurfsystem wird diesmal die Flüssigkeit zum festen Rohstoff gebracht. Die Stärke der Gasentwicklung richtet sich nach dem zugeleiteten Flüssigkeitsstrom. Man unterscheidet das **Tropf-**, **Zufluß-** und **Überschwemmungssystem**.

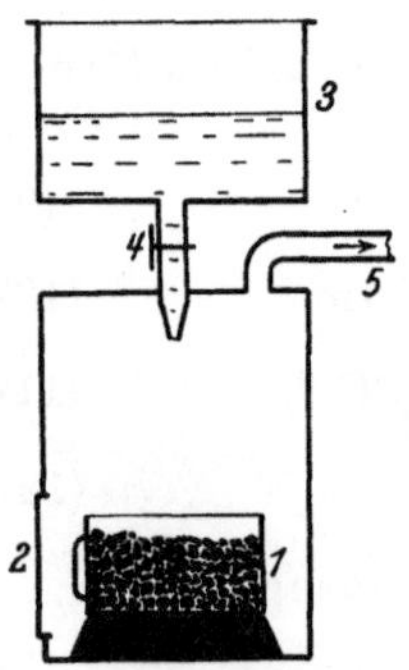

Abb. 127. Grundform des
Zufluß-Systems.

Die Grundform dieses Systems ist in Abb. 127 dargestellt. Der feste Rohstoff befindet sich in dem Behälter *1*, der zwecks Neufüllung durch die dichtschließende Türe *2* herausgenommen werden kann. Die Flüssigkeit wird aus dem Behälter *3* — geregelt durch Hahn *4* — zugeleitet. Das Gas entweicht durch Rohr *5*.

Eine Abart ist das **Schubladensystem**, bei dem der Vorrat an festem Rohstoff durch Querteilung mittels senkrechter Scheidewände in mehrere Kammern unterteilt ist. Die Flüssigkeit durchströmt die verschiedenen Kammern nacheinander.

Berührungssystem. Es ist dadurch gekennzeichnet, daß der feste Rohstoff und die Flüssigkeit durch Bewegung abwechselnd miteinander in Berührung gebracht werden; ist der feste Rohstoff der bewegte Teil, so spricht man von Tauchsystem, andernfalls von Spül- oder Verdrängungssystem.

Wir sehen in Abb. 128 die Grundform des Tauchsystems. Der Behälter *1* für den festen Rohstoff ist mit der in der Flüssigkeit schwimmenden Glocke *2* starr verbunden. Wird durch Öffnen des Hahnes *5* Gas durch das Rohr *4* entnommen, so sinkt die Glocke *2* im Standgefäß *3*,

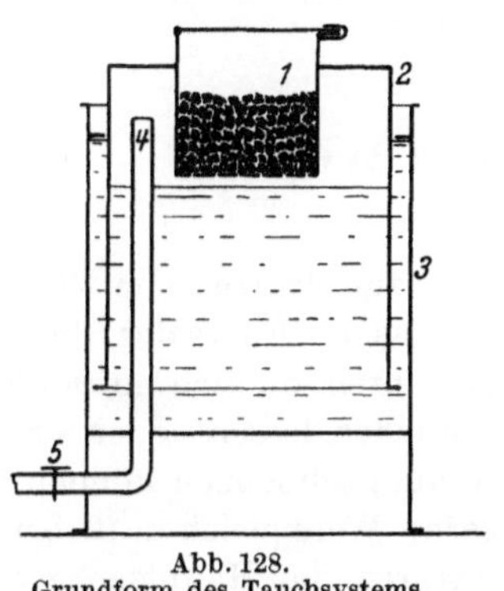

<table>
<tr><td>Abb. 128.
Grundform des Tauchsystems.</td><td>Abb. 129. Grundform des Spül- oder
Verdrängungs-Systems.</td></tr>
</table>

bis der Behälter *1* mit seinem Siebboden in die Flüssigkeit taucht. Durch die Berührung dieser mit dem festen Körper entsteht neues Gas. Sobald man die Gasentnahme unterbricht, hebt das sich noch entwickelnde und in der Glocke *2* sich ansammelnde Gas diese, bis die Berührung zwischen festem Stoff und Flüssigkeit aufgehoben ist. Die Eintauchtiefe des Behälters *1* richtet sich nach der Menge des entnommenen Gases.

Das Spülsystem ist in seiner Grundform in Abb. 129 wiedergegeben. Der auf einem Siebboden *1* liegende feste Rohstoff wird bei Gasentnahme aus dem Rohr *3* durch die nachsteigende Flüssigkeit benetzt, die Reaktion setzt ein. Beim Schließen des Hahnes am Rohr *3* drückt das sich noch bildende Gas die Flüssigkeit in den Sammelbehälter *2*, wodurch die gegenseitige Einwirkung bis zur nächsten Gasentnahme unterbrochen ist.

Die verschiedenen Systeme lassen sich untereinander kombinieren.

Literatur:

VOGEL, J. H.: Das Acetylen. 2. Aufl. Leipzig 1923.

Hinweise im Text:

1. LUNGE, G.: Handbuch der Sodaindustrie, 3. Aufl. Braunschweig 1909. — KÜSTER, K. H.: Chem. Ztg **43**, 249 (1919). — Siehe auch DUISBERG, C.: Chem. Ztg **36**, 1070 (1912). — MEYER, TH.: Chem. Ztg **30**, 1295 (1906).

2. Deschiens, M.: Rev. prod. chim. **29**, 397 (1926). — Vogel, J. H.: Das Acetylen, 2. Aufl. Leipzig 1923.

3. Lunge, G.: Handbuch der Sodaindustrie, 3. Aufl. Braunschweig 1909.

4. Lunge, G.: Handbuch der Sodaindustrie, 3. Aufl., III. Bd, S. 323. Braunschweig 1909. — Lunge, G., u. B. Zahorsky: Z. angew. Chem. **5**, 631 (1892). — Weldon, W.: Chem. News **20**, 109 (1869).

5. Moissan, H., u. F. Siemens: Ber. **37**, 2395 (1904). — Stavenhagen, A.: Wasserstoff, S. 25. Braunschweig 1925.

6. Auerbach, E. B.: Kohlensäure. In Ullmann, F.: Enzyklopädie der techn. Chemie, VII. Bd, S. 39. Berlin u. Wien 1919.

7. Betts, A. G.: Eng. Min. J. **83**, 153 (1907). — Stahl, K. F.: Z. angew. Chem. **9**, 225 (1896). — Siehe auch Traube, W., u. W. Lange: Ber. **57**, 1038 (1924).

8. Wade, J., u. L. C. Panting: Proc. chem. Soc. **14**, Nr 190, 49 (1897).

9. Serpek, O.: Z. angew. Chem. **27**, I, 46 (1914).

G. Auf elektrischem Weg.

1. Aus Gasen.

Bei der Erzeugung von Gasen aus Gasen auf elektrischem Weg hat der elektrische Strom verschiedene Wirkungen. Entweder dient er lediglich zur Herstellung sehr hoher Temperaturen, die sich mit anderen Mitteln in wirtschaftlicher Weise nicht erreichen lassen, oder er übt elektrische bzw. photochemische Einflüsse aus; schließlich können sich die verschiedenen Wirkungsarten überlagern. Wenngleich z. B. bei der zuerst genannten Art die hohen Temperaturen die Hauptsache sind, dürfte doch gleichzeitig die Elektrizität als solche eine wenn auch untergeordnete Rolle spielen.

Alle hierher zu zählenden technischen Gasreaktionen verlaufen unvollständig; es entsteht ein von Temperatur (und Druck) abhängiges Gleichgewicht (siehe S. 34), das unter den praktisch erreichbaren Bedingungen im allgemeinen sehr zu ungunsten des gewünschten Erzeugnisses liegt. Die rein elektro-thermischen Reaktionen schließen wegen der hohen Temperaturen die systematische Anwendung von Katalysatoren praktisch aus.

Folgende Reaktionen bilden die Grundlage der mit Hilfe des elektrischen Stromes technisch ausgeführten Vorgänge in Gasen:

I. $N_2 + O_2 \rightleftarrows 2\,NO - 43\,200\,cal$: Bildung von Stickoxyd aus Stickstoff-Sauerstoff-Gemischen (Luft)[1];

II. $\left. \begin{array}{l} H_2 + N_2 + (2\,C) \rightleftarrows 2\,HCN \\ 2\,CH_4 + N_2 \rightleftarrows 2\,HCN + 3\,H_2 \end{array} \right\}$: Bildung von Cyanwasserstoff aus Wasserstoff Stickstoff und kohlenstoffhaltigen Gasen[2];

III. $3\,O_2 \rightleftarrows 2\,O_3 - 59\,000\,cal$: Ozonbildung aus Sauerstoff (Luft)[3].

Die Reaktionen liefern (rein thermisch) erst bei sehr hohen Temperaturen hinreichende Mengen der auf der rechten Gleichungsseite stehenden Gase. Die Rückbildungsmöglichkeit der Ausgangsstoffe, also

der Zerfall der entstandenen Erzeugnisse, ist für Stickoxyd und Cyanwasserstoff bei niedrigen Temperaturen so gering, daß diese beiden
Stoffe unter gewöhnlichen Bedingungen in jeder Konzentration durchaus beständig sind (siehe auch Tabelle 20—22). Hingegen ist die Geschwindigkeit der Reaktion III um vieles größer, weswegen man für
die Ozonerzeugung andere Wege einschlägt.

Die thermische Stickoxydbildung hat große praktische Bedeutung
erlangt, während sich Reaktion II hinsichtlich der technischen Auswertung mit einer einzigen Ausnahme im Versuchsstadium befindet.
Die grundlegende Wirkung des elektrischen Stromes stimmt in beiden
Fällen so weit überein, daß sich Cyanwasserstoff in den Stickoxydöfen
herstellen läßt, woran man erkennt, wie sehr der chemische Anteil an
den Verfahren hinter die physiko-technischen Bedingungen zurücktritt.
Wir weisen auf diesen Umstand an dieser Stelle hin, weil das ganze vorliegende Werk seinen Aufbau aus der Voranstellung des gasförmigen
Zustandes vor die chemischen Einzelreaktionen erhielt, und weil wir
an solchen Beispielen dem Leser den Grundgedanken unserer Arbeit
aufs neue vor Augen führen können.

Der Bildung von Ammoniak aus den Elementen Stickstoff und
Wasserstoff liegt ebenfalls eine Gleichgewichtsreaktion zugrunde. Da
aber die notwendigen Reaktionstemperaturen nicht hoch liegen, so daß
man einerseits mit Katalysatoren besser ans Ziel kommt und anderseits den Vorgang sehr günstig beeinflussende, hohe Drücke anwenden
kann, erlangte die Ammoniakbildung mittels des elektrischen Stromes
nur wissenschaftliche Bedeutung[4].

Grundlagen der Stickstoff-Oxydation. Die bei Anwendung von Luft
für verschiedene Temperaturen erreichbaren Höchstgehalte an
Stickoxyd sind von W. NERNST[5] und später E. BRINER[6] sowie deren
Mitarbeitern bestimmt worden; die Ergebnisse zeigt Tabelle 20.

Tabelle 20. Höchstgehalte der Luft an Stickoxyd.

Temperatur		Stickoxyd in Volumprozent	
in ° abs.	in ° C	nach W. NERNST	nach E. BRINER u. a.
1500	1227	0,10	0,19
1700	1427	0,23	0,44
1811	1538	0,35	0,65
1877	1604	0,43	0,80
1880	1607	—	0,81
2033	1760	0,67	1,25
2195	1922	0,98	1,86
2580	2307	2,02	3,89

Die Zerfalls- bzw. Bildungsgeschwindigkeit des Stickoxyds wurde
von K. JELLINEK[5] ermittelt (Tabelle 21 und 22).

Tabelle 21. Zeit bis zur Bildung der Hälfte der Höchstmenge
Stickoxyd in der Luft unter Atmosphärendruck.
(Nach K. JELLINEK[5].)

Temperatur in ° C	Zeit		
	h	min	sec
1227	30	10	—
1427		59	—
1627		2	5
1827			5
2027			0,2
2227			0,01
2427			0,0005
2627			0,00003
2827			0,000002

Tabelle 22. Zeit bis zum Zerfall der Hälfte von reinem Stickoxyd
unter Atmosphärendruck. (Nach K. JELLINEK[5].)

Temperatur in ° C	Zeit		
	h	min	sec
627	122	30	—
827	9	40	—
1027		44	18
1227		3	18
1427			15
1627			1
1827			0,07
2027			0,005
2227			0,0003
2427			0,00002
2627			0,000002
2827			0,0000001

Man ersieht aus diesen Tabellen, daß die Bildungsgeschwindigkeit
— bei Luft als Ausgangsstoff — erst über 2000° C hinreichend groß ist,
und daß auch die Gleichgewichtsmengen dann erst etwas bessere Werte
erreichen. Daraus ergibt sich die Schlußfolgerung, hohe Temperaturen
anzuwenden. Da aber anderseits die Zerfallsgeschwindigkeit des entstandenen Stickoxyds erst unter 1200° C erträgliche Werte annimmt,
muß man die Reaktionsgase nach Entzug aus dem Reaktionsraum
rasch auf niedrige Temperaturen bringen. Diesen Forderungen entsprechend sind die Öfen zur Erzeugung von Stickoxyd gebaut.

Wenngleich verschiedene Forscher zeigen konnten, daß auch rein
elektrische Wirkungen zur Oxydation des Luftstickstoffes führen[7], ist
doch von anderer Seite wieder der Beweis erbracht worden, daß die
Stickoxydbildung auch durch Wärme allein erzielt werden kann[8].

Eine Reihe wissenschaftlicher Untersuchungen beschäftigte sich mit
dem Einfluß wechselnder Versuchsbedingungen (Druck, Gasgeschwindig-

keit, Stromstärke usw.), doch müssen wir bezüglich Einzelheiten auf die Originalarbeiten verweisen[9].

Alle praktisch ausgeübten Verfahren zur Herstellung von Stickoxyd aus Luft arbeiten mit unmittelbarer Lichtbogenerhitzung und unterscheiden sich lediglich durch die Art der Lichtbögen.

Verfahren von C. Birkeland und S. Eyde[10]. Zwischen wassergekühlten Kupferelektroden *1* (Abb. 130) springt ein Wechselstromlichtbogen über, den man mit Hilfe von starken, mit Gleichstrom gespeisten Elektromagneten *2* zu einer leuchtenden Scheibe *3*, der soge-

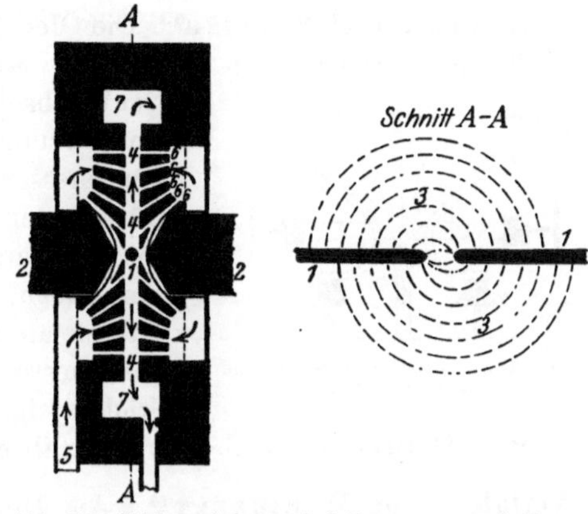

Abb. 130. Stickoxydofen nach C. Birkeland u. S. Eyde.

nannten „elektrischen Sonne", auseinanderzieht. Diese Scheibe *3* von mehreren Metern Durchmesser erfüllt den flachen Raum *4* des aus feuerfesten Steinen errichteten und gepanzerten Ofens. Die zu behandelnde Luft wird bei *5* eingeblasen und strömt mit großer Schnelligkeit durch feine, der Vorwärmung dienende Kanäle oder Schlitze *6* in den eigentlichen Reaktionsraum *4*. Nach erfolgter inniger Berührung mit der Flammenscheibe verläßt die Luft den Ofen durch den Rand-Ringkanal *7* mit einem Stickoxydgehalt von 1—2 Volumprozent.

Die elektromagnetische Zerblasung des Lichtbogens wurde u. a. auch von I. Moscicki[11] bei umlaufendem Lichtbogen versucht.

Verfahren von O. Schönherr[12]. Im Gegensatz zu dem früheren Verfahren wird diesmal der Wechselstrom-Lichtbogen durch den Luftstrom zu einem langen, dünnen Faden ausgezogen. Dementsprechend hat der Ofen (Abb. 131) röhrenförmige Gestalt. Zwischen der isolierten und gekühlten Elektrode *1* und dem als Zwischenelektrode wirkenden, meist geerdeten Rohr wird ein Lichtbogen erzeugt, den die durch tangentiale Einführung sich wirbelnd bewegende Luft durch den ganzen Ofen bis zu 7 m Länge ausdehnt. Die Frischluft gelangt bei *2* in den Ofen, wärmt sich auf dem Wege bis zur Elektrode *1* durch Wärmeaustausch mit den abziehenden Gasen vor und tritt dann in den Reaktionsraum. Die stick-

Abb. 131. Stickoxydofen nach O. Schönherr (BASF).

oxydhaltigen Gase werden durch Wasser bei *3* indirekt gekühlt und verlassen den Ofen bei *4*. Die Stickoxydkonzentration liegt etwas höher als beim Verfahren nach C. BIRKELAND und S. EYDE.

Verfahren von H. PAULING[13]. Die Öfen (Abb. 132) verwenden wassergekühlte Kupferelektroden *1* von der Form der Hörnerblitzableiter.

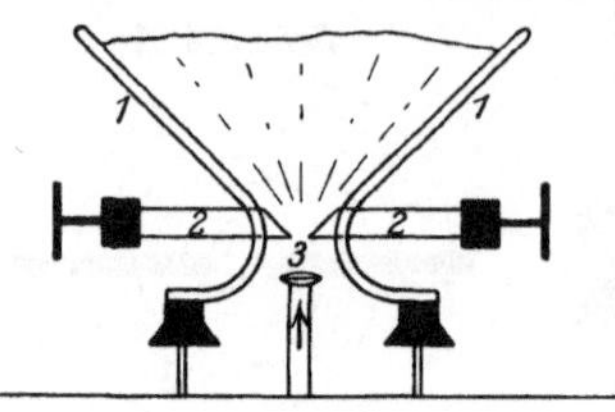

Abb. 132. Luftstickstoff-Oxydation nach H. PAULING.

Der Wechselstrom-Lichtbogen wird durch Annäherung der verstellbaren kupfernen Zündmesser *2* gebildet. Die durch die Düse *3* eingeblasene Luft bläst die elektrische Flamme an den Hörnerelektroden *1* hoch. Sobald die Flamme abreißt, wird sie an der engsten Stelle mittels der Zündmesser *2* wieder hergestellt. Der Stickoxydgehalt der Abgase entspricht dem beim C. BIRKELAND-S. EYDE-Verfahren.

Verfahren von W. SIEBERT[14]. Am Umfang (siehe Abb. 133) eines flachen, runden Raumes (feuerfest ausgekleidet und mit Eisen ummantelt) liegen drei mit Drehstrom gespeiste Elektroden *1*. Das bei *2* tangential eingeblasene Stickstoff-Sauerstoff-Gemisch ($50\% \, O_2$, $50\% \, N_2$), zieht den Lichtbogen in eine als Scheibe erscheinende Spirale aus und verläßt nach erfolgter Reaktion den Ofen mit hoher Geschwindigkeit durch das in der Mitte befindliche, wassergekühlte Rohr *3*, eine sogenannte „technische Kapillare". Die Stickoxydkonzentration der Abgase beträgt 3—3,5 Volumprozent.

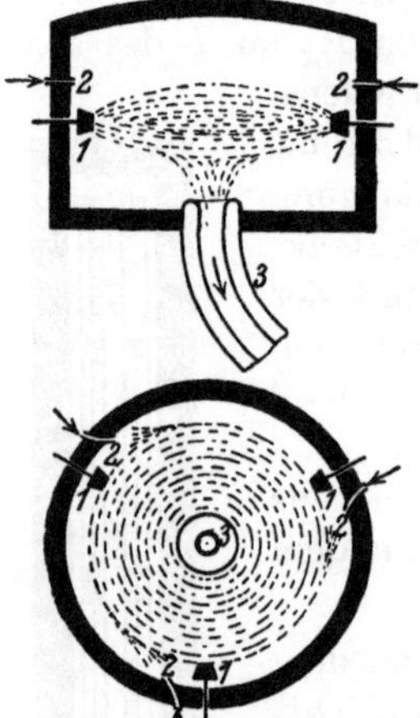

Abb. 133. Stickoxydofen nach W. SIEBERT (NITRUM-AG.).

Sonstige Verfahren. Ausbeuten und weitere Behandlung der Reaktionsgase. Bezüglich weiterer Verfahren verweisen wir auf die Literatur[15].

Die Ausbeute je Kilowattstunde beträgt beim Verfahren W. SIEBERT-NITRUM-AG. etwa 90 g HNO_3, sonst rund 60 g NHO_3.

Das Stickoxyd, das sich verhältnismäßig leicht mit Sauerstoff zu Dioxyd vereinigt, wird aus den gekühlten Gasen gewöhnlich durch Absorption mit Wasser oder Alkali abgeschieden. Dabei spielen sich folgende Vorgänge ab:

Absorption mit Wasser:

$$2\,NO + O_2 \rightleftharpoons 2\,NO_2,$$
$$NO_2 + H_2O \rightarrow HNO_3 + HNO_2,$$
$$3\,HNO_2 \rightarrow 2\,NO + H_2O + HNO_3,$$

$$H_2O + 3\,NO_2 \rightarrow 2\,HNO_3 + NO.$$

Enderzeugnis: Salpetersäure.

Absorption mit Alkalien:

$$2\,NO + O_2 \rightleftarrows 2\,NO_2\,,$$

$$2\,NO_2 + 2\,NaOH \rightarrow NaNO_3 + NaNO_2\,,$$

$$NO_2 + NO + 2\,NaOH \rightarrow 2\,NaNO_2\,.$$

Enderzeugnis: Natriumnitrit (gegebenenfalls gemischt mit Nitrat).

Grundlagen der technischen Ozonherstellung. Zwar befindet sich Ozon mit gewöhnlichem Sauerstoff gleichfalls in einem temperaturabhängigen Gleichgewicht[16], doch wird — wegen der störenden Stickoxydbildung und der hohen Geschwindigkeit der Ozonreaktion — davon kein technicher Gebrauch gemacht. Von weiteren Möglichkeiten, wie Elektrolyse von Fluß- oder Schwefelsäure[17], Bildung durch ultraviolette Strahlen[18] usw. hat sich nur die Entstehung des Ozons bei stillen elektrischen Entladungen in der Technik eingeführt. Die stillen elektrischen Entladungen sind die erste Art von Hochspannungsentladungen durch die Luft; die Stromstärke ist trotz hoher Spannung gering, das Verhältnis Stromstärke : Spannung, der sogenannte Leitwert, klein. Durch weitere Spannungssteigerung nimmt die Stromstärke plötzlich stark zu: Glimmentladung; schließlich führen noch höhere Spannungen zur Bogenentladung. — Die von W. SIEMENS[19] entdeckte Darstellungsmethode mit Hilfe der stillen elektrischen Entladungen war Gegenstand zahlreicher wissenschaftlicher Untersuchungen[20], ohne daß die Wirkungsweise einwandfrei geklärt worden wäre. Auch der Einfluß von Spannung, Stromwechselzahl, Temperatur, Druck usw. ist eingehend studiert worden, doch müssen wir diesbezüglich auf die Originalarbeiten verweisen[21].

Ozonisator von W. SIEMENS. Diese aus der Mitte des vorigen Jahrhunderts stammende Ausführungsform ist heute noch — dem Wesen nach unverändert — am meisten verbreitet, weshalb wir sie als einziges Beispiel aus dieser Gruppe näher behandeln wollen; bezüglich weiterer Apparate verweisen wir auf die Literatur[22].

Der Siemens-Ozonisator (Abb. 134) besteht aus einem geschlossenen, hohlen Aluminiumzylinder 1, der oben mit einem Pol der Hochspannungsleitung (8000 Volt) verbunden und unten isoliert auf der Glasplatte 2 steht. In engem Abstand umgibt den Aluminiumzylinder 1 ein oben und unten offener Glaszylinder 3. Dieser wird von Kühlwasser umspült, das bei 4 zu- und bei

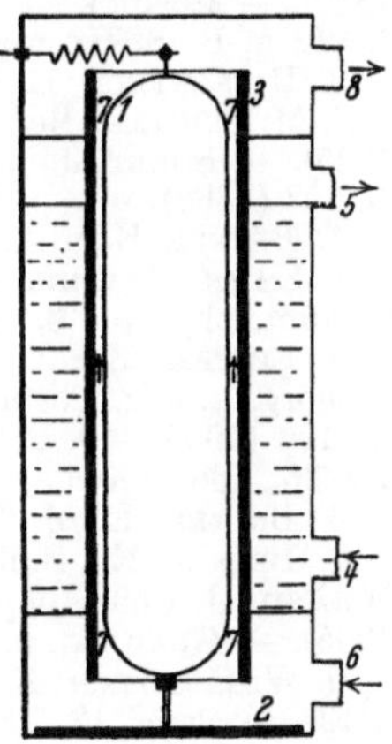

Abb. 134.
W. SIEMENS-Ozonisator.

5 abfließt. Das Kühlwasser ist geerdet und bildet den Gegenpol. Die zu ozonisierende Luft strömt bei *6* in den Apparat, fließt durch den engen Raum *7* und verläßt bei *8* den Ozonisator mit einem Gehalt von etwa 2—3 und mehr g Ozon je Kubikmeter Luft. Je Kilowattstunde gewinnt man:

bei einer Konzentration von 10 g/m³ . . . . . . 76 g,

bei einer Konzentration von 4 g/m³ . . . . . . 81 g,

bei einer Konzentration von 1 g/m³ . . . . . . 84 g Ozon.

Literatur:

BERTELSMANN, W., u. F. SCHUSTER: Cyanverbindungen. In ULLMANN, F.: Enzyklopädie der techn. Chemie, 2. Aufl., III. Bd, S. 471/72. Berlin u. Wien 1929.

BILLITER, J.: Technische Elektrochemie, 4. Bd. Halle/Saale 1928.

DONATH, E., u. K. FRENZEL: Die technische Auswertung des atmosphärischen Stickstoffs. Leipzig u. Wien 1907.

LEBEAU, P.: Fours Electriques et Chimie. Paris 1924.

MÖLLER, M.: Das Ozon. Braunschweig 1921.

MOLDENHAUER, W.: Die Reaktionen des freien Stickstoffs. Berlin 1920.

NORTON, TH. H.: Utilization of Atmospheric Nitrogen. Washington 1912.

WAESER, B.: Die Luftstickstoff-Industrie. Leipzig 1922.

Hinweise im Text:

1. BÖTTGER, R.: J. prakt. Chem. **73**, 494 (1858). — CAVENDISH, H.: Phil. Trans. **75**, 374 (1785). — KOLBE, H.: A. **59**, 208 (1846); **119**, 176 (1861). — NITZSCHMAN, R.: Metallbörse **18**, 1799 (1928). — PRIESTLEY, J.: Phil. Trans. **75**, 21 (1785). — SCHÖNBEIN, C. F.: J. prakt. Chem. **84**, 193 (1861).

2. ANDRIESSENS, H.: Chem. Ztg **52**, 941 (1928). — BERTHELOT, M.: C. r. **67**, 1141 (1868). A. **150**, 60 (1869). — DEWAR, J.: Chem. News **39**, 282 (1879). — GRUSZKIEWICZ, J.: Z. Elektrochem. **9**, 83 (1903). — HOYERMANN, H.: Chem. Ztg **26**, 70 (1902). — LIPINSKI, A. V.: Z. Elektrochem. **17**, 761 (1911); **18**, 729 (1912). — MOSCICKI, I.: Z. Elektrochem. **17**, 877 (1911); **18**, 730 (1912). — SMITH, E. W., u. R. S. HUTTON: Z. angew. Chem. **21**, 1568 (1908).

3. RIESENFELD, E. H.: Z. Elektrochem. **29**, 119 (1923). — RIESENFELD, E. H., u. G. M. SCHWAB: Ber. **55**, 2088 (1922). — SCHÖNBEIN, C. F.: Ann. Physik **4**, 616 (1825). — SORET, J.-L.: C. r. **57**, 604 (1863). Ann. Chim. Phys. [4] **7**, 113 (1866); **13**, 257 (1868).

4. BRINER, E., u. A. BAERFUSS: J. Chim. physique **17**, 81 (1919). — BRINER, E., u. J. KAHN: J. Chim. physique **12**, 534 (1914). — BRINER, E., u. E. METTLER: J. Chim. physique **6**, 137 (1908).

5. FINCKH, K.: Z. anorg. u. allg. Chem. **45**, 116 (1905). — JELLINEK, K.: Z. anorg. u. allg. Chem. **49**, 229 (1906). — NERNST, W.: Z. anorg. u. allg. Chem. **45**, 126 (1905); **49**, 213 (1906). — Siehe auch MUTHMANN, W., u. H. HOFER: Ber. **36**, 438 (1903).

6. BRINER, E., J. BONER u. A. ROTHEN: Helvet. chim. Acta **9**, 634 (1926).

7. BRINER, E.: Bull. Soc. Chim. Belg. **37**, 169 (1928). — BRINER, E., u. E.-L. DURAND: J. Chim. physique **7**, 1 (1909). — BRODE, J.: Z. Elektrochem. **11**, 752 (1905). — GRAU, A., u. F. RUSS: Z. Elektrochem. **13**, 345, 573 (1907). — HABER, F., u. W. HOLWECH: Z. Elektrochem. **16**, 810 (1910). — HABER, F., u. A. KOENIG: Z. Elektrochem. **13**, 725 (1907); **14**, 689 (1908). — HABER, F., A. KOENIG u. E. PLATOU: Z. Elektrochem. **16**, 789 (1910). — HABER, F., u. E. PLATOU: Z. Elektrochem. **16**, 796 (1910). — HOLWECH, W.: Z. Elektrochem. **16**, 379 (1910). — HOLWECH, W., u. A. KOENIG: Z. Elektrochem. **16**, 803 (1910). — KOENIG, A.: Z. Elektrochem. **21**, 267 (1915). — LE BLANC, M., u. W. NÜRANEN: Z. Elektrochem. **13**, 297 (1907). — LEPEL, F. v.: Ber. **36**, 1251 (1903); **37**, 712 (1904). — MAC EACHRON, K. B.: Trans. amer. Electrochem. Soc. **44**, 185 (1923). — SCHWAB, G. M.,

u. S. Loeb: Z. physik. Chem. 114, 23 (1924). — Warburg, E., u. G. Leithäuser: Ann. Physik [4] 20, 743 (1906); 23, 209 (1907).

8. Dobbelstein, O.: Glückauf 48, 289 (1912). — Häusser, F.: Z. V. d. I. 50, 298 (1906); 56, 1157 (1912). Stahl u. Eisen 41, 956, 999 (1921). — Siehe auch Berthelot, M.: C. r. 142, 1367 (1906); 144, 53 (1907). Ann. Chim. Phys. [8] 9, 145 (1906). — Muthmann, W., u. H. Hofer: Ber. 36, 438 (1903). — Nernst, W.: Z. anorg. u. allg. Chem. 49, 213 (1906).

9. Mac Eachron, K. B.: Trans. amer. Electrochem. Soc. 44, 185 (1923). — Tartar, H. V., u. M. F. Perkins: J. physic. Chem. 30, 595 (1926).

10. Edstrom, J. S.: Chem. Ztg 28, 997 (1904). — Z. angew. Chem. 18, 217 (1905). — Eyde, S.: Z. Elektrochem. 15, 146 (1909). Ind. Chem. 4, 771 (1912). — Neuburger, A.: Z. angew. Chem. 18, 1848 (1905); 19, 984 (1906). — Witt, O. N.: Chem. Ztg 29, 1261 (1905). — Siehe auch Z. Elektrochem. 12, 33 (1906). Z. angew. Chem. 19, 38 (1906). D. R. P. 170585, 179825, 179882, 188231, 214445.

11. Moscicki, I.: Elektrot. Z. 28, 1003, 1032, 1055 (1907). Chim. et Ind. 2, 1303 (1919). — Siehe auch D. R. P. 198240, 209959, 236882, 249551, 252271, 265834.

12. Bernthsen, A.: Z. angew. Chem. 22, 1167 (1909). — Schönherr, O.: Z. angew. Chem. 21, 1633 (1908). Elektrot. Z. 30, 365, 397 (1909). — Siehe auch D. R. P. 201279, 238368, 229292, 238367.

13. Hoffmann, R.: Chem. Ztg 37, 1310 (1913). — Russ, F.: Chem. Ztg 33, 482 (1909). — Siehe auch D. R. P. 193366, 193402, 196829, 198241, 202763, 203747, 205018, 205464, 213710, 216090, 244840, 246712, 257809, 258385, 269238, 274165.

14. Schaarschmidt, A.: Z. angew. Chem. 36, 533 (1923). — Siehe auch D. R. P. 206948, 259815, 266117, 268410, 316349.

15. Scott, E. K.: Chem. and Ind. 34, 113 (1915). Chem. Met. Eng. 19, 710, 757 (1918). Trans. amer. Electrochem. Soc. 34, 221 (1918). — Steinmetz, C. P.: Chem. Met. Eng. 22, 299, 353, 411, 455 (1920).

16. Clement, J. K.: Ann. Physik [4] 14, 334 (1904). — Finckh, K.: Z. anorg. u. allg. Chem. 45, 116 (1905). — Fischer, Fr., u. F. Braehmer: Ber. 39, 940 (1906). — Fischer, Fr., u. H. Marx: Ber. 39, 2557, 3631 (1906); 40, 443, 1111 (1907). — Jahn, S.: Z. anorg. u. allg. Chem. 48, 260 (1906). — Nernst, W.: Z. Elektrochem. 9, 892 (1903).

17. Fischer, Fr., u. K. Bendixsohn: Z. anorg. u. allg. Chem. 61, 153 (1909). — Fischer, Fr., u. K. Massenez: Z. anorg. u. allg. Chem. 52, 202 (1907). — Gräfenberg, L.: Z. anorg. u. allg. Chem. 36, 355 (1903). — Kremann, R.: Z. anorg. u. allg. Chem. 36, 403 (1903). — Mac Leod, H.: J. chem. Soc. Lond. 49, 581 (1886). — Reitlinger, O.: Z. Elektrochem. 20, 261 (1914). — Wartenberg, H. v., u. E. H. Archibald: Z. Elektrochem. 17, 812 (1911).

18. Fischer, Fr., u. F. Braehmer: Ber. 38, 2633 (1905). — Goldstein, E.: Ber. 36, 3042 (1903). — Lenard, P.: Ann. Physik [4] 1, 486 (1900). — Siehe auch Russ, F.: Z. Elektrochem. 12, 409 (1906).

19. Siemens, W.: Ann. Physik 102, 66 (1857).

20. Berthelot, M.: Ann. Chim. Phys. [5] 12, 448 (1877). — Bichat, E., u. A. Guntz: Ann. Chim. Phys. [5] 12, 453 (1877); [6] 19, 131 (1890). — Houzeau, A.: C. r. 70, 1286 (1870). Ann. Chim. Phys. [4] 22, 150 (1871). — Warburg, E.: Ann. Physik [4] 13, 464 (1904); 17, 1 (1905). Z. Physik 32, 252 (1925). — Warburg, E., u. G. Leithäuser: Ann. Physik [4] 20, 734, (1906); 28, 1, 17 (1909).

21. Ehrlich, V., u. F. Russ: Z. Elektrochem. 19, 330 (1913). — Fröhlich, O.: Elektrot. Z. 12, 340 (1901). — Lechner, G.: Z. Elektrochem. 17, 414 (1911); 21, 309 (1915). — Pinkus, A., u. A. Juliard: J. Chim. physique 24, 370 (1927). — Puschin, N., u. M. Kautschew: J. russ. phys.-chem. Ges. 46, 576 (1914). — Starke, A.: Z. Elektrochem. 29, 358 (1923). — Warburg, E., u. G. Leithäuser: Ann. Physik [4] 20, 751 (1906). — Warburg, E., u. W. Rump: Z. Physik 32, 245 (1925). — Wartenberg, H. v., u. L. Mair: Z. Elektrochem. 19, 879 (1913).

22. Bruère, S.: Chim. et Ind. 7, 30 (1922). — Fischer, H.: Z. physik. Chem. 104, 74 (1923). — Hartmann, F. E.: Chem. and Ind. 42, 117 T (1923). Trans. amer. Electrochem. Soc. 44, 295 (1923). — Tindal, H.: Z. Elektrochem. 2, 373 (1895/96). — Siehe auch: Chem. Trade J. 78, 123 (1926).

2. Aus Flüssigkeiten und Schmelzen.

Im Gegensatz zu den Verfahren des vorangehenden Abschnittes entstehen die Gase bei der Einwirkung des elektrischen Stromes auf Flüssigkeiten (Lösungen) und Schmelzen ausnahmslos durch elektrolytische Vorgänge. Dieser Unterschied in der Wirkung des elektrischen Stromes kommt schon dadurch zum Ausdruck, daß man zur Elektrolyse Gleichstrom braucht. Alle Nebenwirkungen des elektrischen Stromes — wie die Wärmelieferung — bedeuten mit Rücksicht auf den Hauptvorgang, die Elektrolyse, Energieverluste, die man einerseits nicht missen kann (weil Stromleitung stets mit Erwärmung verbunden ist) und anderseits nicht missen will.

Bezeichnen wir die Spannung mit E (Volt), die Stromstärke mit I (Ampere) und den Widerstand mit R (Ohm), dann besteht die Beziehung

$$I = \frac{E}{R}.$$

Die in der Sekunde unter dem Einfluß der Spannung E den Widerstand R durchströmende elektrische Energie A (Watt) ist

$$A = I \cdot E.$$

Vermindern wir nun auf irgendeine Weise den Widerstand auf den n-ten Teil $\left(\dfrac{R}{n}\right)$, dann erhöht sich bei gleichbleibender Spannung E die Stromstärke auf den Wert $n \cdot I$. Dementsprechend steigt die Leistung:

$$A' = n \cdot I \cdot E.$$

Da nun die in der Zeiteinheit durch Elektrolyse sich abscheidenden Stoffmengen (Gas usw.) dem Wert A bzw. A' gerade proportional sind, steigern wir durch Verringerung des Widerstandes — oder was das gleiche bedeutet: durch Erhöhung der Leitfähigkeit — die Produktion eines elektrolytischen Apparates.

Es gibt verschiedene Mittel zur Erhöhung der Leitfähigkeit: eines besteht in der Erhöhung der Temperatur von Lösungen. Der Temperaturerhöhung ist jedoch eine obere Grenze gesetzt, insofern als die Verdampfung des Wassers und unerwünschte Nebenreaktionen nicht Überhand nehmen dürfen.

An dieser Stelle sei auch darauf hingewiesen, daß bei der Elektrolyse von Schmelzen die Stromwärme das Erstarren verhindern muß, was zu nicht unbeträchtlichen Stromverlusten führt.

Ein weiteres Mittel zur Erhöhung der Leitfähigkeit von Flüssigkeiten besteht im Herstellen von Lösungen, in denen der gelöste Stoff stark elektrolytisch dissoziiert ist. Reines Wasser leitet beispielsweise den Strom sehr schlecht; durch Zugabe geringer Mengen von Säuren, Alkalien oder Salzen erhöht sich die Leitfähigkeit auf ein Vielfaches des ursprünglichen Wertes. Bei geeigneter Wahl solcher Zusätze führt die Elektrolyse der Lösungen zu den Elementen Wasserstoff und Sauerstoff, genau so, als ob reines Wasser zersetzt werden würde.

Jede Elektrolyse ist ein Zersetzungsvorgang, der für einen bestimmten, zu zersetzenden Stoff erst von einer gewissen Mindestspannung (Zersetzungsspannung) an erfolgt. Diese hängt zwar von der Art des Stoffes ab, jedoch nicht von etwa neben ihm vorhandenen, das Endergebnis nicht beeinflussenden anderen Stoffen. Elektrolysiere ich beispielsweise Wasser oder verschiedene wässerige Lösungen derart, daß sich als Endergebnis nur Wasserstoff und Sauerstoff bilden, ohne daß der Zusatz sich ändert, dann ist die Zersetzungsspannung von der Natur der gelösten Stoffe unabhängig. Einen großen Einfluß üben die Elektroden auf die praktische Zersetzungsspannung aus, indem sie — Kathode und Anode für sich — eine Überspannung bewirken, die auch überwunden werden muß, ehe die Elektrolyse flott verläuft. Es gibt einen unteren Grenzwert der Zersetzungsspannung, die sogenannte **theoretische Zersetzungsspannung** (für Wasser z. B. 1,23 Volt), die erreicht wird, wenn die Überspannungen an Kathode und Anode den Wert Null haben. Die an verschiedenen Elektroden auftretenden Überspannungen für Wasserstoff (Kathode) und Sauerstoff (Anode) zeigt Tabelle 23.

Tabelle 23. Überspannungen in Volt.

	von Wasserstoff[1]	von Sauerstoff[2]
Palladium	0,00000	0,42
Platin, blank	0,000002	0,44
Platin, platiniert	—	0,24
Gold	0,0165	0,52
Kobalt	0,067	0,13
Silber	0,097	0,40
Nickel, blank	0,1357	0,12
Nickel, schwammig ..	—	0,05
Eisen	0,175	0,24
Kupfer	0,19	0,25
Cadmium	0,392	0,42
Blei	0,402	0,30

Ein praktisch brauchbares Elektrodenmaterial darf keine hohen Überspannungen aufweisen, muß widerstandsfähig gegen die elektrolytischen Reaktionen und billig sein.

Theorie elektrolytischer Zersetzungen. Die elektrolytische Zersetzung des Wassers ist ein sekundärer Vorgang, den wir an wässeriger Schwefelsäure verfolgen wollen. Die Schwefelsäure-Moleküle sind im Wasser schon ohne Stromdurchgang teilweise gespalten in elektrisch positive Kationen (˙) und negative Anionen(ʹ):

$$H_2SO_4 \rightleftarrows 2\,H^{\cdot} + SO_4^{\prime\prime}.$$

Unter dem Einfluß des elektrischen Stromes wandern die positiven Kationen zur negativen Kathode und geben dort ihre Ladung ab: der Wasserstoff entweicht gasförmig. Gleichzeitig wandern die negativen SO_4''-Ionen zur positiven Anode, können aber ungeladen nicht existieren und vereinigen sich sofort nach dem Stromausgleich mit Wasser unter Rückbildung der Schwefelsäure und Freiwerden von Sauerstoff:

$$H_2O + SO_4 \rightarrow H_2SO_4 + O.$$

Die rückgebildete Schwefelsäure spaltet aufs neue H'- und SO_4''-Ionen ab, und der Vorgang wiederholt sich. Als Gesamtergebnis aller Teilvorgänge zerfällt das Wasser in Wasserstoff und Sauerstoff:

$$H_2O \rightarrow H_2 + O,$$

und zwar bildet sich entsprechend der Gleichung je Raumteil Wasserstoff ein halber Raumteil Sauerstoff. — Diese an sich sehr anschauliche Theorie der Wasserzersetzung wird zwar von manchen Forschern nicht angenommen, doch können wir hier nicht näher darauf eingehen[3].

In ähnlicher Weise läßt sich die technisch in großem Maßstab ausgeübte Elektrolyse von Alkalichloriden darstellen. Natriumchlorid zerfällt in wässeriger Lösung in Na'- und Cl'-Ionen. Das Chlor wird nach der Entladung als Gas frei, während das Natriumion mit Wasser Natriumhydroxyd bildet, unter Entwicklung von Wasserstoff. — Die Abscheidung von fast reinem Chlorgas aus Alkalichloridlösungen ist praktisch nur möglich, weil das Abscheidungspotential des Chlorions niedriger ist als das des Hydroxylions[4]. Die unter Umständen mit Absicht begünstigte Sauerstoffbildung an der Anode läßt sich nie völlig vermeiden[5].

Die technischen Elektrolysen mit Gasgewinnung. Während die Elektrolyse des Wassers mit der Absicht ausgeführt wird, Wasserstoff bzw. Sauerstoff zu gewinnen, elektrolysiert man Alkalichloridlösungen vor allem wegen der dabei anfallenden Alkalilaugen; das Chlor wird als wertvolles Nebenprodukt gewonnen, doch bleiben die Verwendungsmöglichkeiten hinter den verfügbaren Mengen zurück. Den Wasserstoff läßt man sogar meist unausgenutzt entweichen.

Das während der Elektrolyse entweichende Kathodengas darf sich mit dem Anodengas im allgemeinen nicht vermengen. Da bei der sogenannten „Wasserelektrolyse" Nebenreaktionen im Elektrolyten kaum in Frage kommen, besteht die Hauptaufgabe in der einwandfreien Trennung der Gase ohne erhebliche Stromverluste. Geringe gegenseitige Verunreinigungen der Gase lassen sich durch katalytische Verbrennung nachträglich leicht entfernen. — Bei der Alkalichloridelektrolyse liegen die Verhältnisse nicht mehr so einfach. Die etwaige Vermischung der Gase — Wasserstoff und Chlor — muß zwar wieder vermieden werden; außerdem ist aber noch die Anoden- von der Kathodenflüssigkeit zu trennen. An der Kathode entsteht ja Alkalilauge, die mit Chlor — und bei Entwicklung von Sauerstoff — mit Chlor und diesem reagieren würde. Ferner strebt man meistens ein möglichst weitgehendes Zurückdrängen der Sauerstoffbildung an. Diese mehrfachen Forderungen erklären die Mannigfaltigkeit der Verfahren bzw. Apparate zur Elektrolyse von Alkalichloridlösungen. Da sich die Hauptgründe für die Mannigfaltigkeit aus dem Streben nach Herstellung reiner Laugen ergeben, somit nicht im Rahmen unseres Werkes liegen, können wir nur auf die wichtigsten Verfahren etwas näher eingehen[6].

Wasserelektrolyse mit porösen, nicht leitenden Diaphragmen. Das Diaphragma hat lediglich den Zweck, die entweichenden Gase mechanisch zu trennen. Infolge seiner Porosität ist es für den Elektrolyten gut durchlässig, es behindert also den Stromweg nicht; andernfalls stiege der Widerstand des Elektrolyten an, was die Stromverluste vergrößern würde.

Als wichtigstes Beispiel dieser Gruppe zeigt Abb. 135 den Apparat von O. Schmidt[7]. Er ist filterpressenartig gebaut. Die zwischen den doppelpolig wirkenden Elektroden *1* liegenden Kammern sind durch Asbesttücher *2* getrennt. Wasserstoff und Sauerstoff werden aus den Kammern in eine Sammelleitung abgezogen. Als Elektrolyt dient 10%ige Pottaschelösung. Die Elektroden bestehen aus Stahlblech, die Anodenseite wird gut vernickelt. Die Spannung beträgt je Zelle 2,5 Volt, die Betriebstemperatur 50—60° C.

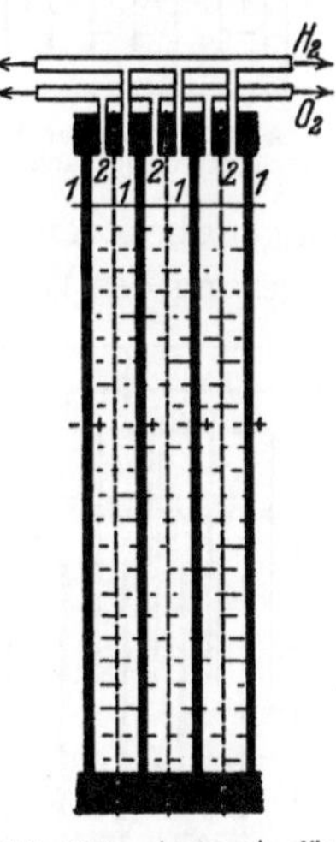

Abb. 135. Apparat für Wasserelektrolyse nach O. Schmidt.

Der Wasseraufwand je nm³ Knallgas ($2 H_2 + O_2$) ist theoretisch 536 g, praktisch braucht man bei diesem und allen anderen Verfahren etwas mehr, weil ein Teil des Wassers verdampft und verspritzt. Der Stromaufwand je nm³ Knallgas beträgt theoretisch rund 2,4 kWh, praktisch etwa 4 kWh.

Wasserelektrolyse mit leitenden Scheidewänden. Bringt man eine metallische Scheidewand in den Elektrolyten zwischen die beiden Elektroden, so schaltet er sich bipolar, wenn die Spannung an den Endelektroden mindestens den doppelten Wert der Zersetzungsspannung erreicht. Auf einer Seite der Scheidewand steigen dann Wasserstoffbläschen auf, an der anderen Seite entwickelt sich Sauerstoff. Die Scheidewand wirkt in diesem Fall wie eine doppelpolige Elektrode des in Abb. 135 dargestellten Apparates. Praktisch bleibt man deshalb unter dem doppelten Wert der Zersetzungsspannung und kann leitende Scheidewände benutzen.

Bei dem Apparat von P. GARUTTI[8] der Abb. 136 sind über die Anoden *1* Metallglocken *2* gestülpt, in die der Sauerstoff entweicht, während der Wasserstoff über den Kathoden *3* in den Raum *4* steigt,

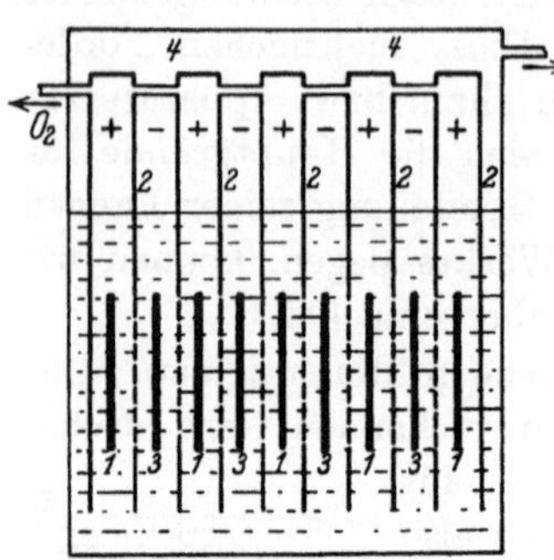

Abb. 136. Apparat zur Wasserelektrolyse nach P. GARUTTI.

der im Apparat um die einzelnen Glocken *2* liegt. Die Glocken sind zur Erhöhung der Leitfähigkeit zwischen den eisernen Elektroden durchlöchert. — Als Elektrolyt dient 15%ige Natronlauge. Die Zellenspannung beträgt 2,5 Volt.

Eine gewisse Ähnlichkeit mit dem vorigen Apparat zeigt der Wasserzersetzer der Elektrizitäts-AG. vorm. Schuckert & Co.[9] (Abb. 137). Sowohl die Anoden *1* als auch die Kathoden *2* werden von Glocken *3* überdeckt. Da aber die Glocken keine siebartigen Öffnungen besitzen, ragen die eisernen Elektroden *1* und *2* zwecks Verringerung des Widerstandes unterhalb der Glocken *3* frei in den Elektrolyten hinein. Die Mengen der gegenseitigen Verunreinigungen sind bei dieser Anordnung etwas größer, lassen sich aber in der bereits erwähnten Weise leicht entfernen.

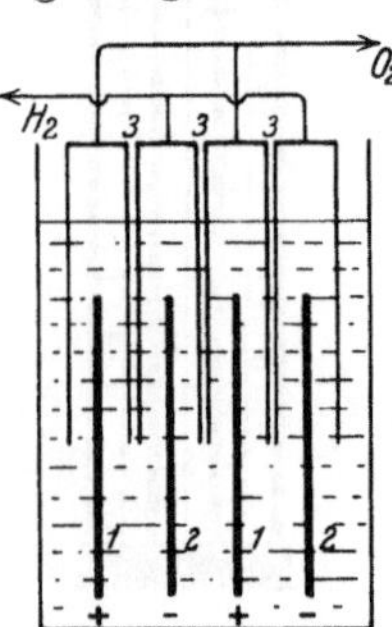

Abb. 137. Wasserzersetzer der Elektrizitäts-AG. vorm. Schuckert & Co.

Weitere Ausführungen. Bezüglich weiterer Ausführungen, die bald mehr zur Gruppe der Apparate mit porösen, nicht leitenden Diaphragmen, bald zur anderen Gruppe gehören, verweisen wir auf die Literatur[10].

Besondere Erwähnung verdient jedoch ein in den letzten Jahren praktisch ausgeführtes Verfahren. Bei allen gewöhnlichen Wasserzersetzungsapparaten müssen die Gase, wenn man sie z. B. in Stahlflaschen abzieht, unter besonderem Arbeitsaufwand verdichtet werden. Diese Verdichtungsarbeit läßt sich vermeiden, wenn man die Elektrolyse unter Druck (150—200 at) ausführt[11], derart, daß die entweichenden Gase den Druck selbst erzeugen. Ein weiterer Vorteil dieser Druckelektrolyse liegt darin, daß man auch an Strom spart, weil der Widerstand des Elektrolyten unter höheren Drücken geringer ist als unter gewöhnlichem Druck[12].

Elektrolyse von Alkalichloridlösungen mit Diaphragmen. Das Diaphragma trennt nicht nur die Gasräume, sondern auch die Flüssigkeiten an Anode und Kathode; gleichwohl muß es so weit porös sein, daß es dem Stromdurchgang nicht zu großen Widerstand leistet. Die GRIESHEIM-Zelle[13] (Abb. 138), von der mehrere in einem Elektrolysenapparat vereinigt werden, besteht aus dem taschenartigen Diaphragma 1, in das die Anode 2 und ein röhrenförmiges Sieb 3 zum Nachfüllen des Alkalichlorids führen. Als Kathode dient die äußere Behälterwand 4. Anoden- und Kathodenraum sind mit Elektrolyt gefüllt. Die entstehende Alkalilauge sinkt infolge ihres höheren spezifischen Gewichtes im Kathodenraum zu Boden und wird durch den Ablauf 5 entfernt. Das Chlorgas entweicht durch Rohr 6. Die Anoden bestehen aus Kohle oder besser aus Magnetit.

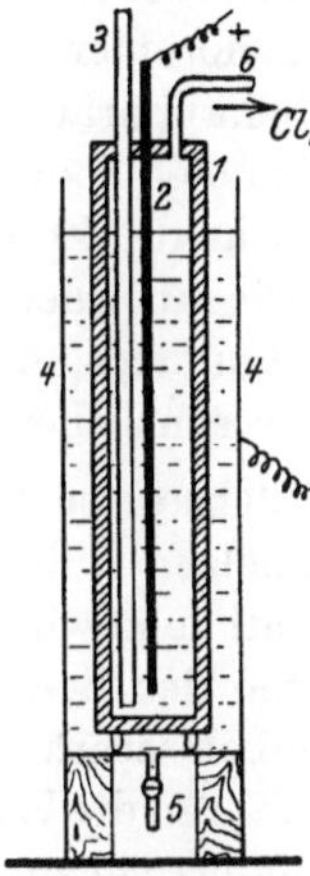

Bei anderen Bauarten von Apparaten dieser Gruppe[14] verbindet man das Diaphragma fest mit Eisendrahtkathoden und läßt den Kathodenraum leer oder füllt ihn mit Flüssigkeiten, die mit Alkalilauge nicht mischbar sind, z. B. Öl.

Mit Rücksicht auf die Unterschiede in den spezifischen Gewichten der Flüssigkeiten arbeiten manche Verfahren mit waagerechten Diaphragmen[15].

Elektrolyse von Alkalichloridlösungen ohne Diaphragma. Wenn ohne Diaphragma gearbeitet wird, dann führt man die Trennung von Anoden- und Kathodenflüssigkeit lediglich durch deren verschiedene spezifische Gewichte durch; es bildet sich eine neutrale Grenzzone aus, die nicht gestört werden darf. Die als Beispiel zu nennende Außiger Glockenzelle[16] (Abb. 139) enthält in der aus

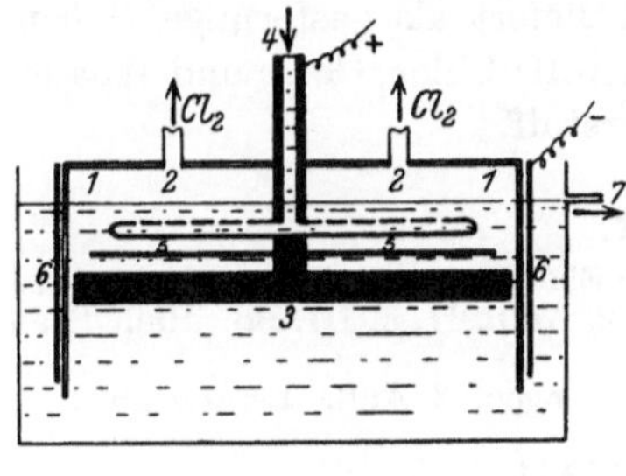

Abb. 139. Außiger Glockenzelle.

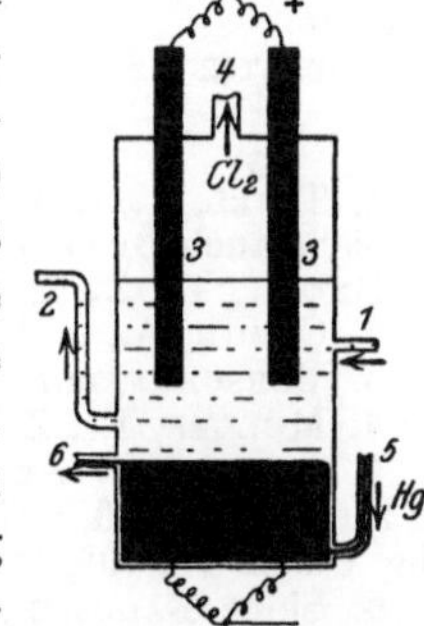

Abb. 138.
GRIESHEIM-Zelle.

Abb. 140. Apparat zur Elektrolyse von Alkalichlorid-Lösungen mit Quecksilber-Kathode.

nicht leitendem Material bestehenden Glocke 1, die mit Abzügen 2 für das Chlorgas versehen ist, die fast den ganzen Innenraum ausfüllende Anode 3. Die Alkalichloridlösung fließt durch das Rohr 4 zu und verteilt sich im Innern der Glocke gleichmäßig durch die siebartig durchlöcherte Verteilungsvorrichtung 5. Die entstehende Alkalilauge steigt an den Kathoden 6 hoch und fließt durch den Überlauf 7 ab.

Die ebenfalls ohne Diaphragma arbeitende Zelle von J. BILLITER-LEYKAM[17], die zu den besten Systemen überhaupt gehört, liefert je Kilowattstunde etwa 0,39 kg Chlor und 0,44 kg NaOH.

Elektrolyse von Alkalichloridlösungen mit Quecksilberkathode. Das Prinzip dieser Apparate wird aus Abb. 140 klar. Der Elektrolyt fließt bei *1* in das Gefäß und verläßt es bei *2*. Das an den Anoden *3* entstehende Chlor entweicht durch das Rohr *4*. Quecksilber fließt bei *5* zu und ist im Apparat mit dem negativen Pol verbunden. Das sich an der Quecksilberkathode abscheidende Natrium wird unter Amalgambildung sofort aufgenommen. Das Amalgam fließt bei *6* ab. Es gelangt in einen Nebenapparat, wo es entweder einfach mit Wasser oder mit Hilfe einer Nebenelektrode zersetzt wird. Das von Natrium befreite Quecksilber geht in die Zersetzungszelle zurück.

Die mit Quecksilberkathoden arbeitenden Verfahren[18] (H. J. CASTNER, K. KELLNER, A. RHODIN usw.) behalten das oben entwickelte Prinzip im wesentlichen bei.

Elektrolyse von Alkalischmelzen. Bei der Elektrolyse von Alkalischmelzen[19], die man gewöhnlich mit der Absicht ausführt, das Alkalimetall zu gewinnen, muß der Strom die Wärme liefern, die zum Flüssighalten der Beschickung notwendig ist. Da ferner die Nebenreaktionen ziemlich stark eintreten, ist die Stromausbeute so gering, daß die Verfahren die Wirtschaftlichkeit der mit Lösungen arbeitenden Methoden nicht erreichen.

Die Schmelzelektrolyse wird teils mit Alkalichlorid, teils mit Hydroxyd oder Mischungen ausgeführt und liefert als gasförmige Nebenprodukte je nach dem angewandten Rohstoff: Chlor, Chlor und Wasserstoff, Wasserstoff und Sauerstoff, Sauerstoff.

Literatur:

ASKENASY, P.: Einführung in die technische Elektrochemie. Braunschweig 1916.
BILLITER, J.: Technische Elektrochemie, 2. Aufl., II. u. III. Bd. Halle/Saale 1918/24.
FOERSTER, F.: Elektrochemie wäßriger Lösungen, 3. Aufl. Leipzig 1922.

Hinweise im Text:
1. THIEL, A., u. W. HAMMERSCHMIDT: Z. anorg. u. allg. Chem. **132**, 15 (1923). Siehe auch BENETT, C. W., u. J. G. THOMPSON: Z. Electrochem. **22**, 233 (1916). ONODA, T.: Z. anorg. u. allg. Chem. **162**, 57 (1927).
2. COEHN, A., u. Y. OSAKA: Z. anorg. u. allg. Chem. **34**, 86 (1903).
3. VERSCHAFFELT, J. E.: Nat. Tijdschr. **8**, 121 (1927).
4. MÜLLER, E.: Z. physik. Chem. **40**, 158 (1902).
5. BUNSEN, R.: Ann. Physik **100**, 60 (1857). — FOERSTER, F., u. H. SONNEBORN: Z. Elektrochem. **6**, 597 (1899/1900). — HABER, F., u. S. GRINBERG: Z. anorg. u. allg. Chem. **16**, 198, 329 (1898). — LE BLANC, M.: Z. physik. Chem. **8**, 328 (1891).
6. Siehe BALDWIN, R. D.: J. chem. Ed. **4**, 313 (1927). — BILLITER, J.: Z. angew. Chem. **23**, 1072 (1910). — PRITCHARD, D. A.: Trans. amer. Electrochem. Soc. **51**, 153 (1927).
7. SCHMIDT, O.: Z. Elektrochem. **7**, 295 (1901).
8. PUIG, A.: Quim. e Ind. **2**, 171, 227 (1925).
9. SANDER, A.: Z. kompr. flüss. Gase **24**, 29 (1925). — Siehe auch: HERAEUS, W. C.: Z. Elektrochem. **7**, 299 (1901).
10. ALLAN, WM. G.: Trans. amer. Electrochem. Soc. **48**, 239 (1925). — KNOWLES, A. E.: Chem. Trade J. **77**, 589 (1925). — PUIG, A.: Quim. e Ind. **2**, 171, 227 (1925). — SARROT DU BELLAY, H.: Rev. prod. chim. **28**, 289 (1925). — SESTINI, Q.: Giorn. Chim. ind. appl. **9**, 318 (1927).

11. Noeggerath, J. E.: Z. V. d. I. **72**, 373 (1928). Chem. Met. Eng. **35**, 421 (1928).

12. Coehn, A.: Ber. **60**, 1078 (1927).

13. Lepsius, B.: Ber. **42**, 2895 (1909). — Seibert, H.: Elektrochem. Z. **8**, 167 (1901/02). — Silpert, L.: J. chem. Ind. (russ.) **2**, 973 (1926).

14. Baekeland, L. H.: Chem. and Ind. **26**, 746 (1907). Chem. Ztg **33**, 1125 (1909). Chem. Met. Eng. **23**, 961 (1920). — Borns, H.: Z. Elektrochem. **8**, 213 (1902). — Carrier, C. F.: Chem. Met. Eng. **21**, 133 (1919). — Green, S. M.: Chem. Met. Eng. **21**, 17 (1919). — Moore, K. H.: Chem. Met. Eng. **23**, 1011, 1072, 1125 (1920).

15. Nissen, T.: Chem. App. **12**, 224, 231 (1925). — Parsons, C. L.: J. amer. chem. Soc. **20**, 11, 868 (1898).

16. Adolph, G.: Z. Elektrochem. **7**, 581 (1901); **10**, 449 (1904). — Steiner, O.: Z. Elektrochem. **10**, 317 (1904). Elektrochem. Z. **14**, 161 (1908/09).

17. Billiter, J.: Chloralkali-Elektrolyse. In Ullmann, F.: Enzyklopädie der technischen Chemie, 2. Aufl., III. Bd, S. 268. Berlin u. Wien 1929.

18. Acker, C. E.: Trans. amer. Electrochem. Soc. **1**, 165 (1902). — Glaser, F.: Z. Elektrochem. **8**, 552 (1902). — Haber, F.: Z. Elektrochem. **9**, 364 (1903). — Silpert, L.: J. chem. Ind. (russ.) **2**, 973 (1926).

19. Danneel, H.: Chem. App. **11**, 137, 147, 153 (1924). — Fischer, A.: Elektrochem. Z. **7**, 349 (1900/01). — Haber, F.: Z. Elektrochem. **9**, 364 (1903). — Le Blanc, M., u. J. Brode: Z. Elektrochem. **8**, 697, 717 (1902). — Le Blanc, M., u. C. F. Carrier jun.: Z. Elektrochem. **10**, 568 (1904). — Neumann, B.: Z. angew. Chem. **27**, 195 (1914). — Neumann, B., u. S. Giertsen: Z. angew. Chem. **27**, 65 (1914).

IV. Die Reinigung von Gasen.

A. Entstaubung und Entnebelung.

Die technischen Gase enthalten vielfach feste und flüssige Verunreinigungen, jene als Staub, diese als feine Flüssigkeitsbläschen und Tröpfchen, die sich um so hartnäckiger der Abscheidung widersetzen, je kleiner sie sind. Das Gasstrom nimmt sie als Schwebekörper mit. Teils stammen sie aus dem Erzeugungsprozeß des Gases, wenn dieses um seiner selbst willen hergestellt wird; teils werden sie von etwaigen Abgasen mitgeführt und bilden dann als ein Teil des festen oder flüssigen Stoffes, den man herstellte oder umwandelte, einen Verlust an diesem; ferner können neben gasförmigen Endprodukten eines Vorganges auch feste oder flüssige entstehen, und schließlich werden sie um ihrer selbst willen erzeugt und fallen primär in der vorerwähnten Form an.

Für die Entstaubung und Entnebelung der Gase sprechen verschiedene Gründe:

1. Hygienische Gründe.
   a) Reinigung von Frischluft oder
   b) von Abluft bzw. Abgasen.

2. Technisch-wirtschaftliche Gründe.
   a) Gewinnung oder
   b) Rückgewinnung wertvoller Stoffe;
   c) Reinigung von Gasen zum Zweck weiterer Verwendung.

3. Gründe nach 1. und 2. gleichzeitig.

Drei Gruppen von Verfahren dienen dem gewünschten Zweck: die (mechanische) Trockenreinigung, die Naßreinigung und die Elektroreinigung. Die flüssigen Schwebeteilchen lassen sich auch nach den für die Abscheidung von Dämpfen gebräuchlichen Verfahren niederschlagen, wie Kühlung (siehe S. 46), Kompression (siehe S. 55), Waschung (siehe S. 82) und Adsorption (siehe S. 88). Alle Verfahren streben das gleiche Ziel an, doch sind sie nicht in gleichem Umfang anwendbar, weil sie sich in der Reinigungswirkung unterscheiden.

Ohne hier einer bestimmten Gruppe den Vorzug zu geben, seien die Anwendungsgebiete im allgemeinen besprochen.

Zu 1a. Reinigung der Frischluft von Arbeitsräumen, insbesondere in Gebieten von Industrien, die viel Staub liefern.

Zu 1b. Reinigung der Abluft von Betrieben, in denen sich viel Staub entwickelt (z. B. Faserstaub in der Textilindustrie).

Abscheiden von Staub und Flugasche aus den Rauchgasen der verschiedenen Feuerungen (Rohbraunkohle, Kohlenstaub, Müll usw.).

Zu 2a. Gewinnung von Trockenmilch, Fruchtextrakten, Farben, Feinsalz durch Zerstäuben, Trocknen und nachträgliches Abscheiden des Staubes.

Zu 2b. Niederschlagen von Kohlenstaub beim Brikettieren (etwa 2—10% der Erzeugung);

Staub aus den Abgasen von Trockentrommeln für Kohle, Salze, Zement usw.

Erz- und Metallstaub der Hüttenindustrie.

Staub beim Mahlen der verschiedensten Stoffe, wie Holz, Kork, Kohlen, Koks, Zement, Metalle, Getreide usw.

Nebel von Schwefel-, Salz-, Salpeter- und Phosphorsäure.

Zu 2c. Teerabscheidung aus Gasen von der trockenen Destillation des Holzes, der Kohle usw.

Gichtgasentstaubung.

Entstaubung der Röstgase für die Schwefelsäure-Herstellung, Befreiung von Arsen.

Zu 3. Für die besonders unter 2b aufgezählten Industrien sind häufig neben den technisch-wirtschaftlichen auch hygienische Gründe für das Niederschlagen des staubförmigen Materiales maßgebend, weil die Umgebung der Anlagen bis zur Schädigung belästigt werden kann.

1. Trockenreinigung.

Die Verfahren der trockenen Entstaubung und Entnebelung von Gasen benutzen zum überwiegenden Teil die Einwirkung von Kräften (Schwere, Schleuder- und Stoßkraft), deren Einfluß infolge der verschiedenen Dichte von Verteilungsmittel und Schwebekörper das Abscheiden ermöglicht. Sinngemäß lassen sich diese Methoden daher stets anwenden, wenn Gebilde geringer Größe in einem Medium von anderer Dichte feinst verteilt sind und daraus entfernt werden sollen.

Die Trockenreinigung pflegt man vorzugsweise für die Abscheidung von Staub aus absolut trockenen Gasen anzuwenden, doch findet auch die Entfernung von Nebeln nach den hierher gehörigen Verfahren statt. Um die vorerwähnten Kräfte zum Niederschlagen der festen oder flüssigen Schwebeteilchen zur Wirkung bringen zu können, werden verschiedene Wege eingeschlagen. Mit der Schwerkraft ist stets zu rechnen, solange die Größe der abzuscheidenden Körperchen nicht so klein wird,

daß die Schwere keinen Einfluß mehr ausübt. Will man in erster Linie
Schleuder- oder Stoßkräfte wirken lassen, dann sind die Apparate stets
so zu konstruieren und die Gaswege so zu wählen, daß nicht gegen die
Schwerkraft gearbeitet wird, sondern diese den Vorgang helfend unterstützt. Eine Art innere Stoßwirkung erzielt man, wenn die Geschwindigkeit des Gasstromes zeitweise plötzlich stark vermindert wird, erreichbar
durch jähe Erweiterungen des Querschnittes. Diese Stoßwirkung läßt
sich verstärken, wenn der Staubluft oder dem staubhaltigen Gas Reingas
entgegengeführt wird[1]. Trotz guter Reinigungswirkung ist ein solches
Verfahren hinsichtlich der großtechnischen Durchführung mit Schwierigkeiten und Nachteilen verbunden, so daß diese letzterwähnte Art der
Abscheidung von Staub oder Nebeln kaum praktische Anwendung
findet.

Die Schleuderkraft tritt mehr in Erscheinung — soweit sie nicht
durch kreisförmige oder wirbelige Führung des Gasstromes unmittelbar
angestrebt wird — bei wiederholter scharfer Richtungsänderung, die
mittels geeigneter Prellflächen nebenher die Stoßkraft beim Aufprallen
auszunutzen gestattet. Von der Zerteilung des Stromes in dünne
Stromfäden verspricht man sich auch eine günstige Wirkung.

Schließlich nutzt man die Haftkraft (Adhäsion) an großen Flächen
in Form von Füllkörpern zum Niederschlagen der Verunreinigungen
aus; diese Art von Reinigern bzw. Reinigungsverfahren leiten über zur
Naßreinigung. Das Anhaften wird zumeist durch Befeuchten mit zäh-
flüssigen Massen oder Berieseln mit Wasser gefördert. Während die
zähen Flüssigkeiten nur die Haftkraft erhöhen, umhüllt das Berieselungs-
wasser außerdem die einzelnen Schwebekörper, wodurch sie schwerer
werden und sich durch die anderen Kräfte leichter beeinflussen lassen.

Mehr theoretische Bedeutung hat die Staubabscheidung in der heiß-
kalten Röhre, deren Wirkung mit wachsendem Temperaturunterschied
steigt[2].

Theorie. Die Geschwindigkeit, mit der ein Schwebekörper unter dem
Einfluß der Schwerkraft niedersinkt, berechnet sich nach[3]

$$v = \sqrt{2\,g \cdot \frac{V \cdot (s_2 - s_1)}{k \cdot s_1 \cdot F}}\,;$$

in dieser Formel bedeuten:

v . . . . . gleichbleibende Sinkgeschwindigkeit,
s_1 . . . . . spez. Gewicht des Gases (Verteilungsmittel),
s_2 . . . . . spez. Gewicht des Schwebekörpers,
V . . . . . Rauminhalt des Schwebekörpers,
g . . . . . Erdbeschleunigung (= 9,81 m/sec),
F . . . . . Querschnittfläche des Schwebekörpers senkrecht zum Gasstrom,
k . . . . . Erfahrungswert.

Die Schleuderkraft, die leicht größer gemacht werden kann als die Schwere, wodurch die Stärke des Abscheidens wächst, ist

$$P = \frac{m\,v^2}{r}$$

$$= \frac{G}{g} \cdot \frac{v^2}{r};$$

es bedeuten:

P ..... Schleuderkraft,
m ..... Masse des Schwebekörpers,
G ..... sein Gewicht ($= V \cdot s_2$),
v ..... Geschwindigkeit, mit welcher der Schwebekörper im Abstand r von der Drehachse kreist.

Wenn n die Drehzahl/min ist, dann wird die Drehgeschwindigkeit v gleich

$$v = \frac{2\,r\,\pi\,n}{60},$$

somit auch

$$P = \frac{G}{g} \cdot \frac{r\,\pi^2\,n^2}{900}.$$

Heißluft-Entnebelung. Nebel sind flüssige Teilchen, zumeist Bläschen, auch kleine und kleinste Tröpfchen, die sich als Folge der Übersättigung eines Gases mit einem Dampf in ihrem Schwebezustand kondensieren. Das einfachste Mittel zu ihrer Entfernung wäre die Steigerung der Temperatur mindestens bis zu jenem Punkt, der gerade der Sättigung entspricht, so daß sie sich wieder in den unsichtbaren Dampf auflösen würden. In der Praxis läßt sich eine derartige Temperatursteigerung meist nicht ausführen, weil sie zu groß sein müßte. Deshalb wird die Temperatur nur mäßig gesteigert, aber untersättigte Luft in solcher Menge zugeführt, daß die Nebelauflösung erfolgt.

In manchen Betrieben, Färbereien, Wäschereien u. dgl. sind die Arbeitsräume mit Wasserdampfnebeln so erfüllt, daß man kaum die Hand vor den Augen sieht, was das Arbeiten bedeutend erschwert. In solchen Fällen empfiehlt sich eine Heißluft-Entnebelungs-Anlage[4]. Sie besteht aus drei Teilen: 1. einem Ventilator, der die Frischluft ansaugt und sie durch die weitere Anlage drückt; 2. einer Heizvorrichtung zum Anwärmen der Frischluft und 3. einer Verteilungsleitung für die Zuführung der angewärmten Luft in die zu entnebelnden Räume. Am besten ist es, wenn die Warmluft an der Decke eintritt. Sie belästigt dann nicht die Arbeiter und saugt gewissermaßen die Wrasen hoch, begünstigt durch das natürliche Aufwärtsstreben der heißen Nebel, die sich binnen kurzem bis zur völligen Klarheit auflösen.

Schwer- und Schleuderkraftreiniger. Die einfachste Art der Entfernung von Schwebekörpern aus Gasen, insbesondere von Staub,

besteht darin, daß man das Gas durch Kanäle ziehen läßt, worin die
Verunreinigungen Zeit haben, sich abzusetzen. Solche Staubkanäle
müssen reichlich lang sein, um eine einigermaßen befriedigende Wirkung
zu erzielen, sie besitzen somit die Nachteile großen Platzbedarfes und

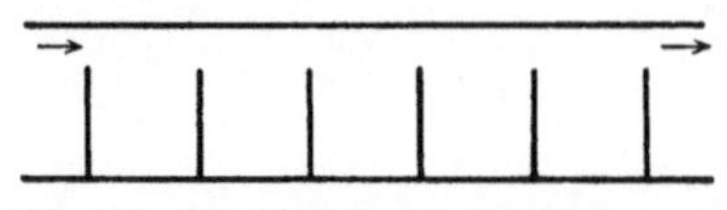

ungeheuren Materialaufwandes und
kommen doch nur für Grobreinigung
in Frage. Eine wenn auch geringe Ver-
besserung gewährt die Unterteilung
des Staubkanales in Staubkammern

Abb. 141. Staubkanal mit Staubkammern.

nach Abb. 141. Durch das mehrmalige Abschnüren des Gaswegquer-
schnittes wechselt die Strömungsgeschwindigkeit, was das Niedersinken
der Teilchen begünstigt. Diese Form der Reinigung war früher viel in
Gebrauch, beispielsweise in
den Metallhütten, Bleiwer-
ken, wird jedoch heutzutage
wegen der erwähnten Nach-
teile kaum noch angewendet.

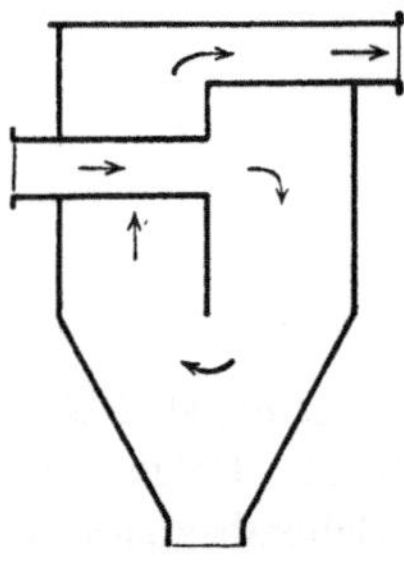
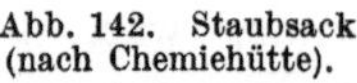

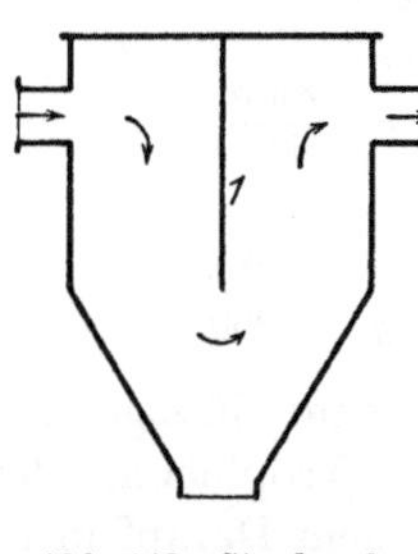

Abb. 142.   Staubsack
(nach Chemiehütte).

Abb. 143.   Staubsack,
schlechte Konstruktion
(nach Chemiehütte).

Eine weitere Verbesse-
rung liegt in den Staub-
säcken, deren Wirkungs-
weise aus Abb. 142 ersichtlich ist. Bei der Anordnung
und dem Bau eines Staub-
sackes ist besonders darauf

zu achten, daß nicht infolge ungeschickter Führung des Gasstromes
bereits abgeschiedene Schwebekörper aufgewirbelt werden, was eine
schon erzielte Wirkung zum größten Teile wieder vernichten kann. Ein Beispiel einer zweckwidrigen Konstruktion bringt Abb. 143. Die längs der Trennwand 1
niedersinkenden Schwebekörper werden vom Gasstrom
wieder mitgerissen.

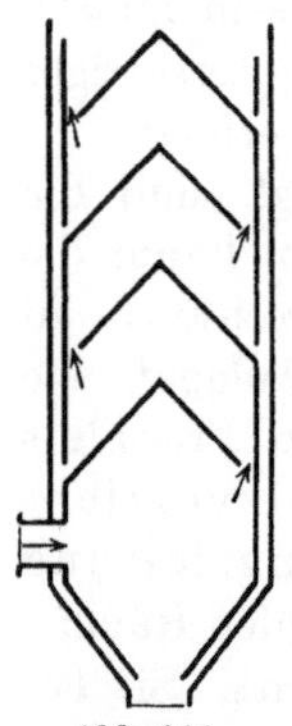

Von den Bauarten, die sich mehr oder minder an die
Grundlagen der Staubsäcke halten, sei der Apparat von
HEES[5] erwähnt, Abb. 144, der z. B. zum Zurückhalten
von Flugasche aus Rauchgasen im Schornstein dient.

Die Schleuder-, Flieh- oder Zentrifugalkraft wirkt in
den sogenannten Zyklonen. Das sind runde, nach unten
sich konisch verengende Behälter, in die das zu reinigende Gas oben tangential eintritt. Es ist gezwungen in
kreisförmig drehender Bewegung durch den Apparat zu

Abb. 144.
Staubabscheider
nach HEES.

streichen, dabei werden die Schwebeteilchen an die Behälterwand
gedrückt, längs der sie unter dem Einfluß der Schwere, die man als
unterstützendes Hilfsmittel auch hier nicht mißt, niedersinken und sich

in einem Sammelraum außerhalb des Gasstromes vereinigen. Das gereinigte Gas steigt durch einen Abzug in der Mitte hoch. Abb. 145 läßt die Wirkungsweise dieser Apparate erkennen. Zwecks Vermeidung von schädlichen Wirbeln kann man auch den Gasweg durch Einbau von Spiralen zwangsläufig gestalten. Wenngleich gegenüber den Staubkammern und ähnlichen Vorrichtungen schon eine weitaus bessere Reinigung auf kleinerem Raum erzielt wird, kann von einer „restlosen" Befreiung der Gase von Staub (oder Nebel) keine Rede sein, was schon daraus zu erkennen ist, daß die Zyklone vielfach als Vorentstauber vor Filtern (siehe S. 145) und Naßreinigern benutzt werden. Zyklone werden in verschiedenen, mehr oder minder verwickelten Ausführungen hergestellt.

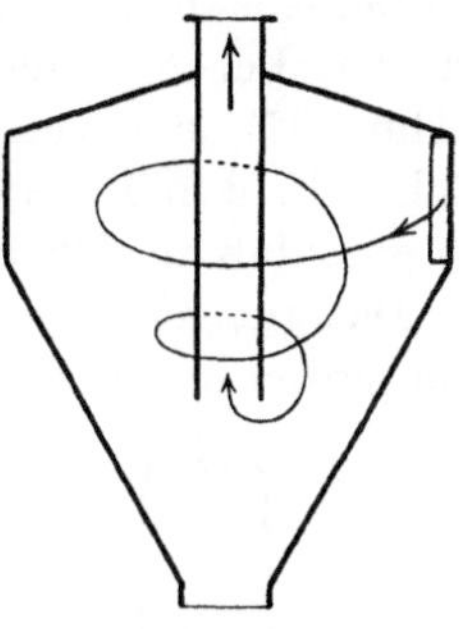

Abb. 145.
Grundform der Zyklonen
(nach Chemiehütte).

Stoßreiniger. Zu ihnen zählen alle Apparate, bei denen das Abscheiden der Schwebekörper durch Anprall auf Flächen, die dem Gasstrom entgegenstehen, durch Stoß, erzwungen wird. Bis zu einem gewissen Grad begegnen wir der Stoßwirkung schon in den Staubkammern, an deren unterteilenden Wänden das staubhaltige Gas anprallt; schärfer ausgeprägt erscheint sie in den Staubsäcken und vor allem im Apparat von HEES (Abb. 144).

Überhaupt ist es praktisch selten möglich und schließlich auch nicht wünschenswert, die Apparate nur nach einer Kraftart wirken zu lassen. Infolgedessen ist eine scharfe Trennung nach den Kräften nicht gut durchführbar. Fast immer vereinigen sich deren mehrere zur Gesamtwirkung. Allein es läßt sich stets eine Kraft als führend erkennen, die der Konstruktion des Apparates zugrunde gelegt wurde. Die sich nebenher bietenden Hilfskräfte reihen sich dem Ganzen unterstützend ein. Und wie auf vielen anderen Gebieten, so liegt auch hier der Erfolg in der günstigsten Vereinigung aller ausnutzbaren Möglichkeiten.

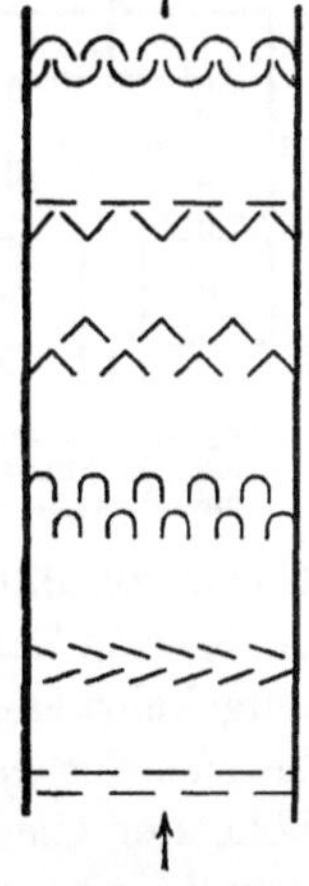

Abb 146. Formen von Stoßkörpern für Entnebelungs- und Entstaubungs-Apparate.

Man kann in den Gasweg allerlei Widerstand bietende und Prallflächen aufweisende Vorrichtungen einbauen und sie in der mannigfaltigsten Art und Weise anordnen; einfache Platten, Bänder, U- und Winkeleisen, wovon Abb. 146 eine kleine Auswahl hinsichtlich der einzubauenden Gegenstände als auch der Verteilungsmöglichkeiten gibt. Die Unterteilung der Einbaukörper läßt sich beliebig weit treiben, bis zu unregelmäßigem Füllmaterial. Damit leitet die Reinigungsanlage zu den Filtern über, und zwar zu den sogenannten Kornfiltern, die weiter unten behandelt werden. Der Stoß wird um so heftiger, je schneller das Gas gegen die Widerstände prallt.

Der bekannteste und am weitesten verbreitete Stoßreiniger ist der in der Leuchtgasindustrie als Teerscheider gebräuchliche Pelouze (Abb. 147), der von E. PELOUZE und P. AUDOUIN stammt und im Jahre 1873 in Paris erstmalig verwendet wurde[6]. Der Apparat wirkt so gut, daß er sich bis heute behaupten konnte.

Das gut gekühlte, von Teerdämpfen möglichst befreite Rohgas tritt von unten in die Stoßglocke *1*, die in dem zylindrischen, aus Gußeisen

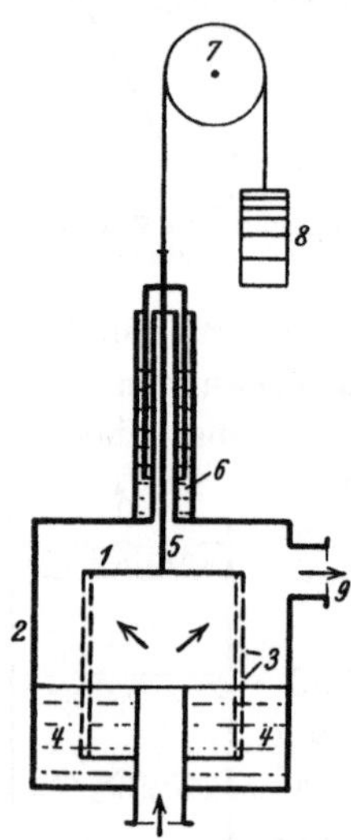

Abb. 147. Teerscheider nach E. PELOUZE und P. AUDOUIN.

bestehenden Gehäuse *2* aufgehängt ist. Die Stoßglocke *1* besteht aus mehreren (bis vier) ineinander steckenden Zylindern, die mit Löchern oder Schlitzen *3* versehen sind. Diese engen Öffnungen sind gegeneinander versetzt. Der unten offene Teil der Stoßglocke taucht ziemlich tief in Teer *4* ein. Am Oberteil befindet sich eine Stange *5*, die durch den Wasserverschluß *6* nach außen geführt wird. Die Stange hängt an einem Drahtseil, das über eine Rolle *7* läuft und an ihrem anderen Ende ein Gegengewicht *8* trägt, das die Stoßglocke entlastet und den Druck des Apparates regelt. Der an den Glockenwänden niedersinkende Teer vereinigt sich mit der Abschlußmenge. Durch einen als Syphon ausgebildeten Überlauf fließen der Teer und etwa ausgeschiedenes Wasser in die Sammelgruben. Das gereinigte Gas verläßt den Pelouze durch *9*.

Der Apparat paßt sich wechselnder Belastung selbsttätig an; steigt die Erzeugung und damit der Gasdruck, dann hebt sich die Glocke so weit aus dem Teer, daß eine genügende Zahl von Öffnungen die größere Gasmenge durchläßt. Sinkt umgekehrt die Erzeugung, dann sinkt die Glocke so tief in den Teer, bis sich der Gasweg dem geringeren Durchgang angepaßt hat. Die Hubhöhe der Glocke ist oben begrenzt, damit letztere nie vollständig aus dem Teer heraussteigen kann. Der Stand der Glocke wird mit Hilfe der Gegengewichte je nach dem gewünschten Reinigungsgrad eingeregelt. Je rascher das Gas durch die Öffnungen tritt, um so heftiger ist der Anprall an die Zylinderwand und dementsprechend steigt der Reinigungsgrad.

Eine Reinigung, die hauptsächlich durch Stoß erzielt wird, erreicht man auch durch einfaches Einhängen von Drähten senkrecht zum Gasstrom. Die Wirkung wird gesteigert, wenn sich die Drähte in Bewegung befinden, wie dies beispielsweise bei dem Teerscheider der Gewerkschaft Messel der Fall ist[7].

Filter. Sie unterteilen sich in Korn-, Faser- und Siebfilter und sind die wirksamsten Entstaubungs- und Entnebelungsapparate.

Die Kornfilter wirken, soweit sie trocken verwendet werden, wesentlich durch Stoß; da man sie jedoch häufig berieselt, tritt noch die Adhäsion hinzu. In der letzteren Form führen sie zu den Naßreinigern. Ihren Namen haben sie von dem körnigen Füllmaterial, dessen einzelne Körner mehr oder minder regelmäßige kugelige oder würfelige Gestalt haben. Als Füllmaterial dienen Koks, Kies, Gesteine, Voll- und Hohlkugeln, Raschig-Ringe oder ähnliche willkürlich anfallende oder künstlich geformte Körper von großer Oberfläche.

Die älteste Ausführung eines Kornfilters sind die seit 1836 zum Niederschlagen von Säurenebeln benutzten Kokstürme; man berieselte sie mit Wasser zur Aufnahme der Säure, nachdem sich die einzelnen Nebelbläschen an den scharfen Kanten des Füllmaterials zerschnitten hatten. Sie wurden von den eigentlichen Filtern abgelöst, die trocken betrieben werden[8]. Einen Übergang von der einen zur anderen Art bilden die benetzten Filter. Die Füllkörper werden mit zähen Flüssigkeiten überzogen, die Staub und Nebel zurückhalten. Wenn die benetzende Flüssigkeit ausgebraucht ist, müssen die Füllkörper gereinigt und neu überzogen werden.

Die Faserfilter bestehen aus Kammern, die man mit faserigem Material, wie Wolle, Seide, Glaswolle, Asbest oder ähnlichem füllt. Die Reinigung solcher Filter ist schwierig.

Am weitesten verbreitet und technisch gut durchgebildet sind die Siebfilter. Sie werden aus Metall-[9] oder Gewebefäden hergestellt, und zwar nimmt man im letzteren Fall imprägnierten Hanf oder Asbest, diesen vor allem bei etwaiger Feuersgefahr. Das Fadensieb kann einfach in Rahmen gespannt werden oder Beutel bzw. Säcke zum Zurückhalten des Staubes bilden; am häufigsten ist die Schlauchform. Die Schlauchfilter teilen sich in Saug- und Druckschlauchfilter, je nachdem ob die Staubluft durch die Apparate gesaugt oder gedrückt wird. Die Saugfilter sind günstiger als die Druckfilter, weil bei diesen durch etwaige Undichtigkeiten Staubluft austreten kann. Die Druckschlauchfilter werden offen und geschlossen ausgeführt.

Bei den Saugschlauchfiltern (Abb. 148), die mit Ausnahme der Schläuche aus Holz oder Eisenblech bestehen, tritt das von einem Ventilator, der sich hinter dem Filter befindet, angesaugte staubhaltige Gas durch einen Verteilungskanal und den Stutzen *1* unten in den Apparat ein, streicht über den konischen Fang- oder Staubsammel-

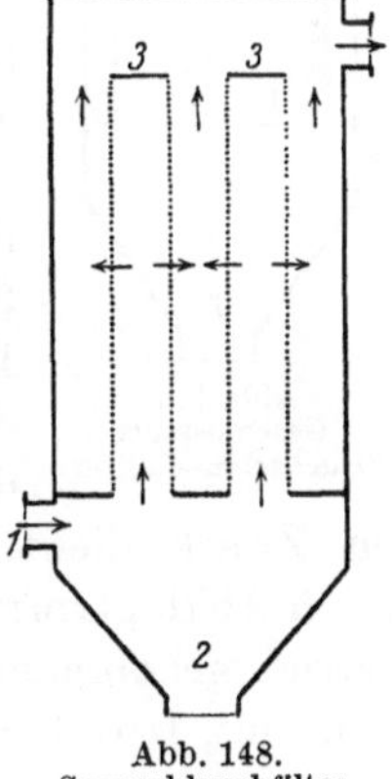

Abb. 148.
Saugschlauchfilter.

raum *2* und zieht durch die straff gezogenen Schläuche *3*, wo der Staub zurückbleibt. Infolge der abgelagerten Verunreinigungen läßt die Wirkung des Filters bald nach, es muß gereinigt werden. Zu diesem Zweck werden mittels einer selbsttätigen Vorrichtung die Schläuche von Zeit zu Zeit leicht gelockert und mit einem Ruck wieder straff

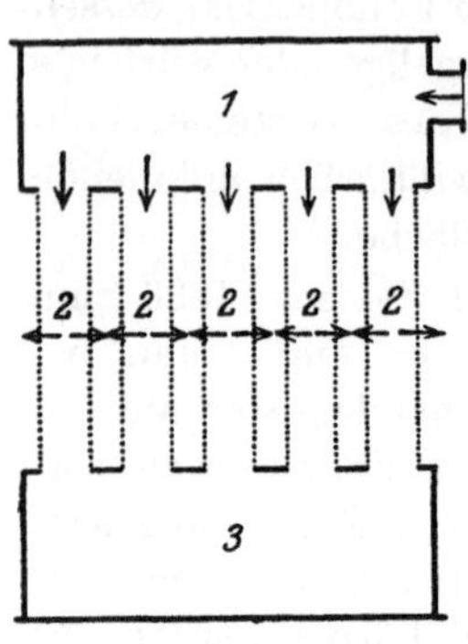

Abb. 149. Offenes Druckschlauchfilter.

gezogen, wodurch der Staub in den Sammelraum *2* abfällt. Die Wirkung wird unterstützt, indem gleichzeitig in umgekehrter Richtung zum Roh-Gasstrom Reingas von gewöhnlichem Druck durch den Apparat zieht, der selbstverständlich während des Reinigungsvorganges ausgeschaltet bleibt. Da stets mehrere Filter parallel arbeiten, wird die Entstaubung durch die Reinigung nicht gestört.

Die offenen Druckschlauchfilter (Abb. 149), gleichfalls aus Holz oder Eisenblech bestehend, erhalten das staubhaltige Gas in eine obere Kammer *1* zugedrückt. Diese ist durch die Schläuche *2* mit einer unteren Kammer *3*, dem Staubsammelraum, verbunden. Das Reingas, meist entstaubte Luft, tritt unmittelbar in den umgebenden Raum, in dem die Reinluft gebraucht wird. Zum Reinigen der Schläuche dienen Drahtnetze, deren Maschen enger sind als der Durchmesser der Schläuche, über die sie gezogen werden. Durch Auf- und Abbewegen dieser Drahtnetze löst sich der Staub ab und fällt in die Staubkammer *3*. Die Reinigung erfolgt während des Betriebes.

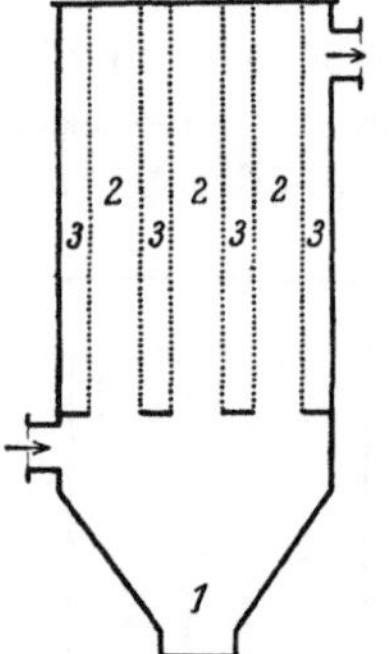

Abb. 150. Geschlossenes Druckschlauchfilter.

Die geschlossenen Druckschlauchfilter (Abb. 150) arbeiten ähnlich, das staubhaltige Gas wird von unten durch den Apparat gedrückt, streicht vor den Schläuchen über den Fangraum *1*, wie bei den Saugfiltern, zieht dann durch die reinigenden Schläuche *2* in den Gehäuseraum *3*, von wo es durch besondere Rohrleitungen fortgeführt wird. Diese Ausführung ist dann am Platz, wenn das Reingas nicht im umgebenden Raum gebraucht wird, sondern einem bestimmten Zweck dient. Die Reinigung geschieht wie bei den Saugfiltern durch Abklopfvorrichtungen, nachdem die zu reinigende Kammer außer Betrieb genommen wurde. Da man wieder mehrere Kammern parallel anordnet, tritt bei der Reinigung keine Störung ein.

Literatur:

Gibbs, W. E.: Clouds and Smokes. Philadelphia 1924.
Guillemain, C.: Staubverdichtung. Halle/Saale 1911.

HOYER, F.: Glasind. **31**, 381, 393, 405 (1920). Z. angew. Chem. **35**, 677 (1922).
MELDAU, R.: Industriestaub. Berlin 1926.
MONTGOMERY, G. L.: Chem. Met. Eng. **34**, 285 (1927).

Hinweise im Text:
1. Chem. App. **2**, 7 (1915).
2. BANCROFT, W. D.: J. physic. Chem. **24**, 421 (1920).
3. Siehe BLOCK, B.: Die sieblose Schleuder. Leipzig 1921.
4. GEROLD, O.: Dingler **329**, 86 (1914). — HACK: Chem. Ztg **49**, 1054 (1925).
— MARTELL, P.: Chem. Ztg **46**, 333 (1922). Ind. u. Techn. **3**, 277 (1922).
5. SCHOTT, E. A.: Stahl u. Eisen **30**, 374 (1910).
6. Gas- u. Wasserfach **16**, 363 (1873).
7. D. R. P. 260415.
8. Siehe Z. angew. Chem. **19**, 1313 (1906).
9. BERLOWITZ, M.: Gesdh.ing. **48**, 397 (1925).
10. BETH, W. F. L.: Stahl u. Eisen **39**, 1393 (1919).

2. Naßreinigung.

Die Naßreinigung, in ihrer einfachsten und für bloße Staubabscheidung allein angewendeten Ausführungsform als Wasserwaschung gebräuchlich, kann trotz günstiger Reinigungswirkung nicht immer benutzt werden. Die abzuscheidenden Schwebekörper sind entweder wertlos (Flugasche) oder weiter verwendbar (Metallstaub, Teer). Im ersten Fall vereinigt sich der wertlose Staub mit dem Reinigungswasser zu einem Schlamm, dessen Beseitigung oft Schwierigkeiten technischer oder wirtschaftlicher Natur bereiten kann. Bei wertvollen Schwebestoffen ist zu berücksichtigen, ob die Befeuchtung der Weiterverarbeitung des abgeschiedenen Materials schadet (Kohlenstaub) oder nicht. Sind Nebelteilchen aus einem Gas zu entfernen, dann hat man es innerhalb ziemlich weiter Grenzen in der Hand, durch geeignete Auswahl eines anderen Waschmittels als Wasser, mit Hilfe der Naßreinigung zu einem günstigen Ergebnis zu gelangen. So benutzt man für die Abscheidung von Teernebeln als Waschflüssigkeit Teer, weil mit Wasser die Auswaschung wegen zu geringer Löslichkeit schlecht wäre, sich auch leicht Emulsionen bilden könnten und schließlich der gewonnene Teer viel Wasser aufnehmen würde, was wenig erwünscht ist.

Grundsätzlich lassen sich zur Naßreinigung die unter Gewinnung und Trennung gasförmiger Stoffe durch Lösen in Flüssigkeiten (S. 82—88) besprochenen Verfahren anwenden, selbstverständlich mit Berücksichtigung der Bemerkungen des vorhergehenden Absatzes. Es sei deswegen auf die dortigen Ausführungen verwiesen; von den aufgezählten Apparaten verwendet man mit Vorliebe die Hordenwascher (S. 86) und die Mitstrom-Desintegrator-Wascher (S. 87) zum Entfernen von Staub aus Gasen.

Hier sollen des weiteren noch einige Apparate behandelt werden, die insbesondere zur Abscheidung von Schwebekörpern dienen, hingegen zur Gewinnung und Abscheidung gasförmiger Stoffe im allgemeinen nicht benutzt werden.

Zur Befreiung von Teer, dem häufigsten Nebelbildner technischer Gase, dienen die Teerstrahlgebläse[1], einfach Strahlwascher genannt, die Vielstrahlapparate[2], die von der Firma Dr. C. OTTO & Co., Bochum, gebaut werden. Abb. 151 zeigt einen schematischen Schnitt durch ein Element eines solchen Gerätes. Der ganze Reiniger enthält mehrere Elemente parallel geschaltet.

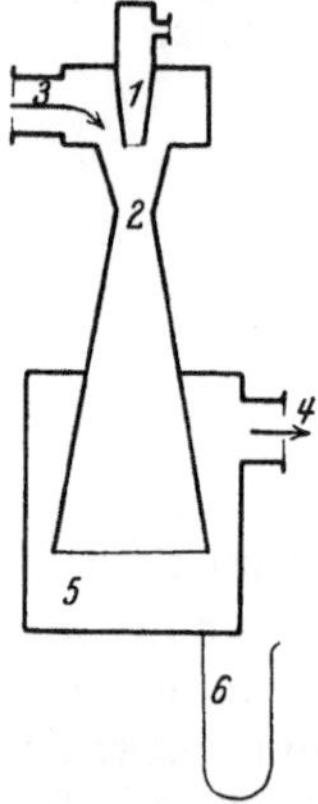

Abb. 151. Teerstrahlgebläse nach C. OTTO & Co.

Durch die regelbare Teerdüse *1*, gespeist von einer Pumpe oder einem Hochbehälter, wird Teer in den Druckkegel *2* gespritzt und saugt sich dabei durch *3* das zu reinigende Gas an, das nach der Reinigung bei *4* wieder den Apparat verläßt. Der Teer sammelt sich im Gehäuse *5*, von wo er durch den Syphon *6* abfließt. Die Düse wird nach der zu be-

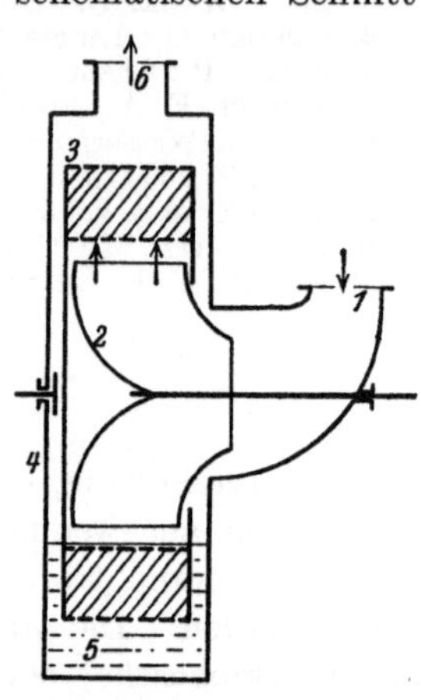

Abb. 152. Drehfilter nach FREYTAG-METZLER.

wältigenden Gasmenge mittels eines nicht gezeichneten Handrades und einer Spindel eingeregelt. Die Einstellung erfolgt nach dem Druckunterschied zwischen dem Gaseintrittsraum *3* und dem Gehäuse *5*. Es wird heiß entteert.

Zur Teerscheidung dient auch das Drehfilter von FREYTAG-METZLER[3], dessen Wirkungsweise Abb. 152 erkennen läßt. Das bei *1* eintretende Gas wird von dem schnell laufenden Ventilatorrad *2* durch den Apparat gedrückt. Es tritt durch den sich langsam bewegenden filternden Drehkörper *3*, der im unteren Teil des Gehäuses *4* durch die Waschflüssigkeit *5* streicht, sie hochnimmt und im oberen Teil den Teer aus dem Gas wäscht. Das gereinigte Gas verläßt bei *6* den Apparat.

Literatur:

Hinweise im Text:

1. D. R. P. 203254.
2. D. R. P. 231408.
3. STACH, E.: Z. V. d. I. **65**, 1265 (1921). Ind. u. Techn. **3**, 159 (1922).

3. Elektro-Reinigung.

Geschichtliches. Die Einwirkung der Elektrizität auf feste und nebelförmige Schwebekörper ist ziemlich lange bekannt. Im Jahre 1819 beobachtete C. S. RAFINESQUE[1], daß eine geriebene Siegellackstange Staub anzieht. Später gaben M. Hohlfeld[2] — 1824 — und G. F. Guitard[3] — 1850 — Versuchsanordnungen zum Niederschlagen von Rauch an. Alle diese Beobachtungen und Versuche wurden wenig beachtet, so daß im Jahre 1884 O. J. Lodge[4] die Erscheinungen nochmals entdecken konnte. Er erkannte auch ihre große praktische Bedeutung und führte sie erstmalig in die Industrie ein, unterstützt von der Firma J. Walker, Parker & Co., welche die Abgase ihrer Bleiwerke zu Bagillt in Flintshire[5] mittels Elektrizität von Bleirauch und Flugstaub zu reinigen versuchte. Die großen Hoffnungen, die man in das neue Verfahren setzte, wurden jedoch getäuscht[6]. Diesmal geriet die Frage der elektrischen Gasreinigung aber nicht wieder in Vergessenheit, sondern wurde von Zeit zu Zeit aufs neue aufgerollt, vorläufig ohne dauernde technische Erfolge zu bringen[7]. Die Ursache für das Scheitern der Bestrebungen lag zweifellos darin, daß man es nicht verstand, die erforderlichen Ströme im Dauerbetrieb zu erzeugen.

Erst mit den grundlegenden Arbeiten von F. G. Cottrell — 1906 — setzte der Aufstieg der Elektro-Gasreinigung in Amerika ein[8]. In Deutschland beschäftigte sich zu gleicher Zeit E. Möller, ohne Kenntnis der Cottrellschen Versuche, mit dem Gegenstand, nachdem bereits viel früher sein Vater, K. Möller[9], die Verwendung der Elektrizität zur Reinigung von Gasen vorgeschlagen hatte; er sah jedoch in ihr nur ein unterstützendes Hilfsmittel. Die Verfahren von Cottrell und Möller wurden in den Jahren 1910/11 miteinander verschmolzen. Zu jener Zeit entstanden schon einige technische Anlagen in Amerika zur Abscheidung von Schwefelsäurenebeln, von Bleirauch usw.; bei uns dagegen begann der Aufschwung erst mit Kriegsbeginn, erlitt anfangs, was leicht verständlich ist, eine beträchtliche Verzögerung, heute hingegen ist die Ausbreitung unverkennbar. Es werden jetzt auf der ganzen Welt etwa 1500 Anlagen gezählt, davon rund $1/_3$ in Deutschland.

Theorie und Wirkungsweise. Werden zwei Pole, getrennt durch ein luftförmiges oder flüssiges, jedoch isolierendes Mittel, unter hohe Spannung gesetzt, dann treten Elektronen, also freie Elektrizität, in den Zwischenraum. Diese Elektrizitätsausströmung ist im allgemeinen sehr gering. Um sie zu verstärken, muß die Poloberfläche stark gekrümmt ausgebildet werden. An kleinflächigen Gebilden — Spitzen, dünnen Drähten, scharfen Kanten, Ketten — häuft sich die hochgespannte Elektrizität in solcher Dichte an, daß sie in ziemlicher Menge frei in den Raum ausströmt. Die einzelnen Elektronen heften sich an einen Teil der zuerst elektrisch neutralen Schwebekörper, die dadurch die Ladung der ausströmenden Elektrizität — diese kann je nach dem Pol positiv oder negativ sein — annehmen. Die nunmehr folgenden Vorgänge spielen sich in zweierlei Weise ab:

1. Geladene und ungeladene Teilchen ziehen einander an und ver-

einigen sich zu größeren Gebilden, die infolge ihrer Schwere niedersinken.

2. Die mit der Ladung des die Elektrizität aussendenden Poles behafteten Teilchen streben der Elektrode mit entgegengesetzter Ladung zu, neutralisieren sich durch Stromausgleich, häufen sich in diesem Zustand mehr und mehr an und fallen schließlich ab, teilweise von selbst, teilweise durch künstliches Schütteln.

Die von Gasen mitgeführten Schwebekörper gliedern sich nach ihrer Größe in molekular-, kolloid- und grobdisperse[10]. Während die molekularen Gasbestandteile mit einem Durchmesser unter $1\,\mu\mu$ ($1\,\mu\mu =$ 10^{-6} mm) durch die freie Elektrizität im Sinn der Elektroreinigung nicht beeinflußt werden, ist im Bereich der kolloiden ($\oslash$ annähernd $1\,\mu\mu$ bis $0,2\,\mu$) und größeren Schwebekörper ein Zusammenballen und Abscheiden möglich. Teilchen mit einem Durchmesser unter $0,1\,\mu$ unterliegen weder der Schwerkraft noch Schleuderkräften; daher versagt die mechanische Trockenreinigung bei ihnen. Aber auch die Adsorption an Wasser (Naßreinigung) ist bei den staub- und nebelförmigen Verunreinigungen von der Größe unter $0,1\,\mu$ ohne Einfluß[11]. Dagegen wirkt die Elektrizität auf solche Schwebekörper zusammenballend ein, sie werden größer und größer, bis sie in den Wirkungsbereich der Schwere gelangen. Dieses Ausscheiden der Verunreinigungen entspricht vollkommen dem Ausflocken kolloid gelöster Stoffe. Eine derartige Wirkung übt schon hochgespannter Wechselstrom aus, da es ja bloß darauf ankommt, daß ein Teil der Schwebekörper elektrisch geladen wird und dann die neutralen Verunreinigungen anzieht. Einen einheitlichen Wanderungssinn der Teilchen von einer Elektrode zur anderen erzielt man jedoch nur durch Gleichstrom.

Von den beiden Elektroden wird eine derart ausgebildet, daß sie infolge stark gekrümmter Oberflächengestaltung Elektronen aussendet, es ist dies die sogenannte Ausström-, Lade- oder Sprühelektrode, während die andere, mit glatten Großflächen als Abscheide- oder Niederschlagselektrode wirkt. Für die Reinigungswirkung als solche, d. h. für das Ausscheiden der Schwebekörper, ist die Ladungsart der Sprühelektrode grundsätzlich gleichgültig. Der Raum zwischen den Polen nimmt ihre Ladung an. Die ausströmende Elektrizität tritt mit schwach zischendem Geräusch und begleitet von einer eigentümlichen schwachen Leuchterscheinung, der sogenannten Corona, in das vorüberziehende Gas. Während nun die Leuchterscheinung am negativen Pol stabil bleibt, ist die positive Corona unstabil; der Strom springt infolge oszillatorischer Einflüsse leicht über. Deshalb wird in der Praxis die Sprühelektrode stets mit dem negativen Pol verbunden.

Stromerzeugung. Im vorigen Jahrhundert wurden zur Stromerzeugung Influenzmaschinen benutzt. Damals konnte man zwar schon

Wechselströme von 100 000 Volt herstellen, jedoch nicht die notwendigen Gleichströme im Dauerbetrieb. O. J. LODGE, der erste Hauptverfechter der elektrischen Gasreinigung, stellte mit Hilfe von Quecksilberdampf-Gleichrichtern Gleichströme von 5000 Volt her. F. G. COTTRELL transformierte gewöhnlichen Wechselstrom, wie er für Licht und Kraft dient, auf 20 000—30 000 Volt und formte ihn mittels eines rotierenden Gleichrichters um. Heute wird genau so verfahren, doch arbeitet man im allgemeinen mit höheren Spannungen.

Der gewöhnlich verfügbare Wechselstrom von 220, 380 oder 500 Volt wird auf 40 000—80 000 Volt transformiert und durch einen rotierenden Gleichrichter, der mit einem Synchronmotor unmittelbar gekuppelt ist, in pulsierenden Gleichstrom verwandelt, entsprechend den Spitzen der Spannungswellen. Der negative Pol des Gleichrichters ist mit den gut isolierten Sprühelektroden verbunden; positiver Pol und Niederschlagselektroden sind geerdet. Zum Aufhängen der Sprühelektroden dienen entsprechend ausgebildete Porzellan- oder Quarzisolatoren, diese insbesondere bei hohen Temperaturen, da bei ihnen Quarz besser isoliert als Porzellan. Trotz der hohen Spannung ist die Kurzschlußgefahr verhältnismäßig gering, weil die Stromstärken nur einige Tausendstel Ampere betragen.

Ausführungsarten. Die Anlagen für elektrische Gasreinigung werden in Deutschland hauptsächlich von vier Firmen ausgeführt: der Lurgi-Apparatebaugesellschaft in Frankfurt a. M., der „Elga“, Elektrische Gasreinigungsgesellschaft in Kaiserslautern, den Siemens-Schuckert-Werken in Berlin-Siemensstadt und der Oski-Gesellschaft in Hannover.

Die Lurgi-Gesellschaft übt das Verfahren von COTTRELL-MÖLLER aus. Während F. G. COTTRELL mit rauhoberflächigen Sprühelektroden arbeitete, anfangs baumwollumwickelte Drähte, später flaumartig ausgebildete Asbest- und Glimmerfasern benutzte, verwendete E. MÖLLER statt dessen einfache dünne Drähte, die sich bis heute erhalten haben. Als Niederschlagselektroden dienten zuerst Platten, jetzt senkrechte Röhren, von 300—400 mm Durchmesser, in deren Längsachse die Sprühelektrode niederhängt, am Ende durch ein Gewicht straff gezogen. Gelegentlich wurden auch Ketten als Sprühelektroden benutzt[12].

Die „Elga“ verwendet ebenfalls röhrenförmige Niederschlags- und drahtartige Sprühelektroden; darüber befinden sich mechanisch betriebene Abklopfhämmer, die durch Erschüttern in der Längsrichtung das Abfallen des Staubes unterstützen. Kennzeichnend für diese Anlagen ist die sogenannte „Gegengasabreinigung“; es wird stets eine Kammer der Reinigungsanlage außer Betrieb genommen und ein Teil des Reingases von oben nach unten geführt, entgegengesetzt dem Rohgasstrom, der von unten nach oben zieht. Dadurch werden die Elektroden gut gereinigt, der Reinigungsgrad verbessert sich[13].

Die Siemens-Schuckert-Werke*(Abb. 153) sind von der Röhrenform der einzelnen Elemente abgekommen und bauen zwecks Bewältigung größerer Gasmengen Kästen oder Kammern. Doch wird der Vorteil des größeren Durchsatzes mit einer ungünstigeren Unterteilung des Gasstromes erkauft. Als Sprühelektroden dienen Rahmen, die mit Streckmetall bespannt sind, als Niederschlagselektroden glatte Blechwände oder auch Siebe. Die Elektroden hängen senkrecht mit ihrer Ebene in der Gasrichtung. In einer Entfernung von 10 bis 15 cm hängen abwechselnd Sprüh-und Niederschlagselektroden. Zum Abschütteln des niedergeschlagenen Materials genügt meist das „Atmen" der Blech

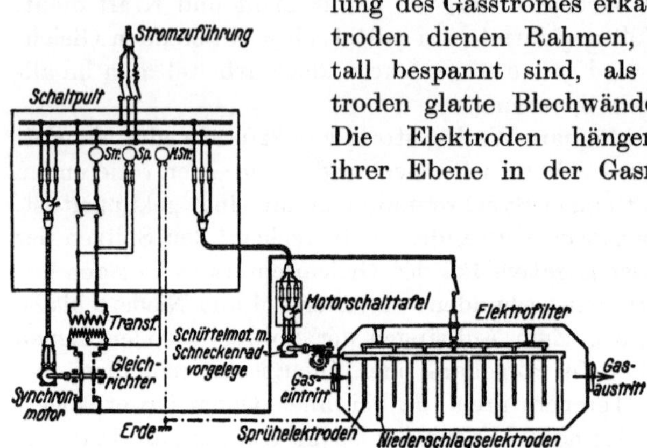

Abb. 153. Elektroreinigung der Siemens-Schuckert-Werke.

wände infolge der Schwankungen des Gasdruckes[14].

Die Ausführung der Oski-Gesellschaft unterscheidet sich von den übrigen dadurch, daß die Niederschlagsrohre mit einem Halbleiter (z. B. Beton) ausgekleidet werden (Halbleiterverfahren), wodurch ein gleichmäßigeres elektrisches Feld und ein geringerer Stromverbrauch erzielt werden soll[15].

Die in den Reinigungsanlagen verschiedener Bauart niedergeschlagenen Staub- oder Flüssigkeitsteilchen fallen zum größten Teil durch ihr eigenes Gewicht nieder und sinken in Sammelkammern, aus denen sie von Hand oder mittels mechanischer Vorrichtungen (Förderschnecken) ausgetragen werden können. Auf die Hilfsmittel zur Unterstützung der Staubausscheidung wurde beim Besprechen der einzelnen Ausführungsarten hingewiesen.

Reinigungsgrad. Der mit Elektro-Filterung zu erzielende Reinigungsgrad hängt von mehreren Einflüssen ab; von diesen sind die für den praktischen Betrieb wichtigsten: Gasgeschwindigkeit, Temperatur und Feuchtigkeit der Gase. Schließlich spielen die Gaszusammensetzung und die Art des abzuscheidenden Materials eine nicht unwesentliche Rolle.

Wird eine Anlage frisch in Betrieb genommen, dann ändern sich schon nach kurzer Zeit die elektrischen Verhältnisse. Der Staub wandert

---

* Gas- u. Wasserfach **71**, 270 (1928), Abb. 197.

nicht nur zur Niederschlagselektrode, sondern auch teilweise zur Sprühelektrode. Das ausgeschiedene Material sinkt nicht vollständig nieder,
es bleibt auch an den Elektroden haften. Bei heißen Gasen tritt manchmal ein plötzliches starkes Ansteigen der Stromstärke ein, das oft bis
zu Überschlägen führt. Die Reinigung ist im allgemeinen um so besser,
je niedriger die Temperatur und je feuchter das Gas ist (vgl. die Übersicht 3 einiger Anlagen). Doch darf der Wasser-Taupunkt nicht unterschritten werden, weil sich sonst mit dem Staub Wasser abscheidet,
wodurch die Elektroden verschmieren und nicht mehr gut arbeiten.

Der Reinigungsgrad η in % $\left(= \dfrac{\text{abgeschiedener Staub}}{\text{Staub im Rohgas}} \cdot 100\right)$ ist nach
W. Deutsch[16]

$$\eta = \left(1 - e^{-\frac{2\,F\,w}{R\,v} \cdot L}\right) \cdot 100;$$

darin bedeutet L die Abscheidungslänge in cm, R den Rohrhalbmesser
in cm, F die Feldstärke in cgs, w die Wanderungsgeschwindigkeit im
Felde 1 (cgs) in cm/sec, v die Gasgeschwindigkeit in cm/sec und e die
Basis des natürlichen Logarithmus = 2,71828. Die Kenntnis dieser
Formel ist von Wichtigkeit, weil mit ihrer Hilfe die Anlagengröße ermittelt werden kann. Die Wanderungsgeschwindigkeit der Teilchen im
Felde 1 hängt von der Größe ab und ist 0,69—0,35 cm/sec bei einem
Durchmesser der Teilchen von 10—0,01 μ. Die praktischen Durchmesser liegen beispielsweise für Teertröpfchen zwischen $\sim$ 0,1—1,0 μ,
für Schwefelsäuretröpfchen zwischen $\sim$ 0,8—5,5 μ und Wassernebel-
tröpfchen bis 30 μ.

Die auf der nächsten Seite folgende Übersicht 3 gibt Einblick in die
praktischen Betriebsverhältnisse.

Anwendung und Wirtschaftliches. Die elektrische Gasreinigung hat
gegenüber der Trocken- und der Naßreinigung geringere Betriebskosten,
ist aber in der Anlage verhältnismäßig teuer. Man wird sie daher vor
allem dort anwenden, wo eine Feinreinigung angestrebt wird, oder wo
das niederzuschlagende Material von besonderem Wert ist, wie etwa
Metallstaub in Abgasen. Ein Beispiel günstiger Wirkung bietet die
Reinigung von feuchten, Teer und Staub enthaltenden Gasen. In diesem
Fall wird zuerst bei Temperaturen über etwa 380°, dem „Teertaupunkt",
der Staub niedergeschlagen, hierauf bei einer niedrigeren Temperatur,
die aber noch über dem „Wassertaupunkt" des Gases liegen muß (gewöhnlich etwa 60°), der Teer wasserfrei gewonnen und schließlich bei
noch geringeren Temperaturen das Wasser gemeinsam mit Leichtöl
kondensiert, welche beiden Flüssigkeiten sich leicht voneinander durch
Entmischen trennen.

Übersicht 3. Betriebsverhältnisse elektrostatischer Gasreinigungsanlagen.

Anlage	Zweck	Gasmenge in nm³/h	Gasgeschwindigkeit in m/sec	Reinigungstemp. in °C	Stromverbrauch in kWh je 1000 nm³	Reinigungsgrad	
						Rohgas g/m³	Reingas g/m³
Lurgi [17]	Entteerung von Braunkohlengeneratorengas	855	—	1. Stufe: 80—100 2. „ 20— 30	1,3	20	0,04
„ [18]	„	3100—3700	—	1. „ 70— 90 2. „ 20— 30	1,9	20	0,005—0,015
	Entteerung von Koksofengas	2900	—	80— 90	1,4	—	0,06—0,07
„ [19]	HochofengasEntstaubung	a) 3200	2,3	48— 85	—	1,111	0,002—0,02
	„	b) 3200	2,3	50— 70	—	1,6—4,05	Spuren —0,02
	„	c) 3200	2,4	38—250	—	4—11,5	0,025—1,86
	„	d) 3200	2,4	60—310	—	4—11,5	0,013—1,73 Dampfeinspritzung 0,175—0,28
Elga [20]	„	10000 (15000)	—	55— 60	2,5	1,5—2,5	0,008 mit Gegengasabreinigung <0,005
	„	40000 (60000)	3,0	60	2,5	4—6	0,015—0,020
Siemens-Schuckert [21]	„	a) 3450—3770	2,32—2,46	75—134	—	4,40—38,28	0,010—0,110
	„	b) 3500—3900	2,18—2,45	84—118	—	6,10—30,50	0,001—0,051
	„	c) 2850—4100	3,06—3,96	76—130	—	1,72—14,90	0,060—0,340
	„	d) 3140—4630	3,11—4,76	57—118	—	1,34— 5,82	Spuren —0,020
	„	e) 2150—2840	2,48—3,25	104—218	—	1,42—42,70	0,008—0,220
	„	f) 2110—2200	2,04—2,13	123—228	—	3,03—15,50	0,050—0,200

Literatur:

Geschichtliches: Durrer, R.: Stahl u. Eisen **39**, 1377, 1423, 1511, 1546 (1919).

Theorie: Deutsch, W.: Ann. Physik **68**, 335 (1922); **76**, 729 (1925). Z. techn. Physik **6**, 423 (1925).

Hauer, F. v.: Ann. Physik **61**, 303 (1920).

Seeliger, R.: Z. techn. Physik 7, 49 (1926).

Anwendung: Deutsch, W.: Z. techn. Physik **6**, 423 (1925).

Hahn, C.: Gas- u. Wasserfach **71**, 269 (1928).

Zopf, E.: Chem. Ztg **47**, 769 (1923); **50**, 81 (1926).

Hinweise im Text:

1. Rafinesque, C. S.: Amer. J. Sci. **1**, 397 (1819).
2. Hohlfeld, M.: Arch. ges. Naturlehre **2**, 205 (1824).
3. Guitard, G. F.: Mechanics Mag. **1850**, November. — Siehe Lodge, O. J.: Chem. and Ind. **5**, 572 (1886).
4. Lodge, O. J.: Chem. and Ind. **5**, 572 (1886).
5. Hutchings, W. M.: Berg- u. Hüttenm. Ztg **44**, 253 (1885). Jahresber. **1885**, 142.
6. Jahresber. **1887**, 414.
7. Irvine, R.: Chem. and Ind. **8**, 377 (1889). — Wright, J.: Elec. Rev. **47**, 811 (1900).
8. Cottrell, F. G.: Ind. Chem. **3**, 542 (1911).
9. D. R. P. 31911 (1884).
10. Walzel, R.: Berg- u. Hüttenm. Jb. **74**, 117 (1926).
11. Siehe Weyl, J.: Stahl u. Eisen **46**, 1863 (1926).
12. Dreher, J.: Stahl u. Eisen **44**, 873 (1924). — Gellert, N. H.: Iron age **113**, 422 (1924). — Weyl, J.: Stahl u. Eisen **46**, 1863 (1926). — Zopf, E.: Chem. Ztg **47**, 769 (1923); **50**, 81 (1926).
13. Durrer, R.: Stahl- u. Eisen **44**, 809 (1924); **47**, 1933 (1927).
14. Lent, H.: Stahl u. Eisen **43**, 1467 (1923). — Froitzheim, H.: Stahl u. Eisen **46**, 941 (1926). — Hahn, C.: Gas- u. Wasserfach **71**, 269 (1928).
15. Schroeder: Feuerungstechnik **12**, 65, 73 (1924).
16. Deutsch, W.: Ann. Physik **68**, 335 (1922); **76**, 729 (1925). Z. techn. Physik **6**, 423 (1925).
17. Becker, H.: Braunkohle **25**, 189 (1926).
18. Weyl, J.: Stahl u. Eisen **46**, 1863 (1926).
19. Dreher, J.: Stahl u. Eisen **44**, 873 (1924).
20. Durrer, R.: Stahl u. Eisen **44**, 809 (1924); **47** 1933 (1927).
21. Froitzheim, H.: Stahl u. Eisen **46**, 941 (1926).

B. Abscheidung gasförmiger Verunreinigungen.

1. Trocknen.

Die meisten technischen Gase enthalten Wasserdampf, dessen Menge nach dem Verwendungszweck schwanken darf. Manchmal ist ein verhältnismäßig hoher Feuchtigkeitsgehalt notwendig; oft erweist es sich jedoch als günstig, den Wasserdampfgehalt weitgehend zurückzudrängen, im Grenzfall bis zur völligen Trockenheit.

Größere Feuchtigkeitsmengen erfordert die Herstellung von Schwefelsäure nach dem Kammerprozeß; Wasser wird in die Bleikammern eingespritzt. — Die atmosphärische Luft sättigt sich bis zu einem gewissen Grad mit Wasserdampf; ohne den Feuchtigkeitsgehalt wäre das

Leben auf unserer Erde in der heutigen Form undenkbar. — Im Gegensatz zu den bisherigen Beispielen verlangt die Herstellung der Schwefelsäure nach dem Kontaktverfahren stark getrocknete Reaktionsgase, weil Wasserdampf den Katalysator vergiftet. Ebenso soll der Gebläsewind der Hochöfen möglichst frei vom Wasserdampf sein. — Des Interesses wegen sei hier darauf hingewiesen, daß Verbrennungsvorgänge in völlig wasserfreier Atmosphäre nicht vor sich gehen.

Der Feuchtigkeitsgehalt technischer Brenngase — Leuchtgas, Kokereigas usw. — beeinflußt stark die Fortleitung über größere Strecken. Das Gas sättigt sich aus dem Abschlußwasser der Behälter, in denen es aufgespeichert wird, mit Dampf entsprechend der dort herrschenden Temperatur. Kühlt es sich im Verteilungsnetz unter diese Temperatur ab, so scheidet sich ein Teil des Wasserdampfes flüssig ab. Zur Entfernung der flüssigen Niederschläge dienen besondere Vorrichtungen (Wassertöpfe); außerdem bildet das Niederschlagswasser die Hauptursache für die Korrosion der Rohrleitungen. Das Gastrocknen wird deshalb praktisch ausgeführt, insbesondere in England. Selbstverständlich darf das einmal getrocknete Gas nicht wieder über Wasser aufgespeichert werden; um dies zu vermeiden, genügt es, auf dem Behälterwasser eine Ölschicht schwimmen zu lassen, oder man nimmt die Trocknung nach dem Speicherbehälter vor.

Für manche Zwecke reicht die durch einfaches Abkühlen erreichbare Verminderung des Wasserdampfgehaltes hin. Wie groß dieser für verschiedene Temperaturen ist, gibt Anhang 4, S. 376 an. Sowohl indirekte (Kühlschlangen) als auch direkte Kühlung (Einspritzen von Eiswasser oder von kalten Salzlösungen) führen zum Ziel. Neben der Kühlung bewährt sich die Verdichtung des Gases, vor allem wenn das Gas unter höherem Netzdruck fortgeleitet wird, weil dann gesonderte Druckkosten wegfallen. Weitgehende Trocknung erzielt man durch Behandeln der Gase mit festen Adsorptionsmitteln, wie Kieselsäuregel. Aktive Kohle eignet sich nicht zum Gastrocknen, weil sie Wasserdampf schlecht adsorbiert[1]. Die drei bisher erwähnten Arten des Trocknens — sie sind zum Abscheiden anderer dampfförmiger Verunreinigungen gleichfalls geeignet — leiden an dem Nachteil, daß mit dem Wasserdampf beispielsweise flüssige Kohlenwasserstoffe niedergeschlagen werden, was man gern vermeiden möchte.

Um solchen Übelständen zu entgehen, läßt man auf das zu trocknende Gas wasserentziehende Mittel einwirken, die auswählend nur den Wasserdampf entfernen. Für den großtechnischen Betrieb kommen Schwefelsäure, Chlorcalcium und Glycerin in Frage. In Sonderfällen ferner Phosphorpentoxyd, Ätzkalk und Ätznatron.

Wirkungsweise. Phosphorpentoxyd, Ätzkalk und Ätznatron gehen durch Wasseraufnahme in stabilere chemische Verbindungen über, in die

Phosphorsäure bzw. die Hydroxyde von Calcium und Natrium. Sobald diese Verbindungen gebildet sind, hört die Wirkung auf. Die anderen Stoffe — Schwefelsäure, Chlorcalcium und Glycerin — bilden dagegen mit dem Wasser sogenannte Molekülverbindungen, Hydrate, die auch in wässeriger Lösung bis zu einer gewissen Gleichgewichtsmenge entstehen. Von der Schwefelsäure kennt man beispielsweise folgende Verbindungen: $H_2SO_4 - H_2SO_4 \cdot H_2O - H_2SO_4 \cdot 2\,H_2O - H_2SO_4 \cdot 4\,H_2O^2$; das Chlorcalcium vereinigt sich mit Wasser zu: $CaCl_2 \cdot H_2O - CaCl_2 \cdot 2\,H_2O - CaCl_2 \cdot 4\,H_2O - CaCl_2 \cdot 6\,H_2O^3$. Vom Glycerin sind entsprechende Untersuchungen noch nicht bekannt.

Das Chlorcalcium wird selten in festem Zustand, meist als konzentrierte wässerige Lösung (spez. Gewicht 1,38—1,40) benutzt. Für Schwefelsäure von mehr als 50° Bé dienen eiserne Apparaturen, für verdünntere Säuren Bleigefäße. Die infolge Wasseraufnahme ausgebrauchten Flüssigkeiten werden durch Einengen konzentriert und aufs neue verwendet. Von den ausgebrauchten Glycerinlösungen muß das Wasser bei Unterdruck abdestilliert werden.

Die nebenstehende Übersicht gibt die Gleichgewichts-Wasserdampfgehalte in der Gasatmosphäre über Schwefelsäure verschiedener Konzentration für 20° C nach den Messungen von V. REGNAULT[4] an:

° Bé	Gewichts-% H_2SO_4	g H_2O/m³ (0°, feucht)
20	22,4	15,6
30	34,9	12,5
40	48,4	7,4
50	62,5	2,6
60	78,0	0,5
63	84,0	0,2
66	100	—

Wird getrocknetes Gas durch frisch verlegte und innen gut gereinigte Leitungen gedrückt, dann beobachtet man keinerlei Betriebsstörungen. Sind dagegen die Rohre innen bereits angerostet, dann blättert der ausgetrocknete Rost von den Wandungen ab, zerbröckelt und wird als lästiger Staub vom Gasstrom mitgerissen. Zur Vermeidung dieser Staubplage muß das Gas eine Zeitlang gefiltert oder der Staub durch Öleinspritzungen niedergeschlagen werden.

Ausführungsarten. 1. Der einfachste technische Weg besteht darin, das Gas längs der Oberfläche des wasserentziehenden Mittels durch einen Behälter zu leiten. Dabei befindet sich der Trocknungsstoff in Ruhe. An seiner Oberfläche nimmt er Wasser auf, verdünnt sich; die verdünnte Lösung schwimmt wegen ihres geringeren spezifischen Gewichts obenauf, deshalb läßt die Wirkung bald nach. Der größte Teil des wasserentziehenden Mittels bleibt unverändert, vom Gas durch die leichtere, verdünnte Schicht abgeschlossen.

2. Um die Flüssigkeit in Bewegung zu halten und stets neue Massenteilchen mit dem Gas in Berührung zu bringen, läßt man das Gas am Boden eintreten. In Abb. 154 strömt das Gas durch *1* zu und verläßt den Apparat getrocknet bei *2*. Die ausgebrauchte Flüssigkeit wird durch

den Syphon *3* abgelassen, neue fließt durch *4* zu. Beim Hochsteigen gibt das Gas die Feuchtigkeit ab und rührt die Masse gleichzeitig durch, was das Entstehen verschieden verdünnter Schichten verhindert. Durch Einbauten, die den Gasstrom zwangsläufig leiten, wird die Berührungsdauer zwischen Gas und Flüssigkeit verlängert und die Berührung noch inniger gestaltet, was die Wirkung verstärkt. Wegen der zu überwindenden Flüssigkeitssäule bedingen derartige Anlagen jedoch großen Druckverlust.

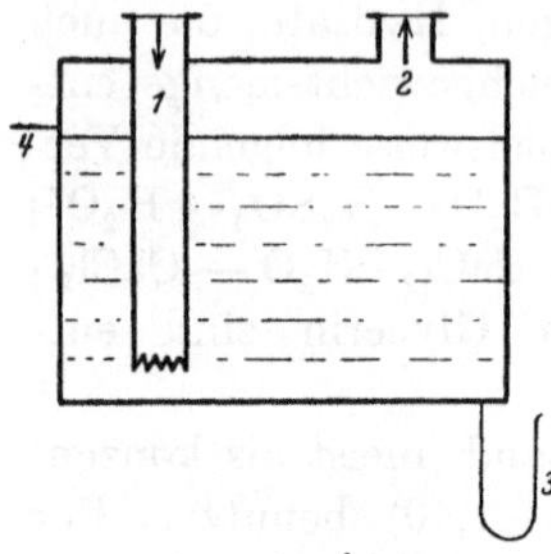

Abb. 154. Vorrichtung zum Trocknen von Gasen.

3. Am günstigsten arbeiten Rieseltürme. Die oben gleichmäßig verteilte, zähflüssige Trocknungslösung fließt entweder so langsam durch die Turmfüllung herunter, daß sie unten ausgebraucht ankommt und gleich abgezogen werden kann, oder die Flüssigkeit wird dauernd umgepumpt, was meist vorzuziehen ist.

Literatur:

PARKER, J.: Gas-J. **178**, 361 (1927).

SCHUSTER, S.: Chem. Ztg **48**, 645, 666 (1924).

SPERR, F. W.: Amer. Gas-J. **125**, 581, 608, 633, 638, 651 (1926). Chem. Met. Eng. **34**, 97 (1927).

STAVORINUS, D.: Het Gas **48**, 70, 110 (1928).

Hinweise im Text:

1. Z. angew. Chem. **34**, 381 (1921); **36**, 57 (1923).
2. ROOZEBOOM, H. W. B.: Z. physik. Chem. 4, 31 (1889).
3. PICKERING, S. U.: J. chem. Soc. Lond. **57**, 331 (1890).
4. REGNAULT, V.: Ann. Chim. Phys. [3] **15**, 179 (1845).

2. Entfernung gasförmiger Verunreinigungen außer Wasserdampf.

Bei der Gewinnung und Trennung der Gase handelte es sich darum, aus einem Gasgemisch einen Bestandteil zu entfernen oder das ganze Gemisch in seine Bestandteile aufzulösen. Das Trocknen der Gase und das Abscheiden irgendeiner anderen gasförmigen Verunreinigung bietet grundsätzlich die gleiche Aufgabe. Der Unterschied liegt in dem Zweck, den wir in beiden Fällen verfolgen, was jedoch vorerst eine untergeordnete Rolle spielt. Demnach lassen sich die der Gewinnung dienenden Verfahren auch zur Reinigung anwenden. Obgleich dies gelegentlich auch in der Praxis geschieht, schlägt man zumeist andere Wege ein. Wenn wir nämlich einen Stoff aus einem Gasgemisch gewinnen wollen, dann müssen wir streng darauf achten, daß die Gewinnungsmethoden ihn chemisch unverändert liefern. Wollen wir hingegen ein Gasgemisch reinigen — das heißt: müssen wir einen Bestandteil unbedingt daraus entfernen, weil er aus irgendeinem Grund als schädlich anzusehen ist —, dann brauchen wir den abzuscheidenden Stoff chemisch nicht zu schonen. Im Gegenteil! Man nimmt gerade zu chemischen Umsetzungen Zuflucht, weil diese so ausgewählt werden können, daß nur der eine schädliche Bestandteil daran teilnimmt und dadurch entfernt wird, während die anderen, die wertvollen Gasbestandteile unverändert bleiben. Selbstverständlich trachtet man, durch die „chemische" Reinigung, wie wir diese Art der Gasbehandlung nennen wollen, zu einem wertvollen neuen Körper zu gelangen, um das Verfahren möglichst wirtschaftlich zu machen.

Im vorangehenden Abschnitt wurde das Trocknen von Gasen, die Entfernung des Wasserdampfes, behandelt. Dieser nimmt eine Sonderstellung ein. Von einer Gewinnung auf diesem Weg kann wegen der Häufigkeit des Wassers wirklich nicht die Rede sein; es gilt einzig und allein, das Gas zu trocknen, ohne daß die dabei abfallende Verunreinigung, das Wasser, irgendeinen Wert besäße — wie etwa andere Gasverunreinigungen — oder sich durch das Trockenverfahren in einen wertvolleren Stoff umsetzen ließe. Diese Gründe bestimmten uns, das Gastrocknen gesondert zu besprechen. In theoretischer Hinsicht gehören die Verfahren zur sogenannten „physiko-chemischen" Waschung (siehe S. 84).

Ein Beispiel möge die spezifische, auswählende Wirkung der chemischen Reinigung erläutern: Wäscht man kohlensäure- und schwefelwasserstoffhaltige Gase mit Wasser unter Druck, so nimmt das Wasser beide Bestandteile gleichzeitig auf; hingegen löst eine saure Kupfersulfatlösung nur den Schwefelwasserstoff heraus unter Bildung von Kupfersulfid.

In den einfachsten Fällen wird man alkalische Verunreinigungen (NH_3 usw.) mit sauren Stoffen entfernen, saure (CO_2 usw.) dagegen mit alkalischen. Es schließen sich Fällungsreaktionen, wie die oben erwähnte Kupfersulfidbildung und sonstige Neubildungen an. Beispielsweise ließe sich sogar das Auswaschen von Ammoniak mit Wasser als chemische Reinigung auffassen, weil in der wässerigen Lösung zum Teil Ammoniumhydroxyd:

$$NH_3 + H_2O \rightleftarrows NH_4 \cdot OH$$

entsteht. Auch können verschiedene Reaktionen kombiniert werden, worauf wir noch im einzelnen zurückkommen.

Eine chemische Reinigung von Gasen und Gasgemischen kann auf dreifache Weise erreicht werden:

1. Durch Zumischen eines fremden Gases, das mit der Verunreinigung einen neuen Körper von gasförmigem, flüssigem oder festem Zustand bildet.

Die Reinigungsreaktion erfolgt ohne oder mit Katalysatoren.

2. Durch Waschen des Gases mit einer Flüssigkeit oder einer Aufschlämmung (fester Körper in Flüssigkeit fein verteilt), wodurch die Verunreinigung chemisch gebunden wird.

3. Durch Behandeln mit einem festen Körper.

Reinigung mittels Gasen. Die Entfernung von Verunreinigungen aus Gasen mit Hilfe von anderen Gasen, die mit den Verunreinigungen unter bestimmten Umständen chemisch reagieren, hat größere praktische Bedeutung, als gewöhnlich angenommen wird. Meist sind es Verbrennungsvorgänge, die zur Reinigung herangezogen werden; entweder verbrennt man vollständig oder absichtlich unvollständig.

In manchen organischen Betrieben vernichtet man in die Luft aufsteigende üble Gerüche, indem man die Abluft einfach unter Feuerungen leitet, wo sich die unangenehmen Riechstoffe organischer Natur mit dem Sauerstoff der Luft vereinigen[1].

Schwefelwasserstoff reagiert mit Schwefeldioxyd in Gegenwart von Wasserdampf nach

$$2\,H_2S + SO_2 \rightarrow 2\,H_2O + 3\,S,$$

$$\text{bzw.}\quad 5\,H_2S + 5\,SO_2 \rightarrow H_2S_5O_6 + 4\,H_2O + 5\,S.$$

Man könnte einem schwefelwasserstoffhaltigen Gas die notwendige Menge Schwefeldioxyd zusetzen und gut durchmischen, um eine Reinigung zu erzielen. Der entstehende Schwefel und die Pentathionsäure ließen sich nachher leicht niederschlagen. In dieser Form haben sich die Verfahren nicht durchsetzen können, weil die Zumischung der richtigen Mengen mit zu großen Schwierigkeiten verbunden ist. Sobald aber die Mengen an Schwefelwasserstoff und Schwefeldioxyd nicht richtig bemessen sind, enthält das „gereinigte" Gas noch eine der beiden Schwefelverbindungen.

Hingegen entwickelten sich einige Verfahren, die auf indirektem Weg den Schwefelwasserstoff unvollständig oxydieren und die dazu notwendige Luftmenge dem Gas beimengen. Die sich dabei abspielenden Vorgänge lassen sich in folgende Teilreaktionen auflösen:

$$H_2S + 1\tfrac{1}{2}\,O_2 \rightarrow \quad H_2O + SO_2,$$

$$\underline{2\,H_2S + SO_2 \quad\;\; \rightarrow 2\,H_2O + 3\,S,}$$

$$3\,H_2S + 1\tfrac{1}{2}\,O_2 \rightarrow 3\,H_2O + 3\,S;$$

oder vereinfacht

$$H_2S + \tfrac{1}{2}\,O_2 \rightarrow H_2O + S.$$

Diese Reaktion verläuft rasch in Gegenwart von Katalysatoren. C. F. CLAUS[2] verwendete als Kontaktkörper Eisenoxyd. Dem Schwefelwasserstoff oder dem ihn enthaltenden Gas (Abgase bei der Verarbeitung des Gaswassers, Schwefelwasserstoff aus den Rückständen der Leblanc-Sodafabrikation durch Einblasen von Kohlendioxyd nach A. M. CHANCE)

wird Luft zugemischt, und das Gemisch tritt dann (Abb. 155) bei *1* oben
in den CLAUS-Ofen. Die Eisenoxydmasse *2* liegt auf dem Rost *3*. Die
Umsetzung erfolgt als flammenlose
Verbrennung. Die Abgase (Stickstoff,
Wasserdampf, gegebenenfalls Kohlensäure) treten durch die Kammern *4*,
wohin auch der Schwefel gelangt und
sich abscheidet, und verlassen den
Ofen bei *5*. Sie enthalten noch geringe Mengen an Schwefelwasserstoff,
da etwas weniger Luft zugesetzt wird,
als der Theorie entspricht; andernfalls
entstünde Schwefeldioxyd, das sich

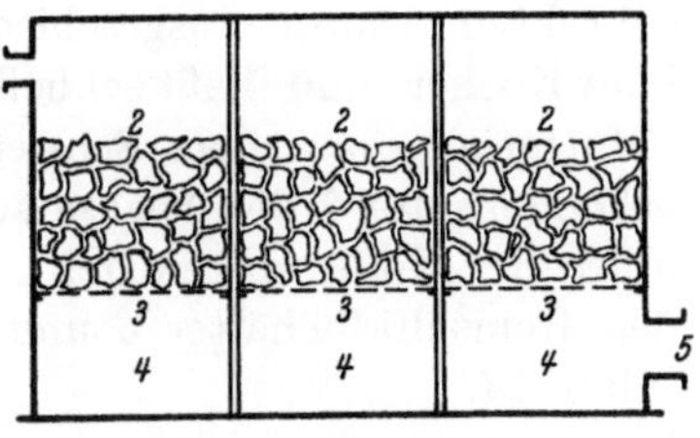

Abb. 155. Schwefelgewinnungs-Ofen
nach C. F. CLAUS.

schwieriger entfernen läßt als Schwefelwasserstoff. Die Ausbeute beträgt etwa 85 % der Theorie. Besser als Eisenoxyd wirkt Bauxit[3]. Das
Verfahren wurde seiner Zeit viel angewandt, verlor jedoch seine Bedeutung. Es ist inzwischen gelungen, einen Kontaktkörper zu finden, an
dem die Reaktion bei gewöhnlicher Temperatur verläuft: die aktive
Kohle[4].

Das mit der entsprechen-
den Luftmenge und etwas
Ammoniak versetzte schwe-
felwasserstoffhaltige Gas
wird (Abb. 156)* durch das
Schwefelfilter *1* bis zu dessen Sättigung geführt. Die
Aufnahmefähigkeit der
Kohle beträgt etwa 400 bis
600 kg Schwefel/m³ Kohle
(1 m³ Kohle = 400 kg).
Nach Erreichen der Sätti-
gung wird das Gas durch
Filter *2* geleitet und Filter *1*
inzwischen regeneriert. Zu
diesem Zweck löst man den
Schwefel mit 12—15 % iger
Ammonsulfidlösung (aus
den Behältern *3a* bis *3d*)

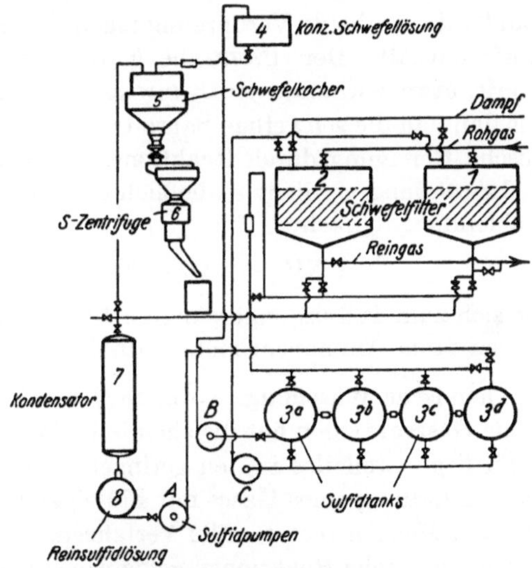

Abb. 156. Schwefelwasserstoff-Entfernung aus Gasen
nach dem a-Kohle-Verfahren.

heraus, indem die Lösung mittels der Pumpe *C* nacheinander aus
jedem Behälter in das Filter gefördert wird und dann wieder zurück-
fließt. Auf diese Weise reichert sich die Lösung in *3a* am stärksten mit
Schwefel an. Die Kohle wird mit Dampf von den letzten Teilen der

---

* Gas- u. Wasserfach **71**, 296 (1928), Abb. 219.

Lösung befreit. Die gesättigte Lösung enthält 200—300 kg Schwefel in 1000 l. Sie wird durch die Pumpe B in den Behälter 4 gedrückt, von wo sie in den Schwefelkocher 5 fließt. Dort wird der Schwefel mit Hilfe von direktem Dampf ausgeschieden, sammelt sich flüssig im unteren Teil des Kochers und fließt schließlich in die Zentrifuge 6, wo er erstarrt. Die Mutterlauge aus dem Schwefelkocher dient dazu, um im Berieselungskondensator 7 die Abgase aus dem Schwefelkocher und vom Ausdämpfen der Kohle zu reinigen. Der Ablauf des Kondensators gelangt in den Reinsulfidbehälter 8 und von dort über die Pumpe A in den Behälter $3d$.

Von anderen Verfahren, die darauf beruhen, daß zwei gasförmige Körper zum Zweck einer chemischen Gasreinigung aufeinander einwirken, sei noch das von H. BÄHR[5] erwähnt, das sich aber zweifellos an die älteren, weiter unten noch zu besprechenden Arbeiten von K. BURKHEISER anschließt. H. BÄHR arbeitet mit einem nicht genannten Katalysator, der den Schwefelwasserstoff in Gegenwart der entsprechenden Luftmenge auswählend zu Schwefeldioxyd oxydieren läßt, das sich nachher mit dem Gasammoniak zu Ammonsulfit vereinigt. Das Verfahren wurde bisher nur versuchsweise zur Reinigung von Leuchtgas angewandt, das ja beide Verunreinigungen (Ammoniak und Schwefelwasserstoff) enthält. Der BÄHRsche Katalysator besitzt auch die Eigenschaft, etwa vorhandenen Cyanwasserstoff in Ammoniak umzuwandeln, das dann an die schweflige Säure tritt — wieder ein Beispiel für die chemische Reinigung durch Reaktionen zwischen Gasen.

Erwähnung verdient schließlich die Vereinigung von Ammoniak und Kohlendioxyd nach

$$2\,NH_3 + CO_2 + H_2O \rightleftarrows (NH_4)_2CO_3,$$

die sich zum Teil im ungereinigten Leuchtgas vollzieht, so daß das Gaswasser stets Ammoncarbonat enthält.

Chemische Waschung. Größere Verbreitung als die Reinigung durch bloße Gasreaktionen hat die chemische Waschung gefunden. Der Grund dafür liegt zweifellos in den geringeren Betriebsschwierigkeiten, welche die Behandlung eines Gases mit Flüssigkeiten hinsichtlich der abzustimmenden Mengen bietet. Alle Verfahren der chemischen Reinigung sind durch chemische Reaktionen gekennzeichnet, die nach ganz bestimmten Mengenverhältnissen verlaufen. Es bietet nun sehr große Schwierigkeiten, bei reinen Gasreaktionen, wie sie im vorhergehenden Abschnitt behandelt wurden, die Menge des Zusatzgases entsprechend den dauernden Betriebsschwankungen, die in der Menge der zu entfernenden Verunreinigung auftreten, genau zu bemessen. Geschieht diese Bemessung aber nicht, dann enthält das Gas entweder noch einen Teil der Verunreinigung oder andernfalls einen etwaigen Überschuß des Zusatzgases. In manchen Fällen schadet ein geringer Überschuß nicht, so z. B. bei der Schwefelwasserstoffentfernung mittels Luft an aktiver Kohle. Wenn es jedoch darauf ankommt, derartige Zusätze zu vermeiden, dann ist die chemische Waschung vorzuziehen. Ein Überschuß an der Waschflüssigkeit läßt sich leicht einhalten; er verbürgt vollständige Entfernung der Verunreinigung und beeinträchtigt doch nicht die Gaszusammensetzung, da die Waschflüssigkeit nicht zur Gasphase gehört bzw. in diese übertritt.

Während in Gaswerken, zumindestens den deutschen, das Ammoniak fast ausschließlich mit Wasser ausgewaschen und auf indirektem Weg Ammonsulfat gewonnen wird, pflegt man auf Kokereien das Ammoniak unmittelbar mit Schwefelsäure aus den Gasen zu entfernen, ein Beispiel einer chemischen Waschung unter Neubildung eines wertvollen Stoffes: Ammoniumsulfat. Die ersten Versuche dieser Art reichen ins Jahr 1840 zurück, doch erlangten die hierher gehörenden Verfahren erst zu Beginn dieses Jahrhunderts praktische Bedeutung. Für die technische Auswaschung von Ammoniak mittels Schwefelsäure sind drei Dinge wichtig: 1. muß das Gas teerfrei sein, weil sonst das Salz dunkle Farbe zeigt; 2. muß die Badtemperatur über dem Taupunkt des Gases liegen und 3. sollen keine ammoniakhaltigen Kondensate anfallen, weil sie gesonderte Verarbeitung erheischen. Womöglich soll auch die Rohgaswärme ausgenutzt werden. Je nachdem ob die dritte Forderung erfüllt wird oder nicht, unterscheidet man „direkte“ und „halbdirekte“ Verfahren.

Zur ersten Art gehört das Verfahren von Dr. C. Otto & Co., Bochum[6]. Das heiße Rohgas von 100° C und darüber wird in Teerstrahlgebläsen (siehe S. 204) entteert und dann unmittelbar in den mit Schwefelsäure beschickten Sättiger geleitet. Dort fällt festes Ammonsulfat aus, wird mittels Ejektor zur Abtropfbühne gefördert und ausgeschleudert. Die Mutterlaugen gehen wieder zurück in den Sättiger.

Ähnlich arbeitet auch C. Still[7]; das Verfahren ist aus der schematischen Abb. 157 zu erkennen. Das Rohgas tritt mit etwa 80° C in die Mitte des Verdichters *1* und steigt hoch. Von oben fließt über die Prallplatten *2* kaltes Gaswasser mit etwa 3—4 g Ammoniak/l entgegen; es wird durch die Pumpe *3* aus dem Kondensatbehälter *4* hochgebracht. Während sich das Gas auf etwa 40° C abkühlt und dabei Teer und Gaswasser niedergeschlagen werden, erwärmen sich die flüssigen Teile im Gegenstrom auf etwa 70° C und fließen in den unteren Teil des Verdichters, wo sie sich in Teer und Gaswasser scheiden; jener fließt zur Teergrube ab, während dieses dazu dient, das inzwischen im Wasserkühler *5* bis auf etwa 20—25° C gekühlte Gas im Verdunster *6* auf 70° C neu aufzuwärmen. Dabei gibt es sein freies Ammoniak an das Gas ab und fließt selbst mit etwa 30—40° C in den Kondensatbehälter *4*.

In diesem sammeln sich außerdem die Kondensate aus dem Zwischen-
kühler *5*. Das Gas wird wieder im Sättiger *7* von Ammoniak befreit.

Das umlaufende Gaswasser, das die fixen Ammonsalze
enthält, vermehrt sich allmählich durch Kondensation
aus dem Gas. Der Überschuß wird abgezapft; sobald
sich genug davon angesammelt hat, treibt man das
Ammoniak in einer Ko-
lonne mit Kalk ab.

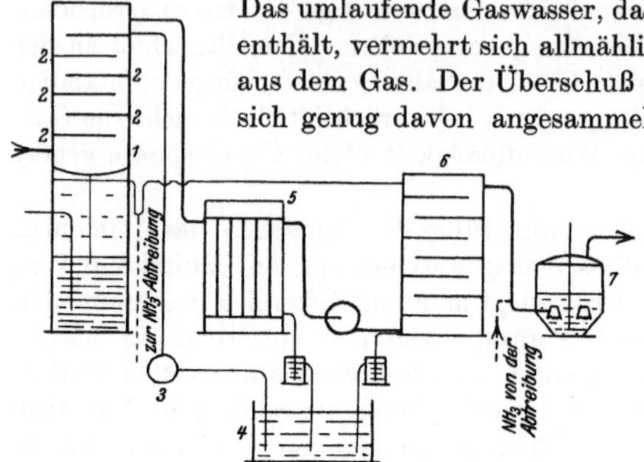

Dieses Verfahren lei-
tet zu den „halbdirek-
ten" über, als deren
bekanntestes das von
H. Koppers[8] ausgear-
beitete gilt. Das Roh-
gas wird (Abb. 158) in
den Wasserkühlern *1*
auf etwa 30° gebracht,

Abb. 157. Direktes Ammonsulfatgewinnungs-Verfahren
nach C. Still.

im Teerscheider *2* entteert, neuerdings angewärmt und durch den Sättiger *3* geleitet. Die Kondensate aus *1* und *2* trennen sich im Behälter *4*, das
Ammoniak wird in der Kolonne *5* mit Kalk abgetrieben und dem Gas
wieder zugesetzt. Die Behandlung des in *3* ausgeschiedenen Salzes
erfolgt nach der weiter oben bereits erwähnten Weise.

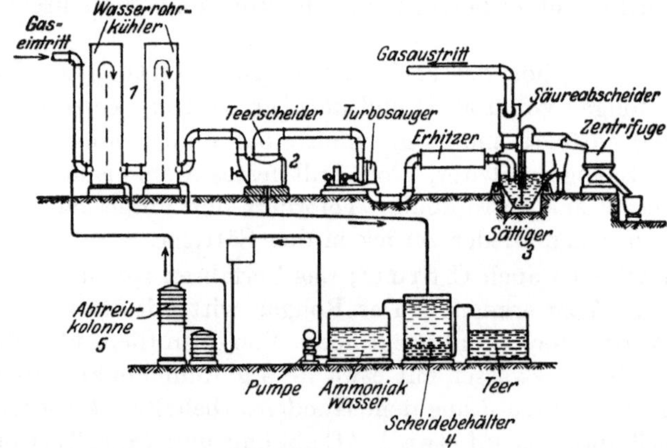

Abb. 158. Halbdirektes Ammonsulfatgewinnungs-Verfahren nach H. Koppers.

Ein Gegenbeispiel zur bisher behandelten Auswaschung einer alkalischen Gasverunreinigung, des Ammoniaks, bietet die Entfernung eines
sauren Bestandteiles, des Kohlendioxyds. Bei der Herstellung von
hochkonzentriertem Ammoniakwasser, reinem Salmiakgeist und ver-
flüssigtem Ammoniak aus Gasammoniak ist es notwendig, das rohe
Ammoniakgas von Kohlendioxyd zu befreien, weil dieses sowohl das

gewünschte Endprodukt verunreinigen als auch die Leitungen infolge
Bildung von festem Ammoncarbonat verstopfen würde. Man benutzt
Kohlensäureabscheider (Abb. 159), in denen das Kohlendioxyd an
Kalkhydrat gebunden wird, wobei Calciumcarbonat entsteht. Das
Ammoniakgemisch tritt bei *1* in den Apparat und verläßt ihn gereinigt
bei *2*. Kalkmilch (dünne Aufschlämmung) strömt
von *3* längs der Zickzackwände *4* hoch und fließt
bei *5* ab.

In früheren Jahren besaß die chemische Cyan-
waschung aus Gasen große Bedeutung; weil sie
diese aber vollkommen eingebüßt hat, sei auf die
einschlägige Literatur verwiesen[9].

Von stets zunehmendem Belang erscheint hingegen eine Reihe von Verfahren zur chemischen
Naßreinigung schwefelwasserstoffhaltiger Gase,
die in den letzten Jahren mehr in Erscheinung
treten[10]. Von diesen Vorschlägen bieten einige
auch schöne Beispiele für Kombinations-Reini-
gungsmethoden[11], wie die Verfahren von C. F.
CLAUS, K. BURKHEISER und W. FELD.

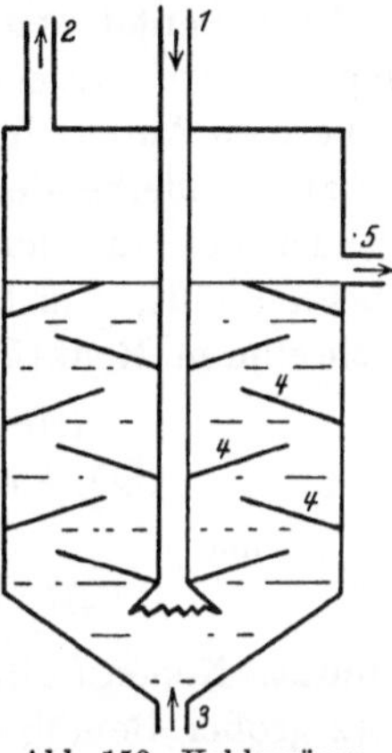

Abb. 159. Kohlensäure-
abscheider (BAMAG).

C. F. CLAUS[12] benutzte das aus Steinkohlen-
destillationsgas gewonnene Ammoniak in Form von konzentriertem
Ammoniakwasser zum Auswaschen des Schwefelwasserstoffes; nebenbei
wurden auch Kohlendioxyd und Cyanwasserstoff gebunden. Die Waschflüssigkeit wird durch allmähliches Erwärmen aufgefrischt; dabei spalten
sich zuerst Schwefelwasserstoff und Kohlendioxyd ab, während das
Ammoniak erst über 95° frei wird und dann für sich gewonnen werden
kann. Da nun aber die Kohlendestillationsgase weniger Ammoniak enthalten als zur Bindung der sauren Verunreinigungen nötig ist, wird der
Ammoniakmangel durch Endammoniak von der Auffrischung ergänzt.

Das Verfahren von K. BURKHEISER[13] erfuhr dreimal eine grundlegende Änderung.

Die erste Ausführung bestand in einer trockenen Absorption des Schwefelwasserstoffes mit Eisenoxydmasse, Verbrennung des absorbierten Schwefels zu
Schwefeldioxyd, wodurch die Reinigungsmasse wieder gebrauchsfähig werden
sollte, also trockene Regenerierung. Das Schwefeldioxyd wurde mit neutraler
Ammonsulfitlösung gewaschen; es entstand saures Ammoniumsulfit, mit dem umgekehrt Ammoniak aus dem Gas gewaschen werden konnte. Durch allmähliche
Anreicherung in der Waschlösung sollte schließlich festes Salz gewonnen werden.

Die zweite Ausführung arbeitete mit nasser Absorption des Schwefelwasserstoffes durch eine Aufschlämmung von Eisenhydroxyd in Ammoniakwasser.
Das entstehende Sulfid wurde nach dem Abfiltrieren und Trocknen abgeröstet
(trockene Regeneration). Die Auswaschung des Schwefeldioxyds blieb wie
oben.

Schließlich benutzte K. BURKHEISER die nasse Absorption durch die gleiche Aufschlämmung wie in der zweiten Ausführung und nasse Regeneration. Die ausgebrauchte Waschflüssigkeit enthielt Eisensulfid, das durch Einblasen von Luft in einem Wäscher zerlegt wurde nach

$$4 \, FeS + 3 \, O_2 + 6 \, H_2O = 4 \, Fe(OH)_3 + 4 \, S.$$

Mit der entstehenden Aufschlämmung absorbierte man zuerst neuerdings Schwefelwasserstoff. Dann wurde der freie Schwefel von der vorherigen Auffrischung mit wässerigem Ammonsulfid herausgelöst und das zurückbleibende Eisensulfid wieder mit Luft oxydiert. Der Schwefel, der sich aus der Ammonsulfidlösung durch Verkochen leicht abscheiden läßt, wurde verbrannt und das Schwefeldioxyd zu den abwechselnden Reaktionen

$$(NH_4)_2SO_3 + SO_2 + H_2O = 2 \, NH_4 \cdot HSO_3$$
$$(SO_2\text{-Absorption aus den Schwefelverbrennungsgasen})$$

und
$$NH_4 \cdot HSO_3 + NH_3 = (NH_4)_2SO_3$$
$$(NH_3\text{-Absorption aus dem zu reinigenden Gas})$$

benutzt. Neben Sulfit entsteht auch Sulfat. Das Verfahren konnte sich trotz großer Bemühungen in der Praxis nicht halten, obgleich erst vor kurzem seine praktische Ausführbarkeit wissenschaftlich bewiesen wurde[14].

Das gleiche Schicksal erfuhr das Verfahren von W. FELD[15]. Anfangs arbeitete W. FELD mit Zink- bzw. Eisensalzen[16] und konnte Ammoniak und Schwefelwasserstoff gleichzeitig auswaschen („Metallthionatverfahren"). Später erkannte er jedoch[17], daß die Anwesenheit des Metalles nicht nötig sei, und entwickelte das sogenannte „Ammoniumpolythionatverfahren". Das teerfreie Gas wird mit einer Lösung von Ammoniumtri- und -tetrathionat gewaschen; dabei entsteht Ammoniumthiosulfat neben freiem Schwefel:

$$(NH_4)_2S_3O_6 + 2 \, NH_3 + H_2S = 2 \, (NH_4)_2S_2O_3,$$
$$(NH_4)_2S_4O_6 + 2 \, NH_3 + H_2S = 2 \, (NH_4)_2S_2O_3 + S.$$

Durch Einleiten von Schwefeldioxyd bildet sich wieder Polythionatlauge:

$$2 \, (NH_4)_2S_2O_3 + 3 \, SO_2 = (NH_4)_2S_3O_6 + (NH_4)_2S_4O_6,$$
$$2 \, (NH_4)_2S_2O_3 + S + 3 \, SO_2 = 2 \, (NH_4)_2S_4O_6.$$

Nach genügender Anreicherung der Waschlauge mit Ammoniumsalzen wird unter gleichzeitigem Einleiten von Schwefeldioxyd verkocht:

$$(NH_4)_2S_3O_6 = (NH_4)_2SO_4 + SO_2 + S,$$
$$(NH_4)_2S_4O_6 = (NH_4)_2SO_4 + SO_2 + 2 \, S.$$

Der Schwefel dient teilweise zum Herstellen von Schwefeldioxyd, zum Teil bildet er ein fertiges Nebenerzeugnis. Als Summe aller Vorgänge ergibt sich die Oxydation von Ammoniak und Schwefelwasserstoff zu Ammonsulfat neben freiem Schwefel. Durch katalytische Beschleunigung der Regenerationsvorgänge mittels Kaliumarsenit konnte F. Raschig[18] dem Verlauf des Verfahrens die praktisch notwendige Geschwindigkeit erteilen. Zu einer dauernden Einführung kam es gleichwohl nicht.

Schon C. F. Claus benutzte zum Auswaschen des schwach sauren Schwefelwasserstoffes einen alkalischen Stoff, das Ammoniak, dessen Vorteil darin bestand, daß es selbst ein zu entfernender Bestandteil jener Gase war, die er von Schwefelwasserstoff befreien wollte.

Zweifellos knüpfen die Sodawaschverfahren an den Grundgedanken jenes Verfahrens an. In Amerika werden sie seit einigen Jahren zum Reinigen großer Gasmengen praktisch ausgeübt. Der „Seaboard“-Prozeß[19], die ältere und einfachste Ausführungsform der Sodawaschung besteht im Behandeln des Gases mit Natriumcarbonatlösung. Dabei spielen sich folgende Reaktionen ab:

$$H_2S + Na_2CO_3 \rightleftarrows NaHS + NaHCO_3,$$
$$CO_2 + H_2O + Na_2CO_3 \rightleftarrows 2\,NaHCO_3,$$
$$HCN + Na_2CO_3 \rightleftarrows NaCN + NaHCO_3.$$

Durch die ausgebrauchte Waschlauge wird Luft geblasen, die Reaktionen verlaufen in der entgegengesetzten Richtung, Soda bildet sich zurück und kann aufs neue benutzt werden. Da es sich um Gleichgewichtsreaktionen handelt, hat das Lufteinblasen nur den Zweck, die mit den Verunreinigungen belastete Gasatmosphäre zu erneuern, um das Gleichgewicht in der flüssigen Phase zu stören.

Eine „Seaboard“-Anlage besteht nur aus vier Teilen: 1. einem Waschturm (Absorber), 2. einem Regenerationsturm (Aktivator), 3. einer Pumpe für die umlaufende Waschlauge und 4. einem Ventilator für die Gebläseluft.

Abb. 160 zeigt das Schema einer Ausführungsform, bei der Wasch- und Regenerationsturm übereinander liegen, doch sind auch andere Bauarten und Anordnungen gut brauchbar. Das Rohgas tritt bei *1* ein und verläßt bei *2* grob gereinigt (Auswaschung bis 90%) die Anlage. Die ausgebrauchte

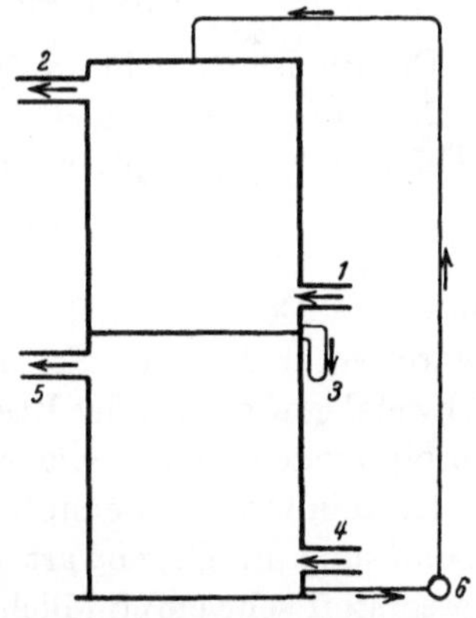

Abb. 160. Schema einer Seaboard-Anlage zur Entfernung von Schwefelwasserstoff aus Gasen.

Lauge fließt durch den Syphon *3* in den Regenerationsturm, wo sie im Gegenstrom durch Luft aufgefrischt wird. Diese kommt, von einem Ventilator angesaugt und fortbewegt, bei *4* unten in den Turm und geht bei *5* wieder ins Freie. Die aufgefrischte Sodalösung wird von der Pumpe *6* wieder hochgefördert.

Theoretisch sollte die Sodalösung unendlich lange wirksam bleiben, praktisch wird sie durch Nebenreaktionen (Bildung von Thiosulfat und Rhodanid) allmählich unbrauchbar. Für 8 kg Schwefelwasserstoff wird 1 kg Soda verbraucht. An Luft ist die zwei- bis dreifache Menge des gereinigten Gases notwendig.

Die verunreinigte Abluft läßt man entweder unmittelbar in die Atmosphäre oder benutzt sie als Verbrennungsluft. In beiden Fällen gelangen schädliche Schwefelverbindungen (H_2S, SO_2) in die Umgebung, so daß das Verfahren in dieser Form nur in wenig bewohnten Gegenden ausgeführt werden kann. Aus diesem Grund und um die Wirtschaftlichkeit zu erhöhen, wurde die Sodawaschung weiter ausgearbeitet.. Die Koppers Comp. besitzt heute zwei Verfahren dieser Art mit Schwefelwiedergewinnung, eines ist für cyanhaltige Gase, das andere für cyanfreie.

Für cyanhaltige Gase verwendet man als Waschflüssigkeit eine 2%ige Natriumcarbonatlösung, die etwa $1/_2$% einer Ferriverbindung (bezogen auf Fe_2O_3) in Lösung oder als Aufschlämmung enthält — vgl. das bereits besprochene Verfahren von K. BURKHEISER sowie das der Gesellschaft für Kohlentechnik[20]. Der Schwefelwasserstoff wird wieder als Natriumsulfhydrat gebunden, dieses reagiert dann nach:

$$3\,NaHS + 3\,NaHCO_3 + 2\,Fe(OH)_3 = Fe_2S_3 + 3\,Na_2CO_3 + 6\,H_2O;$$

daneben bindet die Eisenverbindung auch unmittelbar:

$$3\,H_2S + 2\,Fe(OH)_3 = Fe_2S_3 + 6\,H_2O.$$

Die Blausäure geht in Cyanid über, das sich später in das Rhodanid — NaCNS — verwandelt. Die ausgebrauchte Waschlauge wird in den „Thionizer" gepumpt, wo man Luft einbläst, die nach

$$2\,Fe_2S_3 + 3\,O_2 + 6\,H_2O = 4\,Fe(OH)_3 + 6\,S$$

einwirkt. Der Schwefel steigt an die Oberfläche, während das Eisenhydroxyd zu Boden sinkt. Etwa 60% des H_2S-Schwefels sind als freier Schwefel gewinnbar, der Rest bildet Rhodanid und Thiosulfat, für welche Verbindungen sehr wenig Nachfrage besteht.

Ist kein Cyanwasserstoff zugegen (Wassergas), dann wächst man mit Sodalösung in Gegenwart eines Nickelkatalysators, der gegen Cyanwasserstoff sehr empfindlich ist. Wieder wird zwecks Auffrischung Luft durchgeblasen:

$$NaHS + NaHCO_3 + \tfrac{1}{2}O_2 = Na_2CO_3 + H_2O + S.$$

Bezüglich weiterer chemischer Reinigungsverfahren sei auf die Veröffentlichungen von FR. FISCHER[21]. verwiesen.

Zur chemischen Waschung können letzten Endes alle Absorptionslösungen benutzt werden, die in der Gasanalyse zum Absorbieren einzelner Bestandteile dienen. Man nimmt zu ihnen insbesondere dann Zuflucht, wenn eine „Ultrareinigung" erforderlich ist, wie zum Entfernen von Katalysatorgiften[22].

Chemische Reinigung mit festen Stoffen. Während die chemische Reinigung durch reine Gasreaktionen an der Schwierigkeit leidet, die Menge der reagierenden Gase genau aufeinander abzustimmen, konnten wir durch die chemische Waschung diesen Nachteil leicht umgehen. Dagegen müssen bei der Naßreinigung stets bedeutende Flüssigkeitsmengen bewegt werden, was einen Aufwand an Kraft erfordert. Da bei der chemischen Waschung nicht die gesamte Waschflüssigkeit mit der Verunreinigung reagiert, sondern mit Lösungen oder Aufschlämmungen gearbeitet wird, die vom wirksamen Bestandteil nur verhältnismäßig geringe Mengen enthalten, schleppt man die großen Massen des Lösungsmittels, ausschließlich Wasser, eigentlich zwecklos durch die ganzen Anlagen. Wie groß dieses Mißverhältnis zwischen wirksamem Stoff und Lösungsmittel ist, erkennen wir beispielsweise aus den im vorigen Abschnitt erwähnten Sodawaschverfahren, die mit 2%igen Lösungen von Natriumcarbonat arbeiten. Diese Nachteile lassen sich zweifellos vermeiden, wenn ein fester Stoff, also ein wirksamer Bestandteil in hochprozentiger Form, zur Einwirkung gelangt. Außerdem werden die festen Reinigungsmittel zumeist nicht bewegt, wodurch man an Kraft spart. Wo dieser letzterer Umstand zwecks Erzielung einer möglichst innigen Berührung zwischen Gas und Reaktionskörper nicht erfüllt wird, bewahrt man dennoch den erstgenannten Vorteil. Bleibt das Reinigungsmittel in Ruhe, dann bedarf es besonderer Vorsichtsmaßregeln, um eine innige Berührung zu erzielen. In gewisser Beziehung — einer Beziehung rein äußerlicher Natur — erinnern die hier zu besprechenden Methoden an die chemische Reinigung durch Reaktionen zwischen zwei Gasen an Kontaktkörpern (siehe S. 216). Während aber dort der feste Körper nicht an den Reaktionen teilnimmt, sondern nur deren Geschwindigkeit erhöht, vereinigt sich hier der feste Stoff mit der gasförmigen Verunreinigung zu einer neuen Verbindung. Diese wird sich an der Berührungsfläche zwischen Gas und Reinigungsmittel bilden und dann die tiefer liegenden Schichten vor weiteren Einwirkungen schützen; demnach muß man den Reaktionskörper möglichst kleinstückig verwenden, anderseits aber auch dafür sorgen, daß jedes kleinste Teilchen vom Gas umspült wird, um die Reinigungsmasse voll auszunutzen. Wenn diese ruht, führen zwei Wege zum Ziel: entweder leitet man das Gas über den in dünner Schicht ausgebreiteten Reaktionskörper oder zwingt es, durch die mehr oder weniger stark geschichtete Masse hindurchzuwandern. Stets ist es gut, die mit den festen Massen beschickten Reinigungsapparate doppelt anzuwenden, um den Betrieb nach Erreichen der Sättigung nicht zwecks frischer Beschickung unterbrechen zu müssen. Wenn dann die Masse eines Apparates ausgebraucht ist, wird auf den anderen, frisch beschickten umgeschaltet und inzwischen bleibt genug Zeit, die Füllung des ersten Apparates zu erneuern. Da im allgemeinen ein derartiger Reinigungsapparat eine ganz beträchtliche Gasmenge bewältigt, ist er gegen die im kurzzeitigen Wechsel auftretenden Schwankungen der Gaszusammensetzung unempfindlich und wird erst nach einem längeren Zeitabschnitt seine Wirksamkeit verlieren. Diese Zeitabschnitte werden sich in gleicher Dauer nach dem jedesmaligen Umschalten ständig wiederholen, so daß man im regelmäßigen Wechsel fortarbeitet.

Eine Vorrichtung, die nach dem früher zuerst genannten Verfahren wirkt, ist der sogenannte Etagenapparat (Abb. 161). In einer Kammer sind waagerechte Tafeln *1* aus Eisen oder anderem Material übereinander

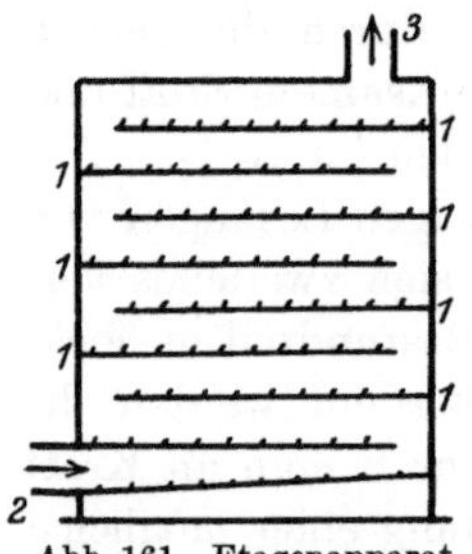

Abb. 161. Etagenapparat.

derart angeordnet, daß sie abwechselnd rechts und links den Gasweg freigeben. Auf den Tafeln liegt das Absorptionsmaterial gut ausgebreitet. Das zu reinigende Gas tritt durch das Rohr *2* unten ein und steigt langsam über die Schichten streichend hoch; dabei werden die Verunreinigungen durch chemische Bindung herausgenommen. Bei *3* verläßt das Gas gereinigt die Kammer. Die Leistung einer solchen Anlage, bezogen auf den für sie notwendigen Raum, ist recht gering; deshalb bevorzugt man in der Praxis den zweiten Weg: die Gase durch die Massen zu schicken.

Ein Musterbeispiel dieser Art ist die trockene Reinigung, wie sie die Gaswerke und auch Kokereien zur Entfernung des Schwefelwasserstoffes benutzen. Als Reinigungsmittel dient wesentlich Eisenoxydhydrat, früher vorwiegend als natürliches Raseneisenerz, heutzutage mehr in Form künstlicher Massen, die bei der Aluminiumherstellung aus Bauxit abfallen (Lux-Masse, Lauta-Masse).

Die Bindung der Schwefelwasserstoffe erfolgt teilweise nach

$$2\,\mathrm{Fe(OH)_3} + 3\,\mathrm{H_2S} = \mathrm{Fe_2S_3} + 6\,\mathrm{H_2O}$$

und zum Teil, bedingt durch die Gegenwart von Ammoniak im Gas, nach

$$2\,\mathrm{Fe(OH)_3} + 3\,\mathrm{H_2S} = 2\,\mathrm{FeS} + \mathrm{S} + 6\,\mathrm{H_2O}^{23}.$$

Die ausgebrauchte, sulfidische Masse wird durch Oxydation wiederbelebt; die Oxydation, die stets mit Luftsauerstoff erfolgt, wird entweder außerhalb der Reinigungsvorrichtungen ausgeführt, also getrennt von der Gasreinigung oder — was man heute vorzieht — in den Reinigungsapparaten gleichzeitig mit der Schwefelaufnahme. Die in beiden Fällen gleichen chemischen Vorgänge lassen sich durch folgende Reaktionen wiedergeben:

$$Fe_2S_3 + \underbrace{1,5\,O_2(+\,5,64\,N_2)}_{=\,Luft} + 3\,H_2O = 2\,Fe(OH)_3 + 3\,S(+\,5,64\,N_2),$$

$$+\begin{cases} 2\,FeS + S + O_2(+\,3,76\,N_2) + 2\,H_2O = 2\,Fe(OH)_2 + 3\,S(+\,3,76\,N_2), \\ 2\,Fe(OH)_2 + 0,5\,O_2(+\,1,88\,N_2) + H_2O = 2\,Fe(OH)_3\,(+\,1,88\,N_2); \end{cases}$$

$$2\,FeS + S + 1,5\,O_2\,(+\,5,64\,N_2) + 3\,H_2O = 2\,Fe(OH)_3 + 3\,S\,(+\,5,64\,N_2).$$

Sowohl bei der Schwefelbindung zu Fe_2S_3 als auch zu FeS und freiem Schwefel werden zur Rückbildung des reinigenden Eisenhydroxyds je Raumteil Schwefelwasserstoff 0,5 Raumteile Sauerstoff bzw. 2,38 Raumteile Luft benötigt. Da das gewöhnliche Stadtgas in ungereinigtem Zustand etwa 0,5 Volumprozent H_2S enthält, bedarf es theoretisch 1,19 Volumprozent Luft zum Wiederbeleben.

Zieht man alle Reaktionen — Schwefelwasserstoffaufnahme und Wiederbelebung der ausgebrauchten Masse — zusammen, dann verbleibt die Umwandlung des Schwefelwasserstoffes in Wasser und Schwefel nach

$$H_2S + 0,5\,O_2(+\,1,88\,N_2) = H_2O + S(+\,1,88\,N_2).$$

Dabei werden insgesamt je Kubikmeter (nm³) H_2S 2382 kcal frei, welcher Betrag sich aus 222 kcal für die Bindung und 2160 kcal für die Wiederbelebung zusammensetzt. Erfolgt nun die obige Summenreaktion ungeteilt im Reinigungsapparat, so wird eine beträchtliche Wärmemenge frei, die zur Folge hat, daß viel Feuchtigkeit aus der Masse verdampft, wodurch diese undurchlässig wird und ihr Widerstand steigt. Es ist somit bei allen derartigen Vorgängen die Wärmetönung zu berücksichtigen. Theoretisch sollte die Masse unbegrenzt aufnahmefähig bleiben. Praktisch zieht man sie jedoch mit etwa 50% freiem Schwefel aus dem Betrieb. Die Masse hat sich dann einerseits durch die Schwefelabscheidung stark verdünnt und anderseits auch an wirksamer Oberfläche eingebüßt. Nach neueren Vorschlägen sollen ausgebrauchte Massen wieder ihre frühere Wirksamkeit erreichen, wenn der Schwefel mit o-Dichlorbenzol extrahiert wird[24]; für den gleichen Zweck wird auch Tetralin empfohlen.

Die Aufnahmefähigkeit der Massen für Schwefelwasserstoff ist ziemlich groß. 1 t gute frische Masse reinigt etwa 100000 m³ Gas mit 0,5 Volumprozent Schwefelwasserstoff; dann ist ein Schwefelgehalt von rund 50% erreicht. Diese Zahl bedeutet aber nicht, daß je Tonne frischer Masse 1 t Schwefel aufgenommen wurde; die frische Masse enthält nämlich viel Feuchtigkeit (bis 50%), von der ein großer Teil während der Reinigung in das Gas verdampft. Ein Beispiel möge die absolute Aufnahmefähigkeit erläutern:

15*

	Analyse frischer Masse	Analyse aus- gebrauchter Masse
Feuchtigkeit	45%	10%
Glührückstand	47%	35%
Schwefel	—	50%

1 t frische Masse ergäbe demnach 470 kg Glührückstand, dessen Menge sich durch die Schwefelaufnahme nicht ändert; die 35% der ausgebrauchten Masse entsprechen dieser ungeänderten Menge, so daß aus 1 t frischer Masse $\frac{0{,}470}{35} \cdot 100 = 1{,}342$ t ausgebrauchte Masse entstanden sind, die 50% = 671 kg Schwefel enthalten. Somit wurden je Tonne frischer Masse 671 kg Schwefel gebunden.

Als Reinigungsvorrichtungen dienen sogenannte „Kästen", flache, eiserne Apparate von rechteckigem Grundriß. Sie enthalten in ihrem Innern gewöhnlich 3 bis 4 übereinander angeordnete Holzhorden, die auf angegossenen Leisten und Winkeleisen ruhen. Abb. 162 zeigt einen schematischen Schnitt durch einen solchen Trockenreiniger. Das schwefelwasserstoffhaltige Gas tritt bei *1* ein, verteilt sich durch das Rohr *2* nach oben und unten, streicht durch die in etwa 30 cm starken Schichten lagernde Masse und verläßt durch das in halber Höhe mündende Rohr *3* den Kasten. Das Teilen des Gasstromes nach oben und unten erniedrigt die Gasgeschwindigkeit im Reiniger; sie wird auf 5 bis 10 mm/sec gehalten. Oben umgibt eine Tasse *4* den Kasten. Sie ist gewöhnlich mit Wasser — oder um Korrosionen zu vermeiden auch mit Öl — gefüllt. Die Füllung bildet einen gasdichten Abschluß, jedoch nur bis zu Gasdrücken, die der Tauchtiefe entsprechen. In die Tasse taucht der schmiedeeiserne Deckel *5*, der mit Bügelverschlüssen auf den Kästen befestigt wird und mittels Laufkatze, Laufkran oder durch Wasserdruck gehoben werden kann.

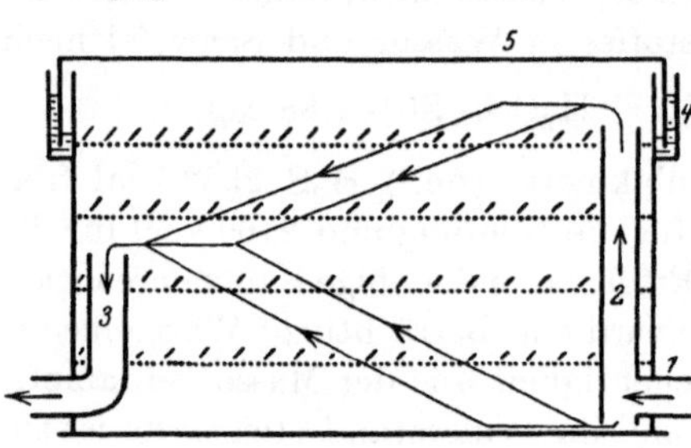
Abb. 162. Trockenreiniger.

Einen besseren Abschluß als die Flüssigkeitstasse bietet die Trockendichtung. Die Tasse fällt dann weg. Die Kastenkante ist mit einem schmalen Flansch versehen, auf dem der versteifte Deckel aufliegt. Als Abdichtung dient eine Gummi- oder Weichmetalleinlage; Deckel und Dichtung werden mit Hilfe einer Schraubzwinge aneinander gepreßt.

Die Reinigungsmasse liegt bei der einfachsten Ausführung auf engspaltigen Stabhorden, die in Abb. 163 dargestellt sind. Die einzelnen keilförmigen Latten liegen mit der Breitseite nach oben und werden an zwei Querstellen *a, c* zusammengehalten. Auf solche Horden läßt sich die Masse nur in verhältnismäßig dünnen, etwa 30 cm starken Lagen schichten. Um die Stärke der einzelnen Schichten erhöhen zu können, ist es notwendig, die Masse in gewisser Höhe zu entlasten bzw. für gute Auflockerung zu sorgen. Vielfach wird der Einbau von Brettchen, weitspaltigen Rosten zum Ziel führen. Sinnvolle Konstruktionen, die der Auflockerung und Ent-

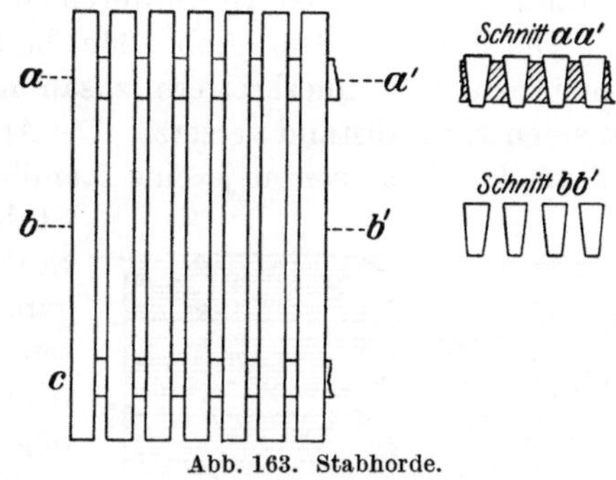

Abb. 163. Stabhorde.

lastung von Reinigungsmassen dienen, sind die Einsatzhorden der Berlin-Anhaltischen Maschinenbau AG. und der Firma Zschocke, Kaiserslautern. Diese Einsatzhorden werden auf die gewöhnlichen Stabhorden gestellt. Die Einsatzhorde der BAMAG

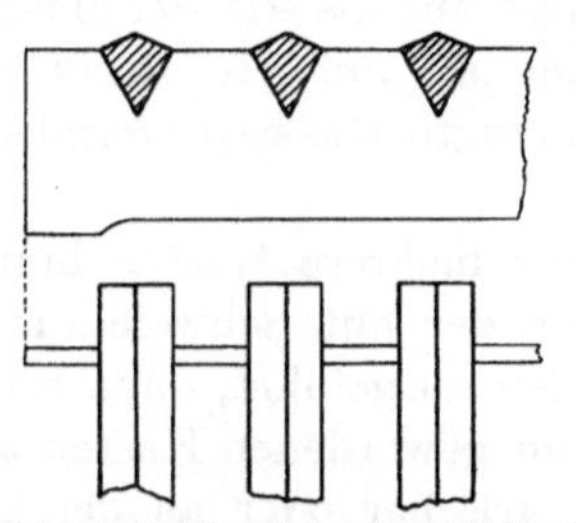

Abb. 164. Einsatzhorde (BAMAG).

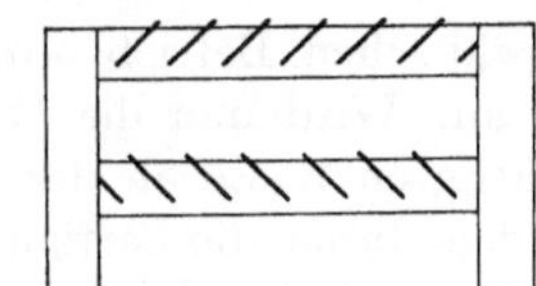

Abb. 165. Einsatzhorde (ZSCHOCKE).

(Abb. 164) stellt einen erhöhten Rost aus Dreikantstäben mit dachförmigen Tragflächen dar; die Einsatzhorde der Firma Zschocke (Abb. 165) besteht aus zwei übereinander angeordneten Reihen von jalousieartig schräg gestellten Brettchen, deren Richtung oben und unten gegeneinander versetzt ist.

Während in allen diesen Vorrichtungen die einzelnen Masseschichten waagerecht liegen und vom Gas in senkrechter Richtung durchströmt werden, leitet E. JÄGER das Gas waagerecht durch senkrecht stehende Schichten.

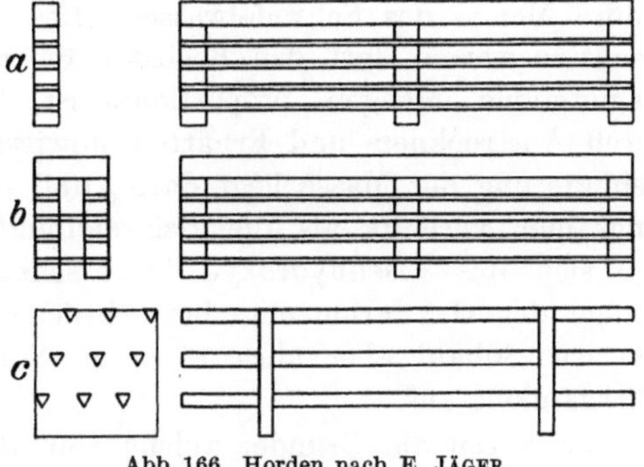

Abb. 166. Horden nach E. JÄGER.

E. JÄGER arbeitet mit dreierlei Arten von Horden. Die Randhorden

(Abb. 166a) sind schmale, von Holzleisten zusammengehaltene Bretter, die **Mittelhorden** (Abb. 166b) bestehen aus zwei Randhorden, die im Abstand einer einfachen Horde durch zwei breite Längsbretter verbunden sind. Die **Stabhorden** (Abb. 166c) bilden eine Gruppe von neun Dreikantstäben, von Querbrettern zusammengehalten und gegeneinander um einen Kantabstand versetzt. Die Anordnung im Reiniger ist derart, daß an den Längsseiten je eine Randhorde steht, auf diese folgt eine Stabhorde, dann eine Mittelhorde; Stab- und Mittelhorden wechseln die ganze Kastenbreite ab bis zur zweiten abschließenden Randhorde. Abb. 167 zeigt die Anordnung der Jägerhorden im Grundriß.

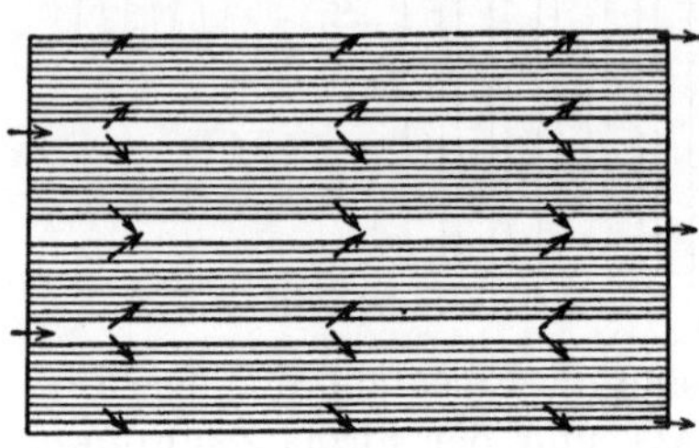

Abb. 167. Anordnung der JÄGER-Horden im Grundriß.

Es sind auch andere Anordnungen vorgeschlagen worden[25], doch scheint es, wie wenn ein gutes Gesamtergebnis weniger auf die Art der Massenanordnung als auf gleichmäßige Lagerung der Masse ankäme, wodurch bevorzugte Gaswege vermieden werden.

Im praktischen Betrieb ordnet man stets mehrere Kästen hintereinander an. Wird nun die Wiederbelebung der mit Schwefelwasserstoff gesättigten Masse an der Luft im Freien ausgeführt, dann schaltet man den durch die Sättigung unwirksam gewordenen Kasten aus, öffnet ihn, trägt die Masse aus, füllt mit frischer oder an der Luft wiederbelebter Masse, schließt und nimmt den Kasten wieder in Betrieb. Soll jedoch die Wiederbelebung durch Luftzusatz zum Gas bewirkt werden, dann bietet die einfache Serienschaltung schwerwiegende Nachteile. Der erste Kasten der Serie nimmt vom Gas die größte Menge des Schwefelwasserstoffes auf; infolgedessen wird die Reaktionswärme dort den höchsten Betrag aufweisen, da sie ja den reagierenden Mengen proportional ist, und die Masse wird bald durch Austrocknen und Erhärten unwirksam werden. Eine weitere Behinderung der Masse liegt darin, daß die Wiederbelebungsreaktion langsamer verläuft als die Schwefelbindung. Dies hat zur Folge, daß sich das Eisenhydroxyd in Eisensulfid verwandeln wird, ehe infolge der Oxydation eine beträchtliche Schwefelmenge frei geworden ist. Sobald aber alles Eisen zu Sulfid umgesetzt ist, hört die Wirksamkeit auf.

Dies waren die Gründe, welche von der starren, unveränderlichen Serienschaltung abkommen ließen. Man behält zwar heute mehrere hintereinander angeordnete Kästen bei, schaltet aber periodisch — z.B. alle 24 Stunden — um[26] nach umstehendem Schema:

Auf diese Weise rückt jeder Kasten, der zuerst an erster Stelle eine Zeitlang den größten Teil des Schwefelwasserstoffes aus dem Gas aufnehmen konnte,

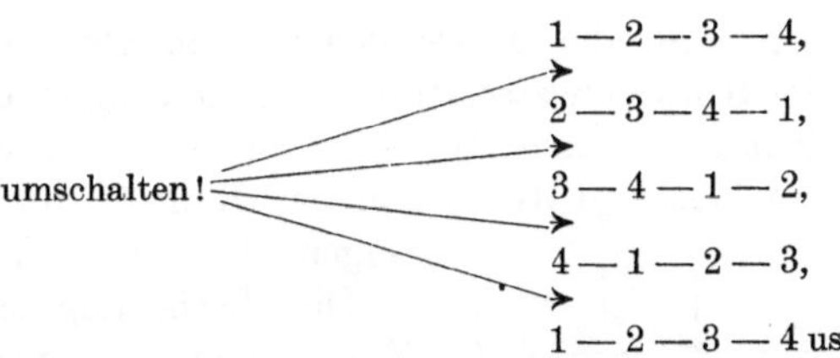

in eine Wiederbelebungszone an die letzte Stelle, wo die Luft gründlich oxydierend wirkt. Erst allmählich gelangt der Kasten wieder nach vorne in die Zone der stärksten Aufnahme. Auf diese Weise hat man die Reaktionszeiten und damit die Reaktionsgeschwindigkeiten aufeinander abgestimmt, hat gleichzeitig die Wärmeentwicklung durch die Verteilung auf einen größeren Massenkomplex gemildert und kommt so in einem Arbeitsgang bis zu hochprozentiger ausgebrauchter Masse.

Der letzte Kasten der Reihe nimmt fast keinen Schwefelwasserstoff mehr auf und bildet nur eine Sicherheit, falls einmal ein vorgeschalteter Kasten nicht richtig arbeiten sollte. Deshalb läßt man gelegentlich den letzten Kasten an den Umschaltungen nicht teilnehmen; das Schaltungsschema sieht dann wie nebenstehend aus:

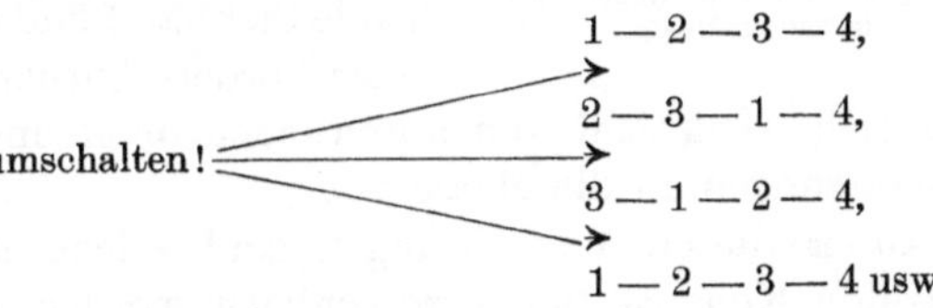

Die Flachreiniger brauchen viel Platz, und zwar weil sie eine große Grundfläche belegen. Um einen Teil der Grundfläche durch die aus raumwirtschaftlichen Gründen zweckmäßigere Höhe zu ersetzen, hat man versucht, mit Hochreinigern zu arbeiten[27], doch scheint sich die Anordnung nicht eingebürgert zu haben.

Dagegen dürften sich jene Vorschläge mehr bewähren, die — im Gegensatz zu den bisherigen, mit ruhender Masse arbeitenden Anordnungen — die Massen zwecks möglichst inniger Durchmischung im Gasstrom bewegen, insbesondere dann, wenn es sich um die Behandlung großer Gasmengen handelt. In Abb. 168 ist ein Apparat schematisch dargestellt, der in Amerika im Betrieb sein soll[28].

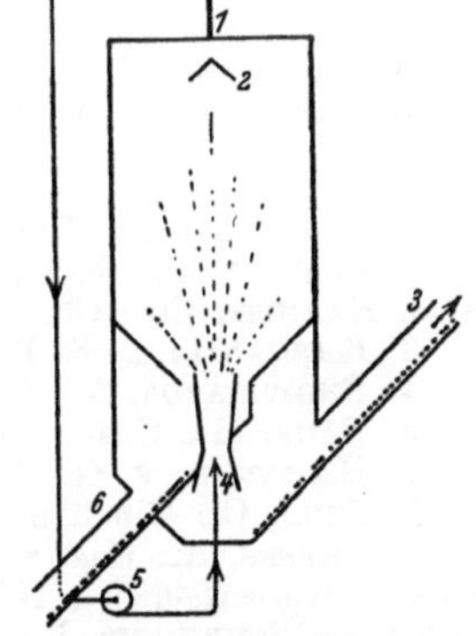

Abb. 168. Trockenreiniger mit Massezerstäubung.

Dem durch die Hauptleitung bei *1* in den Apparat strömenden und durch den Kegel *2* verteilten Rohgas wird von unten die Masse entgegengesprüht. Diese Masse gleitet aus einem Vorratsbehälter durch die Reingasableitung *3* zu einer Düse *4*, aus der ein Gasnebenstrom von dem Gebläse *5* herausgetrieben wird, die Masseteilchen hochreißt und sie zerstäubt. Dabei wird der Schwefelwasserstoff aus dem Rohgas entfernt; das gereinigte Gas zieht durch den Auslaß nach der Leitung *3*. Die mit Schwefel geladene Masse gleitet durch das Rohr *6* unmittelbar in einen Kippwagen, der sie wegfördert.

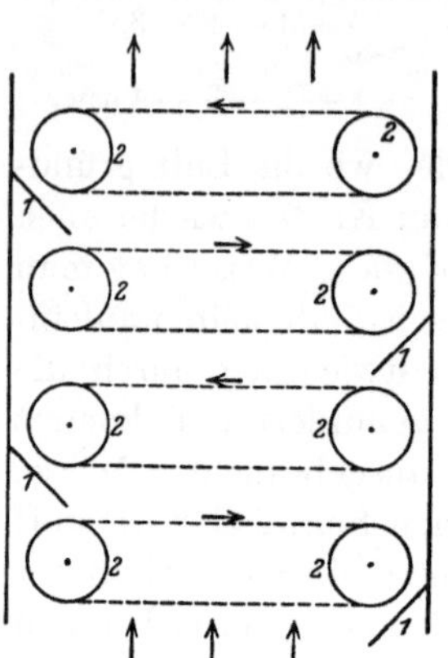

Abb. 169. Trockenreiniger mit bewegter Masse.

Die Berührungszeit zwischen Gas und Masse ist kurz; dementsprechend eignet sich der obige Apparat nur für schnell verlaufende Reaktionen. Längere Berührungszeiten gibt der Reiniger nach Abb. 169. Die Masse fällt aus einem Vorratsbehälter auf den obersten der Verteiler *1*, der sie gleichmäßig über ein Siebband schichtet. Dieses Siebband wird durch die Räder *2* bewegt, wodurch die Masse in waagerechter Richtung den Apparat durchzieht; am Ende des Bandes gleitet sie über den nächsttieferen Verteiler auf das sich nunmehr in entgegengesetzter Richtung drehende Siebband und so fort, bis sie unten von einer Förderschnecke ausgetragen wird. Das Gas zieht senkrecht von unten nach oben und gibt dabei seine Verunreinigungen an die Masse ab.

Außer diesen Vorrichtungen sind solche mehr oder minder verwickelter Konstruktion vorgeschlagen worden, die, auf gleichen Grundsätzen wie den beschriebenen aufgebaut, meist nur theoretischen Wert besitzen.

Literatur:

BERTELSMANN, W.: Leuchtgasindustrie, Bd. I, Stuttgart 1911.
MUHLERT, F., u. K. DREWS: Technische Gase. Leipzig 1928.

Hinweise im Text:

1. SCHUSTER, S.: Chem. Ztg **48**, 666 (1924).
2. CLAUS, C. F.: Engl. Pat. 3608 (1882), 5070, 5850, 5880, 5958 (1883). — Siehe auch HARNIST, CH.: Chim. et Ind. **15**, 506 (1926).
3. RHENANIA: D. R. P. 173239.
4. ENGELHARDT, A.: Gas- u. Wasserfach **71**, 290 (1928).
5. BÄHR, H.: Gas- u. Wasserfach **71**, 169, 204 (1928).
6. HILGENSTOCK, G.: Stahl u. Eisen **29**, 1644 (1909).
7. STILL, C.: Glückauf **47**, 1509 (1911).
8. PETERS, A.: Gas- u. Wasserfach **51**, 470 (1908). — Siehe auch FÜRTH, A.: Gas- u. Wasserfach **54**, 1030 (1911). — OHNESORGE, O.: Brennstoff-Chemie **4**, 118 (1923). — SCHREIBER, F.: Gas- u. Wasserfach **53**, 244 (1910).
9. BERTELSMANN, W.: Techn. d. Cyanverbindungen. München u. Berlin 1906. — KÖHLER, H.: Industrie d. Cyanverbindungen. Braunschweig 1914. — MEADE, A.: Modern Gaswerks Practice, S. 550/69. London 1921.
10. BERTHELOT, CH.: Chim. et Ind. **14**, 663 (1925). — HARNIST, CH.: Chim. et Ind. **15**, 506 (1926). — LOMBAERS, R., u. G. LIEVENS: Chim. et Ind. **17**, 272 (1927). — SCHUSTER, F.: Brennstoff u. Wärmewirtsch. **9**, 216 (1927).

11. Bertelsmann, W.: Gas- u. Wasserfach **62**, 3, 21 (1919).
12. Claus, C. F.: Engl. Pat. 7580/82/84/85/86 (1886).
13. Bähr, H.: Gas- u. Wasserfach **71**, 169, 204 (1928). — Burkheiser, W.: Gas- u. Wasserfach **69**, 765 (1926). — Drehschmidt, H.: Stahl u. Eisen **33**, 1654 (1913). — Reichel, J.: Stahl u. Eisen **33**, 982, 1028 (1913).
14. Terres, E., u. E. Hahn: Gas- u. Wasserfach **70**, 309, 339, 363, 389 (1927). — Terres, E., u. W. Schmidt: Gas- u. Wasserfach **70**, 725, 762, 784, 808 (1927). — Terres, E., u. A. Heinsen: Gas- u. Wasserfach **70**, 1157, 1193, 1217 (1927).
15. Feld, W.: Z. angew. Chem. **23**, 969 (1910). — Funcke, W.: Gas- u. Wasserfach **68**, 388, 402, 417, 436 (1925). — Reichel, J.: Stahl u. Eisen **33**, 982, 1028 (1913). — Terres, E., u. F. Overdick: Gas- u. Wasserfach **71**, 49, 81, 106, 130 (1928).
16. Stavorinus, D.: Gas- u. Wasserfach **53**, 750 (1910).
17. Feld, W.: Z. angew. Chem. **25**, 305 (1912).
18. Raschig, F.: Z. angew. Chem. **33**, 260 (1920).
19. Siehe 10. und ferner: Bird, E. H.: Chem. Met. Eng. **29**, 16 (1923). — Dean jr., S. W.: Chemicals **27** [Nr 7] 6, 21 (1927). — Sperr, F. W.: Gas J. **175**, 262 (1926). — Zollikofer, H.: Mon.-Bull. **7**, 28 (1927).
20. Gluud, W., u. R. Schönfelder: Stahl u. Eisen **47**, 453 (1927). — Bolz, Ch.: Wasser und Gas **18**, 65 (1927).
21. Fischer, Fr.: Brennstoff-Chemie **8**, 221 (1927). — Fischer, Fr., u. P. Dilthey: Brennstoff-Chemie **7**, 300 (1926).
22. Almquist, J. A., u. R. L. Dodge: Chem. Met. Engg. **33**, 89 (1926).
23. Siehe Meuser Bourgognion, J. W.: Het Gas **48**, 233 (1928).
24. Lange: Chem. Ztg **52**, 440 (1928).
25. De Jong, S.: Het Gas **47**, 89, 387 (1927).
26. Allner, W.: Gas- u. Wasserfach **53**, 733, (1910).
27. Schmidt, E.: Gas- u. Wasserfach **53**, 31 (1910).
28. Thau, A.: Gas- u. Wasserfach **69**, 125 (1926).

V. Die Messung von Gasen.

A. Temperatur.

Die Temperatur (Wärmegrad) wird stets mittelbar gemessen, und
zwar aus der Änderung irgendeiner von ihr abhängigen Eigenschaft
oder eines Vorganges. Da der Temperatureinfluß geradezu universell
ist, so könnte fast jede Erscheinung zur Temperaturmessung herangezogen werden. Es haben sich jedoch — insbesondere für die Messung
von Temperaturen eines Gases — die Ausdehnung von Stoffen, die
Elektrizitätserregung und die elektrische Leitfähigkeit als Ausgangs-
erscheinung eingebürgert.

Temperaturen werden in Graden gemessen, eine willkürlich geschaffene Einheit, die noch dazu nicht als solche definiert ist, sondern
ein Vielfaches davon, gewöhnlich das Hundertfache. Dieser Willkür
verdanken wir mehrere Temperaturskalen, deren wichtigste von
A. CELSIUS stammt. Sie wird dadurch bestimmt, daß die Temperatur
schmelzenden Eises gleich $0°$ und die siedenden Wassers (bei einem
Druck von 760 mm QS) gleich $100°$ gesetzt wird.

Nebenher besteht eine Skala von R. A. F. DE RÉAUMUR, der die
gleichen Fixpunkte $0°$ und $80°$ setzt, und eine von G. D. FAHRENHEIT,
der $32°$ und $212°$ dafür annimmt. Daraus ergeben sich folgende Beziehungen zwischen den drei Temperaturskalen:

$$t° \, \mathrm{C} = \frac{4}{5} \, t° \, \mathrm{R} = \left(\frac{9}{5} \, t° + 32° \right) \mathrm{F};$$

$$t° \, \mathrm{R} = \frac{5}{4} \, t° \, \mathrm{C} = \left(\frac{9}{4} \, t° + 32° \right) \mathrm{F};$$

$$t° \, \mathrm{F} = \frac{5}{9} \, (t° - 32°) \, \mathrm{C} = \frac{4}{9} \, (t° - 32°) \, \mathrm{R}.$$

Die Skalen werden auf die einzelnen Meßgeräte angewendet; dabei
zeigt sich nun, daß die Änderung der jeweiligen Grundeigenschaft nicht
bei allen Arten von Methoden gleichmäßig verläuft, so daß zwar die
Temperaturen der Fixpunkte von allen gleich angezeigt werden, hingegen sich die Zwischentemperaturen nicht immer decken.

Als „normale" Temperaturskala bezeichnet man jene, die durch die
Drucksteigerung von Wasserstoff bei konstantem Volumen bestimmt
wird. Die sogenannte „absolute" Temperaturskala wird thermodyna-

misch definiert. Wir wollen sie als „wahre" zugrunde legen und mit den Anzeigen verschiedener Meßarten vergleichen.

	Temperaturen in Celsiusgraden					
Wahre Temperatur	$- 50°$	$\pm 0°$	$+ 50°$	$+ 100°$	$+ 200°$	$+ 300°$
Wasserstoffthermometer	$- 49{,}994$	0	$49{,}9988$	100	$200{,}007$	$300{,}016$
Quecksilberthermometer (Jenaer Glas 16)	—	0	$50{,}1188$	100	$200{,}14$	$302{,}21$
Pt-Widerstandsthermo- meter	$- 51{,}01$	0	$50{,}38$	100	$196{,}86$	$290{,}25$

Die Tabelle besagt, daß z. B. einer wahren Temperatur von 200° C eine Anzeige des Pt-Widerstandsthermometers von 196,86° C entspricht.

Außer den bereits erwähnten Fixpunkten benutzt man noch die Schmelzpunkte einiger reiner Metalle (Sn, Cd, Zn, Sb, Ag, Cu, Pd, Pt).

Flüssigkeitsthermometer. Je nach der zu messenden Temperatur wählt man verschiedene Flüssigkeiten.

Quecksilber eignet sich als thermometrische Flüssigkeit von —39° C bis etwa 300° C, wenn der Raum über dem Quecksilber luftleer ist. Füllt man ihn mit Stickstoff unter Druck, dann dehnt sich der Meßbereich bis etwa 600° C bei Verwendung von Jenaer Spezialglassorten aus, bis 750° C bei Quarzglasthermometern.

Für tiefere Temperaturen als —39° C, dem Erstarrungspunkt des Quecksilbers, dienen Alkohol (bis —100° C), Toluol (bis —90° C), Schwefelkohlenstoff (bis —110° C), Petroläther oder Pentan (bis —190° C).

Die von einem Flüssigkeitsthermometer angezeigte Temperatur gilt unter der Voraussetzung, daß die gesamte Flüssigkeitsmenge gleich warm ist. Praktisch reicht gewöhnlich ein Teil des Fadens aus dem Bereich der Meßtemperatur heraus, was eine Korrektur erfordert. Sie ist $a \cdot n \cdot (t - t_0)$, wenn n die Länge des herausragenden Fadens in Graden bedeutet, t die Meßtemperatur, t_0 die mittlere Temperatur des herausragenden Fadens (zu messen mit einem Hilfsthermometer) und a eine Glaskonstante; diese ist z. B. für Jenaer Glas 16 gleich 0,00158, für Quarz 0,00180.

Für bestimmte Zwecke gibt man den Flüssigkeitsthermometer besondere Formen (Stock-, Winkelthermometer).

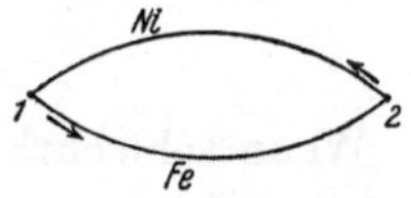

Thermoelemente. Sie benutzen die Tatsache, daß an den Kontaktstellen zweier Metalle eine elektromotorische Kraft auftritt, wenn die Kontakte verschiedene Temperatur besitzen. Abb. 170

Abb. 170. Stromfluß in einer Ni-Fe-Kombination.

erläutert diese Erscheinung. Lötet man Nickel- und Eisendraht an den Stellen *1* und *2* zusammen, dann fließt ein Strom in der Richtung des Pfeils, wenn *1* höhere Temperatur hat als *2*. Ist *2* wärmer als *1*, dann fließt der Strom in der entgegengesetzten Richtung. Die Größe der Spannkraft steigt mit dem Temperaturunterschied.

Die wichtigsten Metallkombinationen und ihr Anwendungsbereich seien hier zusammengestellt:

	Höchste Temperaturgrenze	Übliche Temperaturgrenze
Platin/Platinrhodium (90% Pt, 10% Rh)	1600° C	1400° C
Nickel/Chromnickel (84,6% Ni, 12,4% Cr, 3% Fe)	1200	1000
Konstantan (60% Cu, 40% Ni)/Eisen .	1000	900
Konstantan/Silber	650	600
Konstantan/Kupfer	600	500

Die Meßdrähte dürfen sich nur an der Lötstelle berühren und müssen vor der unmittelbaren Einwirkung der heißen Gase geschützt werden.

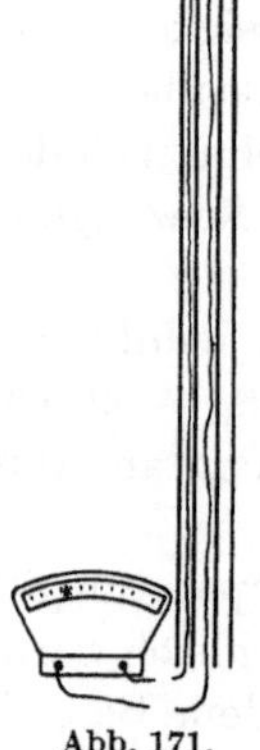

Abb. 171.
Thermoelement.

Man wählt deshalb die Anordnung nach Abb. 171. Das Rohr, das die beiden Drähte voneinander trennt, und das äußere Schutzrohr sind aus isolierendem Material: Ton, Quarz usw. Die Instrumente müssen geeicht werden.

Widerstandsthermometer. Der elektrische Widerstand von Metallen wächst mit steigender Temperatur. Gewöhnlich benutzt man reines Pt, das von den tiefsten Temperaturen bis ungefähr 1000° C geeignet ist. Zum Messen der Widerstandsveränderung bedient man sich der WHEATSTONEschen Brückenanordnung oder der Differentialmethode, auf deren Einzelheiten hier nicht eingegangen werden kann.

Literatur:

Burgess, G. K., u. H. Le Chatelier: Messungen hoher Temperaturen. Berlin 1913.

Gramberg, A.: Technische Messungen, 5. Aufl. Berlin 1923.

Henning, F.: Grundlagen, Methoden und Ergebnisse der Temperaturmessung. Braunschweig 1915.

Knoblauch, O., u. K. Hencky: Anleitung zu genauen technischen Temperaturmessungen. Berlin 1919.

Kohlrausch, F.: Praktische Physik, 15. Aufl. Leipzig u. Berlin 1927.

B. Druck.

Wenn schlechthin vom Druck eines Gases gesprochen wird, so liegt damit keine eindeutige Angabe vor, da zwischen absolutem und relativem Druck zu unterscheiden ist[1]. Die uns umgebende Luft übt einen gewissen Druck aus. In vielen Fällen mißt man das Verhalten eines Gases gegen die Atmosphäre, man bestimmt Druckunterschiede, relative Drücke. Schließlich unterscheidet man bei strömenden Gasen noch zwischen statischem und dynamischem Druck, worauf bei der Gasmengenmessung näher eingegangen wird (S. 262).

Als absoluten Druck eines Gases bezeichnet man jenen Druck, den es gegen das Vakuum, die Luftleere, aufweist. Der relative Druck ist bloß der Unterschied zwischen zwei absoluten Drücken, dem des Meßgases und dem des Vergleichgases (atmosphärische Luft). Ist die Differenz (Druck des Meßgases — Druck des Vergleichgases) positiv, so haben wir Überdruck; ist sie negativ, Unterdruck oder Zug. Der absolute Druck jedes Gases ist danach gleich der Summe von Überdruck und Luftdruck bzw. gleich der Differenz zwischen Luftdruck und Zug.

Der von einem Gas auf eine beliebige Fläche ausgeübte Gesamtdruck hängt von deren Größe ab. Die gewöhnlichen Druckangaben beziehen sich auf die Flächeneinheit.

In wissenschaftlichen Kreisen — gelegentlich auch in technischen — benutzt man als Einheit den von einer 760 mm hohen Quecksilbersäule von 0° C auf den Quadratzentimeter ausgeübten Druck und nennt ihn eine physikalische (auch alte) Atmosphäre, abgekürzt: Atm.

In der Technik wird jedoch heutzutage eine metrische Einheit vorgezogen, nämlich der von 1 kg auf 1 cm² ausgeübte Druck; diese Einheit heißt technische, metrische oder neue Atmosphäre, abgekürzt: at.

Auf Grund dieser Definitionen ergeben sich folgende Beziehungen zwischen den Einheiten:

$$1\ \text{Atm.} = 760\ \text{mm QS von } 0°\,C = 10{,}333\ \text{m WS von } 4°\,C = 1{,}0333\ \text{at}$$
$$= 1{,}0333\ \text{kg/cm}^2 = 10\,333\ \text{kg/m}^2;$$

$$1\ \text{at} = 735{,}5\ \text{mm QS von } 0°\,C = 10{,}0\ \text{m WS von } 4°\,C = 0{,}968\ \text{Atm.} = 1\ \text{kg/cm}^2$$
$$= 10\,000\ \text{kg/m}^2.$$

Da das spezifische Gewicht des Quecksilbers bei $0°\,C = 13{,}5969$ ist, gilt ferner:

$$1\ \text{mm WS von } 4°\,C = 1 : 13{,}5969\ \text{mm QS} = 0{,}07355\ \text{mm QS von } 0°\,C,$$

$$1\ \text{mm QS von } 0°\,C = 13{,}5969\ \text{mm WS von } 4°\,C = 0{,}00135969\ \text{at} = 0{,}0013158\ \text{Atm.}$$

Um an den Abkürzungen den Unterschied zwischen absolutem und Überdruck äußerlich erkennen zu lassen, verwendet man die Zeichen ata (absoluter Druck) und atü (Überdruck).

Die Apparate zur Messung des Gasdruckes heißen Manometer. Im allgemeinen unterscheidet man zwischen Flüssigkeits- und Metallmanometern. Wichtiger erscheint es jedoch — um so mehr als mit dieser groben Einteilung nicht alle Meßarten umfaßt werden — die Manometer nach der Größe des zu messenden Druckes zu wählen, da die einzelnen Meßapparate nur in einem bestimmten Druckgebiet genau und handlich arbeiten.

Flüssigkeitsmanometer. Sie eignen sich zur Messung von wenigen Millimetern Wassersäule bis zu Drücken von einigen Atmosphären. Während sich die obere Grenze nicht weiter ausdehnen läßt, weil die Apparate sonst zu unhandlich werden würden, kann man unter Umständen verhältnismäßig kleine Drücke mit Flüssigkeitsmanometern messen.

Die gewöhnlichen Ausführungsformen arbeiten mit feststehenden Rohren und verschiebbarer Flüssigkeitssäule. In der einfachsten Form sind es offene U-Rohre aus Glas, deren unterer Teil mit der Meßflüssigkeit gefüllt wird. An dem U-Rohr bringt man eine Millimeterteilung an oder befestigt das ungeteilte U-Rohr an einem entsprechenden

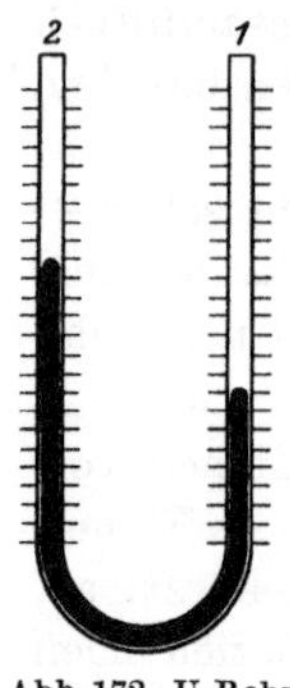

Abb. 172. U-Rohr-Manometer.

Maßstab (Abb. 172). Bei *1* schließt man die Meßstelle an, *2* steht mit der Außenluft in Verbindung, so daß nur ein etwaiger Über- oder Unterdruck gegen diese gemessen wird. Die Stellungen beider Menisken werden an der Teilung abgelesen; der Unterschied der beiden Ablesungen multipliziert mit dem spezifischen Gewicht der Flüssigkeit gibt den gesuchten Über- oder Unterdruck an. Die Form der Menisken ist je nach der Meßflüssigkeit konvex oder konkav. Bei konvexen Menisken (Quecksilber) wird der höchste Punkt der Krümmung abgelesen, bei konkaven (Wasser) der tiefste. Die Art der Meßflüssigkeit ergibt sich nach der Höhe des Meßdruckes und der Art des Gases. Für kleinere Werte wählt man gefärbtes Wasser, Petroleum, Benzin, Öle, Alkohol usw.; für höhere Drücke Quecksilber. Das in Abb. 172 dargestellte Flüssigkeitsmanometer dient auch zum Messen des Druckunterschiedes eines Gases an zwei verschiedenen Prüfstellen. Man schließt dann das Rohrende *2* an die zweite Entnahmestelle an. Die Schenkel des U-Rohres müssen lotrecht stehen, weil etwaige Neigungen das Ergebnis wesentlich verändern würden (vgl. S. 240).

Um ein allzu leichtes Zerbrechen, wie es bei gebogenen Glasrohren auftritt, zu vermeiden, verbindet man zwei gerade Glasröhren an ihrem unteren Ende durch ein Metallrohr oder einen Gummischlauch. Schließlich kann man das U-Rohr auch aus unzerbrechlichem und dann undurchsichtigem Material herstellen und den Flüssigkeitsstand durch Schwimmer oder Gewichtsübertragung kenntlich machen. Vor allem verwende man nicht zu enge Rohre, da sonst die Anzeigen durch Capillarwirkungen beeinträchtigt werden.

Um die Doppelablesung, wie sie am gewöhnlichen U-Rohr stets notwendig ist, zu vermeiden, wird ein Schenkel stark erweitert, so daß die Bewegung der Meßflüssigkeit im engen Schenkel ein nur ganz geringes Heben und Senken des Flüssigkeitsspiegels im weiten Schenkel zur Folge hat. Diese kleinen Verschiebungen kann man entweder vernachlässigen, oder man kann sie am Druckmaßstab berücksichtigen; je nach der erstrebten Meßgenauigkeit wird von Fall zu Fall der eine oder der andere Weg vorgezogen.

Manometer dieser Art nennt man einschenkelige. Abb. 173 zeigt ein solches Meßinstrument, das die U-Form beibehalten hat. Das Ansatzrohr *1* wird mit der Meßstelle verbunden, an der Teilung des Rohres *2* liest man unmittelbar den Druck ab; und zwar entweder den relativen Druck gegen die Atmosphäre, wenn *2* mit der Außenluft in Verbindung steht, oder den Druckunterschied eines Gases an zwei verschiedenen Prüfstellen.

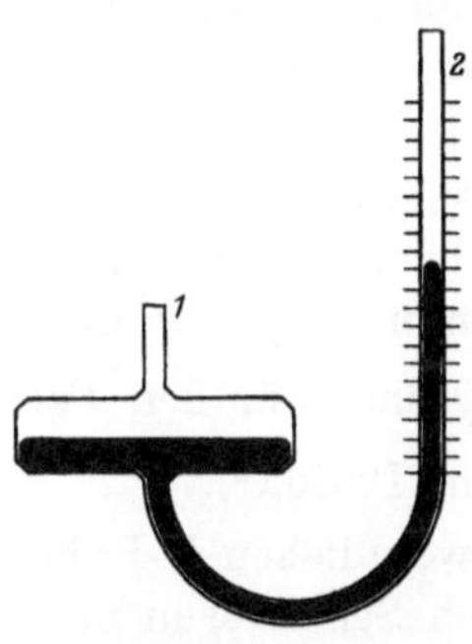

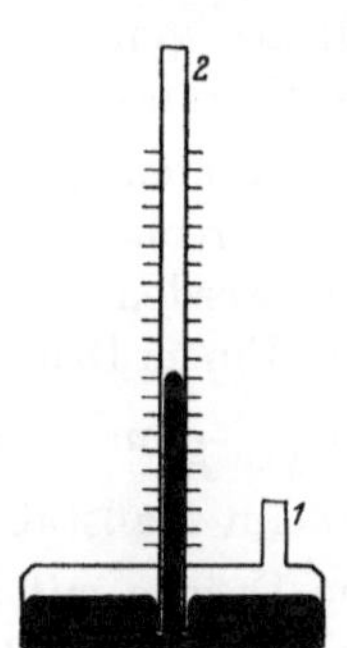

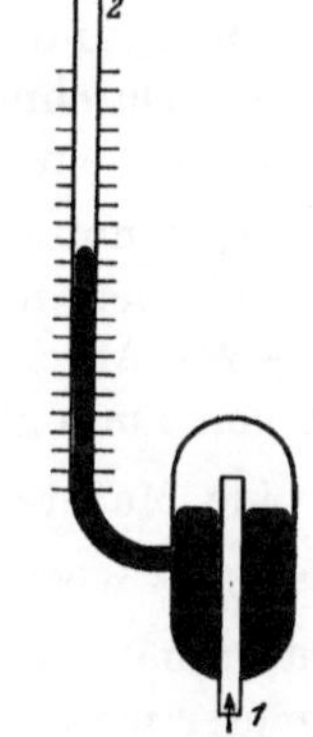

Abb. 173. Einschenkeliges Flüssigkeitsmanometer.

Abb. 174. Eintauchmanometer.

Abb. 175. Einschenkeliges Flüssigkeitsmanometer (F. Lux).

Bei dem in Abb. 174 dargestellten Eintauchmanometer sind die Manometerrohre konzentrisch angeordnet.

Es sind noch eine Reihe verschiedener Ausführungsformen bekannt, von denen Abb. 175 die nach F. Lux[2] wiedergibt.

Das Verhältnis der Durchmesser der engen Meßrohre und der weiten Vorratsgefäße für die Meßflüssigkeit schwankt etwa zwischen 1 : 3 bis 1 : 20 und auch mehr.

Wir wollen nun für das in Abb. 173 dargestellte, einschenkelige Manometer die Beziehungen zwischen den Fall- und Steighöhen in beiden Schenkeln berechnen. Der Durchmesser des weiten Schenkels sei D mm, der des engen d mm. Die Flüssigkeitsspiegel in beiden Schenkeln mögen sich in der Nullstellung befinden. Nun wirke bei *1* ein Druck p, die Meßflüssigkeit steige dadurch im Rohr *2* auf

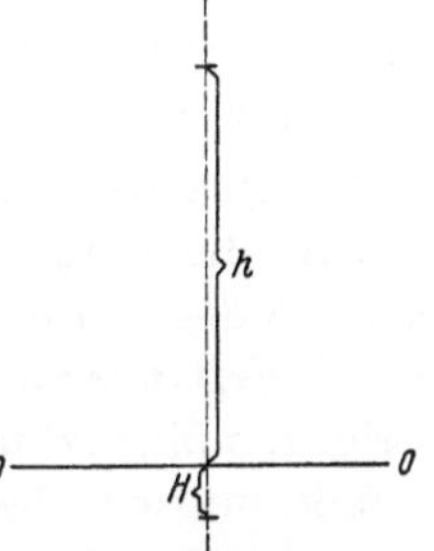

Abb. 176. Druckverhältnisse am einschenkeligen Flüssigkeitsmanometer.

h mm über den Nullpunkt und falle im breiten Rohr um H mm unter den Nullpunkt (vgl. Abb. 176). Die dem Druck p tatsächlich das Gleichgewicht haltende Flüssigkeitssäule hat eine Höhe $(h + H)$ mm, am Meßstab lesen wir aber von 0 aufwärts nur h mm ab. Wie groß ist der Fehler?

Wenn sich die Flüssigkeit im Rohr 2 um h mm über den Nullpunkt hebt, dann sind in das Rohr 2 $\dfrac{d^2 \pi h}{4}$ mm³ Flüssigkeit gestiegen; die gleiche Flüssigkeitsmenge muß im weiten Teil des Manometers verschwunden sein, und zwar $\dfrac{D^2 \pi H}{4}$ mm³. Daraus finden wir

$$h : H = D^2 : d^2.$$

Für den oben erwähnten Grenzfall $d : D = 1 : 3$ ergibt sich danach $h : H = 9 : 1$ und für $d : D = 1 : 20$ wird $h : H = 400 : 1$. Bei einem mittleren Durchmesserverhältnis von $1 : 10$ entspricht einer Höhe $h = 100$ mm, ein Sinken des Vorratsspiegels um $H = 1$ mm.

Will man nun den Wert H durch entsprechende Teilung am Maßstab berücksichtigen, dann muß die Strecke von der absoluten Länge h mm in $(h + H)$ Abschnitte geteilt werden, wovon jeder Abschnitt einem Druck von 1 mm gleichkommt. Einem Druck von 1 mm entspricht allgemein eine Maßstablänge von $\dfrac{h}{h + H}$ mm $= \dfrac{D^2}{D^2 + d^2}$ mm. Für den Fall $d : D = 1 : 3$ wird die Einheit am Maßstab 0,9 mm (F. Lux[3]).

Um verhältnismäßig kleine Drücke mit dem gewöhnlichen U-Rohr-Manometer messen zu können, genügt es die beiden Schenkel in ihrer Ebene zu neigen. Die Lotrechte gibt bei einem bestimmten Druck stets den kleinsten Ausschlag, mit der Neigung wächst bei gleichem Druck der Ausschlag. Sind die Schenkel unter dem Winkel α gegen die Waagrechte geneigt, dann bewirkt ein Druck von 1 mm einen Ausschlag von $\dfrac{1}{\sin \alpha}$ mm.

Ganz allgemein bezeichnet man Druckmeßvorrichtungen, die einen geringen Druck in stark vergrößertem Maßstab anzeigen, als multiplizierende Manometer.

Zur Erklärung der Verhältnisse kann man sich der Mechanik bedienen; die unter einem bestimmten Winkel auftretende Druckkomponente des Normaldruckes hängt vom Neigungswinkel ab. Eine Deutung liefert aber auch das Gesetz der kommunizierenden Röhren (mit vorigem innig verbunden); unabhängig von der Verbindungsart mehrerer Gefäße müssen alle Flüssigkeitsspiegel bei gleicher Druckbelastung in einer waagerechten Ebene liegen. Infolgedessen wird die benetzte Rohrlänge um so größer, je stärker ein kommunizierendes Rohr geneigt ist. Um genügende Genauigkeit zu wahren, dürfen für schrägliegende Manometer nur gut benetzende Meßflüssigkeiten (Alkohol, Petroleum usw.) benutzt werden. Man eicht die Manometer gegen ein lotrecht stehendes.

Meist werden die multiplizierenden Apparate nach dem Vorbild der einschenkeligen Manometer konstruiert, indem das breite Vorratsgefäß lotrecht bleibt und nur das enge Rohr schräg gestellt wird. Das Mano-

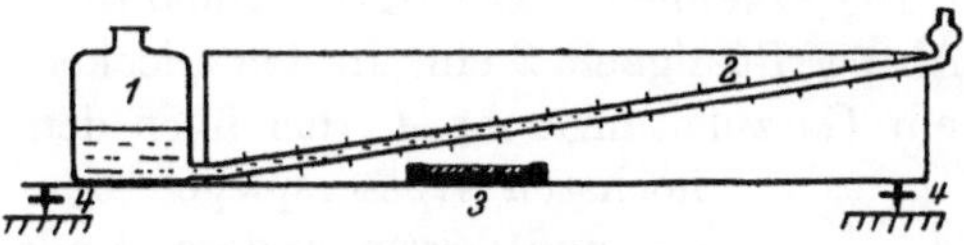

Abb. 177. Multiplizierendes Manometer (J. C. E. Péclet).

meter von J. C. E. Péclet (Abb. 177)[4] besteht aus der weiten Vorratsflasche *1*, an die das enge und schräge Meßrohr *2* angeschlossen ist. Die Teilung gibt unter Berücksichtigung der Neigung den Druck in mm WS an. Mit Hilfe der Libelle *3* und der Verstellschrauben *4* wird das Meßgerät in die waagerechte Lage gebracht. In ähnlicher Weise arbeiten der Apparat von A. Scheurer-Kestner[5] und das Mikromanometer von O. Krell[6] und schließlich auch die Drucklibelle nach A. Toepler[7], mit deren Hilfe noch Druckunterschiede von 10^{-8} Atmosphären gemessen werden können. Bezüglich weiterer Anordnungen, die bei kleinen Drücken angewendet werden können und nach den oben entwickelten Grundsätzen arbeiten, sei auf die einschlägige Literatur verwiesen[8].

Auf andere Weise als die Neigemanometer ermöglichen die sogenannten **Differentialmanometer** das genaue Ablesen geringer Drücke; die Wirkungsweise entspricht den einschenkeligen Manometern. Zwei miteinander nicht mischbare Flüssigkeiten von fast gleichem spez. Gewicht (Wasser + Anilin, Solaröl + Weingeist), eine davon gefärbt, werden in einem kommunizierenden Gefäß derart übereinander geschichtet, daß der Nullpunkt der Meßteilung mit der Berührungszone der beiden Flüssigkeiten zusammenfällt. Während man den Druck auf eine verhältnismäßig große Querschnittsfläche wirken läßt, wird die Berührungszone in einem engen Schenkel verschoben, wodurch kleine Druckunterschiede verhältnismäßig starke Änderungen des Standes der Berührungszone hervorrufen. Ein Apparat dieser Art ist der H. Segersche Zug- und Druckmesser[9], dargestellt in Abb. 178; der neben dem Meßgerät angeordnete Maßstab, gewöhnlich in mm WS geteilt, ist mittels Verstellschrauben verschiebbar, so daß die Nullstellung stets auf die Berührungszone gebracht wird.

A. König[10] ordnet die kommunizierenden Röhren konzentrisch an, zwecks leichterer Ablesung

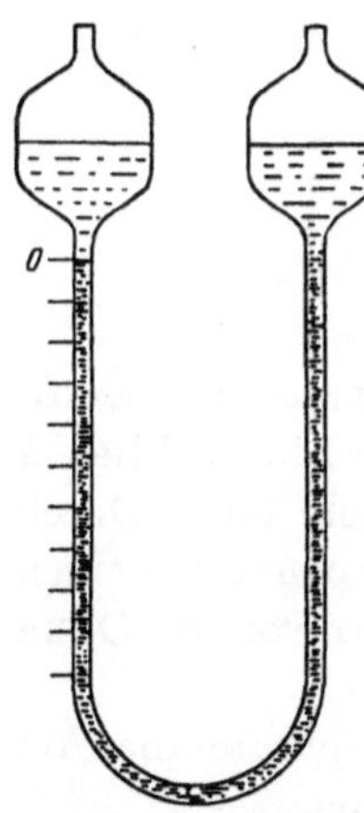

Abb. 178. Differential-manometer (H. Seger).

(Abb. 179). Die gefärbte Flüssigkeit ist im äußeren und inneren Rohr mit der ungefärbten überschichtet, die Berührungszone, deren jeweiligen Stand die Meßablesung vermittelt, bewegt sich im engen Teil des inneren Rohres.

Die Glockenmanometer arbeiten zum Unterschied von den bisher beschriebenen Apparaten mit feststehender Flüssigkeitssäule und verschiebbaren Rohren. Die Wirkungsweise dieser Geräte läßt Abb. 180 erkennen. Der Glockenmantel *1* taucht in die Absperrflüssigkeit *2* ein. In den Glockenraum *3* ragt ein Gaszuleitungsrohr *4*, das über dem höchsten Wasserspiegel mündet und dessen anderes Ende an die Prüfstelle angeschlossen wird.

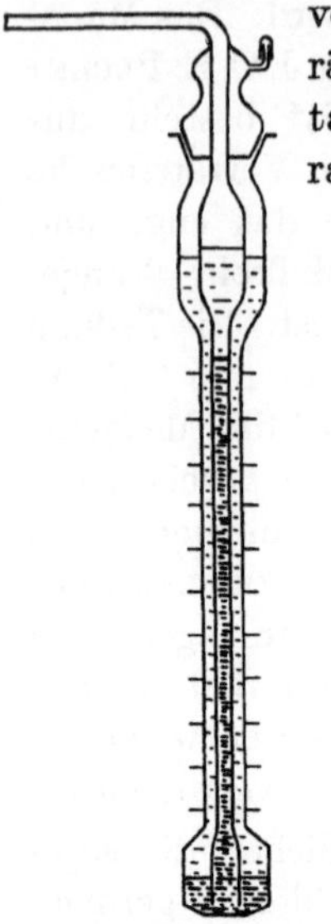

Das Gewicht der Glocke sei G, ihr lichter Durchmesser D, die Wanddicke d, die einem bestimmten Druck p entsprechende Eintauchtiefe h.

Der Auftrieb g des unter Wasser befindlichen Teiles ist

$$g = D \cdot \pi \cdot h \cdot d;$$

das verbleibende Druckgewicht $(G - g)$ hält dem zu messenden Gasdruck p das Gleich-

Abb. 179. Differential-
manometer (A. KÖNIG).

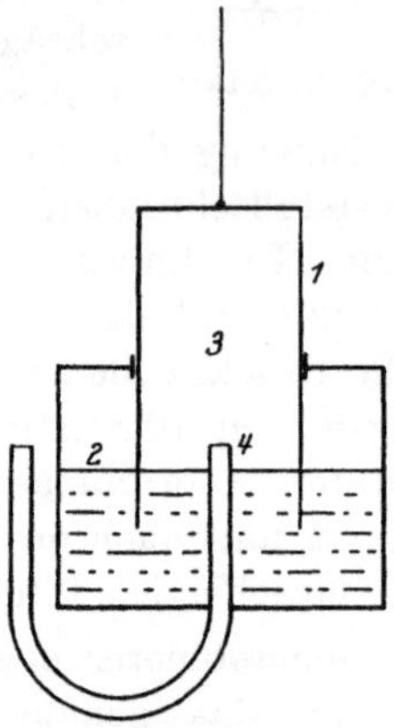

Abb. 180.
Glockenmanometer.

gewicht, also ist

$$G - g = D^2 \cdot \frac{\pi}{4} \cdot p,$$

oder

$$G - D\pi\, h\, d = D^2\, \frac{\pi}{4}\, p,$$

$$p = \frac{G - D\pi\, h\, d}{D^2\, \frac{\pi}{4}}.$$

Außer durch die für eine vorgegebene Glocke konstanten Größen G, D und d wird der Meßdruck nur durch die veränderliche Eintauchtiefe h bestimmt, so daß sich aus ihr der Druck leicht ermitteln läßt. Durch geeignete Vorrichtungen überträgt man die Glockenbewegung auf einen Maßstab. Ein Meßgerät dieser Art ist das Dasymeter von W. DÜRR und A. CUSTODIS[11].

Für technische Betriebe baut man registrierende Apparate aller Art zur Durchführung von zeitlich ausgedehnten Messungen.

Metallmanometer. Sie eignen sich zur Messung gewöhnlicher (mittlerer) Drücke, werden aber in geeigneten Ausführungsformen sowohl für größere[12] als auch geringe[13] Drücke benutzt. Je nachdem, ob der Druck durch die Krümmung einer Metallröhre oder die Durchbiegung einer

Metallmembran (Membranmanometer) gemessen wird, unterscheidet man

1. Röhrenfedermanometer und

2. Plattenfedermanometer.

Jene bestehen aus einer hohlen elastischen Röhre von ovalem Querschnitt, die gekrümmt ist (BOURDON-Feder); ein Ende wird festgehalten, während die an sich geringe Bewegung des anderen, freien Endes durch ein Hebelwerk auf einen Zeiger übertragen wird. Die Bewegung kommt dadurch zustande, daß Druck auf den Hohlraum die Röhre streckt. Geht die Druckwirkung zurück, dann nimmt die Feder wieder ihre ursprüngliche Nullstellung ein, doch treten Verzögerungserscheinungen auf. Die Eichung erfolgt empirisch. Man hat Bourdonmanometer auch aus Glas und Quarzglas hergestellt[14].

Noch weniger empfindlich und auch ungenauer sind die Plattenfedermanometer. Der Druck wirkt auf eine Seite einer gewellten Platte, deren Durchbiegung ebenfalls auf ein Zeigerwerk übertragen wird.

Zur Messung absoluter Drücke arbeiten die Manometer gegen den luftleeren Raum; in dieser Form dienen sie beispielsweise als Aneroidbarometer zur Messung des Luftdrucks (Barometerstand).

Zur Erhöhung der Ablesegenauigkeit an den Metallmanometern werden Spiegel angebracht, deren Bewegung mit dem Fernrohr abgelesen wird[15].

Bestimmung des Luftdruckes. Zur Bestimmung des Luftdruckes, des Barometerstandes, dienen sowohl Flüssigkeits- als auch Metallmanometer, wenn sie absolute Drücke zu messen gestatten, also gegen Luftleere arbeiten. Genauer als Metallmanometer sind Flüssigkeitsmanometer, als Meßflüssigkeit benutzt man gewöhnlich reinstes Quecksilber. Abb. 181 zeigt eine schematische Anordnung. Das etwa 1 m lange U-Rohr ist am Ende 1 geschlossen, bei 2 offen. Das Rohr wird mit nach unten gerichteten Schenkeln gefüllt, so daß alle Luft entweicht; hierauf dreht man es um, bei 1 entsteht ein luftleerer Raum. An der Teilung 3 werden die Stellungen beider Quecksilberkuppen abgelesen, die Differenz gibt den Barometerstand an, der noch einiger Korrekturen bedarf.

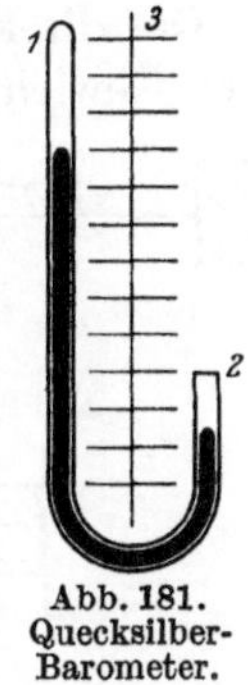

Abb. 181.
Quecksilber-
Barometer.

1. Korrektur für die Temperatur des Quecksilbers (wichtig):

Ist der Barometerstand bei $t°$ gleich l mm QS, dann ist der auf $0°$ C reduzierte Barometerstand:

$$b_0 = l - 0{,}000182\, l\, t.$$

16*

2. Temperatur des Maßstabes (wichtig):
Berücksichtigt man gleichzeitig die Quecksilber-Temperatur und die des Maßstabes, dann gilt:

$$b_0 = l - (0{,}000182 - \beta)\, l\, t,$$

worin β für Messing: 0,000019 und für Glas: 0,000174 ist.

3. Capillardepression:
Man vermeidet sie durch weite Meßrohre.

4. Druck des Quecksilberdampfes (nur für sehr genaue Bestimmungen):
Dieser tritt erst bei höheren Temperaturen merklich in Erscheinung.

5. Schwere-Reduktion auf 45° Breite:
Ist nur für sehr genaue Bestimmungen nötig, jedoch nicht für gewöhnliche technische Messungen.

Gasmanometer. Für höhere Drücke. Auf eine abgesperrte Gasmenge wird mittels Quecksilber der Meßdruck übertragen. Druck und Volumen des abgesperrten Gases sind nach den Gesetzen der idealen Gase einander umgekehrt proportional, d. h. das Produkt aus Druck und Volumen sollte konstant bleiben (siehe S. 4). Praktisch stimmen die Gasgesetze nicht, doch läßt sich zu den obigen Messungen jedes Gas verwenden, dessen Isothermen bekannt sind. Gewöhnlich verwendet man als Füllgas Wasserstoff, von dem das Produkt $p \cdot v$ genau bestimmt wurde[16].

Kolbenmanometer (Druckwaagen). Sie werden vorzugsweise für große Drücke verwendet. Der ihnen eigene Grundzug besteht darin, daß ein in einem Zylinder beweglicher Kolben, der auf der einen Seite dem Meßdruck ausgesetzt, auf der anderen Seite mit Gewichten belastet wird. Ist der Kolbenquerschnitt q und die Belastung des Kolbens p, dann ist der Druck $\frac{p}{q}$. Der Kolben wird im Zylinder mit einer zähen Flüssigkeit (Ricinusöl, Melasse) abgedichtet.

Die direkte Belastung des Kolbens würde bei großen Drücken zu viel Gewichte erfordern, deshalb bemüht man sich, durch geeignete Vorrichtungen an Gewicht zu sparen. Beispielsweise bedient man sich der Hebelübertragung nach Abb. 182. Der Druck, der von unten auf den Kolben wirkt, ergibt sich aus den Auflagerabständen l und L, dem Kolbenquerschnitt q und dem Gewicht p zu $\frac{p \cdot L}{q \cdot l}$.

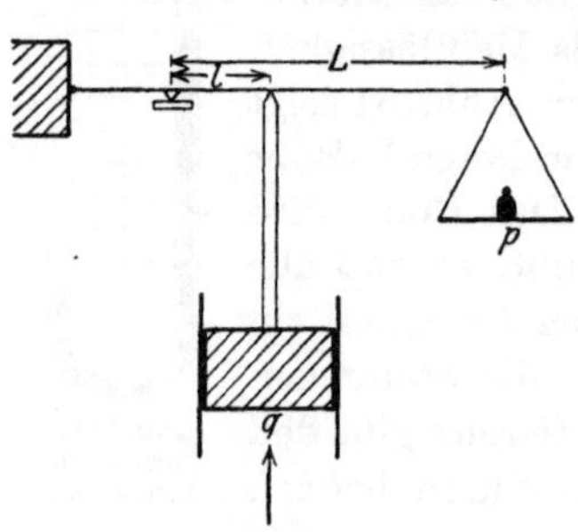

Abb. 182. Kolbenmanometer mit Hebelübertragung.

Das gleiche Ziel wird durch Druckreduktion nach dem umgekehrten Prinzip der hydraulischen Presse erreicht[17]. In Abb. 183 wirkt der Druck auf den Kolben h mit dem Querschnitt q, von diesem kleinen Kolben wirkt die Kraft auf den großen Kolben K mit dem Querschnitt Q. Der Druck wird im Verhältnis $q:Q$ reduziert und läßt sich dann mit einem gewöhnlichen Manometer messen.

Weitere Verbreitung haben die sogenannten Differential-Kolbenmanometer gefunden[18]. Zwei Kolben K und K' (Abb. 184) mit verschiedenem Querschnitt sind miteinander verbunden. Die den Kolben K belastenden Meßgewichte müssen nur dem auf den Querschnittsunterschied der beiden Kolben entfallenden Druck das Gleichgewicht halten. Je geringer der Querschnittsunterschied der beiden Kolben, die verhältnismäßig schwach sein können, da nur dieser Unterschied maßgebend ist, um so geringer ist die Zahl der Gewichte, die einem vorgegebenen Druck das Gleichgewicht halten.

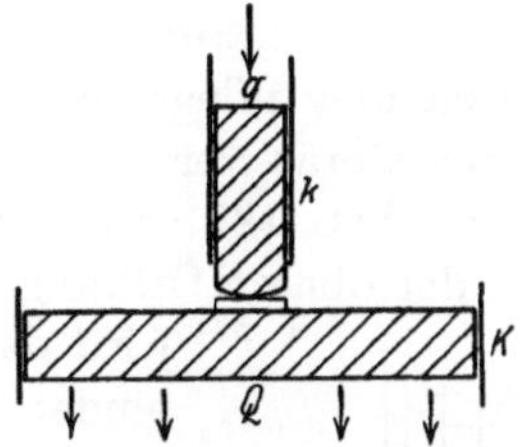

Abb. 183. Kolbenmanometer mit Druckreduktion durch Querschnitts-Vergrößerung.

Die Druckwaagen sind in verschiedenen Ausführungen bekannt[19]. Es wurden mit ihnen Drücke bis zu 10000 kg/cm² gemessen[20]. —

Für sehr große Drücke, und zwar nur für solche, kann man elektrische Widerstandsmanometer benutzen[21]; der Widerstand von Stromleitern ändert sich nämlich unter großen Drücken merklich mit diesen.

Zur Messung sehr kleiner Gasdrücke, also starker Vakua, gibt es außer den in den vorangehenden Ausführungen gelegentlich erwähnten Methoden, die sich stets von Vorrichtungen ableiten ließen, deren eigentliches Anwendungsgebiet im Bereich mittlerer bis im gewöhnlichen Sinn kleiner Drücke lag, noch eine Reihe von Spezialmessungsarten. Ihre Anwendungsmöglichkeit endet im Gebiet der gewöhnlichen Drücke. Zu ihnen gehören:

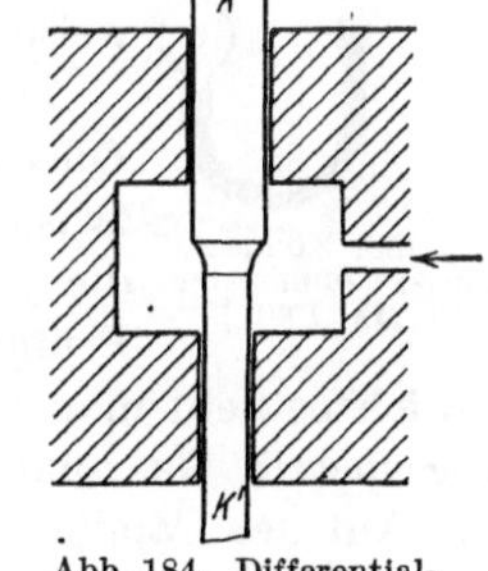

Abb. 184. Differential-Kolbenmanometer.

1. die Kompressionsmanometer,
2. die Reibungsmanometer,
3. die auf Radiometerwirkung beruhenden Meßgeräte,
4. die Hitzdraht-Instrumente.

Kompressionsmanometer. Sie sind eigentlich Gasmanometer. Das ihnen eigene Meßprinzip, auf D. F. J. ARAGO zurückgehend und von A. TÖPLER in seiner Quecksilberluftpumpe wohl erstmalig praktisch angewandt, beruht darauf, daß ein bestimmtes Volumen (V) eines Gases, dessen Druck (p) zu messen ist, auf einen bekannten oder leicht meßbaren Druck (P) komprimiert wird; dabei geht das ursprüngliche Volumen auf ein kleineres Volumen (v) zurück, dessen Größe gemessen wird. Aus der Beziehung

$$V \cdot p = v \cdot P$$

ergibt sich der gesuchte Druck zu

$$p = \frac{v}{V} \cdot P.$$

H. Mac Leod, nach dem man die Kompressions-Vakuummeter zu bezeichnen pflegt, hat das an sich bekannte Prinzip in einem besonderen Gerät verwendet[22].

In Abb. 185 ist der Mac-Leod-Apparat schematisch wiedergegeben. An der oberen Öffnung des Steigrohres *1*, das etwas über 1 m lang ist,

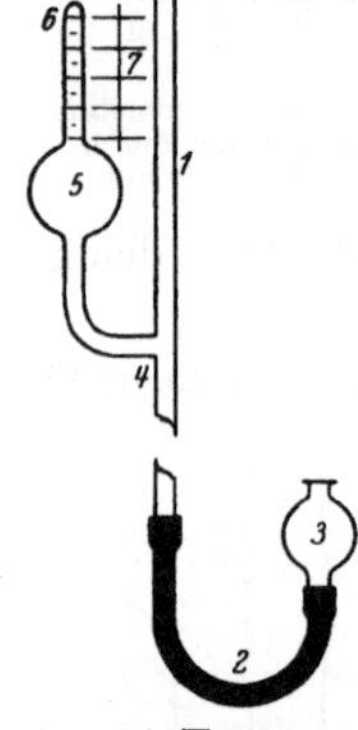

Abb. 185. Kompressions-Vakuummeter (H. Mac Leod).

wird das zu messende Gas angeschlossen. Unten verbindet es der Schlauch *2* mit dem Quecksilber-Vorratsgefäß *3*; dieses ist gegen die Luft offen. Das bei *4* seitlich abzweigende Rohr geht zuerst in eine Kugel *5* und dann in eine oben geschlossene Capillare *6* über. Die Capillare ist geteilt in Bruchteile des vom ganzen Ansatzstück *4—5—6* eingenommenen Hohlvolumens. Zwischen der Capillare 6 und dem Hauptrohr *1* befindet sich eine gewöhnliche Längenteilung *7*, beispielsweise in Millimeter.

Zur Ausführung der Messung senkt man das mit Quecksilber gefüllte Vorratsgefäß *3*, bis der Abstand zwischen *4* und dem Quecksilberspiegel in *3* größer als die jeweilige Barometerhöhe ist. Nun wird bei *1* das Prüfgas angeschlossen. Nach dem Einstellen des Gleichgewichtes hebt man die Vorratskugel *3*, bis das im Ansatzstück *4—5—6* abgesperrte Gasvolumen vollständig in die Capillare zurückgedrängt ist. Auf der Capillarenteilung liest man das Kompressionsvolumen ab; bedeutet jeder Teil $\frac{1}{n}$ vom Meßvolumen und wurden *a* Teilstriche abgelesen, dann ist die Maßzahl des Kompressionsvolumens $\frac{a}{n}$. Der Kompressionsdruck ergibt sich als Unterschied zwischen den Quecksilberkuppen in der Capillare *6* und dem Hauptrohr *1*; er sei p_k. Dann errechnet sich der gesuchte Prüfdruck *x* nach

$$x = \frac{a}{n} \cdot p_k.$$

Unter Beibehaltung des im vorstehenden skizzierten Grundzuges hat der Apparat eine Reihe von Änderungen und Verbesserungen erfahren[23].

Reibungsmanometer. Die Meßgeräte dieser Gruppe arbeiten entweder mit schwingenden Fäden (**Fadenmanometer**) oder rotierenden Scheiben.

Die der ersten Art enthalten einen lotrechten Quarzfaden, der an einem Ende in der Kuppe eines Glasrohres sitzt, am anderen dagegen frei beweglich ist. Durch Anstoß von außen schwingt der Faden. Die

Schwingungsdämpfung hängt vom Gasdruck ab. Als Maß der Dämpfung bestimmt man die sogenannte Halbwertszeit, das ist jene Zeit, die bis zum Erreichen der halben Schwingungsweite verstreicht. Bezeichnet man diese Zeit mit t, das Molekulargewicht des Gases mit M, den Gasdruck in mm QS mit p, dann besteht für ideale Schwingungen die Beziehung

$$t = \frac{c}{p \cdot \sqrt{M}},$$

praktisch gilt jedoch

$$t = \frac{b}{p \cdot \sqrt{M} + a};$$

a, b und c sind Konstante. a hängt von der Elastizität des Fadens, b von seiner Stärke ab. Gewöhnlich nimmt man Fäden von 0,4—0,1 mm Dicke und etwa 8 cm Länge.

Der Apparat wurde verschiedentlich abgeändert[25].

Mit rotierender Scheibe arbeitet S. DUSHMAN[26]. An einem Faden hängt eine waagerechte Scheibe, unter ihr parallel eine zweite. Der Abstand beider ist klein gegen die Weglänge der Gasmoleküle. Beide Scheiben schließt man in einen Glaskolben, durch dessen Wand ein außerhalb befindlicher Elektromotor die untere Scheibe in drehende Bewegung bringt. Dadurch erfährt die ruhende Scheibe eine Ablenkung, die der Drehzahl, dem Gasdruck und der Wurzel aus dem Molekulargewicht proportional ist.

Radiometerwirkung. Ein verdünntes Gas übt auf eine Platte, die sich zwischen Wänden anderer Temperaturen befindet, einen einseitigen Druck aus. Ist der Plattenabstand klein gegen die Weglänge der Gasmoleküle, dann beträgt der Druck p gleich

$$\frac{2 K}{\sqrt{T_1/T_2 - 1}} = 4\,K^2\,\frac{T_2}{T_1 - T_2},$$

wenn die abstoßende Kraft jeder Flächeneinheit zweier paralleler Platten von den absoluten Temperaturen T_1 und T_2 den Wert K hat[27].

Hitzdrahtinstrumente. Die Temperatur eines Leiters, dem eine konstante Wärmemenge zugeführt wird, hängt ab von der Wärmeleitung des umgebenden Gases. Man kann aber auch die Stromstärke zum Vergleich heranziehen. Die Stromstärke, die notwendig ist, um einen Draht zum Glühen zu bringen, ist nämlich um so kleiner, je geringer der Druck des umgebenden Gases ist. Ein Draht vom Widerstand r, der mittleren Temperatur T zeige eine Stromstärke i. Die entwickelte Wärmemenge $r\,i^2$ ändert sich in einem weiten Bereich linear mit dem Druck[28].

Gelegentlich wurden auch verschiedene Grundverfahren an Meßgeräten kombiniert benutzt[29].

Literatur:

LUNGE, E., u. E. BERL: Chem.-Techn. Untersuchungsmethoden, 7. Aufl., I. Bd. Berlin 1921.

KOHLRAUSCH, F.: Lehrbuch d. prakt. Physik, 15. Aufl. Leipzig-Berlin 1927.

OSTWALD, WI., u. R. LUTHER (C. DRUCKER): Physiko-chemische Messungen, 4. Aufl. Leipzig 1925.

Hinweise im Text:

1. KLOPFER, A.: Meßtechnik **2**, 120 (1926).

2. LUX, F.: Gas- u. Wasserfach **33**, 217 (1890). — Siehe auch LANGEN, J. G. H.: Gas- u. Wasserfach **31**, 324 (1888).

3. LUX, F.: Gas- u. Wasserfach **34**, 288 (1891).

4. PÉCLET, J. C. E.: siehe W. BERTELSMANN: Lehrb. d. Leuchtgasindustrie Bd 1, S. 112/13. Stuttgart 1911.

5. SCHEURER-KESTNER, A.: Dingler **206**, 448 (1872); **222**, 427 (1876).

6. KRELL, O., siehe L. LITINSKY: Messung großer Gasmengen, S. 50ff. Leipzig 1922.

7. TOEPLER, A.: Ann. Physik **56**, 611 (1895).

8. BARUS, C.: Proc. nat. Acad. Am. **7**, 71 (1921). — RAYLEIGH, Lord: Phil. Trans. **196**, 205 (1901). Z. physik. Chem. **37**, 713 (1901). Z. Instrumentenkde **21**, 271 (1901). — SCHEEL, K., u. W. HEUSE: Z. Instrumentenkde **29**, 344 (1909). Verh. dtsch. physik. Ges. **11**, 2 (1909). — THIESEN, M., u. K. SCHEEL: Z. Instrumentenkde **21**, 175 (1901).

9. SEGER, H.: D. R. P. 19426.

10. KÖNIG, A.: D. R. P. 48807. Chem. Ztg **13**, 1159 (1889). — Siehe auch RABE, H.: Z. chem. Apparatekde **2**, 422 (1907). — VERBEEK, P.: Chem. Ztg **37**, 1338, 1361 (1913).

11. RABE, H.: Gasmanometer. In ULLMANN, F.: Enzyklopädie der techn. Chemie **4**, 15. Berlin u. Wien 1919.

12. MARTENS: Z. V. d. I. **58**, 201 (1914).

13. SCHEEL, K., u. W. HEUSE: Z. Instrumentenkde **29**, 14 (1909).

14. BODENSTEIN, M.: Ber. **51**, 1640 (1918). — PREUNER, G., u. J. BROCKMÖLLER: Z. physik. Chem. **81**, 129 (1912). — LADENBURG, E., u. E. LEHMANN: Verh. dtsch. physik. Ges. **8**, 20 (1906).

15. BARUS, C.: Amer. J. Sci. [4] **1**, 115 (1896). Z. Instrumentenkde **16**, 253 (1896). — KOHLRAUSCH, F.: Ann. Physik **150**, 423 (1873). — RÖNTGEN, W. C.: Ann. Physik **148**, 580 (1873).

16. HOLBORN, L.: Ann. Physik [4] **63**, 674 (1920). — HOLBORN, L., u. J. OTTO: Z. Physik **33**, 1 (1925). — VERSCHOYLE, T. T. H.: Proc. roy. Soc. London **111**, 552 (1926).

17. HOLBORN, L.: Ann. Physik [4] **54**, 503 (1917).

18. CROMMELIN, C. A., u. E. J. SMID: Ann. Physik [4] **51**, 621 (1916). — HOOGENBOOM-SMID, E. J.: Ann. Physik [4] **51**, 635 (1916).

19. HOLBORN, L., u. A. BAUMANN: Ann. Physik [4] **31**, 945 (1910). — HOLBORN, L., u. H. SCHULTZE: Ann. Physik [4] **47**, 1089 (1915). — WIEBE, H. F.: Z. Instrumentenkde **30**, 205 (1910).

20. BRIDGMAN, P. W.: Proc. amer. Acad. **47**, 321 (1911).

21. BRIDGMAN, P. W.: Proc. amer. Acad. **47**, 321 (1911). Physic. Rev. **17**, 161 (1921). — LAFAY, A.: Ann. Chim. Phys. [8] **19**, 289 (1910).

22. MAC LEOD, H.: Philosophic. Mag. [4] **48**, 3 (1874). — Siehe auch GAEDE, W.: Ann. Physik [4] **41**, 297 (1913).

23. NOYES jr., B.: Science (N.Y.) **63**, 404 (1926). — REIFF, H. J.: Chem. Ztg **4**, 426 (1905). Physik. Z. **9**, 125 (1907). Z. angew. Chem. **20**, 1894 (1907). Z. Instrumentenkde **34**, 97 (1914). — UBBELOHDE, L.: Z. angew. Chem. **19**, 755 (1906). — WOHL, A.: Ber. **38**, 4153 (1905). — ZEHNDER, L.: Ann. Physik [4] **10**, 643 (1903). — Unmittelbare Druckablesung: KAHLBAUM, G. W. A.: Ż. Instrumentenkde **15**, 191 (1895). — Spiralvakuummeter: RHEDEN, U.: Z. physik.-chem. Unterr. **24**, 52 (1911). — Siehe auch Chem. Ztg **49**, 96 (1925).

24. Haber, F., u. F. Kerschbaum: Z. Elektrochem. **20**, 296 (1914). — Siehe auch Langmuir, I.: J. amer. chem. Soc. **35**, 107 (1913).

25. Brüche, E.: Physik. Z. **26**, 717 (1925). — Flächenmanometer: Coolidge, A. S.: J. amer. chem. Soc. **45**, 1637 (1923); **46**, 680 (1924). — King, E. B.: Proc. phys. Soc. London **22**, 80 (1925).

26. Dushman, S.: Physic. Rev. **5**, 212 (1915). — Siehe auch Langmuir, I.: Physic. Rev. **1**, 337 (1913).

27. Angerer, E. v.: Ann. Physik [4] **41**, 10 (1913). — Hill, C. F.: Physic. Rev. **18**, 113 (1921). — Knudsen, M.: Ann. Physik [4] **32**, 809 (1910); **44**, 525 (1914). — Koenigsberger, J., u. J. Kutschewski: Ann. Physik [4] **37**, 165 (1912). — Riegger, H.: Z. techn. Physik **1**, 16 (1920). — Woodrow, J. W.: Physik. Z. **16**, 868 (1914).

28. Pirani, M. v.: Verh. dtsch. physik. Ges. **8**, 686 (1906). — Siehe auch Hale, C. F.: Trans. amer. Elektrochem. Soc. **20**, 243 (1911). — Campbell, N. R., B. P. Dudding u. J. W. Ryde: Nature **112**, 651 (1923). — King, E. B.: Proc. phys. Soc. London **22**, 80 (1925). — Knudsen, M.: Ann. Physik [4] **34**, 638 (1911). — Rhon, W.: Z. Elektrochem. **20**, 539 (1914). — Rumpf, E.: Z. techn. Physik **7**, 224 (1926). — Skelett, A. M.: J. opt. Soc. Am. **15**, 56 (1927).

29. Burk, R. E.: J. physic. Chem. **31**, 591 (1927). — Pfund, A. H.: Physic. Rev. **18**, 78 (1921).

C. Spezifisches Gewicht.

Das spezifische Gewicht wird entweder in absoluten Einheiten ausgedrückt (s in g/dm³ oder kg/m³ = Raumgewicht oder Dichte) oder auf ein Vergleichsgas bezogen (Δ), dessen spezifisches Gewicht man gleich 1 setzt. In der Technik nimmt man als Vergleichsgas Luft und gebraucht dann auch die Bezeichnungen Gasdichte oder Dampfdichte, je nachdem ob das spezifische Gewicht eines Gases oder eines Dampfes mit dem der Luft verglichen wurde. Da 1 m³ Luft von 0° C, 760 mm QS, trocken, 1,293 kg wiegt, findet man aus dem relativen Vergleichswert (spezifisches Gewicht) eines Gases den absoluten Wert für die Dichte, indem man mit 1,293 multipliziert.

Unmittelbare Messung. Die Methoden zur Bestimmung des spezifischen Gewichtes von Gasen durch unmittelbare Messung beruhen darauf, daß man entweder die in einem bestimmten Volumen enthaltene Gewichtsmenge durch Wägen ermittelt, oder aber den Gewichtsunterschied zwischen einem Gas- und Luftvolumen unter gleichen Bedingungen feststellt.

I. Einen Kolben oder ein Pyknometer, versehen mit zwei durch Hähne verschließbaren Capillaren, wägt man dreimal:

1. Gefüllt mit einer Flüssigkeit (Wasser, Quecksilber) von bekanntem spezifischen Gewicht;

2. a) luftleer oder

 b) gefüllt mit trockener Luft;

3. gefüllt mit dem zu untersuchenden Gas.

Im Fall 1 sei das Gewicht: M, für 2a: m_1, für 2b: m_2 und im Fall 3: m. Das spezifische Gewicht der Flüssigkeit sei γ und das von trockener Luft unter den Versuchsbedingungen λ. Das Volumen des Kolbens setzen wir v und die darin enthaltene Menge des Meßgases g. Dann ist ganz allgemein das spezifische Gewicht des Gases:

$$s = \frac{g}{v},$$

$$\Delta = \frac{g}{v \cdot \lambda} = \frac{s}{\lambda}.$$

Für die Wägungskombination $1 - 2\,\mathrm{a} - 3$ ergibt sich

$$g = m - m_1$$

und

$$v = \frac{M - m_1}{\gamma},$$

daher

$$s = \frac{m - m_1}{M - m_1} \cdot \gamma,$$

$$\Delta = \frac{m - m_1}{M - m_1} \cdot \frac{\gamma}{\lambda}.$$

Um die Werte s und Δ für die Wägungskombination $1 - 2\,\mathrm{b} - 3$ zu finden, gehen wir von folgenden Grundgleichungen aus:

$$M = v \cdot \gamma + m_1,$$
$$m_2 = v \cdot \lambda + m_1,$$
$$m = v \cdot s + m_1.$$

m_1 ist ja nichts anderes als das Gewicht des Glaskolbens. Durch Eliminieren von v und m_1 (zwei der drei Unbekannten) erhalten wir für die dritte Unbekannte s den Aufdruck

$$s = \frac{m - m_2}{M - m_2} \cdot (\gamma - \lambda) + \lambda.$$

In dieser letzten Gleichung ist λ, das spezifische Gewicht trockener Luft, klein gegen γ, das spezifische Gewicht der Flüssigkeit; es kann daher in der Klammerdifferenz $(\gamma - \lambda)$ vernachlässigt werden, wodurch sich die Gleichung auf die einfachere Form

$$s = \frac{m - m_2}{M - m_2} \cdot \gamma + \lambda$$

bringen läßt. Für Δ ergibt sich unter den gleichen Voraussetzungen

$$\Delta = \frac{m - m_2}{M - m_2} \cdot \frac{\gamma}{\lambda} + 1.$$

II. Ein in der Gastechnik gebrauchter Apparat, der auf der Auswägung beruht, ist die Gaswaage von F. Lux[1], in Abb. 186 schematisch dargestellt. Die 2 l große Kugel *1* wird von der Auflagerung aus mit

Gas gefüllt; je nach dem spezifischen Gewicht des eingefüllten Gases erfährt die Kugel *1* einen stärkeren oder geringeren Auftrieb, wodurch sich der als Zeiger ausgebildete Gegenarm *2* auf der Teilung einstellt. Diese wird empirisch ermittelt und gibt das spezifische Gewicht bezogen auf Luft = 1 an. Der Apparat ist für 15° C und 760 mm QS geeicht. Änderungen der Zustandsbedingungen müssen berücksichtigt werden.

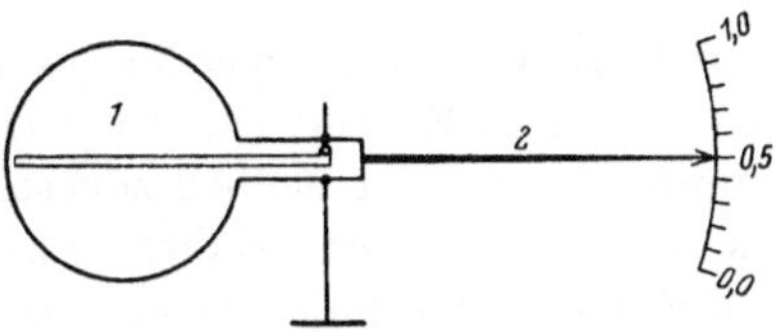

Abb. 186. Gaswaage (F. Lux).

III. In ähnlicher, jedoch einfacherer Weise arbeitet die Gasdichtenwaage von J. F. Simmance und J. Abady[2] (Abb. 187). Das bei *1* eintretende, stark gedrosselte Meßgas strömt langsam durch den Zylinderraum *2* von etwa 1 m Höhe und verläßt bei *3* frei den Apparat. Die 1 m hohe Gassäule drückt auf die in Öl tauchende Aluminiumglocke *4*, die auf der Unterseite mit der freien Luft in Verbindung ist. Die mit wechselnder Gasdichte verbundenen Schwankungen der Glocke *4* werden durch ein Hebelwerk auf den Zeiger *5* übertragen, der die Dichteablesung an der empirischen Teilung *6* vermittelt bzw. aufschreibt.

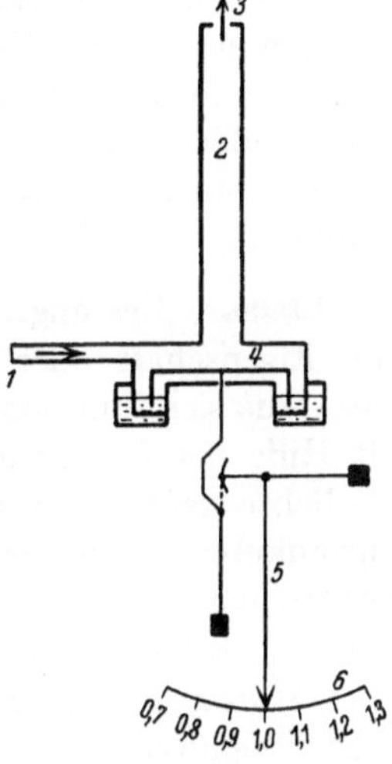

Abb. 187. Gasdichtenwaage
(J. F. Simmance und J. Abady).

Der Union-Gasdichte-Schreiber[3] steht hinsichtlich seiner Wirkungsweise zwischen der Luxschen Gaswaage und der von J. F. Simmance und J. Abady.

IV. Schließlich wären die chemischen Verfahren zu erwähnen. Das Gas, dessen spezifisches Gewicht bestimmt werden soll, wird in eine feste oder flüssige chemische Verbindung übergeführt oder aus einer solchen entwickelt. Man stellt das verschwundene oder entstandene Gasvolumen fest und die Gewichtsänderung der chemischen Hilfsverbindung. Als Beispiel werde die Zerlegung von $CaCO_3$ in CaO und CO_2 bzw. die Umkehrung dieser Reaktion erwähnt.

Statt chemische Reaktionen zu benutzen, kann man sich auch einer physiko-chemischen Erscheinung, der Adsorption, bedienen, indem man das Gasvolumen über gekühlte Holzkohle leitet und deren Gewichtszunahme bestimmt.

V. Der unmittelbaren Messung bedienen sich auch die Methoden zur Bestimmung des spezifischen Gewichtes von Dämpfen (Dampfdichte) — gasförmigen Stoffen in der Nähe der Siedetemperatur. Da der Dampfdichte vorwiegend wissenschaftliche Bedeutung zukommt, sei hier nur kurz darauf eingegangen und im übrigen auf die einschlägige Literatur verwiesen[4].

J. B. Dumas (1827) verdampft in einem Kolben von bekanntem Gewicht und Rauminhalt die Untersuchungsprobe; sobald alles verdampft ist, wird der Kolben zugeschmolzen und gewogen, wodurch man das Dampfgewicht erfährt. Aus diesem und dem von Dampf eingenommenen (bekannten) Raum errechnet sich die Dampfdichte.

L. J. Gay-Lussac (1812) und A. W. Hofmann (1867) lassen eine gewogene Substanzmenge in eine Barometerleere verdampfen; wieder kennt man die Dampfmenge und den von ihr eingenommenen Raum zur weiteren Berechnung.

V. Meyer (1878) läßt die der Menge nach bekannte Substanz verdampfen und durch den Dampf eine entsprechende Luftmenge verdrängen, die über Wasser aufgefangen und gemessen wird.

Schließlich kann man statt der Volumenzunahme beim Verdampfen auch die Druckzunahme bei konstantem Volumen bestimmen.

Mittelbare Messung. Die hierher gehörenden Meßverfahren bestimmen eine Eigenschaft oder physikalische bzw. chemische Kenngröße des Gases, die sich funktionell mit dem spezifischen Gewicht ändert, so daß mit Hilfe der funktionellen Beziehung aus dem ermittelten Wert die Gasdichte gefunden wird. Der Einfluß von Druck- und Temperaturschwankungen wird dabei ausgeschaltet, da man das Verhältnis der spezifischen Gewichte zweier Gase ermittelt.

I. Das bekannteste Meßgerät dieser Art stammt von R. Bunsen und N. H. Schilling und wird gewöhnlich in der Ausführung von F. Pannertz[5] benutzt.

Die Grundlage der Bestimmung liegt in der Tatsache, daß sich die Quadrate der Ausströmungsgeschwindigkeiten angenähert umgekehrt wie die spezifischen Gewichte verhalten, wenn gleiche Volumen zweier Gase aus einer Öffnung unter dem gleichen Überdruck ausströmen. Sind die spezifischen Gewichte s_1 und s_2 und die Ausströmungsgeschwindigkeiten v_1 und v_2, dann gilt

$$\frac{s_1}{s_2} = \frac{v_2^2}{v_1^2}.$$

Bezeichnen wir mit V das in beiden Fällen gleichbleibende Gasvolumen, mit t_1 und t_2 die Zeiten bis das ganze Volumen den Apparat verlassen hat, dann ist

$$V = v_1 \cdot t_1 ,$$
$$= v_2 \cdot t_2 ,$$

oder
$$\frac{v_1}{v_2} = \frac{t_2}{t_2};$$

demnach wird
$$\frac{s_1}{s_2} = \frac{t^2{}_1}{t^2{}_2}.$$

In der Praxis bestimmt man nun tatsächlich die Ausströmzeiten. Abb. 188 zeigt den Apparat von R. Bunsen - N. H. Schilling - F. Pannertz. Der Zylinder *1* wird zuerst durch einfaches Herausheben aus dem Apparat mit Luft gefüllt und wieder eingesetzt. Man läßt nun bei geschlossenem Hahn *2* die Luft durch die Platindüse *3* ausströmen; dabei steigt das Absperrwasser in den Zylinder *2*. Die Zeit, die das Wasser von der unteren Marke *4* bis zur oberen Marke *5* braucht, wird mit der Stoppuhr gemessen. Hierauf wird der Versuch mit dem Meßgas, das man bei *2* zuströmen läßt, wiederholt. Die Anzeigen des Apparates können unregelmäßig werden, wenn sich Wasserdampf in der Ausströmdüse niederschlägt[6].

Auf dem gleichen Grundsatz beruht der Apparat von M. Hofsäss[7].

Statt der Ausströmzeiten bestimmt Gülich[8] die Zeiten, die das Meß- und Vergleichsgas (Luft) brauchen, um beim Einströmen in einen evakuierten Raum das Vakuum bis zu einer bestimmten, für beide Gase gleichen Höhe absinken zu lassen.

Das Union-Densimeter[9] arbeitet wie der Bunsensche Apparat, jedoch mit dem Unterschied, daß nicht die verschiedenen Ausströmzeiten von gleichen

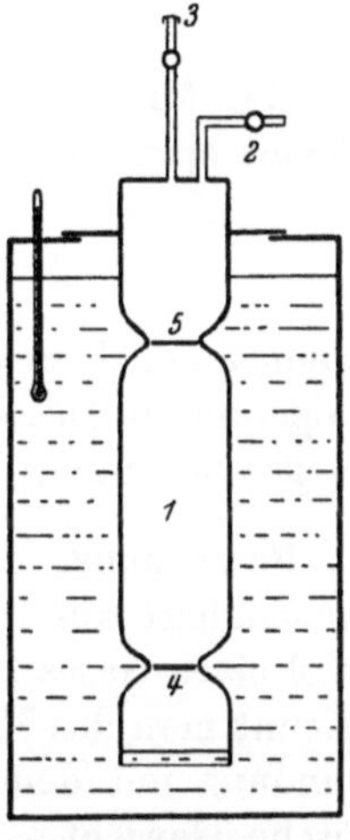

Abb. 188. Apparat zur Bestimmung des spezifischen Gewichts von Gasen (R. Bunsen, N. H. Schilling und F. Pannertz).

Gasvolumen, sondern die in gleichen Zeiten ausströmenden (verschiedenen) Gasvolumen bestimmt werden. Bezeichnen wir diese mit V_1 und V_2, dann ist

$$\frac{s_1}{s_2} = \frac{V^2{}_2}{V^2{}_1}.$$

II. Der Hydro-Gasdichteschreiber[10] der Hydro-Apparatebaugesellschaft besteht in der Hauptsache aus einem Venturi-Rohr, wie es sonst zur Bestimmung strömender Gasmengen dient (siehe S. 267) und einem Differenzmanometer.

Der Differenzdruck zwischen Beginn des Venturi-Rohrs und der Einschnürung ist für ein Gas 1

$$p_1 = \frac{s_1}{2\,g} \cdot w^2{}_1$$

und für ein Gas 2

$$p_2 = \frac{s_2}{2\,g} \cdot w^2{}_2.$$

Hält man w, die Gasgeschwindigkeit, in beiden Fällen gleich, also $w_1 = w_2$, dann ist

$$\frac{s_1}{s_2} = \frac{p_1}{p_2}.$$

Wird auf konstantes w verzichtet, so muß die Gasgeschwindigkeit auf andere Weise festgestellt werden; dann gilt

$$s = \frac{2\,pg}{w^2}.$$

III. Auch aus der Schallgeschwindigkeit u in einem Gas läßt sich dessen spezifisches Gewicht s ermitteln. Es ist nämlich

$$s = \frac{\varkappa\,p}{u^2}.$$

wenn p den Druck und $\varkappa$ das Verhältnis der spezifischen Wärme unter konstantem Druck (c_p) zu der bei konstantem Volumen (c_v) (siehe S. 25) bedeuten.

Berechnung. Das spezifische Gewicht eines Einzelgases läßt sich angenähert aus den Gasgesetzen berechnen. Bekanntlich nimmt ein Mol eines Gases bei $0°$ C und 760 mm QS einen Raum von 22,4 l ein. Kennt man das Molekulargewicht eines Gases, dann ergibt sich in Verbindung mit dem Molvolumen (22,4 l) in einfacher Weise das spezifische Gewicht.

. Um auch die Dichte eines Gasgemisches auf rechnerischem Weg zu finden, wendet man auf jeden Bestandteil das obige Gesetz an und multipliziert mit dem Prozentanteil im Gemisch; die Summe der so erhaltenen Werte ist dann die ideale Dichte des Gasgemisches. In gleicher Weise kann auch verfahren werden, wenn statt der idealen spezifischen Gewichte die wahren Werte — wie sie im Anhang 2 auf S. 374 angegeben sind — eingesetzt werden. Wir wollen für beide Fälle die Rechnung an einem Beispiel durchführen:

Zusammensetzung	idealer Dichteanteil	wahrer Dichteanteil
40 Volum-% Wasserstoff .	$0{,}40 \cdot 0{,}09\ = 0{,}036$	$0{,}40 \cdot 0{,}089 = 0{,}03596$
30 Volum-% Acetylen . .	$0{,}30 \cdot 1{,}162 = 0{,}3486$	$0{,}30 \cdot 1{,}171 = 0{,}3513$
20 Volum-% Kohlenoxyd .	$0{,}20 \cdot 1{,}250 = 0{,}250$	$0{,}20 \cdot 1{,}250 = 0{,}250$
10 Volum-% Kohlendioxyd	$0{,}10 \cdot 1{,}964 = 0{,}1964$	$0{,}10 \cdot 1{,}977 = 0{,}1977$
	$0{,}8310$ g/l	$0{,}83496$ g/l

$$(0°\ \text{C, 760 mm QS, trocken})$$

Das spezifische Gewicht von Gasgemischen läßt sich auch graphisch ermitteln, wofür A. Dosch brauchbare Kurventafeln ausgearbeitet hat[10].

Literatur:

Gramberg, A.: Technische Msesungen, 5. Aufl. Berlin 1923.
Kohlrausch, F.: Praktische Physik, 15. Aufl. Berlin-Leipzig 1927.
Litinsky, L.: Messung großer Gasmengen. Leipzig 1922.
Nernst, W.: Theoretische Chemie, 11.—15. Aufl. Stuttgart 1926.

Hinweise im Text:

1. Lux, F.: Gas- u. Wasserfach **30**, 251 (1887); **31**, 786 (1888); **33**, 99 (1890). — Siehe auch Slaby, A.: Gas- u. Wasserfach **33**, 156, 196 (1890).

2. Gas- u. Wasserfach **57**, 256 (1914). — Lux, F.: Gas- u. Wasserfach **57**, 416 (1914).

3. Dommer, O.: Gas- u. Wasserfach **68**, 294 (1925). — Siehe auch Gas- u. Wasserfach **67**, 233 (1924).

4. Kohlrausch, F.: Praktische Physik, 15. Aufl. Berlin-Leipzig 1927. — Nernst, W.: Theoretische Chemie, 11.—15. Aufl. Stuttgart 1926.

5. Bunsen, R.: Gasometrische Methoden, 2. Aufl. Braunschweig 1877. — Schilling, N. H.: Gas- u. Wasserfach **2**, 370 (1859); **3**, 315 (1860). — Pannertz, F.: Gas- u. Wasserfach **44**, 936 (1901). — Siehe auch Slaby, A.: Gas- u. Wasserfach **33**, 156, 196 (1890).

6. Siehe Gas- u. Wasserfach **68**, 25, 76 (1925).

7. Hofsäss, M.: Z. angew. Chem. **27**, 136 (1914).

8. Gülich: Gas- u. Wasserfach **54**, 699 (1911).

9. Wundt, W.: Mitteilung Nr 62 der Wärmestelle Düsseldorf, S. 161.

10. Stahl u. Eisen **35**, 1250 (1915).

D. Menge.

Für jeden geregelten Gaserzeugungs- oder Gasgewinnungsbetrieb ist die Kenntnis der jeweils anfallenden Mengen unbedingt nötig, um sowohl die ganze Herstellung messend zu überwachen als auch zu wissen, wieviel abgegeben bzw. verbraucht werden kann. Des weiteren müssen bei jedem Gasverkauf Käufer und Verkäufer — wie stets — die verhandelte Menge abmessen. Schließlich mißt man noch Gasmengen für Versuchszwecke.

Im allgemeinen werden Gase nicht nach Gewicht bzw. Masse angegeben, sondern durch den von ihnen eingenommenen Raum ausgedrückt; dieser hängt stark, jedoch gesetzmäßig von Druck, Temperatur und Feuchtigkeitsgehalt ab. Erst nach Kennzeichnung dieser drei Größen werden die Raumangaben zu Massenangaben, selbstverständlich unter der Voraussetzung, daß die Art des Gases bekannt ist. Die Beziehungen zwischen Raum und Masse eines Gases sind insbesondere dann wichtig, wenn die Gase nach einer massenabhängigen Eigenschaft bewertet werden.

Nach diesen kurzen Hinweisen dürfte es selbstverständlich sein, daß z. B. die Aussage: „1 m³ Wasserstoff" nichts über dessen absolute Menge angibt. Setze ich dagegen hinzu: „... von 0° C, 760 mm QS, trocken", dann liegen einwandfrei 90 g Wasserstoff vor.

Man pflegt nun die Gase in der Regel nach dem Volumen anzugeben, zu kaufen und damit zu rechnen. Beim Kauf und Verkauf von Gasen, insbesondere von „Leuchtgas", berücksichtigt man die durch Temperatur- und Druckschwankungen bedingten Änderungen in der absoluten Gasmenge nicht, sondern nimmt die unmittelbare Raumanzeige der Meßgeräte unabhängig von den Zustandsbedingungen als Grundlage. Für vernachlässigungsfreie Vergleiche müssen jedoch alle Angaben auf einen „Normalzustand" umgerechnet werden. Gewöhnlich wählt man hierzu 0° C, 760 mm QS und völlige Trockenheit. Da dieser Bezugszustand für die Technik meist recht theoretische Bedeutung hat, wurden verschiedene andere Vorschläge gemacht; sie haben nicht oder noch nicht die Verbreitung gefunden wie der zuerst erwähnte (vgl. auch S. 16).

1. Volumenmessung.

Nasse Gasmesser (nasse Gasuhren). Sie sind ebenso wie die später zu besprechenden trockenen Gasmesser kontinuierlich arbeitende Meßgeräte. Die einzelnen Meßräume werden durch eine Flüssigkeit voneinander abgesperrt. In Abb. 189 ist die grund-

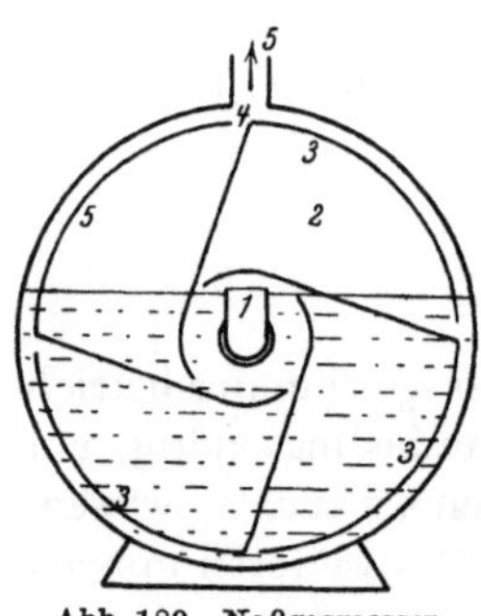

Abb. 189. Naßgasmesser.
(J. MALAM).

sätzliche Einrichtung der „Naßgasmesser" dargestellt. Das zu messende Gas tritt bei *1* über der Flüssigkeitsoberfläche ein, füllt die über den Spiegel steigende Meßkammer *2* und dreht dadurch die an einer gemeinsamen Welle befestigten Schaufeln *3*, welche die einzelnen Kammern bilden. Sobald die Kammer mit Gas gefüllt ist, wird die Gaszufuhr zu dieser Kammer durch die Flüssigkeit getrennt, und die nächste Kammer kommt zur Füllung. Gleichzeitig taucht die bereits gefüllte Kammer wieder in die Sperrflüssigkeit, wodurch das Gas durch die Öffnungen *4* gedrängt wird und die Gasuhr bei *5* gemessen verläßt. Mit jeder Umdrehung geht ein ganz bestimmtes Gasvolumen durch den Messer. Mit Hilfe eines Zählerwerkes wird die Zahl der Trommelumdrehungen in Raumangaben (m³, l) übertragen.

Als Sperrflüssigkeit nasser Gasmesser dient meist Wasser, dem man, um etwaiges Einfrieren bei niedrigen Temperaturen zu verhindern, verschiedene Zusätze gibt, wie Glycerin, Magnesiumchlorid[1] usw. Die etwa zugesetzten Salze sind jedoch als Korrosionsbeschleuniger meist schädlich[2]. Schon gewöhnliches Füllwasser greift Eisen infolge Aufnahme von Kohlendioxyd aus dem Gas an. Ein geringer Sodagehalt des Sperrwassers (2 g Na_2CO_3/l) soll die Auflösbarkeit des Eisens zurückdrängen[3]. Solche und ähnliche Auswege werden vermieden, wenn die Gasuhren als Füllflüssigkeit Transformatorenöl, sogenanntes Gasmesseröl, erhalten. Glycerin und Öl bewirken einen stärkeren Druckverlust als Wasser.

Die nassen Gasmesser arbeiten nur bei bestimmten Flüssigkeitsstand richtig. Sinkt infolge Verdunstung der Sperrflüssigkeit der Spiegel, dann strömt Gas ungemessen durch den Messer, die Verbrauchsanzeige fällt zu niedrig aus. Das für den Gasverkäufer gleiche ungünstige Ergebnis stellt sich auch bei Undichtigkeiten usw. ein. Die praktischen Erfahrungen bestätigen, daß fehlerhafte Gasmesser durchschnittlich zu wenig anzeigen[4].

Um die durch Flüssigkeitsverdunstung — die am stärksten bei reinem Wasser ist — entstehenden Fehler zu vermeiden, kann von vornherein eine Flüssigkeit mit geringem Dampfdruck verwendet werden, wie das schon erwähnte Glycerin oder Gasmesseröl, oder man versieht die Gasuhr mit Vorrichtungen, die das Übel beseitigen. Am einfachsten ist es, die Gaszufuhr mittels eines Schwimmers abzusperren, sobald die Flüssigkeit eine gewisse Mindesthöhe erreicht. Nachfüllen der Flüssigkeit bis zum richtigen Stand gibt den Gasweg wieder frei. Ein derartiges „Gewaltmittel" ist aber für den Verbraucher gelegentlich recht unangenehm. Deshalb ist es besser, das verdampfende Wasser selbsttätig ersetzen zu lassen; sei es durch ständiges Zuführen von Wasser, dessen Überschuß durch einen Überlauf wieder fortfließt, sei es durch Schöpfvorrichtungen, die das fehlende Wasser einem besonderen Vorratsbehälter entnehmen, oder schließlich durch Rückmeßtrommeln. Diese bauen sich auf der Überlegung auf, daß die ungemessen durch die Gasuhr tretenden Mengen in einem zweiten Gasmesser zurückgemessen werden können.

Die in Abb. 189 dargestellte, von J. Malam (1819) stammende Trommelkonstruktion ist inzwischen zugunsten der Trommel von J. Crosley aufgegeben worden; das ursprüngliche Grundmeßprinzip der Flüssigkeitsverdrängung hat sich nicht geändert. Während J. Malam den zylindrischen Uhrenraum in vier rechtwinkelige Keile teilte, stehen die Trommelwände der heute üblichen Ausführungen schräg, so daß die einzelnen Kammern wie Teile von Schraubengängen um die Drehachse ziehen bzw. ähnlich dem Drehkeilraum zwischen zwei Windmühlenflügeln ausgebildet sind. Das zu messende Gas schiebt sich durch Stirnschlitze in die Meßräume und tritt auf der gegenüberliegenden Seite durch ebensolche Schlitze aus. Bei diesem Durchgang wird die Trommel mit einem verhältnismäßig geringen Kraftaufwand — dank der eigenartigen Konstruktion — in Drehung versetzt.

Die Trommeln machen bei kleinen (Haus-) Gasmessern etwa 100 bis 120 Umdrehungen je Stunde, bei großen bis zur Hälfte herunter. An jedem Gasmesser sind die Bezeichnungen J (Inhalt) und V (Volumen) zahlenmäßig angebracht. J bedeutet den Inhalt einer Trommelumdrehung, V den höchst zulässigen Stundendurchgang in m³ oder l; dann gibt $\frac{V}{J}$ die höchst zulässige stündliche Umdrehungszahl an. In dem an den

Messern befindlichen Flammenwert sind für jede Flamme 150 l/h zu setzen. Die Stundenleistung eines Gasmessers wechselt für sonst gleiche Betriebsverhältnisse mit dem spezifischen Gewicht des Durchgangs-

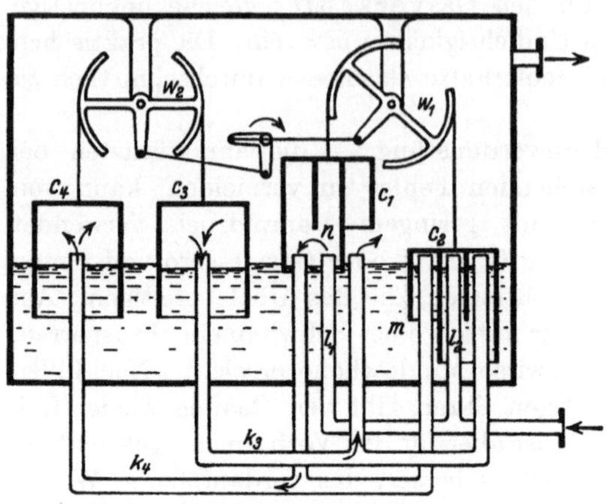

Abb. 190. Glockengasmesser (O. Tollens).

gases[5]; ist sie für Luft V_L und für das Gas, dessen spezifisches Gewicht s (Luft $= 1$) beträgt, gleich V_G, dann gilt

$$V_G = V_L \sqrt{\frac{1}{s}}.$$

Für bestimmte Zwecke, die eine höhere Genauigkeit als die sonst mit einer Abweichung von 2% zugelassene verlangen, baut man besonders gut gearbeitete Apparate, z. B. Kontroll-, Prüf-, Versuchsgasmesser usw.

Die einfachen nassen Gasmesser lassen sich nicht zum Messen beliebig großer Gasmengen ausbauen. Bezeichnen wir mit n die stündliche Umdrehungszahl der Trommel, dann gilt — unter Beibehaltung der früheren Bezeichnungen

$$V = n \cdot J.$$

Mit steigendem höchstzulässigem Stundendurchgang V muß die Umdrehungszahl n herabgesetzt werden, was zu großen Werten für J führt, also zu großen Abmessungen. Diesen Übelstand hat man in verschiedener Weise zu

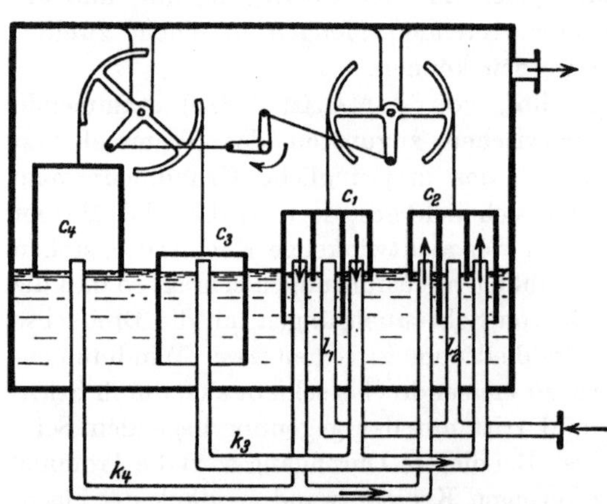

Abb. 191. Glockengasmesser (O. Tollens).

umgehen versucht. — Bei den sogenannten Vielfach- oder Multiplextrommeln läßt man mehrere kleinere Trommeln, auf einer gemeinsamen Welle parallel angeordnet, gegenläufig arbeiten[6]. Da kleinere Trommeln sich rascher drehen dürfen als große, steigt durch diese Anordnung die Stundenleistung V bei gleichbleibendem Gesamtinhalt J des ganzen Gasmessers.

Eine andere Bauart von nassen Großgasmessern, der sogenannte Glockengasmesser, stammt von O. Tollens[7]. Die Messung erfolgt derart, daß sich in eine Sperrflüssigkeit tauchende Glocken abwechselnd mit Gas füllen und nach Erreichen eines bestimmten Standes die ganze Füllung in den Ableitungsraum treten lassen. Die von einer Glocke abgegrenzte Gasmenge wird einerseits durch den Wasserstand im Gasmesser, anderseits durch den Glockenhub bestimmt. Die Arbeitsweise geht aus den Abb. 190 und 191* hervor. Die Kreisbogenbalken w_1 und w_2 dienen zur Führung der Glocken; sie sind gleichzeitig mit dem Zählerwerk verbunden. c_1 bis c_4 sind die Meßglocken, k_1 bis k_4 und l_1 bis l_4 die Verbindungsleitungen. Die folgende Übersicht kennzeichnet die Vorgänge:

Zu Abb. 190: Glocke c_1; Höchststand: beendete Aufnahme aus l_1,
beginnt Abgabe an c_4.

„ c_2: Tiefststand; beendete Abgabe an c_4,
beginnt Aufnahme aus l_2.

„ c_3: Mittelstellung; gibt ab an Hauptleitung.
(Abwärtsgang)

„ c_4: Mittelstellung; beendete Aufnahme aus c_2,
(Aufwärtsgang) beginnt Aufnahme aus c_1.

Zu Abb. 191 ($^1/_4$-Drehung weiter):
Glocke c_1: Mittelstellung; beendete Abgabe an c_4,
(Abwärtsgang) beginnt Abgabe an c_3.

„ c_2: Mittelstellung; nimmt auf aus l_2.
(Aufwärtsgang)

„ c_3: Tiefststand; beendete Abgabe an Hauptleitung,
beginnt Aufnahme aus c_1.

„ c_4: Höchststand; beendete Aufnahme aus c_1,
beginnt Abgabe an Hauptleitung.

Die weiteren Arbeitsgänge ergeben sich in sinngemäßer Fortsetzung obiger Vorgänge.

Den Übergang von diesen Meßgeräten zu denen der nächsten Gruppe bilden die Schwinggasmesser[8], bei denen die Messung ebenfalls mit Glocken und Flüssigkeitsabschluß erfolgt, deren Steuerung an die der Trockengasmesser erinnert.

Trockene Gasmesser (trockene Gasuhren). Da die nassen Gasmesser ständig überwacht werden müssen, hat man sich frühzeitig mit dem Bau trockener Gasmesser beschäftigt, und zwar geht die erste Meßvorrichtung dieser Art auf J. Malam (1820) zurück. Sie hat sich trotz verschiedener Abänderungsversuche grundsätzlich bis heute erhalten. Ein trockener Gasmesser besteht im wesentlichen aus dem Gehäuse, den Meßkammern, der Steuerung und dem Zählerwerk. Die Arbeitsweise läßt sich mit der

---

* Aus Gas- u. Wasserfach **65**, 261 (1922), Abb. 149 u. 150.

einer Dampfmaschine vergleichen. Durch den Druck des Gases werden
die blasebalgartigen Kammern (J, K in Abb. 192) gefüllt und entleert,

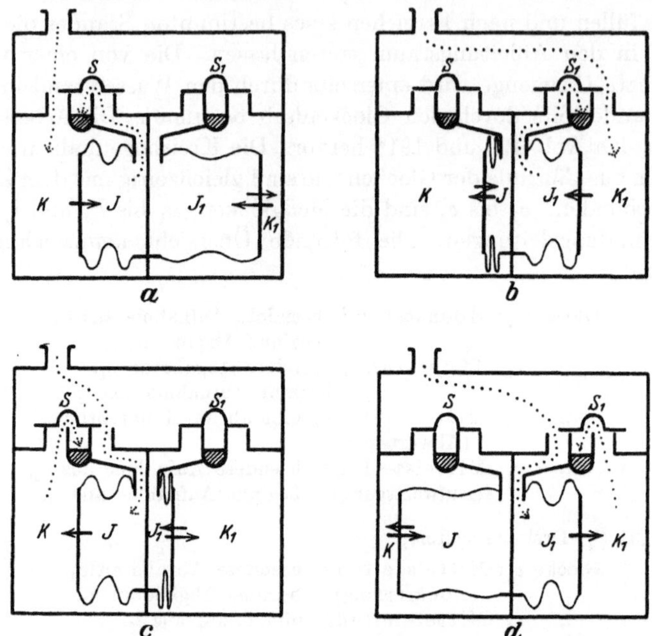

Abb. 192. Trockengasmesser mit zwei Meßbälgen in vier aufeinander folgenden Stellungen.

wobei gesteuerte Gasschieber (S in Abb. 192) für das abwechselnde
Öffnen und Schließen der Gaswege sorgen. Abb. 192 zeigt vier aufeinander folgende Stellungen eines Trockengasmessers mit zwei Meßbälgen.

	J	K	S	J_1	K_1	S_1
Stellung a:	Entleerung in Ausgangsleitung	füllt sich	geöffnet	gefüllt	leer	geschlossen
Stellung b:	leer	gefüllt	geschlossen	Entleerung in Ausgangsleitung	füllt sich	geöffnet
Stellung c:	füllt sich	Entleerung in Ausgangsleitung	geöffnet	leer	gefüllt	geschlossen
Stellung d:	gefüllt	leer	geschlossen	füllt sich	Entleerung in Ausgangsleitung	geöffnet

Auf diese letzte Stellung folgt wieder a.

Außer den am meisten gebräuchlichen Trockengasmessern mit zwei Meßbälgen kennt man auch solche mit drei und schließlich mit einem Meßbalg, der zwei Kammern trennt[9].

Die Genauigkeit der Trockengasmesser reicht an die der nassen nicht heran, genügt aber gewöhnlichen Ansprüchen. Man baut sie für einen Stundendurchlaß von etwa $^1/_2$ bis 75 m³, eine Überlastung bis zu 50% ist gestattet. Kleine Gasmengen — 25 Stundenliter und darunter — werden infolge geringer Undichtigkeiten der Schieber nicht angezeigt[10]. Im Laufe längeren Gebrauches läßt die Anzeigegenauigkeit aus verschiedenen Ursachen nach: durch Verschmutzen der Schieberflächen, durch allmähliches Schrumpfen, Erhärten und Brüchigwerden der Membranen; deren Imprägnierstoff kann auch durch manche Gasbestandteile, wie Benzoldämpfe, herausgelöst werden, was zu Gasdurchlässigkeit führt[11]. Aus diesen Gründen sollen die trockenen Gasmesser nach Ablauf gewisser Fristen nachgeeicht werden. Die trockenen Gasmesser können bei gleicher Größe mehr leisten als nasse Messer (**Hochleistungsgasmesser**).

Behältermessung. Diese Art der Gasmengenmessung arbeitet zum Unterschied gegen die früher besprochenen Methoden nicht kontinuierlich. Entweder arbeitet man 1. mit konstantem oder nahezu konstantem Druck und veränderlichem Volumen oder 2. umgekehrt mit konstantem Volumen und veränderlichem Druck.

1. Zu den Geräten der zuerst genannten Arbeitsbedingungen gehören die **Meßglocken** (Gasometer), **Kubizierapparate** und **Eichkolben**, die weiter unten im Abschnitt „Eichung der Gasmesser" besprochen werden. Auch sie unterteilen sich in zwei Gruppen, indem einmal die bewegliche, in eine Sperrflüssigkeit von unveränderlichem Stand tauchende Meßglocke beim Steigen mit Gas gefüllt wird, das sie beim Sinken wieder abgibt (vgl. die nassen Gasbehälter S. 273), oder das andere Mal der Meßraum festbleibt und durch Steigen und Sinken der Sperrflüssigkeit die Gasmenge gemessen wird.

2. Die **Meßkessel** (Auffüll- oder Ausblasmethode) haben einen bestimmten Rauminhalt V m³. In den Kessel wird nun das zu messende Gas gedrückt und der Enddruck P_1 at am Manometer abgelesen. Nun entnimmt man einen Teil des Gases bis zu einem Druck P_2 at, der kleiner als P_1 ist. Die entnommene Gasmenge errechnet sich nun wie folgt: Im Kessel befinden sich unter dem Druck P_1 at $V \cdot P_1$ m³ von 1 at und nach dem Ablassen $V \cdot P_2$ m³ von 1 at. Infolgedessen wurden $V \cdot (P_1 - P_2)$ m³ von 1 at entnommen. Die Temperatur im Meßkessel kann zwecks Reduktion auf einen Normalzustand ebenfalls bestimmt werden.

Literatur:

Bertelsmann, W.: Lehrbuch d. Leuchtgasindustrie. I. Bd. Stuttgart 1911.
Litinsky, L.: Messung großer Gasmengen. Leipzig 1922.
Schilling, E., H. Bunte (G. Schneider): Handbuch d. Gastechnik. VI. Bd. München 1917.
Strache, H.: Gasbeleuchtung und Gasindustrie. Braunschweig 1913.

Hinweise im Text:

1. Leybold, W.: Gas- u. Wasserfach **33**, 424 (1890). — Schilling, E.: Gas- u. Wasserfach **34**, 359 (1891).
2. Albrecht, A.: Gas- u. Wasserfach **70**, 101 (1903).
3. Leybold, W.: Gas- u. Wasserfach **70**, 294 (1927).
4. Siehe z. B. Meyer: Gas- u. Wasserfach **70**, 1208, 1241 (1927).
5. Siehe Gas- u. Wasserfach **69**, 482 (1926).
6. Siehe Gas- u. Wasserfach **57**, 111 (1914).
7. Peischer, O.: Gas- u. Wasserfach **65**, 261 (1922).
8. Engstfeld, H.: Österr. Gas- u. Wasserfach **66**, 65 (1926).
9. Fleisch: Gas- u. Wasserfach **67**, 266 (1924).
10. Siehe Gas- u. Wasserfach **50**, 1007 (1907). — Baumann, J.: Gas- u. Wasserfach **51**, 10 (1908).
11. Borchardt, C.: Gas- u. Wasserfach **48**, 553, 576 (1905). — Messerschmidt, A.: Gas- u. Wasserfach **49**, 235, 687 (1906). — Stommel K., u. Haas: Gas- u. Wasserfach **47**, 369 (1904). — Witzeck, R.: Gas- u. Wasserfach **47**, 654 (1904).

2. Messung der Strömungsgeschwindigkeit.

Druck und Geschwindigkeit in strömenden Gasen. Strömen Gase durch Leitungen von bekanntem oder bestimmbarem Querschnitt F mit einer Geschwindigkeit v, dann läßt sich die je Zeiteinheit den Querschnitt durchfließende Gasmenge V nach

$$V = v \cdot F$$

berechnen. Verändert sich nun die Geschwindigkeit — wie dies bei praktischen Dauermessungen meistens der Fall ist —, dann ist das Produkt $v \cdot F$, das ja bloß eine Augenblicksanzeige darstellt, über den gewünschten Zeitabschnitt (Stunde, Tag usw.) zu integrieren.

Strömende Gase besitzen wie alle bewegten Massen eine von der Strömungsgeschwindigkeit abhängige Strömungsenergie (lebendige Kraft), deren Bestimmung ein Geschwindigkeitsmaß liefert.

An strömenden Gasen unterscheiden wir zwischen statischem (P_S) und dynamischen (P_D) Druck. Jener entspricht dem inneren Druck eines ruhenden Gases und wird angezeigt von Meßgeräten, die sich in der Strömungsrichtung mit der Geschwindigkeit des strömenden Stoffes bewegen; er ist auch gleich jenem Druck, den ein zu einer Wand parallel strömendes Medium auf diese ausübt.

Der dynamische Druck oder Geschwindigkeitsdruck entsteht durch die Auswirkung der Strömungsenergie und ist gleich der höchsten Drucksteigerung, die in einem Gasstrom vor einem Hindernis auftritt. Er ist gegeben durch

$$P_D = \frac{s \cdot v^2}{2\,g},$$

wenn s das spez. Gewicht in kg/m³, v die Geschwindigkeit in m/sec und g die Erdbeschleunigung (= 9,81 m/sec²) bedeutet.

Die algebraische Summe von statischem und dynamischem Druck bezeichnet man als **Gesamtdruck** (P_G):

$$P_G = P_S + P_D,$$
$$= P_S + \frac{s \cdot v^2}{2g}.$$

Um den Unterschied zwischen diesen beiden Druckarten klarer zum Ausdruck zu bringen, sei auf folgendes Beispiel hingewiesen: Bringen wir ein Windmühlenrad in einen abgeschlossenen Gasraum und steigern den Druck des Gases, das sich vollständig in Ruhe befinden möge, beliebig hoch, so wird sich dennoch das Windmühlenrad nicht drehen (statischer Druck); sobald sich jedoch das Gas gegen das Rad bewegt, wird die Drehung einsetzen (dynamischer Druck).

Wenn Gase durch Rohrleitungen mit Krümmungen, Abzweigungen u. dgl. strömen, dann treten Wirbel und andere Bewegungsstörungen auf, die eine einheitliche Strömungsrichtung und gleiche Geschwindigkeit aller Massenteilchen nicht erkennen lassen. An solchen Rohrstellen werden Strömungsmessungen stets unbrauchbare Ergebnisse liefern. Aber auch in geraden Leitungen mit einheitlicher Strömungsrichtung aller Massenteilchen ist die Geschwindigkeit nicht in allen Punkten des Rohrquerschnittes gleich groß. In Abb. 193 ist die ideale bzw. normale (ungestörte) Geschwindigkeitsverteilung in kreisrunden Rohren dargestellt; die Pfeillänge zeigt die Geschwindigkeitsgröße an. Für die Gasmengenermittlung hat natürlich irgendeine herausgegriffene Einzelgeschwindigkeit keine Bedeutung; je nach der Meßstelle würde die Anzeige bald zu hoch, bald zu tief ausfallen. Man rechnet deshalb mit einer **mittleren Geschwindigkeit**, die gleich dem Quotienten aus der tatsächlich durch den Querschnitt geflossenen Gasmenge V und dem Querschnitt F ist, also gleich $\frac{V}{F}$.

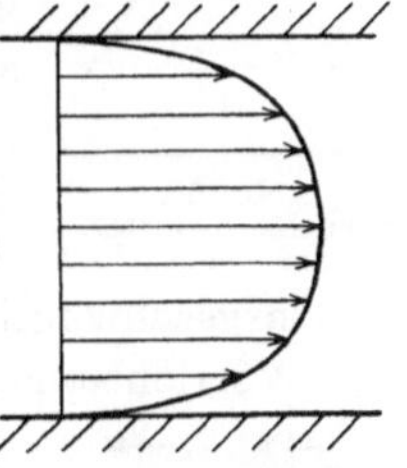

Abb. 193. Verteilung der Strömungsgeschwindigkeit in kreisrunden Rohren.

Anemometer. Sie eignen sich sowohl für Geschwindigkeitsmessungen im Freien (Wind) als auch für solche in geschlossenen Kanälen und Rohrleitungen. Sie bestehen aus einem **Kraftwerk** zur Aufnahme des Geschwindigkeitsdruckes der bewegten Gasmassen und einem damit verbundenen **Zählwerk**. Die anemometrische Methode ist zur Luftmessung bereits längere Zeit bekannt und wird von J. Leupold (1724) im „Theatrum machinale generale" und von R. Woltman (1790) in einem Werk „Theorie und Gebrauch des hydrometrischen Flügels" besprochen. Praktisch wird die Bewegungsenergie der Luft in den Windmühlen schon lange benutzt; die Anemometer sind grundsätzlich nur Nachbildungen davon.

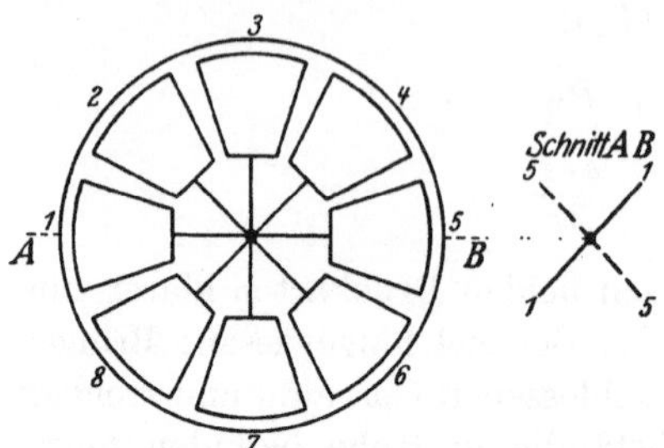

Abb. 194. Flügelradanemometer.   Abb. 195. Schalenkreuzanemometer.

Je nach der Bauart unterscheidet man Flügelradanemometer (Abb. 194) mit schräg gestellten ebenen Flügeln; Schalenkreuzanemometer (Abb. 195) mit halbkugeligen offenen Schalen, deren Öffnung dem Wind zugekehrt ist; Pendelanemometer (Abb. 196), bei denen der Geschwindigkeitsdruck je nach seiner Stärke eine Platte mehr oder weniger stark hebt, also gegen die Schwerkraft arbeitet; der Ausschlag wird auf einer Teilung abgelesen. Schließlich gibt es noch sogenannte statische Anemometer; sie haben ein Flügelrad oder Schalenkreuz, das sich jedoch nicht dreht, sondern durch Federkraft gehalten wird, gegen die ein von

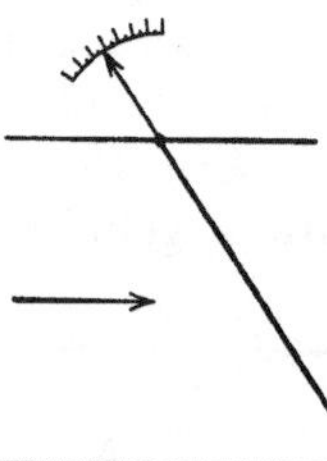

Abb. 196.
Pendelanemometer.

der Gasgeschwindigkeit abhängiger Ausschlag erfolgt. Darin gleichen diese Vorrichtungen den Pendelanemometern, nur ist die Wirkung der Schwerkraft durch die der Feder ersetzt. Eine Abart der Flügelradgasmesser ist der „Rotary“-Messer[1].

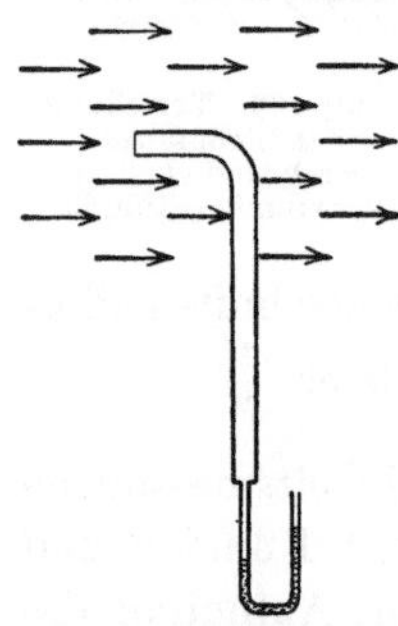

Staugeräte. Wie schon weiter oben erwähnt wurde, ist der dynamische Druck, das Gasgeschwindigkeitsmaß, gleich der höchsten Drucksteigerung, die in einem Gasstrom vor einem Hindernis auftritt. Auf dieser Erscheinung beruhen die sogenannten Staugeräte, als deren einfachstes das Pitot-Rohr anzusprechen ist. Bringt man ein Hakenrohr in einen Gasstrom, die eine Öffnung der Strömungsrichtung entgegengerichtet, dann zeigt ein an der anderen Öff

Abb. 197. Pitot-Rohr.

nung angeschlossenes Manometer eine gewisse Druckdifferenz (Abb. 197). In dieser Art wurde das Rohr von H. Pitot (1732) zu Wassermessungen benutzt. Wird das Pitot-Rohr in eine geschlossene Förderleitung mit innerem Druck des Gases gebracht, dann zeigt das Manometer den

Gesamtdruck an. Um nun den dynamischen Druck zu bestimmen, muß gleichzeitig der statische Druck gemessen werden, denn es gilt ja

$$P_D = P_G - P_S.$$

Es wurden verschiedene Anordnungen von Pitot-Rohren angegeben[2], doch hat sich jetzt eine Kombination eines Druckrohres mit einem Saugrohr eingebürgert (Abb. 198). Der mit einem derartigen Rohrpaar gemessene Druckunterschied ist nicht vollkommen gleich dem dynamischen Druck P_D, sondern gegeben durch

$$\frac{s \cdot v^2}{2\,g} \cdot k\,;$$

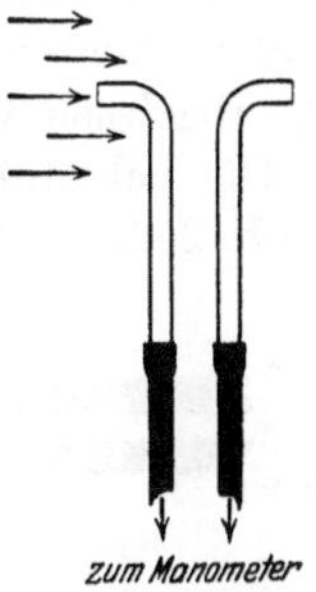

der Faktor k wurde zu 1,37 angegeben, schwankt aber. Der über 1 liegende Koeffizient kommt daher, daß am Saugrohr nicht der statische Druck, sondern ein Saugdruck (Unterdruck) gemessen wird.

Abb. 198. Pitot-Rohr-Kombination.

Das gleiche gilt auch für die Stauscheiben, die quer zum Gasstrom gestellt werden; man mißt den Unterschied zwischen der Stauüberpressung vor und der Stauunterpressung hinter der Scheibe. Für diesen Druckunterschied, die Pressungsdifferenz, gilt wieder

$$\Delta p = \frac{s \cdot v^2}{2\,g} \cdot k\,.$$

k soll nach G. F. RECKNAGEL[3] 1,372 sein, schwankt aber ziemlich stark. Brauchbare Geräte dieser Art stammen von L. PRANDTL (Abb. 199) und O. KRELL (Abb. 200). In Verbindung mit einem empfindlichen Mikromanometer ist der zuletzt genannte Apparat als KRELLsches Pneumometer bekannt.

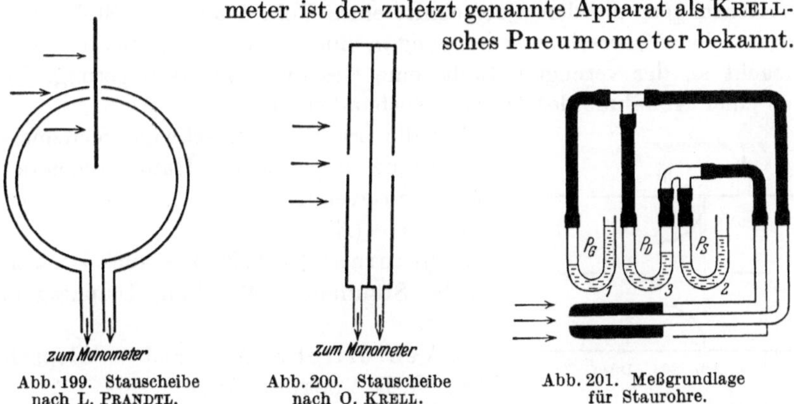

Abb. 199. Stauscheibe nach L. PRANDTL.

Abb. 200. Stauscheibe nach O. KRELL.

Abb. 201. Meßgrundlage für Staurohre.

Eine günstigere Fortbildung der PITOT-Rohr-Kombinationen sind die Staurohre. Die Meßgrundlage geht aus Abb. 201 hervor. Das mit dem offenen Hakenrohr verbundene und gegen die Atmosphäre arbei-

tende Manometer *1* gibt den Gesamtdruck P_G an, das an die zum Gasstrom parallel liegenden Öffnungen angeschlossene Manometer *2* zeigt
den statischen Druck P_S an; somit kann am Manometer *3*, das die
beiden anderen Meßdruckleitungen verbindet, der dynamische Druck
P_D abgelesen werden; praktisch bestimmt man nur diesen.

Die bekanntesten Meßgeräte dieser Art stammen von L. PRANDTL
(Abb. 202) — Messung des statischen Druckes an einem durchgehenden

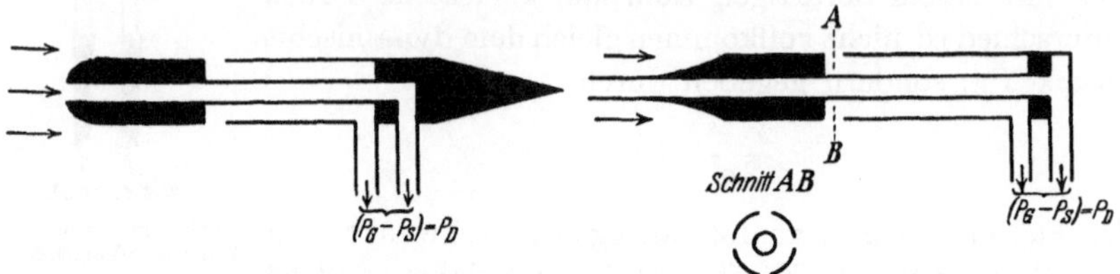

Abb. 202. Staurohr nach L. PRANDTL.   Abb. 203. Staurohr nach K. BRABBÉE.

Schlitz — und K. BRABBÉE (Abb. 203) — Messung des statischen
Druckes an peripheren Öffnungen. Wieder gilt die allgemeine Formel

$$\Delta p = P_D = \frac{s \cdot v^2}{2\,g} \cdot k,$$

doch ist der Faktor k beim PRANDTL-Gerät gleich 1 und beim BRABBÉE-
Rohr gleich 0,995. Die Gasgeschwindigkeit ergibt sich unter Vernach-
lässigung des Faktors k zu

$$v = \sqrt{\frac{2\,P_D\,g}{s}}.$$

Durchflußwiderstände. Als Durchflußwiderstände bezeichnet man
Vorrichtungen, die den Querschnitt eines Rohres an einer Stelle ver-
engen. Jede Querschnittsverengung in einem strömenden Medium verursacht an der verengten Stelle eine Geschwindigkeitssteigerung, die
mit einer Abnahme des Druckes verbunden ist.

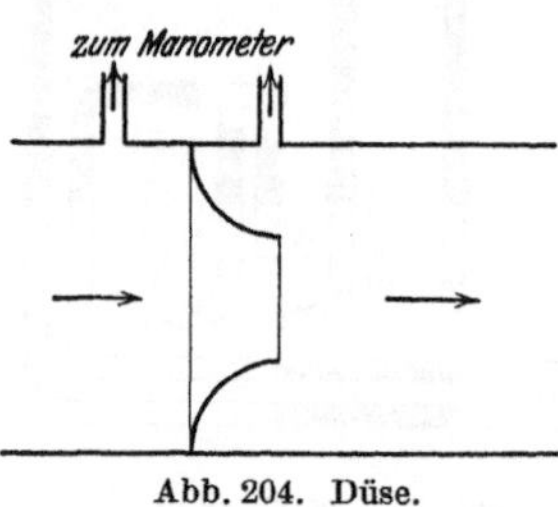

Abb. 204. Düse.

Für die praktische Geschwindigkeitsmes-
sung benutzt man folgende Hauptformen der
Querschnittsverengung:

1. Düse (Abb. 204).

2. Staurand (Abb. 205) — auch Drossel-
scheibe, Stauflansch, Mündung, Diaphragma
genannt.

3. Venturirohr (Abb. 206) — Doppel-
düse. (G. B. VENTURI 1791).

Die Grundgleichung zur Ermittlung der Gasgeschwindigkeit im
Querschnitt der Verengung entspricht der für Staugeräte:

$$v = k \cdot \sqrt{\frac{2 \cdot \Delta p \cdot g}{s}};$$

dabei ist Δp der Druckunterschied vor und hinter der Verengung, k die sogenannte Ausflußzahl oder Berichtigungszahl.

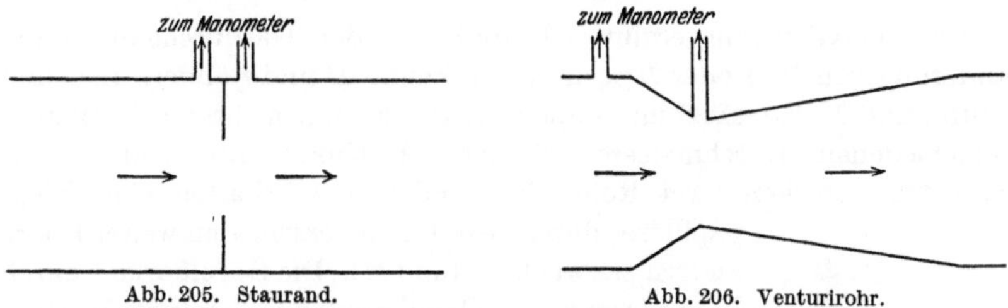

Abb. 205. Staurand.　　　　Abb. 206. Venturirohr.

k hängt ab von der Einschnürung des ausfließenden Strahles nach der Verengung, der sogenannten Kontraktion μ und vom Verhältnis des Querschnittes der Verengung (f) zu dem des Rohres (F): $m = \dfrac{f}{F}$.

Wir wollen für den Fall, daß das Gas eine gerade Leitung durchfließt, die Gleichungen für k angeben:

1. Düsen:

$$k = \frac{1}{\sqrt{1 - m^2}}; \qquad (\mu = 1).$$

2. Stauränder: a) Druckentnahme direkt an der Stauöffnung:

$$k = \frac{\mu}{\sqrt{1 - m^2 \cdot \mu^2}}; \qquad (\mu = 0{,}59 \text{ bis } 1{,}0).$$

b) Druckentnahme in einer Entfernung von mindestens 2,5fachem Rohrdurchmesser vor und 8fachem Rohrdurchmesser hinter der Stauöffnung:

$$k = \frac{\mu}{1 - m \cdot \mu}; \qquad (\mu \text{ wie im Fall a}).$$

3. Venturirohr:

$$k = \frac{C}{\sqrt{1 - m^2}};$$

C durch Eichung festzustellen.

Gewöhnlich entnimmt man die k-Werte Diagrammen oder Tabellen[4].

Capillargasmesser. Diese Apparate dienen zur Messung kleiner Gasmengen für technische Versuchszwecke. Die Grundlage bildet das Gesetz von J. L. M. POISEUILLE[5] über den Durchfluß eines Gases durch eine Capillare. Es ist

$$v = \frac{\pi \cdot H \cdot r^4}{8 \cdot \eta \cdot L}.$$

Darin bedeuten:

v ..... Gasdurchgang in cm^3/sec,
H ..... Druckdifferenz vor und hinter der Capillare,

r ..... Halbmesser der Capillare,
L ..... Länge der Capillare,
η ..... innere Reibung des Gases im CGS-System.

Aus der Gleichung ergibt sich, daß man den Gasdurchgang durch Änderung von H, r oder L beeinflussen kann. H und r ändern L. UBBELOHDE und M. HOFSÄSS[6] im „Capomesser", der mit mehreren Capillaren verschiedenen Durchmessers arbeitet. L. UBBELOHDE und R. ANWANDTER[7] stecken zwei Rohre ineinander und erhalten eine Ringcapillare; durch Benutzung verschieden weiter Rohre ändern sie wieder r (und H). Die Regelbarkeit durch Veränderung der Capillarenlänge benutzt M. HOFSÄSS[8], indem er in einer Ringcapillare den inneren Stab verschieden tief einsenkt (Abb. 207)*. Die Capillarmesser müssen empirisch geeicht werden, da das POISEUILLEsche Gesetz nur für enge Capillaren besonderer Form gilt und außerdem r sehr schwierig zu bestimmen ist.

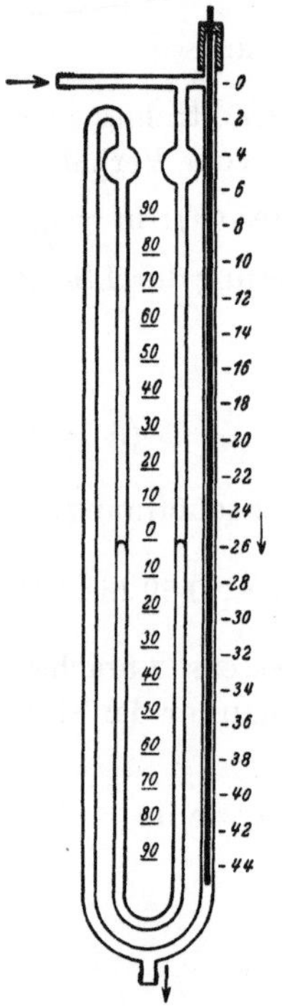

Schwimmermesser. Sie beruhen darauf, daß ein Schwimmkörper im senkrecht aufsteigenden Gasstrom getragen wird und eine von der jeweiligen Gasmenge abhängige Höhe im Schwimmrohr erreicht. Der Stand des Schwimmers gibt mithin ein Maß für den Gasdurchgang.

Nach diesem Grundsatz arbeitet z. B. der in Abb. 208 dargestellte **Rotamesser**. Er besteht aus einer senkrechten Glasröhre, die sich nach oben allmählich erweitert und mit einer empirisch ermittelten Teilung versehen ist. Der leichte Schwimmer besitzt am oberen Rand schräge Einschnitte. Wenn nun das Gas von unten nach oben fließt und durch die Schrägschnitte tritt, versetzt es den Schwimmer in Drehung, ähnlich einer durch Druckwasser angetriebenen Turbine. Infolge der Drehung steht der Schwimmer stets senkrecht und haftet auch nicht an der Glaswand.

Es sei noch das Citometer von H. RABE (Abb. 209) erwähnt, bei dem eine Schwimmkugel im konischen Rohr vom Gasstrom getragen

Abb. 207. Capillargasmesser nach M. HOFSÄSS.

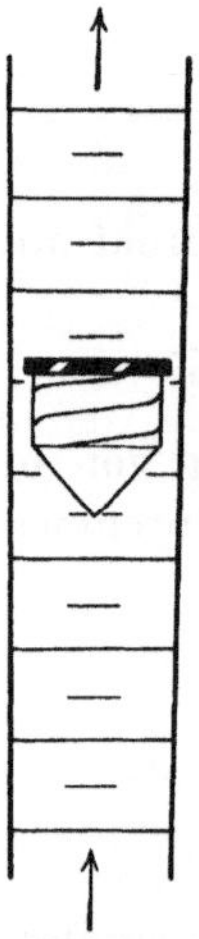

Abb. 208. Rotamesser.

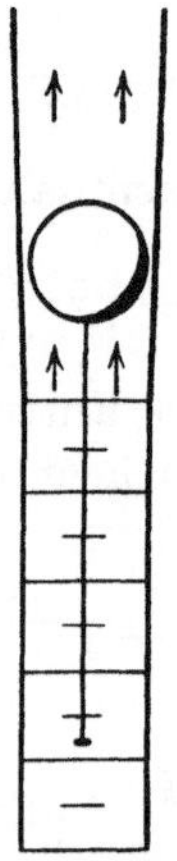

Abb. 209. Citometer nach H. RABE.

---

* Gas- u. Wasserfach **70**, 293 (1927), Abb. 193.

wird, während der Zeigeransatz sowohl die senkrechte Lage bewirkt als auch an der empirischen Teilung den Gasdurchgang ablesen läßt.

Die Angaben der Schwimmermesser hängen vom spezifischen Gewicht des Meßgases ab; wurde die Teilung für ein Gas vom spezifischen Gewicht s_1 ermittelt und soll der Messer für ein Gas von spezifischem Gewicht s_2 benutzt werden, dann ist der wahre Gasdurchgang V_2 gleich

$$V_2 = V_1 \cdot \sqrt{\frac{s_1}{s_2}},$$

wenn V_1 die an der Teilung abgelesene Gasmenge darstellt. Von gewissen Reibungsverlusten wird dabei abgesehen.

Literatur:

BERTELSMANN, W.: Lehrbuch d. Leuchtgasindustrie. I. Bd. Stuttgart 1911.
GRAMBERG, A.: Technische Messungen, 5. Aufl. Berlin 1923.
LITINSKY, L.: Messung großer Gasmengen. Leipzig 1922.

Hinweise im Text:

1. SCHÄFER, A.: Gas- u. Wasserfach **49**, 213 (1906). — SOMMERFELDT, G.: Gas- u. Wasserfach **50**, 542 (1907). — Siehe auch LEVY: Glückauf **59**, 394 (1923).
2. VAMBERA, R., u. F. SCHRAML: Stahl u. Eisen **27**, 334 (1907).
3. RECKNAGEL, G. F.: Ann. Physik **10**, 677 (1880). Z. V. d. I. **30**, 512 (1886).
4. Siehe HINZ, A.: Glückauf **56**, 85 (1920). Düse u. Staurand. — BRANDIS: Messung von Gasmengen. Berlin 1913. Staurand. — MÜLLER: Z. V. d. I. **52**, 285 (1908). Staurand. — BAURICHTER, E.: Gas- u. Wasserfach **60**, 421 (1917). Venturirohr.
5. POISEUILLE, J. L. M.: Ann. Physik **58**, 424 (1843).
6. UBBELOHDE L., u. M. HOFSÄSS: Gas- u. Wasserfach **55**, 557 (1912). — Siehe auch RIESENFELD, E. H.: Gas- u. Wasserfach **61**, 617 (1918). Chem. Ztg **42**, 510 (1918).
7. UBBELOHDE, L., u. R. ANWANDTER: Gas- u. Wasserfach **60**, 228 (1917).
8. HOFSÄSS, M.: Gas- u. Wasserfach **70**, 293 (1927).

3. Calorimetrische Mengenmessung.

Wärmezufuhrgeräte. Der von C. THOMAS[1] stammende Gasmengenmesser benutzt die Tatsache, daß die spezifische Wärme der in der Praxis gewöhnlich vorkommenden Gase nahezu konstant ist. Um die Gastemperatur um einen bestimmten Betrag (z. B. 1° C) zu erhöhen, ist eine der Gasmenge proportionale Wärmemenge notwendig, die mithin ein Maß für den Gasdurchgang abgibt. Das Meßgas wird im Thomasmesser elektrisch geheizt, die Temperaturdifferenz zwischen dem Ein- und Austrittsgas genau geregelt und der Stromverbrauch gemessen. Der Apparat zeigt die Gasmenge unmittelbar auf einen „Normalzustand" bezogen an.

Wärmeaustauscher. Bei den Meßgeräten dieser Art wirken Wasser und Gas von verschiedenen Temperaturen aufeinander ein.

Durch eine gewisse Gasmenge V, deren spezifische Wärme c_1 sei, und deren Temperatur sich im Wärmeaustauscher um t_1° C ändert, werden Q kg Wasser um $t_2°$ C (spezifische Wärme des Wassers $c_2 \sim 1$) erhöht oder erniedrigt. Dann ist

$$V \cdot c_1 \cdot t_1 = Q \cdot c_2 \cdot t_2$$

und daraus

$$V = Q \cdot \frac{c_2 \cdot t_2}{c_1 \cdot t_1}.$$

Literatur:

LITINSKY, L.: Messung großer Gasmengen. Leipzig 1922.

Hinweise im Text:

1. SIMON, A.: Gas- u. Wasserfach **54**, 934, 952 (1911); **55**, 121 (1912). — Siehe auch Engineering **134**, 111 (1922).

4. Teilmengenmessung.

Chemische Teilmengenmessung. Sie besteht darin, daß ein im Gas vorhandener oder ihm absichtlich zugesetzter Bestandteil, der sich hinreichend leicht und genau quantitativ festlegen läßt, bestimmt wird und aus seinem prozentualen Anteil im Gas auf die Gesamtmenge geschlossen wird.

Mit Bestandteilen, die im Gas durch den Erzeugungsvorgang enthalten sind, arbeiten die sogenannten „Bilanzen". Als Beispiel werde eine Kohlenstoffbilanz kurz durchgerechnet.

Die mittlere Zusammensetzung eines aus Koks durch Vergasung mit Luft und Wasserdampf erhaltenen Generatorgases betrage auf Grund der Analyse:

5% CO_2,	11% H_2,
26% CO,	58% N_2.

Der verwendete Koks enthalte 88% Kohlenstoff; davon wurden 87% vergast, der Rest findet sich in den Aschen und Schlacken.

In einem Normalkubikmeter ($0°$ C, 760 mm QS, trocken) gasförmiger Kohlenstoffverbindungen, die nur ein C-Atom im Molekül erhalten (wie CO_2 und CO), befinden sich $\frac{1000}{22,4} \cdot 12 = 536$ g Kohlenstoff. Das obige Gas enthält demnach im Normalkubikmeter $536 \cdot \frac{5 + 26}{100} = 166$ g Kohlenstoff.

Aus 100 kg Koks gewinnt man daher $\frac{87}{0,166} = 524$ Normalkubikmeter Generatorgas obiger Zusammensetzung. Ganz allgemein ermittelt man auf diese Weise aus der vergasten Koksmenge bzw. der vergasten Kohlenstoffmenge und der Gaszusammensetzung die Gasmenge.

Derartige Berechnungen lassen sich auch mit anderen Bestandteilen ausführen, mit Schwefelverbindungen usw. So macht man von ihnen Gebrauch, indem man dem Gas Ammoniak oder Schwefeldioxyd in

bekannter Menge beimischt und nachher den Anteil des Zusatzstoffes
ermittelt.

Physikalische Teilmengenmessung (Proportional- oder Partialgas-
messung). Zu ihrer Durchführung wird ein bekannter Teil des Gases,
beispielsweise 1%, von der Hauptgasleitung abgezweigt und in einer
Nebenleitung nach irgendeiner der früher erwähnten Methoden gemessen. Aus dem Verhältnis Teilgasstrom: Hauptgasstrom findet man
die Hauptgasmenge.

Literatur:

LITINSKY, L.: Messung großer Gasmengen. Leipzig 1922.

5. Eichung der Gasmesser.

Das Eichen der Gasmesser hat entweder den Zweck, empirisch arbeitende Geräte mit einer Meßskala zu versehen oder aber Meßapparate,
die an und für sich nach einem absoluten Meßgrundsatz gebaut sind
(z. B. die Volumenmesser), auf ihre Arbeitsgenauigkeit, d. h. auf etwaige
Fehler zu prüfen.

Als oberster Grundsatz sollte stets gelten, daß alle Meßinstrumente
so zu eichen sind, wie sie später praktisch verwendet werden. Das ist
besonders an den empirisch arbeitenden Apparaten zu berücksichtigen.

Zur Eichung der Stations- und Hausgasmesser unserer Leuchtgasindustrie dienen die Kubizierapparate; das sind besonders sorg-
fältig gearbeitete Gasbehälter, aus einer einzigen, in Wasser tauchenden
Glocke von 300—1500 l bestehend. Sie werden selbst mit Hilfe von
Eichkolben (50 l Inhalt) geprüft. Genügt der Kubizierapparat nicht
zum Erreichen der erforderlichen Umlaufgeschwindigkeit des zu prü-
fenden Gasmessers, so verwendet man zum Eichen sogenannte Kontrollgasmesser, gewöhnliche Gasuhren, die mit besonderer Sorgfalt
gebaut und geeicht werden und eine Genauigkeit von 0,8% besitzen,
während sonst 2% zulässig sind.

Zum Eichen der Experimentiergasmesser für Laboratoriums-
zwecke bedient man sich der Eichkolben (1 l) von H. JUNKERS.

Literatur:

BERTELSMANN, W.: Lehrbuch d. Leuchtgasindustrie. I. Bd. Stuttgart 1911.
POPLAWSKY, L.: Eichkolben, Kontrollgasmesser, Kubizierapparat. Berlin 1900.

VI. Die Aufspeicherung von Gasen.

A. Unter geringem Druck.

Das Aufspeichern von Gasen unter geringem Druck dient in erster Linie dem Zweck, zwischen der nur geringen Schwankungen unterworfenen Erzeugung und dem stark wechselnden Verbrauch — es sei an die bekannten Täler und Spitzen der Verbrauchskurven erinnert — einen Ausgleich zu schaffen. Daneben bietet die aufgespeicherte Gasmenge eine gewisse Sicherheit für den Fall etwaiger Betriebsstörungen.

Zum Aufsammeln von Gasen unter geringem Druck dienen die Gasbehälter, fälschlich auch Gasometer genannt. Im allgemeinen schreibt man die Erfindung des Gasbehälters A. L. LAVOISIER (1787) zu, doch hat der bekannte Physiker CH. HUYGENS ihn schon vor dem Jahre 1687 angegeben[1].

Bezüglich der Verwendung eines Sammelbehälters, des sogenannten „Aspirators", mit dem verhältnismäßig geringe Gasmengen für Untersuchungszwecke gespeichert werden, sei auf den Abschnitt „Untersuchung der Gase", und zwar insbesondere auf die Ausführungen Seite 325 hingewiesen.

Man unterscheidet zwei Gruppen von Gasbehältern. Denen der ersten, älteren Gruppe, ist der Grundzug eigen, daß eine unten offene Gassammelglocke in einem oben offenen Wasserbehälter schwimmt, dessen Füllwasser die Absperrung besorgt — nasse Gasbehälter. Der Wasserspiegel hat stets gleiche Höhe, während sich die Behälterglocke entsprechend der Menge des zu speichernden Gases auf- und niederbewegt. Die Zu- und Ableitung des den Behälter durchströmenden und einige Zeit darin verbleibenden Gases erfolgt durch zwei Leitungsrohre, die bis über den Wasserspiegel geführt werden. Der Betrieb ist kontinuierlich; verschieden große Gasmengen können gleichzeitig zu- und abgeführt werden. Entsprechend dem Unterschied der einerseits zugeführten und anderseits entnommenen Gasmenge wird die Glocke steigen oder fallen. Selbstverständlich lassen sich die Füllung eines Behälters und die Gasentnahme auch abwechselnd vornehmen; dies geschieht vor allem dann, wenn es sich um die Aufspeicherung einheitlicher Gasmengen für Versuchszwecke handelt.

Zur zweiten Gruppe zählen die **wasserlosen** Behälter. Sie werden zuweilen auch **trockene** Behälter genannt, eine Bezeichnung, die nicht immer ganz zutrifft, da es zwar vollkommen trocken arbeitende Gasbehälter gibt, die sich aber nicht bewährt haben. Die in der Praxis schon sehr verbreiteten wasserlosen Behälter arbeiten mit Flüssigkeitsabdichtung, da diese allein einen gasdichten Abschluß gewährleistet; die Menge der Abdichtungsflüssigkeit (Teer usw.) wird jedoch auf das geringste beschränkt, so daß sie gerade dem Gasdruck standhält. In den Behältern dieser Art bewegt sich eine waagrechte Scheibe (**Scheibengasbehälter**) im Behältergehäuse auf und nieder, ähnlich dem Kolben eines Zylinders. Die ersten Ansätze der Behälter dieser Gruppe gehen ins Jahr 1882 zurück. Man versuchte anfangs eine Reihe trockener Dichtungen zwischen Scheibe und Gehäuse nach dem Prinzip der federnden Kolbenringe einer Kraftmaschine (**Klönne**); alle diese Versuche erlangten keinen praktischen Erfolg, bis schließlich die Maschinenfabrik Augsburg-Nürnberg (MAN) das Problem durch die „nasse" Abdichtung löste[2].

1. Die nassen Gasbehälter.

Einteilung. Die nassen Gasbehälter bestehen aus dem **Wasserbehälter**, der **Glocke** und den **Glockenführungen**. Die Hauptunterschiede der Behälter liegen weniger in der Glockenform, die im allgemeinen zylindrig ist (bei uns ausschließlich) und nur ganz selten halbkugelig ausgeführt wird, als in der Konstruktion des Wasserbeckens und in der Art der Glockenführung.

Weiter oben haben wir nach dem unteren Abschluß der Behälter die nassen und die wasserlosen Behälter unterschieden.

Die nassen Behälter lassen sich nach der Glocke ganz allgemein einteilen in

1. **einfache** Behälter, deren Glocke einteilig ist und

2. **zusammengesetzte** Behälter, mit mehrteiliger, sogenannter teleskopierter Glocke.

Eine andere Einteilung liefern die Glockenführungen; danach werden unterschieden:

1. **Parallel-** oder **Seilführung**,

2. **radiale** oder **Stirnführung**,

3. **tangentiale** oder **Seitenführung**,

4. **gemischte Führung**, bei der die Führungen nach 2. und 3. kombiniert sind,

5. **Spiralführung**.

Das Wasserbecken. Meist wird es gemauert oder in Stampfbeton ausgeführt. Sowohl in die gemauerten Becken wie auch in die betonierten pflegt man an manchen Orten mit Erfolg Ringe aus Band- oder

Flacheisen (Eisenbeton) einzulegen. Schließlich gibt es auch Becken, die ganz aus Schmiedeeisen oder Stahl bestehen[3], mit Flach- oder Wölbboden oder Wölbbecken.

Die steinernen Wasserbecken werden ganz oder teilweise in den Erdboden hineingebaut. Die Wandstärken und Profile richten sich nach dem Baugrund, dem Grundwasserspiegel und den verwendeten Baustoffen. In Abb. 210 sind einige gebräuchliche Profile wiedergegeben[4].

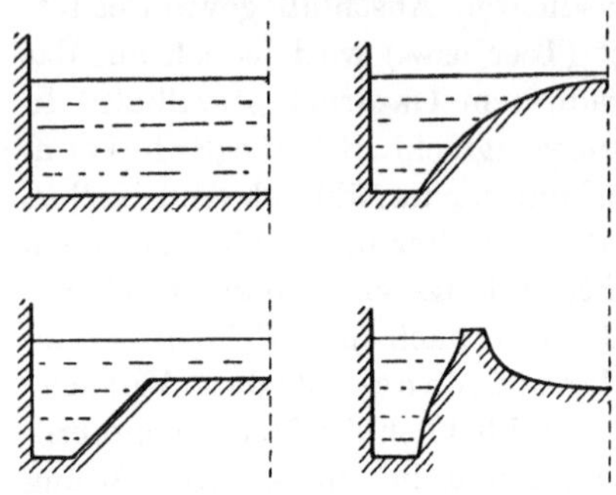

Abb. 210. Profile von Wasserbecken nasser Gasbehälter.

Für schlechten Baugrund eignen sich die INTZE-Behälter[5], die ganz in Eisen ausgeführt sind. Die ganze Last ruht auf einem Ring, der von einer Ringmauer getragen wird. Da die Mauern meist ziemlich hoch über den Boden hinausragen, gewinnt man unter dem eigentlichen Wasserbecken einen großen Raum, der sich als Lager usw. verwenden läßt. Einige kennzeichnende Profile zeigt Abb. 211. Heutzutage dürften die wasserlosen Behälter den INTZE-Behältern bei schlechtem Baugrund vorgezogen werden, dagegen benutzt man die INTZE-Form mit Vorliebe für Wasserbehälter.

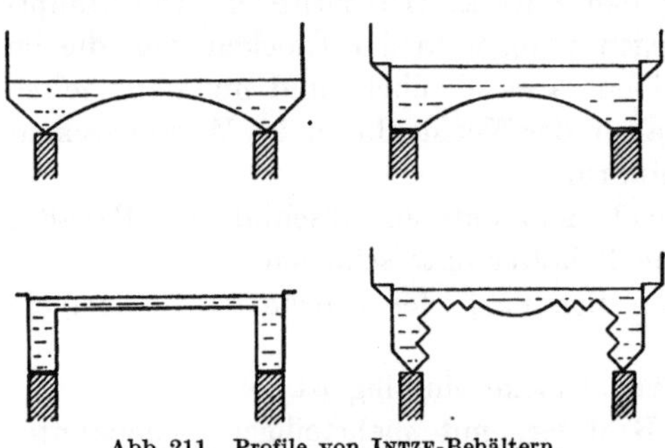

Abb. 211. Profile von INTZE-Behältern.

Die Rohrleitungen, die das Gas in die Glocke hinein- und wieder aus ihr herausführen, liegen gewöhnlich nebeneinander. Bei steinernen Becken führt man sie in einem besonderen Pfeiler hoch. Bei eisernen Becken mit voll aufruhendem Boden spart man entweder Durchgangsöffnungen in der gemauerten Gründung aus oder befestigt am Behälterboden gußeiserne Kästen, an denen die Rohre angeschlossen werden. Bei INTZE-Behältern schließt man die Leitungen an den vorspringenden Kegelteil an.

Die Gasbehälterglocke. Die ältesten Behälterglocken waren einteilig, aus Blechen zusammengefügt und mit flacher, später mit gewölbter Decke versehen. Diese Ausführungsform bewährte sich solange, wie die zu speichernden Gasmengen gering waren — der erste industrielle Behälter faßte 34 m³, während die jetzigen großen Behälter bis zum 10 000fachen und mehr aufnehmen können[6]. Die einfachen Glocken führt man bis zu Speichermengen von 5000 m³ aus, sie finden sich daher nur auf kleinen Werken als Vorratsbehälter, sonst als Ausgleichsbehälter. Der Fassungsraum eines solchen Behälters wird lediglich durch die Abmessungen des Wasserbeckens bestimmt. Für größere Gasmengen müßte daher das Wasserbecken sehr breit und — was baulich noch unangenehmer wäre — sehr tief sein.

Aus diesem Grund löst man den zylindrischen Teil der Glocke in mehrere Abschnitte auf, Schüsse oder Auszüge genannt, die sich wie die Teile eines Fernrohres ineinanderschieben bzw. auseinanderziehen lassen. Die einzelnen Schüsse sind zwecks Herstellung eines Wasserverschlusses am unteren Rande U-förmig nach außen gebogen, wodurch eine Ringtasse, kurz Tasse genannt, in Form einer nach oben offenen Rinne entsteht. Der obere Rand der Schüsse ist U-förmig nach innen gebogen und bildet den Haken, der in die Tasse des nächsten, nach der Mitte zu liegenden Schusses eingreift. Die Wirkungsweise eines derartigen Teleskopbehälters zeigt

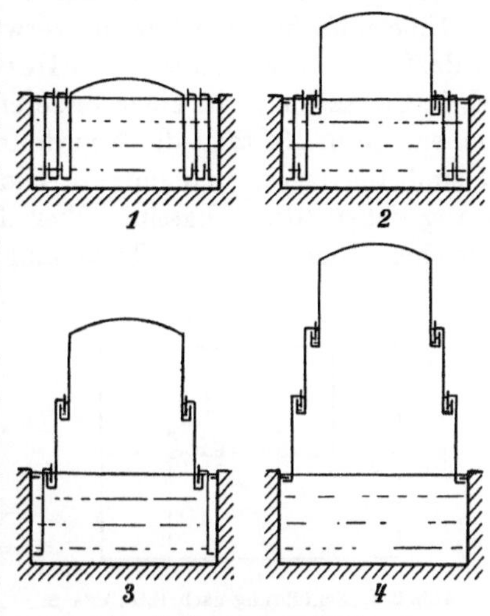

Abb. 212. Stellungen beim Füllen eines Teleskop-Gasbehälters.

Abb. 212. In Stellung *1* ist der Behälter leer. Strömt nun das Gas in den Behälter, dann steigt zuerst der Deckenschuß, seine Ringtasse füllt sich selbsttätig mit Wasser aus dem Becken. Schließlich wird Stellung *2* erreicht. Der erste Auszug verläßt beim weiteren Steigen den Wasserspiegel, der zweite Auszug hakt sich ein und wird hochgezogen, bis Stellung *3* und in gleicher Weise Stellung *4* erreicht sind, worauf der Behälter vollständig gefüllt ist. Beim Sinken des Behälters wiederholt sich das Spiel in umgekehrter Reihenfolge.

Teleskopierungen werden bis zu sechs und mehr Schüssen durchgeführt. Mit der Zahl

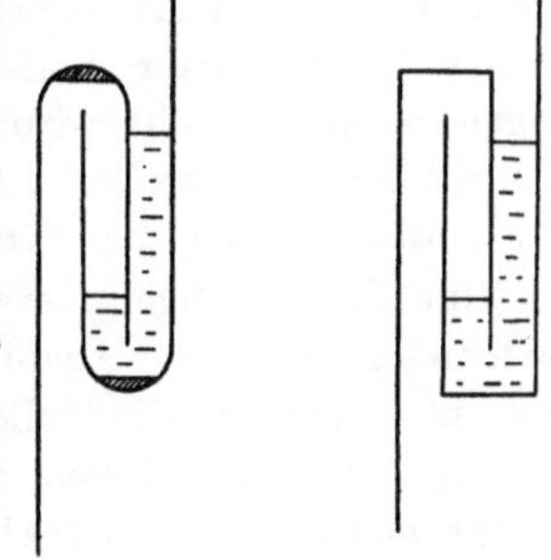

Abb. 213. Haken und Tassen von Gasbehälter-Schüssen.

der Schüsse fallen die Kosten für die Raumeinheit des Nutzinhaltes.

Die Glocke besteht aus vernieteten Blechtafeln von 2—3 mm Stärke; trotz ihres verhältnismäßig geringen Gewichtes liefert sie den zur Weiterleitung des gesammelten Gases nötigen Druck. Haken und Tassen werden zumeist aus Stahlblech gepreßt. Die Deckenwölbung wird gewöhnlich durch ein Gespärre aus Eisen oder Holz versteift. Abb. 213 zeigt zwei Ausbildungen von Haken und Tassen. Die eckige ist beliebter als die runde.

Die Glockenführungen. Um ein Schiefhängen oder gar Umkippen der Glocke zu verhindern, versieht man sie mit einer Führung.

Eine einfache, jedoch wenig verwendete Führung, die keines Gerüstes bedarf, die sogenannte Parallel- oder Seilführung, wurde von E. L. Pease[7] und in einer anderen Ausführung von O. Intze[8] angegeben. Abb. 214 zeigt die Anordnung von E. L. Pease. Die Spannseile *1* sind am oberen und unteren Glockenrand befestigt. Sie laufen alle im gleichen Richtungssinn über Leitrollen *2*; die waagerechten, in gleicher Höhe liegenden Teile sind durch ein „Verbundseil" *3* mitein-

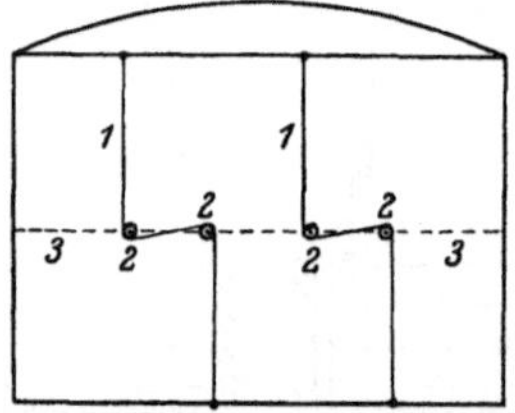

Abb. 214. Seilführung nach E. L. Pease.

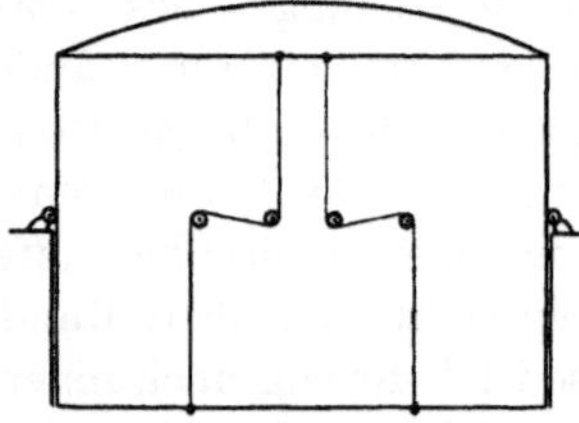

Abb. 215. Seilführung nach O. Intze.

ander verbunden. Beim Sinken der Glocken verkürzen sich die Oberteile der Seile, während die Unterteile sich verlängern; beim Steigen tritt der umgekehrte Vorgang ein.

Die Wirkungsweise der in Abb. 215 wiedergegebenen Ausführung nach O. Intze ist grundsätzlich die gleiche. Nur ist der Richtungssinn zweier benachbarter Seile entgegengesetzt, wodurch die Sicherung gegen Kippen erhöht wird. Das Verbundseil fällt weg. Radialrollen, die gleich den Leitrollen auf dem Rand des Wasserbeckens angebracht sind, unterstützen die Führung durch Aufnahme des Radialdruckes.

Von den häufiger verwendeten Führungsarten ist die Radialführung die ältere Ausführungsart, Abb. 216 a. Die lotrechten Ebenen, in denen sich die Rollen bewegen, gehen durch die Achse der Behälterglocke. Die Rollen nehmen alle radial wirkenden Drucke auf.

Die neuere Tangentialführung[9], Abb. 216 b, zeichnet sich durch Rollenpaare aus, die sich längs einer Schiene bewegen, welche zwischen ihnen steht. Die Rollen nehmen nur die tangential wirkenden Drücke auf. Der Vorteil dieser Führung soll in geringerer Klemmungsgefahr der Glocke liegen. Im allgemeinen sind für den Deckenschuß, die eigentliche Glocke, Radialführungen vorzuziehen, für die Teleskopschüsse dagegen Tangentialführungen.

Um sämtliche Druckwirkungen abzufangen, verwendet man gemischte Führungen (Abb. 216 c).

Bei Teleskopbehältern reichen die Führungen gelegentlich nicht über alle Schüsse, so daß die obersten bei Hochstand der Glocke frei bleiben.

Von W. Gadd[10] wurde die Spiralführung angegeben. Sie besitzt die Eigentümlichkeit, daß die Glocke beim Steigen und Sinken zur Ausführung einer schraubenförmigen Bewegung gezwungen wird. Die unter 45° gegen die Waagerechte geneigten Schienen sind spiralig gewunden an den einzelnen Schüssen befestigt und bewegen sich zwischen Führungsrollen, die stets paarweise angeordnet sind, wie Abb. 217 er-

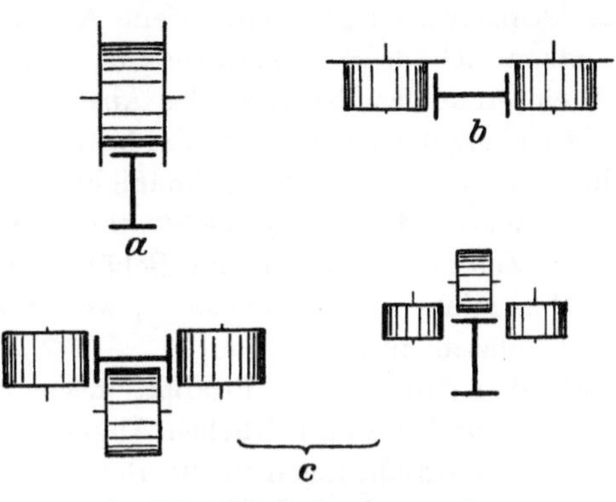

Abb. 216. Glockenführungen.
a Radialführung, b Tangentialführung, c gemischte Führung.

erkennen läßt. Die Führung kann innen oder außen liegen, man verwendet entweder nur Rechts- oder nur Links-Spiralen oder nimmt auch abwechselnd die einen und anderen von Schuß zu Schuß. Die spiralgeführten Gasbehälter bieten Betriebsschwierigkeiten bei Frost durch Vereisen der Schienen.

Zubehör. Die Gasbehälter stellt man in den meisten Fällen im Freien auf, ohne mit besonderen Schwierigkeiten infolge Frost, Wind, Schnee kämpfen zu müssen. Bequemer ist es zweifellos, die Behälter vollständig zu umbauen; die Kosten des Umbaues sind jedoch sehr hoch, so daß man darauf meistens verzichtet.

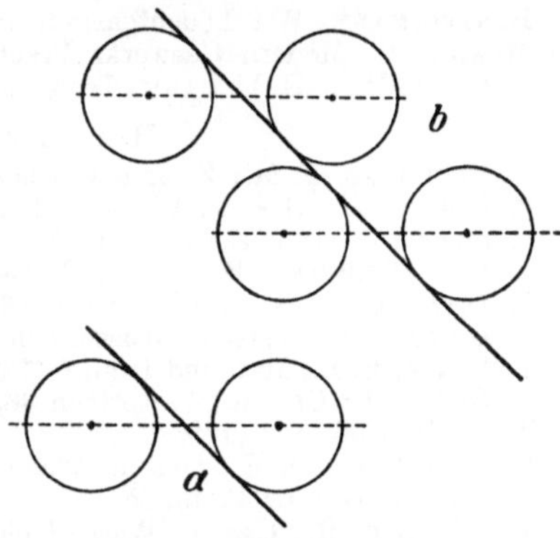

Abb. 217. Spiralführungen.
a einfach, b doppelt.

Im Winter muß das Abschlußwasser warm gehalten werden, damit der Behälter nicht festfriert. Bei umbauten Behältern heizt man den ganzen Raum. Das Wasser freistehender Behälter muß im Becken und in den Tassen angewärmt werden. Dazu dient Dampf oder Warmwasser, im ersten Fall mit Hilfe eines Gebläses, sonst mittels einer Umlaufheizung.

Jeder Behälter wird mit einem Inhaltsanzeiger ausgestattet, der für jeden Stand der Glocke den aufgespeicherten Inhalt angibt und die Ablesung durch Zeigerstand von weitem ermöglicht.

Zur Erzielung einer ausreichenden Haltbarkeit werden alle Eisenteile mit Rostschutzfarben gestrichen. Als sehr brauchbarer Anstrich eignet sich Immunol. Dieses bituminöse Anstrichöl verdickt sich nicht, ist leichter als Wasser und wird zwecks Innenbehandlung einfach auf das Absperrwasser gebracht. Beim Auf- und Niedersteigen der Schüsse benetzen sich diese selbsttätig mit dem schwimmenden Immunol, so daß ein ständiges Erneuern des Anstriches erfolgt[11].

Der Gang der Glocke wird am besten mit einem selbsttätigen Druckschreiber verfolgt. Unregelmäßigkeiten durch Festklemmen usw. lassen sich an der Kurve leicht erkennen.

Von Zeit zu Zeit müssen die Behälter auf Dichtigkeit geprüft werden. Man bestreicht mit Seifenwasser; wo Undichtigkeiten vorhanden sind, treten Blasen auf.

Für den Fall, daß das Produktionsgas im spezifischen Gewicht stark schwankt und ein einheitliches Abgabegas erstrebt wird, empfiehlt es sich, Mischvorrichtungen in die Behälter einzubauen.

Die Größe der Gasbehälter von Gaswerken soll zwischen 60 und 70% der höchsten Tagesabgabe liegen und 50% nicht unterschreiten; für kleine Werke empfiehlt sich ein Speicherraum von 100%.

Literatur:

BERTELSMANN, W.: Leuchtgasindustrie. I. Bd. Stuttgart 1911.
MEADE, A.: Modern Gaswerks Practice, 2. Aufl. London 1921.
STRACHE, H., u. H. ULMANN: Technologie d. Brennstoffe. Leipzig u. Wien 1927.

Hinweise im Text:
1. FELDHANS, F. M.: Z. angew. Chem. **31**, 164 (1918).
2. RODDE, L.: Gas- u. Wasserfach **65**, 97 (1922).
3. Siehe KÖRTING, E.: Gas- u. Wasserfach **56**, 650 (1913).
4. Siehe PFEIFFER, P.: Gas- u. Wasserfach **37**, 569 (1894).
5. INTZE, O.: Gas- u. Wasserfach **36**, 184 (1893).
6. LIVESEY, G.: Gas- u. Wasserfach **45**, 663 (1902).
7. PEASE, E. L.: Ind. and Iron, 5 (1896).
8. INTZE, O.: Gas- u. Wasserfach **36**, 184 (1893). — Siehe auch BLUM: Gas- u. Wasserfach **36**, 362 (1893).
9. SZARBINOWSKI, E.: Gas- u. Wasserfach **48**, 383 (1905).
10. GADD, W.: DRP. 46565.
11. ENGLER, R.: Gas- u. Wasserfach **68**, 475 (1925).

2. Die wasserlosen Gasbehälter.

Ausführung. Das Streben, einen Behälter zu schaffen, der unter den einfachsten Bedingungen bei geringsten Unterhaltungskosten größte Betriebssicherheit gewährleistet, führte zum Bau der wasserlosen Behälter, die in der Ausführung der Maschinenfabrik Augsburg-Nürnberg (MAN) ziemlich verbreitet sind[1].

Der Behälter bildet ein viereckiges, gewöhnlich 22eckiges Prisma, das aus einzelnen rechteckigen Blechplatten zusammengesetzt wird. Die

Bleche werden nach Einführung einer mit Bleimennige-Leinöl getränkten Jute in den Börteln vernietet. Im Innern bewegt sich eine waagerechte Scheibe — daher der Name Scheibengasbehälter — mittels einer stützenden Rollenführung. Abb. 218* bringt einen solchen Behälter im Schnitt.

Die Abdichtungseinrichtung ist in Abb. 219** zu erkennen. Die Scheibe B trägt am Rand eine unterteilte Ringtasse C, die mit dem Abdichtungsring aus Flacheisen beweglich (D) verbunden ist. Ein Hebel mit Gegengewicht drückt den Flacheisenring gegen die Behälterwand A. Als Abdichtungsflüssigkeit dient zumeist wasserfreier Teer. Die Höhe der Teersäule E hält dem Gasdruck stand.

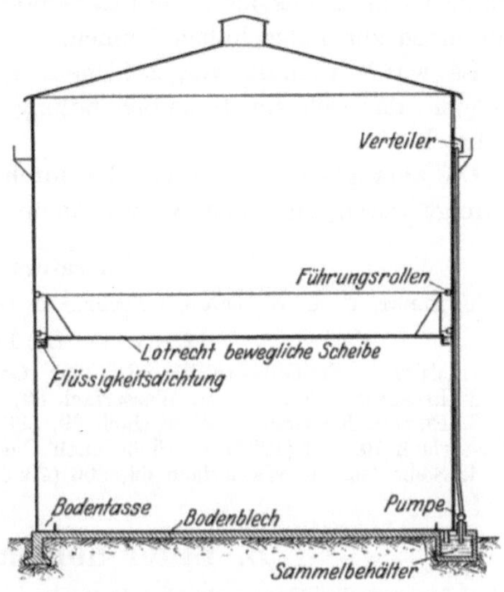

Abb. 218. Scheibengasbehälter (MAN).

Am obersten Behälterteil befinden sich Verteilungsrinnen, aus denen der Teer an der inneren Behälterwand ständig herabfließt und so die Ringtasse füllt. Durch die Undichtigkeiten der Abdichtung sickert der Teer langsam hindurch und läuft dann weiter an der Wand bis nach unten. An der tiefsten Stelle des Behälters nehmen Sammelbecken den Teer auf. Diese Sammelbehälter sind mit Schwimmern ausgerüstet. Sobald der Teer eine gewisse Höhe erreicht hat, werden durch den Schwimmer mehrere um den Gasbehälter gleichmäßig verteilte, elektrisch angetriebene Pumpen selbsttätig eingeschaltet, die den angesammelten Teer wieder in die oben gelegenen Verteilungsrinnen fördern. Da die Pumpen nur zeitweise arbeiten, wird nur wenig Kraft verbraucht.

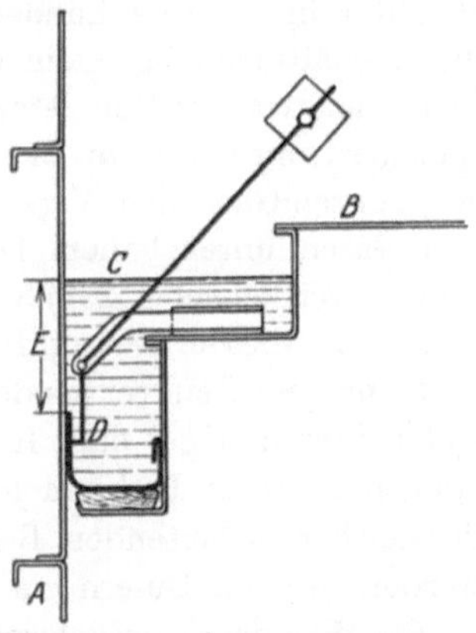

Abb. 219. Abdichtungseinrichtung für Scheibengasbehälter.

---

* GRAEFE, Techn. d. Brennstoffe, S. 79. STEINKOPFF, Dresden u. Leipzig 1927. Abb. 19.
** Gas- u. Wasserfach **69**, 504 (1926), Abb. 279.

Die Verwendung von Teer als Abdichtungsflüssigkeit bei Scheibengasbehältern bringt jedoch manche Schwierigkeiten. Der Teer neigt nämlich zur Verdickung und bildet außerdem mit Wasser verhältnismäßig leicht Emulsionen, die insbesondere im Winter unliebsame Eisbildungen zur Folge haben können.

Es wurde deshalb vorgeschlagen, statt Teer Immunol zu verwenden, das sich zur Innenbehandlung nasser Gasbehälter schon bewährt hat[3].

Die anfänglichen Gefahren, die durch etwaiges Kippen der Scheibe bedingt waren, sind jetzt überwunden[4].

Literatur:

Muhlert, F., u. K. Drews: Technische Gase. Leipzig 1928.

Hinweise im Text:

1. Müller, F.: Glückauf **61**, 69 (1925). Gas- u. Wasserfach **69**, 339 (1926).
2. Liesching, E.: Gas- u. Wasserfach **69**, 505 (1926).
3. Pistor, F.: Gas- u. Wasserfach **69**, 586 (1926). — Nübling, R.: Gas- u. Wasserfach **70**, 444 (1927). — Siehe auch Gas- u. Wasserfach **70**, 580 (1927).
4. Siehe Gas- u. Wasserfach **69**, 506 (1926).

B. Unter hohem Druck.

Während das Sammeln der Gase unter geringem Druck in ortsfesten Behältern erfolgt, die zwischen Erzeugung und Rohrnetz mit seinen angeschlossenen Verbrauchsstellen geschaltet sind, und die Größe dieser Behälter in mehrere hunderttausend Kubikmeter gehen kann, dienen die verhältnismäßig kleinen, in ihren Ausmaßen durch behördliche Sicherheitsvorschriften stark beschränkten Behälter für das Aufspeichern unter hohem Druck unmittelbar der Weiterleitung der hoch gespannten Gase, dem Versand. Zwar ist es auch üblich, die Beförderung von Gasen unter hohem Druck in Rohrleitungen (siehe S. 288) oder Tankwagen (siehe S. 296) vorzunehmen, jedoch benutzt man im allgemeinen zu diesem Zweck die Kleinspeicherapparate.

In neuerer Zeit verwendet man als Hochdruckspeichervorrichtungen zylinderförmige[1] oder Kugelbehälter[2] mit einem Rauminhalt von einigen hundert Kubikmetern. Aus dem ohne Wasserabschluß oder dergleichen arbeitenden Behältern kann nur solange Gas entnommen werden, wie im Innern ein Überdruck über die Atmosphäre herrscht.

Die Hochdruck-Speicherung birgt für den Fall unsachgemäßer Durchführung eine schwere Explosionsgefahr in sich. Aus diesem Grund bestehen besondere behördliche Sicherheitsvorschriften: die „Polizeiverordnung über den Verkehr mit verflüssigten und verdichteten Gasen" und die „Acetylenverordnung". Sie erstrecken sich hauptsächlich auf das verwendete Flaschenmaterial (Wandstärke, Dehnung), dessen Prüfung (Probedruck), die Flaschenausrüstung (Füße, Ventile, Schutzkappen), den für eine bestimmte Gasmenge erforderlichen Rauminhalt (höchste zulässige Füllung, höchster zulässiger Füllungsdruck), die Nachprüfung der Festigkeit und Unversehrtheit sowie schließlich die Vermeidung von Verwechslungen der Flaschen und ihres Inhaltes.

Die unter hohem Druck aufgespeicherten Gase befinden sich entweder im flüssigen (meist nur teilweise = zweiphasig, höchst selten gänzlich = einphasig) oder nur im gasförmigen Zustand. In flüssiger Form können die Gase bloß auftreten, wenn 1. ihre kritische Temperatur über der Aufbewahrungstemperatur liegt, und wenn 2. der Behälterdruck gleich dem Sättigungsdruck des gespeicherten Stoffes bei der Aufbewahrungstemperatur ist oder größer. Bei Gleichheit von Behälter- und Sättigungsdruck ist der Inhalt zweiphasig, bei größerem Behälterdruck vollkommen flüssig, einphasig. Der (einphasige) gasförmige Zustand liegt vor, wenn 1. sich zwar das gespeicherte Gas unter seiner kritischen Temperatur befindet, der Behälterdruck jedoch kleiner ist als der Sättigungsdruck bei der Aufbewahrungstemperatur, oder wenn 2. diese über der kritischen Temperatur liegt, weil dann eine Verflüssigung überhaupt nicht mehr möglich ist (vgl. Tabelle 25 und 26 am Schlusse des Abschnittes).

Zur Aufbewahrung der Gase unter hohem Druck dienen meist Stahlflaschen, entweder gezogen, heute jedoch vorwiegend aus nahtlosem Mannesmannrohr gewalzt oder aus einem Gußstahlblock gepreßt. Die Wandstärke soll mindestens 3 mm sein.

Bevor die Flaschen in den Verkehr kommen, werden sie von einem Sachverständigen einem Probedruck unterzogen; die Druckprobe ist in regelmäßigen Zeitabständen zu wiederholen. Die Höhe des Probedruckes ist für Gase unter ihrer kritischen Temperatur gleich dem doppelten Betrag des höchsten Arbeitsdruckes, vorausgesetzt, daß dieser unter 15 atü liegt, sonst um 15 at mehr als der höchste Arbeitsdruck. Darunter versteht man jenen Druck, der sich für 40° C bei einer Überfüllung der Flasche von 5% aus der erlaubten Höchstfüllung errechnet.

Für Gase über ihrer kritischen Temperatur und für wenig komprimierte Gase beträgt der Prüfdruck das 1,5fache des erlaubten Füllungsdruckes, mindestens jedoch einen Wert, der den erlaubten Füllungsdruck um 1 at übersteigt (vgl. die umstehende Tabelle 24).

Der Boden der Flaschen ist abgerundet und unten mit einem viereckig gestalteten Fuß versehen, um die Standsicherheit zu erhöhen. Die Behälter müssen mit Niederschraubventil versehen sein, darüber kommt eine fest aufschraubbare Kappe mit Öffnungen. Nur die Flaschen für Phosgen, Äthylchlorid, Fett- und Mischgas dürfen eingeschraubte Stopfen ohne Schutzkappe tragen. Die Ventile für Ammoniakflaschen bestehen aus Schmiedeeisen oder Stahl, sonst verwendet man Bronze oder Deltametall. Für Acetylen dürfen Kupfer und dessen

Legierungen an allen gaszugänglichen Stellen nicht benutzt werden, wegen der Bildungsmöglichkeit von Acetylenkupfer, einer höchst explosiblen chemischen Verbindung. An den Armaturen von Sauerstoffbehältern sind fett- oder ölhaltige Dichtungs- oder Schmiermittel un-

Tabelle 24. Druckverhältnisse verdichteter und verflüssigter Gase.

	Probedruck der Flaschen in atü	Wiederholung der Druckprüfung nach Jahren	Höchster Fülldruck für verdichtete Gase bei 15° C in atü
Kohlendioxyd, CO_2	190		20 (Gas)
Stickoxydul, N_2O	180		—
Aethan, C_2H_6	95	5	—
Ammoniak, NH_3	30		—
Phosgen, $COCl_2$			—
Chlor, Cl_2	22		—
Stickstofftetroxyd, N_2O_4 ...			—
Methylchlorid, CH_3Cl			—
Methylamin, $CH_3 . NH_2$	16	2	—
Methyläther, $(CH_3)_2O$			—
Schwefeldioxyd, SO_2			—
Äthylchlorid, C_2H_5Cl	12		—
Äthylamin, $C_2H_5NH_2$			—
Sauerstoff, O_2.............			
Stickstoff, N_2.............			
Preßluft................			
Edelgase, He, Ne, Ar, Kr, X.			
Wasserstoff, H_2	50% mehr als der Fülldruck		200
Kohlenoxyd, CO			
Methan, CH_4			
Leuchtgas		5	
Wassergas			
Fettgas.................			125
Acetylen, C_2H_2, verdichtet			20
gelöst und aufgesaugt ...	166% mehr		15
Acetylen-Fettgas-Gemisch ..			10
alle sonstigen Gase........	1 at mehr		1

zulässig. Die Ventile haben Normalgewinde, und zwar für brennbare Gase (H_2, CO, Leuchtgas usw.) Linksgewinde, sonst Rechtsgewinde. Zur Sicherung bringt man noch Metallhülsen oder -platten an, die bei etwaiger übermäßiger Drucksteigerung platzen und das Gas abblasen lassen.

Die Füllung der Flaschen erfolgt auf einer Waage; entweder zieht man das Gas unmittelbar aus dem Kondensator der Gasverdichtungs-

anlage ab oder entnimmt es einem Gaszwischenbehälter. Die höchste
zulässige Füllung wird bestimmt durch den Fassungsraum für 1 kg verflüssigtes Gas; dieser beträgt:

für verflüssigtes CO_2 und N_2O . . . . 1,34 l
„ verflüssigtes Ölgas 2,5
„ NH_3 1,86
„ Cl_2 und N_2O_4 0,8
„ SO_2 und $COCl_2$ 0,8
„ $(CH_3)_2O$ 1,65
„ CH_3NH_2 und $C_2H_5NH_2$ 1,70
„ CH_3Cl und C_2H_5Cl 1,25
„ C_2H_6 3,3
„ alle übrigen Gase 5,0

Eine Überfüllung von 5% ist unter gewöhnlichen Temperaturverhältnissen gestattet.

Vor dem Füllen werden die Flaschen luftleer gemacht oder vorerst
nur mit einer geringen Menge des Hochdruckgases beschickt, das bei
der nachfolgenden, durch leichtes Erwärmen unterstützten Ausdehnung
die Luft verdrängt. Auf jede erste Füllwägung folgt eine Kontrollwägung.

Um beim Überfüllen oder bei Entnahme des hoch gespannten Gases
den Druck zu mindern, benutzt man Reduzierventile, zur Regelung
der Ausströmungsgeschwindigkeit dienen Regulier- oder Drossel-
ventile.

Etwaiges Erwärmen der Behälter beim Umfüllen in andere darf nie
mit offener Flamme erfolgen, sondern stets nur mit Wasser, feuchten
Lappen oder dergleichen von 40° C.

Beim Abstellen und Aufbewahren gefüllter Behälter sind sie vor dem
Umfallen und vor der Einwirkung starker Wärmequellen (Sonnen-
strahlen, Öfen, Heizkörper) zu schützen.

Auf jeder Flasche muß durch Stahlstempel eingeprägt sein: der Name
des Eigentümers, die laufende Nummer der Flasche, die Bezeichnung
des Inhalts (und zwar nicht allein durch chemische Formeln), das Leer-
gewicht einschließlich Schuh, Ventil und Kappe, der Tag der letzten
amtlichen Druckprüfung und die Höhe des Prüfungsdruckes, der Stempel
des Prüfungsingenieurs, das Höchstgewicht der Füllung bei verflüssigten
Gasen, hingegen der Höchstdruck bei verdichteten. Bei diesen kann man
aus dem Flaschenvolumen und dem jeweiligen Flaschendruck durch
Multiplizieren dieser beiden Größen die im Behälter noch vorhandene
Gasmenge, ausgedrückt in gewöhnlichen Raumeinheiten, angenähert
ermitteln.

Als Anstrichfarbe wählt man bei Sauerstoff: blau, Wasserstoff: rot,
Stickstoff: grün, Acetylen: weiß, sonst: grau.

Zur Vermeidung etwaiger Störungen bestehen für die unter Hoch-
druck aufbewahrten Gase noch Reinheitsbestimmungen. — Sauerstoff

Tabelle 25. Anteil des von der flüssigen Phase eingenommenen Raumes in % des Gesamtinhaltes der Flaschen.

		—30° C	— 20	— 10	0	10	20	30	40	50	60	
Schwefeldioxyd	Normalfüllung 1 kg auf 0,8 l	82,8	84,2	85,6	87,1	88,6	90,3	92,1	94,1	96,5	99,0	100 bei 64,6° C
	5% Überfüllung 1,05 kg auf 0,8 l	87,0	88,4	89,9	91,5	93,1	94,9	96,9	98,9	100 bei 45,3° C	—	—
	10% Überfüllung 1,10 kg auf 0,8 l	91,1	92,6	94,2	96,0	97,6	99,4	100 bei 23,2° C	—	—	—	—
Ammoniak	Normalfüllung 1 kg auf 1,86 l	80,0	81,5	83,1	84,7	86,5	88,5	90,6	93,1	96,3	99,5	100 bei 62,8° C
	5% Überfüllung 1,05 kg auf 1,86 l	84,1	85,6	87,3	89,0	90,9	93,0	95,4	98,1	100 bei 47,1° C	—	—
	10% Überfüllung 1,10 kg auf 1,86 l	88,1	89,7	91,4	93,3	95,3	97,5	99,9	100 bei 30,6° C	—	—	—
Chlor	Normalfüllung 1 kg auf 0,8 l	80,8	82,2	83,6	85,1	86,8	88,6	90,6	92,8	95,1	97,8	100 bei 68,8° C
	5% Überfüllung 1,05 kg auf 0,8 l	84,9	86,2	87,7	89,4	91,1	93,0	95,1	97,4	99,5	100 bei 51,1° C	—
	10% Überfüllung 1,10 kg auf 0,8 l	88,9	90,3	91,9	93,6	95,5	97,5	99,6	100 bei 32,1° C	—	—	—
Kohlendioxyd	Normalfüllung 1 kg auf 1,34 l	71,4	73,2	75,9	80,0	85,0	97,0	100 bei 21,2° C	—	—	—	—
	5% Überfüllung 1,05 kg auf 1,34 l	76,0	78,4	81,5	86,2	91,7	100 bei 18,1° C	—	—	—	—	—
	10% Überfüllung 1,10 kg auf 1,34 l	79,6	82,1	85,3	90,3	96,1	100 bei 14,2° C	—	—	—	—	—
Stickoxydul	Normalfüllung 1 kg auf 1,34 l	—	74,8	78,9	82,0	87,2	94,9	100 bei 24,9° C	—	—	—	—
	5% Überfüllung 1,05 kg auf 1,34 l	—	78,5	82,8	86,1	91,5	99,7	100 bei 20,5° C	—	—	—	—
	10% Überfüllung 1,10 kg auf 1,34 l	—	82,2	86,8	90,2	95,9	100 bei 16,1° C	—	—	—	—	—

Tabelle 26. Überdruck in den Flaschen in at.

Links von der starken Umrahmung ist noch Gasphase vorhanden; innerhalb der starken Umrahmung ist nur Flüssigkeit vorhanden; rechts von der starken Umrahmung ist nur Gas vorhanden, da kritische Temperatur überschritten.

		0° C	5	10	15	20	25	30	35	40	45	50
Schwefeldioxyd amtl. Prüf-druck: 12 atü	Normalfüllung 1 kg auf 0,8 l	0,5	0,9	1,3	1,7	2,2	2,8	3,5	4,3	5,2	6,1	7,2
	5% Überfüllung 1,05 kg auf 0,8 l	0,5	0,9	1,3	1,7	2,2	2,8	3,5	4,3	5,2	6,1	65,0
	10% Überfüllung 1,10 kg auf 0,8 l	0,5	0,9	1,3	1,7	2,2	29,3	96,0	161,0	224,0	285,0	—
Ammoniak amtl. Prüf-druck: 30 atü	Normalfüllung 1 kg auf 1,86 l	3,2	4,0	5,0	6,1	7,4	8,8	10,5	12,3	14,3	16,5	19,0
	5% Überfüllung 1,05 kg auf 1,86 l	3,2	4,0	5,0	6,1	7,4	8,8	10,5	12,3	14,3	16,5	87,0
	10% Überfüllung 1,10 kg auf 1,86 l	3,2	4,0	5,0	6,1	7,4	8,8	10,5	82,0	162,0	239,5	—
Chlor amtl. Prüf-druck: 22 atü	Normalfüllung 1 kg auf 0,8 l	2,7	3,3	4,0	4,8	5,6	6,6	7,8	10,0	11,5	13,0	14,7
	5% Überfüllung 1,05 kg auf 0,8 l	2,7	3,3	4,0	4,8	5,6	6,6	7,8	10,0	11,5	13,0	14,7
	10% Überfüllung 1,10 kg auf 0,8 l	2,7	3,3	4,0	4,8	5,6	6,6	7,8	42,0	95,0	146,0	—
Kohlendioxyd amtl. Prüf-druck: 190 atü	Normalfüllung 1 kg auf 1,34 l	34,4	39,5	45,0	51,2	57,8	77,3	97,7	115,5	137,2	159,0	181,0
	5% Überfüllung 1,05 kg auf 1,34 l	34,4	39,5	45,0	51,2	65,4	88,5	109,1	126,9	149,7	172,7	195,6
	10% Überfüllung 1,10 kg auf 1,34 l	34,4	39,5	45,0	54,7	75,6	99,0	119,3	137,2	160,7	185,1	—
Stickoxydul amtl. Prüf-druck: 180 atü	Normalfüllung 1 kg auf 1,34 l	35,1	39,2	43,8	48,8	54,3	60,8	78,8	102,2	124,7	147,2	169,7
	5% Überfüllung 1,05 kg auf 1,34 l	35,1	39,2	43,8	48,8	54,3	74,9	98,5	125,5	151,2	176,4	—
	10% Überfüllung 1,10 kg auf 1,34 l	35,1	39,2	43,8	48,8	67,1	90,2	119,2	148,1	176,0	—	—

darf nicht mehr als 4 Volumprozent Wasserstoff enthalten; Wasserstoff umgekehrt nicht mehr als 2 Volumprozent Sauerstoff. — Kohlendioxyd soll höchstens 0,1% Luft aufweisen und muß frei sein von Öl, Glycerin, Schwefelwasserstoff und Schwefeldioxyd. — Ammoniak soll weniger als 0,1% Verdunstungsrückstand (Öl) geben; Schwefeldioxyd ebenso. Zur Bestimmung des Verdunstungsrückstandes in diesen beiden verflüssigten Gasen wird ein Probeglas mit Teilung bis zur Marke aus der Vorrats-Stahlflasche gefüllt und mit einem mehrfach gekerbten Kork lose verschlossen. Nach dem Verdunsten zeigt jeder Teilstrich bei Ammoniak 0,2%, bei Schwefeldioxyd 0,1% Verunreinigungen an.

Während bei den Gasen: Schwefeldioxyd, Ammoniak und Chlor eine sprunghafte Steigerung des Druckes eintritt, sobald die gesamte Flaschenfüllung in den flüssigen Zustand übergegangen ist, wächst der Druck bei Kohlendioxyd und Stickoxydul nur allmählich über das Gebiet der vollständigen Verflüssigung bis in das kritische Gebiet.

Literatur:

AUERBACH, E. B.: Verdichtete und verflüssigte Gase. In ULLMANN, F.: Enzyklopädie der techn. Chemie. V. Bd. Berlin u. Wien 1917.

DREWS, K.: Verdichtete und verflüssigte Gase. Halle/Saale 1929.

MUHLERT, F., u. K. DREWS: Technische Gase. Leipzig 1928.

SCHALL, M.: Herstellung und Verwendung der verdichteten und verflüssigten Gase. Hannover 1910.

TEICHMANN, H.: Komprimierte und verflüssigte Gase. Halle/Saale 1908.

Hinweise im Text:

1. ARNOLD, F.: Mon.-Bull. 9, 97 (1929).

2. DUIJNSTEE, W. J. A.: Het Gas 49, 36 (1929). — KOPPEJAN, A. C.: Het Gas 49, 39 (1929). — STAVORINUS, D.: Het Gas 48, 526 (1928).

VII. Die Beförderung von Gasen.

A. Durch Rohrleitungen.

Die Beförderung von Gasen durch Rohrleitungen beruht auf der Tatsache, daß sich Gase in einem Raum von Stellen höheren Druckes zu solchen niedrigeren Druckes bewegen. Im praktischen Betrieb wird dies erreicht, indem man am Anfang der Leitung den Druck des Gases durch Verdichten erhöht. Wird dann am Ende der Leitung — durch freies Ausströmen zum Beispiel — Gas entnommen, so fließt infolge des Druckgefälles Gas nach. Zum Verdichten des Gases am Anfang der Leitung dienen die bereits im I. Abschnitt (siehe S. 58) beschriebenen Vorrichtungen. Ist eine Leitung sehr lang, dann muß man entweder mit dem Anfangsdruck sehr hoch gehen, damit am Leitungsende noch genügend Druck zur Gasentnahme verbleibt, oder man schaltet in die Leitung Zwischenverdichtungsstationen ein, wo der Druck so weit erhöht wird, daß die Förderung bis zur nächsten Station gesichert ist.

Das Material, aus dem man die Leitungen herstellt, ist meist Eisen, als Guß-, Schmiedeeisen oder Stahl; man hat aber auch gute Erfolge mit anderen Metallen (Aluminium usw.), ferner Ton und schließlich sogar Holz erzielt. Für kurze Strecken und sehr große Gasmengen mauert man Kanäle. Die Stahlrohre werden bei Durchmessern bis etwa 500 mm nahtlos hergestellt, darüber wassergasgeschweißt.

Die Beziehungen zwischen den Leistungen von Leitungen, dem Durchmesser und dem Druckabfall werden durch die Förderformeln gegeben.

Förderformeln für Niederdruckleitungen. Nach W. Pole[1] ist für eine gerade Niederdruckleitung ohne Abzweigungen:

$$Q = k \cdot \sqrt{\frac{D^5 \cdot \Delta p}{s \cdot L}}$$

in dieser Formel bedeutet:

Q . . . . Fördermenge in nm^3/h,
D . . . . Rohrdurchmesser in cm,
Δp . . . . Druckabfall in mm WS,
s . . . . spezifisches Gewicht (Luft $= 1$),
L . . . . Länge der Leitung in m.

k wird bis zu einem Druck von etwa 100 mm WS als konstant angenommen und hat nach W. Pole und D. Monnier[2] den Wert 0,707 $\left(= \sqrt{\tfrac{1}{2}} \right)$.

Die obige Formel kann also dazu dienen, die Fördermenge aus Leitungsdurchmesser und -länge bei gegebenem Druckabfall für Gase von bekanntem spezifischem Gewicht zu berechnen.

In der Praxis werden aber auch folgende Umformungen gebraucht:

$$\Delta p = \frac{1}{k^2} \cdot \frac{Q^2 \cdot s \cdot L}{D^5}, \tag{39}$$

$$D = \sqrt[5]{\frac{1}{k^2} \cdot \frac{Q^2 \cdot s \cdot L}{\Delta p}}. \tag{40}$$

Beispiel: Durch eine Leitung von 10 m Länge und 5 cm Durchmesser wird ein Gas vom spezifischen Gewicht 0,4 (Luft = 1) geschickt; der Druckabfall vom Anfang bis zum Ende der Leitung beträgt 25,6 mm WS. Wie groß ist die Fördermenge? — Nach der obigen Formel (Gl. 38) ergibt sich:

$$Q = 0,707 \cdot \sqrt{\frac{3125 \cdot 25,6}{0,4 \cdot 10}}$$
$$= 100 \ \text{nm}^3/\text{h}.$$

D. Monnier[2] hat die obigen Beziehungen für stündliche Förderleistungen von 0—10000 m³ bezogen auf 1 km Rohrlänge in recht brauchbaren Kurventafeln zusammengestellt.

Förderformeln für Hochdruckleitungen. Für Hochdruckleitungen gilt die Formel von M. Ledoux[3]:

$$Q = k \cdot \sqrt{\frac{D^5 \cdot (p_a{}^2 - p_e{}^2)}{s \cdot L}}; \tag{41}$$

die einzelnen Zeichen haben die gleiche Bezeichnung wie früher; zu ergänzen ist nur:

p_a . . . . Druck am Anfang der Leitung in ata,
p_e . . . . Druck am Ende der Leitung in ata.

k ist nicht konstant, sondern wird durch folgende Beziehung bestimmt:

$$k_{0° \text{C, 760 mm QS}} = \frac{208}{\sqrt{\lambda}}. \tag{42}$$

λ ist die sogenannte Widerstandszahl, für die verschiedene Bestimmungsgleichungen vorgeschlagen wurden, von denen wir hier lediglich die empirischen Gebrauchsformeln von F. Starke[4] erwähnen:

$$\text{Gasgeschwindigkeit } w > 15 \ \text{m/sec:} \ \lambda = \frac{0,008447}{\sqrt[3]{D}}; \tag{43}$$

$$\text{Gasgeschwindigkeit } w < 15 \ \text{m/sec:} \ \lambda = \frac{0,00932}{\sqrt[3]{D}}. \tag{43a}$$

Die Gasgeschwindigkeit w wird durch die Gleichung:

$$w = \frac{Q}{0{,}283\, D^2} \qquad (44)$$

bestimmt.

Für k findet man nach Gl. 42 und 43:

$$k = 2264\, \sqrt[6]{D}, \qquad (45)$$

nach Gl. 42 und 43a:

$$k = 2155\, \sqrt[6]{D}. \qquad (45a)$$

Für kurze Hochdruckleistungen vereinfacht sich die Gl. 41 von M. Ledoux auf die Form der Niederdruckgleichung 38 von W. Pole.

Die verschiedenen Formeln wurden praktischen Prüfungen unterzogen und liefern mehr oder weniger gute übereinstimmende Ergebnisse[5].

Einfluß von Abzweigungen. In vielen Fällen — beispielsweise bei der „Leuchtgas“-Versorgung — liegt nicht eine einzige, unverzweigte Leitung vor, an deren Anfang das Gas eintritt, um lediglich am Ende abgenommen zu werden, sondern an das Hauptversorgungsrohr sind verschiedene Abnehmer angeschlossen; die Leitung verzweigt sich: man spricht von einem Rohrnetz.

Ist Q_a die stündliche Durchgangsmenge der unverzweigten Leitung (bzw. der Speiseleitung) und n die Zahl der Ableitungen, dann ist nach D. Monnier[6] die Ausflußmenge am Ende der Leitung (Q):

$$Q = Q_a \sqrt{1 - q + \left(\frac{1}{3} + \frac{1}{6n}\right) \cdot q^2}, \qquad (46)$$

wenn q das Verhältnis der durch die Ableitungen abgegebenen Gasmengen zu der Ausflußmenge am Ende der Hauptleitung bedeutet.

Einfluß von Höhenunterschieden. Bei starkem Gefälle von Leitungen treten merkliche, durch die Höhenunterschiede bedingte Druckveränderungen auf. Herrscht in der Leitung eines Gases vom Raumgewicht γ g/l an einer bestimmten Stelle ein Gasdruck p und gehen wir nun 1 m höher, dann wird der durch die Luftsäule gegebene atmosphärische Druck um das Gewicht von 100 cm³ Luft sinken. Ist G g/l das Raumgewicht der Luft an der betreffenden Stelle, dann beträgt das Gewicht von 1 m Luftsäule (Querschnitt: 1 cm²) $\frac{G}{10}$ g. Der entsprechende Wert für die Gassäule ist $\frac{\gamma}{10}$ g. Der Druck p wird sich daher um den Betrag

$$\Delta p = \frac{G}{10} - \frac{\gamma}{10}\ \text{g/cm}^2$$

ändern, oder da 1 g/cm² = 10 mm WS ist, um

$$\Delta p = (G - \gamma)\ \text{mm WS.}$$

Für einen Höhenunterschied von h m, finden wir

$$\Delta p = h\,(G - \gamma)\ \text{mm WS.} \tag{47}$$

Beziehen wir das Gewicht des Gases auf Luft $= 1$ (spezifisches Gewicht s), dann wird

$$\Delta p = h \cdot G\,(1 - s)\ \text{mm WS.} \tag{47a}$$

Die Formel — hinreichend genau gültig nur für nicht zu große Höhenunterschiede — besagt, daß der Druck in der Leitung eines Gases vom spezifischen Gewicht $s < 1$ (leichter als Luft) mit zunehmender Höhe steigt, mit abnehmender fällt; für ein Gas, das schwerer als Luft ist, liegen die Verhältnisse umgekehrt.

Die Drucksteigerung beträgt beispielsweise unter Normalbedingungen ($0°$ C, 760 mm QS) für ein Gas vom spezifischen Gewicht 0,45 (Leuchtgas) je Meter Höhenunterschied:

$$\Delta p = 1{,}293 \cdot 0{,}55$$
$$= 0{,}711\ \text{mm WS.}$$

Dies hat für die Gasverbraucher große Bedeutung. Beispielsweise beträgt der Druck in Leuchtgasnetzen im allgemeinen um 40 mm WS; die Hausbewohner der höher gelegenen Stockwerke haben einen der obigen Formel entsprechenden, nicht unbeträchtlich höheren Druck in der Gasleitung.

Rohrverbindungen. Da einzelne Rohre aus fabrikationstechnischen Gründen und mit Rücksicht auf die Transportmöglichkeiten nur verhältnismäßig geringe Längen (bis 14 m) haben, müssen längere Leitungen aus solchen Einzelstücken zusammengesetzt werden. Die Art der Verbindung ist verschieden und richtet sich vor allem nach dem Druck, unter dem das Gas befördert wird.

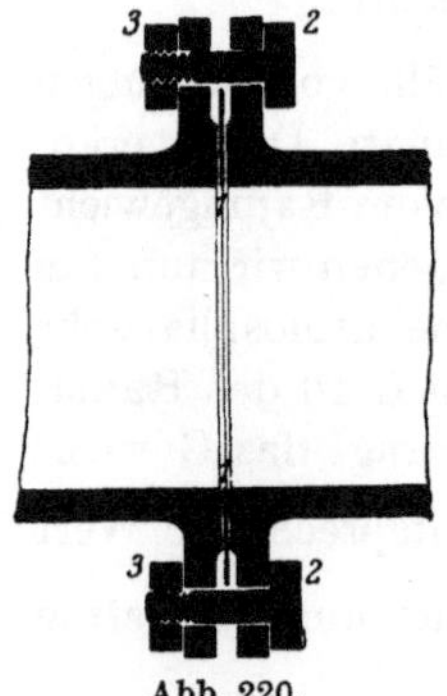

Abb. 220.
Flanschverbindung.

Die Verbindung durch Verschrauben der Enden lernten wir bereits an anderer Stelle (siehe S. 73, Abb. 30) kennen. Zur Erzielung einer möglichst gasdichten Verbindung umwickelt man das Schraubengewinde mit Hanf und bestreicht diesen mit Mennigekitt.

In Abb. 220 ist die Verbindung zweier entsprechend ausgebildeter Rohrenden durch Flanschen dargestellt. Die Rohre stoßen mit gut geebneten Dichtungsleisten zusammen, dazwischen liegt noch ein Dichtungsring *1* aus Asbest, Teerpappe oder dergleichen. Der eigentliche Flansch ist etwas zurückgesetzt und enthält eine (gewöhnlich) durch vier teilbare Zahl kreisrunder Öffnungen für die Durchführung der Schrauben *2*, die mittels der Muttern *3* die beiden Flanschen fest gegeneinander pressen.

Abb. 221 zeigt eine einfache Ausführung einer anderen, auch für höhere Drucke benutzten Verbindungsart, die **Muffenverbindung**. Die zu verbindenden Rohre sind an einem Ende (*1*) glatt, am anderen zu einer Muffe (*2*) ausgeweitet. Die Muffe wird über das glatte Ende geschoben und der Zwischenraum mit Dichtungsmaterial (Gummiring, Bleiring und Hanfstrick) ausgefüllt. —

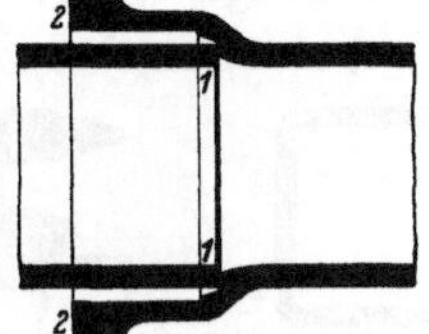

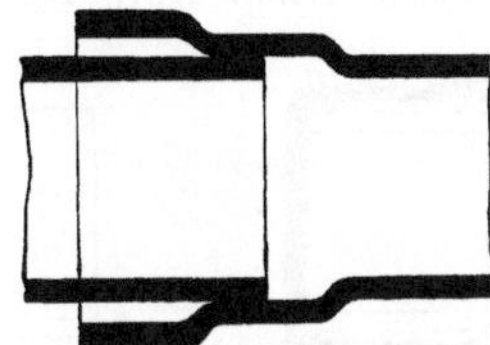

Abb. 221. Muffenverbindung.   Abb. 222. Schalker Muffe.

Für nachgiebige Verbindungen (Bergbaugebiet) und für Leitungen, die starken Temperaturschwankungen ausgesetzt sind, eignet sich gut die **Schalker Muffe** nach Abb. 222.

Schließlich verbindet man Rohre durch **Schweißen**[7]. Glatte, gerade Gußeisenröhren erhalten einen Bronzewulst aufgeschweißt. Für Leitungen mit hohem Innendruck dienen jedoch besondere Schweißmuffen, von deren zahlreichen Ausführungsarten Abb. 223 und 224 zwei Beispiele bringen.

Die nach einer der vorbeschriebenen Art verbundenen Leitungen werden einer Dichtigkeitsprüfung unterzogen, wobei man die Verbindungsstellen mit Seifenlösung überpinselt, um etwaige Undichtigkeiten feststellen zu können. Die

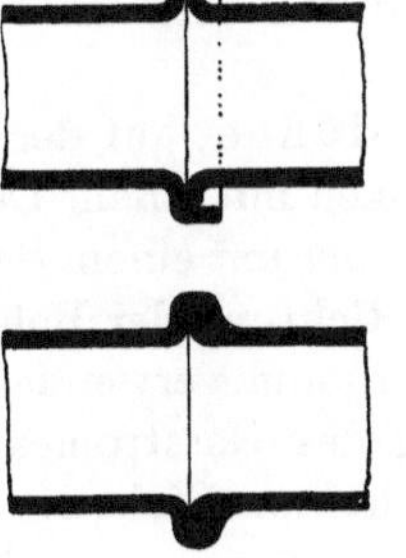

Abb. 223. Schweißmuffe.   Abb. 224. Schweißmuffe.
(DRP. 404 038).   (DRP. 427 071).

Höhe des Prüfungsdruckes richtet sich nach der Höhe des späteren Betriebsdruckes.

Krümmungen, Abzweigungen usw. werden durch Einschalten geeigneter Formstücke hergestellt, wenn man nicht — wie bei der Schweißmuffe der Abb. 224 — schon in der Verbindung eine gewisse Richtungsänderung berücksichtigen kann.

Absperrvorrichtungen. Die Art der Absperrvorrichtungen richtet sich nach dem Zweck, der damit verfolgt wird.

Soll eine bestehende Leitung erweitert werden, dann kann man sie mit Hilfe einer Tier- oder Gummiblase absperren. Diese wird durch eine Anbohrung in das Rohr eingebracht und dann unter solchem Druck aufgeblasen, daß der ganze Leitungsquerschnitt dicht abgeschlossen ist.

Zum Absperren offener Endleitungen dienen die in Abb. 225 dargestellten Teile. Die Kappen und Stopfen können auch verschraubt werden.

Zum Absperren von Durchgangsleitungen mit gleichzeitiger Mög-

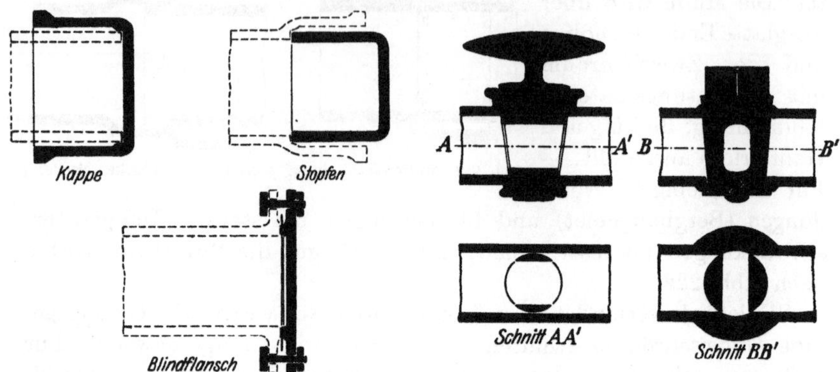

Abb. 225. Abschlußteile für offene Endleitungen.

Abb. 226. Hähne.

lichkeit der Drosselung dienen die im folgenden zu beschreibenden Vorrichtungen:

In Abb. 226 sehen wir Hähne; auf der linken Seite einen völlig geöffneten Hahn, dessen Küken mit einem Drehgriff versehen ist. Rechts ist ein geschlossener Hahn, der mit einem Schlüssel bedient werden muß; eine Einkerbung gibt die Richtung der Bohrung an. Hähne werden nur für Rohrweiten bis etwa 75 mm verwendet.

Eine feinere Regelung des Gasstromes erzielt man mit Ventilen (Abb. 227). Eine senkrecht zur Richtung des Gasstromes bewegliche

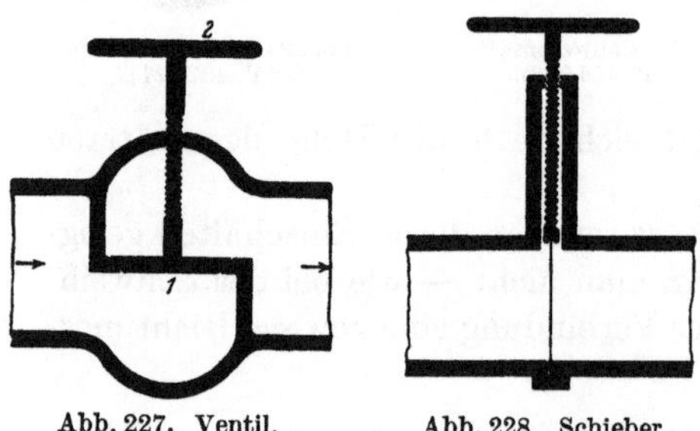

Platte *1* gibt je nach der Höhe, die durch Drehen des Handrades *2* eingestellt wird, einen engeren oder weiteren Weg für das Gas frei.

Schließlich wären noch die Schieber zu erwähnen, deren Wirkungsweise Abb. 228 verdeutlicht. Eine besondere Ausführung dieser Absperrvorrich-

Abb. 227. Ventil.

Abb. 228. Schieber.

tungen sind die Schnellschlußschieber, die mittels eines Kniehebels ein rasches Abschließen ermöglichen.

Die Absperrvorrichtungen werden in vielen Formen ausgeführt, ohne wesentliche Abänderungen an den grundlegenden Wirkungsweisen[8].

Da die Verschraubung am Bewegungsrad bei Ventilen, Schiebern und dergleichen keinen gasdichten Abschluß gewährleistet, bringt man

Stopfbüchsen an (Abb. 229). Über dem Schraubengewinde befindet sich ein Ring *1* aus Dichtungsmaterial, der durch die Hülse *2* niedergedrückt wird; die notwendige Pressung erzielt man durch Drehen der mit Innengewinde versehenen Kappe *3*.

Druckregelung. Die Erzeugung von Gasen bringt infolge betrieblicher Schwankungen dauernde Änderungen des Gasdruckes in der Leitung. Auch die teleskopierten Gasbehälter wirken auf das Gas im Rohrstrang mit verschiedenem Druck je nach der Zahl der in Tätigkeit befindlichen Schüsse. Wird an der Gasabnahmestelle ein möglichst gleichmäßiger Druck verlangt — wie beispielsweise bei der „Leuchtgas"-Versorgung —,

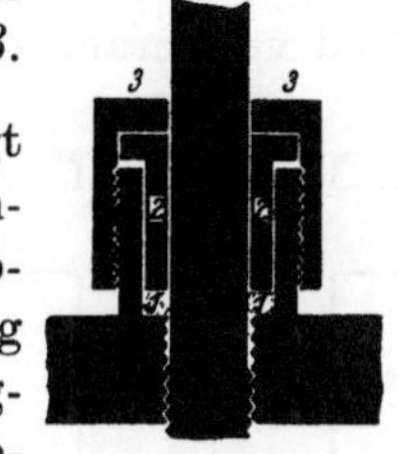

Abb. 229.
Stopfbüchse.

dann müssen Druckregler eingebaut werden. Die Druckregelung kann entweder unmittelbar nach der Erzeugungs- und Speicherstelle für das ganze Rohrnetz generell erfolgen (Stadtdruckregler der Gaswerke) oder vor den einzelnen Abnahmestellen individuell; beide Arten lassen sich auch vereinigen. Die individuelle Einzelregelung hat den Vorteil, daß man das Rohrnetz unter dem höchstzulässigen Druck halten kann, und es dadurch besser ausnutzt als bei Niederdruckbetrieb[9]. Ferner hat der Abnehmer die Gewähr, daß er sein Gas stets unter einem genau festgelegten Druck geliefert bekommt, während sich am gewöhnlichen Niederdrucknetz bei starker Gasabnahme leicht zu niedrige Drucke einstellen können; auch fallen die durch Höhenunterschiede bedingten Druckdifferenzen weg, weil sie durch die Druckregler ausgeglichen werden.

Bei dem Regler der Abb. 230 ist die im Wasser schwimmende Glocke *1* mit dem Ventil *2* starr verbunden. Das Gas tritt bei *3* in den Regler und verläßt ihn bei *4*, und zwar an dieser Stelle mit dem durch die Glocke *1* bestimmten Druck. Steigt der Druck, dann drosselt die sich hebende Glocke *1* mittels des Ventils *2* die Gaszufuhr, was der Drucksteigerung entgegenwirkt. Wenn der Druck fällt, öffnet die Glocke *1* den Gasweg stärker. Für den Fall starker Gasabnahme muß die Glocke *1* belastet werden. Statt der im Wasser schwimmenden Glocke benutzt man auch trockene Membranen.

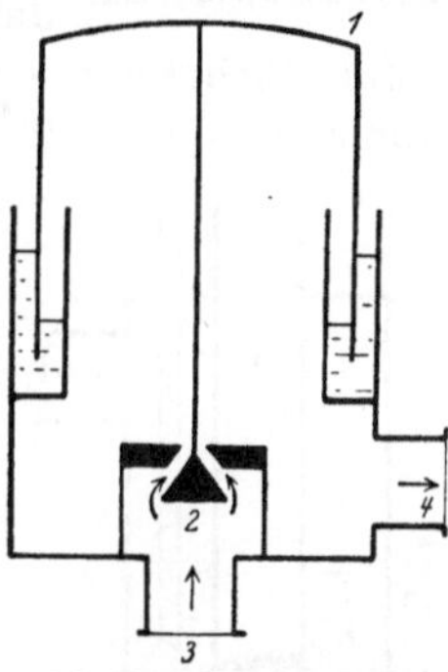

Abb. 230. Druckregler.

Bezüglich weiterer Ausführungen verweisen wir auf die Literatur[10].

Wassertöpfe und Sicherheitstöpfe. Leitungen von Gasen, die kondensierbare Bestandteile enthalten (Wasserdampf usw.), müssen auf- und niedersteigend verlegt werden. Gewöhnlich nimmt man ein Gefälle von etwa 4—5 mm je Meter Rohrlänge; die flüssigen Kondensate sammeln sich dann an den tiefsten Stellen, wo man zu ihrer Entfernung Wassertöpfe (Kondenstöpfe) anbringt.

Der Wassertopf nach Abb. 231 besitzt einen abnehmbaren, mit dem Topf verschraubten Deckel *1* und ein sogenanntes Auspumprohr *2*, das bis an den Boden reicht. Durch dieses Rohr werden die Kondensate von Zeit zu Zeit entfernt.

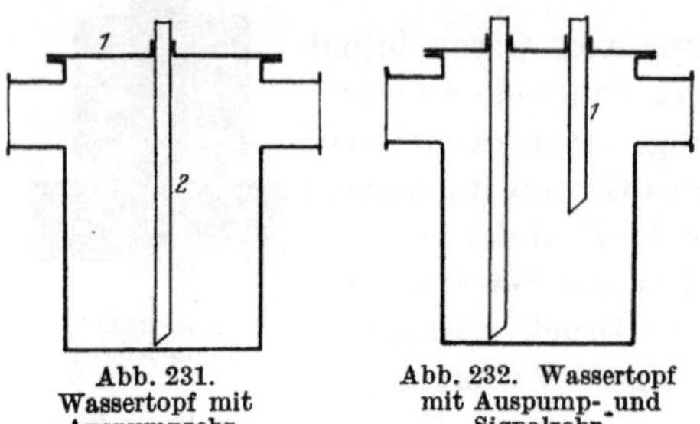

Abb. 231.
Wassertopf mit
Auspumprohr.

Abb. 232. Wassertopf
mit Auspump- und
Signalrohr.

Um das Auspumpen weder zu oft noch zu selten vorzunehmen, kann man den Topf mit einem zweiten Rohr, dem Signalrohr, versehen (Abb. 232). Solange der Flüssigkeitsspiegel die Öffnung des Signalrohres *1* nicht erreicht, wird durch dieses Gas ausströmen. Das Wegbleiben des Gasausströmens ist ein Zeichen dafür, daß der Topf ausgepumpt werden muß.

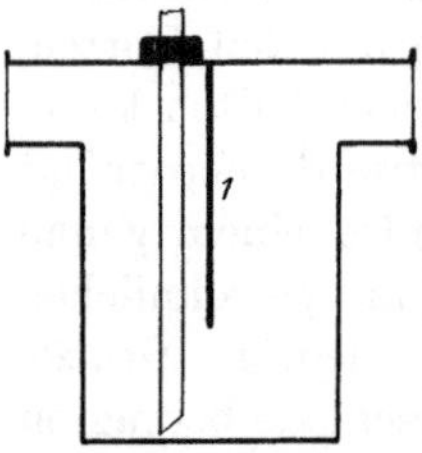

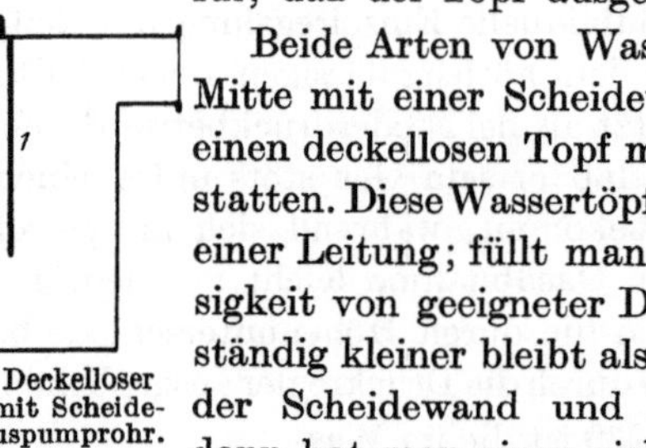

Abb. 233. Deckelloser
Wassertopf mit Scheidewand und Auspumprohr.

Beide Arten von Wassertöpfen kann man in der Mitte mit einer Scheidewand *1* nach Abb. 233, die einen deckellosen Topf mit Auspumprohr zeigt, ausstatten. Diese Wassertöpfe ermöglichen das Absperren einer Leitung; füllt man sie nämlich mit einer Flüssigkeit von geeigneter Dichte, so daß der Gasdruck ständig kleiner bleibt als das Produkt aus Tauchung der Scheidewand und Dichte der Füllflüssigkeit, dann hat man einen sicheren Gasabschluß.

Zur Sicherung vor etwaigen Gasausströmungen in geschlossene Räume für den Fall von Druckrückschlägen (bei Verstopfungen usw.) dienen Sicherheitstöpfe (Abb. 234). Steigt infolge Gegendruck die Flüssigkeit *1* in das gezahnte Tauchrohr *2*, so daß die untere Öffnung des Ableitungsrohres *3* frei wird, dann entweicht das Gas durch dieses unmittelbar ins Freie.

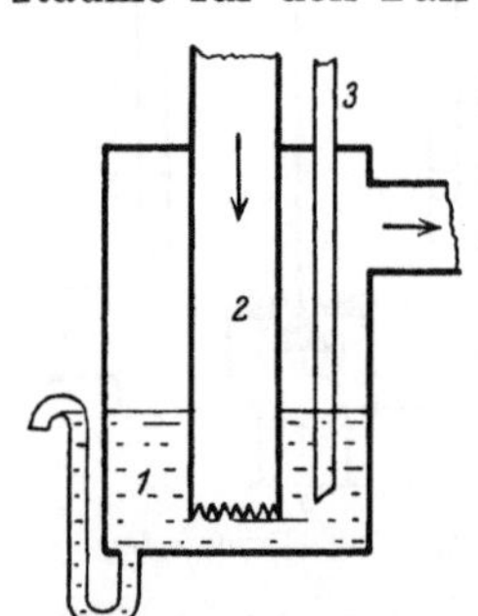

Abb. 234. Sicherheitstopf.

An dieser Stelle sei auch darauf hingewiesen, daß die metallischen Rohre, Absperrvorrichtungen usw. in Gegenwart von Wasser, Sauerstoff und Wasserstoffionen angegriffen werden (Korrosion). Gegen diesen Angriff, der sowohl von außen (Erdreich) als auch von innen (Gasraum) kommen kann, schützt man sich teilweise durch geeignete Überzüge (Asphalt, Teer usw.).

Gasverluste. Die an der Erzeugungsstelle ins Rohrnetz gemessen abgegebenen Gasmengen sind stets größer als die durch die Meßapparate an den Verbrauchsstellen angezeigten Mengen[11]. Der Unterschied zwischen beiden Anzeigen setzt sich aus verschiedenen Posten zusammen. Zweifellos treten in den Leitungen durch Undichtigkeiten Verluste an Gas auf. Ferner sind die Druck- und Temperaturverhältnisse an den verschiedenen Meßstellen verschieden, auch ein etwaiger Wasserdampfgehalt; zu diesen verschiedenen Zustandsbedingungen der Gasmengen gesellt sich der Umstand, daß an manchen Stellen das Gasvolumen auf Normalbedingungen reduziert wird, meist jedoch nicht. Die Meßvorrichtungen sind nicht absolut genau, Fehler in den Anzeigen werden im Laufe der Zeit immer größer, und zwar fast ausschließlich zugunsten des Verbrauchers, das heißt: durchschnittlich zeigen die Gasmesser zu wenig[12] an (siehe S. 257). Enthalten die fortzuleitenden Gase kondensierbare Bestandteile, die sich auf dem Weg zwischen Erzeugungs- und Verbrauchsstelle niederschlagen, so bilden auch diese Mengen einen Gasverlust. Nicht zu vergessen ist der Gasdiebstahl, wenngleich er im allgemeinen wegen der Schwierigkeit der Durchführung recht selten vorkommt. Eine Quelle von sogenannten Gasverlusten liegt noch im unkontrollierbaren Verbrauch, wie wir ihn z. B. in der Leuchtgasindustrie bei der Straßenbeleuchtung finden; man nimmt da für die einzelnen Lampen einen für die Verrechnung notwendigen „Normalgasverbrauch" an, der praktisch in der Regel überschritten wird.

Literatur:

BIEGELEISEN, B.: Grundlagen zur Berechnung der Gasrohrleitungen. München u. Berlin 1918.

HOLE, W.: Distribution of Gas. London 1908.

NIEMANN, M.: Die Versorgung der Städte mit Leuchtgas. Stuttgart 1904.

SCHILLING, N. H.: Handbuch für Steinkohlengasbeleuchtung, 3. Aufl. München 1879.

SCHILLING, E., u. H. BUNTE: Handbuch der Gastechnik. VI. Bd. München u. Berlin 1917.

SEELIGER, R., u. G. MIERDEL: Gas- u. Wasserfach **65**, 618, 635 (1922).

STARKE, R. F.: Großgasversorgung. Leipzig 1924.

Hinweise im Text:

1. POLE, W.: J. Gaslight. **2**, 352 (1852). — Siehe auch BIEL, R.: Gas- u. Wasserfach **70**, 623 (1927). — BLOCHMANN, G. M. S.: Gas- u. Wasserfach **4**, 339 (1861).

2. MONNIER, D.: Aide Mémoire pour le calcul des conduites de distribution du gaz. Paris 1876.

3. LEDOUX, M.: Ann. mines **2**, 541 (1892). — Siehe auch Gas- u. Wasserfach **67**, 340 (1924). — BIRKHOLZ, A.: Gas- u. Wasserfach **50**, 434 (1907). — JÄNICKE: Gas- u. Wasserfach **68**, 114 (1925). — SAUTTER, L.: Gasversorgung unter Anwendung von hohem Druck. Karlsruhe 1913. — UNWIN, W. C.: Gas- u. Wasserfach **47**, 1068 (1904). — VELDE: Gas- u. Wasserfach **47**, 898 (1904). — WALTER, E.: Gas- u. Wasserfach **50**, 265 (1907).

4. STARKE, R. F.: Großgasversorgung. Leipzig 1924. — Siehe auch Mon.-Bull. **5**, 204 (1925).

5. BIEL, R.: Gas- u. Wasserfach **70**, 547 (1927).

6. MONNIER, D.: Aide Mémoire pour le calcul des conduites de distribution du gaz. Paris 1876. — Siehe auch BLAESS, V.: Strömung in Röhren. München u. Berlin 1911.

7. Peterson: Gas- u. Wasserfach **71**, 847 (1928). — Starke, R. F.: Gas- u. Wasserfach **68**, 349, 371 (1925).

8. Siehe z. B. Marscheider, C.: Gas- u. Wasserfach **64**, 217 (1921). — Melhop: Gas- u. Wasserfach **65**, 247 (1922).

9. Spaleck, P.: Gas- u. Wasserfach **70**, 1037 (1927).

10. Benedict, W.: Gas- u. Wasserfach **68**, 166 (1925). — Egbert, H.: Stahl u. Eisen **39**, 1521 (1919). — Liese: Gas- u. Wasserfach **69**, 811 (1926). — Siehe auch Gas- u. Wasserfach **70**, 1275 (1927).

11. Wenger: Gas- u. Wasserfach **68**, 177 (1925).

12. Bütow: Gas- u. Wasserfach **69**, 153 (1926). — Schlaich: Gas- u. Wasserfach **69**, 197 (1926).

B. In geschlossenen Behältern.

Zur Beförderung von Gasen in geschlossenen Behältern dienen meistens die bereits beschriebenen Druckflaschen (siehe S. 281), die man zum Speichern hochkomprimierter oder verflüssigter Gase benutzt. Bei den Druckflaschen ist die Tara im Vergleich zum Nutzinhalt sehr groß, sie beträgt 85—250% des Bruttogewichts[1]. Man benutzt deshalb auch Tankwagen, deren Tara bloß 12,3—86,7% des Bruttogewichts ausmacht[1]. Solche Tankwagen sind auf deutschen Eisenbahnen für Kohlendioxyd, Ammoniak, Chlor, Schwefeldioxyd und Wasserstoff zulässig. Die Wagen sind verdeckt und enthalten eine Anzahl von Zylindern, die durch eine gemeinsame Fülleitung miteinander verbunden sind. Für die hochkomprimierten Gase (CO_2, H_2) ist die Zahl der Zylinder ziemlich groß; für die übrigen Gase verringert sie sich auf zwei bis vier Kessel (Kesselwagen).

Neuerdings wurde vorgeschlagen, die Tara der Druckflaschen dadurch zu erniedrigen, daß man diese aus dünnerem Blech ausführt und von außen mit einem Geflecht aus hochwertigem Stahldraht eng umgibt[2]. Außer der Ersparnis an Frachtkosten, bedingt durch das geringere Gewicht, haben derartige Versandgefäße den Vorteil, daß sie bei Explosionen nicht splittern.

Literatur:
Hinweise im Text:

1. Auerbach, E. B.: Verdichtete und verflüssigte Gase. In Ullmann, F.: Enzyklopädie der techn. Chemie. V. Bd., S. 697. Berlin u. Wien 1917.

2. Rieder, E.: Z. kompr. flüss. Gase **27**, 6 (1928).

C. In Form von Lösungen.

Zu dieser Art der Beförderung von Gasen wird man nur Zuflucht nehmen, wenn sich die sonstigen Methoden nicht anwenden lassen. Das Mitschleppen des Lösungsmittels als meist zweckloser Ballast verringert die Raumausnutzung und bringt erhöhte Beförderungskosten; schließlich darf auch nicht unbeachtet bleiben, daß das Lösungsmittel das Gas in nachteiliger Weise verunreinigen kann. Manche Gase werden zwar in Form ihrer wässerigen Lösungen (Salzsäure usw.) verschickt, doch werden dann diese unmittelbar verwendet; es handelt sich also um keinen Gastransport im Sinne dieses Abschnittes.

Wir wollen hier nur die Beförderung des Acetylens eingehender behandeln. Da der Acetylenverbrauch nicht so groß ist, um eine Niederdruckförderung durch Rohrleitungen zu rechtfertigen, bliebe der Transport in hochkomprimierter oder verflüssigter Form (siehe S. 280). Dem steht aber die Eigenschaft des Acetylens entgegen, unter Drücken von mehr als 2 at explosiv zu sein. Die Explosivität sinkt, wenn man das Acetylen in Flüssigkeiten löst. Als besonders günstiges Lösungsmittel hat sich Aceton (ähnlich verhalten sich alle organischen Flüssigkeiten mit Carbonylgruppen[1]) erwiesen, da es nicht nur die Explosivität beträchtlich erniedrigt[2], sondern auch große Mengen Acetylen zu lösen vermag und die Löslichkeit mit dem Druck steigt[3]. 1 l reines Aceton nimmt unter gewöhnlichem Druck rund 25 l Acetylen auf; das Volumen der Lösung nimmt je Atmosphäre um etwa 4% zu. Auch die Acetylen-Aceton-Lösungen zeigen eine, wenn auch sehr geringe Explosivität, die jedoch völlig verschwindet, wenn man die Lösungen in porösen Massen aufsaugt. Man füllt deshalb die Flaschen, die der Speicherung und dem Versand dienen, mit Kieselgur, Asbestbriketts usw. Derartige Druckgefäße dürfen bei 17,5° C im gefüllten Zustand einen Druck von höchstens 15 at aufweisen.

Die einzelnen Bestandteile verteilen sich in der Flasche nach P. WOLFF[4] unter Annahme eines Porenvolumens von 75% der Masse wie folgt:

Masse	25%	des Flascheninhalts,
Aceton	40%	,, ,,
Acetylen (gelöst)	22,5%	,, ,,
Wärmeausdehnung	2,8%	,, ,,
freier Raum für etwaige Ungenauigkeiten in der Porosität der Masse usw.	9,7%	,, ,,

Je Liter Flascheninhalt sind etwa 134 l Acetylengas, (0° C, 760 mm QS, trocken) aufgespeichert.

Literatur:

VOGEL, J. H.: Das Acetylen, 2. Aufl. Leipzig 1923.

Hinweise im Text:

1. JAMES, J. H.: Ind. Chem. **5**, 115 (1913).
2. BERTHELOT, M., u. P. VIEILLE: C. r. **124**, 988, 996, 1000 (1897).
3. BUTLER, R. R.: Chem. and Ind. **40**, 25 (1921). — CLAUDE, G., u. A. HESS: C. r. **124**, 626 (1897). — Siehe auch KREMANN, R., u. H. HÖNEL: Mh. Chem. **34**, 1089 (1913).
4. VOGEL, J. H.: Das Acetylen, 2. Aufl. Leipzig 1923.

VIII. Die Untersuchung von Gasen.

A. Bestimmung fester und flüssiger Bestandteile.

Feste und flüssige Bestandteile technischer Gase sind stets unerwünschte Verunreinigungen, die im allgemeinen vor der Verwendung der Gase aus diesen entfernt werden müssen. Die Ermittlung des Reinheitsgrades — diesmal nur bezogen auf die Verunreinigungen von nichtgasförmigem Aggregatzustand — macht die Bestimmung derartiger Beimengungen notwendig; den jeweiligen Anforderungen entsprechend begnügt man sich mit einem qualitativen Nachweis oder nimmt quantitative Feststellungen vor.

Während die flüssigen Anteile gasförmiger Stoffe zumeist aus Teernebeln und gelegentlich aus Wassertröpfchen bestehen, zeigen die unter dem Namen „Staub" zusammengefaßten, festen Verunreinigungen weit größere Mannigfaltigkeit. Ruß, Gesteins-, Metallstaub ... diese wenigen Hinweise eröffnen bei einiger Überlegung einen Umriß der zahlreichen Möglichkeiten hinsichtlich der Art und chemischen Beschaffenheit staubförmiger Gasbestandteile. Ziemlich weitgehende Unterschiede finden wir auch hinsichtlich der Menge des in Gasen enthaltenen Staubes und hinsichtlich der Größe der einzelnen Teilchen. Stets werden diese mehr als molekularen Durchmesser aufweisen, denn es wäre ein Widerspruch mit unserer Auffassung vom flüssigen und festen Aggregatzustand, wenn wir uns derartige Körper aus einmolekularen Teilchen bestehend vorstellten. Dagegen finden wir Molekülaggregate kolloider Dimensionen (feindisperse Anteile) bis zu grobdispersen Teilen. Die im Gas schwebenden festen Verunreinigungen pflegt man als „Staublast", die gröberen, zum Ausfallen neigenden Stoffe als „Staubfall" zu bezeichnen.

Grundsätzlich, d. h. in ihrer kennzeichnenden Wesensart, stimmen die Methoden zur Ermittlung von Staub und Nebeln mit den Verfahren zur Entfernung dieser Stoffe aus Gasen überein, selbstverständlich mit jenen Unterschieden, die der Anpassung an den jeweiligen Zweck — hier eine analytische Untersuchung, dort ein technischer Reinigungsprozeß — entspringen.

Dem Abschnitt über Entstaubung und Entnebelung von Gasen schickten wir eine Aufzählung industrieller Staubarten voraus, auf die wir an dieser Stelle ausdrücklich hinweisen (siehe S. 195).

Im allgemeinen lassen sich die Staub- und Teerbestimmungsmethoden in folgende Gruppen einreihen:

I. Abscheiden durch mechanische Kräfte wie Schwere, Schleuderkraft (hauptsächlich für groben Staub).

II. Auszählen (für feinere Schwebeteilchen).

III. Auswaschen (Staub mit Wasser, Teer mit Alkohol).

IV. Filtrieren:

a) durch trockene oder benetzte Schüttstoffe unlöslicher Natur.

b) durch ebensolche, jedoch lösliche Schüttstoffe.

c) durch zusammenhängende, dünne Filterschichten unlöslicher Natur;

d) durch ebensolche, jedoch lösliche Filter.

V. Elektrisches Niederschlagen.

Die den verschiedenen Gruppen angehörenden Methoden lassen sich unter Umständen kuppeln.

Am häufigsten verwendet man in der Technik die Filtrierverfahren; die kleinsten festen und flüssigen Schwebeteilchen gehen zwar durch die Filter — genau so wie kolloide Lösungen durch die gewöhnlichen Filter laufen — doch ist ihr Anteil in den Gasen meist so gering, daß er vernachlässigt werden kann.

Bei der Bestimmung von Staub- oder Nebelteilchen wird man nur in den seltensten Fällen die gesamte verunreinigte Gasmenge zur Prüfung heranziehen, meist wird ein Teilgasstrom abgesaugt und darin die Untersuchung vorgenommen. Das Ergebnis drückt man entweder in Masseneinheiten je Raumeinheit Gas aus oder als Zahl der Schwebekörper in der Raumeinheit.

Solange die Staub- und Nebelteilchen so klein sind, daß sie vom Verteilungsgas schwebend fortgetragen werden, verbleiben sie darin gleichmäßig; ihr Gehalt im Gas läßt sich verhältnismäßig leicht fehlerfrei ermitteln. Anders hingegen bei den gröberen Stoffen. Diese unterliegen stark dem Einfluß mechanischer Kräfte, insbesondere der Schwere, und besitzen deshalb das Bestreben, das gasförmige Verteilungsmittel zu verlassen; dadurch entziehen sie sich allzu leicht der Bestimmung. Unerläßliche Voraussetzung zur Gewinnung guter Ergebnisse ist eine einwandfreie Durchschnittsprobe. Deshalb soll bei Anwesenheit von Grobkörpern, die leicht zum Ausfallen neigen, mit einem weiten Rohr abgesaugt werden; für feine Schwebeteilchen genügt ein enges Rohr. Die Absaugeöffnung soll dem Gasstrom entgegen gerichtet sein und ihre Ebene zur Strömungsrichtung senkrecht stehen. Die Absauggeschwindigkeit soll mit der Gasgeschwindigkeit möglichst übereinstimmen. In geraden Rohrleitungen, aus denen stets abgesaugt wird, liegt die günstigste Absaugestelle im Abstand $1/_3$ des Rohrdurchmessers von der Rohrwand entfernt, da die Geschwindigkeit des Gasstromes unter normalen Strömungsverhältnissen an dieser Stelle ungefähr der mittleren Gasgeschwindigkeit gleich ist.

Bestimmung groben Staubes durch Absetzen. Man läßt groben Staub, der sehr schnell ausfällt und sich infolgedessen der Absaugung leicht entzieht, zweckmäßig unter dem Einfluß der Schwere absitzen und wägt die ausgeschiedene Menge. Zu diesem Zweck kann das den Grobstaub enthaltende Gas eine lotrechte Rohrleitung abwärts durchströmen; der Staub wird in einem oben offenen Gefäß gesammelt[1]. Auch in großen Staubsäcken oder langen waagerechten Leitungen lassen sich die Fallkörper zurückhalten. Den im Gas nach der Entfernung der groben Teile verbleibenden, schwebenden Staubrest bestimmt man in einer Teilgasmenge nach irgendeiner der weiter unten zu besprechenden Methoden. Die Summe der nach beiden Verfahren gefundenen Staubmengen ergibt den Gesamtstaub des Gases.

Um die Staubabscheidung zu unterstützen, werden zyklonartige Vorrichtungen als Staubsammler eingeschaltet, nachgebildet den im großen zum Entstauben von Gasen dienenden Apparaten (siehe S. 199).

Geräte, die mit Filtersäcken oder Zyklon und nachgeschaltetem Filter versehen sind, wurden von der Wärmestelle Düsseldorf vorgeschlagen[2].

Auszählen. Diese Art der Bestimmung von Staubteilchen und Nebeltröpfchen in Gasen wird nur sehr selten unmittelbar angewandt, indem man die durch Lichtwirkungen oder auf andere Weise sichtbar gemachten Schwebekörper im Gas zählt. Im allgemeinen wird nur im Anschluß an eine Abscheidungsmethode ausgezählt; wir werden an den entsprechenden Stellen darauf hinweisen.

Auswaschen. Das Auswaschen von Staub mit Wasser in Waschflaschen oder anderen Absorptionsgefäßen liefert ungenaue Werte, da der größte Teil des Staubes die Apparatur unabsorbiert wieder verläßt.

Immerhin haben sich — vor allem in Amerika — Geräte dieser Art zur Bestimmung des Staubes in der Luft eingeführt: der Apparat von G. T. PALMER und der Gegenstromapparat[3].

Bei jenem wird die Luft unter Wasser geleitet, wodurch dieses versprüht und den Staub niederschlägt. — In der zweiten Vorrichtung saugt man die Luft sehr schnell durch Öffnungen gegen eine unter Wasser befindliche Prallfläche. Infolge des raschen Durchperlens soll das Wasser die Teilchen zurückhalten. Bei beiden Apparaten werden die suspendierten Staubkörper in einem aliquoten Teil des Wassers unter dem Mikroskop ausgezählt.

Zur Bestimmung von Teer in Gasen wird gelegentlich mit Alkohol nach F. TIEFTRUNK gewaschen; der Alkohol wird nach der Absorption verdampft und der zurückbleibende Teer gewogen[4]. — Die in der Gastechnik anfallenden Teerarten bestehen nicht nur aus den niedergeschlagenen Teernebeln, sondern auch aus einer Reihe von im Gas dampfförmig vorhandenen Kohlenwasserstoffen mit verhältnismäßig niedrigem Siedepunkt. Diese werden bei den verschiedenen Teerbestimmungsmethoden — so auch nach F. TIEFTRUNK — nicht immer vollständig ermittelt, da sie, einmal abgeschieden, leicht wieder verdampfen oder mit den Teernebeln gar nicht kondensieren. Dieser Umstand ist stets zu berücksichtigen.

Filtrieren durch unlösliche Schüttstoffe. Für Laboratoriumsuntersuchungen werden vielfach Glaswolle, Asbest oder Watte benutzt, die man in Filterrohre füllt. Die Menge der zurückgehaltenen Schwebestoffe wird gewöhnlich durch Wägen vor und nach dem Versuch gefunden. Die erwähnten Filterstoffe haben einige Nachteile; an der glatten Glaswolle haftet Staub ziemlich schlecht, Teer besser; Asbest besitzt geringe Filtrationsgeschwindigkeit; Watte ist hygroskopisch und deshalb schwer auf konstantes Gewicht zu bringen[1].

Trotz dieser Übelstände werden Schüttstoffe der erwähnten Art für Teerbestimmungen benutzt, jedoch selten für Staubabscheidung.

W. FELD[5] absorbiert beispielsweise Teer mit Watte bei der Temperatur des Gases. Nach der Absorption trocknet er den Teer im Filterrohr mit Hilfe des Untersuchungsgases, das vorher von Wasser und Teernebeln, jedoch nicht von Teerdämpfen befreit wurde.

Auch R. H. CLAYTON[6] absorbiert den Teer mit Watte bei der Gastemperatur. Die Watte zieht man vor dem Versuch mit Schwefelkohlenstoff aus. Nach der Absorption wird der Teer mit Schwefelkohlenstoff im Soxleth extrahiert, das Lösungsmittel abdestilliert, der Rückstand auf 100° C erhitzt, nach dem Erkalten Luft darüber geblasen und gewogen.

Sehr gut sollen sich Filtergefäße bewähren, die mit Füllkörpern nach Art der Raschig-Ringe beschickt sind[7]; diese Füllkörper kommen teils trocken zur Anwendung, so insbesondere für Nebel, teils benetzt mit einer passenden Haftflüssigkeit.

Filtrieren durch lösliche Schüttstoffe. Am bekanntesten ist die Methode mit der sogenannten Zuckerröhre, womit Staub in Luft bestimmt wird[3].

Die Luft streicht über gekörnten Zucker, der den Staub zurückhält. Nach der Staubabscheidung wird der Zucker in staubfreiem Wasser gelöst; die in Suspension bleibenden Staubteilchen werden in einem aliquoten Teil der Lösung unter dem Mikroskop gezählt.

Filtrieren durch unlösliche Filterschichten. Diese am häufigsten gebräuchlichen Methoden benutzen zum Zurückhalten des Staubes oder der Nebelteilchen feinporige Stoffe aller Art. Der auf dem Filter haftende Niederschlag kann mechanisch oder chemisch losgelöst und gewogen werden; er läßt sich auch unmittelbar auf dem Filter wägen. Soweit dies der niedergeschlagene Staub gestattet, kann man auch das ganze Filter veraschen und dann wägen.

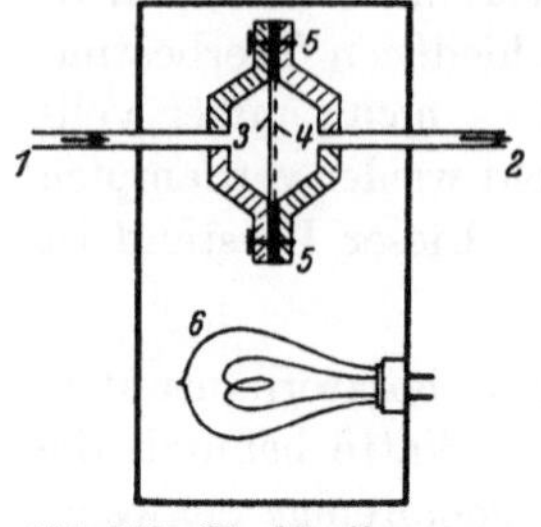

Abb. 235. Staubbestimmungsapparat (L. MARTIUS).

L. MARTIUS[8] arbeitet mit einfachem Filtrierpapier. Sein Staubbestimmungsapparat ist in Abb. 235 in verbesserter Ausführung dargestellt. Das staubhaltige Gas wird bei *1* in das Gerät gesaugt und verläßt es wieder bei *2*. An *2* schließen sich gegebenenfalls U-Rohre mit $CaCl_2$ zur Wasserbestimmung an, schließlich folgt ein Gasmesser. Das kreisrunde Papierfilter *3* wird durch ein Drahtgewebe *4* gestützt; beide werden von dem verschraubten Gehäuserand *5* gehalten. Eine Glühbirne *6* regelt die Temperatur, damit sich keine flüssigen Teile absetzen können.

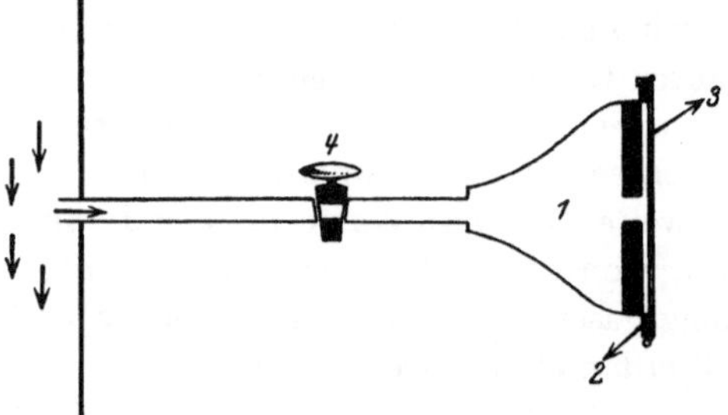

Abb. 236. Teer-Prüfhahn nach E. DRORY.

In einfacher Weise bestimmt man qualitativ den Teergehalt von Gasen mittels des Prüfhahns nach E. DRORY[9]. An dem Trichter *1* — Abb. 236 — ist ein Ring *2* mit Bügelverschluß *3* angebracht. Zum Gebrauch wird zwischen den Ring *2* und dem Bügelverschluß *3* ein Blatt Fließpapier eingelegt, das man anfeuchtet. Nun läßt man das Gas eine bestimmt vorgeschriebene Zeit durch den geöffneten Hahn *4* einwirken, trocknet und vergleicht die entstandene Färbung mit bekannten Mustern.

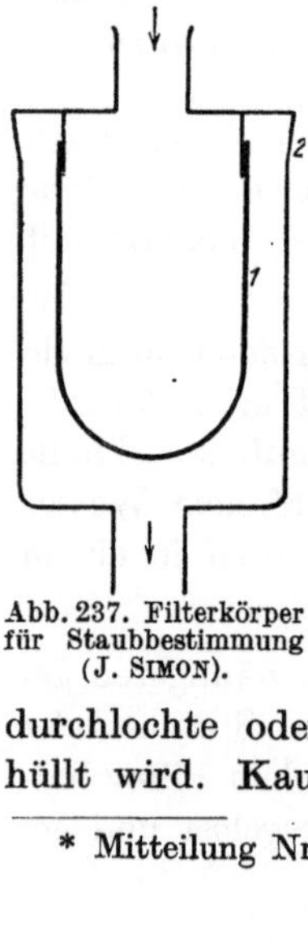

J. SIMON[10], dessen Filterkörper in Abb. 237 gezeigt wird, arbeitet mit dreifachen Extraktionshülsen *1* (Schleicher & Schüll) in Glasgefäße *2* eingespannt. Eine gleichmäßige Trocknung der Hülsen ist schwierig. Unangenehm wirkt sich auch der große Unterschied zwischen dem Gewicht des Abscheiders (etwa 100 g) und der Staubmenge von einigen Milligramm aus. Deshalb arbeitet H. BAER[11] in kleineren Ausführungen mit einem Gewicht des Filtergefäßes von

Abb. 237. Filterkörper
für Staubbestimmung
(J. SIMON).

etwa 3—4 g Gewicht.

H. WISLICENUS[12] — Abb. 238* — benutzt eine durchlochte oder poröse Porzellankerze, die mit Filterpapier umhüllt wird. Kautschukringe halten dieses an der Porzellankerze fest.

---

* Mitteilung Nr 62 der Wärmestelle Düsseldorf, S. 181, Abb. 51.

Das unten in die Vorrichtung eintretende Gas strömt nach dem Filter durch einen Wattebausch, der zur Kontrolle der Reinigung dient.

Zwischen den gasdurchlässigen Filtern und den Absetzmethoden stehen die Verfahren zur Staub- und Nebelbestimmung mittels gasundurchlässiger Tafeln oder Platten, die entweder mit einer klebenden, nicht verdampfenden Haftflüssigkeit bestrichen sind oder auf andere Weise die Schwebekörper festhalten. Ursprünglich nur für qualitative Vergleichsuntersuchungen bestimmt, werden sie heute auch für quantitative Feststellungen benutzt.

Der „Kapnograph"[13], in Abb. 239* wiedergegeben, besteht aus einem Zylinder, der mit einem Papierstreifen umhüllt ist. Ein Uhrwerk dreht den Zylinder. Aus einem kleinen Glasröhrchen strömt ununterbrochen das Untersuchungsgas gegen den Papierstreifen und hinterläßt dort eine Staub- oder Teerspur, die mit einer Standardskala verglichen wird.

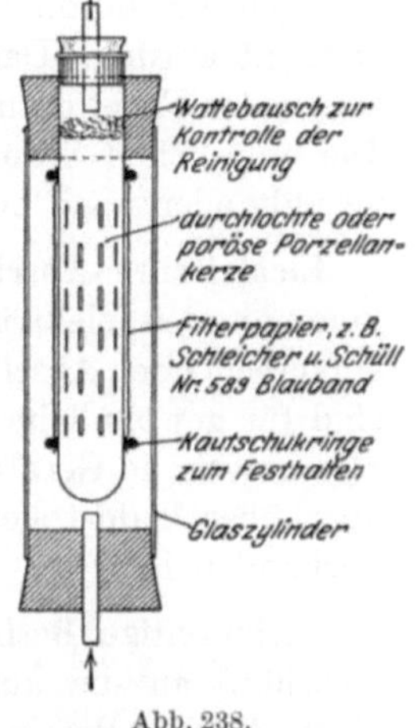

Abb. 238.
Staubfilterapparat nach H. WISLICENUS.

Nach R. GRIMM[14] bestreicht man Blechtafeln von bestimmtem Querschnitt mit hochsiedendem Öl, trocknet und wägt sie, bringt sie auf einige Sekunden oder Minuten — je nach der Staubmenge — unmittelbar in den Hauptgasstrom und stellt die Gewichtszunahme nach neuerlichem Trocknen fest. Das so ermittelte Gewicht, bezogen auf den vom Täfelchen während des Versuches verdrängten Gasstrom, liefert den Staubgehalt.

Bei dem sogenannten „Konimeter"[3] wird ein Gasstrahl mit großer Geschwindigkeit gegen ein mit Vaseline dünn bestrichenes Glasplättchen gerichtet. Die an der Vaseline haftenden Teilchen werden unter dem Mikroskop ausgezählt.

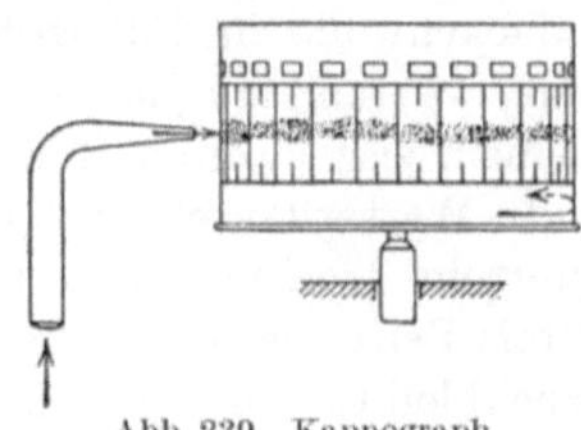

Abb. 239. Kapnograph.

Nach A. SEITZ[15] legt man paraffinierte Celluloidtäfelchen aus, die photographiert und mit Kopien von Standardbildern verglichen werden. Diese erhält man durch Photographieren von Celluloidfolien, auf die abgewogene Mengen von Metallstaub fein verteilt werden.

J. S. OWENS[16] läßt durch Druckreduktion die Feuchtigkeit von Luft kondensieren. Die Schwebeteilchen wirken kernbildend. Ein Luftstrahl wird mit Schallgeschwindigkeit gegen ein Mikroskopdeckglas gerichtet, an dem die Schwebeteilchen infolge des niedergeschlagenen Wassers

---

* Mitteilung Nr 62 der Wärmestelle Düsseldorf, S. 182, Abb. 54.

hängen bleiben. Nach dem Verdunsten des Wassers werden die Teilchen ausgezählt.

Filtrieren durch lösliche Schichten. Da die Verfahren dieser Art ziemlich umständlich sind, soll bloß die Methode von L. Pasteur[11] erwähnt werden. Das Gas wird durch ein Filter aus Nitrocellulose gesaugt, das Filter dann in einem Gemisch von Alkohol und Äther gelöst. Die unlöslichen Staubteilchen bleiben in Suspension und können ausgezählt oder nach nochmaligem Filtrieren gewogen werden.

Elektrisches Abscheiden. Geräte dieser Gruppe entsprechen vollkommen den elektrischen Gasreinigungsapparaten, weshalb auf den entsprechenden Abschnitt verwiesen sei (siehe S. 204). Ihre Einrichtungen sind für gewöhnliche Untersuchungen sehr verwickelt, weshalb sie sich als analytische Geräte nicht recht einbürgern konnten. Sie dürften sich aber überall dort bewähren, wo schon eine Elektro-Reinigungsanlage vorhanden ist.

Gleichzeitige Bestimmung von Staub, Teer und Wasserdampf. Im Anschluß an die aufgezählten Einzelmethoden sollen nunmehr jene Methoden zur Besprechung kommen, die bei gleichzeitiger Anwesenheit von festen und flüssigen Verunreinigungen angewendet werden. Da dann zumeist auch der Wasserdampf, die Gasfeuchtigkeit, mitbestimmt wird, müssen wir darauf ebenfalls kurz eingehen; die ausführlichere Besprechung der Feuchtigkeitsmessungen bleibt einem anderen Abschnitt vorbehalten (siehe S. 312).

A. Gwiggner[17] und A. Zschimmer[18] entziehen dem Gas mittels Schlackenwolle in Filterrohren den Staub und die Hauptmenge des Teers, während sie die letzten Reste zusammen mit dem Wasserdampf in einem eisgekühlten Rohr niederschlagen. Der noch im Gas verbleibende Wasserdampf wird durch Calciumchlorid zurückgehalten. Das Filterrohr trocknet man mit heißer Luft. Teer und Staub werden mittels Benzol getrennt, in dem der Teer löslich ist, während der Staub zurückbleibt. Die im eisgekühlten Rohr niedergeschlagenen Teerbestandteile sind dem Benzolextrakt hinzuzufügen.

Um ein teilweises Wiederverdampfen des Teers im Filter zu verhindern, kühlt E. Jenkner[7] das Gas vor dem Filter. Seine Versuchsanordnung zeigt Abb. 240. Das durch den Wasserkühler *1* gekühlte Gas streicht durch das Filterrohr *2*, das mit Glasröhrchen von 5 mm Weite und Länge nach Art der Raschig-Ringe gefüllt ist und den Staub sowie die Hauptmenge des Teers aufnimmt. Das Wattefilter *3* soll die noch nicht abgesetzten Teerreste zurückhalten. Es folgen zwei U-Rohre *4* mit Calciumchlorid zum Binden des Wasserdampfes. Da sich in den Filtern *2* und *3* Wasser niederschlägt, wird nach dem Durchleiten der Gasprobe trockene Luft von 50° C durchgesaugt. — Staub und Teer müssen nur im Rohr *2* getrennt werden, was mit Benzol geschieht. Der unlösliche Staub bleibt zum Teil im Filter *2* zurück, zum Teil muß er aus dem Benzolextrakt abfiltriert werden.

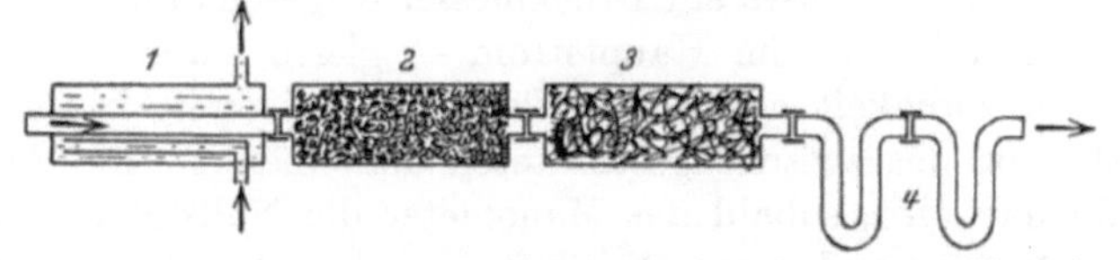

Abb. 240. Versuchsanordnung zur Bestimmung von Staub, Teer und Wasserdampf nach E. JENKNER.

Es sind folgende Wägungen notwendig:

Rohr *2* vor und nach dem Versuch: Teer und Staub, Gewichtszunahme: a;

Rohr *2* nach der Waschung mit Benzol: Staub, Gewichtszunahme (gegen das Rohr vor dem Versuch): b;

Papierfilter vor und nach dem Filtrieren des Benzolaxtraktes: Staub, Gewichtszunahme: c;

Rohr *3* vor und nach dem Versuch: Teer, Gewichtszunahme: d;

U-Rohre *4* vor und nach dem Versuch: Wasser, Gewichtszunahme: e.

Aus diesen Werten ergeben sich die Mengen der einzelnen Bestandteile wie folgt:

Staub: b + c;
Teer: a — (b + c) + d;
Wasser: e.

Der gleichzeitigen Bestimmung von Staub und Wasser dient der von W. ALLNER[19] angegebene Apparat — Abb. 241* —. Er kann auch

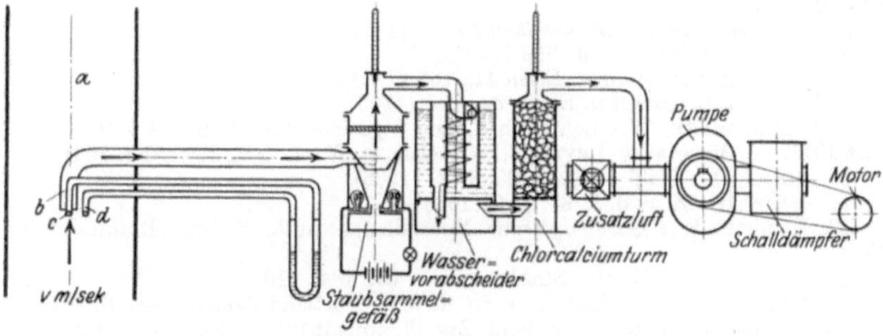

Abb. 241. Apparat zur Bestimmung von Staub und Wasser nach W. ALLNER.

zur Mitbestimmung des Teers umgeändert werden, ebenso wie die vorher beschriebenen Geräte sich auch anwenden lassen, wenn ein Bestand-

---

* Braunkohle **24** (1925), Abb. 150, S. 382.

teil — Staub oder Teer oder Wasser — im Gas nicht vorhanden ist bzw. nicht mitbestimmt werden soll.

Beim ALLNERschen Apparat ist zwischen die Absaugeöffnung und dem Hauptstrom des Gases ein Druckmesser eingeschaltet. Sind beide Drücke — im Teil- und im Hauptstrom — gleich, dann ist auch die Absaugegeschwindigkeit gleich der Gasgeschwindigkeit, kenntlich an der Nullstellung des zwischengeschalteten Manometers. Die Absaugegeschwindigkeit wird, sobald das Manometer die Nullstellung verläßt, durch geänderte Zugabe von Fehlluft vor dem konstant laufenden Absaugegebläse geregelt.

Als Staubsammelgefäß dient ein Zyklon für Großstaub; darüber befinden sich drei hintereinander geschaltete Filtertücher oder ein anderes Filtermaterial zum Zurückhalten des Feinstaubes.

Ist das staubhaltige Gas sehr feucht, dann wird die Temperatur im Staubabscheider durch elektrische Heizung über dem Taupunkt erhalten, so daß der Staub trocken anfällt. Vor der Gasmengenmessung, die mit einem gewöhnlichen Gasmesser oder dem Staurand erfolgt, scheidet man das Wasser durch Kühlen und schließlich mit Calciumchlorid ab.

Literatur:

BERTELSMANN, W.: Lehrbuch d. Leuchtgasindustrie, I. Bd. Stuttgart 1911.
DRINKER, PH., R. M. THOMSON und S. M. FITCHET: J. ind. Hyg. **5**, 19 (1923).
KERSHAW, J. B. C.: Ind. Chem. and Chem. Man. **2**, 153 (1926).
WUNDT, W.: Mitteilung Nr 62 der Wärmestelle. Düsseldorf 1924.

Hinweise im Text:

1. Siehe JOHANNSEN, O.: Stahl u. Eisen **32**, 16 (1912).
2. Mitteilung Nr 62, S. 183/84.
3. KATZ, S. H., G. W. SMITH u. W. M. MYERS: J. ind. Hyg. **8**, 300 (1926).
4. Siehe HEMPEL, W.: Gasanalytische Methoden, 4. Aufl., S. 239. Braunschweig 1913.
5. FELD, W.: Gas- u. Wasserfach **54**, 33 (1911).
6. Gas- u. Wasserfach **50**, 969 (1907).
7. JENKNER, E.: Stahl u. Eisen **41**, 181 (1921).
8. MARTIUS, L.: Stahl u. Eisen **23**, 735 (1903).
9. BERTELSMANN, W.: Lehrbuch d. Leuchtgasindustrie, I. Bd, S. 179. Stuttgart 1911. — Siehe auch LEYBOLD, W.: Gas- u. Wasserfach **37**, 551 (1894).
10. SIMON, J.: Stahl u. Eisen **25**, 1069 (1905).
11. BAER, H.: Z. V. d. I. **67**, 970 (1923).
12. HEMPEL, W.: Gasanalytische Methoden, 4. Aufl., S. 126. Braunschweig 1913.
13. BORCHERS, E. K. H.: Stahl u. Eisen **34**, 1346 (1914).
14. GRIMM, R.: Protokoll d. Verh. d. V. d. Portland-Zementfabr. S. 267/86. Berlin-Charlottenburg 1919. — Chem. Ztg **43**, 452 (1919). — Siehe auch FRANKE, G.: Braunkohle **23**, 751 (1925).
15. SEITZ, A.: Zbl. Gewerbehyg. **14**, 328 (1927).
16. OWENS, J. S.: Chem. Trade-J. **71**, 355 (1922). — Siehe auch MIDDLETON, E. L.: J. ind. Hyg. **8**, 449 (1926).
17. GWIGGNER, A.: Chem. Ztg **36**, 461 (1912).
18. ZSCHIMMER, A.: Gas- u. Waasserfach **62**, 53 (1919).
19. ALLNER, W.: Braunkohle **24**, 378, 399 (1925).

B. Bestimmung von Dämpfen.

Als „Dämpfe" wollen wir jene gasförmigen Stoffe verstehen, die bei gewöhnlicher Temperatur und unter dem gewöhnlichen Druck der Atmosphäre auch flüssig oder fest auftreten oder auftreten können. Diese Begriffsbestimmung, die im übrigen allgemein angenommen wird, bedeutet eine Einschränkung bzw. Abgrenzung des gasförmigen Zustandes, die man zwar für den praktischen Sprachgebrauch zugestehen kann, deren Berechtigung sich jedoch in theoretischer Hinsicht nicht gut erweisen läßt, worauf wir schon auf S. 1 näher eingegangen sind. Ferner werden wir in diesem Abschnitt nur jene Methoden behandeln, die sich grundsätzlich auf alle Dämpfe — im Sinn der obigen Kennzeichnung — anwenden lassen; Sondermethoden, die nur für einen bestimmten Stoff gelten, auf Grund bestimmter chemischer Reaktionen, sollen dem Abschnitt „Gasanalyse" vorbehalten bleiben. Desgleichen auch die Verfahren der gewöhnlichen „Gasanalyse", die sich unter Umständen auch für die Bestimmung von Dämpfen eignen.

Die allgemeinen Bestimmungsmethoden für die „Dämpfe" ergeben sich daraus, daß sich die Dämpfe unter gewöhnlichen Zustandsbedingungen der Atmosphäre in den flüssigen oder festen Zustand überführen lassen. Diese Methoden sind:

Das Abscheiden der Dämpfe

1. durch **Kühlung**,
2. durch **Absorption** in einer Flüssigkeit,
3. durch **Adsorption** an einen festen Stoff.

Auf solche Weise könnte man jeden gasförmigen Stoff quantitativ bestimmen; man müßte nur jene Zustandsbedingungen von Druck und Temperatur künstlich schaffen, bei denen der betreffende Stoff flüssig oder fest bestehen kann. Der Vorteil der „Dämpfe" liegt darin, daß ein derartiger Zustand nicht erst hergestellt zu werden braucht, sondern schon von Natur aus vorliegt.

Die erwähnten, allgemein anwendbaren Methoden werden wir an Benzol- und Benzinbestimmungsmethoden besprechen. In verschiedenen Zweigen der Gastechnik viel benutzt, lassen sie sich auch auf andere „Dämpfe", teils unmittelbar, teils sinngemäß abgeändert anwenden. Sie gelten nur als Beispiele für die allgemein anwendbaren Grundverfahren. Daß diese in entsprechender Ausführung auch zur technischen Gewinnung oder Entfernung solcher Stoffe dienen, zeigt wieder, wie sehr die verschiedenen Stellen eines Betriebes ineinandergreifen und wie die Kenntnis eines Teiles das Verständnis für einen anderen fördert.

Kühlung. Je nach der Flüchtigkeit eines Stoffes muß die Kühlung verschieden tief getrieben werden, um eine vollständige Abscheidung zu erreichen. Wird nur ein Teil des Dampfes abgeschieden, weil man mit der Temperatur nicht zu tief gehen will, dann muß der in Dampfform verbleibende Rest berücksichtigt werden.

H. Sainte-Claire Deville[1] kühlt (Abb. 242) das benzolhaltige Gas mittels einer Eis-Salzmischung auf —22° C ab. Je Kubikmeter Gas bleiben — entsprechend dem Sättigungsdruck des Benzoldampfes bei — 22° C — noch 23,5 g Benzol unabgeschieden. Die Methode ist somit in dieser Ausführung für Gase, die weniger als 23,5 g Benzol enthalten, überhaupt nicht anwendbar. Bei benzolreicheren Gasen sind dem Niederschlag 23,5 g/m³ hinzuzuzählen.

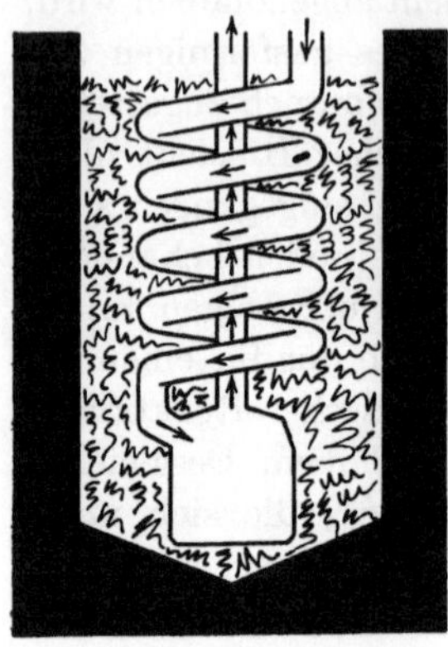

Abb. 242. Benzolbestimmungsapparat nach H. Sainte-Claire-Deville (Kühlung).

Da das Gasbenzol kein chemisch reines Benzol (C_6H_6) ist, sondern ein Gemisch verschiedener aromatischer Kohlenwasserstoffe schwankender Zusammensetzung, ist obiger Wert eine Erfahrungszahl von nur bedingter Gültigkeit.

An Stelle der Eis-Kältemischung nimmt C. Neubeck[2] Kohlensäureschnee mit Äther, wodurch eine Temperatur von —78° C erreicht wird, die zur völligen Abscheidung der Benzoldämpfe genügt.

G. A. Burell und I. W. Robertson[3] schlagen die Benzoldämpfe gleichfalls mit Kohlensäureschnee nieder, evakuieren hierauf den Niederschlagsraum und erwärmen auf Zimmertemperatur; dabei verdampft das Benzol wieder völlig. Man mißt nun den Dampfdruck und erhält die Benzolmenge im Gas in Volumprozent aus dem Verhältnis dieses Dampfdruckes zum Gesamtdruck des ursprünglichen Untersuchungsgases. — Im Gegensatz hierzu liefern die anderen Methoden die Benzolmenge in Gramm — also einer absoluten Massenangabe; man zieht diese im allgemeinen vor.

Absorption. Zur Absorption eines Dampfes aus einem Gasgemisch braucht man vor allem geeignete Absorptionsflüssigkeiten. Diese müssen folgende Eigenschaften haben: tiefer Erstarrungspunkt, geringe Zähflüssigkeit, hoher Siedepunkt bzw. niedriger Dampfdruck bei der Absorptionstemperatur und womöglich chemische Neutralität. Als allgemeine Regel gilt, daß eine Flüssigkeit auf den Dampf einer anderen um so besser lösend, d. h. absorbierend wirkt, je ähnlicher sich die beiden Stoffe in chemischer Beziehung sind. Zur Abscheidung von Kohlenwasserstoffdämpfen benutzt man deshalb am besten wieder Kohlenwasserstoffe usw. Außer diesen chemisch verwandten Stoffen gibt es aber solche, deren Absorptionsfähigkeit noch viel stärker ist.

So lösen beispielsweise die Phenole — und insbesondere das technische Kresol — außerordentlich leicht und in großer Menge alle Dämpfe organischer Natur, die Sauerstoffatome enthalten, also Alkohole, Äther, Ketone und dergleichen.

Die Absorptionsmittel wirken mehr oder minder auf alle Gasbestandteile lösend, am besten aber auf die schwersten Körper, das sind die Dämpfe; selbstverständlich unter der Voraussetzung, daß die vorerwähnten Bedingungen erfüllt sind.

Die gelösten Dämpfe bestimmt man entweder aus der Gewichtszunahme der Absorptionsflüssigkeit oder durch Abdestillieren und nachträgliches Messen oder Wägen. Das Abdestillieren kann mit oder ohne Dampf erfolgen.

Für die Benzolbestimmung wird gelegentlich die Paraffinölmethode mit Gewichtszunahme benutzt, die auf A. BAUER (1890) zurückgeht. Als Absorptionsgefäße benutzt man neben mehreren, hintereinander geschalteten Kaliapparaten, wie sie zur Absorption von Kohlendioxyd bei der Elementaranalyse dienen, Waschflaschen der verschiedensten Ausführungen[4]. Ihr Gasraum muß bei den Wägungen vor und nach dem Versuch mit Luft gefüllt sein, weil sonst grobe Fehler entstehen.

Die Paraffinölmethode wird gewöhnlich in der Ausführung von BERTHOLD[5] vorgenommen, dessen Absorptionsgefäß in Abb. 243 dargestellt ist. Er leitet das Gas zuerst durch eine Waschflasche mit kaltgesättigter Pikrinsäurelösung zur Entfernung des Naphthalins, dann durch 3 U-Rohre mit Chlorcalcium,

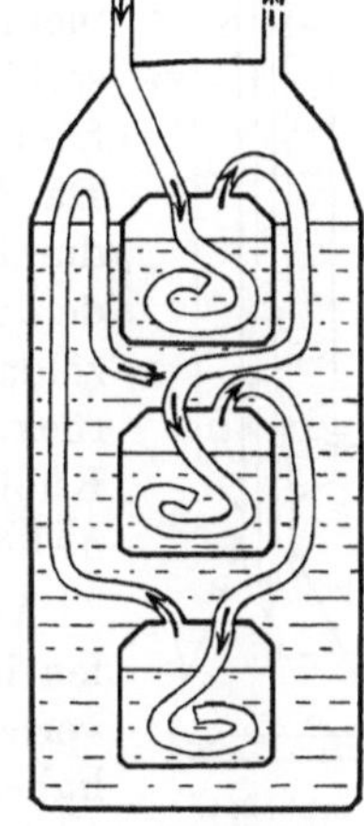

Abb. 243. Absorptionsgefäß nach BERTHOLD.

die sich in einem isolierten Blechkasten befinden und mit Eis gekühlt werden; hier wird das Gas getrocknet. Es folgt nunmehr die Benzolwaschflasche nach Abb. 243; sie enthält das Paraffinöl und wird in einem isolierten Blechkasten mit Eis und Kochsalz auf ungefähr — 10° C gekühlt. Schließlich kommt eine Gasuhr — womöglich mit Druckregler — und, falls der Gasdruck zu schwach sein sollte, eine Wasserstrahlpumpe oder ein Aspirator. Die Gasgeschwindigkeit beträgt 40 bis 50 l/h. Bei einem Gehalt von 20 g Benzol im Kubikmeter genügen 50 l für eine Bestimmung. — Um das ausgebrauchte Paraffinöl aufzufrischen, leitet man einige Zeit trockene Luft bei 120° C hindurch. Die Methode ist nur dann anwendbar, wenn der Dampfgehalt bei der Kühltemperatur in den Chlorcalciumröhren unter dem Sättigungswert liegt, weil sich sonst dort ein Teil des Benzols abscheiden würde.

Statt der obigen Anordnung wurde die Vorbehandlung des Gases mit Schwefelsäure und darauffolgende Waschung mit Paraffinöl empfohlen[6].

Im Ausland wäscht man gewöhnlich große Gasmengen und mißt das nachträglich aus dem Öl in der Wärme abgetriebene Benzol bzw. Benzin.

Es wurde auch vorgeschlagen, das Benzol mit Tetralin (= Tetrahydronaphthalin) in Absorptionsgefäßen aufzufangen, die zur Vergrößerung der Reaktionsoberfläche mit Spiralkörpern (in der Wirkung ähnlich den Raschig-Ringen) gefüllt sind[7]. Das Benzol wird nachher abdestilliert. Die Methode liefert zu hohe Werte; bei der Destillation geht nämlich mit dem Benzol Tetralin über, dessen Siedepunkt (206 bis 212° C) für diesen Zweck zu tief liegt.

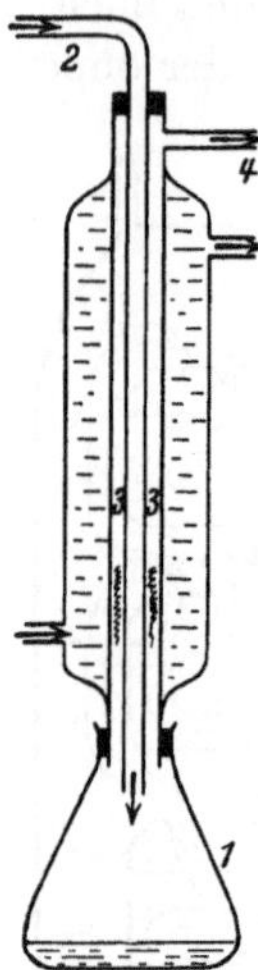

Abb. 244. Versuchsanordnung zur Bestimmung von Dämpfen nach H. H. Gray.

In eigenartiger Weise verfährt H. H. Gray[8], indem er die zu bestimmenden Dämpfe mit leichteren Dämpfen gemeinsam in einem Kühler niederschlägt. Zum Beispiel absorbiert er Toluol und Xylol mit Dämpfen von Benzol. Seinen Apparat zeigt Abb. 244. Im Kolben 1 siedet Benzol. Das Gasgemisch mit den Dämpfen von Toluol usw. kommt durch das innerste Rohr 2 des Kühlers; die Dämpfe werden im eigentlichen Kühlraum 3 gemeinsam mit den Benzoldämpfen kondensiert und fließen in den Kolben 1 zurück. Das von den Dämpfen befreite Restgas verläßt den Kühler bei 4. Diese Absorption durch Flüssigkeitsnebel soll sehr gut wirken.

Adsorption. Die Methoden der Bestimmung von Dämpfen in Gasgemischen durch Anlagerung an feste Stoffe — vornehmlich aktive Kohle, aber auch Kieselsäuregel — haben alle übrigen Verfahren in den letzten Jahren stark zurückgedrängt. Dies liegt vor allem an der bedeutend größeren Aufnahmefähigkeit der festen Stoffe für Dämpfe aller Art. So kann z. B. Paraffinöl bei 20° C nur 1,3% seines Gewichts an Benzol aufnehmen, während aktive Kohle unter gleichen Bedingungen 31% festhält[9]. Auch hier kann man die aufgenommene Benzolmenge einfach aus der Gewichtszunahme des Adsorptionsmittels feststellen. Wenn das Gas mit Calciumcarbid[10] oder Calciumchlorid getrocknet und vorher mit Pikrinsäurelösung und Wattefilter gereinigt[11] wird, soll die Wägung gute Ergebnisse liefern[12]. Gewöhnlich treibt man jedoch die von der A-Kohle aufgenommenen Dämpfe mit überhitzten Wasserdampf aus.

Die Methode wurde von E. Berl und seinen Mitarbeitern[13] beschrieben und eingehend untersucht. Das in Abb. 245 wiedergegebene U-Rohr, das zweckmäßigerweise aus Kupfer besteht, enthält etwa 30 bis 40 g A-Kohle. Das Gas wird mit einer Geschwindigkeit von 250 l/h von 1 nach 2 geleitet. Bei einem Benzolgehalt von 20 g/m³ genügen 200—300 l Gas. Nach beendigter Adsorption stellt man das U-Rohr

nach E. Berl in eine Salzlösung, die auf etwa 110° C bis 130° C erwärmt
wird und bläst entgegen der Gasrichtung — also von *2* nach *1* — überhitzten Wasserdampf ein. Die abdestillierenden Benzol- und Wasser-
dämpfe gehen durch einen Kühler und werden
in einer Bürette aufgefangen, wo sich Benzol
und Wasser in zwei Schichten trennen. Die
Menge der leichteren Benzolschicht wird an der
Bürettenteilung abgelesen. Mit frischer Kohle
muß vor der Benutzung ein Blindversuch gemacht werden. Die ausgebrauchte Kohle trocknet man vor der Wiederbenutzung in der Wärme
an der Luft oder im Vakuum. Mit einer Kohle
lassen sich Hunderte von Bestimmungen ausführen, ehe die Wirksamkeit nachläßt. Die von
E. Berl ursprünglich angenommene Abtreibe-
Temperatur hat sich als zu niedrig erwiesen;
sie soll bis 300° C gehen[14].

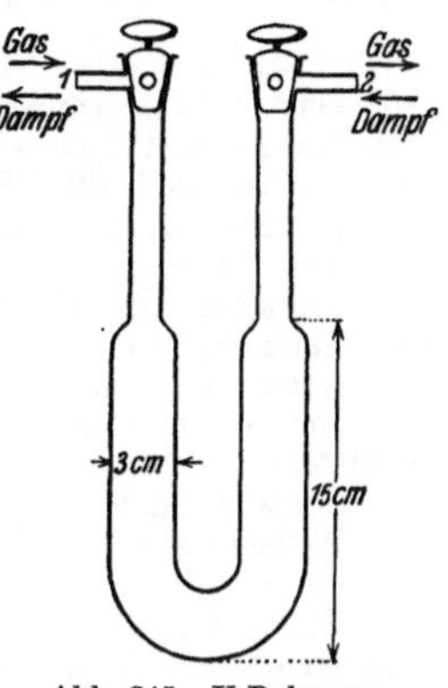

Abb. 245. U-Rohr zur
Adsorption mittels A-Kohle
(E. Berl und Mitarbeiter).

Als Auffanggefäß empfiehlt sich eine Über-
laufbürette nach Abb. 246. Man erreicht dadurch, daß das Wasser bei *1*
ständig abfließt und die Benzolschicht stets in gleicher Höhe bleibt,
was die Beobachtung und Ablesung sehr erleichtert.

Eine vollständige Benzolbestimmungsapparatur besteht
aus dem Adsorptionsgefäß, dem Überhitzungsbad für
dieses, dem Wasserdampfentwickler und -überhitzer,
einem Kühler und der Auffang-Bürette. Für die Anordnung dieser Einzelgeräte zu einer Gesamtapparatur wurden eine Reihe konstruktiver Ausführungsarten angegeben[15].

Nach G. Weissenberger[16] soll man die Kohle nach der
Adsorption mit Kresol überschichten und hierauf destillieren.

Berechnung. Aus der Gasdichte und der volumetrischen
Zusammensetzung eines Gasgemisches läßt sich die Benzolmenge angenähert berechnen[17].

A. Thau[18] versuchte die Benzolmenge aus der Heizwert-
verminderung eines Gases infolge der Benzolentfernung zu
ermitteln.

Diese beiden Methoden liefern jedoch nur sehr ungenaue
Ergebnisse, so daß sie keine praktische Bedeutung erlangten.

Abb. 246.
Überlauf-
bürette für
Benzol-
bestim-
mungen.

Das gleiche dürfte auch für den Vorschlag gelten, Benzol und ähnliche
Körper, die das Leuchten von Flammen bewirken, aus der Sauerstoff-
menge zu berechnen, die zum Entleuchten der Flamme notwendig ist[19].

Literatur:

LUNGE, G., u. E. BERL: Chem. techn. Untersuchungsmethoden, 7. Aufl., III. Bd. Berlin 1923.

THAU, A.: Glückauf **57**, 505, 529, 559 (1921)..

Hinweise im Text:

1. Gas- u. Wasserfach **32**, 652 (1889).
2. NEUBECK, C.: Gas- u. Wasserfach **58**, 616 (1915). — Siehe auch OTT, E.: Gas- u. Wasserfach **60**, 99 (1917).
3. BURELL, G. A., u. I. W. ROBERTSON: Ind. Chem. **7**, 669 (1915). — WHITON, L. C.: Ind. Chem. **8**, 733 (1916).
4. JENKNER, E.: Stahl u. Eisen **32**, 1129 (1912). — KRIEGER, A.: Gas- u. Wasserfach **58**, 61 (1915). — MÜLLER, E.: Gas- u. Wasserfach **41**, 221, 432 (1898). — NOWICKI, R.: Gas- u. Wasserfach **48**, 292 (1905).
5. BERTHOLD: Gas- u. Wasserfach **59**, 321 (1916). — THAU, A.: Chem. Age **7**, 636 (1922).
6. SCHWENKE, H.: Gas- u. Wasserfach **59**, 573 (1916).
7. WEISSENBERGER, G.: Mont. Rdsch. **17**, 103 (1925).
8. GRAY, H. H.: J. chem. Soc. Lond. **111**, 179 (1917).
9. BERL, E., u. K. ANDRESS: Z. angew. Chem. **34**, 278 (1921).
10. KRIEGER, A.: Chem. Ztg **47**, 357 (1923).
11. KATTWINKEL, R.: Chem. Ztg **47**, 683 (1923.)
12. SCHMOLKE, A.: Gas- u. Wasserfach **67**, 77 (1924).
13. BERL, E., K. ANDRESS u. W. MÜLLER: Z. angew. Chem. **34**, 125 (1921). — Siehe auch FISCHER, FR., u. C. ZERBE: Brennstoff-Chemie 4, 355 (1924). — BERL, E., u. E. WACHENDORFF: Z. angew. Chem. **37**, 205 (1924). — FISCHER, FR., u. C. ZERBE: Z. angew. Chem. **37**, 483 (1924). — KRIEGER, A.: Chem. Ztg **46**, 468 (1922). — BERL, E.: Z. angew. Chem. **35**, 332 (1922).
14. GOLLMER, W.: Z. angew. Chem. **37**, 773 (1924).
15. BÄHR, H.: Chem. Ztg **46**, 804 (1922). Gas- u. Wasserfach **65**, 608 (1922). — BÜRGER, A.: Gas- u. Wasserfach **67**, 218 (1924). — GOLLMER, W.: Z. angew. Chem. **37**, 773 (1924). — WEINDEL, A.: Brennstoff-Chemie 8, 136 (1927). — HABER, TH.: Chem. Ztg **47**, 62 (1923): App. von BUNGE. — KRIEGER, A.: Chem. Ztg **47**, 317 (1923). — JOHANNSEN, O.: Stahl u. Eisen **43**, 404 (1923). — KRIEGER, A.: Chem. Ztg **46**, 468 (1922). — KATTWINKEL, R.: Brennstoff-Chemie **3**, 179 (1923). — Siehe auch Gas- u. Wasserfach **66**, 699 (1923): App. von A. DARGATZ. — KATTWINKEL, R.: Glückauf **62**, 205 (1926); **63**, 1787 (1927). — BREMER, L.: Brennstoff-Chemie 8, 77 (1927). — SCHMOLKE, A.: Gas- u. Wasserfach **67**, 77 (1924).
16. WEISSENBERGER, G.: Österr. Chem. Ztg **27**, 69 (1924).
17. PFEIFFER, O.: Gas- u. Wasserfach **42**, 697 (1899).
18. THAU, A.: Glückauf **48**, 1761 (1912).
19. I. G. Farbenindustrie: D. R. P. 432237.

C. Bestimmung der Feuchtigkeit.

Feuchtigkeit eines Gases ist sein Gehalt an Wasserdampf oder — allgemeiner betrachtet — die Menge eines gasförmigen Körpers, nämlich des Wasserdampfes, in einem Gasgemisch. Diese Menge wird, als die eines chemisch wohldefinierten Stoffes (H_2O), durch verschiedene Größen eindeutig festgelegt, so durch den Teildruck, dann durch die Raumanteile im Gemisch und schließlich — wie bei den gemischten Dämpfen — unmittelbar durch Massenangaben, z. B. g/m^3. Die Beziehungen, die zwischen diesen einzelnen Größen bestehen, haben wir schon in der Einleitung (S. 12) kennengelernt. Für den Wasserdampf pflegt man zwei Ausdrucksweisen vorzuziehen: die **absolute** und die **relative Feuchtigkeit.**

Die **absolute Feuchtigkeit** $(= f)$ ist die Menge des Wasserdampfes in einem Kubikmeter des Gasgemisches. Man sollte sie stets in g/nm³ Gas (0° C, 760 mm QS, trocken) angeben. Dies hat den Vorteil, daß die dadurch bestimmte trockene Gasmenge unverändert bleibt; drückt man hingegen die Feuchtigkeit in g/m³ Gas vom jeweiligen Druck, der Versuchstemperatur und dem zufälligen Feuchtigkeitsgehalt aus, dann rechnet man dauernd mit wechselnden Trockengasmengen, die sich untereinander ohne Umrechnung nicht vergleichen lassen.

Die **relative Feuchtigkeit** $(= \varphi)$, auch Sättigungsgrad genannt, ist das Verhältnis der im Gas vorhandenen Wasserdampfmenge zur höchstmöglichen, die durch den Sättigungsdruck bestimmt wird.

Ein Gasgemisch enthalte bei 20° C 14 g Wasserdampf je nm³ (0° C, 760 mm QS, trocken). Dies ist die absolute Feuchtigkeit. Aus Anhang 4 (S. 376) finden wir, daß die Sättigungsfeuchtigkeit bei 20° C 18,9 g Wasserdampf je nm³ wäre; demnach ergibt sich die relative Feuchtigkeit, der Sättigungsgrad, zu $\frac{14}{18,9} = 0{,}74$ oder 74%.

Taupunkt $(= \tau)$ heißt jene Temperatur, bei der ein Gas von beliebiger Temperatur mit dem darin enthaltenen Wasserdampf gesättigt wäre.

Enthält beispielsweise ein Gas 18,9 g Wasserdampf je nm³, dann ist sein Taupunkt 20° C. — Da der Sättigungswert stets den höchstmöglichen Wasserdampfgehalt für eine bestimmte Temperatur darstellt, muß die tatsächliche Temperatur eines mit Wasserdampf ungesättigten Gases stets höher liegen als der zugehörige Taupunkt.

Seltener als die obigen Bezeichnungen gebraucht man die Ausdrücke: **Dampfhunger**[1] (= Wasserdampfmenge, die zur Sättigung fehlt) und **spezifische Feuchtigkeit**[2] (= Wasserdampfmenge in 1 kg feuchten Gases).

Die Messung der Feuchtigkeit kann selbstverständlich nach den allgemeinen Methoden zur Bestimmung von Dämpfen (S. 307) erfolgen und erfolgt auch gelegentlich danach; im allgemeinen haben sich jedoch für die Feuchtigkeitsermittlung Sondermethoden entwickelt, wodurch sich eine eigene Behandlung des Gegenstandes rechtfertigt.

Kühlung. Sie braucht bei einem chemisch wohldefinierten Einzelstoff, wie es der Wasserdampf ist, nicht so weit zu gehen, daß die Abscheidung in flüssiger Form **vollständig** vor sich geht; es genügt, eine unterhalb des jeweiligen Taupunktes liegende Temperatur zu erreichen. Es kondensiert dann so viel Wasser, wie dem Überschuß über dem Sättigungswert der Kühltemperatur entspricht. Die im Gas verbleibende

Sättigungsmenge ist aus der Kühltemperatur bekannt. Die Summe aus dieser Sättigungsmenge und dem flüssig niedergeschlagenen Wasser gibt den Feuchtigkeitsgehalt des Gases.

Ein nach diesem Grundsatz arbeitender Apparat stammt von R. MÜLLER und ist in Abb. 247 in einer Ausführungsform dargestellt, die von der Wärmestelle des Vereins deutscher Eisenhüttenleute vorgeschlagen wurde[3]. Das Gas, dessen Taupunkt über der Kühlwassertemperatur liegen muß, wird in *1* mit Wasser gekühlt. Bei geöffnetem Hahn *2* läßt man solange Wasser kondensieren, bis der Wasserspiegel den Überlauf *3* erreicht. Dann wird Hahn *2* geschlossen und gleichzeitig die Gasuhr angestellt. In der Bürette *4* mißt man die kondensierte Wassermenge. Das Thermometer *5* zeigt die Sättigungstemperatur des im Gas verbliebenen Wasserdampfes an. Am Manometer *6* kann der Gasdruck gemessen werden.

Statt den Restwasserdampf aus der Sättigungstemperatur zu berechnen, kann man ihn auch nach einer der weiter unten beschriebenen Methoden experimentell feststellen. Eine derartige Kombination der Kühlung mit einer zweiten Bestimmungsart empfiehlt sich immer dann, wenn der Feuchtigkeitsgehalt eines Gases sehr hoch ist.

In eigenartiger Weise werten NÄGEL[4] und THIBAUT[4] die durch Kondensation eines Teiles Wasserdampf geänderten Zustandsbedingungen aus. — Das feuchte Gas befinde sich bei einer Temperatur $t_1°$ C oberhalb des Taupunktes und wird nun unter diesen auf $t_2°$ C abgekühlt. Ein an den Gasraum angeschlossenes Manometer zeige dabei die Überdrucke h_1 und h_2 mm QS; der Barometerstand sei b mm QS. Der Gesamtdruck in der Gasphase ist

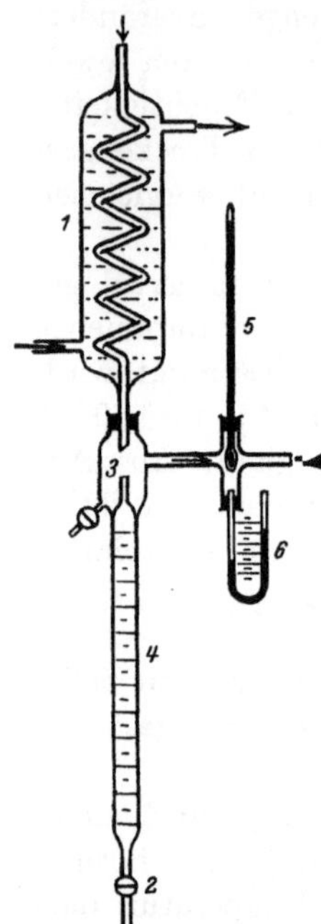

Abb. 247. Wasserbestimmungsapparat nach R. MÜLLER.

$$p_1 = b + h_1 \quad \text{und} \quad p_2 = b + h_2.$$

Die Drücke p_1 und p_2 setzen sich aus dem Teildruck des trockenen Gasanteiles (π_1 und π_2) und dem Teildruck des Wasserdampfes (e_1 und e_2) zusammen. e_2 ist der Sättigungsdruck des Wasserdampfes bei $t_2°$ C, in Anhang 4 enthalten. Es bestehen folgende Beziehungen:

$$\pi_1 = p_1 - e_1 \quad \text{und} \quad \pi_2 = p_2 - e_2.$$

Die Teildrücke des trockenen Gases verhalten sich nach dem Gesetz über die Änderung des Gasdruckes mit der Temperatur bei konstantem

Volumen (siehe S. 5) wie die absoluten Temperaturen; also ist

$$\frac{\pi_1}{\pi_2} = \frac{p_1 - e_1}{p_2 - e_2} = \frac{b + h_1 - e_1}{b + h_2 - e_2} = \frac{t_1 + 273}{t_2 + 273};$$

daraus ergibt sich der gesuchte Dampfdruck zu

$$e_1 = b + h_1 - \frac{t_1 + 273}{t_2 + 273} \cdot (b + h_2 - e_2).$$

Taupunktmesser. Sie gehören zu den ältesten Feuchtigkeitsmeßgeräten[5]. Das zu untersuchende Gas wird bis auf jene Temperatur abgekühlt, bei der das Tauen beginnt. Zur Beobachtung dieser Temperatur dient eine spiegelnde Oberfläche, die sich beim Taupunkt mit Wasser beschlägt und infolgedessen trübt; umgekehrt wird bei einer geringen Erhöhung der Temperatur über den Taupunkt der trübende Niederschlag wieder verschwinden. Auf diese Weise läßt sich der Taupunkt verhältnismäßig genau ermitteln. Der ihm entsprechende Sättigungswert gibt die absolute Feuchtigkeit an, die selbstverständlich auf die ursprüngliche Gastemperatur zu beziehen ist. Aus der Sättigungsfeuchtigkeit für diese findet man dann den Sättigungsgrad. Die zur Ermittlung des Taupunktes notwendige Abkühlung erhält man durch Verdampfen von Äther.

Abb. 248 zeigt als Beispiel für die Geräte dieser Gruppe den Taupunktspiegel nach W. A. NIPPOLDT[6]. Eine kreisrunde Eisenwanne *1* schließt dicht über die Glaswanne *2*, in der sich Äther befindet. Luft wird mittels eines Gummiballes von *3* nach *4* geblasen. Dadurch kühlt sich der innerste, mit Leinendocht *5* umspannte Teil der Eisenwanne, der Quecksilber *6* enthält. Das Thermometer *7* mißt die Abkühlung des Quecksilbers *6* und zeigt den Taupunkt an. Sobald er nämlich erreicht ist, beschlägt sich die Quecksilberoberfläche, was

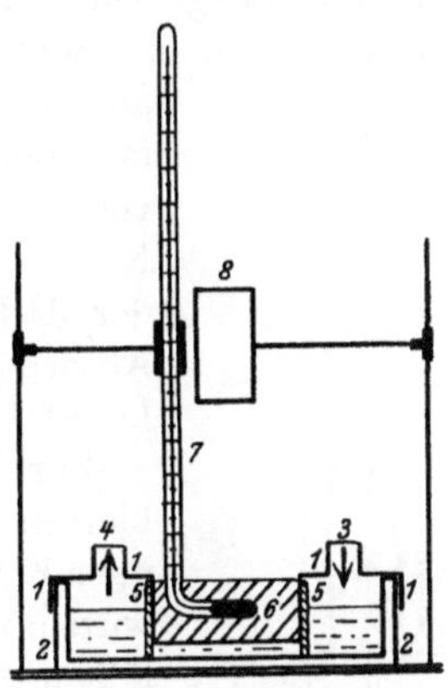

Abb. 248. Taupunktspiegel
nach W. A. NIPPOLDT.

an dem Spiegel *8* beobachtet werden kann, der zu diesem Zweck unter 45° gegen die Waagerechte geneigt ist.

Die übrigen Ausführungen von Taupunktsmessern arbeiten nach dem gleichen Grundsatz[7]. Einige Apparate erzeugen die Kälte nicht durch Verdampfung, sondern arbeiten mit gekühlten Lösungen, Kältemischungen oder Kompression[8].

Absorption. Die hierher gehörenden Methoden beruhen auf der Eigenschaft gewisser Stoffe, Wasser begierig anzuziehen und zu lösen. Solche Stoffe sind Chlorcalcium ($CaCl_2$), Schwefelsäure (H_2SO_4), Phosphorpentoxyd = Phosphorsäureanhydrid (P_2O_5) u. a. Alle diese Körper befinden sich wasserfrei in einem metastabilen Zustand und gehen durch Wasseraufnahme in stabilere Formen über: Chlorcalcium und die Schwefelsäure in sogenannte Molekülverbindungen (Hydrate), das Phosphorpentoxyd in Phosphorsäure (siehe auch S. 212).

Die absorbierte Wassermenge ermittelt man entweder aus der Gewichtszunahme des Absorptionsmittels oder aus der Verminderung des Gasvolumens bzw. des Gasdruckes infolge Entfernung des Wasserdampfes. Selbstverständlich müssen im Prüfgas alle Stoffe fehlen, die das angewandte Absorptionsmittel ebenfalls entfernen würde, z. B. Ammoniak bei sauren Stoffen (P_2O_5, H_2SO_4).

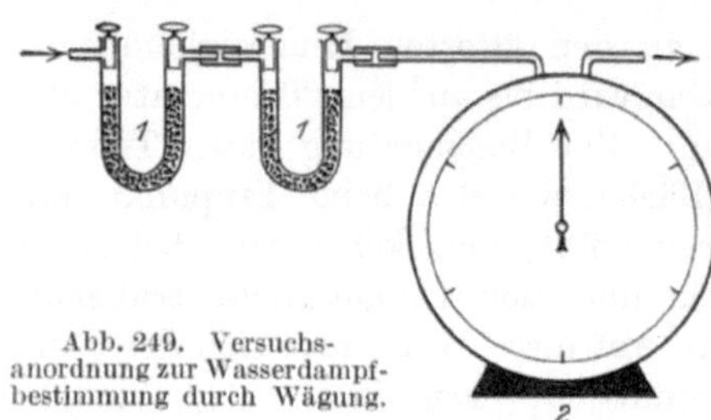

Abb. 249. Versuchsanordnung zur Wasserdampfbestimmung durch Wägung.

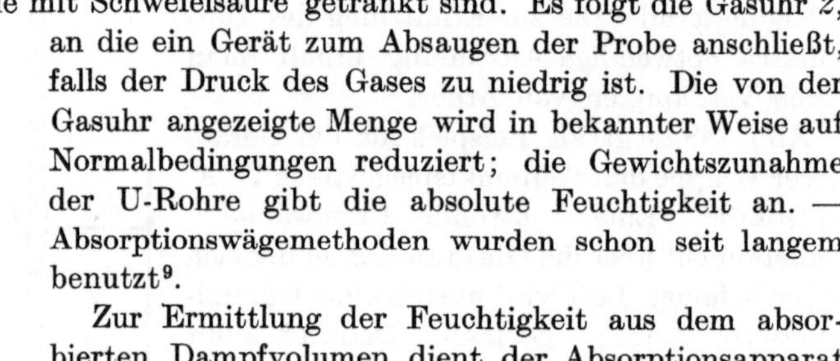

Abb. 249 bringt eine Vorrichtung zur Wasserdampfbestimmung durch Wägung. Die U-Rohre _1_ enthalten Chlorcalcium oder Bimssteinstückchen, die mit Schwefelsäure getränkt sind. Es folgt die Gasuhr _2_, an die ein Gerät zum Absaugen der Probe anschließt, falls der Druck des Gases zu niedrig ist. Die von der Gasuhr angezeigte Menge wird in bekannter Weise auf Normalbedingungen reduziert; die Gewichtszunahme der U-Rohre gibt die absolute Feuchtigkeit an. — Absorptionswägemethoden wurden schon seit langem benutzt[9].

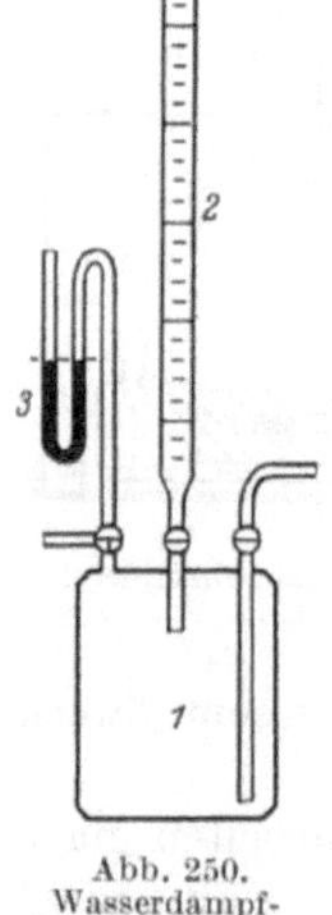

Abb. 250.
Wasserdampf-
Absorptionsapparat
nach F. Rüdorff.

Zur Ermittlung der Feuchtigkeit aus dem absorbierten Dampfvolumen dient der Absorptionsapparat nach F. Rüdorff[10], dargestellt in Abb. 250. Die Flasche _1_ wird mit dem zu untersuchenden Gas gefüllt. Hierauf läßt man aus der Bürette _2_ konzentrierte Schwefelsäure nach _1_ fließen. Sie nimmt den Wasserdampf auf, was am Manometer _3_ zu erkennen ist; hat man nämlich nicht zu viel Schwefelsäure genommen, dann steht der trockene Gasraum unter Unterdruck. Zeigt das Manometer _3_ hingegen einen Überdruck an, dann war die Schwefelsäuremenge zu groß und der Versuch ist zu wiederholen. Bei Unterdruck gibt man nun noch tropfenweise so viel Säure zu, bis das Manometer schließlich den Gleichgewichtszustand wieder erreicht hat. Das an der Bürette _2_ abzulesende Schwefelsäurevolumen ist gleich dem absorbierten Dampfvolumen, vorausgesetzt, daß sich Temperatur und Luftdruck während des Versuches nicht geändert haben; sonst wird eine rechnerische Berücksichtigung erforderlich. Es fehlt auch nicht an Vorschlägen zur experimentellen Ausschaltung dieser etwaigen Fehlerquelle[11].

Der F. Rüdorffsche Apparat läßt sich in einfacher Weise zur Bestimmung des Dampfdruckes abändern (Abb. 251). Die Flasche *1* ist mit der Schwefelsäure-Pipette *2* durch die Hähne *3* und *4* in Verbindung. Man läßt die Schwefelsäure bei geöffneten Hähnen *3, 4* und geschlossenem Hahn *5* nach *1* fließen, wodurch der Gesamtraum für Schwefelsäure und Gas ungeändert bleibt; da aber der Wasserdampf verschwindet, muß der Gesamtdruck um den Teildruck dieses absorbierten Gasbestandteiles sinken, was Manometer *6* anzeigt. — Die Apparate nach der Absorptions-Dampfdruckmethode werden in verschiedenen Ausführungsformen hergestellt[12].

Sättigung. Den Feuchtigkeitsgehalt ungesättigter Gase kann man auch aus der Wasserdampfaufnahme bis zur Sättigung feststellen. Entweder bestimmt man die Druckzunahme bei gleichbleibendem Volumen und bedient sich dann beispielsweise der F. Rüdorffschen Flasche in der Ausführungsform der Abb. 251, wobei die Pipette *2* diesmal mit destilliertem Wasser gefüllt wird; oder man ermittelt die Volumenzunahme bei gleichbleibendem Druck[13]. Im ersten Fall ist der Feuchtigkeitsdruck gleich dem Unterschied zwischen dem Sättigungsdruck bei der Versuchstemperatur und der Druckzunahme; im anderen Fall ist das Dampfvolumen gleich dem Sättigungsvolumen vermindert um die Volumenzunahme. Beide Ausdrücke liefern ein Maß für die vorhandene Wasserdampfmenge.

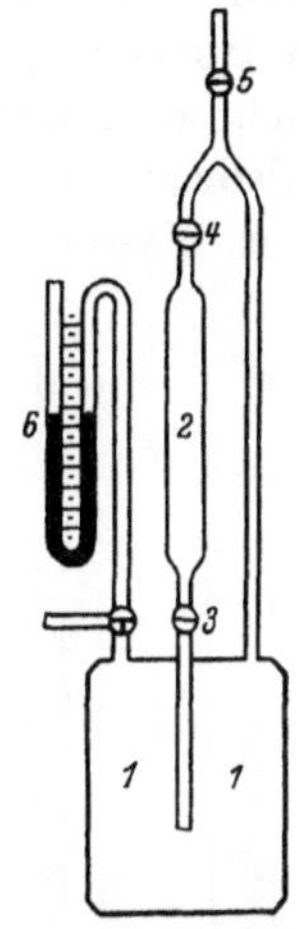

Abb. 251.
Apparat zur Bestimmung des Partialdruckes von Wasserdampf in Gasen
(F. Rüdorff).

Verdunstungsmesser. Die Verdunstungsmesser (Atmometer) beruhen ebenfalls auf der Erscheinung, daß ungesättigte Gase Wasserdampf aufnehmen. Sie stehen den Sättigungsverfahren im gleichen Maße nahe wie die Taupunktmesser den Kondensationsverfahren.

Läßt man ein ungesättigtes Gas über die Oberfläche einer Flüssigkeit (Wasser) streichen, dann verringert sich die Flüssigkeitsmenge, und zwar in einer gewissen gesetzmäßigen Abhängigkeit von der Feuchtigkeit des Gases. Die je Zeiteinheit verdampfende Flüssigkeit, die sogenannte Verdunstungsmenge, unzutreffend auch als „Verdunstungsgeschwindigkeit" bezeichnet, hängt nicht allein vom Feuchtigkeitsgehalt des darüber streichenden Gases ab, sondern auch von der Flüssigkeitsoberfläche, von der Geschwindigkeit des Gasstromes, vom Luftdruck und der Temperatur. Da die Beeinflussung dieser Größen auf die Verdunstungsmenge zwar qualitativ bekannt ist, sich jedoch nicht immer quantitativ verfolgen läßt, besitzen die Verdunstungsmesser nur beschränkte Anwendung[14].

Psychrometer. Diese Geräte schließen sich den Verdunstungsmessern an; es wird jedoch nicht die Verdunstungsmenge ermittelt, sondern die mit der Verdunstung verbundene Abkühlung. Die Apparate bestehen im wesentlichen aus zwei Thermometern, von denen eines an der Kugel mit einem feuchten Faserstoff umgeben ist. Danach unterscheidet man zwischen dem „trockenen" und dem „feuchten" Thermometer. Das Prüfgas streicht an beiden Thermometern vorbei; zuerst am trockenen, das die Gastemperatur anzeigt, und nimmt dann am feuchten Thermometer Wasserdampf auf, wodurch sich die Temperatur erniedrigt. Je geringer die relative Feuchtigkeit eines Gases ist, um so mehr Wasser wird am feuchten Thermometer verdampfen und um so stärker ist die auftretende Abkühlung. Diese steigt aber außerdem bei gleichem Sättigungsgrad mit der Gastemperatur. Den Unterschied zwischen beiden Thermometeranzeigen nennt man psychrometrische Differenz.

Bezeichnen wir mit e den Teildruck des Wasserdampfes bei der Temperatur t des trockenen Thermometers, mit e' den Sättigungsdruck bei der Temperatur t' des feuchten Thermometers und mit b den Barometerstand in mm QS, dann ist

$$e = e' - c \cdot \frac{b}{760} \cdot (t - t'),$$

oder für $b = 755 \pm 15$ mm QS

$$e = e' - 0{,}5\,(t - t')^{15}.$$

Diese Gleichung ist ein besonderer Näherungsausdruck für die allgemeinen Beziehungen, die für die Abkühlung einer verdunstenden Fläche in Abhängigkeit von der Gasfeuchtigkeit abgeleitet wurden[16], sie gilt für gute Aspirationspsychrometer hinreichend genau.

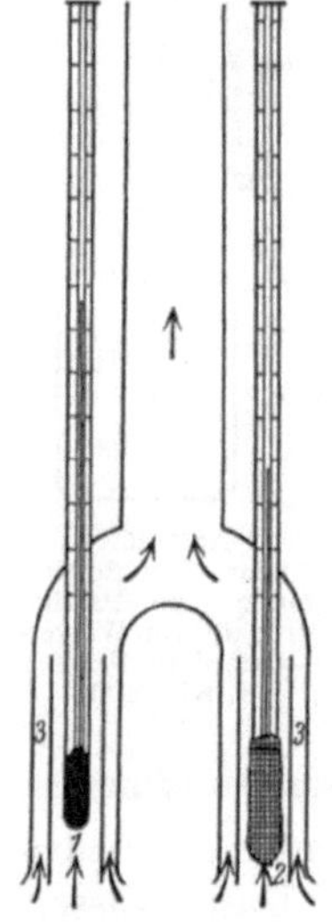

Abb. 252.
Aspirationspsychrometer
nach R. Assmann.

Der Erfinder des Psychrometers ist E. F. August[17], dem wir auch den Namen dieses Feuchtigkeitsmessers verdanken.

Während die Anzeigen der Psychrometer in unbewegten Gasen mit größter Vorsicht aufzunehmen sind, stellen sich die Thermometer bei bewegten Gasen (Aspirationspsychrometer) rasch ein. Wenngleich die Gasgeschwindigkeit nicht ohne Einfluß auf die Anzeigen der Instrumente ist, erhält man doch in gewissen Geschwindigkeitsgrenzen übereinstimmende Ergebnisse.

Statt das Gas an den beiden ruhenden Thermometern vorbei zu saugen, kann man auch diese, oder wenigstens das feuchte, im ruhenden Gas bewegen — Schleuderpsychrometer[18].

Abb. 252 zeigt das Aspirationspsychrometer von R. Assmann, das am meisten benutzte Gerät seiner Art[19]. Die beiden Thermometerkugeln *1, 2* befinden sich in einem hochpolierten, doppelten Metallschutzrohr *3*. Von oben wird mittels eines Uhrwerkventilators ein gleichmäßiger Gasstrom mit einer Geschwindigkeit von etwa 2 m/sec durch den Apparat gesaugt. Die Thermometerkugel *2* ist mit einem Mullbausch umgeben, der das Metallrohr nicht

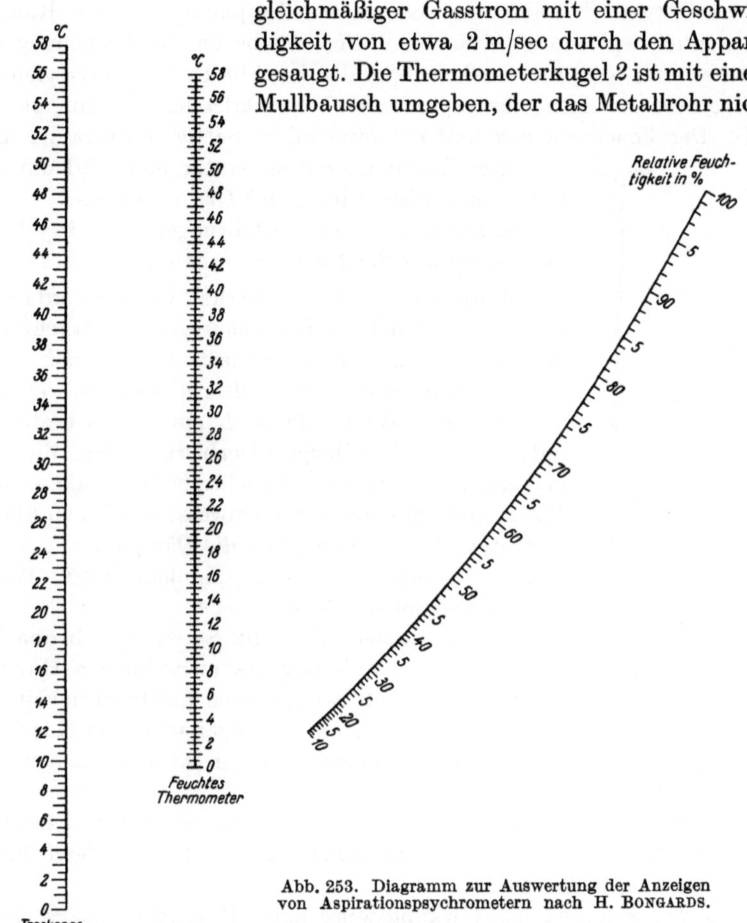

Abb. 253. Diagramm zur Auswertung der Anzeigen von Aspirationspsychrometern nach H. Bongards.

berühren darf. Vor der Untersuchung wird der Mullbausch mit Hilfe eines wassergefüllten Gummiballes angefeuchtet.

Zur Auswertung der Thermometerangaben bedient man sich entweder der oben angegebenen Formel von A. Sprung oder Tabellen, die danach angefertigt sind; gute Dienste leistet auch das in Abb. 253*

---

* Bongards, H.: Feuchtigkeitsmessung, S. 309. Verlag Oldenbourg. München u. Berlin 1926.

gezeigte Diagramm nach H. Bongards. Man verbindet die entsprechenden Punkte der Thermometerskalen durch gerade Linien bis zum Schnitt mit der rechten Teilung und liest dort unmittelbar die relative Feuchtigkeit in Prozent ab.

Wa. Ostwald[20] kühlt das Gas, dessen Taupunkt über der Raumtemperatur liegt, durch einfache Wärmeabgabe an die Umgebung so weit herunter, daß das trockene und das feuchte Thermometer gleiche Temperatur anzeigen; die psychrometrische Differenz ist dann gleich Null. Der Feuchtigkeitsgehalt entspricht dem Sättigungswert der angezeigten Thermometertemperatur und wird unmittelbar in g Wasserdampf/m³ Gas abgelesen.

Bezüglich weiterer Ausführungen von Psychrometern sei auf die Literatur verwiesen[21].

Adsorption. Für die Anlagerung von Wasserdampf kommt hauptsächlich Kieselsäuregel in Betracht, da die aktive Kohle ihn nur schlecht aufnimmt[22]. Aus der Gewichtszunahme des Adsorptionsmittels erhält man zu hohe Werte, da. auch andere Gasbestandteile in merklicher Menge adsorbiert werden. Zweckmäßiger ist es, nach der Feuchtigkeitsaufnahme mit Xylol oder chlorierten Kohlenwasserstoffen zu überschichten, zu destillieren und die Dämpfe nach guter Kühlung in einer Bürette zu sammeln, wo die Wassermenge abgelesen wird.

Haarhygrometer. H. B. de Saussure[23] beobachtete die Längenänderung des menschlichen Haares unter dem Einfluß der relativen Luftfeuchtigkeit — je größer diese ist, um so länger wird das Haar —

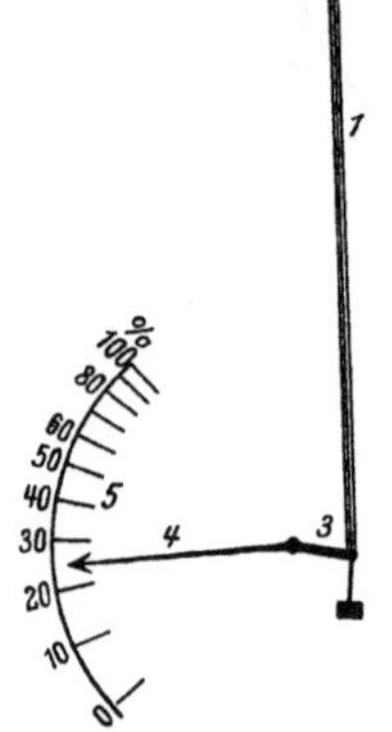

Abb. 254. Schema eines Haarhygrometers.

und baute 1783 das erste Haarhygrometer, das sich im wesentlichen bis heute erhalten hat.

Die Feuchtigkeitsaufnahme des Haares ist eine adsorptive Erscheinung, so daß die Haarhygrometrie einen Sonderfall der allgemeinen Adsorptionsmethoden bildet.

Abb. 254 erläutert die Wirkungsweise eines Haarhygrometers. Das präparierte, d. h. entfettete Haarbündel *1* wird bei *2* von einer Feder gehalten und ist am anderen Ende mit dem Hebelarm *3* verklemmt. Der Zeiger *4* gibt auf der Teilung *5* die relative Sättigung in Prozent an.

Haarhygrometer sind die einfachsten und billigsten Feuchtigkeitsmesser, die weite Verbreitung gefunden haben[24]. Sie bedürfen lediglich einer häufigen Kontrolle.

Ihnen ähnlich sind die sogenannten Gewichtshygrometer, bei denen die mit der Feuchtigkeitsaufnahme verbundene Gewichtszunahme hygroskopischer Körper zur Ermittlung des Sättigungsgrades dient[25].

Literatur:

BONGARDS, H.: Feuchtigkeitsmessung. München u. Berlin 1926.
HOCHE, B.: Zbl. Zuckerind. **33**, 1557 (1925).
KOHLRAUSCH, F.: Praktische Physik, 15. Aufl. Leipzig-Berlin 1927.
WUNDT, W.: Mitteilung 62 der Wärmestelle. Düsseldorf 1924.

Hinweise im Text:

1. WILD, H.: Rep. Meteorol. **4**, Nr 7 (1875).
2. BEZOLD, W. V.: Z. Luftschiffahrt u. Phys. Atm. **13**, 1 (1894).
3. WUNDT, W.: Mitteilung 62 der Wärmestelle, S. 173 [21].
4. MAASE, L.: Feuerungstechnik **11**, 27 (1923). — WUNDT, W.: Mitteilung 62 der Wärmestelle. Düsseldorf 1924.
5. HELLMANN, G.: Meteorol. Z. **14**, 102 (1897).
6. NIPPOLDT, W. A.: Meteorol. Z. **11**, 157 (1894).
7. CROVA, A. P. P.: J. Physique [2] **2**, 166, 450 (1883). — DANIELL, J. F.: J. Science 8, 298 (1819); 9, 128 (1820). — DUFOUR, H.: Bull. Soc. Vaudoise **1888**, 88. — MARGOT, CH.: Arch. Sci. phys. nat. **121**, 222 (1916).
8. BONGARDS, H.: Feuchtigkeitsmessung. München u. Berlin 1926. — HOLTZMANN, M.: Physik. Z. **25**, 443 (1924).
9. BRUNNER, C. E.: Ann. Physik **20**, 274 (1830). — HALDANE, I. S., u. M. S. PEMBREY: Philosophic. Mag. [5] **29**, 306 (1890). — SNELLEN, M.: Österr. Z. Meteorol. **9**, 350 (1874).
10. RÜDORFF, F.: Ber. **13**, 149 (1880).
11. PETTERSON, O.: Z. anal. Chem. **25**, 467 (1886). — SCHWACKHÖFER, FR.: Österr. Z. Meteorol. **13**, 241 (1878). — WOLPERT, A. u. H.: Die Luft und die Methoden der Hygrometrie. Berlin 1898.
12. EDELMANN, O.: Meteorol. Z. **13**, 325 (1896).
13. SONDEN, K.: Meteorol. Z. **9**, 81 (1892).
14. KASSNER, C.: Österr. Z. Meteorol. **46**, 375 (1911). — WILD, H.: Österr. Z. Meteorol. **19**, 433 (1884). — WOLPERT, A. u. H.: Die Luft und die Methoden der Hygrometrie. Berlin 1898. — Siehe auch DALTON, J.: Manchester Mem. **5**, 581 (1802). — HORTON, R. E.: M. Weather Rev. **49**, 281 (1921). — TÜRSTIG, R.: Meteorol. Z. **29**, 454 (1912).
15. SPRUNG, A.: Wetter **5**, 105 (1888).
16. GROSSMANN, L. A.: Meteorol. Z. **36**, 155 (1919).
17. AUGUST, E. F.: Ann. Physik 5, 69, 335 (1825); **14**, 137 (1828).
18. ASSMANN, R.: Österr. Z. Meteorol. **19**, 154 (1884).
19. ASSMANN, R.: Z. Instrumentenkde **12**, 1 (1892).
20. Chem. Ztg **46**, 92 (1922).
21. CARTUS, J.: Z. V. d. I. **65**, 767 (1921). — LOWE, E. J.: J. Met. Soc. **2**, 458 (1875). — SCHUBERT, J.: Meteorol. Z. **14**, 63 (1897). — Naturwiss. **13**, 515 (1925). — SRESNEWSKY, B.: Z. Instrumentenkde **17**, 114 (1897). — WUNDT, W.: Mitteilung 62 der Wärmestelle. Düsseldorf 1924. — Siehe auch Z. angew. Chem. **35**, 54 (1922).
22. Z. angew. Chem. **34**, I, 381 (1921); **36**, 57 (1923).
23. SAUSSURE, H. B. DE: Essais sur l'Hygrométrie. Neuchatel 1783. — Siehe auch WI. OSTWALDS Klassiker, Bd 115, 119. Leipzig 1900.
24. BABINET, J.: Ann. Chim. Phys. [2] **26**, 367 (1824). — MARIE-DAVY, E. H.: Österr. Z. Meteorol. **11**, 325 (1876). — KOPPE, C.: Österr. Z. Meteorol. **13**, 49 (1878). — RUSSELVEDT, N.: Meteorol. Z. **25**, 396, 576 (1908). — WELTZIEN, W.: Seide **32**, 175 (1927).
25. HERTZ, H.: Verh. Berl. Phys. Ges. 18 (1882). — WOLPERT, A. u. H.: Die Luft und die Methoden der Hygrometrie. Berlin 1898.

D. Gasanalyse.

Zur Gasanalyse im weitesten Sinne des Wortes gehören auch die in den vorangehenden Abschnitten behandelten Methoden zur Bestimmung von Staub, Teer, Dämpfen und der Feuchtigkeit. Weil sich diese Verfahren in ihrem Wesen jedoch stark von jenen unterscheiden, die eines Gasgemisches Zusammensetzung durch Zerlegen (Analyse) ermitteln, haben wir sie gesondert besprochen und wollen uns hier nur auf die Bestimmung der gasförmigen Bestandteile eines gasförmigen Gemenges beschränken — also auf die eigentliche Gasanalyse.

Die Gasanalyse hat den Zweck entweder die Erzeugung eines Gases bestimmter Zusammensetzung zu überwachen oder einen technischen Vorgang, der Gase zwangsläufig, gewöhnlich als wertloses Abfallprodukt liefert, wobei die Zusammensetzung der Gase einen einwandfreien Rückschluß auf den Ablauf des Vorganges ermöglicht. Schließlich werden Gase, die in die Atmosphäre treten, aus hygienischen Gründen analysiert. — Man wird also teils die Gesamtzusammensetzung eines Gasgemisches feststellen, teils nur auf bestimmte, meist in geringer Menge vorhandene Verunreinigungen (Reinheitsprüfung) untersuchen. Die Methoden sind grundsätzlich in beiden Fällen gleich, doch braucht man für die geringen Anteilmengen empfindlichere Reaktionen oder größere Untersuchungsgasmengen.

1. Sammeln und Aufbewahren des Probegases.

Unter der Voraussetzung, daß die spätere Gasanalyse richtig ausgeführt wird, bedingt das Sammeln und Aufbewahren der Gasproben die Brauchbarkeit der Ergebnisse. Jeder Betrieb macht gewisse periodische Schwankungen und außerdem zufällige Störungen durch, so daß die Zusammensetzung der Gase im allgemeinen dauernd schwankt: sie ändert sich zeitlich. Trotz Diffusion ist aber auch die Zusammensetzung eines Gasgemisches nicht an allen Stellen eines Raumes gleich: sie ändert sich räumlich.

Sind die Schwankungen verhältnismäßig gering — ein seltener Fall —, dann gibt auch eine Augenblicksprobe brauchbare Ergebnisse. Um aber bei stärkeren Schwankungen eine gute Durchschnittsprobe zu erhalten, ist es notwendig, die Probenahme auf längere Zeit zu erstrecken und der genommenen Probe Zeit zu lassen, bis durch Diffusion das Gleichgewicht in der Zusammensetzung eingetreten ist.

Meistens werden die Gase über einer Absperrflüssigkeit gesammelt und aufbewahrt. Die Absperrflüssigkeiten lösen einen Teil des darüber befindlichen Gases. Die gelöste Menge hängt sowohl von der Konzentration und der Temperatur als auch — und dies noch mehr — von der Natur des Gases ab. Aus Gasgemischen werden daher von den einzelnen

Bestandteilen verschiedene Mengen herausgenommen, wodurch sich die Zusammensetzung des verbleibenden und zur Analyse kommenden Gases ändert. Um Fehler aus dieser Quelle zu vermeiden, verwendet man entweder eine Absperrflüssigkeit, die keine oder fast keine Gasbestandteile aufnimmt, oder sättigt die Flüssigkeit mit dem Gas.

Als Stoff, der praktisch keine Gase aufnimmt, kommt Quecksilber in Frage, das sich aber für technische Analysen nicht gut eignet. Auch wird es von Chlor, höheren Stickoxyden usw. angegriffen.

In der Technik nimmt man meist Wasser, insbesondere dann, wenn größere Flüssigkeitsmengen notwendig sind Alle Stoffe sind in Wasser löslich; für die wichtigsten Gase sind die Löslichkeiten in Anhang 13, S. 387, zusammengestellt. — Kommt man mit geringen Flüssigkeitsmengen aus, dann verwendet man wässerige Kochsalzlösung, nach F. G. HOFFMANN[1] solche mit etwa 22% Kochsalz (NaCl) ohne Säurezusatz; von anderer Seite wird schwaches Ansäuern empfohlen[2].

Bringt man eine mit einem bestimmten Gas gesättigte Flüssigkeit mit einem anderen Gas zusammen, dann wird die Flüssigkeit von dem gelösten Gas so viel abgeben (Desorption), bis sich ein neuer Gleichgewichtszustand zwischen der flüssigen und der neuen Gasphase eingestellt hat.

Zur Entnahme von Einzelproben bedient man sich, falls die unmittelbare Probenahme mit einer Gasbürette (siehe S. 326) nicht möglich ist, der in Abb. 255 gezeigten Sammelgefäße von etwa 0,5 l Inhalt. In der Ausführungsform *a* bilden Gummischlauchstücke mit eingelegtem Glasstab den Abschluß gegen die Atmosphäre, in der Ausführung *b* eingeschliffene Glashähne. Derartige Gassammelgefäße eignen sich gut zum kurzen Transport der Gasproben, bei längeren Transporten müssen die Proben eingeschmolzen werden.

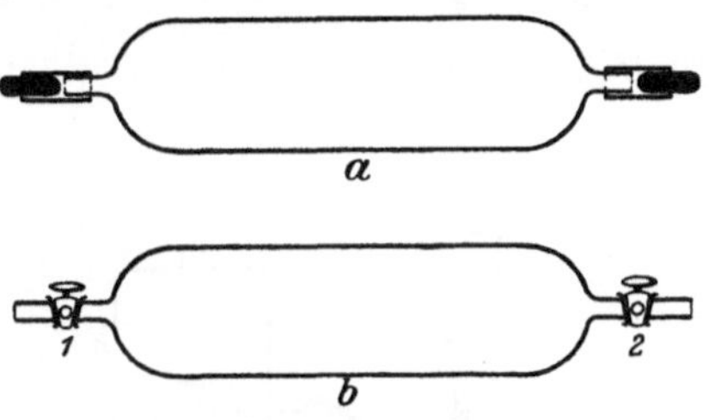

Abb. 255. Gas-Sammelgefäße.

Steht der Raum, aus dem die Probe entnommen werden soll, unter Überdruck, so daß Gas aus einer etwaigen Öffnung frei ausströmt, dann schließt man das Gassammelrohr bei geöffneten Hähnen (Abb. 255 b) an die Probestelle an und läßt das Gas einige Zeit beispielsweise in der Richtung *1—2* durch das Sammelrohr strömen. Ist die Probenahme beendigt, dann schließt man zuerst den von der Probestelle entfernteren Hahn *2* und nachher Hahn *1*. Um aus dem Sammelgefäß die Probe zur Analyse zu entnehmen, taucht man es mit einem Hahn (z. B. *1*) unter eine geeignete Sperrflüssigkeit und läßt es unter dem eigenen Gewicht darin schwimmen. Dann öffnet man zuerst Hahn *1* und kann nun bei *2* die Analysenprobe abziehen. Dadurch wird bewirkt, daß sich das Gas im Sammelgefäß ständig unter Druck befindet und keine Falschluft eingesaugt werden kann.

Herrscht hingegen im Gasraum Unterdruck, dann muß die Gasprobe abgesaugt werden. Dies kann auf verschiedene Weise geschehen. — Man schaltet z. B. an die Probestelle das Sammelgefäß nach Abb. 255 und hinterher einen kleinen Gummisaugball nach Abb. 256. Er wird bei *1* an das Sammelgefäß angeschlossen. Durch Pressen des Balles mit der Hand schließt sich Ventil *2*, während Ventil *3* die Luft durch *4* ins Freie treten läßt. Sobald alle Luft hinausgedrückt ist, schließt sich Ventil *3* und der Ball saugt die Luft

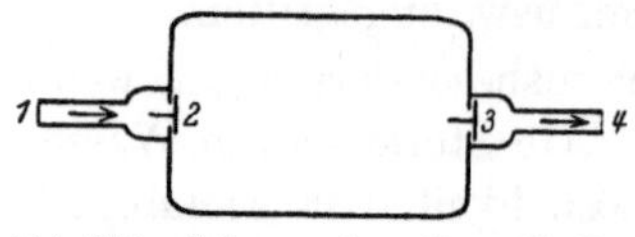

Abb. 256. Schema eines Gummiballes zum Absaugen von Gasproben.

oder das Gas durch das nunmehr geöffnete Ventil *2* an. Das Drücken und Ansaugen wiederholt man einige Male. Ein ähnliches Ergebnis bewirkt eine Wasserstrahl-Saugpumpe.

Man kann auch das Sammelgefäß *1* (Abb. 257) mit einer Sperrflüssigkeit füllen, die man aus dem Niveaugefäß *2* bei geöffneten Hähnen *3* und *4* zufließen läßt. Durch Senken des Niveaugefäßes saugt man die Gasprobe durch *5* in das Sammelgefäß *1*, dessen Hähne geschlossen werden, sobald die Flüssigkeit den Hahn *4* durchlaufen hat.

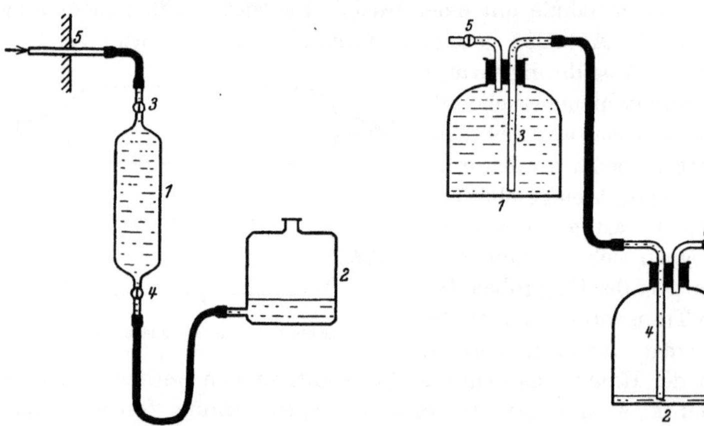

Abb. 257. Anordnung zum Absaugen von Gasproben.

Abb. 258. Anordnung zum Aufsammeln größerer Gasproben (bis etwa 10 l).

Zum Absaugen größerer Gasproben über eine etwas längere Zeitspanne verwendet man mit Vorteil die in Abb. 258 dargestellte Anordnung. Zwei vollkommen gleiche Glasflaschen *1* und *2* von etwa 5 oder 10 l Inhalt werden an den langen, fast bis zum Flaschenboden reichenden Knierohren *3* und *4* mittels eines Gasschlauches verbunden. In der gezeichneten Stellung ist Flasche *1* zum Aufnehmen der Gasprobe bereit.

Die Flasche ist vollständig mit der Sperrflüssigkeit gefüllt, Hahn *5* ist geschlossen. Öffnet man ihn nun allmählich — auch Hahn *6* ist geöffnet —, dann saugt die nach *2* abfließende Flüssigkeit die Gasprobe nach. Ist *1* mit Gas gefüllt und die Analyse beendigt, dann kann umgekehrt Flasche *2* zum Aufnehmen einer Gasprobe dienen, während *1* die Rolle der Saugflasche übernimmt.

Um noch größere Mengen absaugen zu können, benutzt man sogenannte „Aspiratoren" (Abb. 259) von 75 und mehr Liter Inhalt. Der Sammelraum *1* wird mit Wasser gefüllt, dessen Stand am Schauglas *2* jederzeit beobachtet werden kann. Bei *3* wird das Proberohr angeschlossen und die Gasprobe eingesaugt, indem man bei *4* das Wasser ablaufen läßt. Die Ablaufgeschwindigkeit des Sperrwassers kann mit automatischen Vorrichtungen derart geregelt werden, daß sich der Aspirator in einer ganz bestimmten Zeit — z. B. 24 Stunden — mit der Gasprobe füllt.

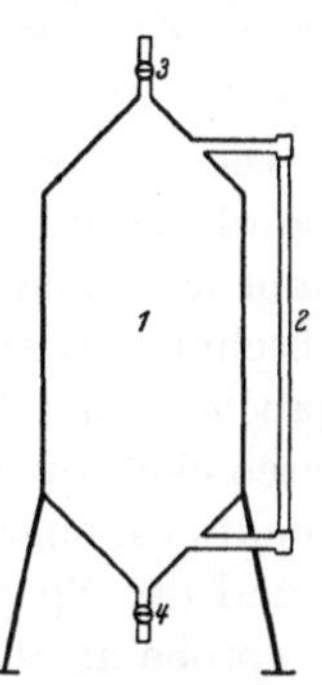

Abb. 259. Aspirator zum Aufsammeln großer Gasproben.

Zur Entnahme heißer Gase bedient man sich wassergekühlter Rohre, von denen Abb. 260 ein Beispiel bringt. Das Kühlwasser tritt bei *1* ein und bei *2* aus. Das Rohrende *3* bringt man in die heiße Zone, am Ende *4* schließen sich Sammelgefäß und Absaugevorrichtung an.

Bezüglich weiterer Ausführungsarten von Sammel-

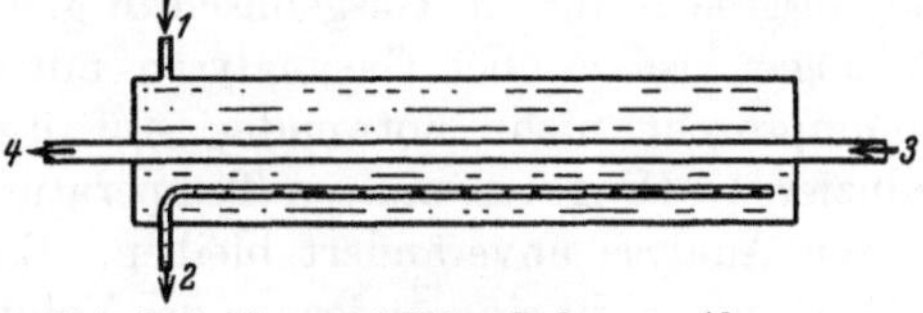

Abb. 260. Wassergekühltes Rohr zum Absaugen heißer Gase.

gefäßen und Absaugevorrichtungen sei auf die einschlägige Literatur verwiesen[3].

Literatur:

Hinweise im Text:

1. Hoffmann, F. G.: Feuerungstechnik **14**, 98 (1926). — Z. angew. Chem. **39**, 23 (1926).

2. Tropsch, H.: Z. angew. Chem. **39**, 401 (1926). — Wolf, O., u. Krause: Arch. Wärmewirtsch. **8**, 216 (1927).

3. Mitteilung 19 der Wärmestelle. Düsseldorf 1921. — Hempel, W.: Gasanalytische Methoden, 4. Aufl. Braunschweig 1913. — Bezant, B. P.: Gas J. **156**, 433 (1918). — Goldschmidt, J. H.: Gas J. **168**, 847 (1924). — Schumacher, G.: Gas- u. Wasserfach **65**, 218 (1922). — Wempe, G.: Z. angew. Chem. **30**, I, 208 (1917).

2. Messen der Gasproben.

Das Messen der zur Analyse dienenden Gasproben erfolgt entweder im dauernden Gasstrom oder an einer abgeschlossenen Gasmenge.

Die erste Art der Messung wendet man immer dann an, wenn ein Gasbestandteil nur in verhältnismäßig geringer Menge vorhanden ist und genügend große Mengen an Prüfgas zur Verfügung stehen. Der zu bestimmende Gasbestandteil wird durch eine meist chemische Absorptionsreaktion entfernt und das verbleibende Gas in Gasuhren gemessen, wie sie zur Gasmengenmessung allgemein dienen (siehe auch S. 256 und 316). Die so bestimmte Gasmenge wird auf Normalbedingungen reduziert.

Die zweite Form der Messung richtet sich nach der Analyse. Wird wie oben ein in geringer Menge vorhandener Gasbestandteil bestimmt, dann mißt man die Gasprobe in einem Gefäß nach Art der im vorigen Abschnitt beschriebenen Gassammelvorrichtungen, jedoch mit entsprechenden Inhaltsmarken versehen. Man drückt das Gas durch Einleiten einer Sperrflüssigkeit aus dem Meßgefäß durch die anschließenden Reaktionsapparate zur Bindung des gesuchten Bestandteiles. Der Stand der Sperrflüssigkeit an den beiden Marken gibt die Menge der Gasprobe an (0,5 l, 1 l, 5 l, 10 l usw.). Die Gasmenge muß wieder wie oben reduziert werden. — Soll hingegen die Analyse eines Gasgemisches vorgenommen werden, dann dienen die Meßvorrichtungen nicht allein zum Abmessen der Ausgangs-Gasmenge, sondern es müssen in den gleichen Vorrichtungen auch die nach Ausführung bestimmter Analysenreaktionen verbleibenden Restgasmengen zurückgemessen werden. Da die Gasgesetze für ein Gasgemisch in gleicher Weise gelten wie für ein Einzelgas, ist es bei Gasanalysen mit Angabe der Bestandteile in Volumprozent nicht notwendig, auf irgendeinen Normalzustand zu reduzieren. Hingegen müssen Temperatur und Luftdruck während der ganzen Analyse unverändert bleiben. Einer Temperaturänderung um $2{,}73^\circ$ C entspricht eine Änderung des Volumens um 1%. Zweckmäßigerweise umgibt man deshalb das Meßgefäß — die sogenannte Gasbürette — mit einem Wassermantel, um so die Temperatur konstant zu halten. Die Gasbüretten enthalten gewöhnlich 100 cm³ und sind bis auf 0,2, manchmal auch 0,1 cm³ unterteilt. Man kann also Volumänderungen von 0,1% erkennen. Es ist durchaus nicht nötig, daß der gesamte Inhalt der Bürette auch tatsächlich 100 cm³ enthält; es genügt, wenn der Inhalt gleich 100 gesetzt wird und die Ablesung bis 0,1% des Gesamtinhaltes möglich ist. Werden die Büretten für Analysen von Gasgemischen benutzt, bei denen nicht alle Teile zwischen 0 und 100 benötigt werden, dann kann man nur den in Frage kommenden Teil der Bürette stark unterteilen und den Restraum verbreitern, wodurch die Bürette verkürzt wird. Beispielsweise bestehen Rauchgase — vollständige Verbrennung vorausgesetzt und vom Wasserdampf abgesehen — aus Kohlendioxyd, Sauerstoff und Stickstoff. Die Menge der zuerst genannten Gase kann bei Verbrennung mit Luft 21 Volumprozent nicht übersteigen; in diesem Fall wird man der Gasbürette die in Abb. 261a gezeichnete Form geben. — Untersucht man mit einer Bürette umgekehrt Gase, von denen nur ein von der Analyse bleibender Rest unter 10% interessiert, dann wendet man zweckmäßig die Form der Abb. 261 b an.

Von den verschiedenen Gasbüretten benutzt man in der technischen Gasanalyse vorzugsweise die Ausführungen von H. BUNTE, W. HEMPEL und CL. WINKLER, die im folgenden beschrieben werden.

Gasbürette von H. BUNTE. Diese Bürette[1] ist in Abb. 262 a dargestellt. Sie besteht aus der unterteilten Meßröhre *1*, die oben an der Marke 100 einen Dreiweghahn *2*, einen sogenannten „Schwanzhahn"[2] oder den in Abb. 262 b wiedergegebenen Hahn[3] enthält. Das Trichtergefäß *3* wird mit Wasser oder einer Absorptionsflüssigkeit gefüllt. Unten befindet sich ein einfacher Glashahn *4*, der die Verbindung mit der Auslaufspitze *5* herstellt. Zum Abmessen der Gasprobe

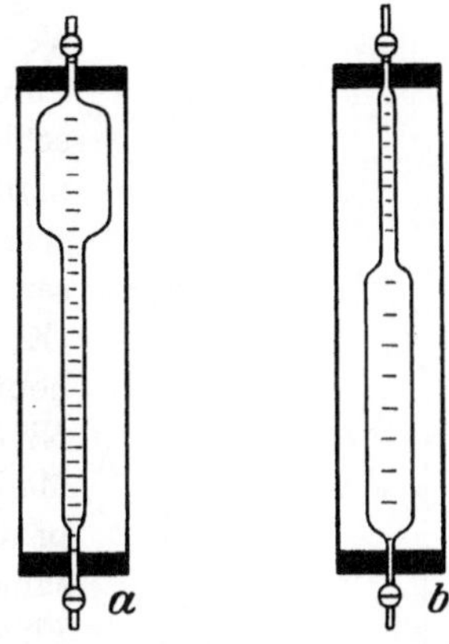

Abb. 261. Gasbürettenformen.

füllt man die Bürette mit Wasser oder Kochsalzlösung, indem man über die Spitze *5* den Verbindungsschlauch eines die Sperrflüssigkeit enthaltenden Niveaugefäßes (Abb. 262 c) zieht und dieses bei der gezeichneten Stellung des Hahnes *2* hochhebt. Sobald die Meßröhre mit der Sperrflüssigkeit gefüllt ist, schließt man Hahn *4*, verbindet die Spitze *6* mit dem Gasraum und saugt das Probegas ein, indem man bei geöffnetem Hahn *4* die Sperrflüssigkeit langsam ablaufen läßt oder — falls die Verbindung mit dem Niveaugefäß nicht unterbrochen wurde — dieses tief stellt. Sobald der Flüssigkeitsspiegel unter die Marke 0 gelangt ist, schließt man Hahn *2*, läßt die Sperrflüssigkeit durch Heben des Niveaugefäßes bis zur Marke 0 steigen, schließt Hahn *4* und öffnet Hahn *2* ganz kurz, um den Druckausgleich mit der Atmosphäre herzustellen. Man hat dann

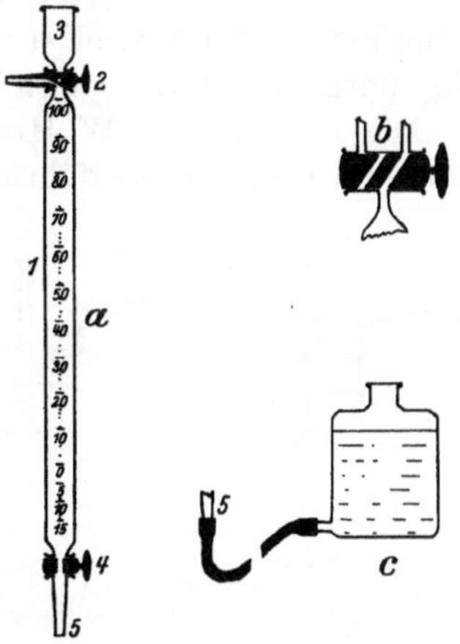

Abb. 262. Gasbürette von H. BUNTE.

genau 100 Raumteile Gas von Atmosphärendruck.

Gasbürette von W. HEMPEL. Sie ist die einfachste von allen und hat deshalb in der technischen Gasanalyse weite Verbreitung gefunden[4]. Sie besteht (Abb. 263) aus der geteilten Meßröhre *1*, die oben in eine Capillare *2* endet. In der Capillare befindet sich die obere Endmarke, die sowohl mit 0 als auch 100 bezeichnet werden kann, da die Zahlen an der Meßröhre *1* an der einen Seite 0—100 aufwärts, auf der anderen — die ersten Werte auf 100 ergänzend — nach unten zu steigen. Die Bürette steht unten in einem eisernen Fuß *3*; der unterste Teilstrich liegt etwas darüber. Das Ansatzrohr *4* dient zur Verbindung mit dem zylindrischen Niveaugefäß *5* durch einen etwa 120 cm langen, dünnen Gummischlauch *6*. Als Abschluß der Meßröhre *1* schiebt man über die Capillare *2* ein Stückchen Gummischlauch, das mit einem Quetschhahn geschlossen wird. Als Sperrflüssigkeit dient Wasser (Kochsalzlösung). Um die Gasprobe abzumessen, hebt man bei geöffnetem Quetschhahn die Niveauröhre *5* hoch, bis die Sperrflüssigkeit die Meßröhre vollständig ausfüllt, schließt das Gasproberohr an und saugt die Probe durch langsames Senken der Niveauröhre *5* ein. Wenn der Flüssigkeitsspiegel die tiefste Marke unterschritten hat, schließt man den Quetschhahn und hebt die Niveauröhre *5* solange, bis die Flüssigkeit in der Meßröhre gerade die unterste Marke erreicht. Hierauf quetscht man den Schlauch *6* mit den Fingern ab, öffnet den Quetschhahn

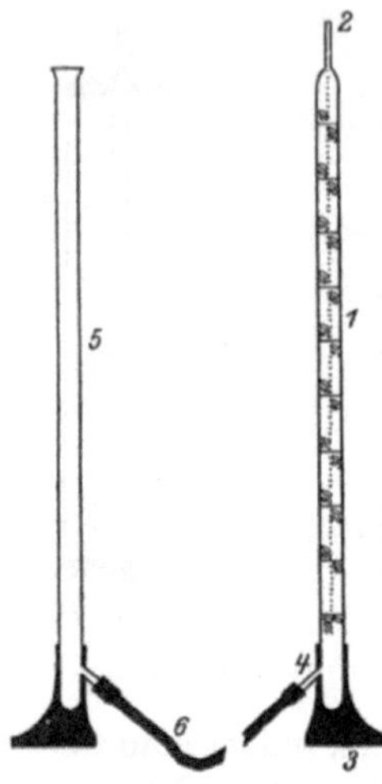

Abb. 263. Gasbürette von W. HEMPEL.

ganz kurz und prüft, ob die Flüssigkeitsspiegel in beiden Röhren bei der untersten Marke gleich hoch stehen.

Die Bürette von W. HEMPEL hat manche Abänderung erfahren[5], wovon wir hier die Ausführungsform nach W. MOLDENHAUER erwähnen wollen (Abb. 264*). Es handelt sich um den Ersatz der oberen Capillare mit Schlauch und Quetschhahn durch eine sinnreiche Glashahnkonstruktion. Zwecks Probenahme bringt man den Hahn in Stellung *I*, nachdem die Bürette bis zum Hahn mit der Sperrflüssigkeit gefüllt worden ist; man läßt das Prüfgas von *a* nach *b* strömen, um die Luft zu verdrängen.

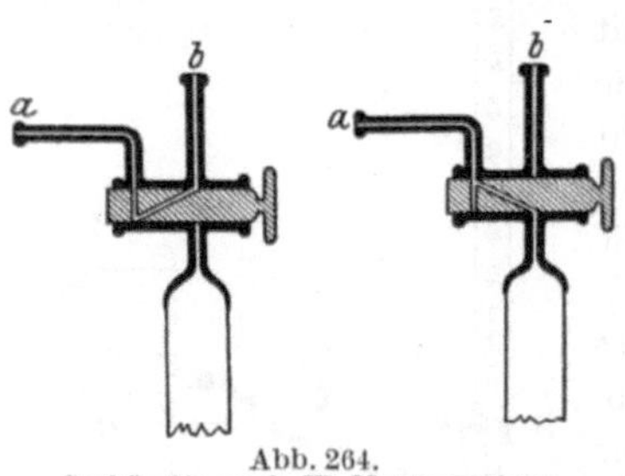

Abb. 264. Gasbürette nach W. MOLDENHAUER.

Hierauf bringt man den Hahn in Stellung *II* und saugt bei *a* das Gas in die Bürette. Ist diese gefüllt, folgt wieder Stellung *I*. Den Druckausgleich nimmt man wie bei der HEMPEL-Bürette vor. Will man nun die Analyse ausführen, dann kann man bei Stellung *I* die Capillaren mit den Absorptionsflüssigkeiten füllen und vermeidet infolgedessen alle schädlichen Lufträume.

---

* Z. angew. Chem. **37**, 424 (1924), Abb. 1 u. 2.

Gasbürette von Cl. Winkler. Wir wollen diese Bürette[6] in der von W. Hempel[4] geänderten Ausführung besprechen (Abb. 265). Sie besitzt an der Meßröhre *1* einen Dreiweghahn *2* und den einfachen Hahn *3*. Die Meßröhre *1* befindet sich in dem Eisenfuß *4* und hat durch die Capillare *5* und den Schlauch *6* Verbindung mit der Niveauröhre *7*. Der Raum zwischen den beiden Hähnen *2* und *3* wird genau in 100 Raumeinheiten geteilt. Die Bürette eignet sich vorzüglich für Gase, die in der Sperrflüssigkeit leicht löslich sind. Man entfernt diese durch Tiefstellen des Niveaurohres *7* und bringt hierauf den Hahn *2* in die Stellung der Abb. 265. Nun trocknet man die Meßröhre *1* gut und leitet das Prüfgas von *8* durch Hahn *3*, Meßröhre *1*, Hahn *2* und Spitze *9*; hat das Gas genügend Druck, läßt man es die Bürette frei durchströmen, andernfalls muß nach *9* eine Absaugevorrichtung angeschlossen werden. Sobald die Bürette mit Gas gefüllt ist, schließt man zuerst Hahn *2*, dann Hahn *3* und führt, wenn notwendig, durch kurzes Öffnen eines Hahnes den Druckausgleich herbei.

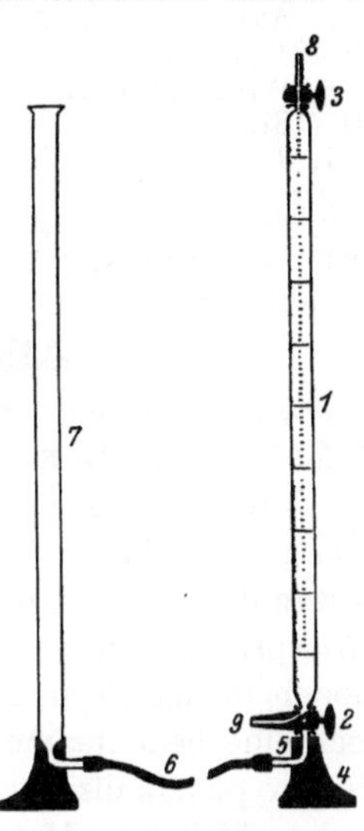

Abb. 265. Gasbürette von Cl. Winkler, abgeändert nach W. Hempel.

Sonstige Ausführungen. Wie schon weiter oben ausgeführt wurde, geht man von der vollständig zylindrischen Form der Bürette unter Umständen ab und führt die Meßteilung nur so weit, wie es für das jeweilige Untersuchungsgas notwendig ist. Bezüglich weiterer Beispiele von Änderungsvorschlägen, die sich — ohne grundsätzlich vom Wesen der bisher beschriebenen Geräte abzugehen — besonderen Zwecken anpaßten, verweisen wir auf die Literatur[7].

Da eine Gasanalyse manchmal längere Zeit beansprucht, hat man sich auch bemüht, alle Schwankungen des Luftdruckes und der Temperatur auszuschalten, doch haben die hierzu angegebenen Geräte vorwiegend wissenschaftliche Bedeutung[8].

Literatur:

Gramberg, A.: Technische Messungen, 5. Aufl. Berlin 1923.

Hempel, W.: Gasanalytische Methoden, 4. Aufl. Braunschweig 1913.

Lunge, G., u. E. Berl: Chemisch-technische Untersuchungsmethoden, 7. Aufl. Berlin 1921.

Winkler, Cl., u. O. Brunck: Lehrbuch der technischen Gasanalyse, 5. Aufl. Leipzig 1927.

Hinweise im Text:

1. Bunte, H.: Gas- u. Wasserfach **20**, 447 (1877). — Siehe auch Raoult, F. M.: C. r. **82**, 844 (1876). — Gas- u. Wasserfach **19**, 509 (1876).

2. WINKLER, CL.: J. prakt. Chem. **114**, 301 (1873). — Z. anal. Chem. **12**, 74, 191 (1873).

3. GREINER u. FRIEDRICHS: Z. anal. Chem. **26**, 48 (1887).

4. HEMPEL, W.: Gasanalytische Methoden, 4. Aufl. Braunschweig 1913.

5. ANDOYER, G.: C. r. **173**, 237 (1921). — MOLDENHAUER, W.: Z. angew. Chem. **37**, 424 (1924).

6. WINKLER, CL.: J. prakt. Chem. **114**, 301 (1873). — Z. anal. Chem. **12**, 74, 191 (1873).

7. JOFINOW, W.: Chem. Ztg **49**, 657 (1925). — SENFTEN, W.: Chem. Ztg **40**, 40 (1926).

8. DREHSCHMIDT, H.: Ber. **21**, 3242 (1888). — HEMPEL, W.: Ber. **20**, 2340 (1887). — PETTERSON, O.: Z. anal. Chem. **25**, 467 (1886).

3. Allgemeine Analysenmethoden.

Die „klassischen" Methoden der Gasanalyse knüpfen an die Namen: R. BUNSEN, H. BUNTE, W. HEMPEL und CL. WINKLER an. Sie bauen die Untersuchung von Gasen auf die Volumbestimmung auf; die Auflösung bzw. Trennung eines gasförmigen Gemisches in die einzelnen Bestandteile erfolgt durch volumändernde, chemische Vorgänge: durch Absorption, Verbrennung usw. (Volumetrie). Wenngleich diese Methoden in der Technik auch heutzutage angewandt werden, haben sie doch eine bedeutsame Erweiterung — nicht Verdrängung — erfahren, die zur physikalischen Seite neigt. Die physikalischen Meßmethoden, auch „objektive" Methoden genannt, sind im allgemeinen von der Persönlichkeit des Untersuchenden weniger abhängig als die chemischen Prüfverfahren; an Genauigkeit übertreffen sie diese. Den Übergang von der einen zur anderen Art bildet die sogenannte Kondensationsanalyse, die eine teilweise oder vollkommene Trennung von Gasgemischen durch Tiefkühlung und Verflüssigung erzielt. Es war F. HABER[1], der die Bestimmung physikalischer Kenngrößen zur Gasuntersuchung erstmalig anwandte, und zwar bediente er sich des Brechungskoeffizienten, einer optischen Konstante. Man hatte zwar schon vor F. HABER gelegentlich andere physikalische Größen, z. B. die Dichte, zur Untersuchung von Gasen vorgeschlagen und auch herangezogen[2], doch beginnt erst mit ihm die systematische Entwicklung der physikalischen Gasanalyse. Neben den optischen Eigenschaften hat man auch elektrische, akustische usw. empfohlen; sie werden teilweise praktisch benutzt.

Absorption und Änderung des Gasvolumens oder des Druckes. Diese Art der Analyse arbeitet tunlichst bei konstantem Druck und konstanter Temperatur, wenngleich es praktisch durchaus möglich ist, Schwankungen dieser beiden Zustandsgrößen zu berücksichtigen. Die Analyse wird derart ausgeführt, daß man aus einer gemessenen Probe, deren Menge zu 100 angenommen wird, einen Bestandteil durch chemische Absorption vollständig entfernt und das verbleibende Restvolumen mißt; der Unterschied zwischen dem Anfangs- und dem Restvolumen gibt unmittelbar die Volumprozente des absorbierten Bestandteiles an. Sind im Gasgemisch mehrere Stoffe auf diese Weise zu bestimmen, dann entfernt man einen Bestandteil nach dem andern und mißt zwischen jeder Absorption die Differenzvolumina. Ein derartiges Nacheinander-absorbieren mehrerer Bestandteile ist nur möglich, wenn für jeden Bestandteil ein spezifisch wirkendes Absorptionsmittel benutzt wird, das auf die übrigen Bestandteile nicht einwirkt. Die Absorptionsmittel können flüssig oder fest sein, wenngleich man die flüssigen vorzieht. Die Grundlage der Absorption bildet eine chemische Reaktion, wobei aus dem gasförmigen Bestandteil und dem Absorptionsmittel ein neuer Stoff entsteht, der in der Gasphase praktisch nicht existenzfähig ist.

Arbeitet man mit einem Absorptionsmittel, das auf mehrere z. B. zwei Gasbestandteile gleichzeitig einwirkt, dann stehen folgende Wege zur Ausführung offen:

1. Man absorbiert beide Bestandteile, kennt also die Summe ihrer Volumprozente, und bestimmt auf irgendeine andere Weise die Menge des einen.

Als Beispiel sei ein Gasgemisch angeführt, das nebeneinander Kohlendioxyd und Schwefeldioxyd enthält. Diese beiden Gase werden als saure Stoffe von Kalilauge absorbiert. Dadurch findet man ihre Summe in Volumprozent. Die von der Kalilauge aufgenommene Menge Schwefeldioxyd läßt sich nun so ermitteln, daß man das entstandene Sulfit zu Sulfat oxydiert und dieses als Bariumsulfat ausfällt, woraus man die SO_2-Menge errechnet.

2. Man wählt die Reihenfolge der Absorptionsmittel so, daß immer nur ein Bestandteil entfernt wird.

Enthält beispielsweise ein Gasgemisch Sauerstoff und Kohlenoxyd, dann würde ammoniakalische Kupferchlorürlösung, die man zur Bestimmung des Kohlenoxyds gern benutzt, auch den Sauerstoff aufnehmen. Deshalb entfernt man zuerst diesen — etwa mit alkalischer Pyrogallollösung — und wendet dann erst die Kupferchlorürlösung an.

Das Messen der Gasproben vor und nach den Absorptionen geschieht in den Gasbüretten, die im vorangehenden Abschnitt (S. 325) behandelt wurden.

Die Büretten von H. BUNTE und CL. WINKLER gestatten die Ausführung der Absorption in der Bürette selbst, indem man das flüssige Absorptionsmittel von unten in die Bürette bringt, nach beendigter Absorption wieder abfließen läßt, mit Wasser oder einer anderen Sperrflüssigkeit nachspült und die Volumenabnahme nach Niveauausgleich abliest.

Praktischer ist es jedoch, die Absorption in gesonderten Absorptions-Pipetten vorzunehmen, wie dies bei Verwendung der W. HEMPEL-Bürette stets geschieht, aber auch bei Benutzung der anderen Büretten ausführbar ist. Man verbindet das obere Bürettenende mit der Absorptionspipette, drückt in diese das Gas durch Hochheben des Niveaugefäßes und saugt die nichtabsorbierten Anteile wieder in die Bürette zurück. Dieser Vorgang wird so oft wiederholt, bis das Volumen des Restgases nicht mehr abnimmt, die Absorption mithin beendigt ist.

Die grundsätzliche Ausführung der Pipetten wurde zum erstenmal von C. J. Ettling[3] angegeben, L. Doyère[4] verwendete sie dann in der Gasanalyse, während ihnen W. Hempel[5] die heute üblichen Formen gab.

Abb. 266 zeigt die einfache Absorptionspipette für flüssige Absorptionsmittel. Die Kugel *1*, in der die Absorption erfolgt, hat einen Inhalt von etwa 150 cm³, während die Kugel *2*, in die die Flüssigkeit beim Überdrücken der Gasprobe nach *1*

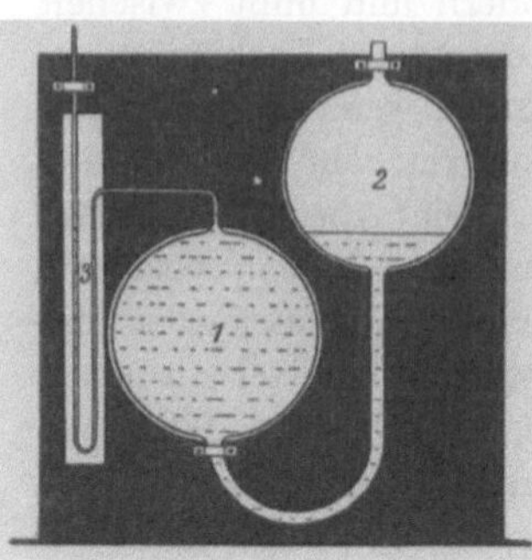

Abb. 266. Einfache Absorptionspipette für flüssige Absorptionsmittel.

steigt, bloß etwas größer sein muß als die höchstmögliche Gasmenge, also rund 100 cm³. Das Capillarrohr *3*, das durch einen Capillarschlauch mit der Bürette verbunden wird, dient zum Beobachten des Flüssigkeitsstandes, der vor und nach der Absorption gleich sein muß.

In Abb. 267a ist die einfache Absorptionspipette für feste und flüssige Absorptionsmittel dargestellt. Die Absorptionskugel ist

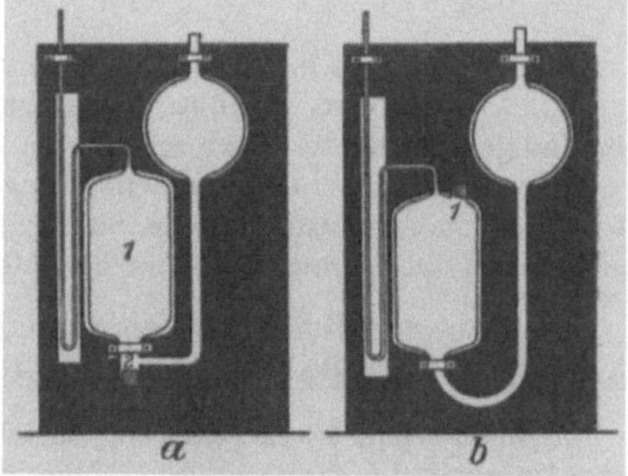

Abb. 267. Einfache Absorptionspipette für feste und flüssige Absorptionsmittel.

durch den Zylinder *1* ersetzt, der unten eine Einfüllöffnung *2* besitzt; diese wird durch einen Gummipfropfen oder dergleichen abgeschlossen. Benutzt man die Pipette für flüssige Absorptionsmittel, dann gibt man zweckmäßigerweise zur Erhöhung der Reaktionsoberfläche Füllkörper (Raschig-Ringe, Drahtspiralen oder dergleichen) in den Absorptionsraum *1*.

Diese Art der Pipette läßt sich auch nach Abb. 267b ausführen; die Einfüllöffnung *1* liegt nicht unten, sondern etwas seitlich oben.

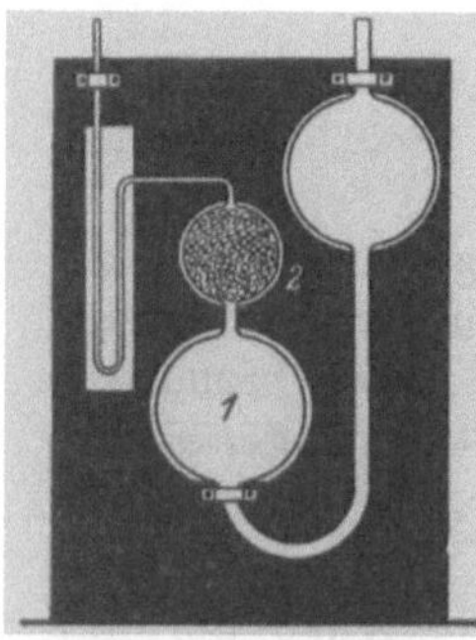

Abb. 268. Absorptionspipette für Schwefelsäure als Absorptionsmittel.

Eine Erhöhung der Reaktionsoberfläche wird auch mit der in Abb. 268 dargestellten Pipette erreicht. Über der Hauptkugel *1* befindet sich eine kleinere Kugel *2*, die vollständig mit Glasperlen oder ähnlichen Körpern gefüllt ist und den Gasstrom· in viele Bläschen auflöst. Sie wird insbesondere für rauchende Schwefelsäure angewandt[6].

Die vorerwähnten Absorptionspipetten sind für Stoffe, die durch Sauerstoff, also auch Luft unwirksam wer-den, ungeeignet, da sich die Luft in der jeweiligen Gegenkugel mit der Flüssigkeit zu innig berührt. Man verwendet deshalb zusammengesetzte Absorptionspi-petten, die sich von den einfachen dadurch unterscheiden, daß noch zwei Sicherheits-kugeln nachgeschaltet sind, die Wasser als Sperrflüssigkeit enthalten. Da eine solche Ergänzung an jeder der oben beschriebenen

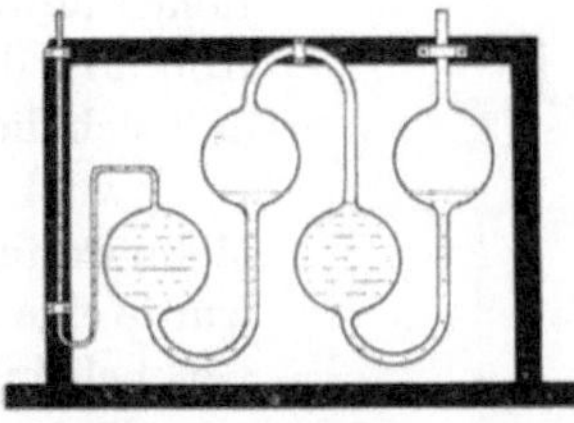

Abb. 269. Zusammengesetzte Absorptionspipette für flüssige Absorptionsmittel.

Pipetten vorgenommen werden kann, sei in Abb. 270 bloß ein Beispiel einer zusammengesetzten Absorptionspipette ge-bracht, die sich von der in Abb. 266 gezeigten Pi-pette ableitet.

Die Absorptionspipetten von W. HEMPEL haben verschiedene Abänderungen erfahren[7], die trotz man-cher Vorzüge bisher nur wenig verwendet werden.

Neben diesen Pipetten, die an die Meßbürette angeschlossen und nach der Absorption von ihr wie-der gelöst werden, benutzt man solche, die mit der Bürette gewissermaßen starr verbunden bleiben. Um eine solche Kombination von Bürette mit Pipetten, wobei für jeden Gasbestandteil mindestens eine Pipette

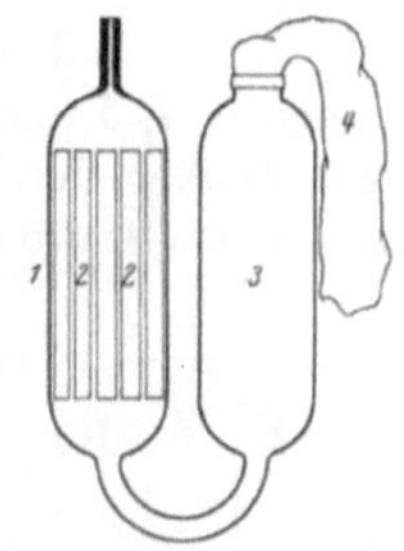

Abb. 270. Absorptionspipette für vollständige gasanaly-tische Apparaturen.

vorhanden sein muß, nicht zu umfangreich werden zu lassen, ist eine möglichst innige Berührung zwischen Gas und Absorp-tionsmittel erforderlich. Von den verschiedenen For-men seien die am meisten gebräuchlichen angeführt.

In Abb. 270 ist der Absorptionsraum *1* mit Glas-röhren *2* gefüllt. Der Raum *3* wird mit einer Gummi-blase *4* gegen die Atmosphäre abgeschlossen. Drückt man das Gas in die Absorptionspipette, so dehnt sich die Blase *4* aus; sie zieht sich beim Zurücksaugen des Gases wieder zusammen. Die Berührung mit der Luft muß — wie bereits erwähnt — insbesondere dann vermieden werden, wenn der Sauerstoff dem Absorptionsmittel schadet.

Eine weitere, sehr beliebte Form stammt von C. HEINZ[8]. In den Absorptionsraum (Abb. 271*) ist

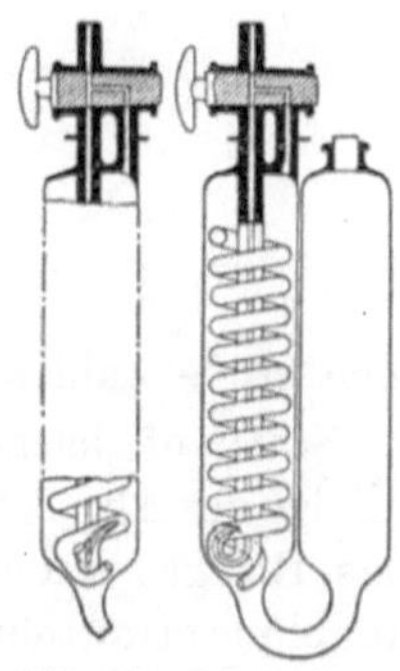

Abb. 271. Absorptions-pipette von C. HEINZ.

eine Spirale eingebaut, in der sich Gas und Flüssigkeit gut durchmischen.

---

* Mitteilung Nr 61 der Wärmestelle Düsseldorf S. 141 [9], Abb. 4.

K. Aschof[9] teilt das Glasgefäß, das den Absorptionsraum bildet (Abb. 272). Der Teil *1* schließt mit dem Schliff *2* an *3* gut an und ragt tief in *3* hinein. Diese Unterteilung läßt sich auf alle inneren Konstruktionen anwenden, sowohl auf die in Abb. 270 als auch Abb. 271 dargestellten Pipetten. Sie hat den Vorteil, daß sich die Pipetten leicht auseinander nehmen lassen.

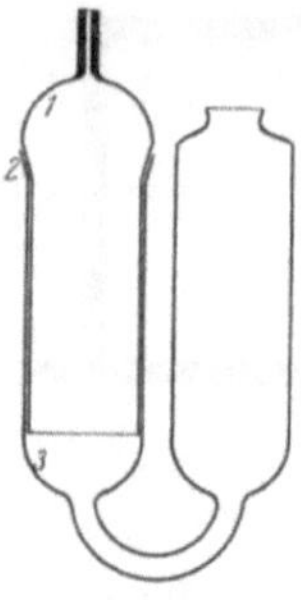

Sowohl auf den Grundsatz der Absorption in der Meßbürette, als auch auf dem in besonderen Pipetten wurde eine ganze Reihe von Vorrichtungen zur Analyse von beliebigen Gasgemischen erdacht[10], von denen wir als erläuterndes Beispiel den Apparat von M. H. Orsat[11] in seiner einfachsten Ausführung zeigen (Abb. 273).

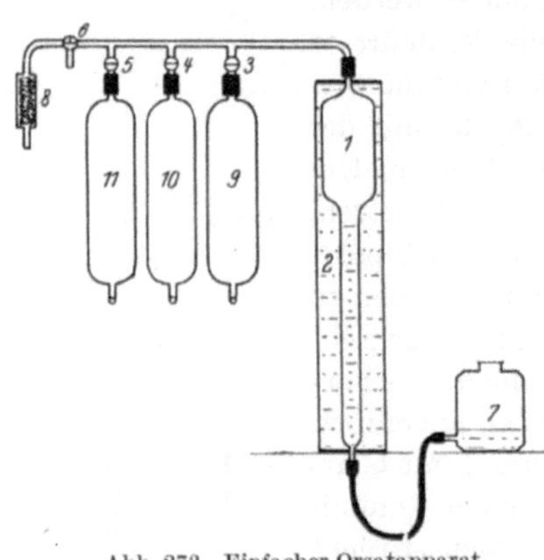

Abb. 272.
Absorptionspipette
von K. Aschof.

Der Apparat dient zur Analyse von Rauchgasen. Die Meßpipette *1* ist deshalb nur bis etwa 25% geteilt, dann erweitert. Der Wassermantel *2* dient zum Konstanthalten der Temperatur. Bei geschlossenen Hähnen *3, 4, 5* und der gezeichneten Hahnstellung *6* wird das Prüfgas durch Senken der Niveauflasche *7* angesaugt, nachdem es durch das Filter *8*, das Staub und ähnliche Verunreinigungen zurückhält, gegangen ist. Sobald mehr als 100 Raumteile eingesaugt sind, schließt man Hahn *6*, stellt durch entsprechendes Heben des Niveaugefäßes den Flüssigkeitsspiegel genau auf Marke 0, öffnet Hahn *6* ganz kurz und drückt nun das Gas nacheinander in die Absorptionspipetten *9, 10, 11*. *9* absorbiert Kohlendioxyd (Kalilauge), *10* Sauerstoff (Pyrogallol) und *11* etwa vorhandenes Kohlenoxyd (Kupferchlorür). — Der Apparat läßt sich beliebig erweitern.

Neben diesen von Hand zu bedienenden Apparaten kennt man eine große Zahl automatisch arbeitender[12].

Abb. 273. Einfacher Orsatapparat.

Statt auf gleichen Druck einzustellen und die Änderung des Volumens infolge der Absorption eines Bestandteiles zu bestimmen, kann man auch das Restgas auf das ursprüngliche Volumen bringen und die Druckabnahme ermitteln. Man mißt beispielsweise in einer ungeteilten Bürette eine Gasmenge V, die man gleich 100 setzt, ab; der Barometerstand, also der absolute Druck der Atmosphäre sei B. Nun absorbiert man einen Bestandteil; das Restgas würde unter dem Druck B einen Raum v einnehmen. $(V-v)$ wäre dann die Raummenge des absorbierten Bestandteiles. Statt dessen bringt man durch Druckverminderung wieder auf V. Der absolute Druck des Gases sinke auf p. An einem Manometer liest man den Unterdruck $(B-p)$ ab. Nach den Gasgesetzen ist

$$V \cdot p = v \cdot B$$

oder

$$\frac{v}{V} = \frac{p}{B};$$

wir erweitern

$$1 - \frac{v}{V} = 1 - \frac{p}{B},$$

$$\frac{V-v}{V} = \frac{B-p}{B},$$

$$V - v = \frac{B-p}{B} \cdot V.$$

Wir haben $V = 100$ gesetzt, also sind $(V-v)$ die Volumprozente; sie sind gleich der Druckverminderung, geteilt durch den Barometerstand, das Ganze mal 100.

Hat man für eine Gasanalyse nur geringe Mengen zur Verfügung, so vergrößert man durch starke Druckverminderung künstlich das Volumen mit dem Erfolg, daß die Ablesegenauigkeit wesentlich gesteigert wird[13].

Absorption und Bestimmung des absorbierten Stoffes im Absorptionsmittel. Die Bestimmung eines Gasbestandteiles im Absorptionsmittel wird dann angewendet, wenn die Menge des betreffenden Stoffes im Gas so gering ist, daß die Veränderung des Gasvolumens infolge der Absorption kaum zu merken wäre. Für besonders empfindliche Reaktionen — z. B. die Bestimmung geringer Kohlenoxydmengen mittels Jodpentoxyd (siehe S. 341) — kommt man mit kleinen Gasproben aus, im allgemeinen arbeitet man aber bei dieser Art der Analyse mit größeren Gasmengen.

Bei Verwendung fester Absorptionsmittel eignen sich beispielsweise die in Abb. 249 zur Bestimmung der Gasfeuchtigkeit dargestellten U-Rohre gut. Benutzt man flüssige Absorptionsmittel, dann bewähren sich sogenannte Gaswaschflaschen, die in mannigfaltiger Weise ausgeführt werden. Alle arbeiten nach dem gleichen Grundsatz: das Prüfgas perlt durch die Absorptionsflüssigkeit und gibt an diese den fraglichen Bestandteil ab. Dieser wird dann titrimetrisch oder gravimetrisch bestimmt. Nach der Absorption wird die Gasmenge gemessen.

Eine einfache Form einer Gaswaschflasche zeigt Abb. 274. Das Gas tritt durch das Zuleitungsrohr 1 in die Flasche und verläßt diese durch das Rohr 2, nachdem es mit der Flüssigkeit reagiert hat. Es ist klar, daß die Berührung zwischen Gas und Flüssigkeit nur oberflächlich

ist. Um sie inniger zu gestalten, was für eine rasche Absorption notwendig ist, kann man etwa so verfahren, daß man in das Zuleitungsrohr
einen kurzen und möglichst knapp passenden Glasstab einführt (Abb. 275).

Abb. 274.
Einfache Gaswaschflasche.

Abb. 275.
Gaswaschflasche.

Abb. 276.
Gaswaschflasche.

Eine praktische Form bringt Abb. 276. Das in der Flasche erweiterte
Zuleitungsrohr *1* ist in dem Teil, der in die Flüssigkeit taucht, siebartig durchlöchert.

In Abb. 277 ist die Gaswaschflasche nach H. DREHSCHMIDT[14] dargestellt. Das Gaseintrittsrohr ist mit einem halbkugeligen, nach unten
offenen Sieb umgeben.

Für manche Zwecke eignet sich besonders das Gasabsorptionsgefäß

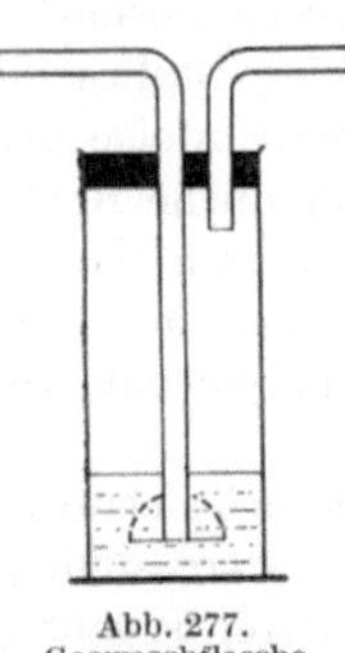

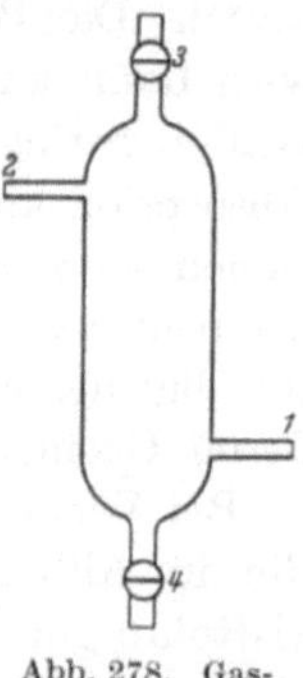

nach Abb. 278. Der Absorptionsraum
ist mit Füllkörpern versehen, die mit
der Absorptionsflüssigkeit benetzt
sind. Das Gas tritt bei *1* ein und bei *2*
aus. Nach beendigter Absorption spült
man das Gefäß bei geöffneten Hähnen *3* und *4* gut durch.

Verbrennung. Da die Verbrennung
— im gewöhnlichen Sinn des Wortes
— die Vereinigung gewisser Stoffe mit
Sauerstoff darstellt, kann sie sowohl
zur Bestimmung der oxydierbaren
Stoffe als auch des Sauerstoffes die-

Abb. 277.
Gaswaschflasche
nach
H. DREHSCHMIDT.

Abb. 278. Gas-
absorptionsgefäß.

nen. Bei der praktischen Durchführung einer Verbrennungsanalyse
arbeitet man entweder mit elementarem Sauerstoff, in reiner Form
bzw. als Luft, oder mit chemisch gebundenem Sauerstoff (leicht
reduzierbare Metalloxyde). Wird mit gasförmigem Sauerstoff verbrannt,
dann entzündet man das Gasgemisch durch den elektrischen Funken
(Explosion oder besser Verpuffung) oder verbrennt es an Metallen
(Katalyse), und zwar Palladium oder Platin.

Die Verbrennung mit gasförmigem Sauerstoff liefert folgende auswertbare Daten für die quantitative Analyse von Gasgemischen:

1. Summe des Volumens der einzelnen Bestandteile $= V$;

2. Sauerstoffbedarf zur Verbrennung $= B$;

3. Volumenänderung (Kontraktion) des Gasgemisches infolge der Verbrennung $= K$;

4. Menge der Verbrennungskohlensäure $= C$;

5. Menge des Verbrennungswassers.

Auf die Bestimmung des Verbrennungswassers wird in der technischen Gasanalyse fast immer verzichtet, so daß vier Bestimmungsgrößen (V, B, K, C) bleiben, mit deren Hilfe man die Zusammensetzung eines Gemisches von vier qualitativ bekannten Gasen ermitteln kann.

V eines Gasgemisches ist die zur Untersuchung gelangende Gasmenge. Den Sauerstoffbedarf (B) findet man aus der dem Gas zugemischten Sauerstoff(-Luft-)Menge vermindert um den nach der Verbrennung übrigbleibenden Sauerstoff. Die Kontraktion (K) ist die Volumenänderung des Gasgemisches durch die Verbrennung. Die Verbrennungskohlensäure C ergibt sich durch Absorption mit Kalilauge nach erfolgter Verbrennung.

Die grundlegenden Beziehungen, die zwischen den Größen B, K, C einerseits und V anderseits für Einzelgase bestehen, sind in der folgenden Übersicht zusammengestellt:

Name des Gases	Zeichen	Gasvolumen (V) aus		
		Sauerstoffbedarf (B)	Kontraktion (K)	Kohlensäure (C)
		$V =$		
Wasserstoff	H_2	$2\,B$	$2/3\,K$	—
Kohlenoxyd	CO	$2\,B$	$2\,K$	C
Methan	CH_4	$1/2\,B$	$1/2\,K$	C
Aethan	C_2H_6	$2/7\,B$	$2/5\,K$	$1/2\,C$
Propan	C_3H_8	$1/5\,B$	$1/3\,K$	$1/3\,C$
Butan	C_4H_{10}	$2/13\,B$	$2/7\,K$	$1/4\,C$
Äthylen	C_2H_4	$1/3\,B$	$1/2\,K$	$1/2\,C$
Acetylen	C_2H_2	$2/5\,B$	$2/3\,K$	$1/2\,C$
Benzol...........	C_6H_6	$2/15\,B$	$2/5\,K$	$1/6\,C$

Als Beispiel werde nun die Analyse eines Gemisches von Wasserstoff, Kohlenoxyd, Methan und Stickstoff behandelt. Die gesuchte Menge des Wasserstoffes sei a_1, des Kohlenoxyds a_2, des Methans a_3 und des Stickstoffes a_4. Die gemeinsame Verbrennung aller Bestandteile liefert uns die Gesamtwirkung, die sich aus den Verbrennungs-

eigenschaften der einzelnen Bestandteile zusammensetzt. In den vier
Grundgleichungen:

$$V = a_1 + a_2 + a_3 + a_4, \tag{1}$$

$$B = B_1 + B_2 + B_3, \tag{2}$$

$$K = K_1 + K_2 + K_3, \tag{3}$$

$$C = C_2 + C_3 \tag{4}$$

sind die Größen V, B, K, C bekannt oder experimentell ermittelbar.
Da der Stickstoff nicht verbrennt, fallen die entsprechenden Glieder in
den Gleichungen 2 bis 4 weg. Der Wasserstoff liefert keine Verbrennungskohlensäure, was in Gl. 4 berücksichtigt wurde. Die Werte für
die einzelnen Glieder der Gleichungen eliminieren wir aus der früheren
Tabelle und erhalten:

$$V = a_1 + a_2 + a_3 + a_4,$$
$$B = 1/2\,a_1 + 1/2\,a_2 + 2\,a_3,$$
$$K = 3/2\,a_1 + 1/2\,a_2 + 2\,a_3,$$
$$C = a_2 + a_3.$$

Daraus errechnen wir:

Wasserstoff: $a_1 = K - B$
Kohlenoxyd: $a_2 = 1/3(4\,C + K) - B$
Methan: $a_3 = B - 1/3(C + K)$
Stickstoff: $a_4 = V + B - C - K$

Von einem solchen Gemisch (gesuchte Zusammensetzung: a_1 cm³ H_2,
a_2 cm³ CO, a_3 cm³ CH_4, a_4 cm³ N_2) werden beispielsweise 25 cm³ ($= V$)
verbrannt; zu diesem Zweck mögen 40 cm³ Sauerstoff von 97,5%
(Rest N_2) beigemischt werden, entsprechend 39 cm³ reinem Sauerstoff.
Das Gesamtvolumen beträgt mithin 65 cm³. Nach erfolgter Verbrennung messen wir 32,5 cm³; daraus ergibt sich K ebenfalls zu 32,5 cm³.
Nunmehr absorbieren wir mit Kalilauge, wodurch 11 cm³ ($= C$) verschwinden mögen. In den verbleibenden 21,5 cm³ finden wir durch
Absorption mit Pyrogallol 16,5 cm³ Sauerstoff; da ursprünglich 39 cm³
Sauerstoff angewandt wurden, beträgt der Sauerstoffbedarf $B =$
22,5 cm³. Der Gasrest von 5 cm³ ist Stickstoff aus der Probe und dem
nicht völlig reinen Sauerstoff. Diese Zahlen setzen wir in die früheren
Gleichungen für a_1 bis a_4 ein:

$a_1 = 32,5 - 22,5 = 10$ cm³ Wasserstoff ($= 40$ Volumprozent),
$a_2 = 1/3 \cdot (4 \cdot 11 + 32,5) - 22,5 = 3$ cm³ Kohlenoxyd ($= 12$ Volumprozent),
$a_3 = 22,5 - 1/3\,(11 + 32,5) = 8$ cm³ Methan ($= 32$ Volumprozent),
$a_4 = 25 + 22,5 - 11 - 32,5 = 4$ cm³ Stickstoff ($= 16$ Volumprozent).

Die rechnerische Auswertung der gemeinsamen Verbrennung derartiger Gemische hat praktische Anwendung gefunden[15]. Sie wird jedoch
unmöglich, wie E. GRAEFE[16] zeigte und wie sich auch mathematisch

ableiten läßt, wenn das Gasgemisch drei oder mehr homologe Kohlenwasserstoffe (z. B. CH_4, C_2H_6, C_3H_8) enthält.

Führt man die Verbrennung durch Explosion aus, dann bedient man sich zweckmäßigerweise der in Abb. 279 dargestellten Explosionspipette nach W. Hempel. Als Sperrflüssigkeit verwendet man Quecksilber. Die Explosionspipette besteht aus der Explosionskugel *1*, die zwei Platinspitzen *2* eingeschmolzen enthält. Die äußeren Enden der Platinspitzen werden mit einem Induktionsapparat zur Erzeugung der Zündfunken verbunden. Der Hahn *3* dient zum Absperren des durch

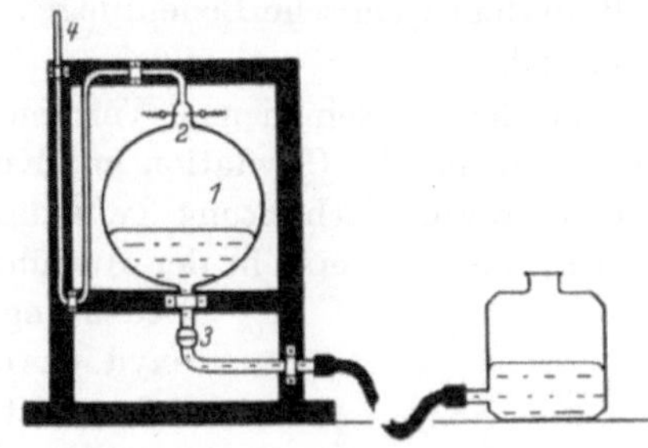

Abb. 279. Explosionspipette nach W. Hempel.

die Capillare *4* eingesaugten Verbrennungsgemisches, bevor die Zündung erfolgt. Das Gas soll bei geringem Unterdruck verbrannt werden.

Zur Untersuchung von schwer verbrennenden Gasgemischen und zur Bestimmung von Sauerstoff in nicht brennbaren Gasen mischt man dem Gemisch Wasserstoff bei.

Damit die Explosion stattfindet, ist ein gewisses Mischungsverhältnis von Gas und Sauerstoff notwendig. P. Eitner[17] hat die Explosionsgrenzen für mehrere Gase und Luft bestimmt (siehe Anhang 15, S. 388). Man bezeichnet als untere Explosionsgrenze jene Mischung eines Gases mit Luft, ausgedrückt in Volumprozent des brennbaren Gases, die mit dem geringsten Gehalt an brennbarem Gas noch explodieren kann; die obere Explosionsgrenze gibt den Höchstgehalt an brennbarem Gas einer Mischung an, die noch explosionsfähig ist. Dazwischen liegt der Explosionsbereich.

Gegenüber der Explosion besitzt die langsame Verbrennung von Gas-Sauerstoff-Gemischen an Katalysatoren manche Vorteile. Sie ist weniger gefährlich und geht für die verschiedenen Einzelgase bei ganz bestimmten Temperaturen vor sich.

Als Katalysatoren kommen Metalle der Platingruppe in Frage, für niedrigere Temperaturen Palladium, für höhere Platin. Cl. Winkler[18] arbeitete mit Palladiumasbest, W. Hempel[19] mit oberflächlich oxydiertem Palladiumschwamm, H. Bunte[20] mit Palladiumdraht. W. Henry[21] benutzte Platinschwamm. Er bediente sich dabei als erster der sogenannten fraktionierten Verbrennung. Da, wie bereits erwähnt, die Reaktionstemperaturen an den Katalysatoren für verschiedene Gase verschieden sind, kann man in einem Gasgemisch durch Verbrennung bei verschiedenen Temperaturen die einzelnen Bestandteile nacheinander bestimmen. Wasserstoff verbrennt an fein verteilten

22*

Palladium langsam schon bei Zimmertemperatur, besser bei etwa 100°C. Kohlenoxyd beginnt bei 120°C zu reagieren, bei 240°C ist die Verbrennung vollständig[22]. Methan verbrennt bei etwa 790°C. Die Trennung durch fraktionierte Verbrennung hat vor allem für Wasserstoff-Methan-Gemische Bedeutung[23]. — Platin wird auch in Drahtform benutzt[24].

Von den verschiedenen Verbrennungsmethoden mit gebundenem Sauerstoff hat die Oxydation mit Kupferoxyd in der technischen Gasanalyse weite Verbreitung gefunden. Sie geht auf R. FRESENIUS[25] zurück, hat aber erst in der Ausführung von E. JÄGER[26] ihre heutige Bedeutung erlangt. Auch mittels Kupferoxyd, das den gesamten Oxydationssauerstoff liefert, ist eine fraktionierte Verbrennung möglich, da Wasserstoff und Kohlenoxyd bei 270—300° C reagieren, Methan hingegen erst bei 700—800° C (helle Rotglut). Abb. 280 zeigt eine praktische Anordnung zur Verbrennung mit Kupferoxyd. Der isolierte Erhitzungsofen besteht aus der Heizkammer *1*, die zur besseren Wärmeverteilung mit Metallsieben *2* ausgestattet ist, und dem Deckel *3* mit den Abzugsöffnungen *4*. Das mit Kupferoxydstückchen gefüllte Quarzrohr *5* wird mit der Öffnung *6* an eine Bürette angeschlossen, *7* führt zu einer Absorptionspipette. Die Kugel des Thermometers *8* liegt dicht am Quarzrohr. Zur Ausführung der Analyse wird eine Pipette mit Kochsalzlösung nachgeschaltet und dann der Ofen auf 270—300°C angeheizt.

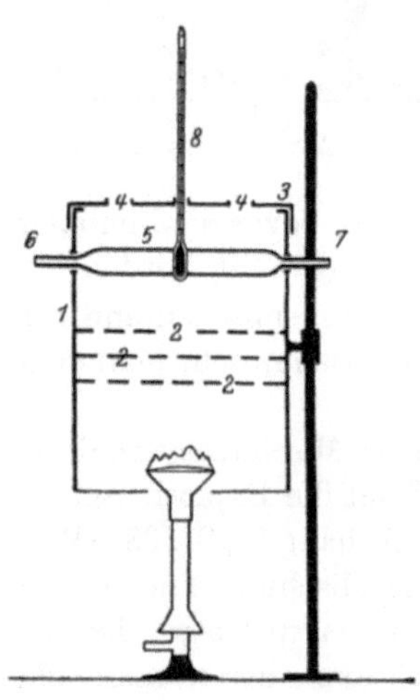

Abb. 280. Versuchsanordnung für fraktionierte Verbrennung mit Kupferoxyd.

Man leitet nunmehr das Gas aus der Bürette mehrmals über das Kupferoxyd, bis keine Volumänderung mehr eintritt, kühlt ab und mißt den Gasrest (Differenz: Wasserstoff); dann wird die Kochsalzlösung durch Kalilauge ersetzt, absorbiert, der Gasrest abgelesen (Differenz: Kohlenoxyd). Nun entfernt man den Ofen, beläßt jedoch die Pipette mit Kalilauge und erhitzt das Quarzrohr direkt mit der Flamme bis zur hellen Rotglut, verbrennt, läßt erkalten und liest ab (Differenz: Methan, Rest: Stickstoff).

Die Methode von E. JÄGER wird in verschiedenen Ausführungen benutzt[27]; vor allem versuchte man jene Fehler zu vermeiden, die durch Dissoziation des Kupferoxyds, durch die Volumänderung beim Übergang von Kupferoxyd in Kupfer, durch Aufnahme von Kohlendioxyd und durch die Bindung des Sauerstoffes aus der Luft im Quarzrohr entstehen.

Von anderen festen Oxydationsmitteln, die in der Gasanalyse Verwendung finden, seien das Jodpentoxyd[28] und das Quecksilberoxyd[29] genannt, die beide vorzugsweise zur Bestimmung geringer Mengen von Kohlenoxyd dienen.

Die Verbrennung mit Luft oder Sauerstoff kann auch mit sichtbarer Flamme erfolgen. So benutzt H. DREHSCHMIDT[30] zur Bestimmung des sogenannten organischen Schwefels im Leuchtgas eine Apparatur, die in Abb. 281 wiedergegeben ist. Die Methode wird heutzutage gewöhnlich in folgender Weise angewandt: Dem Bunsenbrenner *1* wird das Prüfgas zugeleitet, nachdem es eine Gasuhr zum Messen der Menge durchströmt hat. Man verbrennt stündlich etwa 25 l Gas. Der Brenner befindet sich in dem abgeschlossenen Metallgehäuse *2*. Die zur Verbrennung notwendige Luft wird durch die Apparatur gesaugt; sie geht zuerst durch einen Zylinder *3*, der mit Bimssteinstückchen gefüllt ist und aus dem Tropftrichter *4* mit Kalilauge zum Zurückhalten etwaigen Schwefelwasserstoffes berieselt werden kann. Die Verbrennungsgase, die den Schwefel als Schwefeldioxyd wegführen, gelangen durch die drei

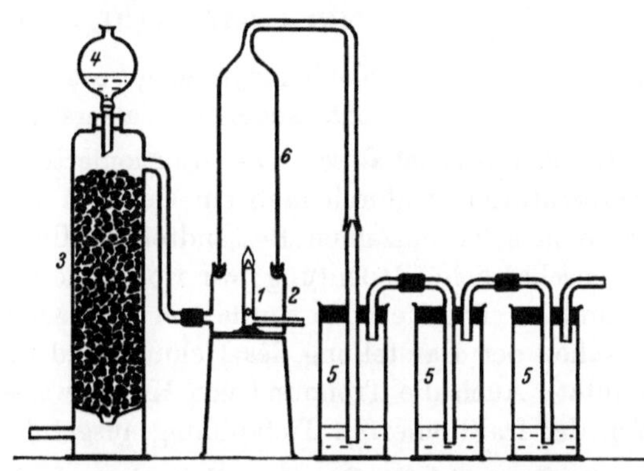

Abb. 281. Versuchsanordnung zur Bestimmung des organischen Schwefels im Leuchtgas nach H. DREHSCHMIDT.

Waschflaschen *5*, die mit neutraler Wasserstoffsuperoxydlösung beschickt sind. An die dritte Waschflasche schließt eine Wasserstrahlpumpe, die einerseits Verbrennungsluft ansaugt und anderseits die Verbrennungsgase durch die Waschflasche fördert. Der Zylinder *6* wird mit Quecksilber in einer Rinne des Gehäuses *2* abgedichtet. Das Wasserstoffsuperoxyd verwandelt das Schwefeldioxyd in Schwefelsäure, deren Menge nach Beendigung des Versuches titriert wird.

TH. KALETA[31] bestimmt brennbare Gase, indem er sie in überschüssigen Sauerstoff leitet und an der Eintrittsstelle mit glühendem Platindraht entzündet. Das Gas verbrennt mit kleiner sichtbarer Flamme.

Umwandlung in der Gasphase. Die im vorangehenden Abschnitt behandelte Verbrennung stellt einen wichtigen und deshalb für sich behandelten Sonderfall einer allgemeinen Analysenart dar, nämlich der Umwandlung einzelner Bestandteile in der Gasphase. Diese Umwandlung führt zum Teil unmittelbar zu Analysenergebnissen, indem aus der Volumänderung bei der Umwandlung, z. B. der Verbrennung, ein Rückschluß auf die Menge des verbrannten Stoffes möglich ist; zum Teil erhält man durch die Umwandlung wieder gasförmige Körper (Kohlendioxyd, Schwefeldioxyd), die sich in der neuen Form leicht bestimmen lassen.

Von weiteren Beispielen derartiger Umwandlungsreaktionen erwähnen wir folgende:

K. F. Tromp[32] hydriert organische Schwefelverbindungen im Quarzrohr über Platinasbest zu Schwefelwasserstoff und bestimmt diesen kolorimetrisch als Bleisulfid.

Zur Bestimmung von Kohlenoxyd in überschüssigem Wasserstoff, der gegebenenfalls künstlich zugeführt wird, wandelt man dies bei 300° C am Nickelkatalysator in Methan nach

$$CO + 3\,H_2 = CH_4 + H_2O$$

um und findet die Kohlenoxydmenge aus der Volumenänderung oder aus der Menge des entstandenen Wassers[33].

Kondensationsanalyse. Die fraktionierte Kondensation bei tiefen Temperaturen, wodurch man ein Gemisch von schwer verflüssigbaren Gasen in seine einzelnen Bestandteile auflösen kann, hat vorwiegend wissenschaftliche Bedeutung; wir wollen sie deshalb hier in aller Kürze behandeln. Die Methode wurde von W. Ramsay und M. W. Travers[34] anläßlich der Darstellung des Heliums und der ihm verwandten Gase benutzt. Auch die Trennung von Kohlenwasserstoffen wurde auf dem Weg der fraktionierten Tiefkühlung ausgeführt[35].

Interferometrie[36]. Die Grundlage der interferometrischen Messungen ist aus Abb. 282 ersichtlich. Das Licht der punktförmigen Lichtquelle *1* wird im sogenannten Kollimatorrohr *2* durch die Linse *3* parallel gerichtet; dann wird es durch die beiden nebeneinander liegenden Spalte *4* gebeugt. Geht dieses Licht auf seinem weiteren Weg stets durch das gleiche Medium, dann beobachtet man im Fernrohr *8* ein Interferenzspektrum

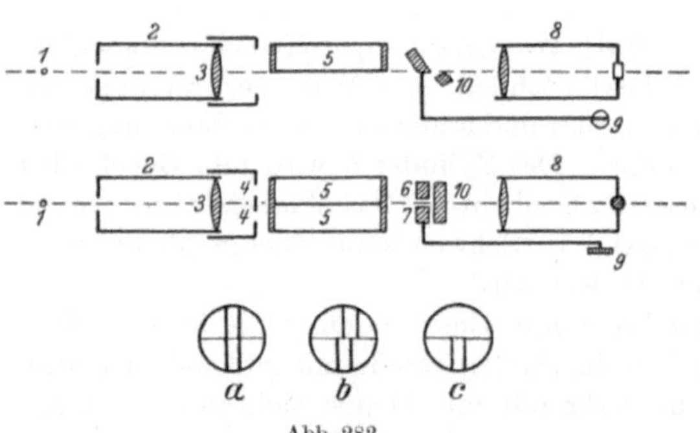

Abb. 282.
Schema der Anordnung für interferometrische Messungen.

nach Abb. 282a. Befindet sich jedoch in einer der Kammern *5* ein anderes Zwischenmittel (Gas), dann sehen wir im Fernrohr *8* entweder Abb. 282b — bei geringer Brechungsdifferenz; oder Abb. 282c — bei großer Differenz. Um die Abweichungen wieder auszugleichen und die Streifen in die Nullage zu bringen, verstellt man durch Drehung der Trommel *9* das bewegliche Prisma *7*; Prisma *6* ist fest. Die Stärke der Drehung, ausgedrückt in Trommelteilen, gibt ein Maß für die Brechung. Die Hilfsplatte *10* dient dazu, die waagerechte Trennungslinie im Beobachtungskreis deutlich hervortreten zu lassen. Bezüglich der konstruktiven Ausführung von Interferometern verweisen wir auf die Literatur[37].

Die Grundgleichung zur Auswertung einer interferometrischen Analyse[38] eines Gasgemisches aus zwei Bestandteilen A und B lautet:

$$\frac{x}{100} = \frac{n_x - n_B}{n_A - n_B};$$

Es bedeuten:

x ..... Volumprozent des Gases A,
n_A ..... Brechungszahl des reinen Gases A,
n_B ..... Brechungszahl des reinen Gases B,
n_x ..... Brechungszahl des Gemisches.

Die interferometrische Analyse läßt sich auch auf Gemische von mehr als zwei Einzelstoffen anwenden, wenn das Verhältnis mehrerer Komponenten bekannt ist, wie z. B. bei Sauerstoff und Stickstoff in lufthaltigen Gemischen[39].

Der Anwendungsbereich der Interferometrie ist beträchtlich; wir nennen bloß die Reinheitsprüfung von Gasen[40], die Untersuchung von Rauch- und Grubengas[41], die Analyse von Gasgemischen insbesondere in Verbindung mit der Trennung durch Tiefkühlung.

Weitere physikalische Meßmethoden. Von weiteren Meßmethoden auf rein physikalischer Grundlage, die vorzugsweise in der automatischen Gasanalyse benutzt werden, wären die Bestimmung der Dichte, der Wärmeleitfähigkeit und des elektrischen Widerstandes als die wichtigsten zu erwähnen.

Die Dichte eignet sich als Maß für die Zusammensetzung eines Gasgemisches dann, wenn entweder eine Gemisch von zwei Gasen vorliegt, deren Dichten im reinen Zustand stark voneinander abweichen (z. B. Stickstoff und Wasserstoff), oder der Mengenanteil eines Bestandteils die Dichte des ganzen Gemisches im wesentlichen bestimmt (z. B. Kohlendioxyd in Rauchgasen). Besonders von der zweiten Art der Gasanalyse macht man reichlich Gebrauch[42].

Das Wärmeleitvermögen und die Änderung des elektrischen Widerstandes werden vorwiegend zur automatischen Bestimmung der „unverbrannten Anteile" in Verbrennungsgasen benutzt. Einerseits ist das relative Wärmeleitvermögen des Wasserstoffs wesentlich größer als das anderer technischer Gase; anderseits lassen sich unverbrannte Gasbestandteile durch Nachverbrennung und elektrische Messung der Temperaturerhöhung angenähert quantitativ ermitteln[43].

Literatur:

BERTELSMANN, W.: Chem. Ztg **44**, 237 (1920).

BUNSEN, R.: Gasometrische Methoden, 2. Aufl. Braunschweig 1877.

HEMPEL, W.: Gasanalytische Methoden, 4. Aufl. Braunschweig 1913.

LUNGE, G., u. E. BERL: Chemisch-technische Untersuchungsmethoden, 7. Aufl. Berlin 1921.

RASSFELD, P.: Fortschrittsber. d. Chem. Ztg **1928**, 1.

SANDER, A.: Z. kompr. flüss. Gase **23**, 1, 13, 51, 121, 133 (1923). — WINKLER, CL., u. O. BRUNCK: Technische Gasanalyse, 5. Aufl. Leipzig 1927.

Mitteilungen Nr 19, 20, 21, 61 der Wärmestelle. Düsseldorf 1921/24.

Hinweise im Text:

1. HABER, F.: Z. angew. Chem. **19**, 1418 (1906).
2. Siehe z. B. PFEIFFER, O.: Gas- u. Wasserfach **42**, 700 (1899).
3. ETTLING, C. J.: Ann. Physik **53**, 141 (1845).
4. DOYERE, L.: Ann. Chim. Phys. [3] **28**. 1 (1850).
5. HEMPEL, W.: Gasanalytische Methoden, 4. Aufl. Braunschweig 1913.
6. Siehe auch FRIEDRICHS, F.: Z. angew. Chem. **29** II., 208 (1916).
7. BÄRENFÄNGER, C.: Chem. Ztg **45**, 466 (1921). — FLEISSNER, H.: Chem. Ztg **32**, 770 (1908). — HEFTER, A.: Chem. Ztg **48**, 142 (1924). — KÖNIG, E.: Chem. Ztg **50**, 194 (1926).
8. HAHN, C.: Gas- u. Wasserfach **49**, 367 (1906).
9. ASCHOF, K.: Stahl u. Eisen **40**, 1406 (1921). — Chem. Ztg **45**, 582 (1921).
10. OTT, E.: Gas- u. Wasserfach **69**, 289 (1926). — RASSFELD, P.: Gas- u. Wasserfach **70**, 949 (1927). — THAU, A.: Österr. Gas- u. Wasserfach **59**, 152 (1919). — WAARD, S. DE: Arch. Wärmewirtsch. **5**, 208 (1924). — Siehe auch Chem. Ztg **49**, 548 (1925).
11. ARON, J.: Dingler **217**, 220 (1875).
12. BRAUN, O.: Gas- u. Wasserfach **63**, 310, 326, 344, 388 (1920). — DOSCH, A.: Feuerungstechnik **5**, 53, 67 (1916). — Braunkohle **14**, 15, 27, 39 (1915/16).
13. GUYE, PH. A., u. F. E. E. GERMANN: C. r. **159**, 154, 292 (1914). — Z. anal. Chem. **54**, 263 (1915). — HAMBURGER, L., u. W. KOOPMAN: Chem. Weekbl. **14**, 742 (1917). — Z. anal. Chem. **57**, 121 (1918).
14. DREHSCHMIDT, H.: Gas- u. Wasserfach **35**, 269 (1892).
15. HOFFMANN, FR.: Chem. Ztg **40**, 81, 412 (1916). — NOYES, W. A., u. J. W. SHEPHERD: J. amer. chem. Soc. **20**, 343 (1898). — STÖCKMANN, W.: Stahl u. Eisen **43**, 153 (1924). — VIGNON, L.: Bull. Soc. Chim. [3] **17**, 832 (1897). — Siehe auch JELLER, R.: Z. anal. Chem. **72**, 249 (1927).
16. GRAEFE, E.: Gas- u. Wasserfach **48**, 524 (1903).
17. EITNER, P.: Gas- u. Wasserfach **45**, 1ff. (1902).
18. WINKLER, CL.: Anleit. chem. Unt. Industrie-Gase, 2. Abt., S. 257. Freiberg 1877.
19. HEMPEL, W.: Ber. **12**, 1006 (1879).
20. BUNTE, H.: Ber. **11**, 1123 (1878).
21. HENRY, W.: Annals Phil. **25**, 428 (1825).
22. NJESMELOW, V.: Z. anal. Chem. **48**, 232 (1909).
23. BRUNCK, O.: Z. angew. Chem. **16**, 695 (1903). — HEMPEL, W.: Z. angew. Chem. **25**, 1841 (1912). — STEUER, W.: Chem. Ztg **49**, 901 (1925).
24. COQUILLION, J.: C. r. **84**, 458 (1877). — Z. anal. Chem. **17**, 330 (1878). — DENNIS, L. M., u. C. G. HOPKINS: Z. anorg. u. allg. Chem. **19**, 179 (1899). — DREHSCHMIDT, H.: Ber. **21**, 3242 (1888). — WINKLER, CL.: Z. anal. Chem. **28**, 286 (1889).
25. FRESENIUS, R.: Z. anal. Chem. **3**, 339 (1864).
26. JÄGER, E.: Gas- u. Wasserfach **41**, 764 (1898).
27. BUNTE, K., u. W. WUNSCH: Gas- u. Wasserfach **66**, 481 (1923). — DIETZ, R., E. GRÜNERT u. E. NOACK: Brennstoff-Chemie **5**, 33 (1924). — FRITSCHE, W.: Brennstoff-Chemie **3**, 8 (1922). — HOFSÄSS, M.: Gas- u. Wasserfach **64**, 461 (1921). — KNORRE, G. V.: Chem. Ztg **33**, 17 (1909). — OTT, E.: Gas- u. Wasserfach **62**, 89 (1919). — TERRES, E., u. N. MAUGUIN: Gas- u. Wasserfach **58**, 8 (1915).

— Thau, A.: Glückauf **59**, 1037, 1059 (1923). — Tropsch, H., u. E. Dittrich: Brennstoff-Chemie **5**, 285, 325 (1924). — Ubbelohde, L., u. de Castro: Gas- u. Wasserfach **54**, 810 (1911).

28. Siehe z. B. Tausz, J., u. K. Jungmann: Gas- u. Wasserfach **70**, 1049 (1927).

29. Moser, L., u. O. Schmid: Z. anal. Chem. **53**, 217 (1914).

30. Drehschmidt, H.: Chem. Ztg **11**, 1382 (1887).

31. Kaleta, Th.: Chem. Ztg **45**, 651 (1921); **46**, 430 (1922).

32. Tromp, K. F.: Het Gas **44**, 227 (1924).

33. Larson, A. T., u. C. W. Whittaker: Ind. Chem. **17**, 317 (1925). — Schuftan, P.: Z. angew. Chem. **39**, 276 (1926). — Siehe auch Rassfeld, P.: Fortschrittsber. d. Chem. Ztg **1928**, 5.

34. Travers, M. W.: Experimentelle Untersuchung von Gasen. Braunschweig 1905.

35. Burrell, G. A., u. F. M. Seibert: J. amer. chem. Soc. **36**, 1537 (1914). — Czako, E.: Gas- u. Wasserfach **56**, 1034 (1913). — Erdmann, E., u. H. Stoltzenberg: Ber. **43**, 1702 (1910). — Lebeau, P.: Bull. Soc. Chim. [4] **35**, 489 (1924). — Chal. et Ind. **6**, 236 (1925). — Lebean, P., u. A. Damiens: C. r. **156**, 144, 325, 797 (1913). — Ann. Chim. [9] 8, 221 (1917). — Tropsch, H., u. E. Dittrich: Brennstoff-Chemie **6**, 169 (1925). — Wollers, G.: Z. angew. Chem. **35**, 536 (1922). Stahl u. Eisen **42**, 1449 (1922).

36. Berl, E., u. L. Ranis: Die Anwendung der Interferometrie in Wissenschaft und Technik (Fortschritte der Chemie, Physik und physikalischen Chemie, Bd 19, H. 7). Berlin 1928.

37. Haber, F., u. F. Löwe: Z. angew. Chem. **23**, 1393 (1910).

38. Siehe Berl, E., u. K. Andress: Z. angew. Chem. **34**, I, 369 (1921). — Werner, G.: Z. angew. Chem. **38**, 905 (1925).

39. Rassfeld, P.: Z. angew. Chem. **40**, 669 (1927).

40. Löwe, F.: Chem. Ztg **45**, 405 (1921).

41. Küppers, E., u. R. L. v. Klemperer: Glückauf **49**, 47 (1913). Mohr, O.: Z. angew. Chem. **25**, 1313 (1912).

42. Braun, O.: Gas- u. Wasserfach **63**, 310, 326, 344, 388 (1920). — Wundt, W.: Mitteilung Nr 61 der Wärmestelle, S. 147 (15). Düsseldorf 1924.

43. Moeller, M.: Wärme **45**, 565 (1922). — Wilhelm: Feuerungstechnik **11**, 171 (1922/23).

4. Bestimmung einzelner Gase.

Wasserstoff. Absorptionsmittel für Wasserstoff sind zwar bekannt, werden aber selten benutzt:

1. **Kolloidales Palladium und Natriumpikrat in wässeriger Lösung**[1].

Volumetrisch;

empfindlich gegen: Äthylen, Acetylen, Sauerstoff, Schwefelwasserstoff, Phosphorwasserstoff, Arsenwasserstoff.

2. **Palladium-Mohr**[2].

Volumetrisch;

empfindlich gegen: Sauerstoff, Kohlenoxyd, größere Mengen von Benzol- und Alkoholdämpfen, Spuren Salzsäure.

3. **Chlorat in bicarbonathaltiger Lösung bei Gegenwart von Platin, Palladium und Osmium**[3].

Volumetrisch;

empfindlich gegen: Sauerstoff, Kohlenoxyd, Äthylen, schwefelhaltige Gase, Ammoniak, Phosphordämpfe, Phosphorwasserstoff.

4. Natriumoleatlösung und fein verteiltes, metallisches Nickel[4].

Volumetrisch;

empfindlich gegen: Kohlenoxyd, Schwefelwasserstoff, Schwefelkohlenstoff, Arsenwasserstoff.

5. Metallisches Kalium und Natrium[5].

Volumetrisch.

Meist bestimmt man den Wasserstoff durch Verbrennung nach den weiter oben beschriebenen allgemeinen Methoden; in Gegenwart anderer brennbarer Gase wird gewöhnlich fraktioniert verbrannt. — Geringe Mengen Wasserstoff neben viel Kohlenwasserstoffen kann man durch Kondensationsanalyse ermitteln[6].

Sauerstoff. Dieses Gas wird in der Regel durch Absorption bestimmt:

1. Phosphor[7].

Volumetrisch;

empfindlich gegen: Phosphorwasserstoff, Schwefelwasserstoff, Schwefeldioxyd, Schwefelkohlenstoff, Halogene, Stickstoffdioxyd, ungesättigte Kohlenwasserstoffe, viele organische Dämpfe.

1a. Phosphor in Kastoröl gelöst[8].

Volumetrisch.

2. Metallisches Kupfer bei 350—400° C[9].

Volumetrisch;

empfindlich gegen: Schwefelverbindungen.

2a. Metallisches Kupfer in wässerigem Ammoniak oder Ammoniumcarbonat[10].

Volumetrisch;

empfindlich gegen: saure Gase.

3. Alkalische Natriumhydrosulfitlösung[11].

Volumetrisch;

empfindlich gegen: saure Gase.

3a. Zusatz von Natriumanthrahydrochinon-β-sulfosäurefester zu 3[12].

4. Alkalische Pyrogallollösung[13].

Volumetrisch;

empfindlich gegen: saure Gase; — bei hoher Sauerstoffkonzentration Entwicklung von Kohlenoxyd[14].

5. Oxyhydrochinon[15].

Volumetrisch.

6. Chromchlorür[16].

Volumetrisch.

7. Eisenoxydulsalze[17].

Volumetrisch.

Sauerstoff kann bei Abwesenheit sonstiger brennbarer Gase nach Zumischen von Wasserstoff durch Verbrennung bestimmt werden.

Kohlendioxyd. Als sauer reagierender Stoff wird es von Alkalien aufgenommen. Das gebräuchlichste Absorptionsmittel ist $33^1/_3\%$ ige Kalilauge, daneben Barythydrat.

Volumetrisch, titrimetrisch;

empfindlich gegen: alle sauren Gase.

Kohlenoxyd. Absorptionsmittel.

1. Kupferchlorürlösung, ammoniakalisch oder salzsauer[18].

Ammoniakalisch besser;

volumetrisch;

empfindlich gegen: Sauerstoff, ungesättigte Kohlenwasserstoffe, saure Gase (wenn ammoniakalisch), Ammoniak (wenn sauer).

1a. Zusatz von Stannochlorid zu 1[19].

2. Cuprosulfat-Schwefelsäure[20].

Volumetrisch;

empfindlich gegen: Äthylen, Acetylen (Sauerstoff), Ammoniak.

2a. Zusatz von β-Naphthol zu 2[21].

3. Palladiumchlorürlösung[22].

Kolorimetrisch, gravimetrisch (volumetrisch);

empfindlich gegen: Wasserstoff, Kohlenwasserstoffe, Schwefelwasserstoff.

4. Schwefelsaure bzw. schwefel-phosphorsaure Silbersulfatlösung[23].

Volumetrisch;

empfindlich gegen: ungesättigte Kohlenwasserstoffe, Ammoniak.

5. Ammoniakalische Silbernitratlösung[24].

Volumetrisch;

empfindlich gegen: größere Mengen Äthylen und Acetylen, saure Gase.

5a. Alkalische Silbernitrat-Pyridinlösung[25].

Titrimetrisch.

6. Silberoxyd + Natronkalk[26].

Volumetrisch.

7. Quecksilberchromat-Chromsäurelösung[27].

Volumetrisch;

empfindlich gegen: Ammoniak (Wasserstoff).

8. Blut[28].
Spektroskopisch.

Die meisten der oben angegebenen Absorptionsmittel wirken auf das Kohlenoxyd oxydierend ein unter gleichzeitiger Bindung des entstehenden Kohlendioxyds; somit handelt es sich um eine mittelbare Absorption. Von den Methoden, bei denen die Oxydation mehr in den Vordergrund tritt, nennen wir die Verbrennung mit Kupferoxyd, Jodpentoxyd oder Quecksilberoxyd (siehe S. 340); ferner wurde auch die Umwandlung in Methan vorgeschlagen (siehe S. 342). In der automatischen Gasanalyse oxydiert man ebenfalls zu Kohlendioxyd und ermittelt dieses durch Absorption oder wertet die mit der Oxydation verbundene Temperaturerhöhung aus (siehe S. 343).

Methan und Homologe. Man kennt kein Absorptionsmittel für Methan; eine teilweise Trennung ist durch die verschiedene Löslichkeit der Grenzkohlenwasserstoffe in Alkohol möglich[29].

Fast immer bestimmt man sie durch Verbrennung, doch kommt auch der Kondensationsanalyse praktische Bedeutung zu.

Äthylen und Homologe. Absorptionsmittel.

1. Rauchende Schwefelsäure[30].
Volumetrisch;
empfindlich gegen: Acetylen, aromatische Kohlenwasserstoffe, höhere Paraffinkohlenwasserstoffe, Ammoniak.

2. 99%ige Schwefelsäure[31].
Volumetrisch;
empfindlich gegen: aromatische Kohlenwasserstoffe, Ammoniak.

2a. Zusatz von Vanadin, Molybdän, Wolfram, Uran zu 2[32].

3. 87%ige Schwefelsäure[33].
Volumetrisch;
nicht für Äthylen, nur für die Homologen.
empfindlich gegen: aromatische Kohlenwasserstoffe, Ammoniak.

3a. 84%ige Schwefelsäure[34].

4. Schwefelsäure $+ \frac{1}{2}$—1% Silbersulfat[35].
Volumetrisch;
empfindlich gegen: aromatische Kohlenwasserstoffe (Kohlenoxyd), Ammoniak.

5. Schwefelsäure + Kaliumbichromat[36].
Volumetrisch;
empfindlich gegen: Acetylen, aromatische Kohlenwasserstoffe, Ammoniak.

6. **Bromwasser**[37].
Volumetrisch;
empfindlich gegen: Acetylen, aromatische Kohlenwasserstoffe, Phosphorwasserstoff.

7. **Salpetersaure Quecksilbernitrat - Natriumnitratlösung**[38].
Volumetrisch;
empfindlich gegen: Ammoniak.

8. **10%ige Silbernitratlösung in 4%iger Phosphorsäurelösung**[39].
Volumetrisch;
empfindlich gegen: Ammoniak.

Die Verbrennung ist zwar möglich, wird jedoch kaum ausgeführt; hingegen hat die Tiefkühlung — insbesondere mit vorangehender Hydrierung — praktische Anwendung gefunden.

Acetylen. Absorptionsmittel vielfach wie für Äthylen; vgl. auch Kohlenoxyd.

1. **Schwefelsäure** (wie oben).

2. **Bromwasser** (wie oben).

3. **Alkalische Quecksilberjodid-Jodkaliumlösung**[32].
Volumetrisch;
empfindlich gegen: (Äthylen), saure Gase.

4. **Alkalische Quecksilbercyanidlösung**[38].
Volumetrisch;
empfindlich gegen: saure Gase.

5. **Ammoniakalische Kupfernitrat - Hydroxylaminchlorhydratlösung**[40].
Gravimetrisch, titrimetrisch (volumetrisch);
empfindlich gegen: Schwefelwasserstoff (Sauerstoff).

Bezüglich der Verbrennung und Tiefkühlung gilt das unter Äthylen Gesagte.

Benzol und Homologe. Sie werden meist durch Adsorption an A-Kohle (siehe S. 310) bestimmt. Die Absorptionsmittel entsprechen häufig denen für Äthylen und Acetylen; alle diese Kohlenwasserstoffe, die häufig gemischt in technischen Gasen enthalten sind, werden unter dem Namen „schwere Kohlenwasserstoffe" (C_mH_n) zusammengefaßt und als solche gemeinsam ermittelt. Weitere Absorptionsmittel:

1. **Konzentrierte Salpetersäure + Schwefelsäure**[41].
Gravimetrisch;
empfindlich gegen: Ammoniak (ungesättigte Kohlensäure).

2. **Ammoniakalische Nickelcyanidlösung**[42].
Volumetrisch;

empfindlich gegen: saure Gase.

Bezüglich sonstiger Methoden siehe S. 307 ff.

Naphthalin. Als Absorptionsmittel dient:

1. Pikrinsäure-Lösung[43].

Titrimetrisch (gravimetrisch);

empfindlich gegen: Ammoniak, manche aromatische Kohlenwasserstoffe wie Inden usw.

Schwefelwasserstoff. Absorptionsmittel:

1. Kalilauge (siehe Kohlendioxyd).

Volumetrisch;

empfindlich gegen: saure Gase.

2. Schwefelsaure Kupfersulfatlösung[44].

Volumetrisch, titrimetrisch;

empfindlich gegen: Ammoniak.

3. Jodlösung[45].

Titrimetrisch;

empfindlich gegen: Schwefeldioxyd.

4. Natriumhypochlorit-Lösung[46].

Gravimetrisch;

empfindlich gegen: Phosphorwasserstoff.

Die Verbrennung und Bestimmung des entstehenden Schwefeldioxyds liefert ebenfalls gute Ergebnisse.

Schwefeldioxyd. Absorptionsmittel:

1. Lauge[47].

Volumetrisch, titrimetrisch;

empfindlich gegen: saure Gase.

2. Jodlösung (siehe Schwefelwasserstoff)[45].

3. Wasserstoffsuperoxyd (siehe S. 341).

Titrimetrisch (gravimetrisch).

Siehe weiter unten: Organische Schwefelverbindungen.

Schwefelkohlenstoff. Absorptionsmittel:

1. Alkoholische Kalilauge[48].

Gravimetrisch, volumetrisch;

empfindlich gegen: saure Gase.

2. Ätherische Triäthylphosphin-Lösung[49].

Gravimetrisch.

Verbrennung zu Schwefeldioxyd.

Organische Schwefelverbindungen. Sie bestehen aus Schwefelalkoholen, -äthern, Senfölen, Thiophen; gewöhnlich zählt man auch den Schwefelkohlenstoff hinzu. Sie kommen in manchen Gasen gemischt vor, werden gemeinsam bestimmt und ihre nicht näher bezeichnete

Summe als elementarer Schwefel angegeben. Man kennt ein Absorptionsmittel, das auf der Oxydation zu Schwefelsäure beruht:

1. **Alkalische Wasserstoffsuperoxyd-Lösung**[50].
Gravimetrisch;
empfindlich gegen (saure Gase), (Stickoxyd).

Gewöhnlich nimmt man jedoch die gemeinsame Verbrennung nach H. DREHSCHMIDT (siehe S. 341) vor.

Stickstoff. Er wird fast ausschließlich als Rest nach der Absorption bzw. Verbrennung der übrigen Gasbestandteile bestimmt, doch kennt man auch eine Reihe von Absorptionsmitteln:

1. **Magnesium + Calciumoxyd + Natrium**[51].
Helle Rotglut.

2. **Amalgamierte Magnesium-Späne**[52].
600° C.

3. **Calciumnitridhaltige Calcium-Legierungen**[53].
< 320° C.

4. **Calcium-Natrium-Legierungen**[54].
500° C.

5. **Calciumcarbid**[55].
1000° C.

Ammoniak. Als einziges Absorptionsmittel verwendet man in der technischen Gasanalyse:

1. **Schwefelsäure.**
Titrimetrisch.

Cyanwasserstoff. Absorptionsmittel:
1. **Kalilauge**[56].
Volumetrisch, titrimetrisch;
empfindlich gegen: saure Gase, Cyan.

2. **Alkalische Eisenhydroxydul-Aufschlämmung**[57].
Titrimetrisch;
empfindlich gegen: saure Gase, Cyan (Sauerstoff).

3. **Silbernitrat-Lösung**[51].
Titrimetrisch, gravimetrisch;
empfindlich gegen: Halogenwasserstoffsäuren, Rhodanwasserstoff.

Cyan siehe Cyanwasserstoff 1. und 2.

Stickoxydul. Absorptionsmittel:
1. **Alkohol**[59].
Volumetrisch;
empfindlich gegen: Paraffinkohlenwasserstoffe, Schwefelwasserstoff usw.

Besser ist die Verbrennung mit überschüssigem Wasserstoff[60] oder Knallgas[61]; auch die Kondensationsanalyse eignet sich zur Trennung von anderen Gasen[62].

Stickoxyd. Absorptionsmittel:

1. **Schwefelsaure Kaliumpermanganat-Lösung**[63].
Volumetrisch, titrimetrisch;
empfindlich gegen: andere Stickstoffoxyde (Ammoniak).

2. **Schwefelsaure Kaliumbichromat-Lösung**[64].
Volumetrisch;
empfindlich gegen: Äthylen, Acetylen, aromatische Kohlenwasserstoffe, Ammoniak.

3. **Alkalische Alkalisulfit-Lösung**[65].
Volumetrisch;
empfindlich gegen: saure Gase, Stickoxydul.

4. **Schwefelsäure-Wasserstoffsuperoxyd**[66].
Volumetrisch, gravimetrisch, titrimetrisch;
empfindlich gegen: Ammoniak, Schwefeldioxyd.

5. **Ätzkalk in Gegenwart von Luft**[67].
Volumetrisch;
empfindlich gegen: saure Gase.

6. **Schwefelsaure Eisenvitriol-Lösung**[68].
Volumetrisch;
empfindlich gegen: Ammoniak, Stickoxydul.

7. **Natronlauge**[69].
Volumetrisch;
empfindlich gegen: saure Gase.

8. **Alkalische Wasserstoffsuperoxyd-Lösung**[70].
Volumetrisch;
empfindlich gegen: saure Gase, Schwefelverbindungen.
Die Verbrennung erfolgt wie die des Stickoxyduls mit Wasserstoff[71].

Bezüglich der in der Technik selteneren Gase verweisen wir auf die S. 344 angegebene Buch- und Sammelliteratur.

Analyse von Leuchtgas. Es soll als Anwendungsbeispiel dieses Abschnittes die Analyse von Stadtgas, also gereinigtem Leuchtgas, mit Hilfe der HEMPEL-Apparatur beschrieben werden. Eine derartige Analyse liefert immer die Zusammensetzung des trockenen Anteiles; die Zahlenwerte täuschen geradezu ein trockenes Gasgemisch vor. Das Stadtgas enthält aber stets Wasserdampf, ist feucht. Leitet man im Laufe der Analyse die feuchte Gasprobe über die verschiedenen Absorptionsmittel, dann nehmen diese entweder Wasserdampf aus der Gasprobe auf — sie absorbieren Wasserdampf; oder sie geben solchen an die Gasprobe ab — sie desorbieren Wasserdampf. Diese Aufnahme oder Abgabe von Wasserdampf hängt von dem ursprünglichen Teildruck des Wasserdampfes des Gasprobe, von dem Dampfdruck der Sperrflüssigkeit (Kochsalzlösung) stammend, ab und von dem Teildruck des gerade angewandten Absorptionsmittels; ist dieser kleiner als jener, dann nimmt das Absorptionsmittel Wasserdampf auf, andernfalls gibt es welchen an die Gasprobe ab. Der dauernde Wechsel des Wasserdampfgehaltes in der Gasprobe verursacht jedoch keine Analysenfehler, weil sich das Gas in der Meßbürette immer wieder mit Wasserdampf entsprechend dem Teildruck der Sperrflüssigkeit sättigt und somit das Ablesen der absorbierten Gasanteile stets unter gleichen Feuchtigkeitsbedingungen erfolgt. Anders liegen die Verhältnisse, wenn in der Meßbürette absorbiert wird, denn dann können durch Absorption oder Desorption von Wasserdampf beträchtliche Fehler entstehen. — Will man die Feuchtigkeit eines Gases in der Analyse berücksichtigen, dann muß eine gesonderte Wasserbestimmung (siehe S. 312) ausgeführt werden.

Das Stadtgas enthält an brennbaren Gasen: Wasserstoff, Methan, Kohlenoxyd und schwere Kohlenwasserstoffe (ein Gemisch von etwa $^2/_3$ Äthylen und $^1/_3$ Benzol und Homologen); von unbrennbaren Gasen: Kohlendioxyd, Sauerstoff, Stickstoff.

Wir messen in der HEMPEL-Bürette 100 Raumteile in der früher beschriebenen Weise (siehe S. 328) ab und leiten das Gas zuerst über $33^1/_3\%$ige Kalilauge zur Absorption des Kohlendioxyds. Die Kalilauge absorbiert sehr rasch, einmaliges Überleiten genügt. Hierauf saugen wir durch Tiefstellen des Niveaugefäßes den Gasrest in die Bürette zurück und lesen nach etwa zwei Minuten bei gleichen Flüssigkeitsspiegeln (im Meßrohr und Niveaugefäß) ab: Gasrest 96,4 cm^3.

Kohlendioxyd: $100 - 96,4 = 3,6$ Volumprozent.

Als nächstes Absorptionsmittel verwenden wir alkalische Pyrogallol-Lösung zur Aufnahme des Sauerstoffes. Diese Lösung absorbiert verhältnismäßig langsam. Man leitet deshalb mindestens zweimal darüber, läßt jedesmal rund zwei Minuten in Berührung und unterstützt die Absorption durch kräftiges Schütteln der Gasprobe in der Pipette. Den Gasrest lesen wir wie oben ab: 96,2 cm^3.

Sauerstoff: $96,4 - 96,2 = 0,2$ Volumprozent.

Nun absorbieren wir die „schweren Kohlenwasserstoffe" mit rauchender Schwefelsäure. Die Absorption erfolgt rasch. Da die Gasprobe Schwefeltrioxyddämpfe aufnimmt, müssen diese vor dem Ablesen mit Kalilauge entfernt werden. Gasrest 93,7 cm^3.

Schwere Kohlenwasserstoffe: $96,2 - 93,7 = 2,5$ Volumprozent.

Zur Aufnahme des Kohlenoxyds benutzen wir ammoniakalische Kupferchlorürlösung. Wir nehmen zwei Pipetten hintereinander; die zweite enthält frische Lösung. Der Hauptteil des Kohlenoxyds wird in der ersten Pipette entfernt und die unabsorbierten Reste in der zweiten. Das in die Gasprobe übertretende Ammoniak nimmt man vor dem Ablesen mit verdünnter (20%iger) Schwefelsäure weg. Gasrest: 79,2 cm³. Im allgemeinen bleibt noch immer eine geringe Menge Kohlenoxyd im Gas, die erst bei der Verbrennung ermittelt wird. Wir vermerken also vorläufig: 93,7 — 79,2 = 14,5% Kohlenoxyd.

Nun verbrennen wir den Gasrest zwischen 270 und 300° C über Kupferoxyd nach E. Jäger (siehe S. 340). In der nachgeschalteten Pipette befindet sich 20%ige Schwefelsäure. Man leitet die Gasprobe langsam so oft (drei- bis viermal genügt im allgemeinen) über das Kupferoxyd, bis sich die Menge des Gasrestes nicht mehr ändert. Hierauf läßt man erkalten und liest ab: Gasrest: 29,0 cm³.

Wasserstoff: 79,2 — 29,0 = 50,2 Volumprozent.

Mit Kalilauge absorbiert man das aus dem Kohlenoxydrest stammende Kohlendioxyd: Gasrest 28,7 cm³.

Kohlenoxyd: 14,5 + (29,0 — 28,7) = 14,8 Volumprozent.

Man beläßt die nachgeschaltete Kalilauge und verbrennt das Methan bei leichter Rotglut: Gasrest 9,6 cm³.

Methan: 28,7 — 9,6 = 19,1 Volumprozent.

Stickstoff: 9,6 Volumprozent.

Die Zusammensetzung des (trockenen) Stadtgases beträgt demnach:

$$\begin{array}{ll} 3,6\% & CO_2, \\ 0,2\% & O_2, \\ 2,5\% & C_mH_n, \\ 50,2\% & H_2, \\ 14,8\% & CO, \\ 19,1\% & CH_4, \\ 9,6\% & N_2. \\ \hline 100,0\% & \end{array}$$

Für Betriebsanalysen genügt die hier beschriebene Ausführung. Legt man auf größere Genauigkeit Wert, dann muß in einer Parallelprobe unmittelbar auf den Stickstoffrest verbrannt, das im Quarzröhrchen verschwundene, aus der Luft herrührende Sauerstoffvolumen berücksichtigt und der verbleibende Unterschied gegen den obigen Stickstoffrest zu aliquoten Teilen dem Wasserstoff und Methan zugeschlagen werden. Dadurch erhöht sich die Wasserstoffmenge um etwa 1 Volumprozent, die Methanmenge um etwa 0,5 Volumprozent, während die Stickstoffmenge um die Summe dieser beiden Werte, also um etwa 1,5 Volumprozent sinkt.

Arbeitet man statt nach W. Hempel mit einer geschlossenen Apparatur (Orsat usw.), dann spült man alle schädlichen Räume mit Stickstoff aus und gelangt mit einer Probe zu den genaueren Endwerten.

Literatur:

Wie im vorangehenden Abschnitt siehe S. 344.

Hinweise im Text:

1. Burrell, G. A., u. G. G. Oberfell: Ind. Chem. 6, 992 (1914). — Brunck, O.: Chem. Ztg 34, 1313, 1331 (1910). — Paal, C., u. W. Hartmann: Ber. 43, 243 (1910).

2. Hempel, W.: Gasanalytische Methoden, 4. Aufl., S. 167. Braunschweig 1913. — Siehe auch Wollers, G.: Stahl u. Eisen 42, 1052 (1922).

3. Hofmann, K. A., u. O. Schneider: Ber. 48, 1585 (1915). — Siehe auch Hofmann, K. A.: Ber. 49, 1650 (1916). — Hofmann, K. A., u. H. Schibstedt: Ber. 49, 1663 (1916).

4. Bosshard, E., u. E. Fischli: Z. angew. Chem. 28, I, 365 (1915).

5. Jacquelain, A.: Ann. Chim. Phys. [2] 74, 203 (1840). — Siehe auch Troost, L., u. P. Hautefeuille: Ann. Chim. Phys. [5] 2, 273 (1874).

6. Lebeau, P., u. P. Marmasse: C. r. 182, 1086 (1926).

7. Lindemann, O.: Z. anal. Chem. 18, 158 (1879). — Siehe auch Tropsch, H., u. E. Dittrich: Brennstoff-Chemie 6, 169 (1925).

8. Centnerszwer, M.: Chem. Ztg 34, 494 (1910). — Siehe auch Anderson, R. P., u. W. Biederman: Ind. Chem. 8, 135 (1916).

9. Hempel, W.: Gasanalytische Methoden, 4. Aufl., S. 140. Braunschweig 1913. — Siehe auch Ott, E.: Gas- u. Wasserfach 62, 89 (1919).

10. Centnerszwer, M.: Chem. Ztg 34, 494 (1910). — Siehe auch Anderson, R. P., u. W. Biederman: Ind. Chem. 8, 135 (1916). — Ferner z. B. Neumann, B., u. W. Steuer: Chem. Ztg 49, 585 (1925).

11. Franzen, H.: Ber. 39, 2069 (1906). — Siehe auch Henrich, F., u. K. Kuhn: Z. angew. Chem. 29, I, 149 (1916).

12. Fieser, L. F.: J. amer. chem. Soc. 46, 2639 (1924).

13. Anderson, R. P.: Ind. Chem. 7, 587 (1915); 8, 131, 133, 999 (1916). — Hoffmann, F. G.: Z. angew. Chem. 35, 325 (1922). — Shipley, J. W.: J. amer. chem. Soc. 38, 1687 (1916). — Siehe auch Henrich, F., u. K. Kuhn: Z. angew. Chem. 29, I, 149 (1916).

14. Henrich, F., u. K. Kuhn: Z. angew. Chem. 29, I, 149 (1916). — Neumann, B., u. W. Steuer: Chem. Ztg 49, 585 (1925).

15. Henrich, F.: Ber. 48, 2006 (1915). — Henrich, F., u. K. Kuhn: Z. angew. Chem. 29, I, 149 (1916).

16. Pfordten, O. von der: A. 228, 112 (1885). — Siehe auch Anderson, R. P., u. J. Riffe: Ind. Chem. 8, 24 (1916). — Jannasch, P., u. V. Meyer: A. 233, 375 (1886).

17. Koninck, L. L. de: Z. angew. Chem. 3, 727 (1890).

18. Ambler, H. R.: Analyst 50, 167 (1925). — Condamine, Ch. de la: C. r. 179, 691 (1924). — Drehschmidt, H.: Ber. 20, 2752 (1887); 21, 2158 (1888). — Moser, L., u. F. Hanika: Z. anal. Chem. 67, 448 (1926). — Wollers, G.: Stahl u. Eisen 42, 1050 (1922).

19. Krauskopf, F. C., u. L. H. Purdy: Ind. Chem. 12, 158 (1920). — Kropf, A.: Z. angew. Chem. 35, 451 (1922).

20. Damiens, A.: C. r. 178, 849, 2178 (1924). — Siehe auch Condamine, Ch. de la: C. r. 179, 691 (1924).

21. Lebeau, P., u. Ch. Bedel: C. r. 179, 108 (1924). — Siehe auch Thau, A.: Glückauf 61, 346 (1925).

22. Böttger, R.: J. prakt. Chem. 76, 233 (1859). — Brunck, O.: Z. angew. Chem. 25, 2479 (1912). — Kunz, R.: Österr. Gas- u. Wasserfach 66, 193 (1926). — Wein, L.: Glückauf 61, 1623 (1925). — Winkler, Cl.: Z. anal. Chem. 28, 273 (1889).

23. MANCHOT, W., J. KÖNIG u. H. GALL: Ber. **57**, 1157 (1924).

24. BERTHELOT, M.: C. r. **112**, 597 (1891). — Siehe auch HOFER, K.: Glückauf **63**, 660 (1927). — KAST, H., u. A. SCHMIDT: Gas- u. Wasserfach **70**, 828 (1927). — KAST, H., u. H. SELLE: Glückauf **62**, 804 (1926). Gas- u. Wasserfach **69**, 812 (1926).

25. MANCHOT, W., u. O. SCHERER: Ber. **60**, 326 (1927).

26. GLASER, E.: Feuerungstechnik **6**, 149, 157, 165 (1917/18).

27. HOFMANN, K. A., u. G. SCHMITT: Ber. **49**, 1660 (1916). — Siehe auch LUDWIG, E.: A. **162**, 47 (1872).

28. FLORENTIN, D., u. H. VANDENBERGHE: Bull. Soc. Chim. [4] **29**, 316 (1921). C. r. **172**, 391 (1921). — HEMPEL, W.: Z. anal. Chem. **18**, 399 (1879). — NICLOUX, M.: Bull. Soc. Chim. [4] **33**, 818 (1923); **37**, 760 (1925). — VOGEL, H. W.: Ber. **10**, 792 (1877); **11**, 235 (1878).

29. BERTHELOT, M.: L'Analyse des Gaz. Paris 1906.

30. OTT, E.: Gas- u. Wasserfach **68**, 367 (1925). — Siehe auch TROPSCH, H., u. E. DITTRICH: Brennstoff-Chemie **6**, 168 (1925). — WORSTALL, R. A.: J. amer. chem. Soc. **21**, 245 (1899).

31. Siehe MEUSER-BOURGOGNION, J. W: Het Gas **44**, 95 (1924). — TROPSCH, H., u. A. V. PHILIPPOVICH: Brennstoff-Chemie **4**, 147 (1923).

32. LEBEAU, A., u. A. DAMIENS: C. r. **156**, 557 (1913).

33. MEUSER BOURGOGNION, J. W.: Het Gas **44**, 95 (1924). — SUIDA, H., u. A. WESELY: Z. anal. Chem. **64**, 143 (1924). — TROPSCH, H., u. A. V. PHILIPPOVICH: Brennstoff-Chemie **4**, 147 (1923).

34. LEBEAU, P., u. A. DAMIENS: C. r. **156**, 798 (1913).

35. GLUUD, W., u. G. SCHNEIDER: Ber. **57**, 254 (1924).

36. PIECHOTA, A.: Chem. Ztg **44**, 797 (1920).

37. OTT, E.: Gas- u. Wasserfach **68**, 367 (1925). — WINKLER, CL.: Z. anal. Chem. **28**, 285 (1889). — Siehe auch HABER, F., u. H. OECHELHÄUSER: Ber. **29**, 2700 (1896). — TREADWELL, F. P., u. H. N. STOKES: Ber. **21**, 3131 (1888).

38. TREADWELL, W. D., u. F. A. TAUBER: Helvet. chim. Acta **2**, 601 (1919).

39. LOMMEL, W., u. R. ENGELHARDT: Ber. **57**, 848 (1924).

40. ILOSVAY, L.: Ber. **32**, 2697 (1899). — Siehe auch ARNOLD, H., E. MÖLLNEY u. F. ZIMMERMANN: Ber. **53**, 1034 (1920). — WILLSTÄDTER, R., u. E. MASCHMANN: Ber. **53**, 939 (1920).

41. HARBECK, E., u. G. LUNGE: Z. anorg. u. allg. Chem. **16**, 41 (1898). — PFEIFFER, O.: Gas- u. Wasserfach **42**, 697 (1899).

42. DENNIS, L. M., u. E. S. MC CARTHY: J. amer. chem. Soc. **30**, 233 (1908).

43. EYNDHOVEN, A. J. VAN: Gas- u. Wasserfach **59**, 107 (1916). — JORISSEN, W. P., u. J. RUTTEN: Gas- u. Wasserfach **53**, 269 (1910). — KNUBLAUCH: Gas- u. Wasserfach **59**, 525, 540 (1916). — RUTTEN, J.: Gas- u. Wasserfach **52**, 694 (1909). — SCHLUMBERGER, E.: Gas- u. Wasserfach **55**, 1257 (1912). — WEIN, A.: Gas- u. Wasserfach **54**, 891 (1911). — Siehe auch MEZGER, R.: Gas- u. Wasserfach **64**, 413 (1921). — WERNER, T.: Gas- u. Wasserfach **66**, 257 (1923).

44. DIETZ, R., E. GRÜNERT u. E. NOACK: Brennstoff-Chemie **5**, 33 (1924).

45. BUNTE, H.: Gas- u. Wasserfach **31**, 898 (1888).

46. LUNGE, G., u. E. CEDERCREUTZ: Z. angew. Chem. **10**, 651 (1897).

47. RASCHIG, F.: Z. angew. Chem. **22**, 1182 (1909). — SCHILLING, H.: Chem. Ztg **43**, 167 (1919).

48. HARDING, E. P., u. J. DORAN: J. amer. chem. Soc. **29**, 1476, 1480 (1907). — HUFF, W. J.: J. amer. chem. Soc. **48**, 81 (1926). — STOCK, A., u. P. SEELIG: Ber. **52**, 672 (1919). — VOGEL, A.: A. **86**, 369 (1853).

49. HEGEL, K.: Z. angew. Chem. **39**, 431 (1926). — HOFMANN, A. W.: A. **115**, 293 (1860).

50. KEMMER, A.: Chem. Ztg **46**, 79 (1922).

51. HEMPEL, W.: Z. anorg. u. allg. Chem. **21**, 19 (1899).

52. RASSFELD, P.: Fortschrittsber. d. Chem. Ztg **1928**, 8.

53. RUFF, O., u. H. HARTMANN: Z. anorg. u. allg. Chem. **121**, 167 (1922). — SIEVERTS, A.: Z. Elektrochem. **22**, 15 (1916).

54. HENRICH, F.: Ber. **53**, 1945 (1920).

55. FISCHER, FR., u. O. RINGE: Ber. **41**, 2017 (1908).

56. Siehe z. B. BURCKHARDT, J. L.: Arch. f. Hyg. **79**, 1 (1913).

57. DREHSCHMIDT, H.: Gas- u. Wasserfach **35**, 221, 268 (1892). — Siehe auch FELD, W.: Gas- u. Wasserfach **46**, 561 (1903).

58. RHODES, F. H.: Ind. Chem. 4, 652 (1912). — WALLIS, TH.: A. **345**, 353 (1906).

59. LUNGE, G.: Ber. **14**, 2188 (1881).

60. KNORRE, G. v., u. K. ARNDT: Ber. **32**, 2136 (1899); **33**, 32 (1900).

61. HEMPEL, W.: Z. Elektrochem. **12**, 600 (1906).

62. BURRELL, G. A., u. G. W. JONES: Ind. Chem. 8, 735 (1916).

63. LUNGE, G.: Z. angew. Chem. **3**, 568 (1890).

64. KNORRE, G. v.: Chem. Ind. **25**, 534 (1902).

65. DIVERS, E.: J. chem. Soc. Lond. **75**, 82 (1899).

66. BUSCH, M.: Ber. **39**, 1401 (1906). — Siehe auch RUFF, O., u. J. ZEDNER: Ber. **42**, 1040 (1909).

67. BAUDISCH, O., u. G. KLINGER: Ber. **45**, 3231 (1912). — KLINGER, G.: Ber. **46**, 1744 (1913).

68. MOSER, L., u. R. HERZNER: Z. anal. Chem. **64**, 81 (1924).

69. BURDICK, CH. L.: Ind. Chem. **14**, 308 (1922).

70. HACKH, I. W. D.: J. amer. pharmaceut. Assoc. **13**, 191 (1924).

71. KNORRE, G. v., u. K. ARNDT: Ber. **32**, 2136 (1899); **33**, 32 (1900). — Siehe auch MOSER, L.: Z. anal. Chem. **50**, 401 (1911).

E. Bestimmung des Heizwertes brennbarer Gase.

Ein großer Teil von Gasen wird nur wegen ihrer Brennbarkeit hergestellt. Der Wert solcher Gase hängt von der Wärmemenge ab, die von der Mengeneinheit (gewöhnlich nm^3) — vollständige Verbrennung vorausgesetzt — geliefert wird. Diese Wärmemenge heißt ganz allgemein Heizwert. Der Heizwert ist nichts anderes als die Reaktionswärme, die bei der Vereinigung der brennbaren Gase mit Sauerstoff frei wird. Der Sauerstoff kommt meistens nicht in reinem Zustand zur Anwendung, sondern in Form von Luft, die 21 Raumprozent Sauerstoff enthält. Die meisten technischen Brenngase sind keine Einzelgase bestimmter chemischer Konstitution; sie setzten sich aus verschiedenen brennbaren Bestandteilen zusammen und enthalten gewöhnlich auch unbrennbare Stoffe, vornehmlich Kohlendioxyd und Stickstoff.

Der allgemeine Begriff Heizwert erfährt eine Unterteilung von praktischer Wichtigkeit. — Die Elemente, aus denen sich verbrennliche Stoffe am häufigsten aufbauen, sind Kohlenstoff und Wasserstoff. Während dieser auch im elementaren Zustand der Hauptbestandteil vieler technischer Brenngase (Leuchtgas, Wassergas) ist, tritt der Kohlenstoff in gasförmigen Brennstoffen nur als Teil chemischer Verbindungen auf, und zwar im Kohlenoxyd (CO), einem Produkt unvollständiger Verbrennung und in den Kohlenwasserstoffen verschiedenster Art. Verbindungen mit Schwefel sind Verunreinigungen, deren Menge in den Brenngasen klein ist. Die Verbrennung wasserstoffhaltiger Körper — sei es elementarer oder chemisch gebundener Wasserstoff — liefert stets Wasser als Verbrennungsprodukt. Je nachdem, ob der Taupunkt der Verbrennungsgase oberhalb oder unterhalb deren Endtemperatur liegt, wird sich das Verbrennungswasser zum größeren oder geringeren Teil flüssig niederschlagen oder vollständig dampfförmig verbleiben.

Wenn ein Stoff ohne chemische Veränderung aus dem gasförmigen in den flüssigen Zustand übergeht, dann wird eine gewisse Wärmemenge ohne Temperaturänderung frei, die sogenannte Kondensationswärme, die zahlenmäßig der Verdampfungswärme bei der betreffenden Temperatur gleich ist.

Man bezeichnet die bei der Verbrennung eines Stoffes frei werdende Wärmemenge, die sich unter der Annahme ergibt, daß das gesamte Verbrennungswasser flüssig niedergeschlagen wird, als oberen Heizwert (H_o) oder richtiger als Verbrennungswärme; nimmt man hingegen das gesamte Verbrennungswasser als dampfförmig in den Verbrennungsgasen verbleibend an, dann spricht man von unterem Heizwert (H_u) oder Heizwert schlechthin. Bei technischen Feuerungen geht das Verbrennungswasser fast immer dampfförmig ab, so daß dann nur der untere Heizwert ein Wertmaß darstellt.

Der Unterschied zwischen Verbrennungswärme und Heizwert ist rund 600 w kcal, wenn wir mit w die Menge des Verbrennungswassers in kg bezeichnen. Somit gilt

$$H_u = H_o - 600\, w.$$

Die Beziehung zwischen dem oberen und unteren Heizwert läßt sich auch unmittelbar aus der Gaszusammensetzung in Raumprozenten ermitteln. Für jeden m³ (0° C, 760 mm QS, trocken) H_2 — gleichgültig ob elementar oder in chemischer Bindung — beträgt der Unterschied zwischen H_o und H_u rund 480 kcal. Für Äthan, C_2H_6 wird der Unterschied beispielsweise ($H_6 = 3\,H_2$) $3 \cdot 480 = 1840$ kcal je Normalkubikmeter.

Die Verfahren zur Bestimmung der Verbrennungswärme bzw. des Heizwertes messen entweder unmittelbar die bei der Verbrennung freiwerdende Wärmemenge an der Temperatursteigerung eines wärmeaufnehmenden Stoffes von bekannter Menge und bekannter spezifischer Wärme — gewöhnlich Wasser; oder es wird mittelbar aus der Änderung einer Eigenschaft des Brenngases, die vom Heizwert in bekannter und hinreichend gesetzmäßiger Weise abhängt, auf den Heizwert zurückgeschlossen. Eine derartige Eigenschaft ist beispielsweise der Luftbedarf von Brenngasen; er steigt mit dem Heizwert angenähert linear an.

Die indirekten Methoden reichen zwar an die direkten hinsichtlich der Meßgenauigkeit nicht heran, bedürfen aber meist sehr einfacher Versuchsanordnungen, so daß man sie zur raschen Betriebskontrolle gern benutzt.

Die direkten Verfahren arbeiten teils bei konstantem Druck und veränderlichem Volumen im Verbrennungsraum oder umgekehrt bei konstantem Volumen und veränderlichem Druck. Letztere Methoden ermöglichen nur die Ausführung von Einzelbestimmungen mit einer abgeschlossenen Gasmenge, während die zuerst genannten direkten Verfahren sowohl Einzel- als auch (kontinuierliche) Dauerbestimmungen vornehmen lassen.

Schließlich läßt sich der Heizwert eines Gasgemisches aus der Zusammensetzung berechnen.

Bei allen direkten Verfahren wird der Wärmevorgang durch folgende Gleichung dargestellt:

$$H = \frac{W \cdot \Delta t \cdot c}{G};$$

es bedeuten:

H ..... Heizwert (meist H_0),
W ..... Menge des wärmeaufnehmenden Stoffes,
Δt ..... Temperatursteigerung von W,
c ..... spezifische Wärme des wärmeaufnehmenden Stoffes,
G ..... verbrannte Gasmenge (0° C, 760 mm QS, trocken).

Statt der Temperatursteigerung des wärmeaufnehmenden Stoffes benutzt man auch gelegentlich seine thermische Ausdehnung infolge der Wärmeaufnahme, sei es als Volumenänderung oder als Druckänderung. Die Volumenänderung des wärmeaufnehmenden Stoffes dient dann als Maß für den Heizwert, wenn eine Flüssigkeit verwendet wird. Nimmt man jedoch ein Gas (Luft) zur Wärmeaufnahme, dann gibt dessen Drucksteigerung den Heizwert besser an.

Füllungscalorimeter. Die hier zu erwähnenden Vorrichtungen zum Messen des Heizwertes brauchen wenig Gas (2—4 l) und auch geringe Mengen des wärmeaufnehmenden Stoffes (1—2 l), der stets Wasser — meist flüssig, selten fest — ist. Die Temperatursteigerung des Wassers ist wegen der geringen Menge verhältnismäßig hoch, was zu starker Wärmeabgabe an die übrigen Teile des jeweiligen Apparates und an die Umgebung führt, um so mehr als sich die Apparatur bei Beginn des Versuches nicht im Wärmegleichgewicht befindet, sondern die ganze Bestimmung während der Anheizperiode erfolgt. Um dies bei der Auswertung der Versuche berücksichtigen zu können, muß entweder der Wasserwert der Apparatur unmittelbar bekannt sein oder durch Vergleich mit Brenngas von bekanntem Heizwert eliminiert werden.

Ältere, heute nicht mehr oder kaum noch im Gebrauch befindliche Geräte dieser Art sind das Eiscalorimeter von R. BUNSEN[1], das Wassercalorimeter von B. TH. RUMFORD[1] und das von P. L. DULONG[1].

Von B. TH. RUMFORD stammt der Kunstgriff, zwecks Vermeidung von Fehlern durch Wärmeaustausch mit der Umgebung die Temperatur des Wassers zu Beginn des Versuches ungefähr so viel niedriger als die Raumtemperatur zu wählen, wie die Wasserendtemperatur diese voraussichtlich übersteigen wird. Diese Arbeitsweise hat sich auch bei den neueren Apparaten dieser Gruppe erhalten.

W. Hempel[2] verbrennt das Untersuchungsgas mit reinem Sauerstoff; infolgedessen liegt die Verbrennungstemperatur hoch, so daß zur Wärmeübertragung auf das Calorimeterwasser eine verhältnismäßig kleine Heizfläche genügt. Der Wärmeübergang steigt ja bei gegebener Anfangstemperatur des Wassers mit der Temperatur der Verbrennungsgase. Die W. Hempelsche Methode wurde von F. Foerster und E. Grünert[3] neuerdings zur Untersuchung heizkräftiger Gase angewandt.

Weitere Verbreitung als die bisher erwähnten Apparate hat das Calorimeter von E. Graefe[4] gefunden, dessen ursprüngliche Ausführung in Abb. 283 dargestellt ist. Das Probegas wird aus einer Vorrats- und Meßflasche dem Brenner bei *1* unter konstantem Wasserdruck zugeführt. Die Flamme, die auf eine bestimmte Höhe von etwa 2,5 cm eingestellt wird (siehe **Flammencalorimeter** S. 366), befindet sich in dem metallenen Verbrennungsraum *2*, der mit Metallnetzen *3* versehen ist. Diese dienen zur schnellen Ableitung der Verbrennungswärme an das Calorimeterwasser. Ein Rührer *4* sorgt für raschen Temperaturausgleich des Wassers. Das Thermometer *5* zeigt die Temperatursteigerung an. Bei der neueren Ausführung des Calorimeters sind statt eines großen Verbrennungsraumes mehrere Wärmeaustauschzellen hintereinandergeschaltet, in denen die Verbrennungsgase stets von oben nach unten ziehen, wodurch der Wärmeaustausch vollständig wird. Ferner entspricht der Wasserwert des ganzen Apparates einschließlich der Wasserfüllung gerade 1 l Wasser, so daß die Temperatursteigerung mal 1000 der entwickelten Wärme (Heizwert) entspricht. Das Rühren erfolgt durch

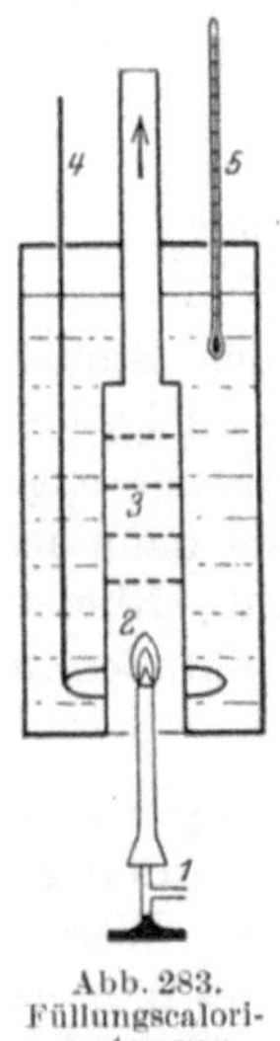

Abb. 283.
Füllungscalorimeter von
E. Graefe.

Luft, die mit einer kleinen Handdruckpumpe in das Wasser gepreßt wird.

H. Raupp[5] verwendet als wärmeaufnehmenden Stoff einen Metallkörper. Die durch ihn abgeleitete Wärme braucht eine gewisse Zeit, bis sie von der Erzeugungsstelle zu einer anderen Stelle bestimmten Abstandes fortschreitet und dort die Temperatur um einen festen Betrag — z. B. 10° C — erhöht. Diese Zeit, praktisch mit der Stoppuhr ermittelt, wird mit steigendem Heizwert kürzer. Der Apparat muß mit einem Gas von bekanntem Heizwert geeicht werden.

Ein registrierendes Dauerversuchsgerät, das mit sich periodisch wiederholenden Einzelbestimmungen der vorbeschriebenen Art arbeitet, ist der **Union-Heizwertschreiber**[6].

Strömungscalorimeter. Während die Prüfvorrichtungen des vorangehenden Abschnittes den Heizwert in der „Anheizperiode" ermitteln, erfolgen die Dauerbestimmungen im Beharrungszustand mit gleichmäßigem Gasstrom; auch das wärmeaufnehmende Medium — Wasser oder Luft — fließt kontinuierlich durch die Apparatur. Man untersucht somit im Wärmegleichgewicht, der Wasserwert des Apparates ist belanglos.

Die Versuchsmengen an Gas und Wasser (Luft) sind größer als früher, doch kommt man unter Umständen auch hier mit kleinen Gasmengen aus, worauf noch an entsprechender Stelle hingewiesen werden wird.

Der bekannteste Apparat dieser Art ist das Strömungscalorimeter von H. JUNKERS (1892), in Abb. 284 wiedergegeben [7].

Ein stetiger Wasserstrom entzieht den Verbrennungsgasen nach Einstellung des Wärmegleichgewichts im Gegenstrom den gesamten Wärmeinhalt bis zur Eintrittstemperatur des Wassers. Gas- und Wassermenge werden gemessen, desgleichen die Temperatursteigerung des Wassers, woraus sich nach der calorimetrischen Grundgleichung $\left(H_o = \dfrac{W \cdot \varDelta t}{G} \right)$ der obere Heizwert errechnet. Zur Ermittlung des unteren Heizwertes wird das Verbrennungswasser flüssig niedergeschlagen und ebenfalls gemessen.

Das Gas geht (Abb. 284), ehe es zum Brenner 1 gelangt, durch einen Gasmesser und womöglich durch einen Gasdruckregler, falls es nicht einem Behälter unter gleichbleibendem Druck entnommen werden kann. Die Verbrennungsgase steigen im Verbrennungsraum 2 hoch und ziehen dann durch die wasserumspülten

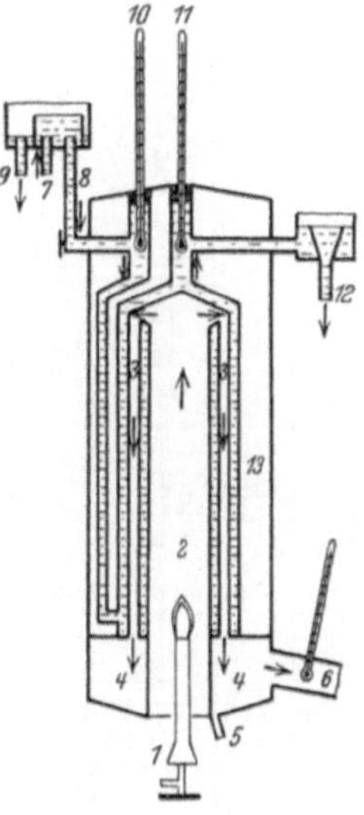

Abb. 284.   Strömungscalorimeter von H. JUNKERS.

Röhren 3 nach unten. Dabei setzt sich das Verbrennungswasser flüssig ab und sammelt sich im Niederschlagsraum 4, von wo es durch das Rohr 5 abtropft. Die gekühlten Abgase verlassen bei 6 den Apparat.

Das zur Aufnahme der Verbrennungswärme bestimmte Wasser fließt durch Rohr 7 zu und tritt durch 8 in das eigentliche Calorimeter. Damit das Wasser stets unter dem gleichen Druck den Apparat durchströmt, muß der Zulauf durch 7 so stark sein, daß stets überschüssiges Wasser den Überlauf bei 9 verläßt. Die Temperatur des eintretenden Wassers zeigt das Thermometer 10 an, während Thermometer 11 die Temperatur des erwärmten Wassers angibt. Das angewärmte Wasser läuft schließlich bei 12 ab, wo es zur Bestimmung seiner Menge aufgefangen werden kann. Die dem ablaufenden Wasser entsprechende Menge des Brenngases wird am Gasmesser abgelesen. Der Temperaturunterschied zwischen dem kalten und dem warmen Wasser wird als Mittelwert aus zehn Doppel-ablesungen genommen. Die Gasmenge muß auf etwa 1000 kcal ein-gestellt werden. — Der Luftmantel *13* schützt vor allzu starker Wärme-abgabe nach außen, welche Wirkung die Vernickelung des Mantels unterstützt.

Um gute Ergebnisse zu erhalten, sind mehrere Vorschriften[8] zu be-achten, deren wichtigste hier kurz zusammengefaßt seien:

Gasmesser richtig auffüllen und eichen.

Alle Thermometer prüfen.

Calorimeterkörper und die Schlauchverbindungen auf Dich-tigkeit untersuchen.

Temperatursteigerung des Wassers auf 10—12° C einstellen.

Warmwassermenge auswägen.

Temperatur von Gas, Luft und Verbrennungsgasen möglichst gleich halten.

Stehen nur kleine Gasmengen zur Verfügung, dann kann man das Prinzip von H. JUNKERS auf Apparate kleiner Ausführung anwenden[9]. R. GEIPERT[10] benutzt das gewöhnliche Junkers-Calori-meter zur Erreichung des gleichen Zieles in folgender Weise: Das Gas wird aus einer Meßflasche mit Wasser in das Calorimeter gedrückt. Vorher stellt man die-ses mit einem beliebigen Fremd-gas ungefähr ein und schaltet dann auf das Untersuchungsgas um. Die Ablesung geschieht nach Einstellung des Wärmegleichge-wichtes. Zur ganzen Bestimmung

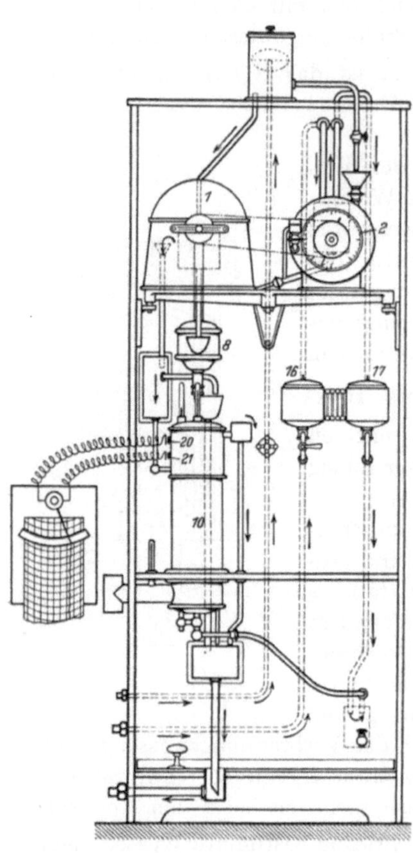

Abb. 285. Schnitt durch das automatische Calorimeter von H. JUNKERS.

sind etwa 9—10 l Versuchsgas notwendig.

Der JUNKERS-Apparat eignet sich sehr gut zur automatischen, re-gistrierenden Dauerbestimmung des Heizwertes. Abb. 285* zeigt die Anordnung. Gasmesser *1* und Wassermesser *2* sind zwangsläufig mit-einander verbunden. Der Gasdruck wird vor und hinter dem Messer *1*

---

* F. ULLMANN, Enzyklopädie d. techn. Chemie. 1. Aufl., Bd. 3, S. 251, Abb. 132.

geregelt. Da das Verhältnis Wassermenge : Gasmenge konstant bleibt, gibt der Temperaturunterschied, mit einem geeigneten Faktor multipliziert, den Heizwert an. Die Temperatursteigerung wird mittels eines Thermoelements gemessen, das an schreibende Millivoltmeter angeschlossen ist[11].

Die automatischen Calorimeter können mit Sicherheitsvorrichtungen bei Gas- oder Wassermangel ausgestattet werden, auch läßt sich der Heizwert, auf einen beliebigen Normalzustand reduziert, aufschreiben[12]. Im allgemeinen muß aber der unter beliebigen Bedingungen gemessene Heizwert rechnerisch reduziert werden. Das durch den Gasmesser gehende Gas sättigt sich dort mit Wasserdampf[13]. Zur Umrechnung aus dem feuchten auf Normalbedingungen dienen gewöhnlich Tabellen[14]. Von praktischem Wert erscheint auch der calorimetrische Rechenschieber von M. J. van Balkom[15].

Das Junkers-Calorimeter hat weite Verbreitung gefunden und wird auch im Ausland als solches oder unter anderen Namen mit geringfügigen, meist nur äußerlichen Veränderungen verwendet. Einzig und allein das Calorimeter von C. V. Boys[16] unterscheidet sich in baulicher Hinsicht stärker von Junkers-Calorimeter, steht ihm jedoch an Einfachheit nach.

H. Fahrenheim[17] überträgt die Verbrennungswärme auf einen konstanten Luftstrom, dessen Temperaturerhöhung bei ebenfalls konstantem Gasstrom gemessen wird und ein Maß für den Heizwert abgibt, ähnlich wie beim automatischen Junkers-Calorimeter.

In eigenartiger Weise wird der Heizwert durch das sogenannte „Sarco"-Calorimeter bestimmt, das Abb. 286 wiedergibt[18]. Es stammt von C. H. und F.

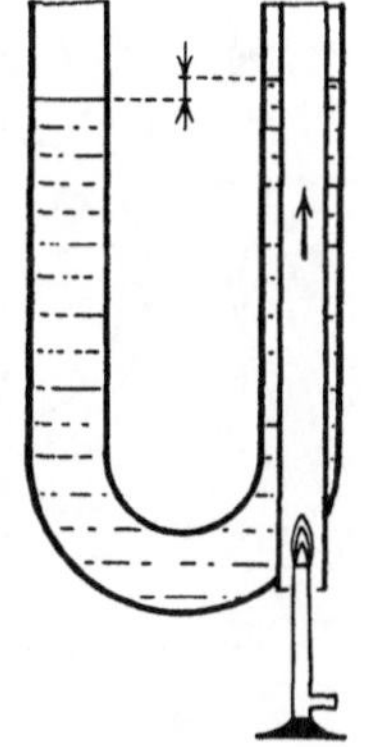

Abb. 286. Sarco-Calorimeter nach C. H. und F. G. Beasley.

G. Beasley. Von den zwei Schenkeln eines mit Öl gefüllten U-Rohres wird der eine durch die Verbrennungsgase erwärmt. Da das spezifische Gewicht des Öles mit steigender Temperatur immer kleiner wird, steigt der Spiegel des Öles auf der warmen Seite. Der Niveauunterschied wird durch zwei Schwimmer auf eine Achse übertragen und durch einen Zeiger als Heizwert (H_u) angegeben. Der Apparat ist ein Mittelding zwischen den Strömungsgeräten dieser Gruppe und den Füllungscalorimetern.

Explosionscalorimeter. Die verhältnismäßig großen, bisher besprochenen Apparaturen, die außerdem meist an Wasser- und Gasanschluß gebunden sind, veranlaßten die Ausbildung der Explosionscalorimeter, bei denen eine sehr geringe Gasmenge (gewöhnlich unter 100 cm³) mit Luft gemischt in einem abgeschlossenen Raum entzündet wird.

Das bekannteste Gerät dieser Art ist die calorimetrische Bombe von

M. Berthelot, die in verschiedenen Ausführungen vorwiegend zur Bestimmung des Heizwertes fester und flüssiger Brennstoffe verwendet wird. Aus diesem Grund sei auf die Originalliteratur verwiesen[19]. Es steht jedoch der Anwendung der Bombe auf gasförmige Brennstoffe nichts im Wege[20].

N. Teclu[21] gibt ein Explosionscalorimeter an und ermittelt aus der Spannkraft des explodierenden Gemenges, dem Explosionsdruck, den Heizwert.

Die Grundlage des Apparates von H. Strache[22] besteht darin, daß die abgemessene Gasmenge in einer Explosionspipette in Mischung mit Luft durch den elektrischen Funken entzündet wird; die dabei entstehende Wärmemenge gelangt thermometrisch zur Anzeige. Als thermometrischer Stoff diente zunächst Petroleum, dessen Ausdehnung den Heizwert angab (siehe weiter unten: Union-Calorimeter). Später wurde Luft benutzt, deren Drucksteigerung, hervorgerufen durch die Wärmeaufnahme, man mißt[23].

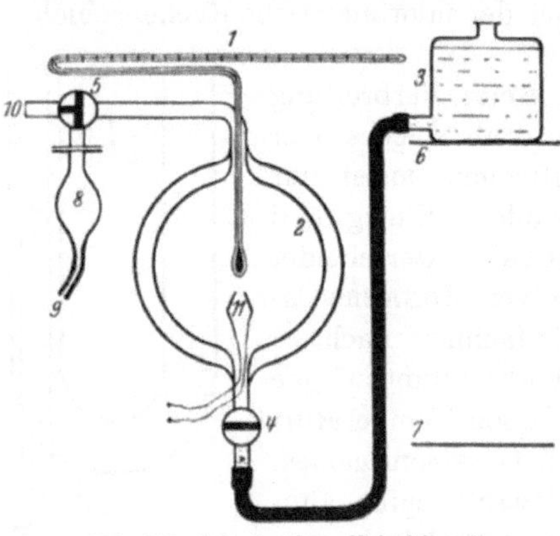

Abb. 287. Schema des „Kaloriskops“ nach H. Strache - K. Kling - H. Löffler.

Die weitere Entwicklungsstufe dieses Meßgerätes bildet das „Kaloriskop“ nach H. Strache und K. Kling, das als Modell H. Löffler heute auf den Markt gebracht wird[24]. Die Anordnung ist aus Abb. 287 zu erkennen. Als calorimetrische und thermometrische Substanz dient Quecksilber. Das hierzu notwendige Thermometer *1* ragt mit seiner Kugel in die Mitte eines Dewar-Gefäßes *2*, in dem das Gas-Luftgemisch durch Funken, die bei *11* überspringen, entzündet wird. Die Arbeitsweise ist die folgende: Das Dewar-Gefäß *2* wird aus dem Wassergefäß *3* bei geöffneten Hähnen *4* und *5* mit Wasser gefüllt. Zu diesem Zweck stellt man das eine ganz bestimmte Wassermenge enthaltende Gefäß *3* auf eine vorgeschriebene Höhe *6*; dadurch füllt sich das Dewar-Gefäß *2* bis zu einer bestimmten Stelle. Nun läßt man durch die Meßpipette *8*, die in eine Capillare *9* endigt, das Versuchsgas von *10* über Hahn *5* nach *9* ins Freie strömen und schließt Hahn *5* nach kurzer Zeit, wodurch der Gasstrom unterbrochen wird. Das in *8* enthaltene Gas kann durch die starke Reibung in der Capillare *9* nicht ausströmen, so daß seine Menge durch die Größe von *8* festgelegt ist. Durch Hahn *5* ist die Meßpipette *8* mit dem Explosionsraum verbunden. Man saugt in diesen das Gas sowie die nachfolgende Luft durch Abstellen des Wassergefäßes *3* auf die Höhe 7 bei geöffnetem Hahn 4; dieser wird geschlossen, sobald die ganze Explosionskugel mit dem Gas-Luft-Gemisch voll ist. Das Mischungsverhältnis Gas : Luft ist durch die Größe von 8 und die des Explosionsraumes ein für allemal vorgegeben. Da dieses Mischungsverhältnis vom Heizwert abhängt, müssen mehrere Meßpipetten vorhanden sein. — Die Zündung erfolgt mit Hilfe einer Taschenbatterie und eines kleinen Induktionsapparates. Der Temperaturanstieg wird am Thermometer 1 abgelesen und gibt durch Multiplizieren mit einer Konstanten unmittelbar den unreduzierten oberen Heizwert. Die Konstante findet man durch Eichen mit Wasserstoff, dessen Heizwert bekannt ist.

Ein Gerät mit ähnlicher Arbeitsweise ist das Union-Calorimeter, dargestellt in Abb. 288*. Das Versuchsgas wird eingesaugt und seine Menge, die sich nach der Art des Gases richtet, an der Meßbürette abgelesen. Hierauf saugt man Luft nach und läßt an den Elektroden den Funken überspringen. Die freiwerdende Wärme wird von Petroleum aufgenommen, dessen Ausdehnung, an der Capillarteilung abgelesen, den Heizwert angibt. Als Vergleichsgas dient Knallgas — sein Heizwert beträgt 2020 kcal/m³ (0° C, 760 mm QS, trocken); man erzeugt es im Apparat selbst mit Hilfe der Zündelektroden.

Das Mischungsverhältnis von Gas : Luft muß in ziemlich engen Grenzen bleiben, damit vollständige Verbrennung eintritt. Die im Union-Calorimeter anzuwendenden Gasmengen sind in der folgenden Zusammenstellung enthalten[26]:

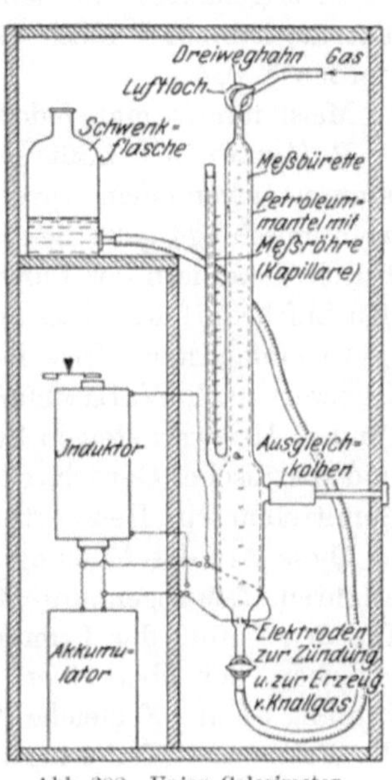

Abb. 288. Union-Calorimeter.

Kohlenoxyd	18 bis 22 cm³
Wasserstoff	9 bis 20 cm³
Methan	6,5 bis 7,5 cm³
Äthylen	3,5 bis 5,0 cm³
Acetylen	3,5 bis 5,0 cm³
Leuchtgas	12 bis 13 cm³

Ähnliche Verhältnisse dürften auch für das „Kaloriskop" vorliegen. Während man aber beim Union-Calorimeter die Gasmenge in der Bürette 2 beliebig abmessen kann, wird das Verhältnis Gas : Luft beim „Kaloriskop" durch die Abmessungen des Apparates bestimmt. Darin liegt

---

* Mitteilung 62 der Wärmestelle Düsseldorf, S. 160, Abb. 32.

wohl der Grund, daß die Verbrennung im „Kaloriskop" unter Umständen unvollständig sein kann und zu niedrige Heizwerte gefunden wurden[27].

Heizarme Gase mischt man vor der Untersuchung mit heizkräftigen und zieht deren Verbrennungswärme vom Ergebnisse ab.

Mittelbare Heizwertbestimmung. Methoden dieser Art bestimmen nicht die Wärmewirkung, sondern untersuchen eine Eigenschaft oder Kenngröße des Gases, die vom Heizwert abhängt.

Die Flammentemperaturen der verschiedenen Brenngase steigen und fallen angenähert mit dem Heizwert. Mißt man sie mit Hilfe eines Thermoelements, dann kann auf den Heizwert zurückgeschlossen werden[28].

Meist nimmt man jedoch den Luftbedarf als Heizwertmaß.

R. Casaubon[29] mißt Gas und Verbrennungsluft und richtet die Flamme gegen einen Ceroxyd-Strumpf; wenn dessen Farbe von rot auf weiß umschlägt, geht die reduzierende Flamme in die oxydierende über. Durch Verändern der Luftmenge bis zum Farbenumschlag findet man den Luftbedarf des Gases und aus Kurven den entsprechenden Heizwert.

In einfachster Weise kann man aus der Höhe einer Flamme den Heizwert nach W. Hempel[1] ermitteln (Flammencalorimeter). Mit steigendem Heizwert steigen Luftbedarf und Flammenhöhe. Bleiben Druck und spezifisches Gewicht des Gases konstant, dann ist die Flammenhöhe unmittelbar ein Heizwertmaß.

Diese Art der Messung hat durch E. Ott[30] eine Vervollkommnung erfahren. Der sogenannte Ottsche „Gasprüfer" ist ein Teclu-Brenner. Die den Zufluß der Primärluft regelnde Scheibe ist mit einem Zeiger versehen, der über einer zweiten, festen Kreisscheibe spielt. Deren Umfang ist in 100 gleiche Abschnitte geteilt. Man läßt unter Abschluß der Primärluft (Teilstrich 0 auf der Ablesescheibe) das Gas bei vorgeschriebenem Druck (40 mm WS) brennen und steigert langsam den Zutritt der Primärluft solange, bis die Flamme im Begriff ist, zurückzuschlagen, was man am Beginn eines regelmäßigen Knatterns erkennt. Dann liest man auf der Kreisteilung die Ottsche Zahl ab.

Der Gasprüfer ermittelt die Gasqualität bezüglich des Zusammenwirkens dreier Eigenschaften: des Heizwertes, des spezifischen Gewichts und der Zusammensetzung. Diese drei Größen sind voneinander nicht unabhängig, so daß bei geringen Schwankungen von Dichte und Zusammensetzung auch der Heizwert wenig schwankt. Dadurch wird der Gasprüfer zum qualitativen Heizwertmesser, insbesondere auf Unveränderlichkeit des Heizwertes.

Berechnung. Aus der Zusammensetzung eines Gases läßt sich der reduzierte Heizwert unter Benutzung der Tafel im Anhang 9, S. 383, berechnen, wie an einem Beispiel gezeigt werden möge:

Gasbestand-teil	Volum-prozent	H_o/nm^3 in kcal	H_u/nm^3 in kcal	H_o/Volum-proz. in kcal	H_u/Volum-proz. in kcal
CO_2	5	—	—	—	—
H_2	50	3050	2570	1525	1285
CO	15	3035	3035	455	455
CH_4	17	9565	8600	1626	1462
C_2H_4	2	15520	14545	310	291
C_6H_6	1	34860	33415	349	334
N_2	10	—	—	—	—
	100	—	—	4265	3827

Somit beträgt die Verbrennungswärme (H_o) des Gasgemisches 4265 kcal/m³ (0° C, 760 mm QS, trocken) und der Heizwert (H_u) 3827 kcal/m³.

Literatur:

COSTE, J. H.: The calorific power of gas. London 1911.
DESPRES: Chal. et Ind. 4, Nr 39, 118 (1923).
GLIKIN, W.: Kalorimetrische Methodik. Berlin 1911.
GRAMBERG, A.: Techn. Messungen, 5. Aufl. Berlin 1923.
IMMENKÖTTER, TH.: Heizwertbest. mit bes. Berücksichtigung gasförmiger u: flüssiger Brennstoffe. München u. Berlin 1905.
WUNDT, W.: Mitteilung Nr 62 der Wärmestelle. Düsseldorf 1924.

Hinweise im Text:

1. IMMENKÖTTER, TH.: Heizwertbest. mit bes. Berücksichtigung gasförmiger u. flüssiger Brennstoffe. München u. Berlin 1905. — WUNDT, W.: Mitteilung Nr 62 der Wärmestelle. Düsseldorf 1924.
2. HEMPEL, W.: Z. angew. Chem. 14, 713 (1901).
3. FOERSTRE, F., u. E. GRÜNERT: Brennstoff-Chemie 5, 1 (1924).
4. GRAEFE, E.: Braunkohle 3, 243 (1904); 23, 273 (1924). — PLEYER, H.: Gas- u. Wasserfach 50, 831 (1907).
5. LUX, F.: Gas- u. Wasserfach 49, 475 (1906). — Siehe auch DRP. 141831.
6. WUNSCH, W.: Gas- u. Wasserfach 67, 780, 788 (1924).
7. BUEB, J.: Gas- u. Wasserfach 36, 81 (1893).
8. BUNTE, K., u. E. CZAKO: Gas- u. Wasserfach 62, 589 (1919). — Siehe auch HOLGATE, TH.: J. Gaslight 109, 355, 432, 573, 655 (1910). — IMMENKÖTTER, TH.: Gas- u. Wasserfach 48, 736, 761, 780 (1905). — STRACHE, H., u. E. GLASER: Gas- u. Wasserfach 58, 85, 97, 742 (1915).
9. Feuerungstechnik 6, 50 (1917).
10. GEIPERT, R.: Gas- u. Wasserfach 70, 15 (1917.)
11. Siehe JUNKERS, H.: Gas- u. Wasserfach 50, 520 (1907). — MEYER, P.: Z. V. d. I. 49, 923 (1905).
12. ALLNER, W.: Gas- u. Wasserfach 54, 392 (1911); 56, 438 (1913). — KRANZ, Gas- u. Wasserfach 70, 801 (1927).
13. Gas- u. Wasserfach 57, 215 (1914).
14. LUDWIG, K.: Reduktionstabellen. München u. Berlin 1911. — PFEIFFER, O.: Gas- u. Wasserfach 50, 67 (1907).
15. LUX, F.: Gas- u. Wasserfach 54, 1273 (1911).
16. BOYS, C. V.: Proc. roy. Soc. Lond. 77 A, 122 (1906).
17. FAHRENHEIM, H.: Gas- u. Wasserfach 50, 1019 (1907).
18. SCHLATTER, C.: Mon.-Bull. 4, 48 (1924). — Siehe auch Gas- u. Wasserfach 50, 1108 (1907); 56, 381 (1913).

19. BERTHELOT, M.: Traité pratique de calorimetrie chimique, 2. Aufl. Paris 1905. — MAHLER, P.: Etudes sur les combustibles solides, liquides et gazeux. Mesure de leur pouvoir calorifique. Paris 1903.

20. Siehe z. B. STOECKER, M., u. W. ROTHENBACH: Gas- u. Wasserfach **51**, 121 (1908).

21. TECLU, N.: J. prakt. Chem. **79**, 165 (1909).

22. STRACHE, H.: Gas- u. Wasserfach **53**, 217 (1910).

23. BREISIG, A.: Gas- u. Wasserfach **55**, 833 (1912).

24. STRACHE, H., u. H. LÖFFLER: Gas- u. Wasserfach **70**, 1073 (1927).

25. DOMMER, O.: Gas- u. Wasserfach **68**, 294 (1925). — FRITSCHE, W.: Brenn-stoff-Chemie **2**, 155 (1921); **3**, 91 (1922). — LANGTHALER, E.: Gas- u. Wasserfach **64**, 83 (1921).

26. MEESS, H., u. BIERHALTER: Gas- u. Wasserfach **67**, 393 (1924).

27. BRENDER, G. A., À BRANDIS, u. J. C. VLUGTER: Het Gas **47**, 332 (1927).

28. BAIN, J. W., u. J. W. BATTEN: Chem. and Ind. **25**, 505 (1906).

29. CASAUBON, R.: Gas- u. Wasserfach **49**, 1056 (1906).

30. LUX, F.: Gas- u. Wasserfach **68**, 448 (1925). — OTT, E.: Gas- u. Wasserfach **69**, 1135 (1926). — Siehe auch DERINGER, H.: Gas- u. Wasserfach **70**, 322 (1927). — RICHTER, H.: Gas- u. Wasserfach **70**, 174 (1927).

IX. Statistik.

Es ist höchst schwierig, wenn nicht überhaupt unmöglich, eine einigermaßen vollständige Statistik der Erzeugung bzw. des Verbrauches der technischen Gase zu geben. Am ehesten gelingt dies noch für das „Leuchtgas".

Trotz dieser Schwierigkeit wollen wir versuchen, im folgenden einen Überblick über die Erzeugung verschiedener technischer Gase zu bringen, um die große technische und wirtschaftliche Bedeutung der einzelnen „Gasindustrien" sowie der Gastechnik im allgemeinen wenigstens anzudeuten. Die Zahlenwerte wurden aus einschlägigen Büchern und Zeitschriften, in denen sie sich oft zerstreut vorfinden, zusammengetragen und geordnet. Wir erkennen, daß es sich in dieser Auflage nur um einen ersten, bescheidenen Versuch handeln kann, eine derartige Zusammenstellung zu geben; wir erkennen aber auch anderseits die Wichtigkeit einer allgemeinen Gasstatistik. Deshalb bitten wir alle Leser des vorliegenden Buches, uns durch Überlassen von einschlägigem statistischem Material zu helfen, daß dieser Abschnitt in etwaigen späteren Auflagen entsprechend erweitert und ausgestaltet werde.

Leuchtgasverbrauch Deutschlands: (Bevölkerung: 62,5 Millionen).

Jahr	Millionen m³	Jahr	Millionen m³	Jahr	Millionen m³
1901	1342	1914	2744	1922	2915
1903	1531	1915	2856	1923	2583
1906	1700	1916	3029	1924	2831
1909	2205	1917	3168	1925	3156
1911	2500	1918	3167	1926	3251
1912	2600	1919	2874	1927	3462
1913	2806	1920	2846	1928	3663
		1921	2994		

Gasabgabe der Ruhrkokereien: (in obigen Werten enthalten)

Jahr	Millionen m³	Jahr	Millionen m³	Jahr	Millionen m³
1914	158	1918	292	1922	343
1915	185	1919	279	1923	200
1916	207	1920	305	1924	280
1917	260	1921	313	1925	344

Leuchtgaserzeugung europäischer Länder: (in Millionen m³)

Jahr	England	Frankreich	Holland	Italien	Österreich	Schweiz	Dänemark	Schweden	Ungarn	Tschecho-Slowakei	Norwegen
1900	—	—	—	194	—	—	—	—	—	—	—
1905	—	—	—	257	—	—	—	—	—	—	—
1910	—	—	—	328	—	138	—	—	—	—	—
1913	—	—	—	357	225	—	—	—	94	—	} 37
1914	—	—	456	375	—	—	—	—	—	—	} 42
1915	—	—	—	—	—	—	—	—	—	—	—
1918	—	—	—	—	248	—	—	—	—	—	—
1919	—	—	—	137	170	—	—	—	—	—	} 42
1920	7273	—	—	—	175	132	—	—	—	—	—
1921	7047	—	—	181	193	132	—	—	—	—	—
1922	7134	—	—	259	208	138	—	—	—	—	—
1923	7354	—	—	288	211	147	—	—	98	—	—
1924	7789	—	—	328	254	157	—	—	102	—	—
1925	8032	—	468	364	284	168	—	—	96	—	—
1926	8379	—	489	400	300	178	—	—	—	—	—
1927	8425	1746	545	436	327	190	169	137	99	89	42
Bevölkerung in Millionen	42,7	39,5	7,6	41	6,5	3,9	3,4	6	8	13,6	2,7

Leuchtgaserzeugung überseeischer Länder: (in Millionen m³)

Jahr	USA.	Japan	Jahr	USA.	Japan
1901	2900	—	1919	7600	261
1912	5000	—	1920	9100	275
1914	—	143	1923	10800	—
1915	—	151	1924	11500	350
1916	—	154	1925	12000	—
1917	—	185	1926	13000	>400
1918	—	224	1927	12600	—

Außer dem Leuchtgas werden noch große Mengen anderer Brenngase (Kokerei-, Hochofen- und Generatorgas) erzeugt, die z. B. in Deutschland das Leuchtgas an Volumen und Energieinhalt um ein Vielfaches übertreffen. Beispielsweise beträgt die Menge des Koksofengases mindestens das Dreifache der Leuchtgasmenge; die zur Versorgung von Städten herangezogenen Koksofengasmengen (3% der Gesamterzeugung) sind demnach als recht bescheiden zu erachten. Die restlichen 97% werden auch nur in untergeordnetem Maße wertentsprechend verwendet; so gewinnt man neuerdings daraus den Wasserstoff durch Tiefkühlung nach J. Bronn (siehe S. 78). Derzeit werden rund 5% des Koksofengases (500 Millionen m³ jährlich) nach diesem Verfahren auf Wasserstoff für die Ammoniaksynthese verarbeitet.

Erdgasverbrauch in USA.

Jahr	Milliarden m³	Jahr	Milliarden m³	Jahr	Milliarden m³
1907	11,4	1911	14,5	1916	21,3
1908	11,3	1912	15,9	1925	33,7
1909	13,5	1913	16,5	1926	37,2
1910	14,4	1915	17,8	1927	40

Erdgasverbrauch in Rumänien: (in Millionen m³).

Jahr	Altrumänien	Siebenbürgen	Zusammen
1919	48,2	96,1	144,3
1920	61,2	109,3	170,5
1921	90,4	90,1	180,5
1922	95,1	155,0	250,1
1923	101,1	186,0	287,1
1924	145,7	216,0	361,7
1925	144,7	225,1	369,8
1926	134,9	242,0	376,9

Der größte Teil des auf der Erde gewonnenen Erdgases wird als Industriegas verwendet. In den Vereinigten Staaten, die 95% des auf der ganzen Welt verbrauchten Naturgases gewinnen, ist das Verhältnis von Industriegas : Haushaltgas ungefähr wie 3 : 1; in Rumänien dienten im Jahre 1926 rund 92% des Verbrauches Industriezwecken. Der Erdgasertrag übersteigt selbstverständlich den Verbrauch, da diesem nicht alles anfallende Gas zugeführt werden kann. So betrug der rumänische Verbrauch im Jahre 1919 bloß 4% des Ertrages, 1925 „bereits" 9%. In Amerika liegen die Werte günstiger.

Herstellung von synthetischem Ammoniak in Deutschland:

Jahr	Millionen m³	Jahr	Millionen m³	Jahr	Millionen m³
1913	1,2	1916	81,6	1924	512
1914	9,4	1917	120,0	1926	720
1915	19,5	1919	100,8	1927	960

Zur Erzeugung von 1 Volumen Ammoniak sind $^1/_2$ Volumen Stickstoff und $1^1/_2$ Volumen Wasserstoff nötig. Da der Stickstoff aus Generatorgas, das 50% davon enthält, gewonnen wird, mußten als „Rohstoffe" des synthetischen Ammoniaks im Jahre 1927 auch 960 Millionen m³ Generatorgas hergestellt werden; ferner 1600 Millionen m³ Wassergas, denn 1 m³ Wassergas liefert etwa 0,9 m³ Wasserstoff; von diesem waren aber 1440 Millionen m³ erforderlich.

Herstellung von synthetischem Ammoniak in verschiedenen Ländern im Jahre 1926:

Staat	Millionen m³	Staat	Millionen m³
Frankreich	68,8	Spanien	9,6
Italien	55,2	Schweiz	3,5
England	23,0	USA	51,9
Belgien	19,2	Japan	43,2

Der größte Teil des synthetischen Ammoniaks wird in Düngesalz übergeführt; die zur Salpetersäureerzeugung notwendigen Stickoxyde stellt man in Deutschland fast ausschließlich durch katalytische Oxydation (siehe S. 99) von synthetischem Ammoniak dar.

Acetylenerzeugung Deutschlands:

Jahr	Millionen m³
1912	14,7
1926	19,6

Es liegen schließlich noch einige ältere Zahlen über verflüssigte Gase vor:

Kohlendioxyd-Verbrauch 1910:

Staat	Millionen kg flüss.	entsprechend Millionen nm³ Gas
Deutschland	35,8	18,2
Frankreich	12,0	6,1
Belgien	2,5	1,3
Schweiz..........	2,0	1,0
Italien	1,1	0,6
USA.............	25	12,7

In Deutschland, dessen Verbrauch an Kohlendioxyd sich auch in den folgenden Jahren kaum geändert hat, stammt ein großer Teil aus natürlichen Quellen. Welch ungeheure Mengen überhaupt zur Verfügung stehen, jedoch nicht ausgenutzt werden, geht aus der Tatsache hervor, daß die gesamte geförderte Kohle — gleichgültig welchem Sonderzweck sie dient — letzten Endes in Kohlendioxyd übergeführt wird.

Im Jahre 1927 wurden in Deutschland 153,6 Millionen t Steinkohle und 150,8 Millionen t Braunkohle gefördert; rechnen wir mit 70% Kohlenstoff für jene und 40% für diese, so ergibt dies eine Kohlendioxydmenge von 312 Milliarden nm³.

Erzeugung von flüssigem Schwefeldioxyd in Deutschland:

Staat	Millionen kg flüss.	entsprechend Millionen nm³ Gas
1908	5,430	1,901
1909	5,804	2,031
1910	6,951	2,433
1911	7,456	2,610

Anhang 1.

Umrechnung der Energie in verschiedene Maßsysteme; Gaskonstante R, ausgedrückt in den zugehörigen Einheiten[1].

	Erg	Watt · sec	kW · h	kcal 15° C	phys. Literat	techn. Literat	kg · Meter	PS · sec
1 Erg $=$	1	$9{,}995 \cdot 10^{-8}$	$2{,}775 \cdot 10^{-14}$	$2{,}389 \cdot 10^{-11}$	$9{,}869 \cdot 10^{-10}$	$10{,}19_8 \cdot 10^{-10}$	$10{,}19_8 \cdot 10^{-9}$	$1{,}360 \cdot 10^{-10}$
1 Watt · sec $=$	$1{,}0005_1 \cdot 10^7$	1	$2{,}778 \cdot 10^{-7}$	$2{,}390 \cdot 10^{-4}$	$9{,}874 \cdot 10^{-3}$	$10{,}20_3 \cdot 10^{-3}$	$10{,}20_3 \cdot 10^{-2}$	$1{,}360 \cdot 10^{-3}$
1 KW · h $=$	$3{,}602 \cdot 10^{13}$	$3{,}6 \cdot 10^6$	1	$8{,}604 \cdot 10^2$	$3{,}555 \cdot 10^4$	$3{,}673 \cdot 10^4$	$3{,}673 \cdot 10^5$	$4{,}897 \cdot 10^3$
1 kcal 15° C $=$	$4{,}186 \cdot 10^{10}$	$4{,}184_2 \cdot 10^3$	$1{,}162 \cdot 10^{-3}$	1	$4{,}131 \cdot 10$	$4{,}269 \cdot 10$	$4{,}269 \cdot 10^2$	$5{,}692$
1 phys. Literat $=$	$1{,}013 \cdot 10^9$	$1{,}013 \cdot 10^2$	$2{,}812 \cdot 10^{-5}$	$2{,}421 \cdot 10^{-2}$	1	$1{,}033_3$	$1{,}033_3 \cdot 10$	$1{,}378 \cdot 10^{-1}$
1 techn. Literat $=$	$9{,}806 \cdot 10^8$	$9{,}801 \cdot 10$	$2{,}723 \cdot 10^{-5}$	$2{,}343 \cdot 10^{-2}$	$9{,}678 \cdot 10^{-1}$	1	10	$1{,}333 \cdot 10^{-1}$
1 kg · Meter $=$	$9{,}806_2 \cdot 10^7$	$9{,}801_3$	$2{,}723 \cdot 10^{-6}$	$2{,}343 \cdot 10^{-3}$	$9{,}678 \cdot 10^{-2}$	0,1	1	$1{,}333 \cdot 10^{-2}$
1 PS · sec $=$	$7{,}355 \cdot 10^9$	$7{,}351 \cdot 10^2$	$2{,}042 \cdot 10^{-4}$	$1{,}757 \cdot 10^{-1}$	$7{,}259$	$7{,}5$	$7{,}5 \cdot 10$	1
R $=$	$8{,}313 \cdot 10^7$	$8{,}309$	$2{,}308 \cdot 10^{-5}$	$1{,}986 \cdot 10^{-3}$	$8{,}204 \cdot 10^{-2}$	$8{,}481 \cdot 10^{-2}$	$8{,}481 \cdot 10^{-1}$	$1{,}131 \cdot 10^{-2}$

[1] Vgl. H. LANDOLT-R. BÖRNSTEIN, Phys.-chem. Tabellen, 5. Aufl. S. 797, Berlin 1923.

Anhang 2.

Gewicht eines m³ (0° C, 760 mm QS, trocken) verschiedener gasförmiger Stoffe.

Das Gewicht (G) eines m³ (0° C, 760 mm QS, trocken) in g ist $\dfrac{1000}{22,4} \cdot M = 44,64\,M$ (M = Molekulargewicht), wenn das Gas den idealen Gesetzen gehorcht.

Gas	Zeichen	M	G ideal	G gefunden
Wasserstoff	H_2	2,016	90	89,9
Sauerstoff	O_2	32,000	1429	1429
Stickstoff	N_2	28,016	1250	1251
Luft[1]	—	28,853	1288	1293
$\left(\begin{array}{l}\text{21 Volumproz. Sauerstoff)}\\ \text{79 \quad ,, \qquad Stickstoff}\end{array}\right)$				
Kohlenstoff[2]	C	12,00	536	—
Fluor	F_2	38,00	1699	1710
Chlor	Cl_2	70,92	3166	3220
Ammoniak	NH_3	17,032	760	771
Fluorwasserstoff	HF	20,01	893	922
Chlorwasserstoff	HCl	36,47	1628	1639
Methan	CH_4	16,03	715	717
Acetylen	C_2H_2	26,02	1162	1171
Äthylen	C_2H_4	28,03	1251	1260
Äthan	C_2H_6	30,05	1341	1356
Stickstoffoxyd	NO	30,008	1340	1340
Stickstoffoxydul	N_2O	44,016	1965	1978
Kohlenoxyd	CO	28,00	1250	1250
Kohlendioxyd	CO_2	44,00	1964	1977
Schwefelwasserstoff	H_2S	34,09	1522	1539
Schwefeldioxyd	SO_2	64,07	2860	2927

[1] Die obige Zusammensetzung ist idealisiert; nach LEDUC, A.: C. r. **123**, 805 (1896) enthält Luft 21,0 Volumprozent Sauerstoff, 78,06 Volumprozent Stickstoff und 0,94 Volumprozent Argon. In Wirklichkeit finden sich in sehr geringen Mengen auch die anderen Edelgase vor (Helium, Neon, Krypton, Xenon) und Kohlendioxyd.

[2] Aus den Idealgewichten der Elemente lassen sich die beliebigen Verbindungen aus deren Formel berechnen, wenn die Werte für G ideal proportional der im Molekül vorhandenen Atomzahl jedes Elements, geteilt durch die Atomzahl — meist zwei — des elementaren Moleküls, zusammengezählt werden. Obgleich der Kohlenstoff als solcher unter den Normalbedingungen nicht gasförmig auftritt, das (ideale) Kubikmetergewicht also nur theoretische Bedeutung hat, dient es doch als Grundwert zum Berechnen des (idealen) Kubikmetergewichts der zahlreichen gasförmigen Kohlenstoffverbindungen.

Beispiel: C_3H_8 (Propan):

$$G\ \text{ideal} = 3 \cdot 536 + 8 \cdot \frac{90}{2} = 1968\ g$$

Anhang 3.

Umrechnung von Wasserdruck auf Quecksilberdruck.

1 mm WS = 0,073554 mm QS; 1 mm QS = 13,5955 mm WS.

WS	QS	WS	QS	WS	QS
1	0,07	41	3,02	81	5,96
2	0,15	42	3,09	82	6,03
3	0,22	43	3,16	83	6,10
4	0,29	44	3,24	84	6,18
5	0,37	45	3,31	85	6,25
6	0,44	46	3,38	86	6,33
7	0,51	47	3,46	87	6,40
8	0,59	48	3,53	88	6,47
9	0,66	49	3,60	89	6,55
10	0,74	50	3,68	90	6,62
11	0,81	51	3,75	91	6,69
12	0,88	52	3,82	92	6,77
13	0,96	53	3,90	93	6,84
14	1,03	54	3,97	94	6,91
15	1,10	55	4,05	95	6,99
16	1,18	56	4,12	96	7,06
17	1,25	57	4,19	97	7,13
18	1,32	58	4,27	98	7,21
19	1,40	59	4,34	99	7,28
20	1,47	60	4,41	100	7,36
21	1,54	61	4,49	200	14,71
22	1,62	62	4,56	300	22,07
23	1,69	63	4,63	400	29,42
24	1,77	64	4,71	500	36,78
25	1,84	65	4,78	600	44,13
26	1,91	66	4,85	700	51,49
27	1,99	67	4,93	800	58,84
28	2,06	68	5,00	900	66,20
29	2,13	69	5,08	1000	73,55
30	2,21	70	5,15	2000	147,11
31	2,28	71	5,22	3000	220,66
32	2,35	72	5,30	4000	294,22
33	2,43	73	5,37	5000	367,77
34	2,50	74	5,44	6000	441,32
35	2,57	75	5,52	7000	514,88
36	2,65	76	5,59	8000	588,43
37	2,72	77	5,66	9000	661,97
38	2,80	78	5,74	10000	735,54
39	2,87	79	5,81		
40	2,94	80	5,88		

Anhang 4.

Sättigung von Gasen mit Wasserdampf.

Temperatur $t\,°\,C$	Sättigungsdruck des Wasserdampfes p mm QS[1]	Volumprozent Wasserdampf bei 760 mm QS Gesamtdruck[2] $\dfrac{100\,p}{760}$	g Wasserdampf je m³ Gas[3] von 0° C., 760 mm QS		$\dfrac{g_{feucht}}{g_{trocken}} = \dfrac{760-p}{760}$
			feucht	trocken	
0	4,6	0,61	4,8	4,9	} 0,994
1	4,9	0,64	5,2	5,2	
2	5,3	0,70	5,6	5,6	} 0,993
3	5,7	0,75	6,0	6,1	
4	6,1	0,80	6,4	6,5	} 0,992
5	6,5	0,86	6,9	7,0	
6	7,0	0,92	7,4	7,5	0,991
7	7,5	0,99	7,9	8,0	} 0,990
8	8,0	1,05	8,5	8,6	
9	8,6	1,13	9,1	9,2	0,989
10	9,2	1,21	9,7	9,9	0,988
11	9,8	1,29	10,4	10,5	0,987
12	10,5	1,38	11,1	11,3	0,986
13	11,2	1,47	11,9	12,1	0,985
14	12,0	1,58	12,7	12,9	0,984
15	12,8	1,68	13,5	13,8	0,983
16	13,6	1,79	14,4	14,7	0,982
17	14,5	1,91	15,4	15,7	0,981
18	15,5	2,04	16,4	16,7	0,980
19	16,5	2,17	17,4	17,8	0,978
20	17,5	2,30	18,5	19,0	0,977
21	18,7	2,46	19,7	20,2	0,975
22	19,8	2,60	21,0	21,5	0,974
23	21,1	2,77	22,3	22,9	0,972
24	22,4	2,94	23,7	24,4	0,970
25	23,8	3,13	25,1	26,0	0,969
26	25.2	3,31	26,7	27,6	0,967
27	26,7	3,51	28,3	29,3	0,965
28	28,3	3,72	30,0	31,1	0,963
29	30,0	3,95	31,8	33,1	0,961
30	31,8	4,18	33,6	35,1	0,959
31	33,7	4,43	35,6	37,3	0,956
32	35,7	4,70	37,7	39,6	0,953
33	37,7	4,96	39,9	42,0	0,951
34	39,9	5,25	42,2	44,5	0,948
35	42,2	5,55	44,6	47,3	0,945
36	44,6	5,87	47,1	50,1	0,942
37	47,1	6,20	49,8	53,1	0,938
38	49,7	6,54	52,5	56,2	0,935
39	52,4	6,89	55,4	59,6	0,931

---

[1] Abgerundet nach den Angaben von Holborn, L., K. Scheel und F. Henning, Wärmetabellen. Braunschweig 1919.

[2] Ändert sich der Gesamtdruck auf das n-fache, dann sind die Volumprozent mit $\dfrac{1}{n}$ zu multiplizieren. — Die mit 10 vervielfachten Volumprozente geben die in 1 m³ Gas (0° C, 760 mm QS, feucht) enthaltenen l Wasserdampf (0° C, 760 mm QS).

[3] Der Wasserdampf wird als ideales Gas betrachtet. Der dadurch bedingte Fehler ist gering.

Anhang 4 (Fortsetzung).

Temperatur $t\,^\circ$ C	Sättigungsdruck des Wasserdampfes p mm QS[1]	Volumprozent Wasserdampf bei 760 mm QS Gesamtdruck[2] $\frac{100\,p}{760}$	g Wasserdampf je m³ Gas[3] von 0° C., 760 mm QS		$g_{\text{feucht}} : g_{\text{trocken}} = \frac{760 - p}{760}$
			feucht	trocken	
40	55,3	7,28	58,5	63,1	0,927
41	58,3	7,67	61,7	66,8	0,924
42	61,5	8,09	65,0	70,8	0,920
43	64,8	8,53	68,5	74,9	0,915
44	68,3	8,99	72,2	79,3	0,910
45	71,9	9,46	76,0	84,0	0,906
46	75,7	9,96	80,0	88,8	0,901
47	79,6	10,5	84,2	94,0	0,896
48	83,7	11,0	88,5	99,5	0,890
49	88,0	11,6	93,1	105	0,884
50	92,5	12,2	97,8	111	0,878
51	97,2	12,8	103	118	0,873
52	102,1	13,4	108	125	0,866
53	107,2	14,1	113	132	0,859
54	112,5	14,8	119	140	0,852
55	118,0	15,5	125	148	0,845
56	123,8	16,3	131	156	0,837
57	129,8	17,1	137	166	0,830
58	136,1	17,9	144	175	0,821
59	142,6	18,8	151	186	0,812
60	149,4	19,7	158	197	0,803
61	156,4	20,6	165	208	0,794
62	163,8	21,5	173	221	0,785
63	171,4	22,5	181	234	0,774
64	179,3	23,6	190	248	0,764
65	187,5	24,8	198	263	0,753
66	196,1	25,8	207	280	0,742
67	205,0	27,0	217	297	0,730
68	214,2	28,2	226	315	0,718
69	223,7	29,4	236	335	0,706
70	233,7	30,7	247	357	0,693
71	243,9	32,1	258	380	0,679
72	254,6	33,5	269	405	0,665
73	265,7	35,0	281	432	0,650
74	277,2	36,5	293	461	0,635
75	289,1	38,0	306	493	0,620
76	301,4	39,7	319	528	0,603
77	314,1	41,3	332	566	0,587
78	327,3	43,1	346	608	0,569
79	341,0	44,9	361	654	0,551
80	355,1	46,7	375	705	0,533
81	369,7	48,6	391	761	0,514
82	384,9	50,6	407	825	0,494
83	400,6	52,7	424	896	0,473
84	416,8	54,8	441	976	0,452
85	433,6	57,0	458	1070	0,430
86	450,9	59,3	477	1170	0,407
87	468,7	61,6	496	1290	0,383
88	487,1	64,1	515	1440	0,359
89	506,1	66,6	535	1600	0,334

[1] S. Fußnote 1 auf S. 376.   [2] S. Fußnote 2 auf S. 376.   [3] S. Fußnote 3 auf S. 376.

Anhang 4 (Fortsetzung).

Temperatur $t\,°C$	Sättigungsdruck des Wasserdampfes p mm QS[1]	Volumprozent Wasserdampf bei 760 mm QS Gesamtdruck[2] $\frac{100\,p}{760}$	g Wasserdampf je m³ Gas[3] von 0° C., 760 mm QS		$\frac{g_{\text{feucht}}}{g_{\text{trocken}}} = \frac{760 - p}{760}$
			feucht	trocken	
90	525,8	69,2	556	1800	0,308
91	546,1	71,9	577	2050	0,281
92	567	74,6	600	2360	0,254
93	588,6	77,4	622	2760	0,226
94	610,9	80,4	646	3290	0,196
95	633,9	83,4	670	4040	0,166
96	657,6	86,5	695	5160	0,135
97	682,1	89,8	721	7040	0,103
98	707,3	93,1	748	10800	0,069
99	733,2	96,5	775	22000	0,035
100	760,0	100,0	804	∞	0,000

Anhang 5.

Kritische Daten einiger gasförmiger Stoffe[4].

		Kritische Temp. $t_K\,°C$	Kritischer Druck p_K Atm.
Wasserstoff	H_2	$-239,92$	12,8
Sauerstoff	O_2	$-118,8$	49,7
Stickstoff	N_2	$-147,1$	33,5
Helium	He	$-267,9$	2,26
Neon	Ne	$-228,4$	26,9
Argon	Ar	$-122,4$	48,0
Krypton	Kr	$-62,5$	54,3
Xenon	X	$+16,6$	58,2
Luft		$-140,7$	37,2
Chlor	Cl_2	$+143,9$	76
Ozon	O_3	-5	92,3
Chlorwasserstoff	HCl	$+51,4$	83
Kohlenoxyd	CO	$-138,7$	34,6
Kohlendioxyd	CO_2	$+31,0$	72,9
Ammoniak	NH_3	$+132,4$	112
Stickstoffoxyd	NO	-93	71
Stickstoffoxydul	N_2O	$+36,5$	71,7
Schwefelwasserstoff	H_2S	$+100,4$	89
Schwefeldioxyd	SO_2	$+157,2$	77,7
Cyan	$(CN)_2$	$+128,3$	59,7
Cyanwasserstoff	HCN	$+183,5$[5]	53,2[5]
Methan	CH_4	$-82,5$	45,7
Äthan	C_2H_6	$+32,1$	48,8
Äthylen	C_2H_4	$+9,5$	50,7
Acetylen	C_2H_2	$+35,9$	61,6
Propan	C_3H_8	$+95,6$	45
n-Butan	$n\text{-}C_4H_{10}$	$+153,2$	35,7
i-Butan	$i\text{-}C_4H_{10}$	$+133,7$	36,5

[1] S. Fußnote 1 auf S. 376. [2] S. Fußnote 2 auf S. 376. [3] S. Fußnote 3 auf S. 376.
[4] Nach PICKERING, S. F., J. physic. Chem. **28**, 97 (1924). — Vgl. auch LAAR, J. J. VAN, Die Zustandsgleichung. Leipzig 1924.
[5] Nach BREDIG, G. u. L. TEICHMANN, Z. Elektrochem. **31**, 449 (1925).

Anhang 6.

Wahre und mittlere spezifische Wärmen sowie Wärmeinhalt verschiedener Gase unter konstantem Druck in kcal je m³ von 0° C, 760 mm QS, trocken[1].

Temp. $t°\,C$	CO_2, SO_2	H_2O-Dampf	2-atomige Gase O_2, N_2, Luft, $CO(H_2{}^2)$	CH_4	C_2H_4
			Wahre spezifische Wärmen bei $t°\,C$		
0	0,397	0,372	0,312	0,343	0,420
100	0,422	0,374	0,316	0,415	0,518
200	0,452	0,378	0,320	0,486	0,620
300	0,479	0,382	0,324	0,557	0,715
400	0,505	0,387	0,328	0,629	0,803
500	0,527	0,393	0,332	0,700	0,911
600	0,547	0,401	0,336	0,771	1,009
700	0,558	0,409	0,340	0,843	1,107
800	0,568	0,419	0,344	0,914	1,206
900	0,576	0,430	0,348	0,986	1,304
1000	0,583	0,444	0,352	1,057	1,402
1100	0,589	0,460	0,356	1,126	1,500
1200	0,595	0,478	0,360	1,200	1,598
1300	0,599	0,498	0,364	1,271	1,697
1400	0,603	0,518	0,368	1,343	1,795
1500	0,607	0,539	0,372	1,414	1,893
1600	0,611	0,560	0,376		
1700	0,615	0,582	0,380		
1800	0,619	0,604	0,384		
1900	0,623	0,627	0,388		
2000	0,626	0,650	0,392		
2100	0,629	0,673	0,396		
2200	0,632	0,696	0,400		
2300	0,634	0,720	0,404		
2400	0,638	0,743	0,408		
2500	0,642	0,767	0,412		
2600	0,646	0,791	0,416		
2700	0,650	0,816	0,420		
2800	0,654	0,840	0,424		
2900	0,657	0,865	0,428		
3000	0,660	0,889	0,432		
		Mittlere spezifische Wärmen zwischen 0° C und $t°\,C$			
0	0,397	0,372	0,312	0,343	0,420
100	0,410	0,373	0,314	0,379	0,469
200	0,426	0,375	0,316	0,414	0,518
300	0,442	0,376	0,318	0,450	0,567
400	0,456	0,378	0,320	0,486	0,616
500	0,467	0,380	0,322	0,522	0,666

[1] NEUMANN, B.: Stahl u. Eisen **39**, 746, 772 (1919). Z. angew. Chem. **32**, 141 (1919). Gas- u. Wasserfach **62**, 604, 619 (1919). — Vgl. auch WUNDT, W.: Mitteilung Nr 60 der Wärmestelle Düsseldorf (1924).

[2] Die Werte für Wasserstoff sind etwas kleiner als die der anderen 2-atomigen Gase; da die Unterschiede sehr gering sind, können die obigen Zahlen ohne groben Fehler benutzt werden.

Anhang 6 (Fortsetzung).

Temp. $t°$ C	CO_2, SO_2	H_2O-Dampf	2-atomige Gase O_2, N_2, Luft, CO(H_2[1])	CH_4	C_2H_4
600	0,477	0,383	0,324	0,557	0,715
700	0,487	0,385	0,326	0,593	0,764
800	0,497	0,389	0,328	0,629	0,813
900	0,505	0,394	0,330	0,664	0,862
1000	0,511	0,398	0,332	0,700	0,911
1100	0,517	0,402	0,334	0,736	0,960
1200	0,521	0,407	0,336	0,771	1,009
1300	0,526	0,413	0,338	0,807	1,058
1400	0,530	0,418	0,340	0,843	1,107
1500	0,536	0,424	0,342	0,879	1,157
1600	0,541	0,430	0,344		
1700	0,546	0,438	0,346		
1800	0,550	0,446	0,348		
1900	0,554	0,455	0,350		
2000	0,556	0,465	0,352		
2100	0,558	0,475	0,354		
2200	0,562	0,485	0,356		
2300	0,566	0,495	0,358		
2400	0,568	0,505	0,360		
2500	0,570	0,516	0,362		
2600	0,572	0,527	0,364		
2700	0,574	0,538	0,366		
2800	0,577	0,549	0,368		
2900	0,579	0,561	0,370		
3000	0,581	0,573	0,372		

Wärmeinhalt zwischen $0°$ C und $t°$ C

Temp. $t°$ C	CO_2, SO_2	H_2O-Dampf	2-atomige Gase O_2, N_2, Luft, CO(H_2[1])	CH_4	C_2H_4
0	0	0	0	0	0
100	41	37	31	38	47
200	85	75	63	83	104
300	133	113	95	135	170
400	182	151	128	194	246
500	234	190	161	261	333
600	286	230	194	334	429
700	341	270	228	415	535
800	398	311	262	503	650
900	455	355	297	598	776
1000	511	398	332	700	911
1100	569	442	367	810	1056
1200	625	488	403	925	1211
1300	684	537	439	1049	1375
1400	742	585	476	1180	1550
1500	804	636	513	1319	1736
1600	866	688	550		
1700	928	745	588		
1800	990	803	626		
1900	1053	865	665		
2000	1112	930	704		
2100	1172	998	743		
2200	1236	1067	783		
2300	1302	1139	823		

[1] S. Fußnote 2 auf S. 379.

Anhang 6 (Fortsetzung).

Temp. $t°\,\mathrm{C}$	CO_2, SO_2	H_2O-Dampf	2-atomige Gase O_2, N_2, Luft, CO(H_2[1])	CH_4	C_2H_4
2400	1363	1212	864		
2500	1425	1290	905		
2600	1487	1370	946		
2700	1550	1453	988		
2800	1616	1537	1030		
2900	1679	1627	1073		
3000	1743	1719	1116		

Anhang 7.

Verhältnis der spezifischen Wärmen $\varkappa = \dfrac{c_p}{c_v}$ bei $0°\,\mathrm{C}$[2].

Wasserstoff	H_2	1,409
Stickstoff	N_2	1,406
Luft		1,404
Chlor	Cl_2	1,34
Kohlenoxyd	CO	1,403
Kohlensäure	CO_2	1,31
Stickstoffoxyd	N_2O	1,31
Ammoniak	NH_3	1,32
Methan	CH_4	1,304
Acetylen	C_2H_2	1,231
Äthylen	C_2H_4	1,24

---

[1] S. Fußnote 2 auf S. 379.

[2] $\dfrac{c_p}{c_v}$ hängt von Temperatur und Druck ab. Es fällt bei konstantem Druck mit steigender Temperatur, wie z. B. die Messungen von J. H. BRINKWORTH (Proc. roy. Soc. Lond. A **107**, 510/43 [1925]) für Wasserstoff erkennen lassen:

$$t = -183°\,\mathrm{C} \qquad \varkappa = 1,6022$$
$$-118 \qquad 1,4794$$
$$-\ 78 \qquad 1,4424$$
$$-\ 21 \qquad 1,4199$$
$$0 \qquad 1,4098$$
$$+\ 17 \qquad 1,4070$$

Bei konstanter Temperatur wird $\varkappa$ mit steigendem Druck größer; Beispiel: Kohlensäure nach Messungen von E. H. AMAGAT, C. r. **121**, 862 (1895).

$$t = 50°\,\mathrm{C} \qquad p = 50\ \mathrm{Atm.} \qquad \varkappa = 1,70$$
$$70 \qquad 2,33$$

Anhang 8.

a) Verdampfungswärmen (l) in cal/g bei der Siedetemperatur[1].

	Siedepunkte (° C)	Verdampfungs- wärme (l)
Sauerstoff . . . . . O_2	— 182,9	51
Stickstoff . . . . . N_2	— 195,9	48
Chlor . . . . Cl_2	— 30	67
Ammoniak . . . . NH_3	— 33,5	331
Schwefeldioxyd . . SO_2	— 10	96
Aceton . . . . . . $CH_3 \cdot CO \cdot CH_3$	+ 56,3	125
Äthylalkohol . . . C_2H_5OH	+ 78,37	206
Methylalkohol . . . CH_3OH	+ 64,56	264
Äthyläther . . . . $C_2H_5 \cdot O \cdot C_2H_5$	+ 34,49	85
Essigsäure . . . . $CH_3 \cdot COOH$	+ 118,1	97
Schwefelkohlenstoff. CS_2	+ 46,2	87
Tetrachlorkohlenstoff CCl_4	+ 76,74	46
Chloroform . . . . $CHCl_3$	+ 61,2	60
Benzol . . . . . . C_6H_6	+ 80,18	95

b) Verdampfungswärme des Wassers[2].

Tem- perat. $t°$ C	Verdamp- fungswärme l in cal/g	innere V.-W. ϱ in cal/g	äußere V.-W. α in cal/g	Flüssigkeits- wärme q in cal/g	Gesamt- wärme λ in cal/g	Dampf- wärme u in cal/g
0	594,8	564,4	30,4	0	594,8	564,4
10	589,5	558,2	31,3	10,05	599,55	568,25
20	584,3	552,0	32,3	20,05	604,35	572,05
30	579,2	545,8	33,4	30,03	609,23	575,83
40	574,0	539,6	34,4	39,9	613,9	579,5
50	568,5	533,1	35,4	49,9	618,4	583,0
60	562,9	526,4	36,5	59,9	622,8	586,3
70	557,1	519,6	37,5	69,9	627,0	589,5
80	551,1	512,5	38,6	79,9	631,0	592,4
90	545,0	505,4	39,6	89,9	634,9	595,3
100	538,7	498,0	40,7	100,0	638,7	598,0

---

[1] Bez. weiterer Zahlenangaben siehe: LANDOLT, H., u. R. BÖRNSTEIN: Phys.-chem. Tabellen, 5. Aufl., Berlin 1923; 1. Erg.-Bd., Berlin 1927; ferner MILLS, J. E.: J. amer. chem. Soc. **31**, 1123/30 (1909).

[2] Nach SCHÜLE, W.: Z. V. d. I. **55**, II, 1506 (1911).

Anhang 9.

Heizwerte (Verbrennungswärmen) gasförmiger Brennstoffe.

		oberer Heizwert (= Verbrennungswärme) H_0[1]		unterer Heizwert H_u[2]	
		kcal/kg	kcal/nm³	kcal/kg	kcal/nm³
Wasserstoff	H_2	33920	3050	28558	2570
Kohlenoxyd	CO	2429	3035	2429	3035
Methan	CH_4	13344	9565	11995	8600
Äthan	C_2H_6	12363	16765	11284	15305
Äthylen	C_2H_4	12307	15520	11536	14545
Acetylen	C_2H_2	11970	14115	11555	13625
Propan	C_3H_8	11970	19260	10771	17330
Benzol	C_6H_6	10012	(34860)	9596	(33415)

Steinkohlengas, Koksofengas . . . . . . 4900— 5500

Braunkohlengas, Torfgas, Holzgas, Urgas . 3000—15000

Luftgeneratorgas . . . . 800— 1000

Generatorgas (Koks) . . . . 1200— 1500

Generatorgas (Braunkohlenbriketts) . . . 1800 H_u ist etwa um 10%

Mondgas . . . . 1100— 1400   kleiner als H_0; Aus-

Gichtgas . . . . 600— 800 [3] nahmen bilden Luft-

Wassergas . . . . 2500— 2900   generatorgas und

Doppelgas . . . . 3200— 3500   Gichtgas.

Ölgas . . . . 8000—11000

Blaugas . . . . 10000—16000

Benzin-Luftgas . . . . 2500— 3500

Erdgas . . . . 7000— 9000

[1] Nach „Chemiehütte", 2. Aufl., S. 215 u. 608ff., Berlin 1927, und KÜSTER, F. W., u. A. THIEL: Log. Rechentafeln, 30.—34. Aufl., S. 57. Berlin u. Leipzig 1925.

[2] Berechnet nach $H_u = H_0 - 600\,W$, wenn W die Verbrennungs-Wassermenge in kg bedeutet.

[3] Nach STRACHE, H., u. H. ULMANN: Techn. der Brennstoffe, S. 125. Leipzig u. Wien 1927.

Anhang 10.

Reduktion feuchter Gase auf 0° C, 760 mm QS, trocken.

$$v_{0,760,\,tr.} = f \cdot v_{t,\,P,\,\text{feucht}}\,[1].$$

⟶ Temperatur in ° C

Druck in mm QS ⟶

	1	2	3	4	5	6	7	8	9	10	11	12	13	14	15	16	17	18	19	20	21	22	23	24	25	26	27	28	29	30
720	0,938	0,934	0,930	0,926	0,922	0,918	0,914	0,910	0,906	0,902	0,898	0,894	0,890	0,886	0,882	0,878	0,874	0,870	0,865	0,861	0,857	0,853	0,848	0,844	0,839	0,835	0,830	0,825	0,821	0,816
721	0,939	0,935	0,931	0,927	0,923	0,919	0,915	0,911	0,907	0,904	0,900	0,896	0,892	0,887	0,883	0,879	0,875	0,871	0,867	0,863	0,858	0,854	0,850	0,845	0,840	0,836	0,831	0,827	0 822	0,817
722	0,940	0,936	0,932	0,928	0,924	0,921	0,917	0,913	0,909	0,905	0,901	0,897	0,893	0,889	0,885	0,880	0,876	0,872	0 868	0,864	0,859	0,855	0,851	0,846	0,842	0,837	0,833	0,828	0,823	0,818
723	0,942	0,938	0,934	0,930	0,926	0,922	0,918	0,914	0,910	0,906	0,902	0,898	0,894	0,890	0,886	0,882	0,878	0,873	0,869	0,865	0,861	0,856	0,852	0,847	0,843	0,838	0,834	0,829	0,824	0,820
724	0,943	0,939	0,935	0,931	0,927	0,923	0,919	0,915	0,911	0,907	0,903	0,899	0,895	0,891	0,887	0,883	0,879	0,875	0,870	0,866	0,862	0,858	0,853	0,849	0,844	0,840	0,835	0,830	0,826	0,821
725	0,944	0,940	0,936	0,932	0,928	0,924	0,921	0,917	0,913	0,909	0,905	0,901	0,897	0,892	0,888	0,884	0,880	0,876	0,872	0,868	0,863	0 859	0,854	0,850	0,845	0,841	0,836	0,832	0,827	0,822
726	0,945	0,942	0,938	0,934	0,930	0,926	0,922	0,918	0,914	0,910	0,906	0,902	0,898	0,894	0,890	0,885	0,881	0,877	0,873	0,869	0,864	0,860	0,856	0,851	0,847	0,842	0,837	0,833	0,828	0,823
727	0,947	0,943	0,939	0,935	0,931	0,927	0,923	0,919	0,915	0,911	0,907	0,903	0,899	0,895	0,891	0,887	0,883	0,878	0,874	0,870	0,865	0,861	0,857	0,852	0,848	0,843	0,839	0,834	0,829	0,824
728	0,948	0,944	0,940	0,936	0,932	0,928	0,924	0,920	0,916	0,912	0,909	0,904	0,900	0,896	0,892	0,888	0,884	0,880	0,875	0,871	0,867	0,862	0,858	0,853	0,849	0,845	0,840	0,835	0,830	0,826
729	0,949	0,945	0,941	0,938	0,933	0,930	0,926	0,922	0,918	0,914	0,910	0,906	0,902	0,897	0,893	0,889	0,885	0,881	0,877	0,872	0 868	0,864	0,859	0,855	0,850	0,846	0,841	0,836	0,832	0,827
730	0,951	0,947	0,943	0,939	0,935	0,931	0,927	0,923	0,919	0,915	0,911	0,907	0,903	0,899	0,895	0,890	0,886	0,882	0,878	0,874	0,869	0,865	0,860	0,856	0,851	0,847	0,842	0,838	0,833	0,828
731	0,952	0,948	0,944	0,940	0,936	0,932	0,928	0,924	0,920	0,916	0,912	0,908	0,904	0,900	0,896	0,892	0,888	0,883	0,879	0,875	0,870	0,866	0,862	0,857	0,853	0,848	0,843	0,839	0,834	0,829
732	0,953	0,949	0,945	0,941	0,937	0,933	0,930	0,926	0,921	0,918	0,914	0,909	0,905	0,901	0,897	0,893	0,889	0,885	0,880	0,876	0,872	0,867	0,863	0,858	0,854	0,849	0,845	0,840	0,835	0,830
733	0,955	0,951	0,947	0,943	0,939	0,935	0,931	0,927	0,923	0,919	0,915	0,911	0,907	0,902	0,898	0,894	0,890	0,886	0,882	0,877	0,873	0,869	0,864	0,860	0,855	0,850	0,846	0,841	0,836	0,831
734	0,956	0,952	0,948	0,944	0,940	0,936	0,932	0,928	0,924	0,920	0,916	0,912	0,908	0,904	0,900	0,895	0,891	0,887	0,883	0,879	0,874	0,870	0,865	0,861	0,856	0,852	0,847	0,842	0,838	0,833
735	0,957	0,953	0,949	0,945	0,941	0,937	0,933	0,929	0,925	0,921	0,917	0,913	0,909	0,905	0,901	0,897	0,893	0,888	0,884	0,880	0,875	0,871	0,866	0,862	0,857	0,853	0,848	0,843	0,839	0,834
736	0,959	0,955	0,951	0,947	0,943	0,939	0,935	0,931	0,927	0,923	0,919	0,914	0,910	0,906	0,902	0,898	0,894	0,890	0,885	0,881	0,877	0,872	0,868	0,863	0,859	0,854	8,849	0,845	0,840	0,835
737	0,960	0,956	0,952	0,948	0,944	0,940	0,936	0,932	0,928	0,924	0,920	0,916	0,912	0,907	0,903	0,899	0,895	0,891	0,887	0,882	0,878	0,873	0,869	0,864	0,860	0,855	0,851	0,846	0,841	0,836
738	0,961	0,957	0,953	0,949	0,945	0,941	0,937	0,933	0,929	0,925	0,921	0,917	0,913	0,909	0,905	0,900	0,896	0,892	0,888	0,883	0,879	0,875	0,870	0,865	0,861	0,856	0,852	0,847	0,842	0,837
739	0,962	0,958	0,955	0,950	0,946	0,943	0,939	0,935	0,930	0,926	0,922	0,918	0,914	0,910	0,906	0,902	0,898	0,893	0,889	0,885	0,880	0,876	0,871	0,867	0,862	0,858	0,853	0,848	0,843	0,839
740	0,964	0,960	0,956	0,952	0,948	0,944	0,940	0,936	0,932	0,928	0,924	0,919	0,915	0,911	0,907	0,903	0,899	0,894	0,890	0,886	0,881	0,877	0,873	0,868	0,863	0,859	0,854	0,849	0,845	0,840
741	0,965	0,961	0,957	0,953	0,949	0,945	0,941	0,937	0,933	0,929	0,925	0,921	0,917	0,912	0,908	0,904	0,900	0,896	0,891	0,887	0,883	0,878	0,874	0,869	0,865	0,860	0,855	0,851	0,846	0,841
742	0,966	0,962	0,958	0,954	0,950	0,946	0,942	0,938	0,934	0,930	0,926	0,922	0,918	0,914	0,910	0,905	0,901	0,897	0,893	0,888	0,884	0,880	0,875	0,870	0,866	0,861	0,857	0,852	0,847	0,842
743	0,968	0,964	0,960	0,956	0,952	0,948	0,944	0,940	0,935	0,931	0,927	0,923	0,919	0,915	0,911	0,907	0,902	0,898	0,894	0,890	0,885	0,881	0,876	0,872	0,867	0,862	0,858	0,853	0,848	0,843
744	0,969	0,965	0,961	0,957	0,953	0,949	0,945	0,941	0,937	0,933	0,929	0,924	0,920	0,916	0,912	0,908	0,904	0,899	0,895	0,891	0,886	0,882	0,877	0,873	0,868	0,864	0,859	0,854	0,849	0,844
745	0,970	0,966	0,962	0,958	0,954	0,950	0,946	0,942	0,938	0,934	0,930	0,926	0,922	0,917	0,913	0,909	0,905	0,900	0,896	0,892	0,888	0,883	0,879	0,874	0,869	0,865	0,860	0,855	0,851	0,846
746	0,972	0,968	0,964	0,960	0,955	0,951	0,947	0,943	0,939	0,935	0,931	0,927	0,923	0,919	0,914	0,910	0,906	0,902	0,897	0,893	0,889	0,884	0,880	0,875	0,871	0,866	0,861	0,857	0,852	0,847
747	0,973	0,969	0,965	0,961	0,957	0,953	0,949	0,945	0,941	0,937	0,932	0,928	0,924	0,920	0,916	0,912	0,907	0,903	0,899	0,894	0,890	0,886	0,881	0,876	0,872	0,867	0,862	0,858	0,853	0,848
748	0,974	0,970	0,966	0,962	0,958	0,954	0,950	0,946	0,942	0,938	0,934	0,929	0,925	0,921	0,917	0,913	0,909	0,904	0,900	0,896	0,891	0,887	0,882	0,878	0,873	0,868	0,864	0,859	0,854	0,849
749	0,976	0,971	0,967	0,963	0,959	0,955	0,951	0,947	0,943	0,939	0,935	0,931	0,927	0,922	0,918	0,914	0,910	0,905	0,901	0,897	0,892	0,888	0,883	0,879	0,874	0,870	0,865	0,860	0,855	0,850
750	0,977	0,973	0,969	0,965	0,961	0,957	0,953	0,949	0,944	0,940	0,936	0,932	0,928	0,924	0,919	0,915	0,911	0,907	0,902	0,898	0,894	0,889	0,885	0,880	0,875	0,871	0,866	0,861	0,856	0,851
751	0,978	0,974	0,970	0,966	0,962	0,958	0,954	0,950	0,946	0,942	0,938	0,933	0,929	0,925	0,921	0,916	0,912	0,908	0,904	0,899	0,895	0,890	0,886	0,881	0,877	0,872	0,867	0,862	0,858	0,853
752	0,980	0,975	0,971	0,967	0,963	0,959	0,955	0,951	0,947	0,943	0,939	0,934	0,930	0,926	0,922	0,918	0,914	0,909	0,905	0,900	0,896	0,892	0,887	0,882	0,878	0,873	0,868	0,864	0,859	0,854

Druck in mm QS	1	2	3	4	5	6	7	8	9	10	11	12	13	14	15	16	17	18	19	20	21	22	23	24	25	26	27	28	29	30
753	0,981	0,977	0,973	0,969	0,964	0,960	0,956	0,952	0,948	0,944	0,940	0,936	0,932	0,927	0,923	0,919	0,915	0,910	0,906	0,902	0,897	0,893	0,888	0,884	0,879	0,874	0,870	0,865	0,860	0,855
754	0,982	0,978	0,974	0,970	0,966	0,962	0,958	0,954	0,950	0,945	0,941	0,937	0,933	0,929	0,924	0,920	0,916	0,912	0,907	0,903	0,898	0,894	0,889	0,885	0,880	0,876	0,871	0,866	0,861	0,856
755	0,983	0, 79	0,975	0,971	0,967	0,963	0,959	0,955	0,951	0,947	0,942	0,938	0,934	0.930	0,926	0,921	0,917	0,913	0,909	0,904	0,900	0,895	0,891	0,886	0,881	0,877	0,872	0,867	0,862	0,857
756	0,985	0,981	0,977	0,972	0,968	0,964	0,960	0,956	0,952	0,948	0,944	0,940	0,935	0,931	0,927	0,923	0,918	0,914	0,910	0,905	0,901	0,896	0,892	0,887	0,883	0,878	0,873	0,868	0,864	0,859
757	0,986	0,982	0,978	0,974	0,970	0,966	0,962	0,958	0,953	0,949	0,945	0,941	0,937	0,932	0,928	0,924	0,920	0,915	0,911	0,907	0,902	0,898	0,893	0,888	0,884	0,879	0,874	0,870	0,865	0,860
758	0,987	0,983	0,979	0,975	0,971	0,967	0,963	0,959	0,955	0,950	0,946	0,942	0,938	0,934	0,929	0,925	0,921	0,917	0,912	0,908	0,903	0,899	0,894	0,890	0,885	0,880	0,876	0,871	0,866	0,861
759	0,989	0,985	0,980	0,976	0,972	0,968	0,964	0,960	0,956	0,952	0,948	0,943	0,939	0,935	0,931	0,926	0,922	0,918	0,913	0,909	0,905	0,900	0,895	0,891	0,886	0,882	0,877	0,872	0,867	0,862
760	0,990	0,986	0,982	0,978	0,974	0,970	0,965	0,961	0,957	0,953	0,949	0,945	0,940	0,936	0,932	0,928	0,923	0,919	0,915	0,910	0,906	0,901	0,897	0,892	0,887	0,883	9,878	0,873	0,868	0,863
761	0,991	0,987	0,983	0,979	0,975	0,971	0,967	0,963	0,958	0,954	0,950	0,946	0,942	0,937	0,933	0,929	0,925	0,920	0,916	0,911	0,907	0,903	0,898	0,893	0,889	0,884	0,879	0,874	0,870	0,865
762	0,993	0,989	0,984	0,980	0,976	0,972	0,968	0,964	0,960	0,956	0,951	0,947	0,943	0,939	0,934	0,930	0,926	0,921	0,917	0,913	0,908	0,904	0,899	0,895	0,890	0,885	0,880	0,876	0,871	0,866
763	0,994	0,990	0,986	0,982	0,977	0,973	0,969	0,965	0,961	0,957	0,953	0,948	0,944	0,940	0,936	0,931	0,927	0,923	0,918	0,914	0,909	0,905	0,900	0,896	0,891	0,886	0,882	0,877	0,872	0,867
764	0,995	0,991	0,987	0,983	0,979	0,975	0,971	0,966	0,962	0,958	0,954	0,950	0,945	0,941	0,937	0,933	0,928	0,924	0,920	0,915	0,911	0,906	0,902	0,897	0,892	0,888	0,883	0,878	0,873	0,868
765	0,997	0,992	0,988	0,984	0,980	0,976	0,972	0,968	0,963	0,959	0,955	0,951	0,947	0,943	0,938	0,934	0,930	0,925	0,921	0,916	0,912	0,907	0,903	0,898	0,894	0,889	0,884	0,879	0,874	0,869
766	0,998	0,994	0,990	0,985	0,981	0,977	0,973	0,969	0,965	0,961	0,956	0,952	0,948	0,944	0,939	0,935	0,931	0,926	0,922	0,918	0,913	0,909	0,904	0,899	0,895	0,890	0,885	0,880	0,875	0,870
767	0,999	0,995	0,991	0,987	0,983	0,979	0,974	0,970	0,966	0,962	0,958	0,953	0,949	0,945	0,941	0,936	0,932	0,928	0,923	0,919	0,914	0,910	0,905	0,901	0,896	0,891	0,886	0,882	0,877	0,872
768	1,000	0,996	0,992	0,988	0,984	0,980	0,976	0,972	0,967	0,963	0,959	0,955	0,951	0,946	0,942	0,938	0,933	0,929	0,925	0,920	0,916	0,911	0,906	0,902	0,897	0,892	0,888	0,883	0,878	0,873
769	1,002	0,998	0,994	0,989	0,985	0,981	0,977	0,973	0,969	0,964	0,960	0,956	0,952	0,948	0,943	0,939	0,935	0,930	0,926	0,921	0,917	0,912	0,908	0,903	0,898	0,894	0,889	0,884	0,879	0,874
770	1,003	0,999	0,995	0,991	0,987	0,982	0,978	0,974	0,970	0,966	0,961	0,957	0,953	0,949	0,944	0,940	0,936	0,931	0,927	0,922	0,918	0,913	0,909	0,904	0,900	0,895	0,890	0,885	0,880	0,875
771	1,004	1,000	0,996	0,992	0,988	0,984	0,980	0,975	0,971	0,967	0,963	0,958	0,954	0,950	0,946	0,941	0,937	0,933	0,928	0,924	0,919	9,915	0,910	0,905	0,901	0,896	0,891	0,886	0,881	0,876
772	1,006	1,001	0,997	0,993	0,989	0,985	0,981	0,977	0,972	0,968	0,964	0,960	0,956	0,951	0,947	0,943	0,938	0,934	0,930	0,925	0,920	0,916	0,911	0,907	0,902	0,897	0,892	0,888	0,883	0,878
773	1,007	1,003	0,999	0,995	0,990	0,986	0,982	0,978	0,974	0,969	0,965	0,961	0,957	0,953	0,948	0,944	0,940	0,935	0,931	0,926	0,922	0,917	0,912	0,908	0,903	0,898	0,894	0,889	0,884	0,879
774	1,008	1,004	1,000	0,996	0,992	0,988	0,983	0,979	0,975	0,971	0,966	0,962	0,958	0,954	0,949	0,945	0,941	0,936	0,932	0,927	0,923	0,918	0,914	0,909	0,904	0,900	0,895	0,890	0,885	0,880
775	1,010	1,005	1,001	0,997	0,993	0,989	0,985	0,980	0,976	0,972	0,968	0,963	0,959	0,955	0,951	0,946	0,942	0,938	0,933	0,929	0,924	0,920	0,915	0,910	0,905	0,901	0,896	0,891	0,886	0,881
776	1,011	1,007	1,003	0,998	0,994	0,990	0,986	0,982	0,978	0,973	0,969	0,965	0,961	0,956	0,952	0,948	0,943	0,939	0,934	0,930	0,925	0,921	0,916	0,911	0,907	0,902	0,897	0,892	0,887	0,882
777	1,012	1,008	1,004	1,000	0,996	0,991	0,987	0,983	0,979	0,975	0,970	0,966	0,962	0,958	0,953	0,949	0,945	0,940	0,936	0,931	0,927	0,922	0,917	0,913	0,908	0,903	0,898	0,893	8,888	0,883
778	1,014	1,009	1,005	1,001	0,997	0,993	0,989	0,984	0,980	0,976	0,971	0,967	0,963	0,959	0,954	0,950	0,946	0,941	0,937	0,932	0,928	0,923	0,918	0,914	0,909	0,904	0,900	0,895	0,890	0,885
779	1,015	1,011	1,007	1,002	0,998	0,994	0,990	0,986	0,981	0,977	0,973	0,968	0,964	0,960	0,956	0,951	0,947	0,943	0,938	0,934	0,929	0,924	0,920	0,915	0,910	0,906	0,901	0,896	0,891	0,886
780	1,016	1,012	1,008	1,004	0,999	0,995	0,991	0,987	0,983	0,978	0,974	0,970	0,966	0,961	0,957	0,953	0,948	0,944	0,939	0,935	0,930	0,926	0,921	0,916	0,911	0,907	0,902	0,897	0,892	0,887
781	1,018	1,013	1,009	1,005	1,001	0,997	0,992	0,988	0,984	0,980	0,975	0,971	0,967	0,963	0,958	0,954	0,950	0,945	0,941	0,936	0,931	0,927	0,922	0,917	0,913	0,908	0,903	0,898	0,893	0,888
782	1,019	1,014	1,010	1,006	1,002	0,098	0,994	0,989	0,985	0,981	0,977	0,972	0,968	0,964	0,959	0,955	0,951	0,946	0,942	0,937	0,933	0,928	0,923	0,919	0,914	0,909	0,904	0,899	0,894	0,889
783	1,020	1,016	1,012	1,007	1,003	0,999	0,995	0,991	0,987	0,982	0,978	0,973	0,969	0,965	0,961	0,956	0,952	0,947	0,943	0,938	0,934	0,929	0,925	0,920	0,915	0,910	0,905	0,901	0,896	0,891
784	1,021	1,017	1,013	1,009	1,005	1,000	0,996	0,992	0,988	0,983	0,979	0,975	0,971	0,966	0,962	0,957	0,953	0,949	0,944	0,940	0,935	0,930	0,926	0,921	0,916	0,912	0,907	0,902	0,897	0,892
785	1,023	1,018	1,014	1,010	1,006	1,002	0,997	0,993	0,989	0,985	0,980	0,976	0,972	0,968	0,963	0,959	0,954	0,950	0,945	0,941	0,936	0,932	0,927	0,922	0,917	0,913	0,908	0,903	0,898	0,893
786	1,024	1,020	1,016	1,011	1,007	1,003	0,999	0,995	0,990	0,986	0,982	0,977	0,973	0,969	0,964	0,960	0,956	0,951	0,947	0,942	0,938	0,933	0,928	0,923	0,919	0,914	0,909	0,904	0,899	0,894
787	1,025	1,021	1,017	1,013	1,008	1,004	1,000	0,996	0,992	0,987	0,983	0,979	0,974	0,970	0,966	0,961	0,957	0,952	0,948	0,943	0,939	0,934	0,929	0,925	0,920	0,915	0,910	0,905	0,900	0,895
788	1,027	1,022	1,018	1,014	1,010	1,006	1,001	0,997	0,993	0,989	0,984	0,980	0,976	0,971	0,967	0,962	0,958	0,954	0,949	0,945	0,940	0,035	0,931	0,926	0,921	0,916	0,911	0,907	0,902	0,896
789	1,028	1,024	1,019	1,015	1,011	1,007	1,003	0,998	0,994	0,990	0,985	0,981	0,977	0,973	0,968	0,964	0,959	0,955	0,950	0,946	0,941	0,936	0,932	0,927	0,922	0,918	0,913	0,908	0,903	0,898
790	1,029	1,025	1,021	1,016	1,012	1,008	1,004	1,000	0,995	0,991	0,987	0,982	0,978	0,974	0,969	0,965	0,961	0,956	0,952	0,947	0,942	0,938	0,933	0,928	0,923	0,919	0,914	0,909	0,904	0,899

⟶ Temperatur in °C.

¹ Die Zahlentafel dient auch zur Reduktion des Heizwertes; zu diesem Zweck ist der mit dem feuchten Gas von t °C und dem Druck P bestimmte Heizwert durch f zu dividieren.

Anhang 11.

Durchschnittliche Zusammensetzung, Heizwerte und Ausbeuten technischer Brenngase[1].

		mittlere Zusammensetzung in %						unterer Heizwert in kcal/m³	spez. Gewicht (Luft=1)	unterer Heizwert in kcal/kg	Ausbeute in m³/t aus		Wärme aus 1 kg Stein-kohle
		CO_2	CO	CH_4	CmHn	H_2	N_2				Stein-kohle	Koks	
Reichgase	Schwelgas aus Steinkohle	3	7	48	· 13	27	2	6900	0,58	9100	100	—	700[2]
	Leuchtgas	2	8	32	4	51	3	5000	0,40	9700	340	—	1700[2]
	Koksofengas	2	8	29	4	50	7	4800	0,42	8800	320	—	1550[2]
Vollgase	Wassergas	5	42	0,5	—	49	3	2600	0,52	3900	—	1400	4250[3]
	Doppelgas	7	28	8	0,6	45	11	2800	0,56	3900	1500	—	4200
Armgase	Luftgas	5	23	3	0,2	6	62	1140	0,92	960	4000	—	4550
	Hochofengas	8	28	—	—	4	60	950	0,99	750	Nebenprodukt		
	Sauggas	7	22	0,5	—	18	52	1180	0,83	1100	—	3200	4350[3]
	Halbgas (Generatorgas)	3	28	3	0,2	12	54	1450	0,86	1300	3750	—	5500
	Mondgas	16	12	4	0,3	25	43	1400	0,82	1325	4000	—	5500

[1] Nach H. R. TRENKLER, Gaserzeuger. Berlin 1923.
[2] Der Hauptteil des Heizwertes verbleibt als Rückstand (Koks oder Halbkoks).
[3] Unter Annahme von 700 kg Koks aus 1000 kg Kohle und Einrechnung von 1700 kcal je Kilogramm für diese Umwandlung.

Anhang 12.

Umrechnung englischer bzw. nordamerikanischer Raummaße in metrische.

$$1 \text{ Kubik-Zoll (cu. in)} = 16,3866 \text{ cm}^3$$
$$1 \text{ Kubik-Fuß (cu. ft)} = 0,028317 \text{ m}^3$$
$$1 \text{ Kubik-Yard} = 0,7646 \text{ m}^3$$

Umrechnung von B. T. U. (British Thermal Unit) in kcal

$$1 \text{ B. T. U.} = 0,252 \text{ kcal}; \quad 1 \text{ kcal} = 3,96 \text{ B. T. U.}$$

B. T. U.	kcal	B. T. U.	kcal	B. T. U.	kcal
1	0,252	10	2,52	100	25,2
2	0,504	20	5,04	200	50,4
3	0,756	30	7,56	300	75,6
4	1,008	40	10,08	400	100,8
5	1,260	50	12,60	500	126,0
6	1,512	60	15,12	600	151,2
7	1,764	70	17,64	700	176,4
8	2,016	80	20,16	800	201,6
9	2,268	90	22,68	900	226,8

Anhang 13.

Löslichkeit von Gasen in Wasser[1].

		10° C	20° C	30° C
Wasserstoff	H_2	0,01955	0,01819	0,01699
Sauerstoff	O_2	0,03842	0,03145	0,02673
Stickstoff	N_2	0,01863	0,01572	0,01375
Luft	—	0,023	0,019	0,016
Helium	He	0,00894	0,00858	0,00832
Argon	Ar	0,042	0,035	0,030
Kohlenoxyd	CO	0,02816	0,02319	0,01998
Kohlendioxyd	CO_2	1,194	0,878	0,665
Methan	CH_4	0,04177	0,03308	0,02762
Äthan	C_2H_6	0,06561	0,04724	0,03624
Äthylen	C_2H_4	0,162	0,122	0,098
Acetylen	C_2H_2	1,31	1,03	0,84
Chlor	Cl_2	3,148	2,299	1,799
Schwefelwasserstoff	H_2S	3,399	2,582	2,037
Schwefeldioxyd	SO_2	56,65	39,37	27,16
Ammoniak	NH_3	910,4	710,6	—

[1] Die Löslichkeit ist ausgedrückt in red. Volumen (0° C, 760 mm QS, trocken), aufgenommen von der Volumeneinheit Wasser bei der angegebenen Temperatur und einem Teildruck des Gases von 760 mm QS (= Absorptionskoeffizient von R. BUNSEN). Werte nach H. LANDOLT-R. BÖRNSTEIN: Phys.-chem. Tabellen, 5. Aufl., Berlin 1923; 1. Erg.-Bd., Berlin 1927, und G. LUNGE-E. BERL: Chem.-techn. Untersuchungsmethoden, 7. Aufl. Berlin 1921.

Anhang 14.

Brechungszahlen gasförmiger Stoffe[1].

Name	Zeichen	N 0,760 (gegen luftleeren Raum)
Wasserstoff	H_2	1,0001387
Wasserdampf	H_2O	1,000257
Ammoniak	NH_3	1,000379
Cyanwasserstoff	HCN	1,000438
Methan	CH_4	1,000443
Kohlendioxyd	CO_2	1,000448
Chlorwasserstoff	HCl	1,000449
Acetylen	C_2H_2	1,000605
Methylalkohol	CH_3OH	1,000623
Schwefelwasserstoff	H_2S	1,000644
Schwefeldioxyd	SO_2	1,000682
Schwefeltrioxyd	SO_3	1,000737
Chlor	Cl_2	1,000773
Phosphorwasserstoff	PH_3	1,000789
Acetaldehyd	$CH_3 \cdot CHO$	1,000811
Cyan	$(CN)_2$	1,000854
Methylchlorid	CH_3Cl	1,000870
Äthylalkohol	C_2H_5OH	1,000871
Methyläther	$CH_3 \cdot O \cdot CH_3$	1,000891
Aceton	$CH_3 \cdot CO \cdot CH_3$	1,001079
Brom	Br_2	1,001132
Kohlenoxychlorid	$COCl_2$	1,001159
Chloroform	$CHCl_3$	1,001436
Schwefelkohlenstoff	CS_2	1,001485
Äthyläther	$(C_2H_5)_2O$	1,001544
Pentan	C_5H_{10}	1,001711
Tetrachlorkohlenstoff	CCl_4	1,001779
Benzol	C_6H_6	1,001823

Anhang 15.

Explosionsgrenzen für Gas-Luft-Gemische[2].

Gasart	Zeichen	untere Grenze	obere Grenze	theor. Luftbedarf für vollständ. Verbrennung
		ausgedrückt in Vol.-% der Gasart im Gemisch		
Wasserstoff	H_2	9,45	66,4	29,6
Kohlenoxyd	CO	16,5	74,95	29,6
Methan	CH_4	6,1	12,8	9,5
Äthylen	C_2H_4	4,1	14,6	6,5
Acetylen	C_2H_2	3,35	52,3	7,8
Benzol-Dampf	C_6H_6	2,65	6,5	2,7
Pentan-Dampf	C_5H_{10}	2,4	4,9	2,7
Benzin-Dampf	—	2,4	4,9	—
Alkohol-Dampf	C_2H_5OH	3,95	13,65	6,5
Äther-Dampf	$(C_2H_5)_2O$	2,75	7,7	3,4
Leuchtgas (ungestreckt)	—	7,9	19,1	—
Wassergas	—	12,4	66,75	—

[1] Nach BERL, E., u. L. RANIS: Die Anwendung der Interferometrie in Wissenschaft u. Technik. (Fortschr. der Chemie, Physik u. physikal. Chemie Bd 19, H. 7). Berlin 1928.
[2] Nach EITNER, P.: Gas- u. Wasserfach **45**, 1 ff. (1902).

Anhang 16.

Wärmeübergangs-Widerstände in $\dfrac{\text{m}^2,\ °\text{C, Stunden}}{\text{kcal}}$ [1]

für ruhendes Wasser 0,002

für Wasser mit Rührwerk 0,0005 bis 0,00025

für strömendes Wasser $\dfrac{1}{300 + 1800\sqrt{w}}$

für kondensierenden Dampf 0,0001

für ruhende Gase (und überhitzten Dampf) 0,5 bis 0,125

für bewegte Gase $\dfrac{1}{2 + 10\sqrt{w}}$

w ... Geschwindigkeit der Bewegung in m/sec.

(für Flüssigkeiten $w = 0,05$ bis 2 m/sec

für Gase ... $w = 1$ bis 100 m/sec).

Anhang 17.

Wärmeleitungs-Widerstände verschiedener Stoffe

in $\dfrac{\text{m, }°\text{C, Stunden}}{\text{kcal}}$ [2].

Gase: Wasserstoff, H_2	7,1	Nichtmetalle:	
Luft 0° C	52	Glas, Jenaer XVI	1,25
50° C	48	Kautschuk	4,2
100° C	43	Steinkohle	8,3
Wasserdampf, H_2O_D	71	Flußsand	1,03
Flüssigkeiten:		Kreide	1,25
Quecksilber, Hg	0,154	Verputz	1,47
Wasser, H_2O	2,0	Beton	1,8
Glycerin, $C_3H_8O_3$	4,0	Marmor	1,85
Alkohol, C_2H_6O	5,5	Erdreich	2,2
Mineralöle	7,7	Ziegelmauer	2,8
Olivenöl	6,7	Kies	3,12
Isolierstoffe: Lockerer Asbest	7,7	Hohlziegel	5,00
Kieselgurformen	15,6	Kiefernholz: Längsfaser	10
Kieselgur, lose	19,2	Querfaser	33
Baumwolle	21,2	Metalle: Silber, Ag	0,0028
Seide	26,2	Kupfer, Cu	0,0031
Korkmehl	32,2	Aluminium, Al	0,0057
Glasseide	33,3	Zink, Zn	0,0105
Nichtmetalle: Kesselstein	0,50	Zinn, Sn.	0,0186
Steine	0,59	Messing	0,02—0,01
Porzellan	1,11	Nickel, Ni	0,0200
Eis	1,25	Eisen, Fe	0,0222
Zement	1,30	Platin, Pt	0,0167
Ton	1,43	Blei, Pb	0,0333
Glas	3—1,4	Quecksilber, Hg	0,154

---

[1] Nach STRACHE, H., und H. ULMANN: Technologie der Brennstoffe. Leipzig und Wien 1927.

[2] Nach STRACHE, H., und H. ULMANN: Technologie der Brennstoffe. Leipzig und Wien 1927.

Zeitschriften-Abkürzungen.

A.

Annalen der Pharmazie. Lemgo und Heidelberg 1832. Heidelberg 1833/39.
Annalen der Chemie und Pharmazie. Heidelberg 1840/54. Leipzig und Heidelberg 1855/73.
Annalen der Chemie. Leipzig und Heidelberg. 1874/91. Leipzig 1892/1922. Leipzig und Berlin 1922 ff.

Acetylene-J.   Acetylene journal. Chicago.
Amer. Gas J.   American gas journal. New York.
Amer. J. Sci.   American journal of science. New Haven.
Analyst   The Analyst. London.
Ann. Physik   Annalen der Physik. (GREN-GILBERT.) Leipzig 1799/1819.
Annalen der Physik und der physikalischen Chemie. (GILBERT). Leipzig 1820/23.
Annalen der Physik und Chemie. (POGGENDORF). Leipzig 1824/77. (WIEDEMANN.) Leipzig 1877/99.
Annalen der Physik. (DRUDE). Leipzig 1900/06. (WIEN-PLANCK). Leipzig 1906 ff.

Annals Phil.   Annals of philosophy. London.
Ann. Chim.   Annales de chimie. Paris 1914 ff.
Ann. Chim. Phys.   Annales de chimie et de physique. Paris 1789/1913. Fortsetzung siehe „Ann. Chim." u. „Ann. Physique".
Ann. mines   Annales des mines. Paris.
Ann. Physique   Annales de physique. Paris 1914 ff.
Apparatebau   Apparate-Bau. Hannover.
Arch. f. Hyg.   Archiv für Hygiene. Berlin-München.
Arch. Sci. phys. nat.   Archives des sciences physiques et naturelles. Genf.
Arch. Wärmewirtsch.   Archiv für Wärmewirtschaft und Dampfkesselwesen. Berlin.
Autotechnik   Auto-Technik. Berlin 1912/29. Automobiltechnische Rundschau. Berlin 1929 ff.
Ber.   Berichte der Deutschen Chemischen Gesellschaft. Berlin.
Berg- u. Hüttenm. Jb.   Berg- und hüttenmännisches Jahrbuch der Montanistischen Hochschule in Leoben. Leoben.
Berg- u. Hüttenm. Rdsch.   Berg- und hüttenmännische Rundschau.
Berg- u. Hüttenm. Ztg   Berg- und hüttenmännische Zeitung. Berlin 1842/93. Fortsetzung siehe „Glückauf".
Ber. sächs. Akad.   Berichte über die Verhandlungen der Sächsischen Akademie der Wissenschaften zu Leipzig. Leipzig.
Braunkohle   Braunkohle. Halle/Saale.
Brennstoff-Chemie   Brennstoff-Chemie. Essen.
Brennstoff u. Wärmewirtsch.   Brennstoff- und Wärmewirtschaft. Halle/Saale.

Bull. Soc. Chim.	Bulletin des sciences. Paris 1858/61.
	Bulletin de la société chimique de Paris. Paris 1862/1900.
	Bulletin de la société chimique de France. Paris 1907 ff.
Bull. Soc. Chim. Belg.	Bulletin de la société chimique de Belge. Gand.
Bull. Soc. ind. Mulhouse	Bulletin de la société industrielle de Mulhouse. Mulhouse.
Can. Min. J.	Canadian mining journal. Gardenvale.
Chal. et Ind.	Chaleur et industrie. Paris.
Chem. Age	Chemical age. London.
Chem. and Ind.	Journal of the society of chemical industry. London 1882/1922.
	Chemistry and industry. London 1923 ff.
Chem. App.	Chemische Apparatur. Leipzig.
Chemicals	Chemicals. New York.
Chem. Ind.	Chemische Industrie. Berlin-Leipzig.
Chem. Met. Eng.	Chemical and metallurgical engineering. New York.
Chem. News	Chemical news and journal of physical science. London 1860/1920.
	Chemical news and journal of industrial science. London 1921/24.
	Chemical news. London 1925 ff.
Chem. Rev.	Chemical reviews. Baltimore.
Chem. Trade-J.	Chemical trade journal and chemical engineer. London.
Chem. Weekbl.	Chemisch weekblad. Amsterdam.
Chem. Z.	Chemische Zeitschrift. Leipzig.
Chem. Ztg	Chemiker-Zeitung. Köthen.
Chim. et Ind.	Chimie et industrie. Paris.
Comm. Leiden	Communications from the physical lab. university of Leiden. Leiden.
C. r.	Comptes rendus hebdomadaires des séances de l'académie des sciences. Paris.
Dingler	Dinglers Polytechnisches Journal. Berlin.
Elec. Rev.	Electrical review. London.
Elektrochem. Z.	Elektrochemische Zeitschrift. Berlin.
Elektrot. Z.	Elektrotechnische Zeitschrift. Berlin.
Engineering	Engineering. London.
Eng. Min. J.	Engineering and mining journal. New York.
Feuerungstechnik	Feuerungstechnik. Leipzig.
Gasind.	Zeitschrift für Sauer- und Stickstoffindustrie. Leipzig 1909/25.
	Die Gas-Industrie. Halle/Saale 1926 ff.
Gas J.	Gas journal. London.
Gas- u. Wasserfach	Journal für Gasbeleuchtung und Wasserversorgung. München u. Berlin 1858/1920.
	Das Gas- und Wasserfach. München und Berlin 1921 ff.
Génie Civil	Le génie civil. Paris.
Ges. Abh. Kennt. Kohle	Gesammelte Abhandlungen zur Kenntnis der Kohle. Berlin.
Gesdh.ing.	Gesundheits-Ingenieur. München.

Giorn. Chim. ind. appl.	Giornale di chimica industriale ed applicata. Milano.
Glasind.	Die Glasindustrie. Berlin.
Glückauf	Glückauf, Berg- und Hüttenmännische Zeitschrift. Essen.
Helvet. chim. Acta	Helvetica chimica acta. Basel.
Het Gas	Het gas. s' Gravenhage.
Ind. and Iron	Industries and iron.
Ind. Chem.	Journal of industrial and engineering chemistry. Easton 1909/22. Industrial and engineering chemistry. Easton 1923 ff.
Ind. Chem. and Chem. Man.	Industrial chemist and chemical manufacturer. London.
Ind. chim.	L'industrie chimique. Paris.
Ind. u. Techn.	Industrie und Technik. Berlin.
Iron age	The iron age. New York.
Jahresber.	Jahresberichte über die Fortschritte der Chemie. Gießen 1847/85. Braunschweig 1886 ff.
J. amer. chem. Soc.	Journal of the american chemical society. New York 1878/92. Easton 1893 ff.
J. amer. pharmaceut. Assoc.	Journal of the american pharmaceutical association. Philadelphia.
Jb. d. Brennkrafttechn. Ges.	Jahrbuch der Brennkrafttechnischen Gesellschaft. Halle/Saale.
J. chem. Ed.	Journal of chemical education. Rochester.
J. chem. Ind. (russ.)	Journal der chemischen Industrie. (Russ.) Moskau.
J. chem. Soc. Lond.	Memoirs and proceedings of the chemical society of London. London 1841/49. Quarterly journal of the chemical society of London. London 1849/62. Journal of the chemical society of London. London 1862 ff.
J. Chim. physique	Journal de chimie physique. Genève-Paris.
J. Franklin Inst.	Journal of the Franklin institute. Philadelphia.
J. Gaslight	Journal of gas lighting and water supply. London.
J. ind. Hyg.	Journal of industrial hygiene. Baltimore.
J. Inst. Petr. Techn.	Journal of the institution of petroleum technologists. London.
J. Met. Soc.	Journal of the meteorological society.
J. opt. Soc. Am.	Journal of the optical society of America and review of scientific instruments. Menasha.
J. physic. Chem.	Journal of physical chemistry. Ithaca.
J. Physique	Journal de physique théorique et appliquée. Paris 1872/1919. Journal de physique et le radium. Paris 1920 ff.
J. prakt. Chem.	Journal für praktische Chemie. Leipzig.
J. russ. phys.-chem. Ges.	Journal der russischen physiko-chemischen Gesellschaft. (Russ.) Leningrad.
J. Science	Journal of science. London.
J. Soc. chem. Ind. Japan (Suppl.)	Journal of the society of chemical industry, Japan. suppliment. Tokyo.
J. Wash. Acad.	Journal of the Washington academy of science. Baltimore.

Manchester Mem.	Memoirs and proceedings of the Manchester literary and philosophical society. Manchester.
Meßtechnik	Meßtechnik. Leipzig.
Metallbörse	Die Metallbörse. Berlin.
Metall u. Erz	Metall und Erz. Halle/Saale.
Metallurgie	Metallurgie. Halle/Saale 1904/12.
Meteorol. Z.	Meteorologische Zeitschrift. Berlin 1884/88. Wien 1889/1905. Braunschweig 1906ff.
Met.-Wirtsch.	Metallwirtschaft. Berlin.
Mh. Chem.	Monatshefte für Chemie und verwandte Teile anderer Wissenschaften. Wien.
Mon.-Bull.	Monatsbulletin des Schweizerischen Vereins für Gas- und Wasserfachmänner. Zürich.
Moniteur Prod. chim.	Moniteur des produits chimiques. Paris.
Mont. Rdsch.	Montanistische Rundschau. Wien.
M. Weather Rev.	Monthly weather review.
Nat. Tijdschr.	Natuurwetenschappelijk tijdschrift. Antwerpen.
Nature	Nature. London u. New York.
Naturwiss.	Die Naturwissenschaften. Berlin.
Naturwiss. Rdsch.	Naturwissenschaftliche Rundschau.
Neueste Erf. u. Erfahr.	Neueste Erfindungen und Erfahrungen. Wien.
Österr. Chem. Ztg	Österreichische Chemiker-Zeitung. Wien.
Österr. Gas- u. Wasserfach	Zeitschrift des österreichischen Vereins für Gas- und Wasserfachmänner. Wien.
Österr. Z. Meteorol.	Zeitschrift der österreichischen Gesellschaft für Meteorologie. Wien 1866/85. Fortsetzung siehe „Meteorol. Z."
Oil-Gas J.	Oil and gas journal. Tulsa.
Petroleum	Petroleum. Berlin-Wien.
Philosophic. Mag.	Philosophical magazine and journal of science. London.
Phil. Trans.	Philosophical transactions of the royal society. London.
Physic. Rev.	The physical review. Lancaster.
Physik. Z.	Physikalische Zeitschrift. Leipzig.
Proc. amer. Acad.	Proceedings of the american academy of arts and sciences. Boston.
Proc. chem. Soc.	Proceedings of the chemical society London. London 1885/1914. Fortsetzung siehe „J. chem. Soc. Lond."
Proc. nat. Acad. Am.	Proceedings of the national academy of sciences of the United States of America. Washington.
Proc. phys. Soc. London	Proceedings of the physical society London. London.
Proc. roy. Soc. Lond.	Proceedings of the royal society of London. London.
Quim. et Ind.	Quimica et Industria. Barcelona.
Rec. Trav. chim. Pays-Bas et Belg. (Amsterd.)	Recueil des travaux chimiques des Pays-Bas et de la Belgique (Amsterdam). Leiden.
Rep. Meteorol.	Repertorium für Meteorologie. (WILD.) Petersburg.
Rev. chim. ind.	La revue de chimie industrielle. Paris.
Rev. chim. pure	Revue générale de chimie pure et appliquée. Paris.
Rev. de Métallurgie	Revue de métallurgie. Paris.

Rev. prod. chim.	La revue des produits chimiques. Paris.
Science (N. Y.)	Science. New York.
Seide	Seide. Krefeld.
Stahl u. Eisen	Stahl und Eisen. Düsseldorf.
Technol. Rep. Tôhoku Imp. Univ. Sendai, Japan	Technology reports of the Tôhoku imperial university. Sendai.
Tonind.-Ztg	Tonindustrie-Zeitung. Berlin.
Trans. amer. Electrochem. Soc.	Transactions of the american electrochemical society. New York.
Trans. Faraday Soc.	Transactions of the Faraday society. London.
Verh. dtsch. physik. Ges.	Verhandlungen der Deutschen Physikalischen Gesellschaft. Braunschweig-Berlin.
Wärme	Die Wärme. Berlin 1922ff.
Wasser u. Gas	Wasser und Gas. Berlin-Friedenau.
Wetter	Das Wetter.
Wien. Sitzgsber.	Sitzungsberichte der Akademie der Wissenschaften in Wien. Wien.
Wschr. Brauerei	Wochenschrift für Brauerei. Berlin.
Z. anal. Chem.	Zeitschrift für analytische Chemie. Wiesbaden.
Z. angew. Chem.	Zeitschrift für angewandte Chemie. Leipzig-Berlin.
Z. anorg. u. allg. Chem.	Zeitschrift für anorganische Chemie. Leipzig 1892/1915. Zeitschrift für anorganische und allgemeine Chemie. Leipzig 1916ff.
Zbl. Gewerbehyg.	Zentralblatt für Gewerbehygiene und Unfallverhütung. Berlin.
Zbl. Hütten- u. Walzw.	Zentralblatt der Hütten- und Walzwerke. Berlin.
Zbl. Zuckerind.	Zentralblatt für Zuckerindustrie. Magdeburg.
Z. chem. Apparatekde	Zeitschrift für chemische Apparatenkunde. Berlin.
Z. Dampfkessel u. Masch.-Betr.	Zeitschrift für Dampfkessel- und Maschinenbetrieb. Berlin 1878/1921. Fortsetzung siehe „Wärme".
Z. Elektrochem.	Zeitschrift für Elektrochemie und angewandte physikalische Chemie. Berlin-Leipzig-Halle a. S.
Z. ges. Kälteind.	Zeitschrift für die gesamte Kälte-Industrie. München.
Z. Instrumentenkde	Zeitschrift für Instrumentenkunde. Berlin.
Z. kompr. flüss. Gase	Zeitschrift für komprimierte und flüssige Gase. Weimar.
Z. Luftschiffahrt u. Phys. Atm.	Zeitschrift für Luftschiffahrt und Physik der Atmosphäre.
Z. Min.-Kohlenind.	Zeitschrift für die gesamte Kohlensäureindustrie. Berlin-Schöneberg 1895/1924. Zeitschrift für die gesamte Mineralwasser- und Kohlensäureindustrie. Berlin 1925ff.
Z. Physik	Zeitschrift für Physik. Braunschweig-Berlin.
Z. physik. Chem.	Zeitschrift für physikalische Chemie. Leipzig.
Z. physik.-chem. Unterr.	Zeitschrift für den physikalisch-chemischen Unterricht. Berlin.
Z. techn. Physik	Zeitschrift für technische Physik. Leipzig.
Z. V. d. I.	Zeitschrift des Vereins Deutscher Ingenieure. Berlin.

Namenverzeichnis.

Sachverzeichnis.

Die Gaserzeuger. Handbuch der Gaserei mit und ohne Nebenprodukten-gewinnung. Von Direktor Dipl.-Ing. **H. R. Trenkler.** Mit 155 Abbildungen im Text und 75 Zahlentafeln. VIII, 378 Seiten. 1923. Gebunden RM 14.—

Dieses Werk eines hervorragenden Praktikers geht von den festen Brennstoffen und den chemischen und technischen Grundlagen der Vergasung aus, behandelt sodann die Gas-erzeuger und den Aufbau der Gesamtanlagen, die Reinigung der Gase und die Neben-produktengewinnung, sowie die Betriebsführung. Größter Wert ist auf diese, wie auch auf die praktischen Ergebnisse mit den verschiedenen Bauarten und auf die bei der Über-wachung notwendigen Untersuchungen gelegt.

Gaswirtschaft. Ein Beitrag zur Prüfung der Wirtschaftlichkeit der Neben-produktengewinnung, des Gasbetriebes für Stahlwerke und Kraftwerke und der Gasfernversorgung. Von **Richard F. Starke,** Oberingenieur und Prokurist des Rheinisch-Westfälischen Elektrizitätswerkes A.-G., Gasabteilung Essen. VIII, 174 Seiten. 1921. RM 6.40

Die Gichtgas-Reinigung. Die wichtigsten Verfahren unter besonderer Berücksichtigung des Trockengasreinigungs-Verfahrens System Halbergerhütte-Beth, sowie des Theisen-Desintegrator-Verfahrens. Von Dipl.-Ing. **Wolf Adolf Euler.** Mit 53 Textabbildungen, 41 Zahlentafeln im Text und 2 Ausschlagtafeln. VII, 132 Seiten. 1927. RM 15.—; gebunden RM 16.50

Technische Wärmelehre der Gase und Dämpfe. Eine Einführung für Ingenieure und Studierende. Von Dipl.-Ing. **Franz Seufert,** Oberingenieur für Wärmewirtschaft. Dritte, verbesserte Auflage. Mit 26 Textabbildungen und 5 Zahlentafeln. IV, 84 Seiten. 1923. RM 1.80

Neue Tabellen und Diagramme für technische Feuergase und ihre Bestandteile von 0° bis 4000° C mit Einschluß der Dissoziation nebst Begründung und Anwendungen. Von Professor Dipl.-Ing. **W. Schüle.** Erstes Beiheft zu „Technische Thermodynamik". Mit 51 Textabbildungen und 2 Tafeln. VI, 116 Seiten. 1929. RM 11.50; gebunden RM 13.—

Die Wirkungsweise der Rektifizier- und Destillier-Apparate. Mit Hilfe einfacher mathematischer Betrachtungen dargestellt von Baurat **E. Hausbrand,** Berlin. Vierte, völlig neubearbeitete und sehr vermehrte Auflage. Mit 14 Textfiguren, 16 lithographischen Tafeln und 68 Tabellen. X, 270 Seiten. 1921. Gebunden RM 14.—

Hilfsbuch für den Apparatebau. Von Baurat E. **Hausbrand,** Berlin. Dritte, stark vermehrte Auflage. Mit 56 Tabellen und 161 Textfiguren. V, 132 Seiten. 1919. Unveränderter Neudruck 1924. Gebunden RM 4.50

Thermodynamik und die freie Energie chemischer Substanzen. Von **Gilbert Newton Lewis** und **Merle Randall,** Berkeley, Kalifornien. Übersetzt und mit Zusätzen und Anmerkungen versehen von Otto Redlich, Wien. Mit 64 Textabbildungen. XX, 598 Seiten. 1927. RM 45.—; gebunden RM 46.80

Fortschritte in der anorganisch-chemischen Industrie, dargestellt an Hand der Deutschen Reichs-Patente. Herausgegeben von **Adolf Bräuer** und **J. D'Ans.** Bearbeitet mit Unterstützung von Josef Reitstötter und unter Mitwirkung anderer Fachgenossen.

Erster Band: (1877—1917) Mit zahlreichen Textabbildungen.

  I. Teil. VIII, 1184 Seiten. 1921.   RM 90.—

  II. Teil. IV, 1444 Seiten. 1922.   RM 108.—

  III. Teil. IV, 1286 Seiten. 1923.   RM 100.—

Zweiter Band: (1918—1923) Mit zahlreichen Textabbildungen.

  I. Teil. IV, 1196 Seiten. 1925.   RM 96.—

  II. Teil. IV, 936 Seiten. 1926.   RM 86.—

Dritter Band: (1924—1927) Mit zahlreichen Textabbildungen.

  Erste Abteilung. IV, 300 Seiten. 1928.   RM 36.—

  Zweite Abteilung. IV, 416 Seiten. 1928.   RM 56.—

  Dritte Abteilung. IV, 436 Seiten. 1930.   RM 58.—

  Vierte Abteilung.   In Vorbereitung.

(Die Abnahme eines Band-Teiles verpflichtet zur Abnahme des ganzen Bandes.)

Lunge-Berl, Chemisch-technische Untersuchungsmethoden. Unter Mitwirkung zahlreicher Fachmänner herausgegeben von Ing.-Chem. Dr. **Ernst Berl,** Professor der Technischen Chemie und Elektrochemie an der Technischen Hochschule zu Darmstadt. Siebente, vollständig umgearbeitete und vermehrte Auflage. In 4 Bänden.

Erster Band: Mit 291 in den Text gedruckten Figuren, einem Bildnis und 85 Tafeln. XXII, 1100 Seiten. 1921.   Gebunden RM 36.—

Zweiter Band: Mit 313 in den Text gedruckten Figuren und 19 Tafeln. XLIV, 1412 Seiten. 1922.   Gebunden RM 48.—

Dritter Band: Mit 235 in den Text gedruckten Figuren und 23 Tafeln. XXXI, 1362 Seiten. 1923.   Gebunden RM 44.—

Vierter Band: Mit 125 in den Text gedruckten Figuren und 56 Tafeln. XXV, 1139 Seiten. 1924.   Gebunden RM 40.—

Berl-Lunge, Taschenbuch für die anorganisch-chemische Großindustrie. Herausgegeben von Prof. Ing. chem. Dr. phil. **E. Berl,** Darmstadt. Siebente, umgearbeitete Auflage. 1930.

Erster Teil: Text. Mit 19 Textabbildungen. XIX, 402 Seiten.

Zweiter Teil: Nomogramme. Mit einem Lineal. 4 Seiten Text und 31 Tafeln mit Beispielen. In Mappe.   Text und Nomogramme zusammen RM 37.50

Waeser-Dierbach, Der Betriebs-Chemiker. Ein Hilfsbuch für die Praxis des chemischen Fabrikbetriebes. Von Dr.-Ing. **Bruno Waeser,** Chemiker. Vierte, ergänzte Auflage. Mit 119 Textabbildungen und zahlreichen Tabellen. XI, 340 Seiten. 1929.   Gebunden RM 19.50

Zeitschrift für analytische Chemie. Begründet von **R. Fresenius.** Herausgegeben von Wilhelm Fresenius, Remigius Fresenius und Ludwig Fresenius. Jährlich erscheinen zwei bis drei Bände. Zur Zeit erscheint der 80. Band.   Preis jedes Bandes RM 20.—

                                                Einzelheft RM 2.—